U0321618

中国城乡规划实施研究 4

——第四届全国规划实施学术研讨会成果

李锦生　主　编

邹　兵　秦　波　副主编

中国建筑工业出版社

图书在版编目（CIP）数据

中国城乡规划实施研究.4，第四届全国规划实施学术研讨会成果 /
李锦生主编. —北京：中国建筑工业出版社，2017.10
　ISBN 978-7-112-21197-5

　Ⅰ.①中…　Ⅱ.①李…　Ⅲ.①城乡规划–研究–中国　Ⅳ.①TU984.2

　中国版本图书馆CIP数据核字（2017）第219405号

责任编辑：李　鸽　毋婷娴
责任校对：焦　乐　张　颖

中国城乡规划实施研究4
——第四届全国规划实施学术研讨会成果
李锦生　主编

邹　兵　秦　波　副主编
＊
中国建筑工业出版社出版、发行（北京海淀三里河路9号）
各地新华书店、建筑书店经销
北京嘉泰利德公司制版
北京市密东印刷有限公司印刷
＊
开本：880×1230毫米　1/16　印张：26¾　字数：769千字
2017年11月第一版　2017年11月第一次印刷
定价：95.00元
ISBN 978-7-112-21197-5
　（30840）

本书编委会

主　　　　编：李锦生

副　主　编：邹　兵　秦　波

编委会成员（按姓氏拼音排序）：

陈锦富	耿慧志	郭　海	何明俊	李春梅
李东泉	李锦生	林　坚	马天宇	孟兆国
缪　敏	曲长虹	施嘉鸿	施卫良	孙　玥
唐　震	谭纵波	王富海	王　伟	王　正
文超祥	魏定梅	魏后凯	吴志诚	许　槟
叶裕民	殷　毅	余　颖	俞滨洋	俞斯佳
张　佳	张　舰	张　磊	赵　民	赵燕菁
赵迎雪	周　捷	朱子瑜	朱介鸣	邹　兵

编辑单位：中国城市规划学会

中国城市规划学会城乡规划实施学术委员会

中国人民大学新型城镇化协同创新中心

深圳市城市规划学会

深圳市城市规划协会

会议主办单位：中国城市规划学会

会议承办单位：中国城市规划学会城乡规划实施学术委员会

深圳市城市规划学会/深圳市城市规划协会

前　　言

改革开放以来，城乡规划对我国城乡经济社会的快速发展起到了重要的作用，一座座大都市、城市群的崛起和中小城市、小城镇的迅速壮大无不体现着中国特色城乡规划发展引领和实践探索，城乡规划也发展形成了完善的法律体系、管理体系和学科体系，特别是在城乡规划实施上，创造出不少中国实践、地区经验和优秀案例，促进了城镇化健康发展。但综观走过的路，城乡规划实施也出现过一些偏差及失误，城乡规划依法实施、创新实施、管理改革的任务还十分艰巨。今天，中国经济和社会发展进入重要的转型调整期，新型城镇化背景下城乡规划转型发展强烈呼唤规划实施主体、实施机制乃至实施效果评估全面转型，面对发展的"新常态"，我们城乡规划工作者也面临着规划实施的新任务、新挑战、新问题和新对策。

为了应对新时期规划实施发展的挑战和任务，2014 年 9 月 12 日，中国规划学会在海口召开的四届十次常务理事会上，讨论通过了关于成立城乡规划实施学术委员会的决定，作为中国规划学会的二级学术组织。12 月 5 日城乡规划实施学术委员会在广州市召开了成立会议，会议确定了学委会主任委员、副主任委员、秘书长及委员，通过了学委会工作规程，提出今后几年的学术工作规划。会议议定规划实施学术委员会的主要任务，一是总结规划实施实践，系统总结我国城乡规划在不同时期的实施经验，研究不同区域、典型城镇的城镇化实践；二是探讨和建设规划实施理论与方法，结合国情，研究大、中、小城市和小城镇、乡村的规划实施特点，提高城乡规划实施科学水平，促进城乡健康可持续发展；三是研究规划实施改革，开展城乡规划政府职能转变、依法进行政策改革创新和学术研究，探索实践机制和管理体制；四是交流规划实施经验，积极推进各地规划管理部门技术交流合作，加强管理能力建设，提升公共管理水平；五是开展国际交流合作，研究国外城市规划实施管理先进经验，扩大我国规划实施典范和实践经验的国际认知；六是普及规划科学知识，广泛宣传城乡规划法律法规、先进理念和科学知识，提高全社会对规划实施过程的了解、参与和监督，维护规划的严肃性。

围绕主要任务，学委会计划以系列化的形式逐年出版学术论文成果和典型实践案例，也欢迎大家踊跃投稿、参加学术交流活动、提供优秀案例。

李锦生

目　录

分论坛四 生态宜居城市规划实施

分论坛五 新型城镇化规划研究

分论坛一

城乡规划实施与评估

广州城市总体规划年度实施评估实践与探索

吕传廷　黎　云　姚燕华　程红宁　徐增龙[*]

【摘　要】按照《城乡规划法》有关要求，实施评估成为城市总体规划不断完善的手段，国内各大城市对总体规划实施评估更加重视，年度评估逐渐成为评估工作常态化的重要手段。广州从 2011 年起对城市总体规划进行年度实施评估。广州年度实施评估探索出 GIS 评估平台体系、"市区联动"等成功经验，同时也存在问题。在国家城市规划工作会议召开之后，面对"多规合一"、构建空间规划体系等规划工作新形势，广州年度实施评估应该如何做，引发再度关注和思考。广州提出以"一张图"平台为基础，以实施评估 GIS 平台体系为技术支撑，以"市区联动"、"部门联动"为工作机制，以"1+1+X+Y"为成果体系，构建"纵向分层，横向分级"的工作体系。

【关键词】城市总体规划，年度实施评估，研究

1　前言

城乡规划实施评估工作研究规划实施中的新问题，总结和发现城乡规划的成效和不足，为贯彻实施规划或者对其进行修改提供可靠的依据，成为提高城乡规划实施科学性和严肃性的有效手段。2007 年颁布的《中华人民共和国城乡规划法》提出应"定期对规划实施情况进行评估"，2009 年住建部颁布的《城市总体规划实施评估办法（试行）》对评估工作的组织主体、评估方法以及评估时间做出了明确规定。

早在 2003 年，广州开始对规划实施评估进行探索，每 3 年对广州战略规划的实施开展跟踪评估研究工作，使得广州市以战略规划为核心的规划编制和建设实施得以与城市社会经济发展条件的动态变化基本同步。同期，对珠江新城、白云新城等重要地区定期开展规划实施检讨和动态更新工作，不断修正重点地区规划目标与实施的关系，保障了重点地区的建设实施品质。从 2011 年起，广州按照住建部相关要求，对城市总体规划进行年度实施评估。

广州开展实施评估工作十余年，将实施评估变为年度常态化工作，评估思路也不断调整完善。广州探索年度实施评估的经验有成功，也存在问题。在国家城市规划工作会议召开之后，面对"多规合一"、构建空间规划体系等规划工作新形势，广州年度实施评估应该如何做也引起我们再度关注和思考。

---

*　吕传廷（1965—），男，博士，广州市城市规划编制研究中心主任、城乡规划教授级高级工程师。
　黎云（1964—），女，硕士，广州市城市规划编制研究中心总规划师、副研究员。
　姚燕华（1978—），女，硕士，广州市城市规划编制研究中心总规部部长、城乡规划高级工程师。
　程红宁（1978—），女，硕士，广州市城市规划编制研究中心风景园林设计高级工程师。
　徐增龙（1988—），男，硕士，广州市城市规划编制研究中心工程师。

2 广州年度实施评估实践

2.1 广州年度实施评估的目标

广州从 2011 年起开展城市总体规划年度实施评估工作，定期及时总结总体规划的实施成效与不足，为贯彻实施总体规划、制定近期实施策略与年度实施计划、科学开展总体规划的修编与优化完善等提供依据。

2.2 广州年度实施评估的内容

2.2.1 "规划实施"的定义

"规划实施"包括四个层面的含义：一是根据城市总体规划，进一步组织编制下层次规划，使城市规划进一步深化和具体化；二是根据依法审批的城市规划，对各项建设项目进行审核，提出土地使用规划要求，以及对各类建设工程进行组织、控制、引导和协调；三是通过财政拨款等手段，直接投资建设重大平台和重点项目，实现城市规划的目标；四是根据城市规划的目标，制定有关政策和计划来引导城市的发展。

2.2.2 广州年度实施评估的内容

广州总规年度实施评估历经多年的探索，依据"规划实施"的多层次含义，逐年突破创新，对总体规划实施进行多维度的评估探索。2011 年，广州第一次开展总规年度实施评估工作，重点对人口、用地等规划内容的实现情况进行评估。2012 年，广州按照住建部《城市总体规划实施评估办法（试行）》（建规〔2009〕59 号）要求，从规划理念、规划目标实现、城市空间布局实现、总规强制性内容执行、规划决策机制、相关政策影响、规划编制体系等七大方面展开年度评估，评估内容全面但评估深度较浅。2013 年，广州开始建立"市区联动"的评估工作机制，在对城市发展目标、人口与建设用地规模、空间管制、城市空间结构与布局等规划内容实现情况评估的基础上，新增加对总规下层次规划编制情况的评估，并依据评估结论提出下一年度的规划编制计划。2014 年，广州延续"市区联动"的评估工作机制，评估除了关注规划编制情况之外，还将落实总规目标的重点项目建设情况纳入评估内容，对全市重点项目的实施情况进行跟踪评估。2015 年，广州在延续历年年度实施评估内容的基础上，对"十二五"期间的总规实施成效进行了综合评估。

从广州年度实施评估的内容演变来看，广州从重在对空间布局等规划内容落实的评估，到关注总规指导的下层规划的编制情况，并延伸到关注落实总规目标的重大建设项目的建设实施情况，不断调整评估思路和内容，逐步将"规划实施"的多层次含义纳入到广州总规年度实施评估的范畴中，全面评估广州总规的实施情况。

2.3 广州年度实施评估的工作方法与工作机制

（1）建立 GIS 评估平台体系，为评估分析提供技术支持。

（2）从 2011 年起，为更好地开展总规实施评估，广州开始探索建立总规实施评估 GIS 系统，并形成"一标准两系统"。"一标准"是《总规实施评估数据标准与规范》，统一各层次规划编制成果内容与数据格式。"两系统"是指"资料管理系统"和"规划编制数据应用系统"。其中，"资料管理系统"建立了"规划成果数据库"和"基础资料数据库"，目前已收集涵盖战略规划、总体规划、控制性详细规划和专项规划等各类已批规划成果；"规划编制数据应用系统"通过建立评估指标体系和评价模型，辅助数据分析和汇总，目前已开发人口、用地、生态绿地系统、公共服务设施、规划编制计划、建设实施计划六个评估模块。

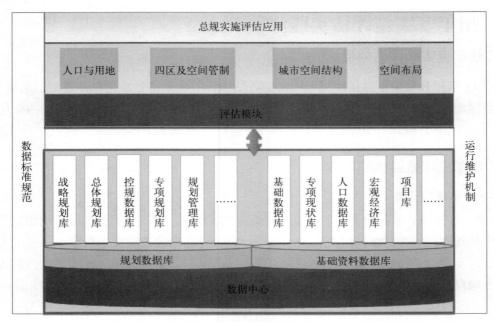

图 1 总规实施评估应用

（3）广州实施评估系统的建立，以空间数据库技术和 GIS 技术为支撑，采取定性和定量相结合的方法，为编制总体规划实施评估报告提供技术支撑（图 1）。

（4）建立"市区联动"工作机制，拓展评估工作深度。

（5）2013 年，广州从市规划局独立开展实施评估转向"市区联动"，发动各区规划分局共同开展规划实施评估工作。全市制定实施评估工作规程和工作方案，统筹实施评估整体工作的推进，汇总、整合分析各区评估报告，完成广州市总体规划实施评估总报告。各区负责组织开展区实施评估工作，制定各区规划实施评估工作的计划、资料收集、成果编制、审查及征求意见、公众参与、上报等工作。

2.4 广州年度实施评估的成效

（1）为制定近期实施策略与年度实施计划提出建议。

（2）从 2013 年起，广州年度实施评估新增加对总规下层次规划编制情况的评估，并依据评估结论提出下一年度的规划编制计划，使年度实施评估成为政府决策的依据。广州年度实施评估通过对当年规划项目编制和实施情况进行梳理评估，提出下年度的规划编制建议；以实施评估的结论为指导，科学制定下年度全市和各区规划编制计划；按照规划编制计划推进下年度的规划编制工作，并依照计划进度安排，对规划编制工作全过程进行监控，保证规划编制任务按时按质完成。这样形成了"计划—监控—评估"工作框架，使实施评估、规划编制计划、规划编制三项工作相辅相成，实现以评估工作有效推动规划编制。

（3）为科学开展总体规划的修编与优化完善等提供依据和资料积累。

（4）通过年度实施评估，广州统计了年度人口、空间布局、交通、设施等总规内容的实施情况、总规下层次的规划编制情况、重点项目建设情况，并分析实施成效和不足，不断修正总体规划目标与实施的关系，使总体规划的落实从"目标蓝图型"向"过程协调型"转变，为科学开展总体规划的修编与优化完善等提供依据，也为其他行政决策提供了丰富的基础资料积累。

2.5 广州年度实施评估存在问题分析

（1）评估基础数据缺乏有效更新机制。

（2）目前广州实施评估 GIS 平台系统已建立，但是基础数据库内的部分数据，例如各类现状建设用地规模等仍然停留在 2007 年总规编制时的数据资料。因为数据来源有限、没有稳定的定期更新制度等原因，导致评估数据缺乏稳定性，无法全面掌握和评估分析城市建设发展的实际情况。

（3）评估机制局限于规划行业内部。

（4）总体规划的实施需要通过行业内部的下位规划和行业外部其他部门的相关规划进行支撑与落实。虽然广州总规年度实施评估已经建立了"市区联动"的工作机制，但是评估工作仍局限于规划行业内部，对行业外其他部门的总规实施情况并不掌握。且由于相关部门实施责任不明晰、实施积极性不够等原因，导致总体规划的实施具有很多不确定性和实施效果不佳的问题，难以实现总规的统筹作用。基于这样的现实情况，需要将规划评估工作进行全市各部门统筹考虑，对各部门的规划编制和实施情况开展评估，全盘监督总体规划的实施，从而提升总体规划的实施效果。

（5）评估结论未能深入到实质层面。

（6）无论是指标评估、空间布局评估还是项目实施评估，目前广州总规年度实施评估结论仅是对总规实施成效的总结和分析，缺乏对规划目标实施背后的过程分析、政策层面的原因分析等，不能全面客观评价总规在建设实施中起到的作用。因此需要对规划实施的路径进行判断，不仅要关注规划目标的实现程度，更要深度分析评估规划实施的实质原因。

3 对广州年度实施评估的思考与探索

经过改革开放 30 年的高速发展，我国经济发展进入"新常态"，城市发展也已经进入新的发展时期。时隔 37 年再次召开的中央城市工作会议为今后一段时期的城市工作指明了方向，会议提出要"提升规划水平，增强城市规划的科学性和权威性，促进'多规合一'，要"实现一张蓝图干到底"等。在新的城市规划工作形势下，广州的年度实施评估工作也必须继续创新探索。

从近年各大城市的实施评估实践来看，年度实施评估工作越来越受到关注，也逐步成为城市发展核心数据资料收集的重要方法，是动态关注和过程评价总体规划实施成效的重要手段。除了对总体规划及其下位规划的实施情况进行关注和评估，年度实施评估开始走向横向研究城乡规划与其他规划的"多规"协作领域，并更多关注规划编制的政策背景，对城市的总体发展进行关注和评估。

通过学习其他城市经验，在延续历史成功经验的基础上，广州年度实施评估将结合"多规合一"、构建空间规划体系等规划工作新形势，以"一张图"平台为基础，以实施评估 GIS 平台体系为技术支撑，以"市区联动"、"部门联动"为工作机制，以"1+1+X+Y"为成果体系，构建"纵向分层，横向分级"的工作体系。

3.1 进一步优化年度实施评估内容和重点

广州总规年度实施评估结合当前新形势和其他城市经验，进一步优化评估内容和重点，具体包含指标评估、空间评估、建设实施评估、实施机制评估四个部分：一是城市发展综合指标评估。对城市经济、人口、生态、交通、产业等相关指标的变化情况进行分析，用城市发展的总体水平来评价总体规划的实施情况。二是用地空间布局评估。将城市用地的空间布局变化情况、下层次及相关规划的空间布局情况与总体规划图对照分析，评价总体规划对城市空间布局及结构形态、空间战略所产生的引导作用。三是重大建设项目评估。对总体规划所确定的城市重要项目及重大基础设施的建设实施进展进行评估，评价其实施情况及产生的效果。四是规划实施机制评估。分析规划组织的运作及制度建设情况，以评价总体规划在实务层面上所体现出来的效能，例如规划编制体系的维护、规委会审议机制、国规委审批汇总、图斑督查等。

3.2 探索"纵向分层,横向分级"的评估体系

纵向分层评估是按照广州"市域—片区(组团)—功能单元—规划管理单元"四个层级的空间管理体系,围绕"总体规划—分区规划(特定地区总体规划)—控制性详细规划(村庄规划)"纵向分层的总体规划实施体系,针对不同层级的规划落实总体规划要求的执行情况进行梳理和分析。例如片区(组团)的分区规划(特定地区总体规划)、功能单元级的控制性详细规划如何贯彻落实总体规划确定的相关发展要求等。

横向分级评估是围绕"总体规划—专业规划"横向分类的总体规划实施体系来分析评估。专业规划是指涉及空间布局、与总体规划紧密相关的部门行业规划,一般由其他部门牵头组织编制,这类规划一般结合总体规划编制工作同步开展,是体现总体规划统筹作用的主要方式与途径。例如评估环保局组织编制的环境保护规划、水务局组织编制的水系规划、林业园林局组织编制的绿地系统规划、交委组织编制的综合交通体系规划等不同专业的规划如何贯彻落实总体规划确定的相关发展要求。

广州总体规划实施评估在"纵向分层,横向分级"的评估体系基础上,围绕城乡规划编制体系、各类规划的编制工作和实施情况进行分项评估,并在此基础上进行综合汇总,形成多规协作的评估体系(图2)。

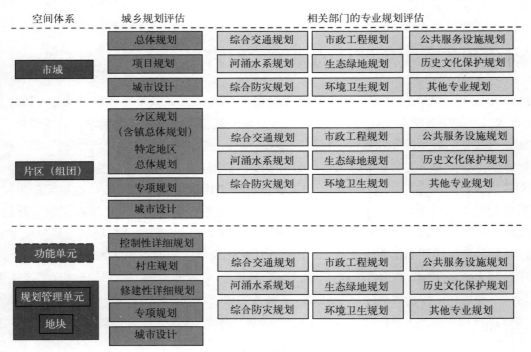

图2 评估体系

3.3 构建全市"市区联动"、"部门联动"、"多规协作"的评估工作机制

在"市区联动"的工作机制基础上,广州借助推进"多规合一"的工作契机,将各行业部门编制的行业规划纳入到总规评估范围,把实施评估工作从"市区联动"拓展到"部门联动"、"多规协作",构建城乡规划与部门行业规划之间互助合作的评估机制。在总体规划实施评估过程中,行业部门围绕各自的专业领域,从行业规划的编制与实施角度进行评估。具体可从总量目标、指标分配、空间布局和实施措施等方面与总体规划进行对照,形成行业评估成果。城乡规划部门对各部门提交的评估内容进行统筹分析,从提高规划编制水平和规划决策科学性等角度提出进一步完善总体规划实施保障机制的相关对策与建议(图3)。

3.4 以"多规合一"、"一张图"平台建立评估数据定期更新制度

借助"市区联动"、"部门联动"的工作机制，结合"多规合一"、"控规一张图"维护工作，规划主管部门将与各区、各职能部门联合建立评估数据更新制度，完善各项评估数据，包括现状数据和规划数据，让实施评估 GIS 平台系统更好地发挥评估支撑作用。各职能部门每年年末将行业规划的编制情况、行业规划数据、当年的行业发展现状数据进行汇总评估；各区根据当年的规划编制情况、各区建设发展情况，汇总评估区域范围内的现状建设数据和规划数据。规划主管部门统筹，每年将这些数据统一纳入 GIS 平台系统，保证评估数据逐年更新，为全市的总规评估提供科学依据，也为推进"多规合一"、"控规一张图"维护工作提供数据支撑。

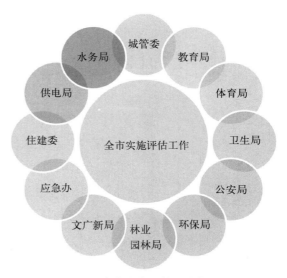

图 3 全市实施评估工作部门

3.5 建立面向政府和公众的"1+1+X+Y"的成果体系

年度总规实施评估的成果不仅仅是为政府部门提供决策的参考，也应该是公众了解规划实施情况的一个重要渠道。因此，广州年度实施评估成果将建立面向政府和公众的"1+1+X+Y"成果体系。其中，1 个实施评估总报告作为成果主体和基础；1 个白皮书对外发布；X 个各区实施评估报告；Y 个市职能部门专项评估报告。

年度实施评估报告内容全面，是规划系统内部开展相关规划编制与管理工作的技术支撑。内容包括对当年全市规划编制情况、建设发展情况、政策实施情况等的分析评估，并提出下年度的规划建设发展建议。评估数据来源于各区评估报告和各部门专项评估报告。

年度白皮书内容精简，是政府决策的参考，也是政府对公众宣传城市规划工作的重要读本，内容来源年度评估报告。

各区实施评估报告总结评估各区当年的规划编制情况、建设发展情况等。

各市职能部门专项评估报告总结评估各市职能部门当年行业规划的编制情况、行业发展建设情况等。

4 结语

广州总规年度实施评估的多年实践与探索，建立了常态化年度实施评估动态关注和过程评价总体规划实施成效的制度。年度实施评估的短期性，不一定能得出深层次的评估结论，但滚动的年度实施评估资料积累可以为中长期的评估提供依据，为规划项目的修改或者终止建立良好的反馈机制。年度总规实施评估是维护总体规划权威性、严肃性和可实施性的重要手段。

参考文献

[1] 周凌，方澜，孙忆敏 . 城市总体规划实施年度评估方法初探——以上海为例 [J]. 上海城市规划，2013，（06）.

[2] 袁也 . 总体规划实施评价方法的主要问题及其思考 [J]. 城市规划学刊，2014，（02）.

[3] 曹春霞 . 多规协作视角下的重庆市总体规划实施评估研究 [J]. 规划师，2014，（08）.

城市新城规划实施评估研究——以杭州城东新城为例

汪 军 骆 祎 王玉英*

【摘 要】随着评估在我国城乡规划中法律地位的确立，其具体的组织方式、评估内容以及操作机制显得越来越重要，同时也是当前我国规划评估实践中亟需解决的问题。本文介绍了杭州城东新城规划建设评估项目的总体过程，分别从评估的目的、组织、内容、开展方式、分析手法、报告撰写以及经典评估方法等几个方面进行详细的解构，希望能够在此基础上讨论适合我国城市开发项目的规划评估操作机制。
【关键词】城东新城，规划评估，操作机制

1 前言

现代城市规划作为一项公共政策，开始由"目标规划"走向"过程规划"，并注重规划的绩效性，这些转变要求确立对规划管理和实施过程的评估机制。同时，市场条件下，多种利益的引入，也要求对城市规划这一公共政策进行绩效的分析和评价。2007 年颁布的《城乡规划法》强调了规划实施过程和修订过程的法定性，也是"过程规划"理念的重要体现。但是，由于城市建设过程中的不确定性，以及长期以来以"终极蓝图"为标准的城市规划实施方式，使得我国缺乏一套系统的对城市规划的评估体系。而随着《城乡规划法》对城市规划评估的严格要求，如何对相关规划进行评估成了具体实施中的重点。

在我国现阶段的规划实践中，城市规划依然过分重视对"终极蓝图"的表达，而忽略规划的实施过程，这样的结果是导致城市规划的不确定性和不连续性。一个规划行为一旦进入实施阶段，很难保证规划实现预期的效果，在规划是否应该修改或者如何修改的问题中缺乏决策的依据。同时，另外一个问题是规划投入的有效性问题。在我国的城市化率呈现出加速上升的过程中，各地不断加大对城市规划建设的投入力度，但是没有建立起一套对规划投入的监督和审计制度，使得政府的投入缺少一个总结和反思的机制。在这种背景下，规划评估有着极其重要的地位和意义。

随着评估法律地位的确立，住房和城乡建设部又在 2009 年出台了《城市总体规划实施评估办法（试行）》，该办法明确提出对城市总体规划实施情况的评估内容和操作方法，对各地的总体规划评估具有一定的指导作用。但同时，在详细规划层面以及单项建设项目层面的评估还缺乏详细的技术指导。单就城市规划本身的公共政策属性而言，在详细规划和单项建设项目中的实施周期更短，实施效果更明显，因此也更加需要建立一套行之有效的评估办法。

---

* 汪军，副教授，华东理工大学。
骆祎，高级工程师，杭州市城东新城建设投资有限公司。
王玉英，高级工程师，杭州市城东新城建设投资有限公司。
本研究受上海市设计学四类高峰学科研究项目、华东理工大学 2016 年教改项目联合资助。

2 规划实施评估在我国的发展

国内自 20 世纪 90 年代末开始有学者系统的介绍城市规划实施评价的理论，其中以孙施文为代表，他通过对有关城市规划实施评价的理论研究综述，揭示了城市规划实施评价研究的重要性及面临的困难，并依据不同的规划阶段、内容和方法对评价类型进行了划分。以规划实施结果和实施过程作为评价的主要内容，结合规划评估理论及其价值观演进的脉络，介绍了开展规划评估的基本思路及具体方法[1]。吕晓蓓和伍炜认为城市规划实施评价是指在城市规划实施过程中，对城市规划实施效果以及规划实施环境的趋势和变化进行持续地监测，并在固定的实施阶段利用事先约定的评价指标对规划实施监测的结果进行评价，以衡量规划实施的效果。再通过比照规划实施的实际效果与规划原定的阶段实施目标的偏差，对规划的目标、策略和实施手段进行调整[2]。张兵在《城市规划时效论》中，围绕城市规划实效这一主题，重点分析规划的作用性质和作用过程，揭示城市规划有效作用的意义与条件。采取"动力主体分析"的方法，比较城市发展的动力机制，指明规划作用不是城市发展的直接动力，而是动力的利用机制[3]。吕慧芬和黄明华通过详细考察两个城市的 13 个案例，对控制性详细规划实效性进行了评价分析，从规划设计角度对影响控制性详细规划实效性的主要因素进行了分析并提出了相应建议，是对于城市规划实效性理论应用的探索性研究[4]。姚燕华在分析控制性详细规划实施评价的重要性及现有评价方法的基础上，结合控制性详细规划的特点，提出了通过规划管理中规划审批案件对原有规划方案的调整来分析控制性详细规划实施效果的方法[5]。彭震伟通过建构城市规划编制和实施管理的动态评估系统，及时反馈城市规划行政过程中所发生的变化，减小这种偏差，从而保证城市规划的最终实施效果最优[6]。蒋靖之认为项目后评估是指对已经完成的项目（或规划）的目的、执行过程、效益、作用和影响进行系统、客观的分析，通过项目活动实践的检查总结，确定项目预期的目标是否达到、项目的主要效益指标是否实现，通过分析评价达到肯定成绩、总结经验、吸取教训、提出建议、改进工作、不断提高项目决策水平和投资效果的目的[7]。

在开发项目评估实践方面，袁奇峰的《珠江新城规划检讨》是我国较早全面地对一项城市规划决策的实施效果进行评估的重要实践。《珠江新城规划检讨》对已经规划建设了 10 年的广州珠江新城从开发现状、土地供给与 CBD 定位、农民与农村土地政策、用地规划问题、土地开发管理、道路交通问题和城市设计问题等七个方面进行了全面的评估，指出了前期规划建设中出现的问题，并提出了调整建议。作为一次全面的对城市大型规划项目的评估，《珠江新城规划检讨》取得了很大的成功，广州市人民政府于 2002 年批准实施《珠江新城规划检讨》作为指导该地区下一层次规划设计和建设管理的依据[8]。而赵民、赵蔚、汪军等在《城市重点地区空间发展的规划实施评估》中对城市地区开发建设的评估方法、评估组织、评估内容等进行了详细论述，并详细介绍了杭州钱江新城规划实施评估的案例[9]。

3 杭州城东新城规划建设评估实践

3.1 城东新城规划建设评估的目的与意义

城市重点地区的规划建设往往影响了整个城市建设的品质和水平，对于这类地区规划建设的评估应成为我国城市建设体系中的重要一环，评估工作不仅是对建设历程的回顾与总结，更是对未来工作的预判与展望，有助于对下一步工作进行科学的决策支撑。

城东新城作为杭州城市结构中的重要一环，具有得天独厚的地理区位优势，建设至今已经经历了 8 年时间，核心区建设基本完成，主要道路架构和基础设施也已形成。随着杭州迈向国际化大都市的步伐加快，作为城市交通门户地区的城东新城在未来将担负更为重要的功能和使命。同时，随着钱江新城二期区域、江河汇流区域建设的推进，城东新城周边区域的开发进入到一个新的阶段，而城东新城也面临着如何深入和优化开发建设、如何实现可持续的管理运营、如何实现开发模式的升级转型等重大决策时期（图1）。

在这样的背景下，城东新城规划评估不仅是对"城东新城"建设历程的回顾和总结，更是对未来发展战略的展望。

图 1　城东新城区位图及规划效果图

评估工作主要分为以下几个目的：

目的一：回顾和梳理，回顾新城各个领域的建设历程，对其成就进行总结，对不足之处进行成因分析和提出改进建议；

目的二：评估与思考，对城东新城的规划实施成果进行评估，并对其定位、功能、空间形象、开发方式等各个方面进行思考，客观全面的提出问题，并提出解决问题的路径；

目的三：战略与展望，结合城东新城各个方面的建设成就和未来诉求，总结大型城市开发项目的经验，探讨完善规划编制和优化运营管理的体制和机制等相关议题，提出适合城东新城未来发展的合理建议。

以城东新城规划中期评估为例，探讨对于城市重点地区规划建设的评估方法和机制，是我国城市规划由计划转向公共政策的重要内容，也符合我国转变过去粗放式城市建设，转向"集约、低碳、智慧、绿色"的新型城镇化战略意图。

3.2　城东新城规划建设评估的组织模式和工作特点

国外传统的评估组织方式主要有三种：一是聘请专业的评估专家作为项目执行机构的一员参与整个项目的运作，或者在机构内部指定评估人员；二是聘请项目以外的专业评估和咨询机构进行评估；三是通过公开招标的方式向社会征集评估报告，在英美被称为"评估招标"。还有一种比较特殊的方式，即由大学或者研究机构发起的，源于一项具体课题的研究而进行的研究性评估[10]。

城东新城规划建设评估主要通过聘请项目以外的专业评估和咨询机构进行评估。受城东新城开发有限公司（以下简称"城东公司"）委托，第三方科研机构具体承担了评估工作，并组成了由规划、交通、经济、市政、信息等多学科专家参与的评估工作组。同时，城东公司本身作为评估的主体，专门组成了评估委员会，由公司领导直接管理，由各个科室工作人员参加，专门对口评估单位开展具体的评估操作。有了评估委员会的统一协调和组织，使得原本只属于公司建设管理部门管辖的评估事务上升到了整个新城层面，使评估获得新城上下的重视，有助于评估的开展。

　　同时，在评估开展的过程中，还积极引入了大规模访谈和社会调查的方式，对杭州市决策层相关人士、钱江新城开发集团、江干区、杭州市规划局等参与规划建设城东新城的部门进行了有针对性的访谈，同时，也邀请了数十家在城东新城范围内进行项目建设的开发企业进行座谈。评估方结合了开放式访谈和封闭式访谈的方式，对新城的建设成就和未来导向等内容设置了开放性的问题；而对涉及新城定位、产业业态、交通情况等较为具体的内容则设置了封闭式的问题，使访谈结果更具科学性和直观性，以便获得对评估最有用的信息。评估尤其重视对公众信息的采集，因此，评估方对居住在新城范围内及周边的 400 位居民、在新城内工作的 100 位职员开展了问卷调研。在问卷中，评估方设置了基本信息、交通情况、设施情况、环境质量、空间意向和未来展望等六个方面的内容，希望从不同的公众群体角度获得对新城的不同看法。同时，在杭州高铁东站内对 500 名旅客进行了问卷调研，对其乘坐高铁的习惯、使用的交通设施、对城东新城的认知等各个方面要素进行了调研。

　　本次评估工作在传统的规划调研和公众参与基础上，引入了一些新的技术和分析方法，力求在定性判断的同时，通过数据和空间分析，提供定量的判断依据。本次评估的主要特点包括：（1）大数据参与评估，使定量与定性结合。评估通过提取大众点评网、百度地图、搜房网、铁路总公司 12306 网站等的用户数据，绘制了大量的热力分析图、用户分布图、房价分布图等，使得评估的判断有了数据的支持，增加了判断的科学性和严谨性。（2）空间分析方法的应用，使评估结果可视化。利用空间句法等空间分析方法对新城建成空间及规划空间进行模拟和分析，通过可达性、公共性、密度分析等手法对新城的空间进行评估与分析。使评估的结果在空间上得以表达（图2~图4）。

图2　基于网络数据的杭州餐饮设施分布热点图　　　　　图3　基于网络数据的杭州酒店设施分布热点图

图4　基于交通流量的新城对外交通情况模拟

3.3 评估维度的确定

对复杂项目的评估往往无法从整体入手，而需要将项目进行分解，形成不同的维度，通过对这些不同维度的评估从而构成对整体的判断。在城东新城规划建设评估实践中，项目组将本次评估中所要探究的问题整理为：新城定位的实现度、功能结构的合理度、产业实现度、实施过程与规划的贴合度、新城开发成果检验、成果的分布和分配以及未来的发展导向等。同时，根据这些问题的不同属性，确定了以下几个方面的维度内容：

定位实现度：针对新城开发之初提出的定位"现代驿城，都市门户"进行实现度的评估，并就杭州市总体规划对城东新城的"主城区内的综合型次中心"定位进行评估，具体从"高端商务办公、商业休闲、旅游服务、居住生活"四大主导功能入手，对其实现程度进行综合判断。

规划实现度：对新城已建成的各地块指标与控制性详细规划的指标进行比照，获得新城开发过程中的规划实现度。同时，将规划中提出的各条规划条款与建成现实进行对比，判别规划意图的实现度。

市场实现度：从历年土地价格变动、房地产价格变动情况等判断新城的市场实现度，并同周边区域以及杭州市同类新城进行对比。由于新城陆续已有不同功能的项目建成并投入使用，这些项目的市场售价、吸引人流情况都为市场实现度的评估提供了依据。

经济实现度：对城东公司在新城建设过程中的投入和收益进行核算，分析作为新城开发主体在开发过程中的财务表现。同样，对新城中具有代表性的商业项目进行财务评估，以此对新城的商业投资回报情况进行评估。此外，对于新城土地的增值情况也进行了分析，以此测算出新城开发近 9 年以来的土地升值及开发回报。

社会实现度：从社会认可度、社会影响力等角度对新城开发建设过程中涉及的公众进行调研，以获得政府以外的声音，评估新城建设的社会效益。

对于这些内容的维度，一方面通过对已有的资料分析和财务数据的统计获得定量的结果，而另一个主要的方面则是引入了多元利益关系人评估的方式，对新城开发建设涉及的多个利益关系群体进行访谈和问卷调研，获得定性判断的依据。

3.4 评估的主要结论

评估提出了城东新城建设的成就总结，主要包括了以下几个方面内容：

建设高铁枢纽，提升杭州交通地位。评估分析了长三角高铁网络中杭州交通地位的提升，并提出了"杭州通过杭州东站与长三角的联系几乎完全依靠高铁支撑，是区域重要的战略节点；在高铁联系方向中，与上海的联系是其最要方向，其次是宁波、绍兴、南京、嘉兴、温州、台州等城市"等重要结论。通过东站铁路枢纽的建设，杭州在长三角乃至全国的交通地位得到了极大的提升，城市的通勤范围、影响范围及关联范围都得到了扩展，奠定了杭州在长三角与上海、南京共同形成三个交通核心的格局。

拓展城市空间，推动城市向东发展。提出了杭州城市扩展的趋势，并提出城东新城所处的位置，正是主城与临平城和下沙城的中间，是承接城市空间扩展的桥头堡。城东新城的建设，通过高铁、地铁、快速交通走廊将城市空间向东拉动，是杭州市提出的"城市东扩，旅游西进，沿江开发，跨江发展"战略的重要成果。也是保证新一轮城市空间发展，形成"一主三副"格局的重要战略区块。

实施新城建设，改善区域环境面貌。提出经过将近 9 年的开发建设，城东新城完成了占总体开发面积近 60% 的建设，道路网络得到了全面的实施，完全改善了交通格局；铁路沿线得到了全面的更新与整治，旧的铁路站点已被新的铁路枢纽站取代；彭埠和天城单元中大量的工业用地、村镇用地、城乡接合部的三类住宅用地大部分被拆除，取而代之的是新建的住宅和商业地块。

完善基础设施，确立地区发展平台。城东新城的开发主体——杭州市城东新城建设投资有限公司在自负盈亏的前提下，完成了大量的动迁安置房、保障房、公建、道路和基础设施建设工程，形成了目前城东新城的城市基本格局，为后续社会投资项目的进入奠定了良好基础。同时，通过大量的土地一级开发行为，完成了国有土地的市场化过程，并实现了土地价格的提升。

同时，评估也提出了城东新城建设的若干不足，主要包括以下内容：

空间结构尚未形成，主要功能培育迟缓。提出了城东新城开发建设初期，过高预计了高铁枢纽对周边地区的带动作用，认为新城将承接高铁站带来的大量人流，各项功能业态也会迅速建成，但实际情况并未如此。经过评估可知，最初的规划定位目前尚未实现，新城主要建设的"高端商务办公、商业休闲、旅游服务、居住生活"四大主导功能目前只初步实现了"居住生活"一大功能，且居住也以动迁安置为主。同时，新城规划的空间结构也尚未形成，主要轴线上的商业项目建设缓慢。

交通体系有待完善，城市形象缺乏特色。从轨道交通对地区发展带动的 TOD 模式来看，由于轨道交通的线路走向并不沿着新城的主要空间轴线，致使站点的位置较偏，居民并没有享受到地铁对其生活带来的便利，最后一公里问题严重。同时，地铁线路及站点的设置与开发强度规划没有完全吻合，没有很好的体现出 TOD 的开发效应。同时，由于受到笕桥机场限高控制，新城内城市天际线平坦，缺少高低错落的韵律变化，缺少高层塔楼和地标建筑，城市形象缺乏特色。

重大项目缺乏引导，品牌吸引效应不强。从目前开发企业的情况来看，城东新城范围内没有国际知名的开发企业，也缺乏国内一流的大型开发企业。在投入城东新城开发的资本中，公共财政投入与社会投资的比例为 1：1，大大低于周边钱江新城 1：3 的比例，说明公共财政的投入并没能有效的带动社会投资。从城东新城整体的品牌运营情况来看，也缺乏吸引力，不足以在长三角层面产生影响力。

前期开发成本巨大，财务平衡能力脆弱。在新城实际开发过程中，没有注重开发的统筹和时序，地块的动迁和建设时序缺乏整体的考虑，在部分地块上由于拆迁迟迟未完，造成了大量资金的沉淀，和较严重的财务压力。未来，随着新城可出让土地资源的减少，财务的压力会继续加大，财务平衡能力脆弱。

4 结论

杭州城东新城规划建设评估结合了西方评估经验和操作手法，实现了一次较为全面和科学的评估实践。主要具有以下几个方面成功的经验：

在评估的初期阶段，参与评估的各方就组成了一个评估委员会，由城东公司牵头，评估委员会的职责是指导并协调评估的进程，并保证评估所需各项资源的调配。同时，委员会也就本次评估的目的、评估内容、时间表、评估方法、资料收集方式以及评估的重点结论在协商的基础上进行了确定。完整的评估组织构架是本次评估成功的要素之一。

城东新城作为一个大型的城市开发项目，对其本身的评估是一个庞大的工程，因此这次评估将对新城建设的评估分解成若干分项，包括了规划实现度评估、产业功能实现度评估、建成环境和空间评估、规划管理模式评估、经济效益评估和社会效益评估等方面，并应用不同的评估方法对这些方面分别进行评估。将一个复杂的评估对象分解成若干相对独立的对象，这样的方式完全符合系统评估的要求。

同时，本次评估的过程也是一个持续沟通的过程。沟通首先体现在评估方与委托方之间的沟通，以不断优化调整评估的目标和方法；也体现在通过对不同群体的访谈和调研，实现了多元利益方参与评估的过程。这里包括了新城的管理者、新城的开发商、参与新城规划的技术专家、居住在新城的居民、使用高铁的乘客和在新城上班的职工，对这些不同群体的访谈和调研有助于从更多的视角来审视新城的建设过程，保证了评估的客观和公正性。

在杭州城东新城规划建设评估的实践中，评估方希望能够尽量借鉴西方成熟的评估操作模式进行评估工作，在评估组织方式、评估模式、评估方法、评估维度和内容等方面有所创新。这样的评估实践为规划评估在我国的发展积累了宝贵的经验，提供了可借鉴的经验。同时，通过这样的案例检验，有助于发现在我国开展规划评估的特点及难点，也有助于进一步构建和完善适合中国情况的评估体系。

参考文献

[1] 孙施文，周宇. 城市规划实施评价的理论与方法 [J]. 城市规划汇刊，2003，（2）：15-27.

[2] 吕晓蓓，伍炜. 城市规划实施评价机制初探 [J]. 城市规划，2006，（11）.

[3] 张兵. 城市规划实效论 [M]. 北京：中国人民大学出版社，1998.

[4] 吕慧芬，黄明华. 控制性详细规划实效性评价分析 [C]. 2005 城市规划学会年会论文集，2005.

[5] 姚燕华，孙翔，王朝晖等. 广州市控制性规划导则实施评价研究 [J]. 城市规划，2008，（2）：38-44.

[6] 彭震伟，刘文生. 城市规划编制和实施管理的动态评估研究 [J]. 和谐城市规划——2007 中国城市规划年会论文集，2007：1739-1744.

[7] 蒋靖之. 项目后评估内容及作用研究 [J]. 中国西部科技，2007，（10）：77-78.

[8] 袁奇峰. 珠江新城规划检讨 [M]. 广州：广州市规划设计研究院. 2003.

[9] 赵蔚，赵民，汪军等. 城市重点地区空间发展的规划实施评估 [M]. 南京：东南大学出版社，2012.

[10] Khakee. A Evaluation and Planning. Inseparable Concepts[J]. Town planning Review，1998，69（4）：359-374.

"理性工具"视角下的城市公共服务设施规划评估
——以武穴市中心城区小学布局为例

宋 沿[*]

【摘 要】规划评估是制定与实施规划过程中的重要组成部分,文章回顾西方有关规划评估的相关概念,借鉴"理性工具"与定量的评估方法,建立评估体系与数学模型,以武穴市中心城区为例,通过 GIS 软件平台,结合运用缓冲区、泰森多边形、网络分析等技术,基于保证教育设施利用的最大化以及最短学生出行距离的原则,分析出每所小学最佳的服务范围,依据计算结果与控制性详细规划设定的小学规模进行评估分析。通过评估得出相关结论与政策建议,并展望了未来规划评估的发展方向。

【关键词】规划评估,理性工具,小学布局,GIS 网络分析

近年来,我国发布了各种形式的规划,这些规划的出台对推动我国经济社会发展所作的贡献巨大。但是,这些规划所发挥的效用如何,制定规划的投入与其效应是否相匹配?这就需要对规划进行评估后才能回答。对于规划评估工作,我国起步较晚,至今尚未形成主流的评估准则和具有建设性的指导方针。近年来,国内部分研究人员就西方规划评估理论展开了讨论,如欧阳鹏(2008)、宋彦等(2010)、汪军和陈曦(2011)等,他们的研究成果对指导我国的规划评估工作具有借鉴意义。但目前定性的规划评估,在一定程度上缺乏客观性与科学性,亦缺少相关的评价指标体系。而公共服务设施是城市生产生活中一个不可忽视的组成部分,其规划布局,更是民众强烈关心的民生问题。本文采用定量的分析方法,通过建立一套指标体系对城市公共服务设施的规划进行评估。

1 规划评估及相关概念

1.1 规划评估

规划评估,最早来源于对城市规划执行情况所作的评价。其内涵在于,通过对城市环境、经济、社会以及基础设施等的变化来对方案进行系统性评价。保证了规划制定和实施行为的严谨性和完整性。规划评估是规划制定和实施过程必不可少的核心环节,主要是对规划方案测试与筛选、对规划实施过程进行修正和对实施结果给予评价与反馈。因此,规划评估可以划分为三个阶段:第一阶段,针对尚未实施的规划方案进行测试,这种测试属于事前行为,并将其视为规划实施前评估,又叫"预估";第二阶段,对规划实施过程中的行为进行"监测",以便动态修正规划行为与目标发生的偏差;第三阶段,规划实施后的"评估",这个阶段主要是对规划实施的各种项目予以系统回顾,考核目标实现程度,并对结果进行反馈(图1)。

---

* 宋沿,华中科技大学建筑与城市规划学院城乡规划政策研究中心硕士研究生。

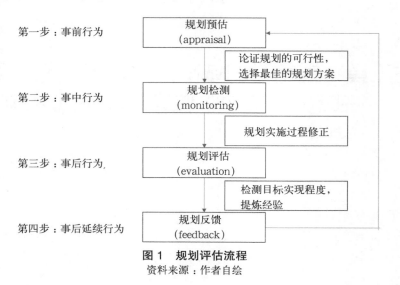

图 1　规划评估流程
资料来源：作者自绘

1.2　理性规划评估的依据

早期的理性规划理论，主要以具体工程技术知识为基础，强调基础设施建设、工程施工、建筑设计等层面。这时的规划通常被理解为在相关法律约束下从事工程建设的过程和行为。

真正意义上的现代规划评估理论主要遵循两条发展线索，一是理性规划理论，二是交互规划理论（汪军，陈曦，2011）。这两种理论从不同视角解释了规划评估的过程与内容（Lichfield，2001）。对于理性规划，其"理性"内涵主要体现在工具层面。自该理论诞生以来，一直占据规划理论的主流地位。所谓"工具理性"，其实质是将社会资源的耗费与规划目标之间建立起相互匹配的关系，其途径是在清晰界定规划目标的基础上，采用最为经济的方式来实现规划目标。从规划评估过程来看，设计一套评估方法，并建立规划评估模型，其目的是度量规划目标的实现程度。

1.3　理性规划评估的工具

在规划评估内涵的基础上，可以提炼出评估内容的核心要素，主要包括两点：一是可以量化的评估要素，也即将评估对象通过建立指标体系、采集数据来量化，并将其结果作为评判规划预期或实际效果的依据，坚持这种观点的主要是规划评估传统模式；二是那些不能通过指标量化的评估对象，通常使用定性描述的方式来判断其实际效果。

在定量的规划评估中，指标是评估的基础，而指标的合理设置是评估结果能否反映客观现实的关键，只有合理设置规划评估指标，才能提高评估结果的逼真度。在规划指标选择方面，西方一些规划学者提出了"五条标准"（Coombes，Raybould and Wong，1992）。第一，所选取的标准要有可靠的数据作支撑，就是满足数据的可获得性；第二，指标涵盖空间意义，也即可以用于空间横向对比；第三，指标要内含时间概念，既要有指标的延续性，又要有指标动态调整的属性，也即具有动态的纵向可比性；第四，指标要易于操作；第五，指标要易于转化，容易解释。

2　公共服务设施规划的问题——以教育设施为例

2.1　区域间差异较大

我国一些小城市，基本公共服务设施覆盖，尤其是教育资源面临标准不高、效率较低的窘境。区域、城乡、学校办学水平和教育质量差异明显，许多家长甚至为了孩子上学问题，不惜一掷千金购买"学区房"，只为解决入学难的问题。

2.2 相关规范与标准落后

当前我国有关公共服务设施配置的相关规范与标准不甚齐全，传统规划仅按照分级规模布置，与实际使用需求存在差距。突出问题是相应的设施建设无法满足城乡统筹建设的均等化、公平化、公正化要求。因此，中小学的布局对于所在地域的影响是深远的，如果长期存在中小学空间布局不均衡现象，势必会影响到教育事业的健康发展。

2.3 生育政策带来教育资源紧张问题

自从《义务教育法》规定要实施九年制义务教育以来，我国用二十多年的时间来全面普及城乡的九年义务教育。但随着"二胎"政策的全面放开，新生人口的不断增加将会给现有的教育资源带来更大压力（图2）。

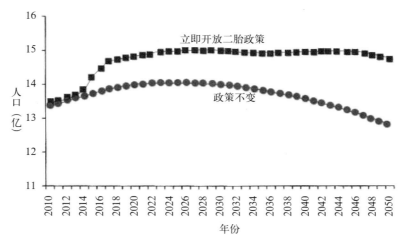

图2 不同生育政策作用下的我国人口走势预测
资料来源：作者自绘

3 基于理性工具的公服设施规划评估案例

3.1 研究对象与方法

3.1.1 研究对象

本次研究以武穴市中心城区小学布局规划评估为例。武穴市位于长江中游北岸，是湖北省黄冈市代管的县级市。武穴市中心城区包括武穴街道和刊江街道范围，规划确定建设用地面积2573.74hm²，城区总人口36.70万人。总结现状小学存在问题主要有以下两点：（1）生均用地指标差异较大，大部分城区小学生均用地指标无法满足规范的基本要求；（2）教育资源短缺，与全面普及义务教育的客观要求相差甚远。

本研究在收集武穴市中心城区控制性详细规划（图3）确定的小学分布数据的基础上，提出基于出行距离的服务区划分方法，按照规划人口分布计算出应配建小学的规模（表1），对比现状学校选址与容量，提出进一步的改进措施。

图例
R	居住用地	A	公共管理与公共服务设施用地	G	绿地与广场用地
B	商业服务业设施用地	R	工业用地		
W	物流仓储用地	U	公用设施用地		

N

图3 武穴市中心城区控制性详细规划用地布局
资料来源：《武穴市中心城区控制性详细规划》

配建小学的规模   表 1

序号	小学名称	学生数（人）	备注	序号	小学名称	学生数（人）	备注
1	实验小学	1640	原址扩建	10	明珠小学	1360	新建
2	东风小学	730	原址扩建	11	朱奇武小学	1610	原址保留
3	小桥小学	1390	原址扩建	12	朱木桥小学	1210	原址扩建
4	红旗小学	1190	新建	13	解放小学	1210	异地迁建
5	武师附小	1100	异地迁建	14	下关小学	1340	新建
6	李顶武小学	1450	原址扩建	15	二里半小学	1380	原址扩建
7	吴谷英小学	1250	异地迁建	16	实验二小	1990	原址保留
8	刊江小学	1570	新建	17	新矶小写	670	新建
9	城东小学	1950	新建	总计		25880	

3.1.2 研究方法

本文主要采用的研究方法为 GIS 空间分析。空间分析方法是基于对象的空间（位置和形态等特征）数据，以地学原理为基础，通过分析算法，从空间数据中获取有关地理对象的空间位置、空间分布、空间形态和空间演变等信息。GIS 最核心的功能就是分析空间数据，常用的功能主要有矢量数据的缓冲区分析（Buffer）、泰森多边形分析（Thiessen Polygon）、网络分析（Network Analyst）、叠加分析（Overlay）、再分类（Reclassify）、空间数据连接、空间查询与量算等。

本文在研究小学的空间选址布局时，结合了小学的空间位置与其建筑面积等属性数据。利用缓冲区分析可以得到学校的服务区范围；利用泰森多边形分析可以得到居民点距最近学校的距离；利用核密度分析、空间连接得到小学分布均匀度、最优路径确定和最佳学校选址。此外，GIS 的空间分析方法分析小学空间布局相关的服务半径、选址、空间可达性等，为后期提供布局与优化建议提供支撑。

3.1.3　评估的主要技术路线

本文在收集人口、路网、土地利用规划、学校资源分布以及建设强度与规模等数据的基础上，使用 ArcGIS 软件进行空间分析。技术路线包括：（1）根据小学的位置，对其进行缓冲区分析和核密度分析，初步判断分布情况。（2）将规划范围内用地进行六边形网络化分解，基于最佳出行路径，使用泰森多边形分析划分区域。（3）结合人口规模、用地规划等数据，依据最大化服务利用率，使用叠加分析得出每一所小学的服务范围。依据控制性详细规划的用地面积和容积率，计算出所需要的建筑容量。（4）通过建构模型，计算每所小学服务区域内的学龄人口，结合国家相关的规范，计算出小学应配建的建筑规模。（5）使用图表、属性关联等功能，与规划设置建筑规模进行对比分析，进行可视化的成果表达。以此对教育设施的布局规划进行评估，找出小学布局不足的区域，提出改进策略（图4）。

3.2　数据处理与加载

研究分析资料来自 DWG 格式的控制性详细规划文件。分析主要使用用地范围、小学位置、道路中心线以及居住用地等多个图层。

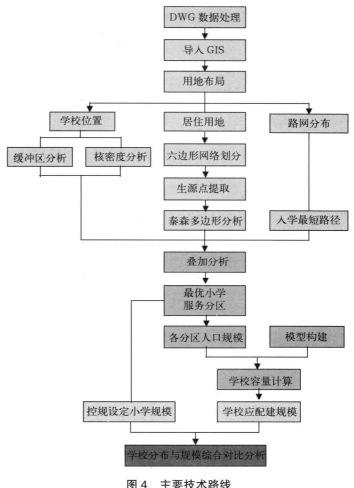

图4　主要技术路线
资料来源：作者自绘

3.2.1　数据预处理

首先在 AutoCAD 软件中消除对分析将会产生的干扰与影响的重叠多线段与面域，减少导入 GIS 软件带来的误差影响。

3.2.2　数据转换

数据转换一直存在于研究过程之中。数据的转换包括：转换数据的格式、表达形式的转换和坐标体系。本次研究坐标系不需要进行匹配等步骤，转换工作只设计数据格式与表达形式。

3.2.3　数据加载

进行分析的初始数据是 AutoCAD 数据，从 Arc GIS 软件中查看 Auto CAD 数据，数据被分成了注释（annotation）层、点（point）要素层、多段线（polyline）要素层、多边面（polygon）要素层和多面体（multipatch）要素五个图层。所有的点显示在点要素层，所有的多段线显示在线要素层，所有的闭合面显示在面要素层，所有的文字显示在注释层。在 Arcgis10.0 将 dwg 矢量图文件中需要的点、线、面要素转换为 shapefile 格式，并加载作为基础数据点重合的独立线段，叠加控制性详细规划小学服务半径覆盖情况。小学加载用地，以其中心点做下一步地分析；居住用地和道路中心线保持原有的图层导入（图5）。

根据研究的需要，将上述的要素图层转换为 shpfile 矢数据，删除属性表中无用信息，对于可能需要

图 5　分层数据导入 GIS 软件

资料来源：作者自绘

另行补充的数据要新建字段。在带入所用信息后，对于丢失的文字与数字进行人工判断，并进行输入属性表补充。对于导入 GIS 后生成的数据只有图形，相关信息丢失，需要将相关数据进行空间连接，以便在后续的研究中使用。

3.3　规划评估分析

3.3.1　缓冲区与核密度分析

导入 GIS 处理后，对每个小学用地取质心进行服务半径覆盖的分析。首先，利用 ArcGIS 邻域分析工具下的缓冲分析得到每一所小学的服务半径，覆盖的范围越大，其服务的人口也就越多，教育资源得到了更好的利用（图 6）。当半径为 500 米时覆盖区域面积为 1262.22 公顷；其次，对小学的点位再进行核密度分析，可以看出不同区域小学服务供给能力的差异（图 7）。

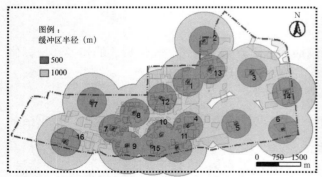

图 6　规划小学服务区半径覆盖分析

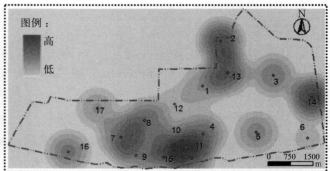

图 7　规划小学容量核密度分析

根据分析可以得出：南部中间地带小学数量较多，学校距离较近，存在明显的服务范围重叠现象，可以看出小学分布过于集中，可能存在资源浪费现象。东部地区的小学数量较少，居住用地分布也较为分散，因学校的服务半径有限，教育资源存在不足。

3.3.2 构建生源数据

从控制性详细规划获取数据，分离出居住类同地，同时生成正六边形网格与其进行叠加，划分出居民单元的生源图层。同时统计每个六边形内的居住人口，赋值于六边形的中心。

在研究中，以正六边形网格划分各个居住用地，是因为六边形图形接近圆形，从中心点到六形各边、角距离相同。以六边形划分地块进行模拟分析早在 20 世纪 30 年代，就被德国地理学家克里斯泰勒（Chris Taylor）和德国经济学家奥古斯特·廖什（August Losch）运用于"中心地理论"之中。在这里，可以假设每一个六边形内生源数量是均匀分布的。将居住用地分为数量不等的六边形，并以其中心点地标地块内的生源量，使之间距离与居住用地距离相近，有效反应生源的实际出行需求。将正六边形半径设定为距离相近，有效反映生源的实际出行需求。其中，每一个六边形的半径为 200m，划分生源数据之后，包含生源点 301 个（图 8）。

3.3.3 最佳路径选择

使用 GIS 网络分析中最短路径计算功能，对小学和生源点两个图层进行分析，计算出每个生源点到达附近小学的最短距离。依据计算出生源点到小学的最优路径的图层，是与每块六边形中重心一一对应的，在属性中可以查看所属小学编码、道路长度等属性值。最佳路径计算结果如图 9 所示。

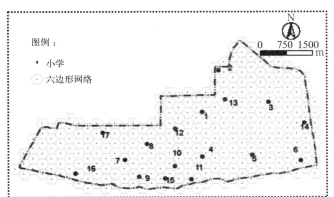

图 8 以正六边形划分地块并分解生源

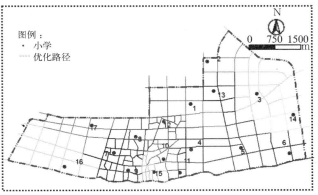

图 9 最佳路径分析结果

3.3.4 基于泰森多边形的学校服务初步分区

GIS 中的泰森多边形是基于现有点位对指定区域进行平面划分，将平面划分为与现有点位相同若干区域，这些区域无重叠和交叉，与点位数量对应。每个区域都包含一个中心点（文章设定为小学），所有点都被划分出的区域所包含，而且区域中任意一点到区域内部点位的距离比区域外部任意一点的距离都小，区域边界上的点到两区域内部点距离相等。运用泰森多边形进行教育服务区分析，恰好可以满足要求，得到距离所在区域内每一个点最近的学校（图 10）。

根据小学的空间布局、路网以及最佳路径等信息，对片区内的小学进行服务区的划分。首先，根据生成的泰森多边形，将路网、生源点等与之进行叠加分析。由于泰森多边形的特点，划分的服务区中任意一点到该区的小学距离都是最短的，以此保证周边生源能够就近入学，实现教育设施最大化的利用程度以及交通的便利性（图 11）。

对生成泰森多边形进行修正，将之前划分的六边形网格与最新的学校进行空间对应，对每个生源点添加对应的距离最近的学校信息。每个服务区，都使用表格连接，将小学的属性信息加入至空间数据里。将具有相同属性信息的六边形分区进行空间融合（图 12）。

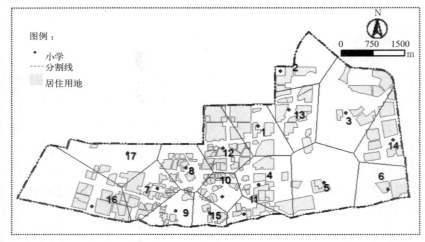

图 10　基于 Thiessen Polygon 图的小学服务片区初步划分

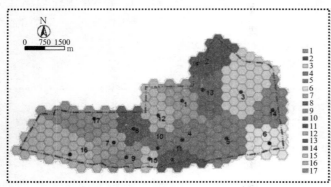

图 11　正六边形与小学的对应关系

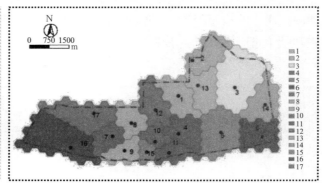

图 12　居住用地叠加小学服务分区

3.3.5　空间落实小学的服务区

将使用泰森多边形初步划分的小学服务分区与居住用地图层进行叠加分析，得到包含所属小学属性的新的居住用地分类。当某一居住小区被划分为多个不同的服务区时，用地就被分到不同的小学服务范围内。但是目前限于我国的管理方式，一般以完整的行政区界线作为义务教育学区划分的基本原则。因此，将泰森多边形分析图应用在相对完整的居住用地较符合实际，结合人工判读，调整每块居住用地的分区属性值，力求保证每个居住小区都能归属于同一小学的范围。修正属性值时还需要综合考虑道路等限制条件造成的影响，优先考虑把小区归并到所占区域面积较大的小学（图 13）。

图 13　确定的小学服务分区的居住地块

资料来源：作者自绘

3.3.6　建立模型核定小学规模

（1）小学容量与规模测算

从空间上落实学校服务分区后，需要对每个服务区的人口规模进行分解计算，将位于同一服务区需要的建筑规模进行求和。依据现状居住用地所包含的人口规模属性，使用 GIS 数据再分类（Reclassify）确定各学校服务区人口规模。按照《中小学校设计规范》（GB 50099-2011）要求，估算各服务区学龄人口规模及应配建学校容量，推算小学的建筑规模。计算公式为：

$$S=K \sum_{i=1}^{n} W_i C_i$$

式中　　S——小学建筑面积；

　　　W_i、C_i——第 i 块小学服务范围内的居住区用地面积和容积率；

　　　K——建筑面积参数，K=（学生人均建筑面积 × 千人指标值）/（人均居住建筑面积 ×1000），本文按照相关规范确定小学生均建筑面积为 10 平方米／人，千人指标为 72，人均居住建筑面积为 35 平方米。

（2）对比控规确定指标

每一所小学按照其服务的居住区应设定的小学规模可以经过上述计算之后得出。将其与控制详细规划的指标进行对比，调用 ArcGIS 属性功能，使用图表显示功能能够较为清楚对比二者的差别。可以看到对应编号 1、11、21 所在区域，学校规模较小，不能满足周边学龄人口需求，应适当扩大学校的规模，保证提供足够的容量；对应编号 6、7、8、16 学校所在地区，学校办学规模能够满足要求；而对应编号 2、11、14 所在地区，学校的规模较为充足，可以吸收一部分办学规模较为紧张的区域（图 14）。

图 14　模型计算机得出的小学建筑规模与控制性详细规划设定规模的对比

资料来源：作者自绘

4　规划评估总结与建议

教育设施布局的不均衡矛盾突出，不仅是在中小城市，大城市、特大城市的教育局部资源短缺现象问题更是显著。教育是一个民族的未来，如不能有效地解决这一问题，将可能引发一系列的公众反应。针对基础教育设施规划布局的不平衡性，提出以下建议：

4.1 量化分析提高规划科学性

传统定性的研究也很难准确有效地反映问题的本质，采用定量的方法进行分析，利用 GIS 技术建立教育服务区划分模型，结合空间分析和网络分析等技术，在学校规模与相对应的居住区人口规模已规划确定的情况下进行分析，可以突破仅仅以服务半径为依据的局限，基于出行的最短距离和资源的最大化利用配置划分服务区，进一步通过人工预判确定每一所小学服务的居住小区，计算应配备的小学规模。对比分析找出学校资源分配的不合理之处，指出教育资源相对缺乏和冗余的地点，能够较好地解决义务教育设施服务半径分析、空间可达性分析的问题。

4.2 宏观视角协调教育资源分配

针对教育设施不均衡的问题，不能仅仅从局部出发，而必须站在更加宏观的视角，从整体上来着手解决问题。对于教育设施资源较为集中的地域，可适当吸纳更多的适龄学童，而对于资源较为紧张的区域，考虑扩建规模或转移分配至其他学区，以此缓解教育设施紧张的布局。以更高的层面来综合协调区域内的教育设施布局规划。

4.3 完善标准规范满足实际需求

完善我国有关公共服务设施配置的相关规范与标准，改变仅仅按照等级规模配置教育设施的传统，充分考虑规划区范围内的人口分布、年龄结构，以及周边教育设施的现状评价，弥补与实际使用需求存在的差距。

5 未来规划评估发展展望

5.1 全面把握规划的核心内涵

以此为基础确立评估的方法。从西方学者的研究来看，规划评估的方法并非唯一，在同一次规划评估中可以兼容多种方法，比如在采用量化指标的同时，仍然需要对无法实施量化的因素采用定性描述的方法进行规范分析。

5.2 注重评估标准全面性

规划评估不仅局限于规划内容的客观性和结果的有效性，而且涉及规划制定的全过程，是一项全面、系统的工作。

5.3 实现评估理论发展的动态性

规划是公共政策的一部分，由环境变化引起的可持续性讨论不但在政府的经济政策中是热点，在规划评估中同样具有重要地位。因此，在国内的规划评估中，无论是定量评判还是定性分析，可持续发展将是重点之一。

参考文献

[1] 吴江，王选华．西方规划评估：理论演化与方法借鉴 [J]．城市规划，2013，01：90-96．

[2] 欧阳鹏．公共政策视角下的城市规划评估模式与方法初探 [M]．中国城市规划学会．生态文明视角下的城乡规划——

2008 中国城市规划年会论文集 . 大连：大连出版社，2008：1-11.

[3]　彭泽平,姚琳 ."分割"与"统筹"——城乡义务教育失衡的制度与政策根源及其重构 [J]. 西南大学学报（社会科学版），2014，3.

[4]　叶成名 . 基于数字地球平台的地学信息资源整合初步研究 [D]. 成都：成都理工大学，2007.

[5]　吉云松 . 地理信息系统技术在中小学布局调整中的作用 [J]. 地理空间信息，2006，12：62-64.

[6]　陈慧，周源 . 我国大城市中心城区中小学布局规划研究——以广州市越秀区中小学教育布局规划为例 [J]. 建筑与结构设计，2009，08：19-21.

城市总体规划中人口规模预测的实施评估：以北京总规为例

陈义勇　刘　涛*

【摘　要】城市人口规模的预测和规划是城市总体规划编制和审批关注的核心内容，人口构成的复杂性和人口增长的不确定性决定了人口预测和规划实施的巨大难度。本文从人口总量、人口增长来源和人口空间分布三方面系统评估了北京城市人口预测与规划的实施情况。发现城市空间规划策略和人口规模控制政策都没有对流动人口给予足够的重视；而作为新增城市人口的核心主体，正是流动人口的快速增长导致城市人口规模预测与现实的脱节，也是流动人口对城市边缘区的区位偏好导致人口布局规划与现实的严重不符。文章认为，人口规划与现实的脱节是城市发展的政策和理念偏误、市场规律的不确定性、规划实施和反馈机制的缺乏以及城市规划自身功能限制等多重因素共同导致的结果。据此提出转变控制导向的城市人口规划理念、尊重城市和人口发展的客观规律、以区域的视野和发展的眼光看待城市人口承载力、制定弹性规划策略、完善规划评估的反馈和响应机制等特大城市人口预测与规划的原则性建议。

【关键词】城市总体规划，人口规模预测，流动人口，都市区，北京

1　引言

城市人口是城市性质和城市功能的载体。城市人口规模预测是城市总体规划编制和审批关注的焦点内容之一，其重要性不言而喻：人口规模决定了城市用地规模和各种基础设施建设规模。制定合理的城市人口规模，既不至于过度膨胀超过资源环境承载力、产生交通环境等问题，亦不至于太小而无法为居民提供基本服务，是经济社会良性发展的基础。如果人口规模把握不准，就会造成城市用地紧张抑或用地浪费，基础设施不敷使用抑或是闲置。

规划实践中，常用的人口预测方法包括综合增长率法、劳动平衡法、带眷系数法、弹性系数法、时间序列法、德尔菲法等。具体操作中也通常采用一种方法为主、其他方法为辅的思路，按照城市的发展状况、人口结构特征、数据可得性及其有效性等因素，根据不同情况采用相应的预测方法。但由于近年来我国城镇化的快速推进，使得城市人口规模的预测越发难以准确把握。

城市人口是城市发展水平和阶段的综合反映，受到经济、社会、制度等诸多不确定因素的影响，因此城市人口的发展存在很大的不确定性。人口预测和规划一直是城市规划的重点和难点所在，受到规划师和城市研究者的长期关注。总体来说，人口增长包括自然增长和机械增长，而中国近年来的快速城市化过程中，人口的机械增长是影响城市人口规模的核心因素，尤其是各种流动人口成为城市化的主体。人口的流动易受经济、政治及大型发展项目的影响。政治环境、经济形势、区域基础设施等方面的变化

　*　陈义勇（1985—），男，湖南衡东人，博士，深圳大学建筑与城市规划学院讲师，研究方向为城市地理与城市景观。
　　刘涛（1987—），男，安徽宿州人，香港大学地理系博士研究生，研究方向为城镇化、人口流迁、城市与区域规划。

也将影响到城市人口规模。此外，城市人口规模的预测还受到城市边界的影响，而城市实体地域的边界也具有不确定性。因此，诸多因素的不确定性决定了人口预测成为一个持续讨论却难以达成共识的话题，人口规模预测与城市发展现实的差异性也成为城市规划评估的核心内容之一。

然而，城市规划评估相关的现有研究大多集中在城市实体空间地域的拓展，通过城市规划与现实的空间拓展之间的比对，评估城市增长边界控制、绿带隔离政策、建筑密度控制等空间实体控制的效果。中国的实证研究总体上认为城市规划并没有对城市空间拓展形成有效的管理和控制，大规模的城市蔓延和无序扩张广泛存在，因此有大量的研究试图探讨这种现象背后的经济、社会和制度原因。然而，作为城市规模无序扩张的另一个重要表征指标，城市人口增长虽然被广泛认为是过快的和低水平的，却鲜有研究对城市人口预测和规划与实施效果之间进行系统的比较和分析。相关研究的缺位在很大程度上限制了城市规划评估的系统性和评估结果的可靠性，同时也限制了城市人口预测、规划自身方法和技术体系的创新和发展。

北京城市总体规划人口增长及人口规模预测的发展历程，既体现了我国大城市人口发展的普遍规律，又具有首都人口发展的特殊规律。新中国成立以来多次制定人口发展目标，但城市人口发展的路径却不断偏离规划的蓝图。尤其是近三版城市总体规划，其预测的人口规模均被早早突破。新的城市总体规划修编工作正在进行。本文将从人口总量和空间分布的角度系统总结北京总规中的人口预测与实际人口发展的差距，探讨人口预测与规划中的经验和教训，试图为今后北京及其他大城市人口规模预测和规划提供参考。

2　近三版北京总规人口规划及实施情况

建国以来，北京市以正式或非正式的方式共编制了六版城市总体规划，每一版都对市域总人口和市区人口进行了预测和规划（表1）。通过北京人口发展现实轨迹与历版规划的对比可以发现，只有1954年第一版总规中预测的人口规模在20年后没有达到，之后历版规划中的总人口和城市人口都在规划期末之前就被现实远远超过。鉴于数据的可得性、可靠性及可比性，以及规划方案、方法的可比性，我们以20世纪80年代以来的三次总体规划为例，对规划与现实人口发展的情况进行系统的比较和评估。

新中国成立以来北京历版总规人口发展规划及实况　　　　　　　　表1

规划版本	规划编制时人口现状	人口发展规划	人口发展实况
《改建与扩建北京市规划草案要点》（1954）	户籍 513 万	20 年左右城市人口达到 500 万	1973 年城市人口 426 万
《北京城市建设总体规划初步方案》（1957）《北京市总体规划说明（草稿）》（1958）	户籍 633 万，城市 401 万，市区 320.5 万	50 年左右总人口达到 1000 万，市区 500~600 万；1958 版《说明》提出市区缩小到 350 万	1986 和 1988 年，常住和户籍人口分别突破 1000 万；1990 年市区人口约 520 万
《关于北京城市建设总体规划中几个问题的请示报告》（1973）	户籍 826 万，城市 426 万，市区 365 万	1980 年市区人口控制在 370~380 万	1978 年市区人口达 396 万
《北京城市建设总体规划方案》（1983）	常住 936 万，户籍 918 万，流动 18 万；市区 429 万	2000 年，常住人口和市区人口分别控制在 1000 万和 400 万左右	1988 年常住人口突破 1000 万，而市区人口从未低于 400 万
《北京城市总体规划》（1993）	常住 1086 万，户籍 1032 万，流动 54 万；市区 520 万	2000 年常住和流动人口分别控制在 1160 万和 200 万	2000 年，常住和流动人口分别为 1382 万和 274 万
《北京城市总体规划》（2004）	常住 1456 万，户籍 1149 万，流动 307 万	2020 年，常住、户籍和流动人口分别控制在 1800 万、1350 万和 50 万左右	2010 年，常住、户籍和流动人口分别为 1961 万、1261 万和 705 万

注：常住、户籍、流动人口均指市域范围的人口情况；市区人口指各版总规界定城区常住人口；城市人口则包括郊区组团的常住人口。

2.1 1983 版总规

1982~1983 年，北京市人民政府组织编制《北京城市建设总体规划方案》。在人口总量控制方面，1982 年底全市常住人口规模为 910 万，其中常住城市人口 530 万。总规批复，2000 年全市常住人口规模要坚决控制在 1000 万以内，即北京市域的人口总规模在未来 18 年仅增加 90 万，年均增长 5 万人。这显然是一种不切实际的理想化方案。事实上，2000 年的人口红线在 1986 年就被突破。规划试图通过针对自然增长和机械增长两方面的措施来实现对人口总量增长的严格控制。一方面，将城镇和农村的独生子女率分别控制在 90%~95% 和 65%~70% 的水平上，实现低水平的自然增长；另一方面，严格控制新建和扩建企业、事业单位，并通过技术输出，做到人口进出基本平衡，限制人口的机械增长。实际上，北京市的人口自然增长确实得到了较好的控制，人口的自然增长率在 20 世纪 80 年代为年均 10.3‰，90 年代迅速降为年均 2.2‰。然而，机械增长并没有遵循规划所制定的轨迹，而是呈现迅速增长的趋势。1981~1990 年的人口机械增长为 78.3 万，1991~2000 年升至 252.5 万。

在市区人口的控制方面，鉴于市区人多地少，规划提出要疏散部分市区人口到远郊区；市区水资源紧张，要在远郊区就近取水建设城镇；同时为了防止交通环境问题进一步恶化，规划要求市区人口在 2000 年实现净减少。当时，市区现状常住城市人口 430 万，总人口已超 500 万，规划提出 2000 年，市区城市人口控制在 400 万以内。市场机制下，这种理想主义的市区人口疏散规划显然难以得到有效实施。1990 年，中心城区的人口就达到 516 万人，而 2000 年则更是高达 837 万人①。据此推断，远郊区常住人口规模仅为 545 万，反而明显低于规划设定的 600 万人的目标。可见人口疏散的目标直到世纪之交也未见成效。

2.2 1993 版总规

1993 版总规《北京市人口规划》专题从常住人口和流动人口两方面，对未来北京人口规模及分布进行预测，其中常住人口的增长又细分为自然增长和机械增长两方面。人口的自然增长方面，该方案认为人口自然增长率将从 1980 年代的 9‰ 下降到 1990 年代的 4‰ ~7‰，21 世纪初将为 2‰ ~5‰，据此全市总人口自然增长前十年约 60~70 万，后十年约 40~50 万，总增长 100~120 万。人口的机械增长方面，到 2000 年，年均迁入 4.5~5.5 万，总增长 50 万；到 2010 年，年均迁入 4 万 ~5 万，总增长 45 万。因而到 2000 年，全市常住总人口 1140~1180 万；2010 年，常住总人口 1220~1260 万。

然而，人口发展实际情况与之大相径庭。据北京市统计年鉴，1991~2000 年，北京市人口年均自然增长率仅为 2.2‰，自然增长共 25.4 万；2001~2010 年自然增长率仅为 1‰ 左右，远低于预测且呈进一步下降趋势。人口的机械增长方面，据 2004 版总规说明书，1991~2003 年，人口迁移总增长 102 万，高于预测且呈逐年递增趋势。这样，常住人口总量 2000 年（五普）为 1381.9 万，大大超过预测值。2010 年常住总人口更达到 1961 万。

---

① 据 1983 版总规说明书，规划市区范围指东起定福庄，西到石景山，北起清河，南到南苑，方圆 1040 千米²。具体包括东城、西城、宣武、崇文、朝阳区的全部，石景山区的大部，丰台河西地区，海淀山前地区。

1990 年人口构成：东城区 65.2 万、西城区 76.4 万、崇文区 44 万、宣武区 56.2 万、朝阳区 102.2 万、海淀区 99.8 万（含温泉镇、苏家坨镇、上庄镇、西北旺镇）、丰台区 58.5 万（含长辛店镇、王佐镇）及石景山区 23.5 万。各区人口数据来源于北京市第四次人口普查数据。

2000 年人口构成：东城区 53.6 万，西城区 70.7 万，崇文区 34.6 万，宣武区 52.6 万，朝阳区 229.0 万，海淀区 224.0 万（含温泉镇 2.7 万、苏家坨镇 1.8 万、上庄镇 2.5 万、西北旺镇 1.5 万）、丰台区 136.9 万（含长辛店镇 1.9 万、王佐镇 2.8 万）及石景山区 48.9 万。各区人口数据来源于《北京市 2000 年第五次全国人口普查主要数据公报》。海淀区乡镇人口来源于海淀区人口与计划生育委员会公布的 2001 年户籍统计数，丰台区乡镇人口来源于《北京市丰台区统计年鉴—2002 年》

流动人口方面，规划提出 2000 年流动人口 180~200 万，其中暂住人口 130 万，过境人口 50~60 万；2010 年流动人口 220~250 万，其中暂住人口 160 万。实际情况是 2000 年（五普）北京市居住半年以上的外来人口为 274 万，两倍于预测的暂住人口规模，2010 年（六普）为 704.5 万，三倍于预测值。1982 年（三普）暂住人口仅 13.4 万，1990 年（四普）全市流动人口约 127 万，其中暂住人口 51.9 万，表明北京已经进入流动人口快速增长的阶段，但 1993 版规划对此并没有足够清醒的认识，因此对流动人口的预测仍较为保守。

城区人口预测方面也延续了人口控制的思路，提出两个方案，难度大的理想方案由 1990 年的 566 万，增长到 2000 年的 640 万和 2010 年的 685~690 万；难度小的可能方案控制 2010 年总人口在 700~710 万。而规划远郊地区，由现状（1990 年）的 466.2 万，发展到 2000 年为 520 万。而实际情况是中心城区 2000 年总人口就达到 837.1 万，超出规划方案近 200 万，甚至比规划 2020 年的城区人口还要高约 130 万。远郊地区 2000 年总人口为 519.7 万①，与预测值十分吻合。人口发展实际情况表明，93 版规划对规划市区人口预测过低；而对远郊区人口的预测也不再是过高，而是与现实发展趋势相吻合。

2.3　2004 版总规

《北京城市总体规划 2004~2020》用四种方法对人口增长进行模拟和预测（表 2），最终确定 2020 年北京适度人口规模为 1800 万，其中户籍人口 1350 万，外来人口 450 万，城镇人口 1600 万。然而人口增长再一次大大超过预期：2010 年（六普）北京常住人口 1961 万，提前十年突破总体规划；户籍人口 2010 年末 1261.7 万，预计 2015 年左右将突破总规 1350 万人的规模；外来人口 2010 年达到 700 万，也大大超过预测值。

北京 2004 版总规人口预测方案总结　　　　　　　　　　　　　　　表 2

预测依据	模型和参数	预测结果	2004~2010 年人口发展
综合增长率	设定综合增长率：2004~2008 年为 2.0%~2.2%，2009~2010 年为 1.8%~2.0%，2011~2020 年为 1.3%~1.5%	2010 年，1645~1678 万；2020 年，1871~1947 万	2004~2010 年，实际人口综合增长率为 4.7%；2010 年总人口 1961 万
资源环境承载力	绿色空间、适宜人口密度、水资源高标准、水资源低标准下，适宜人口规模分别为 1750 万、1750 万、1600 万、1800 万	综合生态条件适宜人口规模为 1600~1800 万	2010 年，远超适宜规模
就业岗位需求	两种方案，预计 2020 年就业岗位需求分别为 810 万和 850~880 万	两种方案对应的 2020 年常住人口规模分别为 1747~1857 万和 1650~1750 万	经济增速超过预测，人口也远超预测规模
生育和人口流迁	通过综合生育率、预期寿命、出生性别比等参数，分别预测常住人口和户籍人口	高、中、低方案下，2020 年常住人口规模分别为 1691 万、1690 万、1587 万	流动人口增速快，导致常住人口总量远超预测

该规划中人口预测使用多种方法进行人口发展综合预测，人口空间分布规划方面，分中心城区（旧城、中心城的边缘集团）、中心城以外的地区进行预测。中心城区现状约 870 万，规划 2020 年下降到 850 万；中心城的中心地区，从 650 万下降到 540 万，其中旧城控制在 110 万；中心城的边缘集团，规划 2020 年人口规模由 140 万增加到 270 万。中心城以外的地区，规划 2020 年总人口为 950 万。人口发展的实际情

---

　　① 远郊地区包括海淀山后四镇，丰台河西地区，门头沟、房山、通州、顺义、昌平、大兴、平谷、怀柔、密云、延庆。2000 年人口为门头沟区 26.7 万、房山区 81.4 万、通州区 67.4 万、顺义区 63.6 万、昌平区 61.5 万、大兴区 67.1 万、平谷区 39.7 万、怀柔区 29.6 万、密云县 42.0 万、延庆县 27.5 万，海淀区山后四镇 8.5 万（温泉镇 2.7 万、苏家坨镇 1.8 万、上庄镇 2.5 万、西北旺镇 1.5 万）、丰台河西地区 4.7 万（长辛店镇 1.9 万、王佐镇 2.8 万）。

况显示，2010 年中心城区人口数为 1197.2 万①，超过规划 2020 年人口规模达 350 万。中心城的中心地区，2010 年总人口为 702.6 万②，比规划 2020 年人口规模多 160 万；旧城二环内 2010 年人口为 134.4 万③，比 2000 年略有增加，超过 110 万的控制目标；中心城的边缘集团 2010 年约 455 万④，远远超过规划 2020 年的 270 万。规划中心城区以外的地区 2003 年大约容纳了 586 万人口，2010 年增至 764 万，如果以此趋势发展下去，2020 年很可能也不会大幅超过规划 950 万人的规模。人口空间发展的现实情况表明，中心城区是近年人口增长最快的地区，尤其是中心城的边缘集团成为流动人口的主要集中区，其人口规模的增长远远超出规划预测值；而中心城以外地区（远郊区）人口发展基本符合预测。

3 总体规划中人口预测困境与反思

3.1 城市发展方针指导下大城市人口控制政策的失灵

人口总量预测是人口规划的核心任务。从北京近三版总体规划来看，人口规划的预测值都严重偏低，常住人口实际增速不仅远高于预测值，且这种差异在逐步扩大（图 1）。这种普遍偏低的人口预测方案首先是我国改革开放初期的城市发展方针指导下的产物。1980 年的全国城市工作会议确立了"控制大城市规模，合理发展中等城市，积极发展小城市"的城市发展方针。在这一方针的指导下，此后的城市规划中普遍强调对城市规模的控制，尤其对于大城市和特大城市，而北京则是最为典型的案例（表 1）。而在现实中，改革开放至今，我国一直处于快速城镇化的前期阶段，也正是人口普遍向大城市和特大城市集聚的过程，此时对大城市人口规模的严格控制只能是一厢情愿，不可能被市场化的城市经济社会发展路径所接受。

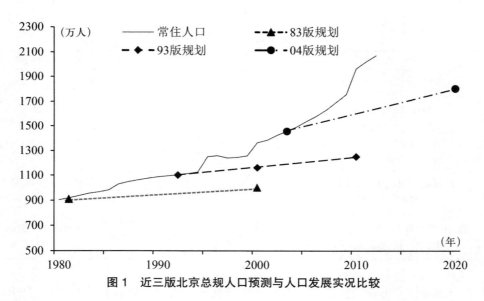

图 1 近三版北京总规人口预测与人口发展实况比较

---

① 2004 版中心城范围为上版总规范围加上昌平回龙观和北苑北地区，共 1085 千米²。2010 年人口数为东城区 91.9 万、西城区 124.3 万、石景山区 61.6 万、朝阳区 354.5 万（含首都机场街道 2.1 万）、海淀区 328.1 万（含温泉镇 5.1 万、苏家坨镇 4.7 万、上庄镇 4.5 万、西北旺镇 14.3 万）、丰台区 211.2 万（含长辛店镇 4.8 万、王佐镇 5.4 万）及昌平区回龙观地区 30.6 万、北苑北（东小口）地区 35.9 万，据此计算中心城区共 1197.2 万。数据来源：《北京市人口普查资料 乡、镇、街道卷 2010》，北京：中国统计出版社，2012.
② 据 2004 版规划说明书，中心城的中心地区范围大体在四环路内外。四环路穿越众多乡镇或街道，本文人口计算以街道办事处是否在四环内为参考。数据来源为东城、西城、海淀、丰台、朝阳五个区的六次普查公报，各街道详细数据从略，下同。
③ 旧城指二环以内城区，包括东城区（除和平里、东直门街道）、西城区（除德胜、展览路、月坛、广安门外、椿树、永定门外街道）
④ 中心城的边缘集团即大致规划中心城区处于四环以外、去除绿化隔离地带的区域。绿化隔离地区人口暂按规划说明书提出的 40 万人计。

这种以控制为导向的城市人口规划并非只发生在北京，也并没有随着市场经济的推进而淡出规划编制的思维方式和叙事修辞。将这种只应针对特殊城市的人口控制理念变成放之四海而皆准的控制导向的人口规划原则，不仅不切实际，而且会因为目标错误而不利于对城市人口发展的有效引导。这种矛盾实际上是计划经济时代反城市化思维的延续，与当前大力推进城镇化的趋势完全矛盾。更为吊诡的是，即使一个城市的人口预测和规划规模远超过现实可能达到的水平，也要煞有介事地写上控制城市人口增长的文字，这种绝非实事求是的态度和风气本身更是值得反思。

作为首都和北方地区最大的中心城市，北京城市人口规模增长还具有一定的特殊性，对全国性中心城市人口规模的预测离不开对全国人口城镇化进程的趋势判断。近三十年来，全国的快速城镇化进程是北京城市发展的重要基础，推动着北京城市人口规模的迅速膨胀。胡兆量先生认为，随着全国和区域城镇化的持续推进，未来北京城市人口的持续增长很可能还会维持 40 年左右。城镇化过程中人口增长的客观规律是人口预测和规划中无法逃避的，只有正视规律，才有可能采取有效措施进行必要的规划应对，引导城市的健康可持续发展。

3.2 迅速膨胀的流动人口是城市人口压力的主要根源

对北京近三版总规的人口结构预测分析表明，人口自然增长和户籍人口的增长预测基本没有出现太大偏差，人口规模规划与现实发展的差异主要来源于人口的机械增长，对北京而言，就是流动人口规模超出预期的大规模快速扩张。1983 版总规低估了人口迁移和流动的规模；1993 版总规编制时，流动人口已经进入快速增长的阶段，规划也单独进行了详细的流动人口预测，但预测值同样大大低于实际增速；2004 版总规并未对流动人口增长进行专门的预测，而这个并不被重视的群体恰恰成为北京人口增长最大的贡献者（图 2）。

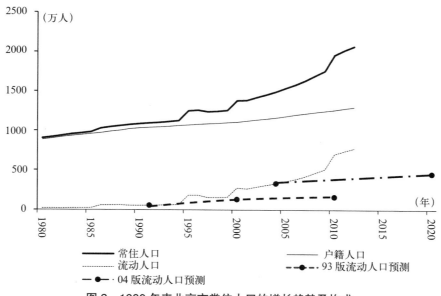

图 2 1980 年来北京市常住人口的增长趋势及构成

对人口的机械增长预测不准确，可能来源于两个主要因素：一是对城市经济快速增长的客观规律认识不清，也不愿以牺牲经济增长为代价来真正地控制城市人口扩张；二是不能正视户籍制度对人口流迁限制力的逐步消失，仍然过分相信城市规划对人口增长的强大控制力。改革开放以来，市场力量正在逐步成为经济要素配置的核心力量。在快速城镇化的中前期，由于大城市的集聚效应十分明显，各种经济资源向大城市的快速集聚必然会持续相当长的一段时间。因此，快速增长的城市人口也必然大量集中在就业机会较多、工资水平较高的大中城市。在市场力量主导的经济社会中，这种趋势是必然的。试图通过强制性的产业外迁等措施疏散大城市人口的规划方案在本质上是违反区域经济发展规律的，因此即使短期内能够通过行政手段达到人口控制的目的，也会对城市社会经济的健康发展留下长期的隐患。而各大城市的人口规划中，一方面将目标设定为控制城市人口规模，另一方面却将产业发展推动人口集聚作为城市发展的主线，这种矛盾双方的博弈自然是符合市场规律的后者占了上风。

全国范围史无前例的人口大规模流动是人口预测时始料未及的，也是造成人口预测失实的主要原因。实际上，如果说改革开放初期的政府和规划师对人口流动和城市发展客观规律的认识并不成熟，近年来的情况则更可能是不愿以控制城市经济增长的代价来真正实现对城市人口的控制。因此，整个规划方案中，几乎各个部分都在围绕着增长做文章，没有真正控制城市增长的具体措施。这种增长导向的城市规划中，顺应和利用市场规律，促进城市发展成为规划的主线，对城市人口的控制就显得十分孤立，也不可能得以实现。

流动人口规模的迅速膨胀是北京和东部主要大城市人口增长的主要贡献者，也是大城市人口预测与现实发展差异性的主要来源。1990 年第四次人口普查时，全国流动人口只有 0.21 亿人，这个规模在 2000 年和 2010 年分别扩大到 1.17 亿和 2.61 亿。与此同时，北京市的流动人口规模也经历了大幅的增长，1990 年、2000 年、2010 年的规模分别为 53.8 万、274.4 万、704.5 万。实际上，虽然城乡二元的户籍制度并未放开，流动人口在大城市的落户仍障碍重重，但人口几乎可以在全国范围内自由流动。只要有充足的就业机会，农村人口就会持续地向这些城市流动和迁移，中小城市和小城镇的居民也有足够的动力向大城市迁移，无论是否能够获得大城市的户籍，无论这种城镇化模式本身是否健康，都不能否认这种人口流动的广泛存在，更不能否认他们对城市基础设施、公共空间和公共服务的需求，这些都是城市规划中不可忽视的因素。

3.3 人口分布预测的中心城区失准和远郊区准确

人口分布的预测和规划是城市总体规划中的重要环节，城市空间规划与人口分布具有较强互动关系。一方面，人口分布为城市规划功能分区指明方向，影响近期建设重点和具体项目的落实等；另一方面，城市规划也通过人口内部迁居和外部疏散迁移深刻地影响着城市人口分布的空间格局。近三版北京总规都进行了人口分布预测，分中心城区和郊区两部分。

中心城区是人口增长最快的区域，比较总规对中心城区人口控制目标及实际增长情况发现，人口发展一次又一次突破总规的控制目标。1983 版规划市区人口控制在 400 万以内，实际上 1990 年达到 516 万；1993 版规划 2000 年市区人口为 640 万，实际上达到 837.1 万；2004 版规划市区人口 2020 年为 850 万，实际上 2010 年即已达到 1197.2 万。2004 版规划还对中心城的中心地区和旧城区人口控制提出规划，其中中心城的中心地区 2020 年人口 540 万，但实际上 2010 年就已经达到 702.6 万，要在之后的十年中降低 20% 左右，几乎是不可能的。

而三版总规对远郊区县的人口预测基本准确。1983 版规划远郊区人口控制在 600 万以内，实际上 1990 年为 570 万；1993 版规划远郊区人口 2000 年为 520 万，实际为 519.7 万；2004 版规划远郊区人口 2020 年为 950 万，实际上 2010 年为 764 万，估计 2020 年并不会大幅超过规划 950 万的规模。

城市人口规模预测中，中心城区人口预测和控制难度最大，尤其是近郊区，由于处在快速城镇化的核心区，人口增长最快；而远郊区人口增长较为平稳，人口预测基本准确。历次人口普查数据为这种规律提供了有力的证据。图 3 表明，近三十年来朝阳、海淀、丰台是北京市人口增长最快的地区，三个区

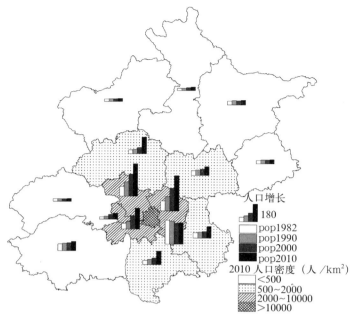

图3　北京市分区县人口密度分布及人口增长趋势

2010年人口占全市的45.6%，总数比1982年增长了633.3万人，占全市总增长数的61.0%；其次为大兴、通州、昌平等地，远郊区县人口增长较为平稳；中心城人口总量稳中有降，占全市人口比则由1982年的26.2%降低至2010年的11.0%。人口分布的空间格局变化与北京市区产业格局的圈层结构变化基本一致，产业格局变化是塑造人口增长空间格局差异的重要动力。这种现象也是当前我国不少大城市人口增长的普遍规律。

　　作为中国最重要的行政与经济中心，北京城区人口的迅速扩张是国家快速城镇化背景下的必然结果，也符合城镇化进程的一般规律。从世界城镇化进程特点来看，发达国家在20世纪中后期陆续完成城镇化，人口向大城市的集聚基本停止，而发展中国家在二战后开始快速城镇化进程。我国自20世纪80年代开始快速城镇化，现在仍处于这一阶段，而大城市和特大城市具有更高的经济效益和超强吸引力，人口膨胀尤其剧烈。城市化过程中大城市规模不断膨胀，这是世界城镇化的客观规律，在北京则表现为中心城区的不断扩展，且现阶段仍以主城区的扩张为主，远离主城区的远郊区县人口增长相对平稳。这一点在人口分布的预测和规划中特别需要重视，虽然北京市的流动人口布局近年来郊区化趋势明显，昌平、通州等地对流动人口的吸引力快速提升，但在缺乏相应规划措施引导人口合理空间布局时，中心城的边缘地区仍是流动人口为主体的新增城市人口的最主要聚居地。

4　结论和讨论

　　城市人口规模预测是城市总体规划的核心内容，也是城市空间布局的基础。北京历版总体规划中，规模控制是人口规划的主基调；然而，近三十年来的人口发展却是一个不断突破总规目标的过程。总体而言，户籍人口的增长预测比较符合实际，但外来人口的快速增长却被历版规划所忽视；因此，作为北京城市人口增长主要贡献者的外来人口成为规划与现实差距持续扩大的主要根源。而外来人口在城市边缘区的高度集聚也导致人口规划与现实增长的差异性主要体现在中心城区周边附近，远郊区和旧城区的人口增长与规划目标基本相符。

规划与现实脱节的原因是多方面的，很难判断是流动人口为主体的快速增长难以预料，抑或是城市管理者和规划师有意将控制人口作为城市规划的核心目标，本文也无意纠结于这种认识论和价值观的争论。在笔者看来，这种脱节更可能是城市发展的政策和理念偏误、市场规律的不确定性、规划实施和反馈机制的缺乏以及城市规划自身功能限制等多重因素共同导致的结果。首先，城市人口规模是区域发展和城市吸引力共同作用的结果。全国和区域城镇化的速度和规模本身就很难预测，个体城市的经济社会发展及其对区域人口的综合吸引力同样充满了不确定性，试图将基于预测的人口规模和布局规划完全变为现实的目标本身没有其逻辑基础，现实对规划的适度偏离是必然的、合理的，因此也是可以接受的。其次，控制大城市增长的城市发展理念仍深刻影响着大城市的规划和发展。虽然城市发展方针在新世纪初就已经转变为大中小城市和小城镇协调发展，人口在城乡之间、城市之间也可以完全自由流动，但在城市管理者和城市人口规划的理念和话语体系中仍占据着重要的地位，使得人口控制成为增长型城市规划体系中的另类目标，自然很难在现实中得以实现。再次，城市规划的实施策略中普遍缺乏人口引导或控制的有效手段。城市空间结构、功能布局、交通体系等可以通过"两证一书"的体系进行控制，但作为城市新增人口主体的流动人口大多居住在非正式开发的城中村、城郊村，或租住在城市其他地区，既不使用经过规划审批的城市空间，也很少接受城市政府提供的公共服务，因此在很大程度上游离于城市规划和管理之外，必然导致规划实施主体在控制人口增长方面很难有所作为。最后，城市总体规划及其实施具有自身的限制性，也会体现在人口控制和引导方面。虽然城市总体规划是指导城市发展的总体蓝图，但在实施过程中，却会受到诸多限制。这不仅是城市管理者和规划实施者不作为的问题，也有规划自身的不完善和缺乏综合性考量的原因，更是城市规划与土地、发改、环境等诸多部门规划的不协调导致的。

总之，城市人口规模的规划与现实之间的差异性是有多方面原因共同造成的，面对城市和人口发展的新形势，北京等特大城市的规划编制和实施需要一些新的策略，解除和弱化人口规划与实施脱节导致的诸多社会、经济和环境问题：

（1）尊重客观规律，政府合理引导，实现人口规划编制科学性和实施有效性的良性互动。城市规划中对人口规模的预测与现实发展之间的巨大差异究竟体现了预测的不准确、不合理，还是规划实施不力导致的无序发展？笔者认为，可能二者都是存在的，片面苛责任何一方都不利于城市规划的进步和城市自身的健康发展。一方面，城市规划要认清城市经济和社会发展的客观规律，并充分利用这些规律制定促进人口集聚或是控制人口过快增长的有效措施，使得城市人口预测、人口和城镇化发展战略与城市总体规划中各方面的战略思路相一致，而非简单地将规划战略体系中明显另类的人口控制目标寄希望于行政力量的干预，也不应因此将人口控制失败的责任简单推给政府推进规划实施的不力。另一方面，城市规划的实施过程中，也不应过分集中于促进城市增长的部分，而忽视了控制的部分。从这个意义上说，城市人口发展的引导实际上是城市规划制定及其实施效果的综合反映。城市规划本身就应该是一个因地制宜的政策组合，片面强调增长或是控制都不应该是规划的唯一主线，也不应是规划实施的唯一主线。

（2）制定弹性的规划策略，实现规划评估常态化，完善规划实施的反馈和响应机制。无论城市规划的实施过程和效果是否如规划师所预期，这种效果的应对都是城市规划编制过程中必须考虑的议题。从城市人口增长的角度来说，既然流动人口的增长是一种必然的趋势，为这些人口提供相应的城市公共服务就应该是规划编制者必须考虑的问题。当前人口规划与现实的脱节，不论原因如何，其结果都是城市基础设施和公共服务设施的严重不足，难以支撑远超预期的人口扩张。这是城市规划实施过程中不可避免的不确定性。规划实施的不确定性还体现在空间上，流动人口为主的城市人口增长曾经集中体现在城市边缘区，但这种趋势可能随着城市地价和生活成本的提高及相应的就业机会郊区化而发生改变，这些既可能是城市总体规划中空间布局策略引导的结果，也可能是市场机制下企业和居民的自发选择，这种人口空间的不确定性同样需要规划师的智慧。为应对这些不确定性，一方面要求城市管理者正视人口发展的现实，适时调整相关规划，为远超预期的城市新居民提供基本的城市公共服务；另一方面也要求规划师在编制城市规划时，充分考虑这种不确定性，制定更有弹性的规划方案，为可能产生的人口过快或过慢增长提供可行的多元城市发展方案。要将城市规划的实施评估及评估效果的反馈和响应机制纳入城市规划的编制内容，实现规划评估的常态化，确保规划调整有准备、有序地进行，而非在规划管制失效和规划整体修编之间做简单的二元选择。

（3）以区域的视野和发展的眼光看待城市人口承载力。规模控制方针长期主导了北京和其他特大城市人口规模的预测和规划，但快速城镇化过程中，集聚经济效应主导了特大城市人口的迅速增长。从人口预测到人口规划，其中最重要的区别常常就是综合考虑生态环境制约下的人口容量或承载力的估算。人口控制的基本论调认为大城市规模不经济、资源环境承载力有限。然而，城市并非孤岛，作为人工生态系统的任何城市都不可能在内部实现自然生态系统的平衡，资源环境承载力本身就是一个区域的概念，也必须在区域的尺度上进行评估。没有任何理论或理由将支撑城市发展的自然本底范围界定在城市的行政辖区。因此，特大城市的水资源、生态资源、土地资源、环境系统都应从区域层面上进行统筹和规划。再者，资源环境的承载力并非一成不变，而是会随着科技进步和社会经济发展而不断变化，因此，发展的眼光对于规划编制者尤为重要。因资源环境约束而引导城市和人口发展向低能耗、低环境影响的方式转变是可持续发展的必然要求，但无视资源环境承载力的区域特性和发展变化、并据此严格限制城市发展和人口集聚就可能成为区域发展和规划的教条者，反而不利于城市和区域的可持续发展。

（4）改变人口控制的规划理念，加强规划间的协调，提高规划的可执行性。城市人口增长的现实情况，并非源自城市规划师的精心设计，而是市场规律下人口理性选择和政府合理引导的结果。在这个过程中，居民和政府的行为都是多维的，涉及城市产业发展、生态环境保护、国土空间开发等诸多因素的影响。因此，城市规划中的人口预测要充分尊重和参考经济和产业发展的预期和规划；随着中国的城市化逐步进入中后期阶段，人口城乡流动和迁移的动力可能不仅仅局限于就业搜寻和工资需求，城市环境、公共服务等新的因素也会成为人们选择城市的重要因素，这些因素也应逐步进入人口预测和规划内；而国土空间开发和生态环境保护的原则性约束同样是城市规划必须考虑的约束性条件。城市人口的预测和规划绝非理想主义者的领地，而是顺应人口流动迁移客观规律的合理分析的结果，是人口工作居住决策与城市空间发展、国土开发战略、生态环境承载力等诸多区域发展策略交互作用的结果，只有改变人口控制的规划理念，加强城市人口规划与城市空间、土地利用、生态环境等规划之间的协调，才能保障城市人口规划的合理性和可执行性。

参考文献

[1] 牛慧恩. 城市规划中人口规模预测的规范化研究——《城市人口规模预测规程》编制工作体会[J]. 城市规划, 2007, 31 (4)：16-19.

[2] 胡兆量. 北京人口规模的回顾与展望[J]. 城市发展研究, 2011, 18 (4)：8-10.

[3] 郑声轩, 张卓如. 城市人口规模研究的再思索——以宁波市城市人口规模研究为例[J]. 规划师, 2002, 18 (4)：67-70.

[4] 任强, 郑晓瑛. 中国人口的不确定性研究[J]. 中国人口科学, 2008, (6).

[5] 罗震东, 廖茂羽. 政府运行视角下的城市总体规划实施过程评价方法探讨[J]. 规划师, 2013, (6)：10-17.

[6] 吕晓蓓, 伍炜. 城市规划实施评价机制初探[J]. 城市规划, 2006, (11)：41-45, 56.

[7] 周一星. 对《城市人口规模预测规程》的几点看法（内部讨论稿）.2006.

[8] 崔承印. 对北京人口规模的反思与认识 [J]. 北京规划建设，2006，（5）：67-69.

[9] 刘涛，曹广忠. 大都市区外来人口居住地选择的区域差异与尺度效应——基于北京市村级数据的实证分析 [J]. 管理世界，2015，（1）.

[10] Fang C.L., Liu X.l.. Temporal and spatial differences and imbalance of China's urbanization development during 1950~2006. Journal of Geographical Sciences, 2009, 19, (6)：719-732.

[11] 曹广忠，刘涛. 中国省区城镇化的核心驱动力演变与过程模型 [J]. 中国软科学，2010，（9）：86-95.

[12] 姚华松，许学强，薛德升等. 中国流动人口研究进展 [J]. 城市问题，2008，（6）：69-76.

[13] Wu F. L.Planning for Growth：Urban and Regional Planning in China[M]. New York：Routledge, 2015.

[14] 刘涛，齐元静，曹广忠. 中国流动人口空间格局演变机制及城镇化效应——基于 2000 和 2010 年人口普查分县数据的分析 [J]. 地理学报，2015，（4）：567-581.

[15] Chan K W, Zhang L. The hukou system and rural-urban migration in China：Processes and changes[J]. The China Quarterly, 1999, 160：818-855.

[16] 罗彦，周春山.50 年来广州人口分布与城市规划的互动分析 [J]. 城市规划，2006，30（7）：27-31.

[17] 曹广忠，刘涛，缪杨兵. 北京城市边缘区非农产业活动特征与形成机制 [J]. 地理研究，2009，28（5）：1352-1364.

[18] 谢守红. 广州市外来人口空间分布变动分析 [J]. 城市问题，2007，（12）.

[19] 秦贤宏，魏也华，陈雯等. 南京都市区人口空间扩张与多中心化 [J]. 地理研究，2013，32（4）：711-719.

[20] Cao G.Y., Chen G., Pang L.H. Urban growth in China：past, prospect, and its impacts[J]. Population and Environment, 2012, 33, (2-3)：137-160.

[21] 陈红霞. 土地集约利用背景下城市人口规模效益与经济规模效益的评价 [J]. 地理研究，2012，31（10）：1887-1894.

厦门"多规合一"实践探索的评估

李佩娟 蔡莉丽 *

【摘 要】本文回顾了 2014 年以来厦门"多规合一"实践探索历程。分析三年来厦门"多规合一"分阶段、分领域的工作重点，总结其在推进的空间规划体系和治理体系方面的特点成效，着重检讨厦门"多规合一"实践过程中存在的问题及其原因，提出深化"多规合一"改革具有针对性的措施建议，并为其他城市提供切实的经验借鉴。

【关键词】厦门，"多规合一"，评估

1 引言

"多规合一"工作是近年来我国深化体制改革、推动城市治理体系与治理能力现代化的重要探索，各省、市、地区纷纷开展了内容多样、形式多种的"多规合一"实践，形成了丰富的成果。但是，"多规合一"作为一项创新工作，既无经验定式可循，也无规范标准可依。因此，需要在改革探索过程中不断反思，通过评估来总结工作特点、发现工作问题，从而优化改革路径、深化实践成效。

2014 年 3 月，厦门从贯彻中央部署的高度出发、从推动转型发展的角度入手，开展"多规合一"工作，形成了"一张图"、"一个平台"、"一张表"、"一套机制"的"四个一"工作成果；2015 年起又深入开展空间规划一张蓝图梳理，依托平台优化建设项目管理等工作，探索出了"多规合一"的厦门模式，实现了解决空间规划矛盾冲突、统一空间发展平台、改革建设项目审批管理、推动服务型政府职能转变等成效；厦门的"多规合一"工作受到领导层、业界和学界的高度认可。但是，三年来的实践探索依旧存在诸多问题，例如市区部门职能分工不清、工作衔接不顺畅等，阻滞了"多规合一"向更深度、更高层次的深化改革。本文首先阐述厦门"多规合一"改革历程，分析其实践探索的特点，分析存在的问题及其原因，并基于深化改革的目标提出切实可行的建议。

2 厦门"多规合一"实践历程回顾

2.1 前期准备阶段

2.1.1 制定战略引领

2013 年 5 月，厦门市制定了《美丽厦门战略规划》。战略规划由市委市政府组织制定，通过人大审议，明确了城市发展的"两个百年愿景"、"五个城市目标"、"三大战略"以及"十大行动计划"，是凝聚全市共识、引领城市发展的顶层设计[1]。该规划的编制开展于"多规合一"之前，虽然并不是专门为"多规合一"所

---

* 李佩娟，女，厦门市城市规划设计研究院高级工程师。
蔡莉丽，女，厦门市城市规划设计研究院初级工程师。

制定的规划，但是为后续开展"多规合一"工作奠定了基础、指明了方向，之后很多以厦门模式为蓝本开展"多规合一"的城市都是以制定战略规划作为工作开展的重要前期准备。

2.1.2 明确生态格局

在制定《美丽厦门战略规划》之后，厦门以战略规划提出的"十大山海通廊"城市山水城空间关系为依据，开展了山水格局规划和生态控制区规划，从城市重要的景观控制节点、城市轴线、城市高度分区等方面进一步细化厦门山水城空间格局，对林地、基本农田等生态规划要素的边界进行了整理、汇总，初步明确了生态控制区内需要保留和可以置换的用地处理方案，并且以山海通廊的通畅为目标初步划定生态管控边界，为后续"多规合一"一张图的编制提供中观层面的生态空间格局引导。

2.2 中期工作阶段

2.2.1 整合空间规划构筑"一张图"

2014 年 3 月至 6 月，厦门市整合了城乡规划、土地利用总体规划、"十二五"规划和环境规划。整合过程中，首先是突出底线思维，重点协调了环保、林业、水利、规划、国土等部门的生态控制线，形成统一生态管控边界。其次，解构土地利用总体规划基本内容，衔接城规与土规用地分类标准，比对建设用地差异，基于协调机制对差异进行分析与处理，形成控制线体系。同时，梳理重大项目 548 项（其中，社会事业项目 180 余项、基础设施项目 200 余项），保障民生项目和重大基础设施的用地。通过上述工作，厦门共协调了 12.4 万块差异图版、盘活了约 55 平方公里的建设用地，在全市域划定了 986 平方公里的生态控制线和 640 平方公里的城市开发边界，并对保护和建设空间内的用地构成及布局进行了细化，形成了全市统一的"一张图"，保障"生态空间山清水秀，生产空间集约高效，生活空间宜居适度"[2]。

2.2.2 搭建全市空间管理"一个平台"

在"一张图"基础上，厦门构建了统一的空间信息共享和业务协同管理平台。平台通过统一空间坐标体系和数据标准，保障建设项目信息、空间规划信息、国土资源信息等空间信息的实时共享；将平台通过政务网络接入市、区政府及局、委、办，通过统一系统接口标准，实现多部门的业务协同和信息交换；同时，成立专门的信息化建设队伍，负责平台的建运营和维护。2014 年中平台即上线运行，通过该平台厦门实现了空间信息的共享共用、建设项目生成与审批等业务的协同办理，提升了空间治理的效率。

2.2.3 推动建设项目"一张表"审批

基于"一张图"，依托"一个平台"，厦门于 2014 年 9 月全面实施了建设项目行政审批流程的改革，积极推行"一张表"审批，每个项目报建单位只需将申请材料上报行政服务中心，由中心分配给部门审批，实现建设项目并联式审批，由"1 对 N"变为"N 对 1"，由多环节、多层次变为扁平化、高效率，大大减轻报建单位负担、提高审批效率[3]。改革后，建设项目从启动到施工许可证核发的时限大幅压缩，其中财政投资项目审批由优化前的 345~532 日压缩到 147~196 日，社会资本投资项目由优化前的 202~305 日压缩到 134~166 日。截至 2015 年 12 月，全市共有 852 个项目按新的审批流程在综合平台运行。

2.2.4 制定保障运行的"一套制度"

2014 年 11 月厦门出台《厦门经济特区生态文明建设条例》，将"多规合一"划定的生态控制线管控纳入地方立法；同时，逐步建立平台更新维护、部门业务联动的配套机制，初步建立"宽进、严管、重罚"的建设项目管理制度。

2.3　深化完善阶段

2.3.1　梳理空间规划

为了深化完善"一张图",2015 年下半年以来,厦门全面系统地推进空间规划体系梳理工作,对 103 个涉及空间的专项规划进行梳理、协调,初步构建了以空间治理和空间结构优化为主要内容、覆盖全市陆域海域、以城市承载力为支撑的全域空间"一张蓝图"。其中,《厦门市城市总体规划(2011~2020)》修订后已于 2016 年 2 月得到国务院批复;"十三五"规划的编制强化了空间要素和空间属性;永久基本农田规划在"一张图"成果基础上得到进一步深化;环境保护总体规划的生态红线与生态控制线做了对接;同时,厦门正在全面推进林业、水利等生态要素专项规划,以及文教体卫、交通市政等专项规划的完善修编。这些专项规划将成为城市管控的依据,进一步充实"一张蓝图",推动城市空间布局与利用有序平衡。

2.3.2　完善平台功能

平台上线后由专门的运维团队继续深化完善平台功能,截至 2016 年上半年,平台已纳入城乡规划、发改、国土、环保等多部门 8 大专题共 40 项图层,以及民政、交通等部门的人口分布、交通流量等非空间规划信息。目前全市已有 120 余个部门接入该平台,更好的支持信息共享。同时,根据建设项目管理的需求,不断更新平台系统、支持各部门业务协同。下一步,厦门还计划将部分平台功能向公众公开,实现信息透明,便于监督管理。

2.3.3　深化审批改革

2015 年 11 月开始了建设项目审批流程的第二轮改革,2016 年 1 月开始运行建设项目生成策划工作,制定了"双随机"的抽查制度、违法建设"零容忍"制度,使建设项目审批流程改革拓展到批前策划和批后管理。目前厦门市行政审批流程改革成果已经运用到日常管理中,成为成熟的常态化工作机制。

2.3.4　完善配套制度

2015 年以来,厦门逐步完善保障"多规合一"运行的配套制度文件。一是建立法律保障机制。于 2016 年 5 月出台多规合一管理立法,使得"多规合一"有法可依。正在制订《厦门市控制线管理实施规定》,明确生态控制线的管控主体、管控规则等,严格管控生态控制线范围内的各项土地利用和建设活动。二是完善部门协调运行机制。2015 年 11 月出台《进一步推进"多规合一"建设项目审批流程改革的实施意见》,明确改革目标、措施、适应范围和各部门职责,为审批流程改革提供依据;2016 年 1 月出台《厦门市建设项目生成管理办法》和各部门实施细则,明确项目策划生成的程序、职责等。三是建立全方位监管机制。制订《建设项目审批环节协调监督管理办法》、《"多规合一"审批效能督查工作暂行办法》、《事中事后监管工作指引》等机制,加强效能监督。

3　厦门"多规合一"实践的特点与成效

3.1　以"高度共识的空间发展战略"为"多规合一"工作核心

厦门在开展"多规合一"工作之前就编制了贯彻中央战略并取得高度共识的战略规划,并随后为落实战略规划做了大量深入细致专项规划和制度创新工作,为"多规合一"奠定了坚实的基础。若直接以某个部门的规划作为"多规合一"的基准、而缺乏高度共识的战略规划,"多规合一"将面临"合一"方向模糊的问题。同样如果仅仅是战略规划,没有落实到生态保护空间格局、建设项目安排上,也将面临"多规合一"缺乏明确的空间基准、容易陷入图斑比对的具体争议中。

3.2 以"空间发展和空间治理转型"为"多规合一"工作目的

"多规合一"是在中国城市化进程推进到一定阶段，城市发展面临环境、土地、社会、产业等多重困境下提出的。厦门"多规合一"工作的根本目的并不类似于某些城市仅用于争取更多可用的用地指标，而是以"多规合一"为契机，反思原有以规模扩张为主的城市发展指导思想，更加关注盘活存量用地、更加关注统筹城乡用地布局和指标的规划方法和政策设计。

3.3 以"规划体系和规划体制改革"为"多规合一"工作要点

厦门开展"多规合一"工作最重要的目的并不在于规划比对和协调、解决空间规划的冲突，而在于解决空间规划冲突的本源性问题，即改革规划管理机构、改革规划体系、完善规划体制。厦门成立厦门规划委员会，规划部门成为政府成员单位，由专业部门变成综合部门，承担起制定政策、规划、标准以及监督执行、统筹协调等职能。厦门市重新梳理各类规划，明确规划主体的权益和责任边界、管控规则，并以平台为依托实现信息共享；在此基础上，推动建立统一的空间规划体系，谋划规划体系和规划体制改革的具体方案和改革路径。

4 工作评估

4.1 关于一张蓝图构建

4.1.1 "多规"联动调整滞后

在"一张图"编制完成后，厦门进行了空间规划的梳理，开展相关规划的联动调整，力求全市空间规划协调衔接，但是，在实际调整修编过程中却存在联动调整滞后的问题。

（1）城乡规划的调整状况

在"一张图"编制期间，用于图斑比对处理的城乡规划工作底图是"厦门市空间布局规划一张图"，而非《厦门市城市总体规划（2010~2020）》。"厦门市空间布局规划一张图"是基于管理单元的划分，以控规、专项规划等作为依据进行拼合的，具备一套完整的动态更新维护的入库规程，实时更新的"空间布局规划一张图"为规划行政管理和规划编制工作提供最新、最准确、最全面的技术支持。

为了明确了全市空间布局规划与"一张图"控制线关系，空间布局规划确定的限建区、禁建区应与生态控制线衔接，适建区应与城市开发边界协调。同时还应进一步调整各控制线内的空间布局用地规划，在城市开发边界内将部分非建设用地调整为建设用地、生态控制线内将部分建设用地调整为非建设用地，以保障后续规划行政审批管理工作的顺畅运行。通过将实时更新的"厦门市空间布局规划一张图"（2016年6月）与"控制线规划图"的初步比对，可以看到，仍有大片区域的用地布局方案还未调整完成，存在较大冲突（图1）。

（2）土地利用总体规划的调整状况

"一张图"编制过程中国土部门用于图斑比对处理的工作底图是《厦门市土地利用总体规划（2006~2020年）》，该规划于2010年底编制完成，2012年9月获国务院批复。

土地利用总体规划的联动调整是以"一张图"控制线方案为基础，重点对于建设用地空间布局、有条件建设区划定的调整，以确保土规建设用地布局与"多规合一"用地规模控制线一致。但是，联动调整的工作于2016年7月才正式启动，计划年底前完成；而"一张图"完成后涉及的规划调整，都是根据具体项目进行具体地块的调整。

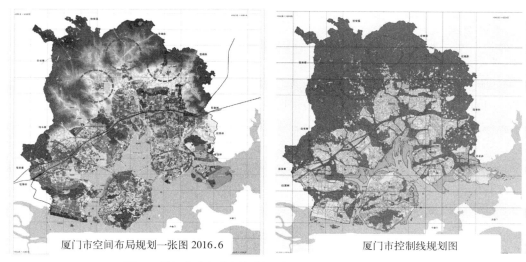

图 1 厦门市空间布局规划一张图与"一张图"控制线

（3）环境总体规划的调整状况

厦门市是环保部门环境总规编制的试点城市，于 2013 年 12 月启动了《厦门市环境总体规划》编制工作，并于 2015 年 6 月获市政府批复。在环境总规编制期间，其与"一张图"编制工作联系较为紧密，因此划定的生态红线方案不仅完全涵盖于生态控制线内，并且保证了环境总规与控制线不存在冲突。

4.1.2 全市空间发展战略规划的缺位

厦门市于 2015 年初启动《厦门经济特区多规合一管理若干规定》（以下简称《若干规定》）的立法制订工作，立法通过人大审议后于 2016 年 5 月 1 日正式施行。作为全国首部"多规合一"立法，《若干规定》明确提出市人民政府应组织开展"空间战略规划"的编制工作。立法规定，"空间战略规划"是对城市发展定位、目标、布局等重大事项作出的战略性部署，是涉及空间的规划编制的依据。因此，"空间战略规划"在厦门空间规划体系中位于中枢的位置，一方面细化美丽厦门战略规划的空间谋划，另一方面作为其他空间性规划的编制依据、指引全域空间规划一张蓝图的深化细化。近两年来，厦门市逐步开展了各区空间战略规划、全域空间规划一张蓝图及各专项规划的梳理完善工作，但是仍未开展全市空间战略规划编制工作；市级层面空间战略规划的内容是全市战略部署中的重要一环，应是区级空间战略规划的直接指导，与区级的工作内容与深度各有侧重；同时，"一张蓝图"要以"空间战略规划"为指导进行深化落实。因此，"全市空间战略规划"的缺位对于各层级规划编制、完整的空间规划体系构建产生负面影响。

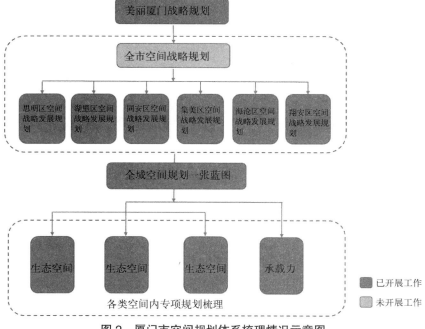

图 2 厦门市空间规划体系梳理情况示意图

4.2 关于组织机构

厦门市在推进建设项目管理上不断深化工作，但是，涉及多部门的项目策划、审批、监管的项目全流程管理需要协同互动的多部门共同完成，这就对组织机构提出了较高的要求。厦门"多规合一"工作进入常态化后，厦门市"多规合一"领导小组仍旧在全局上统筹全市工作，日常化的工作主要有厦门市"多规合一"领导小组办公室（以下简称多规办）牵头办理，但是区级多规办的机构设置与工作开展也并未形成良好机制，与市工作衔接不畅，区级在推进具体工作落实时往往难以找到具体负责的部门与人员，在新的项目生成流程、审批流程上线后的磨合调整阶段也反馈滞后，影响了改革的效果。

4.3 关于配套制度建设

2015 年初以来，厦门市制定了"多规合一"的系列配套机制文件，包括地方立法、市级层面规范性文件及各部门配套文件等多种形式，立法文件主要指《厦门经济特区多规合一管理若干规定》、市级层面规范性文件主要从空间规划、项目生成、审批及平台管理等四个方面展开，各级文件初步搭建形成一套机制构架，共同保障"多规合一"工作的顺畅运行（图 3）。目前，市级层面规范性文件的制订存在缺漏，其中建设项目生成及审批的相关制度文件建设较为完善，但是对于空间规划及平台管理方面的制度建设较为滞后，亟待制定相关机制明确工作流程、工作内容，并相应指导各部门配套文件的制定。

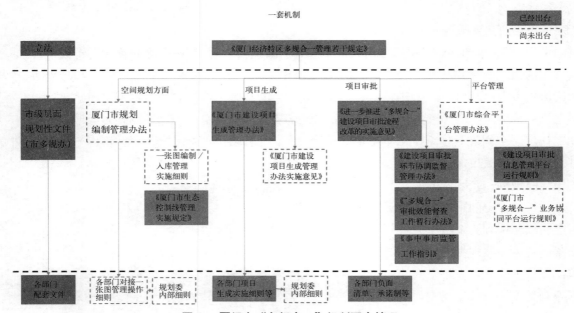

图 3 厦门市"多规合一"机制配套情况

5 工作建议

5.1 编制空间战略规划，完善空间规划体系

以《美丽厦门战略规划》、厦门市"十三五"规划为引领，继续按照"生态控制线、城市开发边界、海域系统、全域城市承载力"四大板块进一步梳理统筹各部门专项规划，充实和完善"一张蓝图"，作为政府决策、规划管理和项目建设的依据。加快多规的联动调整，完善"多规合一"一张图的管控标准，以多规办名义出台全市层面规范性文件，明确空间规划编审流程、技术标准等，相应完成专项规划修订工作，并按程序上报审批。

5.2 进一步建立健全"多规合一"工作体制机制

"多规合一"的工作过程也是多部门协同工作机制的形成，在深化"多规合一"中，厦门应进一步建立健全相应的组织机制。

5.2.1 完善市区两级工作组织构架

首先，完善市区两级工作小组的协调沟通，加强市级小组对区级小组的检查、督促和指导，加强区级小组对市级小组的及时沟通汇报。其次，进一步调整完善市级多规办的设置，现行多规办副主任仅一位，是规划部门的分管副市长，下一步应增设副主任，将发改、国土、环保及建设局的分管市级领导一并纳入。此外，优化完善市级工作会议机制，根据会议需求，精简参会单位，即市级核心部门和区政府参加即可，并建立月会制度。

5.2.2 建立与多规合一工作相适应的内部行政运行体制

要根据"多规合一"的工作要求，转变传统工作模式，将新转型的思想观念、思想方式真正渗透到各项工作中。在施行"多规合一"改革工作以来，有些分配到部门的工作落实不到位、不及时，内部处室之间互相推诿，主要是因为相关部门依旧按照传统工作模式设置内部的行政运行体制，亟待结合"多规合一"工作制定相适应的运行体制，启动内部改革，重新梳理整合部门内部的工作流程、职能配置。

5.3 完善制度配套

结合正在开展的空间规划体系构建、建设项目生成策划、审批流程改革、项目批后管理等方面的工作，及时配套相应机制，纳入年度的工作计划中，以保障相关改革工作的具备依据与标准。

6 结语

"多规合一"开展三年来，厦门不断深化工作，取得了一定成效，运作较好，但是在"一张蓝图"构建、多部门工作协调、相关配套制度建立上仍存在不足，需要通过评估反馈的良好机制来进一步深化推进工作。

参考文献

[1] 何子张."多规合一"之"一"探析——基于厦门实践的思考[J].城市发展研究，2015，（06）.

[2] 王唯山，魏立军.统筹城市发展，推动城市治理能力现代化——厦门市"多规合一"实践的探索与思考[J].规划师.2015，（02）.

[3] 翁帆玲，赵燕菁.基于"三规合一"的规划审批改革——以厦门市为例[J].规划师，2015，（08）.

纽约百年区划的建设强度管控实施经验及对国内的启示

薄力之 *

【摘 要】纽约第一部区划于 1916 年颁布，至今正好百年。纽约百年区划经历了由建筑高度与密度控制、容积率控制到弹性控制三个主要阶段，形成了一套体系化的建设强度管控方法：首先，建设强度的基准分区与土地用途分区一致，具体而言，主要分为住宅、商业和工业三大类用地，每类用地又细分为若干小类，分别对应不同的容积率区间以及建筑密度、高度等指标数值；其次，对于同一类用地，包含若干可选择的规则，例如高度系数、优质居所规则等；最后，纽约区划包含丰富多彩的特别意图区，具体可以分为鼓励发展区、特色发展区、风貌保护区三个类别。本文以 125 大街、哈德逊庭院等作为案例，从现状情况，规划目标与措施，强度管控规则，实施后效果四个方面分析了纽约区划建设强度管控的具体实施情况，并提出了对国内城市开展强度管控的七项启示。

【关键词】纽约区划，强度管控，容积率

以容积率指标为核心的建设强度管控是城市规划体系的重要组成，在高速城市化时期往往成为矛盾频发的管控难点。当前国内城市普遍将分片编制的控制性详细规划作为建设强度管控的主要依据，在实施过程中经常面临一系列问题：（1）容积率指标给定的依据不足，频繁突破。（2）容积率与建筑密度、高度等指标之间容易出现不匹配。（3）各种交通承载力、生态承载力评估流于形式，很难给容积率指标的确定提供实质性的帮助。（4）刚性化的指标体系对土地开发建设中的各类特殊情况应对不足。控制性详细规划与容积率指标本身根源于美国区划体系，时值纽约颁布第一部区划正好百年，其百年的强度管控实施经验可以带给国内城市一定的启示。

1 纽约百年区划建设强度管控方法的历史演进

1.1 建筑高度与密度控制阶段

20 世纪初的纽约，除了高度外，数量众多的摩天楼建筑密度也较高，造成相互之间遮挡现象严重，日照与通风无法得到保障，引起租户大批搬走，给纽约市带来显著的经济损失。为此，1916 年，纽约市制定了第一部区划，其主要意图是控制摩天楼高度的无序增长。可以说，建设强度的管控是区划出现最重要的源头之一。早期区划体现出很强的刚性特征，即对土地开发提出"禁止性"的消极控制，并加强对建设强度的严格管控，主要包括建筑高度与建筑退缩控制：（1）将整个纽约市划分为 5 类不同的高度分区，根据建筑高度与街道宽度的比值命名为 1 倍区，1.25 倍区，1.5 倍区，2 倍区以及 2.5 倍区。（2）每个地块被赋予一定的开发权，规定建筑必须逐步后退，以使相邻的地块获得足够的阳光。当建筑后退至一定高度，该层的面积达到整个基地面积的 1/4 时，建筑可不必退缩而继续升高。为了获得尽可能多的建筑面积，开发商认真研究区划条例，形成了 20 世纪上半叶典型的"婚礼蛋糕"的高层建筑形式（图 1）。

---

* 薄力之，男，同济大学城市规划系博士生。

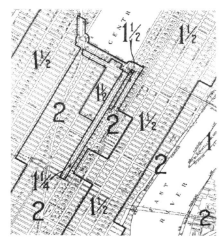

图 1　纽约 1916 年区划的高度分区（中央公园南侧区域）
资料来源：Mel Scott.American City Planning since 1890.Berkeley and Los Angeles：University of California Press，1969.158.

1.2　容积率控制阶段

1961 年新的纽约区划法引入了"容积率"[①]的概念，以此来决定每一地块上允许的最大建筑面积。"容积率"的引入避免了原有区划法规对建筑设计的束缚和其导致千篇一律的建筑形式，第一次将土地使用控制（Land-use control）与建设强度控制（Bulk control）结合为一体。以 1916 年和 1961 年区划进行比较可以发现：根据 1916 年区划，纽约市最多可容纳 5500 万人（平均的居住用地容积率为 20，商业用地为 30），而 1962 年区划将这些指标减少了 80%。

1961 年后区划的强度管控以容积率为核心指标，建筑密度（Lot coverage）、限高（Height）以及空地率[②]（Open space ratio）为辅助指标。按照不同的用地类别，容积率指标一定出现，建筑密度与限高指标在需要的情况下出现。以住宅用地为例，高度系数规则下，只需要控制容积率和空地率指标，不需要控制建筑密度和限高，但需要满足天空曝光面（Sky exposure plane）要求；优质居所规则下，需要同时控制容积率、建筑密度与限高三项指标。

1.3　弹性控制阶段

1961 年区划另一个显著的变化在于整体的管控方向由"禁止性"消极控制转向"鼓励性"积极引导，与之相匹配的是增加了较多弹性控制的手段。首先，鼓励私有公共空间（Privately owned public space）建设，通过提供广场与骑廊等，容积率可以在基准的基础上上浮 20%。其次，为了实施历史保护、城市设计和其他规划意图，增加了特别意图区（Special purpose districts），其内部各项规划要求与基准片区有所不同，往往包含更多样化的容积率奖励与转移政策。

2　纽约百年区划建设强度管控的具体措施

2.1　基于土地用地的基准分区

纽约区划对于建设强度的基准分区与土地用途分区一致，也就是不同用途的用地对应不同的建设强

---

①　容积率又称建筑面积指数（Floor Space Index），早在 20 世纪 20 年代末就已经被美国一些规划学者所提出，但直到 1957 年才被芝加哥市区划条例所采用
②　空地率与国内的绿地率不同，空地率＝绿地面积／总建筑面积，也就是国内的绿地率＝容积率 × 空地率

度。土地用途首先分为三大类,分别是居住、商业和工业。考虑到开发强度等特别控制要求,再细分为小类,比如,居住用途分为 10 种、商业用途分为 8 种、工业用途分为 3 种,其中有些小类在特定情况下可以进行进一步的变化(图 2)。

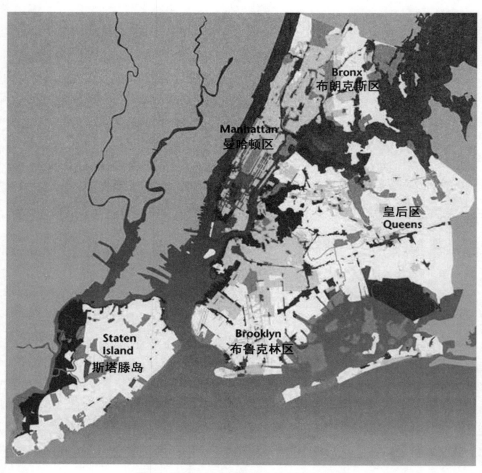

图 2　纽约 1961 年区划土地用途分区图
资料来源：http://www1.nyc.gov/site/planning/zoning/

2.1.1　居住用地

居住用地占纽约总面积的 75%。根据家庭数及相应的居住密度,纽约将居住用地分为 10 类,以针对性地控制从郊区拥有大草坪的独栋住宅,到曼哈顿中的百层摩天楼。R1-R5 为低密度居住区:往往远离城市公共交通,房屋层数低,汽车占有率高,容积率为:0.5~1.25;R6-R10 为高密度居住区:往往靠近城市商业区,公共交通便利(图 3)。开发商可以选择三种地块规则确定容积率。高度系数规则:容积率与建筑层数挂钩:从 R5 到 R9,容积率在 2.43~7.52 之间;优质居所规则:为了延续城市已建成区的肌理,对开发地块有限高要求,鼓励高覆盖率,更贴近街道线,尊重周边建筑的空间尺度,往往是肌理区划(Contextual zoning)①的组成。为了鼓励开发商选择此规则,允许更高的容积率。此规则与建筑层数无关,与建筑相邻的道路有关,从 R5 到 R10,容积率在 2.2~10.0 之间;塔楼规则:针对 R9-R10 中的塔楼,容积率在 7.52~10.0 之间(表 1)。

---

① 肌理区划目的在于规范新建建筑与原有社区肌理融合,通常有很高的建筑覆盖率,街墙紧邻或位于街道线之上,建筑层高及高度与周边建筑相契合。

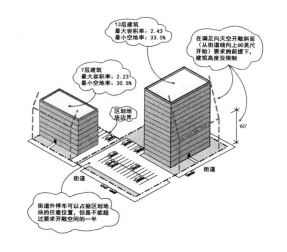
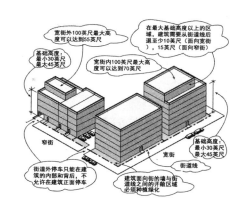

R6	**R6 高度系数规则**			
	容积率	空地率	建筑高度	最小停车数
	0.78~2.43	27.5-37.5	满足向天空开敞斜面要求	住宅单元的70%

R6	**R6 优质居所规则**					
	容积率	**建筑密度**		基础高度	最大高度	最小停车数
		街角地块	内部和贯穿地块			
宽街[1]	3.0	80%	65%	40-60ft	70ft	住宅单元的50%
宽街[2]	2.43	80%	60%	40-55ft	65ft	
窄街	2.2	80%	60%	30-45ft	55ft	

[1] 曼哈顿核心以外
[2] 曼哈顿核心以内

图 3　纽约区划 R6 用地在高度系数规则与优质居所规则下的相关控制指标
资料来源：http://www1.nyc.gov/site/planning/zoning/

纽约区划居住用地分类及对应强度管控指标　　　　　　　　　　　　　　表 1

用地	功能类别	地块规则	容积率指标	其他指标
R1	独门独院住宅	—	0.5	空地率：150%
R2	单户独栋别墅	—	0.5	空地率：150%
R3	半独立式单户或双户住宅，4 个及以下联排，通常 2 层	—	0.5	建筑密度：35%；限高：沿街墙 21 英尺，建筑 35 英尺
R4	4 个及以下联排，通常 3 层	—	0.75	建筑密度：45%；限高：沿街墙 25 英尺，建筑 35 英尺
R5	3~4 层联排住宅和小型公寓	—	1.25	建筑密度：55%；限高：沿街墙 30 英尺，建筑 40 英尺
R6	多种类型住宅的组合	高度系数规则	0.78~2.43 1~13 层	空地率：27.5~37.5%；遵循向天空敞开的斜面规定
		优质居所规则	3.0（WS1）、2.43（WS2）、2.2（NS）	建筑密度：街角地块 80%，内部和贯穿地块 65%（WS1），60%（WS2, NS）；限高：裙房 40~65 英尺（WS1），40~55（WS2），30~40 英尺（NS）；总体 70 英尺（WS1），65 英尺（WS2），55 英尺（NS）
R7	中密度公寓	高度系数规则	0.87~3.44 1~14 层	空地率：15.5~25.5%；遵循向天空敞开的斜面规定
		优质居所规则	4.0（WS1）3.44（WS2/ NS）	建筑密度：街角地块 80%，内部和贯穿地块 65%；限高：裙房 40~65 英尺（WS1），40~60 英尺（WS2/NS）；总体 80 英尺（WS1），75 英尺（WS2/NS）
R8	高密度公寓	高度系数规则	0.94~6.02 1~17 层	空地率：5.9~11.9%；遵循向天空敞开的斜面规定
		优质居所规则	7.2（WS1）6.02（WS2/ NS）	建筑密度：街角地块 80%，内部和贯穿地块 70%。限高：裙房 60~85 英尺（WS1），60~80 英尺（WS2/NS）；总体 120 英尺（WS1），105 英尺（WS2/NS）
R9	沿主要街道的高密度公寓	高度系数规则 / 塔楼规则	0.99~7.52 1~16 层	空地率：1~9%。遵循向天空敞开的斜面规定
R10	位于商业区的最高密度公寓	塔楼规则	10.0	建筑密度：40%
		有裙房塔楼规则	10.0	建筑密度：30%~40%；限高：裙房 60~85 英尺
		优质居所规则	10.0	建筑密度：街角地块 100%，内部和贯穿地块 70%。限高：裙房 125~150 英尺（WS1/ WS2），60~12 英尺（NS）；总体 210 英尺（WS1/ WS2），185 英尺（NS）

资料来源：http://www1.nyc.gov/site/planning/zoning/

表中缩写含义：WS1：曼哈顿核心以外的宽街（街道宽于 75 英尺及与其交叉口距离 100 英尺以内）；WS2：曼哈顿核心以内的宽街；NS：窄街。

2.1.2 商业用地

按照所承担的商业职能、服务半径和对周围环境的干扰程度，纽约市将商业用地分为 8 类。C1—C2 是为周边居住区服务的小型商业；C3 为水岸边的娱乐活动；C4 是服务居住片区的中型商场；C5—C6 是服务整个城市的大型商业区，例如曼哈顿下城（华尔街），中城，布鲁克林中心，长岛中心等；C7 为开放性娱乐公园；C8 为一般服务区，主要包括：加油站、洗车房等。

部分类别的商业用地根据区位条件进一步细分为次级用地分类，例如 C4 用地可以分为 C4-1 至 7：C4-1 位于外围地区，往往需要大型停车场；C4-2 至 5 位于更密集的建设地区；C4-6 与 7 位于曼哈顿核心区。C1—C6 商业区允许住宅建筑兼容，并在许多地区居住面积远高于商业面积。住宅功能根据其密度，遵循对等住宅等级（Residential district equivalent）的控制要求，例如任何在 C4-4 内的住宅开发，其地块规则对应 R7。部分类别的商业用地可以通过提供公共广场（Public plaza）或阁楼津贴（Attic allowance）得到 20% 的容积率奖励（表 2）。

纽约区划商业用地分类及对应强度管控指标　　　　　　　　　　　　　　　　　　　　　　表 2

用地	次级用地分类及对等住宅等级	功能类别	容积率
C1/C2	C1/C2-1、C1/C2-2 C1/C2-3、C1/C2-4 C1/C2-5	为周边居住区服务的小型商业，杂货铺干洗店、干洗店、药店、餐馆、本地服装店等；满铺商业，位于居住用地内部；C2 在 C1 的基础上包含殡仪馆、本地维修店	1.0
	C1/C2-6（R7） C1/C2-7（R8） C1/C2-8（R9） C1/C2-9（R10）	为周边居住区服务的小型商业，杂货铺干洗店、干洗店、药店、餐馆、本地服装店等；非满铺商业，类似国内的底商；C2 在 C1 的基础上包含殡仪馆、本地维修店	2.0
C3	C3（R3-2）	临近居住区的滨水休闲娱乐活动用地	0.5
C4	C4-1（R5）C4-2/3（R6） C4-4/5（R7） C4-6/7（R10）	中型商场，位于区域商业中心：专卖店和百货商店，剧院及其他商业办公设施	1.0 3.4 3.4 3.4/10.0
C5	C5-1（R10） C5-2/4（R10） C5-3/5（R10）	中央商务区，连续零售界面，旨在成为服务整个城市和大都市区的办公和零售中心	4.0 10.0 15.0
C6	C6-1/2/3（R7/8/9） C6-4/5/8（R10） C6-6/7/9（R10）	中央商务区，比 C5 更宽泛的业务，大部分位于曼哈顿、布鲁克林中心、牙买加中心；位于摩天楼中的总部基地、大酒店、百货公司、娱乐中心	6.0 10.0 15.0
C7	C7	大型的开放性娱乐公园，一般只位于少数指定地区	2.0
C8	C8-1 C8-2/3 C8-4	洗车店、维修店、加油站、4S 店等。这类地区由于会带来较大的交通量，并会产生噪声干扰，因此常常与居住区保持一定距离	1.0 2.0 5.0

资料来源：http://www1.nyc.gov/site/planning/zoning/

2.1.3 工业用地

纽约市内的工业区已经不再以传统的重工业制造为主要功能，而是包含了从服装、酒店用品生产等轻工业到电影制作、时尚摄影等创意产业的复合功能区。纽约区划充分考虑了工业建筑再利用的要求，允许在部分工业用地内部兼容商业、服务业使用功能。1961 年版的区划中，工业区内不允许新建住宅，但允许保存旧有住宅。此后许多废弃的老工业厂房被转型为居住建筑。1997 年，为适应这样的发展趋势，在某些特定的工业用地内（M1），允许新建住宅建筑。根据产业类别的不同，工业区分为 M1—M3，M1 为轻工业，M3 为重工业，而 M2 则位于两者之间。次级用地分类与区位条件相关，例如容积率最高的 M1—6 只能位于曼哈顿地区（表3）。

纽约区划工业用地分类及对应强度管控指标　　表3

用地	次级用地分类	功能类别	容积率
M1	M1—1 M1—2/4 M1—3/5 M1—6	轻工业，包括多层 LOFT。在 SOHO\NOHO 区内，艺术家可以将工厂用作共同生活工作宿舍（Joint Living—Work Quarters for Artists）。 最高性能标准要求	1.0 2.0 5.0 10
M2	M2—1/3 M2—2/4	介于轻工业与重工业之间。主要位于滨水的老工业区。性能标准要求低于 M1	2.0 5.0
M3	M3—1 M3—2	产生噪音，交通或污染物的重工业。典型的应用包括发电厂、固体废物转运设施、回收厂和燃料补给站。最低性能标准要求	2.0 2.0

资料来源：http://www1.nyc.gov/site/planning/zoning/

2.2　特别意图区

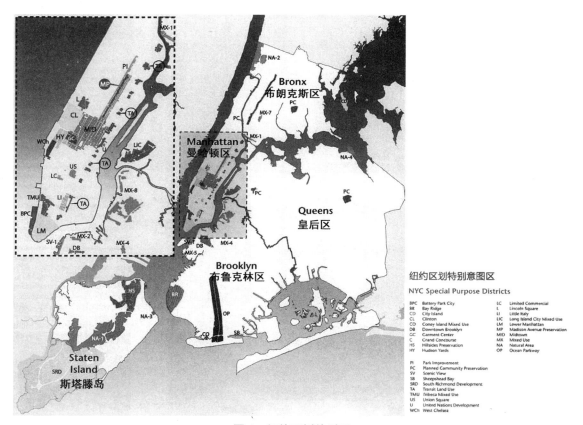

图4　纽约区划特别区
资料来源：http://www1.nyc.gov/site/planning/zoning/

对于各类有特殊需要的片区，纽约区划设立了特别意图区（图4），特别意图区内的各类管控规则与基准分区有所不同，在空间上分为两类：一种是全市范围的共性片区；另一种是针对特定区域的个性片区（见表4）。

并不是所有的特别意图区都有针对建设强度的特别要求，有要求的大致分为以下几类：

（1）鼓励发展区：包括城市重要 CBD，商业区，滨水区，鼓励混合发展的片区等，通常容积率比正常区域高，或者有比正常区域更丰富的奖励机制和转移机制。

（2）特色发展区：对某类功能有特别鼓励和考虑，通常有针对某类用地的容积率上浮政策。

（3）协调发展区：考虑与周边重要设施的协调或者激励其发展，通常在设施的周边有容积率转移与上浮政策。

（4）风貌保护区：为了协调传统历史风貌，保护城市肌理，对容积率、建筑高度有一定限制。

纽约区划与强度管控有关的特别意图区　　　　　　　　　　　　　　　　　表4

层面	特别意图区	规划目标	类别	管控规则
全市层面	用地混合特别意图区	为工业居住混合区提升活力，吸引投资	鼓励发展区	R7-3：5.0；R9：9.0；
	计划中的社区保护特别意图区	保护被按照整体规划建设社区的独特个性。这些社区拥有大型景观开放空间。	特色发展区	R4 用地在阳光花园区域（Sunnyside Gardens）的容积率可以由 0.75 上升到 0.9
	视线保护特别意图区	防止阻碍公园、平台、公共空间看往重要景观的视线通廊	风貌保护区	特别高度控制
曼哈顿	125 大街特别意图区	打造艺术娱乐目的地及区域商业办公中心	特色发展区	用地用于视觉或表演艺术用途后容积率可以提升
	巴特利公园城特别意图区	重要滨水区	特色发展区	分地块限制在 8.0 和 12.0，局部由 8.0 增加到 12.0
	克林顿特别意图区	保护和加强毗邻市中心的社区的居住特性，维持收入阶层混合	风貌保护区	限制容积率：R8：4.2，商业为 2.0。剧场容积率转移
	哈德逊广场特别意图区	工业遗产保护鼓励混合发展	鼓励发展区	非住宅 10.0，住宅 9.0，包容性住房计划可到 12.0
	哈德逊庭院特别意图区	混合使用，城市公共空间延伸，鼓励发展区	鼓励发展区	特定的容积率奖励与转移政策
	小意大利特别意图区	保护传统社区的历史商业特色	风貌保护区	限制容积率。转角地块 4.8，非转角地块 4.1
	下曼哈顿特别意图区	提升下曼哈顿活力，城市最古老的 CBD，增长中的居住社区	鼓励发展区	R8：6.5，商业为 21.6，提供游憩活动空间、公共广场、地铁站改进、有盖人行空间，容积率可增加
	曼哈顿维尔混合使用特别意图区	高密度多样性发展	鼓励发展区	居住 A 区 3.44，C 区 6.02 社区设施 AC 区 6.0，B 区 2.0 商业 AC 区 6.0，工业 2.0
	中城特别意图区	增长、稳定、保护中城 CBD	鼓励发展区	非居住基本容积率最高 15，提供公共广场，最高可达 16。特发准单后可达 18，地标街区部分用地开发权转让后后上不封顶。居住分区域按 8、10、12 控制
	公园改善特意图区	保护社区特色及建筑风貌	风貌保护区	所有用地不能超过 10
	南罗斯福特别意图区	康乃尔纽约理工学院	特色发展区	居住最高 3.44，科研、测试实验组团使用最高 3.40
	联合广场特别意图区	通过鼓励混合使用来复兴联合广场区域	鼓励发展区	住宅分区域 8.0 和 10.0，商业容积率不能超过 6.0
	西切尔西特别意图区	围绕高架公园的住宅商业动态发展	特色发展区	特定的容积率奖励与转移政策
布鲁克林	湾岭特别意图区	街区尺度肌理保护	风貌保护区	限制容积率，C8-2：3.0，R4：1.65.
	康尼岛特别意图区	打造一个全年开放的娱乐目的地	特色发展区	科尼东区 4.0，科尼西区 4.6-5.8（住宅），3.75（宾馆）

续表

层面	特别意图区	规划目标	类别	管控规则
布鲁克林	布鲁克林市中心特别意图区	第三大中央商务区，鼓励混合发展	鼓励发展区	R7-1：4.0，非盈利老年住宅 5.01，C6-1：3.44，C6-4/5：12.0
	海洋大道特别意图区	沿路景观控制	风貌保护区	全部 1.5
	羊头湾特别意图区	滨水地区	特色发展区	居住 1.25-2.0，商业 1.0，
皇后	大学点特别意图区	维持商务花园活力，避免对周边社区负面影响	风貌保护区	所有用地 1.0
	牙买加市区特别意图区	多式联运交通枢纽、繁华商务区	鼓励发展区	C6-2：6.0，C6-3：8.0，C6-4：12.0，R8：5.4，R9：6.0，R10：9.0
	长岛市混合使用特别意图区	促进不同密度的发展，土地混合使用	鼓励发展区	A 区 12.0，B 区 8.0，C 区 5.0
	南猎人角特别意图区	高密度混合发展滨水区	鼓励发展区	滨水区 10.0-12.0，内部基准容积率 2.75，通过增加公共空间可提升至 3.75
史泰登岛	圣乔治特别意图区	滨水步行友好的商住区	特色发展区	最高容积率临街 3.4，不临街 2.2
	斯台普顿滨水特别意图区	旧海军船港滨水再开发	特色发展区	最高容积率 2.0

资料来源：http://www1.nyc.gov/site/planning/zoning/ 笔者整理

3 纽约百年区划建设强度管控的典型实施案例

特别意图区在实施过程中既体现了基准分区的普通要求，同时也包含了个性化的专门要求，其作为实施案例分析得出的经验启示，对国内城市更具有借鉴意义。

3.1 125 大街特别意图区

现状情况：125 大街特别意图区（Special 125th street district）位于曼哈顿的北部，过去是美国最大的黑人聚居区和贫民区，经济落后，犯罪率居高不下。

规划目标与措施：（1）打造充满活力的艺术娱乐目的地及区域商办中心。鼓励混合土地使用业态，并提升艺术娱乐功能建筑的总量。同时在核心次分区，在开发中要求包含一定面积的艺术娱乐功能。（2）通过建立沿街界面和高度限制，保护 125 大街走廊的商业和历史排屋。（3）为了确保有活力的多元零售功能，限制底层沿街银行、办公、居住及其他非活力功能的总量。

强度管控规则：（1）采用了纽约一个创新的艺术奖励式区划制度（Incentive zoning），建筑在包含了视觉或表演艺术用途后，容积率可以得到提升，例如：C4-7 用地由 10.0 提升为 12.0（核心次分区以外），7.2 提升为 8.65（核心次分区以内）。（2）包容性住房计划（Inclusionary housing program）：通过提供可选择的容积率奖励来换取在本地或异地，新建或保护保障性住房的目标。一定比例的保障性住房可以在容积率奖励地块的某些建筑内部，或独立成栋在地块外安置，地块外需要在同一社区或者 1.5 英里内（例如：R8 由 5.4 上浮到 7.2，R9 由 6.0 上浮到 8.0，R10 由 9.0 上浮到 12.0）。

实施后效果：区划实施后，起到了良好的效果。如今 125 大街已经成为纽约的第三大旅游景点，仅次于时代广场和华尔街。其不仅拥有特色化的商业街，道路两侧的爵士乐俱乐部、夜总会和各式新潮酒吧，已成为纽约黑人文化的特色中心。

3.2 哈德逊庭院特别意图区

现状情况：哈德逊庭院特别意图区（Special hudson yards district）位于曼哈顿西区。过去是整个

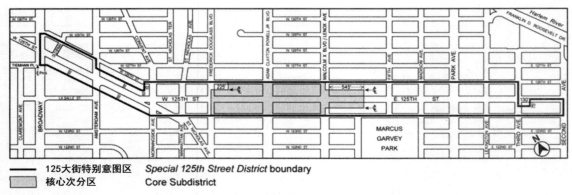

图 5 125 大街特别意图区平面图及核心次分区位置
资料来源：http://www1.nyc.gov/site/planning/zoning/

图 6 125 大街特别意图区实施后效果
资料来源：http://www1.nyc.gov/site/planning/zoning/

纽约旅游吸引力最差的片区之一，在这个以交通设施和工业建筑为主的地方，到处是工厂、汽车修理厂、停车场和大大小小的空地。纽约市政府与开发企业意识到这片区域的潜在价值，从 2001 年就开始考虑将哈德逊庭院作为纽约市最大的开发区和高密度新 CBD。

规划目标与措施：（1）引入轨道交通。（2）新增的功能包括：2600 万平方英尺的新办公空间、2 万个住宅单元，2 百万平方英尺的零售业、3 百万平方英尺的酒店、以文化为特色的多功能空间、停车场、新公立学校、12 英亩的室外公共空间等。（3）形成两条新的高密度商业居住走廊。特别意图区包含 6 个次分区，其土地使用、城市设计以及强度管控要求有所不同。

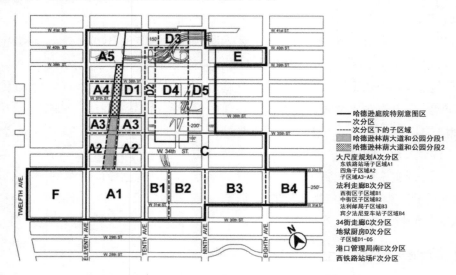

图 7 哈德逊庭院特别意图区平面图及次分区位置
资料来源：http://www1.nyc.gov/site/planning/zoning/

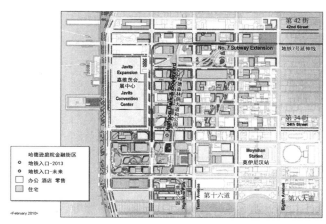

图8 哈德逊庭院特别意图区城市设计总平面与效果图
资料来源：http://www.officesublets.com/sublets/

强度管控规则：（1）地区改善基金奖励（District improvement fund bonus）：将钱存入地区改善基金以获得容积率奖励，需要市规划委员会主席批准。（2）哈德森林荫大道和公园容积率转移（Hudson boulevard and park）：在林荫大道和公园项目中，不许有新建筑建设，原有建筑也不许扩建，开发权可以转移到制定的接受基地。（3）宾夕法尼亚车站子区域容积率转移。（4）大尺度规划A分区容积率整体分配：大尺度规划A分区中剩余的开发权可以分配入本项目。（5）地标建筑开发权转移：地标性建筑的开发权可以转移至临近地块。以法利走廊次分区为例，C10用地基准容积率为10.0，通过各种容积率奖励与转移后最大可以达到21.6。

实施后效果：目前的哈德逊庭院正在按照区划要求进行建设，未来将成为21世纪的洛克菲勒中心，整座城市的心脏地带，以及纽约著名的新地标。

3.3 西切尔西特别意图区

现状情况：西切尔西特别意图区（Special west chelsea district）位于中下城西部，为"富艺术气息"的"时髦"区域，区内美术馆云集。由美国著名食品制造商纽约饼干公司的厂房旧址改造的切尔西市场充满了美食和具有新奇艺术感的店铺。高线公园（High line park）的大胆设计和整个街区的环境相得益彰，成了纽约市最新兴的旅游目的地。

规划目标与措施：（1）围绕高线公园建设一个持续动态的商住混合区，在特别意图区内部可以适用容积率奖励和转移机制，用于保证高线公园的光、空气、视线等与地面开敞空间相同。（2）内部划分为10个次级分区，其土地使用、城市设计以及强度管控要求有所不同。

强度管控规则：（1）高线交通走廊（High line transfer corridor）：转移高线公园经过的地块以及为了保证高线公园采光、通风、景观视线要求的周边地块牺牲的开发权。（2）高线

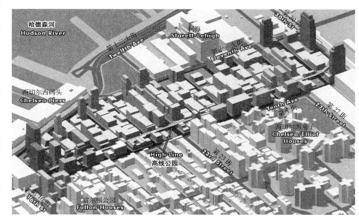

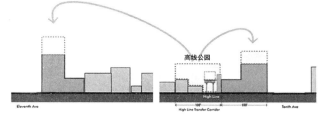

图9 高线公园开发权转移示意
资料来源：http://www1.nyc.gov/site/planning/zoning/

改善基金（High line improvement bnuses）：将钱存入高线改善基金以获得容积率奖励，需要市规划委员会主席批准。以 A 区为例，其基本容积率为 6.5，通过容积率转移和奖励后最高可以达到 12.0。

实施后效果：区划实施后，起到了良好的效果。如今高线公园成了独具特色的空中花园走廊，为纽约赢得了巨大的社会经济效益，成为国际设计和旧物重建的典范。

3.4 布鲁克林高地视线保护特别意图区

现状情况：布鲁克林高地视线保护特别意图区（Special scenic view district）位于布鲁克林高地长廊西侧（图 11 白色部分）。

规划目标与措施：保护看向曼哈顿下城天际轮廓、总督岛、自由女神像、布鲁克林大桥的景观视线。

图 10　通过容积率转移高线公园两侧建筑高度得到控制　　　　图 11　布鲁克林高地视线保护特别意图区的区位
资料来源：http://www.weekadvisor.com/green-side-nyc-high-line-park/　　　　　　　　资料来源：笔者自绘

强度管控规则：本特别区不涉及容积率，主要涉及建筑高度。除规划委员会特批项目外，任何建筑与构筑物都不能进入景观控制面（Scenic view planes）。景观控制面的边界为视线参考线（View reference line），在公园、空地、公共空间（均需要从道路直接可达）中的一条线，从这条线上的任意一点可以看到景观。

实施后效果：区划中明确了视线参考线的位置和标高。新建设的建筑均不产生视线遮挡（图 12）。

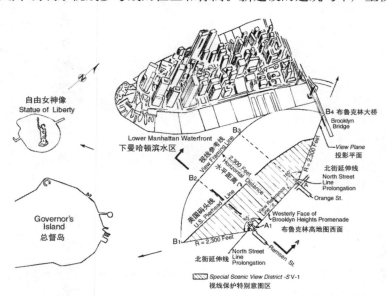

图 12　布鲁克林高地视线保护特别意图区的平面保护要求
资料来源：http://www1.nyc.gov/site/planning/zoning/

4　纽约百年区划对国内开展建设强度管控的启示

纽约区划经过百年的发展，其建设强度管控的方式方法也经过了多轮的调整，逐步完善，适应了纽约城市建设发展的需要。其中的一些管控措施和具体案例实施经验可以作为国内城市下一步优化建设强度管控方法的参考。

4.1　将强度指标与土地使用细分结合

与国内的控规不同，纽约区划将强度指标与土地使用细分结合，每一种用地对应一定的容积率区间，以及与之匹配的建筑密度、限高、空地率、停车位配建等标准。除了纽约外，将强度指标与土地使用细分结合在其他国外城市也非常普遍，以居住用地为例，纽约分为 10 级，东京分为 7 级，新加坡分为 6 级，香港分为 11 级，分别对应不同的容积率区间或最大值。而我国的居住用地只分为 3 类：一类居住用地很少在规划中出现，三类居住用地是需要改造的，条件比较差的用地，在规划中也很少出现。因此现有控规中的居住用地基本上都是二类居住用地，其上的容积率等指标由分片分时期编制的控规给出，片区与片区之间，不同的指标之间很容易出现不协调。

如果将强度等指标与土地使用细分进行结合，形成类似纽约的管控体系，将具有以下优点：首先，可以提升各指标之间的匹配程度，用地细分确定后，其实等于确定了每个片区大致的产品类别。以住宅用地为例，通过容积率（假设为 2.0），建筑高度（假设为 40 米）共同控制，其上开发的业态大致可以确定为小高层。这样就可以避免目前房地产市场上普遍存在的"抓高放低"现象：故意在一个中强度地块安排极高强度产品（高层住宅）与极低强度产品（类别墅产品），达到产品溢价的目的。考虑到日照的原因，开发企业往往将高层住宅以"一堵墙"的形式布局于地块北侧，给城市风貌带来极大的负面影响；其次，目前国内的公共服务、公共交通、市政基础等设施的配套多依据用地面积或服务半径核算，没有考虑到人口密度的差异，造成各类设施在供求上的不平衡。将强度等指标与土地使用细分结合后，就可以方便地推算每个控制街坊和单元内的人口数量，便于公共服务、公共交通、市政基础等设施的选址与规模确定。最后，有利于容积率的严格管理。将容积率指标与其他一系列指标绑定后，增加了指标随意调整的难度，减少"寻租"空间，有利于建设强度管控的规范化与法制化。

国内少数大城市，在借鉴纽约、香港等城市的经验基础上，开展了强度分区规划的编制工作，基于特定的原则对城市进行分区，划定了不同强度等级的住宅、商办用地，作为下一步控规赋值的依据。强度分区可以看作是强度指标与土地使用细分的初步结合，目前国内城市的强度分区还不稳定，调整较为频繁，同时强度指标与高度、建筑密度、停车标准等其他指标的结合不充分，还有较大的优化空间。

4.2　"消极控制"与"积极引导"相结合

早期区划的主要目的在于排除地块之间的相互干扰，因此无论是用地分类还是强度管控主要集中于各类"限制"，如限制一个地块的用地类别，限制一个地块的容积率、高度上限等。这是一种相对消极的管控方法，它只能限制"不能做什么"，却不能引导"应该做什么"。之后随着区划制度的发展完善，增加了越来越多的积极引导内容，例如，通过容积率奖励可以引导在私人土地上增加公共开放空间；通过肌理区划容积率的提升，引导开发企业满足城市肌理控制要求；通过各类特别意图区，引导开发企业满足局部区域的一些特殊要求，例如 125 大街对于视觉或表演艺术功能的集聚。

目前国内的控规起到的是早期区划"消极控制"的作用，而"积极引导"的内容需要城市设计、专项规划等其他手段。而城市设计不是法定规划，其对于地块核心指标的引导需要控规来落实，这就造成了现在普遍存在的"城市设计反推控规","控规结合城市设计"等模式。就目前上述两者在国内城市的执行情况来看：重点片区的城市设计、特殊片区（例如历史街区）的专项规划，重要性突出，其规划结论实际对等的是区划的特别意图区；而对于一般城市片区，很难也没有必要实现城市设计全覆盖，上海等地实行的城市设计附加图则方式是一种有益的实践。

4.3 规则化、分层化、组合化的弹性控制

如何处理指标"刚性"与"弹性"的关系，一直是我国控规面临的一大问题：指标"刚性"不足，容易频繁突破；"弹性"不足，容易与实际地块开发脱节。纽约区划解决这个问题的经验可以概括为规则化、分层化、组合化三大特点。

首先，在区划中，容积率指标的增加必须符合一定的规则。而国内往往采取更为随意的"论证"形式，各类交通、基础设施承载力评估更多的流于形式，无法保证科学与公平。以保障性住房为例，虽然上海大型居住区（保障性住房基地）的容积率可以达到 3.5，高于一般商品住宅 2.5 的限制，但是不同区域的保障性住房之间缺乏统一的标准。与之对应，纽约区划的"包容性住房计划"提供了容积率提升的明确规则。

其次，国内控规对地块指标的弹性，仅存在于地块层面。"就地块论地块"的模式容易出现与城市整体发展要求的脱节。纽约区划对于地块指标的弹性至少通过三个层次体现：第一层次，首先要看地块是否位于特别意图区，如果位于特别意图区内，那么意味着地块能够享受到更多的特殊容积率政策；第二层次，需要考虑地区是否位于肌理区划等存在特殊要求的区域；第三层次，需要考虑地块本身的用地性质是否支持容积率奖励，例如 C4 用地可以通过提供公共空间获得 20% 的容积率奖励。

最后，纽约区划对于弹性的体现是通过指标之间的组合来体现的。国内控规对于每个地块的容积率、建筑高度、密度等均有明确的规定，这些规定往往会扼杀建筑形式的多样性。而纽约区划对于地块建设强度的限制指标是按需出现的，例如在高度系数规则下，只控制容积率与空地率，不控制限高和建筑密度，以此可以丰富城市空间的多样性。

4.4 灵活多样的特别意图区

除了传统的控规外，国内大城市对于强度管控方法的优化主要体现在少数城市编制实施的强度分区规划上。目前的强度分区规划与国内城市处于的增量发展阶段对应，主要关注于城市未开发地区，与基准分区相关。随着上海等城市，由增量发展阶段逐步转变为存量发展阶段，强度管控的重点也逐步转移到旧城更新的特定区域，与特别意图区密切相关。

特别意图区不仅是纽约区划的重要组成，在其他境外城市也普遍存在。例如日本的都市再生特别地区已经成了城市复兴的重要引擎。参考纽约经验，在国内城市未来的强度分区中，应该重点强调以下三类特别意图区：第一，鼓励发展区，包括城市中心及副中心区域、重要滨水区、重要门户形象区等；第二，特色发展区，包括：中央艺术区、创新科教区等；第三，风貌保护区，包括：历史保护区、生态绿地保护区、风景名胜区、交通及基础设施廊道限制区等。

需要特别指出的是，纽约区划的特别意图区不是由某一专项规划划定的，而是在城市整体层面统一划定。而国内目前的特别意图区往往由各专项规划划定，例如强度特别区、高度特别区，彼此之间可能不重合，给管理带来了难度。

4.5 与时俱进的适应不同时期城市发展要求

城市发展的不同时期，所面临的规划重点有所不同，强度管控也不例外。很多国内大城市当前面临

的管控难点，也曾经在纽约出现过。区划体系按照"与时俱进"的要求，不断增加或完善各类规则，以适应不同时期的城市发展要求。例如都市工业问题，也就是 2.5 产业问题一直是国内大城市的管控难点。城市中心区的工业用地，其上的实际使用功能已经转变为商办，按照工业用地的规则进行开发强度控制明显不合适。纽约区划通过用地兼容的做法，规定一定区位条件下 M1、M2 用地的开发强度可以对等于同样区位条件下的商办用地。近年来，顺应 LOFT 发展的要求，更是增加了工业用地对住宅的兼容。

4.6　形成疏密有致的空间格局

除了强度管控的方法外，纽约区划对于强度管控的方向与国内城市也存在显著不同。以住宅用地为例，国内大城市高限显著低于境外城市和港澳台地区 [1]（深圳 3.2、武汉 2.7、上海 2.5、纽约 10.0、东京 5.0、香港 10.0）；同时低限显著高于境外和港澳台地区（深圳 1.5、武汉 1.5、上海 1.2、纽约 0.5、东京 0.5、香港 0.4）。纽约住宅容积率低限与高限之间的差异为 20 倍，气候条件与国内类似的东京也为 10 倍，中国香港更是达到 25 倍，而深圳、武汉、上海等仅为 2 倍左右。在现实中，国内城市住宅用地之间的强度差异往往更小，以上海为例，近年来审批的容积率基本上集中于 2.0~2.5 之间 [2]。

在国内城市现有的容积率控制规则下，很容易出现"扁平化"、"鱼龙混杂"的城市空间形象，随着时间的推移，与境外城市及港澳台地区"疏密有致"的格局之间的差异会越来越明显。均质化的强度空间布局不利于体现城乡风貌差异，弱化城市中心区的景观形象，也不利于城市整体特色的打造。事实上，同为亚洲城市的新加坡也经历过"扁平化"的发展阶段（郊区新城住宅皆为 18 层左右），近年来随着金融中心地区的建设（容积率可达 11.2~13）以及中心城区部分新建组屋项目（部分项目容积率达 8.4 [3]）的开展，"疏密有致"的格局逐渐明显。

4.7　公开透明、严格实施与高度法制化

区划几乎对城市中出现的所有用途类型进行了梳理和分类，每一种用途都可以找到其可以建设的地区，这实际上是一种未来土地开发规则的建立。同时因为区划条例是向公众公开的，任何人都可以查阅条例的全部内容，这种信息的公开化使实际的审批和管理相对容易。在区划的实施上，城市大部分普通的开发活动都可以采用相对简单的核准型方式进行。对于某些特殊的用途类型，需要通过特别许可的程序进行控制管理，规划主管部门有一定的自由裁量权，这有助于提高规划管理的灵活性。

需要特别指出的是，区划体系中的部分政策是与土地权属及高度法制化密切相关的。以容积率奖励与转移政策为例，其政策的内涵植根于土地私有制与完善的法律体系，二者缺一不可。公有的土地所有制决定了政府掌握有确定容积率数值的绝对话语权，无须容积率奖励与转移规则，可以随意调配容积率。例如土地公有制的香港，容积率奖励与转移政策并不普遍。而法律体系不太完善的地区，在采用容积率奖励与转移政策后，往往会出现各类问题。例如台北市曾出台的"台北好好看"政策，规定提供一定面积公园可以得到 10% 的容积率奖励，而这个规则被开发商利用，通过建设假公园（18 个月后拆除）骗取容积率的土地面积，累计达到 25000 坪以上，产生极大的负面影响 [4]。大陆城市中，上海较早的尝试了容积率奖励与转移政策：早在 2003 年的《上海市城市规划管理技术规定》中就提出了容积率奖励要求；而在 2015 年颁布的《上海城市更新办法》也规定了为地区提供公共性设施或公共开放空间的，在原有地块建

[1]　国内城市容积率高限与低限数据分布来自于各城市强度分区规划。
[2]　薄力之 . 大城市建设强度管控政策与规划实施调查 [C]. 第二届中国城乡规划实施学术研讨会论文集 . 2014.
[3]　新加坡达士岭组屋（The Pinnacle@Duston）.
[4]　[DB/OL].http://news.housefun.com.tw/news/article/18561543293.html，2014.1~6.

筑总量的基础上，可获得奖励。然而在实际的地块开发中，此类政策明显"水土不服"，并无实际使用的案例。

参考文献

[1] 王卉. 美国城市用地分类体系的构成和启示 [J]. 现代城市研究，2014，9：104-109.

[2] 秦明周，R.H.Jackson. 美国的土地利用与管制 [M]. 北京：科学技术出版社，2004.

[3] 黄宁，徐志红，徐莎莎. 武汉市城市建设用地强度管控实证研究与动态优化 [J]. 城市规划学刊，2012，(03)：96-101.

[4] 梁鹤年. 合理确定容积率的依据 [J]. 城市规划，1992，(2)：58-60.

[5] 唐子来，付磊. 城市密度分区研究——以深圳经济特区为例 [J]. 城市规划汇刊，2003，(04)：1-9.

[6] 唐子来，钮心毅，薄力之. 上海市控制性详细规划技术准则相关专题研究——开发强度专题研究 [R].2010.

[7] 夏丽萍. 上海市中心城开发强度分区研究 [J]. 城市规划学刊，2008，(Z1)：268-271.

[8] 周丽亚，邹兵. 探讨多层次控制城市密度的技术方法——《深圳经济特区密度分区研究》的主要思路 [J]. 城市规划，2004，28（12）：28-32.

基于加权 Voronoi 图的中心城市影响范围分析
——以关天城市群为例

李志刚 李 倩*

【摘 要】中心城市的辐射和带动是城市群形成发展的重要基础。文章以关天城市群 7 市 1 区为案例，在方法上选取城市人口、国内生产总值和第三产业产值等指标计算城市的中心性强度指数，以该指数平方根为权重生成基于 Arcmap 的加权 Voronoi 图，并结合经济隶属度分析中心城市的经济联系方向和范围。结论：西安是关天城市群的绝对中心，但西安市的这种空间效应在一定程度上抑制了周边城市的发展；在关天城市群内部，中心城市西安的腹地由内向外划分为 3 个圈层：内圈咸阳，中圈渭南、宝鸡、铜川，外圈商洛、天水、杨凌。

【关键词】城市群，中心性强度，加权 Voronoi 图，经济隶属度

1 引言

关天城市群是丝绸之路的东段，西安是丝绸之路的起点城市，在"丝绸之路经济带"战略背景下，研究关天城市群中心城市的吸引与辐射格局，对于加快关天城市群建设，提升其在丝绸之路经济带的地位，具有重要理论意义和现实价值。关天城市群涵盖陕西省西安市、咸阳市、宝鸡市、渭南市、铜川市、杨凌农业高新技术产业示范区、商洛市部分县区以及甘肃省天水市所辖行政区域，共七市一区，总面积 7.98 万 km²，是西部大开发重点经济区之一。

从国内近年来的研究来看，周一星根据城市中心性的等级体系，确定核心区的内向型和外向型腹地范围，对中国经济空间组织进行了研究[1]；王新生提出可以用 Voronoi 图来确定各级城市的空间影响区和城市体系中不同等级城市之间的空间组织关系[2]；闫卫阳通过构建不同形式的加权 Voronoi 图，提出了确定区域中心城市和划分城市经济区的新方法[3]；梅志雄等修正断裂点模型中单一城市规模指标，运用加权 Voronoi 图方法，划分了珠三角空间吸引范围[4]；赵雪雁运用克鲁格曼指数、经济隶属度分析皖江城市带各城市的主要对外联系方向及联系强度[5]；薛丽萍等运用经济隶属度方法对淮海经济区主要城市经济联系的空间作用进行综合分析评价[6]。

本文通过建立相关指标，以关天城市群七市一区（不包括县级市和县城）为研究对象，确定其中心性强度，并借助常规 Voronoi 图和加权 Voronoi 图方法、经济隶属度模型，对关天城市群的空间范围和格局进行分析研究。

---

* 李志刚，男，西安交通大学人居环境与建筑工程学院，博士，教授，国家注册城市规划师。
　 李倩，女，西安交通大学人居环境与建筑工程学院，硕士研究生。

2 中心城市的影响分析

城市群是以中心城市为核心向周围辐射构成的多个城市的集合体 [7]，中心城市是城市群形成和发展的依托 [8]。中心城市的有效作用范围及空间联系方向，影响着中心城市自身发展和城市群内部空间结构的形成。本文通过相关指标测算，对关天城市群城市中心性强度、空间联系格局及中心城市空间联系方向进行分析。

2.1 中心性强度

城市中心度能够反映该城市在其辐射吸引区域中发挥中心职能的作用大小，通常以一个城市的某项（或某几项）指标占其所在比较地区该指标总和的百分比来表示。

中心性概念最初由德国地理学家克里斯塔勒在著作《德国南部中心地》提出，它反映中心城市扩散能力的大小，是衡量中心地在区域中所起的中心职能作用大小的指标，通常由多项指标确定。本文选取城市的市区人口、国内生产总值和第三产业产值这 3 个指标来度量城市中心性强度，公式为：

$$Q_i = \frac{G_i}{\frac{1}{n}\sum\limits_{i=1}^{n}G_i} + \frac{Y_i}{\frac{1}{n}\sum\limits_{i=1}^{n}Y_i} + \frac{N_i}{\frac{1}{n}\sum\limits_{i=1}^{n}N_i}$$

式中　Q_i——i 城市的区域中心性强度；

　　　G_i——i 城市的国内生产总值；

　　　Y_i——i 城市的第三产业产值；

　　　N_i——i 城市的非农业人口总量；

　　　i，j（$i=1$，2，3，……，n；$j=1$，2，3，……，n）——城市的数目。

采集《中国城市统计年鉴 2014》市辖区（不含郊县）的人口、国内生产总值和第三产业产值等数据，计算关天城市群各城市的中心性强度指数，并对各城市中心性强度指数进行排名(表 1、图 1)。由图 1 可知，西安的城市中心度远高于关天城市群中其他城市，其首位度极高，是关天城市群的绝对中心城市，且与周边城市联系紧密，吸引辐射范围广阔。

关天城市群各城市中心性强度　　　　　　　　　　　　　　　　　　　　表 1

城市	GDP（亿元）	第三产业产值	市区人口（万人）	区位中心性强度
西安	4097.2	2244	580.6	9.51
铜川	296.1	79.7	76.1	0.89
宝鸡	873.9	231.8	143.5	2.08
咸阳	680.5	180	92.2	1.48
渭南	273.7	109.7	99.4	1.03
杨凌	93.2	30.7	20.2	0.25
商洛	108.4	46.8	55.4	0.52
天水	267.2	118.2	133.1	1.25

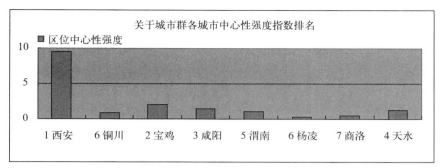

图 1　关天城市群各城市中心性强度指数排名

2.2　Voronoi 图

2.2.1　常规 Voronoi 图

Voronoi 图最早由狄利克雷（Dirichlet）于 1850 年提出，1908 年 M.G.Voronoi 也曾讨论过 Voronoi 图的概念，1911 年荷兰气象学家 Thiessen 将其应用于气象观测中，人们为了纪念他，故也称 Thiessen 多边形。它是一种重要的几何结构，也是一种行之有效的空间剖析和聚类方法[9]。在城市地理学中，Voronoi 图可用来确定中心城市并划分经济影响区。

Voronoi 图的一个重要性质就是，位于 Voronoi 图网格中的每一个点到该网格中心的距离都小于到其他格网中心点的距离[10]，这个几何特性尤其适合空间分割。在均质平面上，如果网格中两个中心点的权重相同，则可将空间分割成常规 Voronoi 图。

以关天城市群分布图为底图，应用 Arcmap9.3 软件中的 Voronoi 模板，可生成基于常规 Voronoi 图的城市空间影响范围的分割（图 2）。在常规 Voronoi 图中，城市影响区彼此的分割点位于相邻两个城市连线的中点。

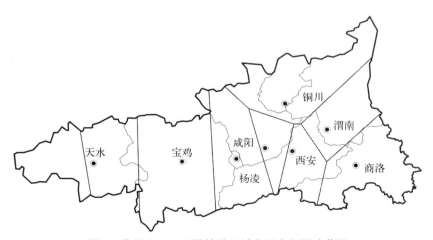

图 2　常规 Voronoi 图的关天城市群空间影响范围

2.2.2　加权 Voronoi 图

加权 Voronoi 图的重要性质是：位于加权 Voronoi 图网格中的每个点到该网格中心的距离与该点到相邻网格中心点的距离之比小于两中心点的权重之比，在加权 Voronoi 图所划分出的每个区域内的所有点受该区域中心点的影响最大[10]。常规 Voronoi 图用于划分城市经济区时，其基本逻辑是假定所有城市综合实力大小相等，故不大实用；而加权 Voronoi 图着眼于不同城市综合实力差别明显情况下的空间划分。可以认为常规 Voronoi 图为加权 Voronoi 图的一种特例，它是中心点权重相等时的情形。

实验证明，在界定和生成城市影响范围时，以城市中心性强度值的平方根为速度向周围扩张能更为客观地描述空间影响区的范围[11]。在对单中心型城市群（首位度较大情况下）进行城市空间组织分割时，这种方法更适用。本文对关天城市群城市影响区的 Voronoi 图分割，采用各城市中心性强度的平方根为权重，在 Arcmap9.3 软件中，插入 Weighted Voronoi Diagram 扩展模板，生成基于加权 Voronoi 图的关天城市群城市辐射范围分割方案（图3）。图中闭合单元包围的内部区域就是该城市的影响范围。

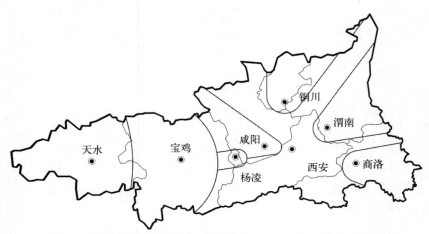

图 3　加权 Voronoi 图的关天城市群空间影响范围

关天城市群除西安外普遍存在城市空间影响范围不大的现象。唯西安影响范围较广，其吸引范围远远大于本市行政区范围，成为典型的中心城市。但西安市的这种空间效应在较大程度上抑制了周边城市的发展，使得咸阳、渭南、铜川、商洛等城市的空间影响范围受到限制，呈现向外开口的三角形。譬如，咸阳的综合实力大于天水，但图中明显看出，其影响范围却小于天水，就是因为其向东的辐射范围受到了西安的挤压。

2.3　经济隶属度

经济隶属度可用来研究城市群内空间联系格局和方向，反映各城市接受上级中心城市的经济辐射强度。具体公式为[12]：

$$F_{ij}=R_{ij}/\sum_{i=1}^{n}R_{ij}$$

其中，

$$F_{ij}=\frac{\sqrt{P_iG_i}\cdot\sqrt{P_jG_j}}{D_{ij}}$$

式中　　F_{ij}——各城市相对于上一等级城市的经济隶属度；

　　　　R_{ij}——城市间的经济联系强度；

　P_i、P_j——i、j 城市的人口数量；

　G_i、G_j——i、j 城市的 GDP；

　　　　D_{ij}——i、j 城市间的距离；

　i、j——城市数量。

通过以上公式对关天城市群中心城市隶属度进行计算，结果见表2、图4。

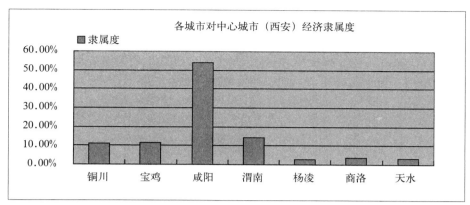

图4 关天城市群各城市对中心城市（西安）的经济隶属度（％）

关天城市群各城市对中心城市（西安）的经济隶属度（％） 表2

	铜川	宝鸡	咸阳	渭南	杨凌	商洛	天水
西安	10.8%	11.5%	54.1%	14.2%	2.7%	3.6%	3.1%

从表2可以看出，各个城市对西安的经济隶属度不一，其中对西安经济隶属度最大的城市为咸阳，渭南、宝鸡、铜川次之；对西安经济隶属度较小的城市分别是商洛、天水、杨凌。可见，经济隶属度的高低既与各城市距中心城市的距离远近有着较大关系，同时也与各城市的综合规模大小密切相关。西安由于具有较强的综合经济实力，对关天城市群其余城市经济具有强大的辐射力。

依据经济隶属度的大小对关天城市群中心城市西安腹地进行等级划分，其中，$F_j > 50\%$ 为一级腹地；$10\% < F_j < 50\%$ 为二级腹地；$F_j < 10\%$ 为三级腹地，结果见表3。

西安市腹地等级划分 表3

腹地等级	地区名称
一级腹地	咸阳地区
二级腹地	渭南地区、宝鸡地区、铜川地区
三级腹地	商洛地区、天水地区、杨凌地区

根据表3，可绘出关天城市群范围内中心城市西安与腹地城市经济联系的空间作用示意图（图5）。从图5可看出，关天城市群空间作用的主要方向表现为外围各城市与中心城市西安的紧密联系，显示出很强的中心指向性。在今后城市群发展建设中，如果能够进一步强化城市群内各级城市之间的横向经济联系，有助于推动关天城市群从单中心指向格局向网络状空间联系格局的转化。

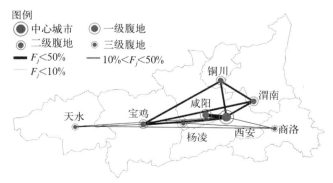

图5 西安腹地经济联系的空间作用

3 结论

（1）基于城市的市区人口、国内生产总值和第三产业产值这 3 个指标度量的城市中心性分析，西安城市中心度远高于关天城市群中其他城市，是该城市群的绝对中心城市。

（2）在加权 Voronoi 图确定关天城市群空间影响范围中，西安影响范围较广，但西安市的这种空间效应在较大程度上抑制了周边城市的发展，使得咸阳、渭南、铜川、商洛等城市的空间影响范围受到限制，呈现向外开口的三角形。

（3）依据经济隶属度的大小可将中心城市西安的腹地（在城市群内部的腹地）由内向外划分为 3 个圈层，内圈：咸阳；中圈：渭南、宝鸡、铜川；外圈：商洛、天水、杨凌。

（4）西安作为典型的首位核心城市，对于带动周边区域发展具有较强战略意义，但关天城市群空间结构呈现很强的单中心特征，缺乏中间的过渡城市，影响周边城市的发展。

参考文献

[1] 周一星，张莉.改革开放条件下的中国城市经济区 [J] 经济地理，2003，58（2）：271-284.

[2] 王新生，刘纪远，庄大方等.Voronoi 图用于确定城市经济影响区域的空间组织 [J].华中师范大学学报（自然科学版），2003，37（2）：256-260.

[3] 闫卫阳，郭庆胜，李圣权.基于加权 Voronoi 图的城市经济区划分方法探讨 [J].华中师范大学学报（自然科学版），2003，37（4）：567-571.

[4] 梅志雄，徐颂军，欧阳军.珠三角城市群城市空间吸引范围界定及其变化 [J].经济地理，2012，12：47-52，60.

[5] 赵雪雁，江进德，张丽等.皖江城市带经济联系与中心城市辐射范围分析 [J].经济地理，2011，156（2）：218-223.

[6] 薛丽萍，欧向军，曾辰等.淮海经济区主要城市经济联系的空间作用分析 [J].经济地理，2014，201（11）：52-57.

[7] 顾朝林.城市群研究进展与展望 [J].地理研究，2011，30（5）：771.

[8] 欧向军.淮海城市群空间范围的综合界定 [J].江苏师范大学学报（自然科学版），2014，32（12）：1-6.

[9] 杨承磊.Voronoi 图及其应用 [M].北京：清华大学出版社，2013.

[10] 闫卫阳，秦耀辰，郭庆胜等.城市断裂点理论的验证、扩展及应用 [J].人文地理，2004，19（2）：12-16.

[11] 范强，张何欣，李永化等.基于空间相互作用模型的县域城镇体系结构定量化研究——以科尔沁左翼中旗为例 [J].地理科学，2014，34（5）：601-607.

[12] 李国平，王立明，杨开忠.深圳与珠江三角洲区域经济联系的测度及分析 [J].经济地理，2001，21（1）：33-37.

武汉市"三旧"改造单元试点规划探索

戴 时 严超文 黄 威*

【摘 要】本文从武汉市"三旧"改造单元规划的进程、意义以及试点片的规划和实施情况等几个方面,对目前武汉市"三旧"改造从规划逐渐向落实阶段迈进提供了研究依据。同时,为下步武汉市全面开展改造单元规划编制起到先行示范作用。

【关键词】"三旧"改造,改造单元,武汉市

1 引言

自 2013 年 4 月,国土资源部下发《国土资源部关于印发开展城镇低效用地再开发试点指导意见的通知(国土资发〔2013〕3 号)》以来,武汉市按照"1+8+N"(即 1 个规划纲要、8 个城区 <7 个中心城区和东湖风景区 > 专项规划及若干更新改造单元规划)的"三旧"改造总体工作思路,先后编制完成了《武汉市"三旧"改造规划(纲要)》(以下简称《全市规划纲要》)以及 7 个中心城区的"三旧"改造专项规划。构建了"全市规划纲要—分行政区专项规划—地块更新改造单元"的宏中微"三旧"改造体系。全市规划纲要明确了"三旧"改造的原则、目标、改造重点及大致范围等内容。各行政区"三旧"改造专项规划对改造单元的具体改造范围、改造模式、资金测算、还建安置等主要内容进行了界定。按照《全市规划纲要》和区"三旧"改造专项规划的要求:更新改造单元规划应参照实施性规划的要求编制,明确拟改造地块的规划用途、建设强度等改造要求和技术指标。截至 2016 年,全市"三旧"改造工作已全面进入实施操作阶段,更新改造单元规划陆续进行了规划编制,作为"三旧"改造"1+8+N"规划体系中的"N",改造单元规划将是检验武汉市"三旧"改造工作成功与否的关键所在。其中,江岸区百步亭丹水片作为全市"三旧"改造的首个试点改造单元,在落实专项规划上位指导、引导实施性规划建设活动等方面将起到示范作用。

2 规划背景

随着建设国家中心城市,复兴大武汉宏伟目标的加速推进,武汉市城市建设进入快车道。受限于用地供应指标,城市建设用地的开发策略已由"增量"拓展向"存量"挖潜进行了转变。武汉市"三旧"改造规划的"1+8+N"总体思路即是从市域、行政区、局部地块三个层面对城市的低效利用"存量"用地进行的一次总体布局。在武汉市"强区放权"行政体制改革的指导下,区级政府具有更多的

---

* 戴时,男,武汉市规划研究院高级规划师、主任工程师。

严超文,男,武汉市规划研究院规划师。

黄威,男,武汉市规划研究院规划师。

执行权、规划事权、话语权和财税权[1]。因此，有别于广州市"1+3+N"[2]的"三旧"改造总体思路，武汉市是以行政区为单位统筹各区"三旧"用地，将"三旧"改造的统一管理职能下放到各区，有利于明确管理、统征储备、制定年度行动计划、统筹配置城市功能。在改造单元试点片实施性规划的具体过程中，由于涉及利益主体多元、改造拆迁人口复杂、还建安置方式多样以及政府对城市发展统筹考虑等多方面的原因，改造单元规划需要落实和解决的问题仍然众多。在本次改造单元试点片规划中，通过采取统一规划、整体改造的方式，在实施中相比以往单一权属单位开发建设的开发模式，取得了较好的效果。

3 创新意义

从城市"三旧"用地的总体开发来看，改造单元作为"三旧"改造的基本板块，承担着打造城市产业片区、完善城市公共基础设施、保护城市历史文化记忆、推进道路交通建设、安置拆迁人口、改善城市环境等职能。"三旧"改造单元的规划建设不再是传统意义上作为独立的开发单元进行的土地整理与开发，而是在区"三旧"改造框架指导下，采取与其他改造单元紧密联系的开发模式，分期有序地稳步实施。改造单元规划方式的创新，主要体现在以下五个方面：

3.1 整合城市空间，统筹还建安置布局

"三旧"改造单元之间的有机整合，是提高城市更新速度，重塑城市结构，缓解人地矛盾的有效途径。每一块改造单元的还建策略在就地就近还建、异地还建、货币还建的比例上存在区别，因此用地的拆迁安置策略也会根据城市区位价值的不同而不同。对空间区位分离的两块或多块改造单元还建安置用地进行合理组合互补，在全区范围内实现基本平衡，更能发挥土地的使用价值，提高改造的可操作性。

3.2 提升改造意愿，利益共享让利于民

在以往的城市开发改造过程中，政府土地收储按照不同的用地功能会采取不同的补偿标准，产生同地不同价的不公平情况。当这种情况与大型国企、央企相会时，往往会形成相互僵持的局面，阻碍城市建设活动的推进。最终导致城市开发活动多是一些有利可图的地块，而城市公共基础设施和交通设施的建设必然相对滞后。按照改造单元进行统一规划，从区域的视角对土地进行整理开发，对统一改造单元内的所有权属土地进行征收，按照整体开发利益共享的角度，统一征收安置标准。同时在开发建设中进行一定的利益分配，甚至通过协商谈判给予个别权属单位一定的后期开发权，可以大大激发土地所有权人的开发意愿，推动土地开发建设的顺利进行。

3.3 整体有序开发，全面提升城市形象

按照武汉市以往的城市开发方式，开发主体在自有土地产权范围内进行土地整理与开发，并通过协议出让的方式获得土地的经营处置权。城市规划行政主管部门参考开发主体的改造意愿进行规划审查与管理。城市建设活动呈现出一种遍地开花的模式。由于土地权属边界的无序性，必然带来城市建设整体效果的无序。规划管理部门也就无法从城市宏观角度对城市整体形象进行把控。本着改造一片、固化一片的原则，基于围合路网成片划定改造单元的模式有望改变这种困局。以更新改造单元为单位，分期有序进行规划实施，改变以往以用地权属为个体的零星开发改造方式，使得城市建设的空间格局能够以片区为单位，兼顾城市整体形象的方式进行统一的管理与推进。

3.4　明确片区职责，完善基础设施建设

在城市各类基础设施专项规划以及控制性详细规划中，非经营性的城市公共基础设施用地往往会被安排在"存量"用地上。按照以往单一权属单位主导土地开发的模式，改造地块中的"规划"非经营性用地，常常会影响改造开发的可行性与开发主体的积极性。因而开发主体会根据开发成本的估算，对改造地块的建设指标提出不合理要求，更有甚者直接削减公共基础设施的规模，严重影响城市整体的功能需求。而当公共基础设施用地涉及多个权属单位时，薄利方或无利方采取"按兵不动"的方式继续享有现有区位优势所产生的价值，严重阻碍了地块的开发进程和城市基础设施建设的推进工作。按照区"三旧"改造单元的总体布局，部分改造单元在改造过程中必须承担一部分服务于区域的城市公共基础设施功能。对用地权属多的地块进行整合，形成改造单元，统一开发，整体改造，可以保障城市公共基础设施的建设，减少插花地和边角地的形成。

3.5　确保经济平衡，寻求相关政策创新

武汉市目前规划建设指标主要依据《武汉市主城区用地建设强度管理暂行规定（试行）》来执行（以下简称《强度管理规定》）。《强度管理规定》是从城市土地的区位价值出发，统筹考虑城市空间格局对城市建设的影响，从而对地块规划指标进行管控。但是在以往的存量土地开发建设中，规划建设指标的确定往往处在《强度管理规定》的控制能力范围以外。究其原因，主要在于土地拆迁安置需求、城市公共基础设施配置标准，以及可开发用地稀缺等一系列因素带来的土地开发成本问题。改造单元规划中，对拆迁安置、基础设施建设成本进行统一的测算，用经济平衡的手段对规划建设指标给予指导，提高规划建设指标的合理性与科学性。对于经济平衡较难实现，甚至会带来局部地块改造指标过高的情况，采取改造单元捆绑的原则，"肥瘦搭配"、分批实施，避免城市建设突兀。同时，在保障社会公共利益的基础上，研究制定相关扶持政策，并做好监督及评估工作。

4　改造单元试点片（百步亭丹水片）规划

4.1　项目概况

百步亭丹水片改造单元位于城市二环线与三环线之间，是城市核心区自西向东主城辐射新区发展的重要节点和纽带。目前片区商业、服务业以及公共基础设施极度匮乏，且 42.1hm² 的规划用地包含了 52 家权属单位。用地范围内以工业、仓储功能为主。该改造单元紧邻市重点功能区二七沿江商务区，是实现"超越宗地的整体开发模式，通过对多种土地产权主体的干预，以整体开发推动城市规划目标"[3] 的重要保障。因此，该片区还承担了部分还建安置任务。

4.2　价值分析

从外部环境分析，江岸区国民经济发展规划要求工业仓储用地逐步向三环线外转移，基地内部的功能业态已经与城市发展要求不相符合。从基地内部发展需求分析，现状建筑质量较差，居住环境不良，符合集中连片、统一规划、整体改造的要求。良好的区位价值以及内部发展的需求，使得百步亭丹水片成为城市稀缺的可开发用地资源。此片区必然承担起充分发挥城市土地价值、完善公共基础设施建设以及统筹城市还建安置的职责。同时，发展优质居住、打造商业节点、改善城市环境，努力实现片区功能置换、土地收益提升，并借此以点带片，全面推进全市三旧改造工作，也是该片区不可或缺的价值体现。

4.3 规划思路

4.3.1 服务民生、完善社会公益

随着国家经济的发展及城市更新改造进入新的历史时期，城市公共基础设施的配建成为了提高人民幸福指数的重要指标。本次规划以优化民生、提升生活幸福感为目标，站在片区统筹发展的高度，对原有控规进行了优化（图1）。主要包括以下几个方面：一是增加路网密度，减少丁字路口数量，优化道路线型及总体交通格局；二是集中布置南北向带状公园绿地，大幅提升绿化面积及绿地使用率；三是建设武汉市首个一级邻里中心，其占地 7 公顷，建筑面积 5 万平方米，服务 3 万 ~5 万人。围绕着从"油盐酱醋茶"到"衣食住行闲"的 14 项功能，为片区提供"一站式"的生活服务配套；四是在保证中小学用地面积及班数要求不变的前提下，以扩大学校服务半径为目的，对其用地进行置换；五是结合已建成轨道站点及沿线城市主干道，优化区域功能业态，提升商业、服务业用地占比。

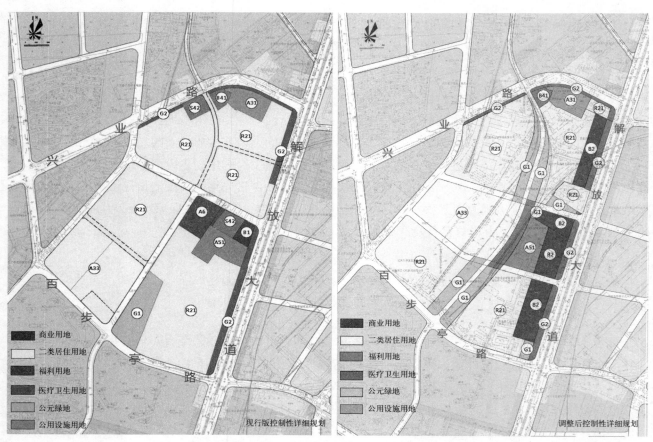

图 1　百步亭丹水片控制详细规划优化调整前后对比

通过一系列用地优化后，片区公益性服务设施用地面积达到了总用地面积的 45.17%。整体开发、提升城市形象规划地块毗邻的解放大道是最能展现武汉城市发展历程和城市建设成就的主干道。本项目由武汉市地产集团统一征收土地，整体开发实施。本着有效整合环境、社会、经济三方面因素的原则，致力于延续解放大道总体功能定位，打造辐射华中地区，展现新武汉城市形象的楼宇经济带。

规划沿解放大道形成连续而富有变化的沿街公建界面。通过建筑的高低组合，尽可能地打通垂直于解放大道的观景视廊。同时，由空中廊道、过街天桥等步行设施，构成全天候、立体化的人行交通系统。为解放大道新增一段绿色、有序的和谐都市风景线（图2）。

图 2　百步亭丹水片平面及建设效果

4.3.2　以人为本、关注细节品质

任何规划设计都需要关注人的体验，规划为人而生，规划以人为本。这也是本项目立足于可实施性规划的各关键点。在整体用地结构和建筑布局的基础上，本次规划中提出了"让人们放慢脚步，让城市安静下来"的景观设计理念。通过对核心微地形公园的打造，为片区市民提供了放松心情、休憩娱乐的新去处。

在关注细节品质的基础上运用"营造微地形、铁轨旧址再利用、就地取材的改造"等手法将施工土方、废旧铁路、货场集装箱等现状元素充分利用。结合规划打造的南北向、总长近 1 千米的带状绿化公园，共同形成了具有历史印记的可持续性公共空间。未来将与长江江滩公园一道，构建城市级生态绿化公园体系。

与此同时，本项目就建筑风环境、建筑单体可持续性、海绵城市等方面编制了相关的设计指引，为下一步具体建设实施提供翔实标准。

4.4　规划创新

本次"三旧"改造试点单元规划作为全市首例，主要在以下三个方面起到开创带头作用：达到经济平衡、获得政策创新、形成管控体系。

在经济平衡上，项目结合市、区级"三旧"改造规划的指导，将还建安置用地、公共基础设施的建设成本与土地征收一并纳入改造成本，以此为基础对规划建设指标进行综合测算。对于现状权属多且复杂的问题，通过统一规划、整体开发的原则，打破原有权属分割，进行道路交通系统重组。与部分权属单位进行利益谈判，在还建赔偿标准的基础上加入后期建设开发权分配，顺利推进改造工作的进行。

在政策创新上，立足关注民生，大力发展公益性基础服务设施的建设，统筹考虑教育、医疗、福利、养老、绿地等设施建设要求，将基础民生保证政策纳入到控规用地优化调整中，为今后的"三旧"改造项目的行政审批环节做好了示范。

在管控体系上，契合规划管理部门的相关要求，在规划方案的基础上，组织编制了《百步亭丹水片城市设计管控手册》。将规划用地、公服设施、交通、建筑设计和可持续性等相关内容转化成系统性的控制要求并形成相应的管控图则（图3），并将项目的分期实施计划落实到每个地块的规划设计条件中，为规划审批提供了详尽的依据，形成了"规划—控制—管理"的管控体系。

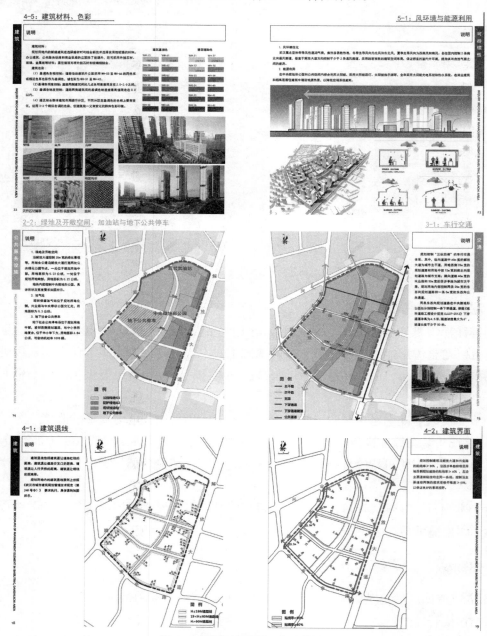

图3　手册相关控制要求（节选）

5　结语

当前，武汉市"三旧"改造工作已进入全面实施阶段，改造单元已逐步纳入各行政区年度改造计划，明确实施主体，启动前期可行性研究及土地收储。制定一个改造单元规划及实施标准体系的成功试点，显得尤为重要。

百步亭丹水片改造单元规划目前已获得市政府审批通过，完成规划优化调整程序，进入操作实施阶段。在规划和改造过程中的政策导向、衡量标准都将为未来其他改造单元的工作推进起到借鉴作用。实现城市统筹发展，有机更新，开发商得利、老百姓受益的多赢局面，才是规划者和政府决策层面所真正期望的。

参考文献

[1] 熊向宁. 行政分权背景下武汉市实施性规划范式 [M]. 规划师，2013，29（12）：65-68.

[2] 赖寿华，吴军. 速度与效益：新型城镇化背景下广州"三旧"改造政策研讨. 规划师，2013，29（5）：36-41.

[3] 于一丁，涂胜杰，王玮等. 武汉市重点功能区规划编制创新与实施机制 [M]. 规划师，2015，31（1）：10-14.

从社会公平的角度来谈城乡规划实施评估

罗舒曼 *

【摘　要】城乡规划应当体现兼顾效率与公平的价值观，本文中通过分析国内规划实施评估内容与方法的现状，认为应当在评估过程中重视规划实施的社会公平问题；在探讨了公平的表达方式以及西方主要几种社会公平理论的观点后，提出规划实施应当同时考虑程序公平与结果公平两方面内容，并在此基础上探讨了从社会公平视角出发规划实施评估的内容。

【关键词】效率，公平，实施评估

1　效率与公平

随着社会经济飞速发展，城镇化进程的不断加快，发展被许多人认为是一座城市首要任务与目标。在这种大风向下，城乡规划作为调控城市资源与空间的重要手段，难以逃脱追求城市发展的牢笼，最终城乡规划常常被人们视为城市盲目扩张、无序建设等问题的导火索，编制的规划也因难以赶上城市的发展变化一再更改而寿命不长。造成这些问题的根源，就在于效率与公平之辩。

在社会经济急需发展时期，我国的城市将效率视为第一要务，而在追求社会转型与可持续发展的今天，追求效率第一的理念带来的诸多问题使其渐渐受到质疑。与之相反，社会公平正义却被人们提出的次数越来越多，越来越广泛。孙施文（2006）曾在文中进行过城市规划效率与公平公正的价值观探讨。他认为当城市规划以追求效率为目的而进行之时，城市规划是难以顺应变化速度如此之快的社会的，规划要解决的核心问题并不是对城市发展速度的推动，而是配置资源的公平公正。赵守谅（2008）也在文中论述了当前城市规划中效率与公平关系矛盾的主要方面是片面追求经济效益带来的社会公平问题。秦红岭（2005）认为城市规划目前面临和存在社会性、伦理性、政治性问题的原因皆在于利益调整与平衡智商，维护社会的公平才是城市规划的根本追求，城市规划应当以公共利益为本位，以保护城市中的弱势群体为先。史金鹭（2012）在其文章中指出城市规划的首要追求应当是使城市的居民平等的享受到城市发展带来的益处，城市规划在进行资源配置时，应当考虑到居民对资源的平等享受，并且向弱势群体倾斜，保证他们在城市中的基本生活。

如今我国的国家政策也正在实现由效率优先转向维护公平正义的转变。在党的十八大报告指出"必须坚持维护社会公平正义。公平正义是中国特色社会主义的内在要求"。"逐步建立以权利公平、机会公平、规则公平为主要内容的社会公平保障体系，努力营造公平的社会环境，保证人民平等参与、平等发展权利"。在《国家十三五规划纲要（2016-2020 年）》中也提出要"维护社会公平正义，保障人民平等参与、平等发展权利"。

---

* 罗舒曼，女，山东建筑大学硕士研究生。

不难看出社会公平正义已经慢慢成为社会发展的重点，城乡规划也应当在追求城市发展效率的同时，注重社会的公平与正义，做到兼顾效率与公平。

2　实施评估中社会公平的重要性

2.1　实施评估的研究现状

"城市规划编制的目的是为了实施，即把预定的计划变为现实[①]"。规划实施评估是衡量规划编制科学性、内容实施有效性的重要手段，通过规划实施评估可以对规划内容的调整改善提供依据，更好地保证总体规划的实行。2008年1月1日《中华人民共和国城乡规划法》（以下简称《城乡规划法》）颁布实施。该法第一次以法律条文的形式明确提出对省域城镇体系规划、城市和镇总体规划的实施情况应进行定期评估。但是《城乡规划法》中并没有明确具体的评估内容，因此对于规划编制与管理部门来说怎样评估，评估内容以及评估的重点仍然需要探讨与研究。

在规划评估的内容上，国内外专家学者的看法不一。E.Talen在1996年对关于规划评估的众多研究文献进行综述的基础上作了一个全面的阐述，将规划评估划分为规划实施之前的评估和规划实践的评估。孙施文等人（2003）通过对相关理论的综述研究，认为规划的实施结果与实施过程应当成为评价的主要内容。吕晓蓓等（2006）从规划实施评价的角度认为规划实施评价的工作分为四个部分：一是监测实施的效果与环境变化；二是对评价监测所得的相关结果；三是对比结果与规划目标，从而得出评估的结论；最后根据评估结论提出相应的调整建议。还有许多学者认为规划评估不仅要关注规划本身，对于影响规划实施的政策环境也应当纳入评估的范围中去。蒋婧（2013）在研究中认为评估应当涉及三个方面，即规划实施前评估、实施过程评估以及实施结果评估。

在规划评估的方法上，目前国内主要的方法可以分为两种：（1）定性评估。主要有回顾反思和公众满意度调查两种方法。回顾与反思主要是对规划实施的各个方面进行评价，并得出综合的评价结论。公众满意度调查多半采用市民访谈和问卷调查的方式，了解公众对规划实施的满意程度。2006年的浙江余姚市总体规划实施评估采取这种定性的评估方法，从对余姚城市规划的了解程度、城市建设的满意程度、居住社区环境的满意程度三个方面对市民进行满意度调查。定性分析法虽然简单，但是主观评判因素影响过重，其得出的评估结论科学性有待加强。（2）定量评估。定量评估方法主要涉及指标对比、评价指标体系[②]以及结合GIS等技术手段进行用地建设等方面的量化评价。这种方法在评判规划实施的一致性和吻合度上具有一定的优势，并且数据直观，具有一定的科学性和说服力。

2.2　评估应当兼顾效率与公平

随着规划实施评估研究的逐步深入，现阶段规划实施评估的内容日趋完善，由注重结果评估慢慢发展为注重规划的形式、过程与结果三方面评估，考虑规划方案合理性，并对规划实施过程进行动态评估的趋势。评估的方法也呈现多样化的局面。但是不论是评估的内容还是方法，其重心仍然是从空间发展、用地布局、设施建设情况等方面实施结果与规划编制内容的一致性和吻合度评价，在一定程度上可以看做是对城乡规划编制内容实施的效率评价。

效率并非是规划实施的唯一目的，通过规划实施提高城市空间发展的合理性与公平性，使城市居民

---

① 赵民. 论城市规划的实施[J]. 城市规划汇刊，2000，4.
② 评价指标体系主要通过确定评价因子与要素来建立评价体系。在指标选取过程中，评价因子的可获得性、评价因子覆盖面的多样性以及评价因子的可实施性等将是遴选过程的重要依据。

平等的享受城市发展带来的益处，保障城市弱势群体的利益也应当被看做是规划实施评估的重要内容之一。因此规划实施评估不应当局限于探讨实施是否实现了城市发展的目标、空间扩张与用地建设等方面，也应当评价规划实施中的社会公平问题，评价实施建设是否满足了城市居民在教育、医疗、文化等公共服务设施的基本诉求，是否在实施的过程中保障了社会低收入人群及弱势群体的基本需要，是否通过规划的实施促进了城市居民平等享受城市各项资源的权利，是否在规划实施过程中向对城市资源需求欲望强烈的地区倾斜等问题。

在社会公平评价上，专家学者们主要将其归纳于城乡规划的绩效评价中[①]。 唐子来教授在研究中指出"城市规划中的社会绩效更加强调社会公平正义"。解瑶（2016）在规划实施评估研究中引入社会绩效[②]的概念，并将社会公平正义与社会满意度两方面纳入到社会绩效的评估中来。不论是将社会公平单独最为评估主体的一部分来进行评估，还是在规划的绩效评估概念下进行，社会公平都应当也正逐步获得人们的重视。

3 实施评估的社会公平理论基础与评估内容

3.1 社会公平理论基础

在探讨规划实施评估的社会公平问题时，首先应当明确社会公平理论的内涵及追求，然而至今也未有被规划学界统一认可的社会公正理论。目前被学者们探讨的社会公平理论来源于西方社会，在西方古代社会，公平正义作为衡量人们道德品质与行为德行的标杆，是维系西方社会发展的基本道德规范，具有一定的道德伦理性。但是在社会公平的衡量标准以及实现路径等方面，西方社会时至今日仍在进行着思辨。

3.1.1 社会公平的表达方式

各种社会公平理论之间的分歧表现在很多方面，其中主要表现在对形式、过程与结果作用的不同理解。形式（亦可称之为程序）可以理解为方法、表现、追求；过程指的是实现公平正义的中间阶段，可能存在调整修正；结果指的就是公平正义的最终表现。实现公平正义的最理想状态应当是形式正义推动过程正义最终实现结果正义。形式、过程与结果三者在社会正义中地位相当并且相互依存。

3.1.2 社会公平的四种主要理论

西方社会公正理论可以划分为自由古典主义、平均主义、功利主义以及罗尔斯主义四种：（1）古典自由主义[③]形式（程序）至上，认为现状与结果是否正义，关键在于一个人持有、获得的途径是否公平正义，只要每一个人的持有是正义的，那么社会的总结果就是正义的。自由古典主义摒弃一切人为的干预，认为不存在社会公正的概念，鼓吹纯粹的自由。（2）平均主义[④]则是追求绝对的秩序，社会公平结果的要求绝对平均。（3）功利主义被认为是兼顾了效率与公平的一种理论，认为总体受益即是社会的最佳状态。这种观点在现今社会尤其是我国被广泛的认同和接受，但是容易造成为了总体利益而侵害少数人利益的

---

① 在评估研究视角上看法有很多不同，在空间绩效评估视角中，社会公平评价是其中的重要内容之一。

② 将"社会绩效"（Social Performance）定义为对城乡居民日常生活、人与人的关系以及人的全面发展的影响和效果。日常生活、人与人的关系、人的全面发展仍然是宽泛的概念。在操作层面，日常生活主要通过收入、消费、文化教育、医疗卫生、休闲娱乐、心理状态加以反映；人与人的关系通过对不同社会群体地位的描述加以反映；人的发展通过人类福利加以反映。

③ 诺齐克是自由古典主义的代表人物，他认为社会的一切不公平皆是以权利为取向的，现状与结果是否正义，关键在于一个人持有、获得的途径是否公平正义，只要每一个人的持有是正义的，那么社会的总结果就是正义的。

④ 在一些翻译过来的西文书中，平均主义还有另外一个名称——平等主义。结果公平是平均主义的一部分表现形式，二者并不能完全等同。

局面。（4）罗尔斯主义主张分配正义，在罗尔斯看来社会与经济的不平等，只要其结果能给每一个人，尤其是最少受惠的社会成员带来补偿利益，就是正义的。结果的平等应当是受到了差别原则的补偿修正，减少了自然偶然性（资质、才能）以及社会偶然性（家庭、出身）对人生的影响。

古典自由主义是程序公平的拥趸者；平均主义的绝对公平是忽略程序公平而重视结果公平的表现；功利主义则是以总体利益和效率作为判定标准；而罗尔斯主义则中和了古典自由主义与平均主义的观点，既不否认在实现价值与财富过程中的程序公平，也认为应当差别化的通过人为补偿在一定程度上促进结果公平的实现，是对过程公平调节作用的强调。从规划的主要作用来说，规划可以被看做是为了实现社会公平这一结果而用来调整和修正现有形式与结果的过程手段，而规划实施评估则是对规划这种调整作用的效果进行评判，从而优化规划在过程公平中的作用，促进社会公平的实现。

3.2　从社会公平来看实施评估的内容

笔者认为规划实施的社会公平更偏向于罗尔斯主义提出的兼顾程序公平与结果公平的理念。在规划实施的过程中既应当尊重社会、市场、资源竞争自由下的程序公平，也应当重视城市居民机会平等、弱势群体需求、建设需求等方面内容结果公平的实现。因此在进行结果评估时，也应当从程序公平与结果公平两方面出发考虑。评估的内容可以被分为以下几点：

3.2.1　保障性资源

城乡规划应当兼顾效率与公平，它是社会公平中的过程公平环节。冯雨峰（2010）在文中提出城市规划应当兼顾程序公平和结果公平，分门别类地合理配置城市空间资源。并且认为城市中的竞争性资源应当按照程序公平的原则分配，而保障性资源[①]的分配则应当从结果公平的角度进行。竞争性资源的程序公平是促进社会发展的动力，是对规划中实现效率目标的肯定，而保障性资源要实现结果公平则是"以人为本"的体现，是在尊重人类生存权益的基础上提出的，是对实现社会公平的追求。

规划实施评估通过结果来判定规划的优劣缺失。在促进社会公平实现的进程中，规划的过程公平作用也是通过具体结果的实现而展示出来的。因此结果的公平与否直接影响到结论的判定。如果将城市资源分配按照竞争性资源与保障性资源进行分类，那么规划实施的结果也体现在这两方面：（1）城市的用地增加、人口增长、产业发展等是竞争性资源在市场自由的程序公平下进行的，这方面内容的评估是对规划实施的效率评价。（2）公共服务设施、公园绿地、保障性住房等属于城市保障性资源的范畴，是社会公平实现的重要载体，而具体的设施空间布局与规模、建设需求量等则是具体物化的表现形式。因此在评估实施中的社会公平问题时，应当从保障性资源入手评价规划实施的效果。

3.2.2　建设时序

规划实施的本质是一个动态的过程，具有时间与空间的双重属性。规划实施评估除了侧重在城市空间上进行城市空间结构、发展方向、用地建设等方面内容评价之外，在评估时也应当将时间维度纳入进去。时间维度并非仅仅指向实施结果的超前或滞后，同时还包括了实施建设时序的概念。近远期规划伴随着城市建设发展的空间扩张时序产生，是对于规划建设时序的统筹安排。而实际的实施建设时序是在城市的现实条件下进行的，对于这种建设时序是否满足和调整了城市的具体需求，如教育、医疗等公共服务设施的建设需求，弱势群体的保障福利设施需求等也需要通过技术手段进行科学合理的测评，为规划的进一步调整提供参考。

---

　① 保障性资源指的是教育、医疗、保障性住房等内容。

3.2.3 公众参与

城市规划不是为政府服务的工具，是为了城市居民更好的生活而进行的重要举措。虽然在编制城乡规划的过程中，政府起到了强有力的支持作用，并在有些时候演化为引导角色，但是城市居民同样具有为城市发展与自身需求发声的权利。然而现实情况却往往不能如我们所愿，在规划实施的过程中，公共参与的缺失问题依然严重，政府与民众在参与规划的权利上存在着地位不公平的现象。因此在实施评估中应当将对于公众参与机制的实施、社会民众满意度等纳入进来。

4　总结

城市总体规划实施评估作为城市规划运作体系中的关键步骤，能够客观全面考量实施效果，为规划编制、相关公共政策的制定和规划实施管理机制的完善提供建议，促进城市总体规划的编制、管理和实施进入良性发展轨道。在评估的内容和方法上不断有所思考与进步，对于规划的发展也具有良好的促进作用。城乡规划不仅要做到锦上添花，更应当为城市的发展需求雪中送炭。社会的现实情况纷繁复杂，要解决社会的公平问题也不是能够仅仅依靠规划师这一特殊群体就能解决的，但是规划师们依然能够通过努力贡献出自己的力量。

参考文献

[1] 孙施文. 城市规划不能承受之重——城市规划的价值观之辩 [J]. 城市规划学刊，2006，（1）.

[2] 赵守谅. 论城市规划中效率与公平的对立统一 [J]. 城市规划，2008，（11）.

[3] 秦红岭. 试论城市规划应遵循的普遍伦理 [J]. 城市规划，2005，（05）.

[4] 史金鹭. 秩序与正义 [D]. 开封：河南大学，2012.

[5] 赵民. 论城市规划的实施 [J]. 城市规划汇刊，2000，4.

[6] 孙施文，周宇. 城市规划实施评价的理论与方法 [J]. 城市规划汇刊，2003，（3）.

[7] 韦梦鹍. 城市总体规划实施评估的内容探讨 [J]. 城市发展研究，2010，（4）.

[8] 解瑶. 空间发展的社会绩效评估研究——以商河县城市总体规划实施评估为例 [D]. 济南：山东建筑大学，2016.

[9] 陈锋. 在自由与平等之间——社会公正理论与转型中国城市规划公正框架的构建 [J]. 城市规划，2009，（01）.

[10] （美）约翰·罗尔斯. 正义论 [M]. 何怀宏等译. 北京：中国社会科学出版社，998：32.

[11] 贾中海，张景先. 三种经典公平正义理论之比较 [J]. 理论探讨，2011，（4）.

[12] 田翠琴. 公平正义的内涵与历史演变 [J]. 学习与实践，2007，（11）.

[13] 韦江绿. 公平正义视角下的城乡基本公共服务设施均等化发展思考 [A]. 规划创新：2010 中国城市规划年会论文集，2010.

[14] 冯雨峰. 程序公平兼顾结果公平——城市规划师社会公平观 [J]. 规划师，2010，（5）.

[15] 邵其. 城市规划实施的公平性问题研究 [D]. 西安：西安建筑科技大学，2013.

[16] 孙施文，周宇. 城市规划实施评价的理论与方法 [J]. 城市规划汇刊，2003，（03）.

分论坛二

规划实施与公众参与

历史视角的城市规划实施问题探讨
——以"一五"时期八大重点城市规划为例

李　浩*

【摘　要】从历史研究的角度，对"一五"时期八大重点城市规划的实施情况进行了专题讨论。在新中国成立初期计划经济的时代背景下，八大重点城市规划作为城市各项建设的"蓝图"，在总体上得到了良好的实现。但是，规划实施中的问题也是不胜枚举的。制约规划实施的突出矛盾，包括城市规划的整体性与建设实施的分散性之矛盾、近期建设与远景发展之矛盾、多部门配合与协调之矛盾以及工业和国民经济计划多变之矛盾。在影响规划实施的各种要素中，城市规划工作以外的因素，特别是计划多变和体制环境的制约，占据了主导性的地位。高度重视规划管理工作的经验积累与科学总结，是保障规划实施及促进规划学科发展的关键所在。
【关键词】城市史，城市规划史，新工业城市，蓝图，规划管理

1　引言

城市规划在根本上是为城市建设实践所服务，规划实施对于城市规划工作的重要性是不言而喻的。近年来，在我国城市规划学科不断发展的过程中，有关城市规划实施的问题逐步引起规划界的高度重视。就目前关于规划实施的既有研究来看，主要呈现为两大类型：理论层面，以规划实施的理论或评价方法的探讨为主，包括对有关国际经验的引介；实践层面，以服务于规划修编或规划管理为宗旨，对新近付诸实施的一些规划编制项目进行实效或动态评估。除此之外，笔者认为，历史研究也应当是规划实施研究的一个重要方法，乃至于必不可缺的重要手段，因为城市的建设、发展和变化是一个漫长的过程，只有立足于较长的时间跨度，才能更加客观、理性地审视规划实施的有关问题。"一五"时期的八大重点城市规划，就是可供选择的重要研究案例。

新中国成立后，在第一个五年计划时期（1953~1957年）开始实施以苏联帮助援建的"156项工程"为核心的大规模工业化建设。出于配合重点工业项目建设的实际需要，开展了以西安、太原、兰州、包头、洛阳、成都、武汉和大同等八大重点城市为代表的新工业城市的规划工作。八大重点城市规划工作是1952年全国首次城建座谈会以后着手准备，1953年"一五"计划开始后正式启动，1954年加快推进。规划工作在苏联专家指导下进行，中央和各地区之间开展了相互援助。规划成果在1954年9月前后编制完成，随后，新成立的国家建委进行了为期两个月的集中审查。1954年12月，国家建委率先批准了西安、洛阳、兰州等3个城市的初步规划。1955年11~12月，中央、国家建委和国家城建总局又分别批复了包头、成都、大同等城市的规划[①]。由此，八大重点城市规划从规划编制阶段，转入规划实施阶段。

---

* 李浩，男，博士，中国城市规划设计研究院邹德慈院士工作室教授级高级城市规划师，注册城市规划师。
① 太原和武汉两市规划的情况比较特殊，"一五"期间没有获得正式批复。

由于建国初期对城市规划工作极为重视等原因，在八大重点城市规划的实施过程中，国家有关部门和各个城市都对规划实施及管理的有关情况进行过认真的总结，加之早年城市规划工作中对于档案资料工作的高度重视，从而使当年的不少总结报告得以留存至今（图1），这就为八大重点城市规划实施情况的历史还原提供了可能。本文试对此问题作初步的探讨。

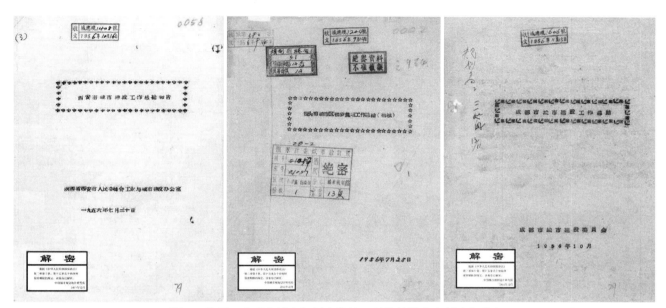

图1　关于八大重点城市规划实施情况总结的档案资料（部分）

2　八大重点城市规划实施的基本情况

2.1　"按规划蓝图施工"：八大重点城市规划实施的鲜明特点

八大重点城市规划旨在为一批新工业城市的各项建设提供配套服务。在"一五"时期，由于国家的各项工作紧紧围绕工业建设这一中心任务，重点工业项目的组织实施得到一系列强有力的体制保障，这就为与之相关联的城市规划的实施提供了良好的环境条件。因而，八大重点城市规划作为城市各项建设的"蓝图"和依据，在总体上得到了良好的实现。从各个城市在规划实施各阶段所绘制的现状图上，也可明显看出其"按规划蓝图施工"的鲜明特征（图2、图3）。这是关于八大重点城市规划实施问题的首要认识。

2.2　八大重点城市规划实施的主要问题

尽管八大重点城市规划在总体上得到了较好的落实，但进一步具体分析，规划实施中所存在的问题也是不胜枚举的。这些问题体现在不同的层面，并表现出各不相同的形式。就相对微观的问题而言，以包头市为例，其城市规划方案的一个重要意图，即"城市三条干道直通钢厂大门使包钢与住宅区的交通很方便"，但在规划实施过程中，"附属加工厂压在马路上"，城市干道不得不调整线路绕行，由此造成"城市到包钢三大门的距离总的增加了3.75公里、使职工们上下班以及城市与河西的联系永远要多走歪路的缺陷"[1]。

就各类城市用地的规划布局而言，也有不少问题。例如：太原市在旧城西侧规划了市中心，但省、市各类政府机关等市中心职能的建设却长期在旧城内发展[2]；洛阳市旧城与涧西区之间的西工地区，在1954年规划中本来确定的是远景发展用地，但1956年前后即开始了较大规模的近期建设[3]（图4、图5）；大同

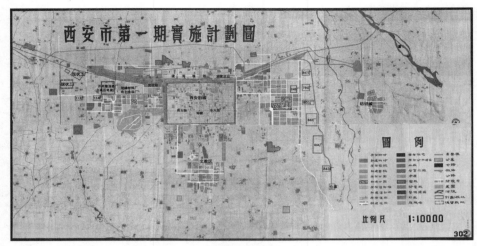

图 2　西安市第一期实施计划图

注：图中文字主要为笔者所知。资料来源：西安市第一期实施计划图 [Z]. 中国城市规划设计研究院档案室，案卷号：0975，0976.

图 3　西安市现状图（1963 年）

资料来源：西安市城市用地现状图（1963 年 12 月）[Z]. 中国城市固话设计研究院档案室，案卷号：0936.

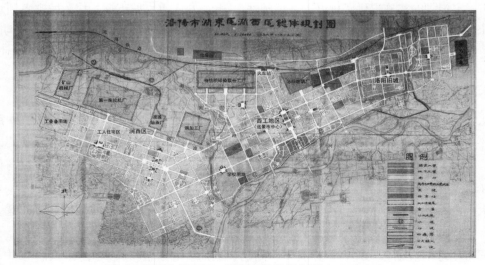

图 4　洛阳市涧东区、涧西区总体规划图（1956 年）

注：图中文字为笔者所知。资料来源：洛阳市城市建设委员会. 洛阳市涧东区、涧西区总体规划图 [Z]. 中国城市规划设计研究院档案室，
案卷号：0836.

图5 洛阳市现状图（1962年）
资料来源：洛阳市现状图（1962年）[Z]. 中国城市规划设计研究院档案室，案卷号：0832.

市在旧城和御河以东规划了工业用地，但规划获批之后的数十年时间内一直未曾实施（图6、图7）；等等。

就城市规划较为重要的发展规模而言，规划实施中也有迅速被突破的倾向。以西安为例，1954年规划所确定的20年以后的远景城市规模，总人口为120万人，总用地为131平方千米，其中第一期（至1959年）全市人口增至100万人，用地面积扩大至46.05平方千米；但截至1956年7月时，全市人口已达87.6万人，城市用地面积已达72.1平方千米，其中工业用地已达23平方千米，超过第一期53.5%，生活区用地已达49.1平方千米，超过第一期45.7%[4]。

仅就以上所举的个别情况，足以令人产生这样的感觉：八大重点城市规划的实施居然出现了这么多问题，有些问题似乎还相当严重。那么，这些问题究竟又是怎么产生的？规划实施中为何没有控制好呢？是否都是原来规划的问题呢？

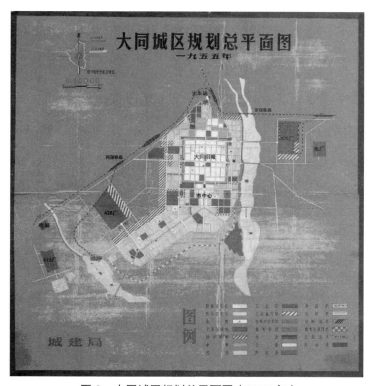

图6 大同城区规划总平面图（1955年）
注：图中部分文字为笔者所加。资料来源：大同市城建局. 大同城区规划总平面图（1955年）[Z]. 大同市城乡规划局藏，1955.

图7 大同市城市现状图（1983年）
资料来源：大同市建筑规划设计院. 大同市城市现状图[R]. 大同市城市总体规划（1979~2000）. 大同市城乡规划局藏，1985.

3 八大重点城市规划实施的影响因素

3.1 "边规划、边审批、边实施"的规划工作特点

首先需要指出，八大重点城市规划实施中各类问题的出现，与当时规划工作的特点和形势要求是密不可分的。以包头市为例，"当包头市的初步规划尚未获得批准时，由于任务急，于 1955 年春即在包开始建设，青山区（城市东北区）即开始建设楼房街坊。因之包头市的初步规划是和详细规划、修建三者同时进行的"[1]。

再就西安市而论，"1954 年底批准了总体规划，工人住宅区详细规划由于几次返工，于 1956 年春才完成，而建设则于 1953 年已经开始，便形成一面规划，一面建设的情况，因而在全市建设当中产生了一些混乱与困难"，"如已建成的居住街坊不太合理，密度稀，用地大；已架设成的电力、电讯杆线因互相干扰，局部不得不返工"，"因南郊住宅区详细规划与旧城改造规划无力进行，机关、学校临时选择地址，进行规划设计，时间仓促，考虑不周，在建设过程中不得不经常修改，往返磋商，结果耽误了工期，布局仍然不甚合理"[4]。

3.2 规划实施管理工作的复杂性和专业技术性

城市规划的各项内容和内在意图，必然要通过城市建设的具体活动和规划管理，方能实现从规划编制技术成果向社会实践的转化和"落地"，而这又是一项十分复杂的技术性工作。"从表面上来看，规划已经定了，就可按'方格'拨地了吧"，"实际上划拨基地倒是一项认真细致的工作"，"一块基地的决定要经过多次的现场勘察，反复研究考虑给水排水，供电供热供暖、交通、建筑材料运费运距等因素和基建单位的具体修建规模、时间及城市造型等，关联问题作系统的考虑后才能肯定下来。这项工作'扯皮'的事情最多"[5]。

在八大重点城市规划实施之初，各方面对规划管理工作的认识处于一种相当有限的状况。就建设单位而言，"一些建设单位对这一点了解不够，只认为划拨城市建筑用地是一种简单的手续问题，像到商店里选购商品一样，一手交款，一手就能拿货。因此有不少建设单位，却一手拿着用地申请或上级批准文件，一手就想拿到正式拨地文件，立即准予用地"[6]。就规划管理部门而言，"由于对调拨土地的政治意义与经济意义了解不够，错误地认为此项工作只是办理一下使用土地的手续"[7]，"许多新调搞基建工作人员不知道实情应该怎么办，更不了解规划的作用"[6]。

3.3 城市规划管理力量之薄弱

在大规模工业化发展的时代条件下，城市建设任务是十分庞大的，相应的规划管理工作必然也是相当艰巨的。据 1956 年 8 月时城市建设部的报告，"西安、兰州两市规划部门的当前工作除进行部分地区的规划及详细规划的修改外，规划实施管理工作的工作量很大。现在两市在管理的内容上仅是建筑地段、房屋的层数及立面，但已每天'门庭若市'，每一建设单位与规划部门打交道的次数五至二十次不等"[8]。另据兰州市的统计，仅在 1956 年 1 月至 3 月中旬期间，"就核发了九十三处计五四五. 七公顷的基建用地"，截至 3 月下旬时"来文正式申请的还有 96 家，预计还有很多单位要求拨地"[5]。

然而，与规划管理的任务要求相比，实际从事城市规划管理的技术力量却又是其为薄弱的。以成都市为例，"1952 年原市人民政府下设有市政建设计划委员会，1953 年初在该会技术室下设一规划组，开始 [规划管理] 工作，1953 年下半年机关改称城市建设委员会"[9]。"一五"时期的机构和干部情况如表 1 所示，

从该表中可以明显看出，成都市的技术力量是相当薄弱的，"由于技术力量不足，五年来对一般高初中水平的干部采取在工作中实习与上课的办法，对大专程度的技术干部，则采用向专家学习与向中央及其他城市学习的办法进行培养"[9]。

成都市城市建设委员会规划与建设管理机构及干部情况表　　　　表 1

年份	机构名称	干部人数					
		一般干部	技术干部			总计	合计
			工程师	技术员	练习生		
1953 年	规划科	5	2	—	—	7	29
	资料科	17	—	—	—	17	
	建筑监督科	5	—	—	—	5	
1954 年	规划科	9	2	—	—	11	35
	资料科	16	—	—	—	16	
	建筑监督科	8	—	—	—	8	
1955 年	规划处（共两个科）	16	1	5	—	22	37
	建筑管理处（共两个科）	14	—	1	—	15	
1956 年	规划处（共两个科）	11	1	5	39	56	90
	建筑管理处（共三个科）	31	—	—	3	34	
1957 年	规划处（共两个科）	8	2	12	32	54	94
	建筑管理处（共三个科）	32	—	6	2	40	

注："合计"一栏系笔者所加。资料来源：成都市城市建设委员会．成都市第一个五年计划 [期间] 城市规划管理工作的总结（初稿）（1958 年 6 月）[Z]. // 成都市"一五"期间城市建设的情况和问题．中国城市规划设计研究院档案室，案卷号：0802. P53.

由于管理力量的薄弱，实际的规划管理工作呈现出疲于应付的状况。就兰州市而言，"我们目前 [1956 年 3 月] 把大部分力量就纠缠在这一工作上，但仍不适应实际要求，规划处每天还是门庭若市，对此基建单位反映说：'规划处好像一个门诊部'，实际确系如此。但我们认为以我们现有力量来应付这些日常工作，只有'招架之功'，没有'还手之力'"[5]。

不仅如此，即便在当时十分薄弱的技术力量状况下，各级政府的规划管理机构之间还存在着一些制约性矛盾，尤其是省级和市级存在"争夺"规划技术力量的现象，这就加剧了规划管理工作的困难。以兰州、西安两市为例，"兰州市今年 [1956 年] 二月将 [市规划] 机构合并到省，七月份省、市又分开；西安市的城市建设机构省委已决定与省建设局合并（省、市局均不同意）"，"两市虽然均进行完了初步规划，但规划及规划实施的任务仍很繁重，详细规划不断修改，规划管理门庭若市。他们反映比进行初步规划时还忙，需要的人力还多"，"兰州的例子证明市的机构合并到省，对市的工作照顾无暇，问题不能及时解决"[8]。

3.4　建设单位"本位主义"及规章制度缺失对规划实施管理的冲击

以上所讨论的只是规划管理机构方面的情况，对于规划实施而言，更为关键的影响因素是规划管理的相对方——量大面广的各类建设单位的有关情况。除了上文提及的不理解规划意图及规划管理的重要性之外，建设单位只从自身需要或自身利益出发的"本位主义"，是八大重点城市规划实施中面对的突出问题。以住宅区建设为例，"修建单位却是各家强调各家的要求，根本不考虑城市规划，在选择位置上多要求选择风景幽美，安静舒适，交通便利，便于将来自己有很大的发展余地，地形尽量对比挑选，不愿有一点起伏，至于增大各项投资，造成规划布局上的困难和不合理，则不考虑"[10]。

强调自身的特殊性，无根据的要大、要多、要好，不符合规划要求的挑选建筑地点，平面布置与规划方面的意见不一致，是建设单位"本位主义"的典型表现。"如兰州大学要地 1500 亩，审查的结果只需 400 亩就够了"；"有些单位虚报定额及计划，如兰州军校，上级批准为 3000 学生，而虚报 4000 人，以达到多要地的目的"；"许多单位要了超出其实际需要的用地便马上打了围墙，根据兰州市 37 个单位的初步统计就这样的荒废了 1500 亩好地，甚至有的单位打上围墙荒废了 4 年"[8]。

除了建设单位的"本位主义"之外，各个城市的规划管理机构建立较晚，工作程序不健全、规章制度缺位、管理要点不明确，是导致规划管理经常陷入忙乱，进而影响规划实施的重要方面。"划拨用地时牵连很多工程问题，如管线的相互跨越、人防、卫生等问题的措施，都应在划拨用地前得到妥善解决，但往往由于建设单位缺乏经验，而管理要点又没有明确，有时在发生问题后拖延了进度，并引起了争执，因而增加了管理工作的困难"[6]。"诸如此类的问题非常多，因为管理要点不明确，不全面，不具体，再加上作管理工作人员因无统一办法，向外解释的也不统一，于是建设单位因事先没有准备，一旦任务紧急，就什么都不管的干起来，当发现后制止，就借口规定不明确，要我们拿出规定来，工作非常被动"[6]。包头市"日常拨地工作的大部分时间都纠缠于因要地过多，讨价还价的事务中，使拨地时间无形中拖延下去"[6]。

兰州市总结指出，"国家截至目前 [1956 年 9 月] 未颁发建筑法规，因此我们无法制定实施办法，对到处乱建的现象不能严肃对待，如有的单位取得土地后，修得过密，街坊内非常紊乱，甚至连消防车也开不进去；有的在高层建筑的位置上修了锅炉房，使得其他建筑无法布置；很多单位自行过多的退入建筑调整线修建；有的要在计划中的高压线路上修房子，更有的单位不经设计部门同意就拆除有价值的古建筑物，有的不经过征用土地手续，就使用农田。不少基建单位取得土地后，拿出很糟糕的设计图纸要我们审批同意修建，管理部门说'这样的设计太不好'，他说'反正就是这个东西，准修就修，不准修还是修'，像这样进行社会主义建设，没有社会主义秩序的现象，多不胜举"[11]。

3.5 原有规划存在若干不足

城市规划实施的过程，并非单向的从规划编制成果向建设项目"落地"的执行过程，反过来，城市建设与发展的一些实际情况，也"反作用"地形成对以往规划编制成果的检验。在八大重点城市规划的实施过程中，逐渐暴露出原有规划成果的一些不足之处，或规划理论设想与现实情况条件的差距，如规划编制工作中的一些"形式主义"问题、原有规划布局考虑不周、一些规划指标与现实情况存在较大差距，以及为数众多的临时建设问题等（图 8）。篇幅所限，不作详细讨论。

图 8　包头第一文化宫施工准备
资料来源：黄建华 . 包头规划 50 年 [R]. 包头市规划局，2006：34.

4 制约城市规划实施的几个突出矛盾

就八大重点城市规划的实施而言，存在着一些比较突出的内在矛盾，概括起来，主要表现在 4 个方面。

4.1 城市规划的整体性与建设实施的分散性之矛盾

城市规划编制强调的是城市建设与发展的整体观念，但建设实施却只能一个一个的，局部的和分散的落实与推进。城市规划工作的这一特点，决定了从规划编制到规划实施的巨大风险，单个的、局部的建设行为，存在着对整体的规划观念进行"肢解"的可能。以包头市为例，"当前管理工作中的关键问题是城市规划的整体性与建设单位的分散性存在着巨大的矛盾"，"由于各单位在编制计划时先后不一致，都是围绕着本单位的需要进行考虑，都是各有各的想法，各有各的地点，为了完成各自任务，谁也不管谁"[6]。

兰州市对规划工作进行总结时也曾指出："住宅、公共建筑和公共服务设施的统一规划与分散投资，分散设计，分散建筑，分散管理，分散分配的矛盾，未得到迅速解决，不少地方已经造成了长期的不合理。由于分散投资，好多单位从本位出发，不顾整体，大单位要一片，小单位要一块，家家修礼堂，户户开运动场，使土地不能按规划修建，也造成公共福利设施无法布置，或布置得不合适"，"由于分散管理，按规划拨土地需要拆迁公家的房子时，就长期纠缠不清，有人说'不拨是一家坐催，拨了是几家吵'。特别是公共服务设施因投资划分不明而不能及时修建，严重的不能满足群众的需要"[11]。

成都市对规划工作进行总结时认识到："在整个规划管理工作中，集中与分散，个体与整体的矛盾是比较突出的，原因是一方面由于我们对建筑管理工作中的矛盾关节和这些矛盾的不可避免性认识不足，执行规划考虑建筑布置有些机械片面"；"另一方面对这些矛盾不是采取积极的办法解决，而是采取了畏缩、躲避的态度。因而对某些修建单位不合理的要求对规划影响很大的，又做了无原则的迁就"，"这样就引起了很多争执，虽然大部分经过解释、说服、协商的办法得到了解决，但也给工作带来了不少困难。有时争得面红耳赤，相持不下，影响了相互关系和建设进度"[10]。

4.2 近期建设与远景发展之矛盾

八大重点城市规划是以远景城市发展目标为基本框架而编制的，规划确定的近、中、远期发展阶段的划分，以及近期（第一期）建设用地范围，在规划实施中存在着难以协调的困难。以包头市为例，"包头市原定 1962 年前修建范围，在今年 [1956 年] 就突破了，由于市政设施、工程设计都是按近期范围作的，一突破范围，则工程设计跟不上，给城市管理工作造成很多困难"[1]。

近远期的矛盾还特别体现在市政建设和公共设施建设方面。"由于近期人口少，用水也少，西安南郊去年 [1955 年] 铺了 8 吋（英寸）管，今年就不够用了。按近期建设主要感到时间不好划分。下水道只能按远景搞，在一条管道上如果分期是没办法的"；"学校发展用地保留多少不好预料，如按其现在计划挤着排起来，则其稍一发展就无余地。留出余地则产生零乱现象，看起来也不紧凑"[8]。

再就洛阳市规划而言，1954 年在进行涧西区的城市规划时，曾把涧东区以及旧城作了示意布置，提出在涧东区的西工地区建设市中心，并明确"西工是远景中的城市用地部分"[12]，同时，西工地区近期建设也存在着一些实际条件上的困难，但在 1955 年 8 月前后，"洛阳涧东现已有很多地方国营企业在旧城西部开始修建"，"中央高教部的动力学院以洛阳为第一方案，有一万学生"，"另外中央有电报，上海一些轻工业厂要搬到洛阳，洛阳至郑州铁路要改变轨，洛阳车站改建扩大，铁路人口达 1 万 ~ 2 万人"，"现涧东南部洛河桥已施工，市委、市府今年准备在涧东中心地区修建宿舍"[3]。到 1956 年，又"增建了各行政及企业的领导机构及全市性的体育场"，国家又"确定在涧东区兴建棉纺织印染联合工厂及玻璃制造厂，涧东区规划的基本条件已经成熟"[13]。种种现实因素，使得西工地区作为远景发展用地的规划设想逐渐落空。

4.3 多部门配合与协调之矛盾

由于城市规划工作突出的综合性，规划实施中面对着较为突出的与一系列不同专业部门之间的相互协调问题。任震英先生在 1956 年 3 月的一份报告中指出："要作好城市规划，必须要重视各部门的协作配合工作。但从兰州市的情况来看，与铁路、总甲方及各基建单位'扯皮'事情太多。因一个问题常常花费时间较具体设计时多几倍，甚至多几十倍，经与各处接洽，付出很大力量和时间才能解决。常为一个问题提出几个方案，才能决定下来，甚至提了很多方案至今还没有定下来的问题，如西固区十二号路与铁路交叉点坐标问题，派了四、五个技术干部，经过数次的勘测查对，用了二十多天的工夫才解决了[5]。"

除了铁路部门之外，人防部门是对城市规划实施影响较大的另一部门。"人防部门考虑厂与厂之间人防距离时很少考虑工厂之间的配合协作，也很少考虑城市规划布置是否合理以及国家各方面建设投资是否经济，而单纯的机械的考虑人防距离，甚至于与规定相差十多公尺距离也要争论，这样的做法给工厂的生产协作和城市规划的布局造成了很大不合理"[10]。

另外，各个部门在建设用地等方面的定额标准不统一，也是影响规划实施的一个突出因素。以成都市为例，"铁道部'铁办程滕 [56] 字第 132 号文'批准铁路技术、技工两所中等技术学校（共有学生 1880 人）用地 108000 平方米，但根据国家建委定额只需拨 87000 平方米左右"[10]。

4.4 工业和国民经济计划多变之矛盾

在八大重点城市的规划实施中，除了上述突出矛盾之外，最为重要的影响因素实际上是工业发展和国民经济计划的复杂多变——亦即城市规划工作最为根本的技术经济依据的"现实性"改变。"计划变动大，建筑事务管理摸不到计划的底，工作忙乱被动，有人说'计划赶不上变化，变化跟不上电话'"，"有的单位一再的追加计划，划拨了土地又要划拨，如石油技校，原计划是 1200 人，后来变成 1600，又变成 2000，现在 [1956 年 9 月前后] 又要 4000 人土地"，"许多学校机关，在初步规划、详细规划上根本没有，现在都来了，一来就派二、三人专门坐催和尽量挑选"，"也有的划了土地不修建了，也有的要大了建小了，如有些单位上半年没有基建计划，下半年提出计划并要全部完成任务"[11]（图 9）。

图 9 兰州西固区建设场景（1957 年）
资料来源：兰州市规划建设及现状（照片）[Z]. 中国城市规划设计研究院档案室，案卷号：1113.P10.

工业和国民经济计划的变化包括调整、取消和追加等不同情形。大同市1955年版规划中御河以东的工业用地未实际建设，就是国家取消（推迟）"二拖"这一项目的结果。然而，更多的情况却出现在有关项目或计划的不断追加上。据1956年7月《西安市城市建设工作总结报告》，"原定大工业任务增大了，且新增了大工业两个，地方工业五个，建筑加工企业七个，大型仓库五个"；"随着工业建设，文教建设也增大了，在规划批准后，另增加大学院十所，科学研究所四个，中等专业与技工干部学校等49所"；"西安系西北区经济建筑基地之一，有不少有关西北区的事、企业与行政管理机构也增加了"；"由于建筑任务加大，建筑工人由2.85万人增至8万余人，临时居住用地也就增加了"；"由于民用建筑平房比例较大，约占30.8%。用地面积就更加扩大了"[4]。

正是由于国民经济和工业发展计划的不断追加，对城市规划最基础的人口规模问题形成严峻的挑战。1956年9月的《兰州市城市建设工作报告》指出，"截至目前[1956年9月]，仍有很多建厂单位要到兰州来。由于这种情况，不但兰州的土地不够用，就是给水、排水、供电、供热、交通等单项设计，也都失去了可靠的依据"；从而明确提出："城市规模问题是兰州城市规划和城市建设中最基本、最严重、最突出的问题"[11]。而中央工业交通工作部1956年的报告也发出这样的疑问："西安市的发展规模是否需要控制？城市远景规划人口是否仍然需要控制在一百二十万人左右？[这]是目前西安市城市发展方针上急待考虑确定的问题[14]。"

5 简要的小结与启示

5.1 影响城市规划实施的复杂关系网络

以上对八大重点城市规划的实施情况进行了简要讨论，这些讨论尚主要基于目前所掌握的一些档案资料。尚显粗略、凌乱的分析，却也勾勒出八大重点城市规划实施的一些"历史图景"。实际有关情况，即便使用"乱象纷生"一词来加以形容，也并不为过。时过境迁，60多年后的今天，各地城市的规划管理工作已经有了巨大变化，但从规划实施的实际情况而言，如建设单位的本位主义、相关部门的各自为政、违法建设的层出不穷等，与60多年之前的情况呈现出惊人的相似。这似乎也可表明，城市规划实施管理的内在属性，特别是深刻影响规划实施的复杂的关系网络的基本格局，数十年来未曾发生巨变。

对规划实施具有各种影响的相关要素，大致如图10所示。总的来看，八大重点城市规划规划的实施受到"上、下、左、右"等各方面因素的共同牵制和作用：居于规划之"上"，作为规划依据的工业发展和国民经济计划不断变化；规划编制成果向"下"的落地，受到建设单位不理解规划意图及普遍的本位主义的冲击；作为规划实施的"左膀右臂"，相关部门与规划部门沟通困难，而规划管理的体制和执法手段又十分局限。良好的规划实施，得益于"上、下、左、右"各方关系的有机配合，需要编织好一个"网络"；而网络中任何一个方面的工作失误或掣肘，则必然会造成规划实施的扭曲或变形。这一点，不妨可归纳为规划实施的"木桶定律"或"短板理论"。

值得特别强调的是，规划管理部门在这一复杂关系网络中的特殊角色。在规划编制阶段，规划工作者考虑的是城市建设与城市发展的方方面面，即所谓综合性和整体性，在规划实施中，方方面面的问题和矛盾必然也都要集中到规划管理这条线上来，这正是规划管理"不堪重负"之所在；而规划管理部门只是政府的一个"专业部门"，却要肩负起"综合性"突出的规划管理事务，这是规划管理中内在的"权责"逻辑或伦理的缺陷之处。

尤其是，在讲究行政权力的管理体制格局下，当规划管理部门面对同级别的"特权部门"、重点

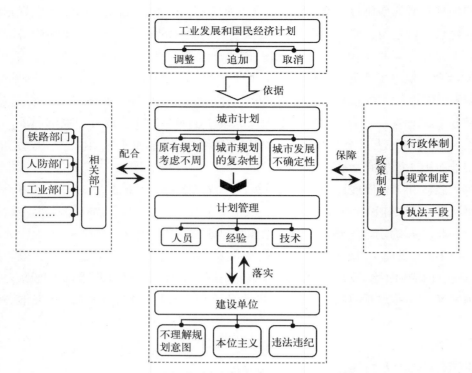

图 11　影响规划实施的复杂关系网络示意图

企业乃至上级部门之时，规划管理的软肋也就暴露无遗——譬如："陕西省人民委员会准备修的一个十万多 m² 的办公大楼，决定建筑的地段要占用规划市区中心附近的大公园 1/3，且要拆除新建不久的数栋两层楼房，同时基地下面尚有直径约一公尺余的下水道。规划部门不同意，但省人民委员会作了硬性规定"[8]；"包钢在 1955 年内修建的工程，全部是在早已开工甚至竣工后在我局［包头市规划管理局］的催促下才补报图纸，而且图纸多数不全，最后在年终给该公司经理发出一件亲启的公函后，才派专人把全年所缺图纸送来"[6]；兰州"陆军医院把建筑时多征的 90 亩地开了菜园"，"甘肃省工会开了果园"[11]。

这些问题之所以出现，与其说是规划实施管理不力的一种责任，倒不如说是扭曲的规划管理体制的一种必然结果。我们如何去期望在体制内生存的规划管理部门针锋相对地去对抗上级的一些决定？这其中固然也有一些特殊的"管理艺术"或"公关技巧"等应对途径，但能否完全寄希望于此呢？这或许也是规划实施管理的悲哀之处。

5.2　规划管理工作的经验积累与科学总结

通过上述分析，不难注意到，在影响规划实施的各种要素中，城市规划工作以外的因素，特别是计划多变和体制环境的制约，占据了主导性的地位。这给我们的重要启示在于，从规划实施的角度考虑，尽管规划编制成果的不完善也是各种问题出现的诱发因素之一，但若想规划获得良好的实施，则必然不能仅仅寄希望于规划编制工作的自我完善，而应当更加关注规划管理工作的研究与改进。"如使城市规划起到应有的作用，必须加强规划实施的管理工作，否则规划就会有落空的危险"，"另外，通过规划实施的管理还可以修正规划的不合理部分，因为在规划时不可能把每一个地区都考虑地（得）完全周到，如兰州医学院按照规划的要求要填土 40 余平方米，经管理部门到现场放线核对的结果，发现稍一平整即可，不必大动土方"[8]。

关于拨地工作，洛阳市在管理工作中积累的经验包括："划拨土地前，要求兴建部门一定要报送经其上级批准的计划任务书或文件，结合规划要求与现状的具体情况，初步指定用地范围。经兴建单位勘察钻探，认为符合要求时，即进行平面布置。然后根据规划进行审查，并确定其平面布置后正式划拨土地，同时进行定界定线，办理购地手续。土地划拨后，应及时地检查建设单位对土地使用是否合理，对群众安置是否妥善；如发现有暂时不同或多批而荒芜的土地，立刻通知建设单位将多余土地交给原主耕种。这样既保证了建设用地，也增加了国家粮食收入，也会得到农民的满意[7]。"

对于包头市拨地管理中的一些问题，如工厂压在道路上等，"在制定了内部工作程序和随时有专人绘制现状图后，前述现象基本上避免了"[6]。关于公共建筑的管理，"在拨地的管理工作当中，我们深刻体会到城市公共建筑是多样的，而且是变化多端的"，"为了便于管理工作，规划必须先有灵活性"，"应该避免把公共建筑物分别的单个的插在街坊中，如果这样做就定死了它的用地面积，因发展或特殊情况有所改变或移到其他地方时，用地就难以划拨了"，"为此，将公共建筑用地连结起来，再加上一些备用地集中在每个街坊的一端，同时要考虑服务半径，这样在实践当中如有变化就可以相互调剂使用了"[6]。

关于城市规划工作与建筑事务管理的关系，兰州市体会到："城市规划和建筑事务管理部门能否分开？""我们考虑在当前具体情况下，城市建筑事务管理部门，离开规划是难于单独进行管理工作的，它必须和规划部门结合起来，统一管理，它们是互相辅助、互为因果的，规划的实现在于严密的管理，没有规划根本谈不到管理，管理是在规划总意图下进行的，这就是说规划不是纸上画画，一定要从纸上实现到地上，同时最后又有把实现在地上的具体建筑又要正确的画在图上，如果把它们截然分开，会产生层次繁多的问题，互相脱节，发生错误，造成损失[5]。"

针对街坊修建的问题，洛阳市提出了进行城市设计控制的观念："为要使街坊修建既好又符合规划要求，使规划能完美的实现，还必须在作好街坊总平面布置图的同时，根据规划设计要求，在沿街道处绘制好修建立面图，并提出对建筑物的空间和艺术造型的要求，以控制规划的实现[7]。"

就临时建设的管理而言，包头市提出："在城市建设初期，因为对发展估计不足或因其他因素，商业性的永久建筑建不起来，而必须建临时性的供应点或摊贩，我们不能认为它是临时的而轻易划拨地点，因为这些服务点一旦安置以后，它是为群众服务的，具有群众性"；"当形成一种群众性市场之后，如因修建永久性房屋而要求这些临时市场搬家时就困难了"；"根据这种情况，我们最近在考虑这些临时性的建筑或摊贩时，就布置在它自己的永久性用地位置后面，一旦有了投资就可以在前面盖永久性房子，腾出来的临时房子还可以当作仓库用一时期[6]。"

针对拨地之后施工环节的检查工作，洛阳市总结指出："经验证明，检查工作应全面管里[理]规划，注意检查重点工程的质量，在方法上采取点面结合，深入一点取得经验，推动全盘的方法进行工作，现在以检查市政工程为中心，抽调测量力量住市政工程工地，及时定出每条道路、管线的中线和标高、并需反复检查，以保证规划的实现[7]。""对一般建筑的管理是：①验线检查，每项工程在开工前进行验线检查，检查的内容：位置、标高、建筑物与红线关系，平面布置与管线走向——这是执行规划带有决定性的一环；②定期检查是否按图施工；③参加竣工验收"[7]。

关于规划监督检查中的宣传教育，包头市总结认为："城市规划工作既是一件新的复杂的工作。为了搞好它，宣传对象就不仅仅是建设单位，其中也包括领导我们的上级机关及负责同志，因此要把工作中发生的问题及其所引起的损失，不要等到年终一次总结上报，而是要经常的及时的上报，争取他们了解我们的工作，进一步支持我们工作的推行[6]。"另外，"如果只有宣传没有检查，就无法鉴定我们管理工作所提出的要求各单位是否正确执行，也无法发现规划当中的问题，从而提高与改进我们的工作。从另一方面来看，只有通过检查发现问题，才能使宣传工作具有说服力的内容"[6]。

简要列举以上内容，足以表明建国初期规划实施管理工作的经验积累已相当丰富，甚至也可以说，改革开放后以"一书两证"为标志的规划管理的基本制度，其实早在"一五"时期就已经有相当实际经验积累，只不过经验的总结与制度建设未能及时跟进罢了。实际上，即使就今天而言，相对于规划编制工作的理论研究和实践探索的"繁荣"局面而言，关于规划实施管理的科学仍然是非常欠发达的。特别是，各地区、各城市虽然有着广泛的、丰富的规划管理实践经验，但较多限于规划管理机构的内部范畴，或者只属于管理人员的个人智慧，并未形成科学意义上的规划管理的知识体系。这一点，正是今天的规划学科发展需要加以努力改进的一个重要方面。

此外，值得反思的另一个问题在于，八大重点城市规划实施中的各种问题及其产生的内在原因也表明，城市规划编制工作在服务于城市建设和社会发展方面的作用也是有局限的。以规划实施中较普遍的临时建设问题而言，尽管在规划编制工作中应当有所预见和应对，但更准确地讲，其本质在于管理工作乃至体制问题，规划控制的作用是有限的。那种寄希望于在规划编制工作中周密安排，试图"一劳永逸"地解决所有问题、"包治百病"的想法，显然是不现实的，也是不可能实现的。

参考文献

[1] 包头市新市区初步规划工作总结（初稿）（1956 年 7 月 28 日）[Z]. 包头市城市规划经验总结. 中国城市规划设计研究院档案室，案卷号：0505. P4-14.

[2] 山西省设计工作太原检查组. 关于在城市规划管理工作上贯彻勤俭建国方针的检查报告（1958 年 1 月 11 日）[Z].// 1957 年关于太原市城市建设的检查报告. 中国城市规划设计研究院档案室，案卷号：0188.P66.

[3] 城市设计院. 洛阳涧西区根据中央节约精神规划修改总结报告（1955 年 8 月 25 日）[Z].// 洛阳市规划综合资料. 中国城市规划设计研究院档案室，案卷号：0829.P78.

[4] 陕西省西安市人民委员会工业与城市建设办公室. 西安市城市建设工作总结报告（1956 年 7 月 30 日）[Z]. 1953-1956 年西安市城市规划总结及专家建议汇集. 中国城市规划设计研究院档案室，案卷号：0946. P86-87.

[5] 任震英,高鉌昭. 关于城市规划与建筑管理工作的几点建议(1956 年 3 月 25 日)[Z].// 兰州市城市建设文件汇编(一). 中国城市规划设计研究院档案室，案卷号：1114. P20-26.

[6] 关于建筑管理工作的总结（1956 年 8 月 24 日）[Z]. // 包头市城市规划经验总结. 中国城市规划设计研究院档案室，案卷号：0505. P18-39.

[7] 洛阳市城市建设工作总结（草稿）（1956 年 7 月 28 日）[Z].// 洛阳市规划综合资料. 中国城市规划设计研究院档案室，案卷号：0829.P97-101.

[8] 关于西安、兰州两市规划与建设情况的资料汇报提纲（1956 年 8 月 15 日）[Z]. 1953-1956 年西安市城市规划总结及专家建议汇集. 中国城市规划设计研究院档案室，案卷号：0946. P112-130.

[9] 成都市城市建设委员会. 成都市第一个五年计划 [期间] 城市规划管理工作的总结（初稿）（1958 年 6 月）[Z]. // 成都市"一五"期间城市建设的情况和问题. 中国城市规划设计研究院档案室，案卷号：0802. P52-54.

[10] 成都市城市建设工作总结（1956 年 10 月）[Z].// 成都市"一五"期间城市建设的情况和问题. 中国城市规划设计研究院档案室，案卷号：0802. P40-43.

[11] 兰州市城市建设工作报告（1956 年 9 月）[Z].// 兰州市城市建设文件汇编（一）. 中国城市规划设计研究院档案室，案卷号：1114.P45-60.

[12] 洛阳市人民政府城市建设委员会．洛阳市涧西区总体规划说明书（1954 年 10 月 25 日）[Z]．中国城市规划设计研究院档案室．案卷号：0834．P35．

[13] 洛阳市城市建设委员会．洛阳市涧东区总体规划说明书（1956 年 12 月）[Z]．中国城市规划设计研究院档案室，案卷号：0835．P7．

[14] 中共中央工业交通工作部．关于西安市城市建设工作中若干问题的调查报告（1956 年 5 月 4 日）[Z]．中国城市规划设计研究院档案室，案卷号：0947.P4．

老年人参与——公众参与城乡规划的有效路径

韩　婷　陈锦富*

【摘　要】我国已经进入老龄化社会，如何充分发挥离退休人员参与社会服务的作用，以一定程度地减缓劳动人口红利快速下降带来的人力资源困境；另一方面，在职的社会公众无法全身投入城乡规划的公众参与工作，城乡规划公众参与举步维艰。从参与意识、参与主体规划素养以及参与制度三个方面的分析，认为老年人参与城乡规划是应对此双重困境的可选路径。通过对中国香港、日本、美国等地区与国家的老年人社会参与的参与策略、资金来源、参与模式、参与效果的考查，结合我国离退休人员的社会现状和发展的政策安排，提出推动老年人参与城乡规划应从四个方面入手：立足社区，建构平台；政府引导，政策支持；依托第三方组织，培育参与意识；提供教育培训，提高规划素养。

【关键词】老年人，城乡规划，公众参与，参与策略

1　研究背景

由于计划生育政策的影响，我国已于 1999 年快速进入了老龄化社会[1]。2011 年底，中国 60 岁老龄人口已达 1.85 亿，占当时人口总数 13.7% 以上[2~4]。未来十几年，中国人口仍将保持惯性增长，预计 21 世纪上半叶，中国将先后迎来三大人口高峰：人口总量于 2033 年达到 15 亿，劳动力年龄人口于 2016 年达到 10 亿，60 岁以上老龄人口将于 2040 年前后达到 4 亿左右[5]。2050 年老年人口达峰值[6]。目前老年人口总量第一、老龄化速度第一、养老问题特殊性独一无二，决定了中国式养老的艰巨和复杂。

与此同时，我国经济社会发展已经出现"新常态"的态势。新常态视野的城镇化是资源环境严重制约下的城镇化，我国城镇化发展由速度型向质量型转型的要求日益迫切，城市发展已从增量规划转为存量规划，这就决定了新常态视野的城镇化需要新的规划方法与手段，应更多的关注既有城区、社区的更新改造，加强公众参与。然而，目前我国城市规划的公众参与还处于初始阶段，存在较多问题与不足。公众参与度较低，公众参与积极性较低，特别是公众参与意识薄弱，缺乏参与的时间、热情以及途径。

在这种形势下，笔者以老龄化问题为导向，基于存量规划的背景下，探索我国特殊老龄化背景下公众参与的组织方法。

2　老年人参与城乡规划的可行性分析

如何在城市规划中有效的推进公共参与，是新常态城镇化工作的重点之一，面对老龄化日趋严重的

* 韩婷，女，华中科技大学建筑与城市规划学院硕士研究生。
　陈锦富，男，华中科技大学建筑与城市规划学院教授。

背景，笔者认为可以通过积极老龄化促进社区更新改造的公众参与。积极老龄化最早由世界卫生组织于1996 年作为"工作目标"提出[7]。以尊重老年人的人权为前提，以独立、参与、尊严、照料和自我实现为原则，以"承认人们在增龄过程中，他们在生活的各个方面，都享有机会平等的权利"为出发点，强调"他们的技能、经验和资源是一个成熟、充分融合、高尚社会发展的宝贵财富"。努力创造条件让老年人回归社会，参与所在社会的经济、社会、文化和政治生活，充分发挥其技能、经验和智慧，这不单纯是出于人道主义而对老年人尊重，更是当今社会发展的内在需求[8]。这是具有切实可行性的，具体可以从参与主体意识可行性、参与主体规划素养可行性和制度可行性三个方面说明。

2.1　参与主体意识可行性

目前我国公众的参与意识还处于较低的水平，公众参与意识的问题是民众自我认同的一部分，并非一朝一夕可以完成提高的。公众在规划意识中具有很强的"政府依赖性"，公众普遍认为政府应负更多的责任，但若将切入点放在其切身利益相关的住房问题上，相信足以调动公众的主观能动性。

公众的受教育程度、人生阅历和空闲时间都将影响参与的积极性。儿童、青少年虽然时间充裕，会有大量时间参与社区活动，但由于其尚处于成长学习期，心智尚未发育成熟、知识结构的欠缺，导致他们无法对社区的建设提供具有可实施可能的建议。青壮年、中年人虽然知识结构已经相对较为完善，但由于其需要投入较多的精力在工作、事业上，朝九晚五、早出晚归的生活导致他们不会过多的关注社区问题，也不会有充足的空闲时间参与社区活动。已经退休的老年人，有着充足的可自由支配的时间和精力，又具有较强的倾诉欲，可谓所有群体中最具可调动性、最有时间精力的人群。可以看到，老年人是所有人群中参与意识最易提高的群体。

2.2　参与主体规划素养可行性

公众自身具备良好的参与能力是公众参与取得成效的前提条件。然而长期以来，我国城市规划工作采用的是自上而下的模式，规划相关知识的普及度较低，公众对于自身及其他社会组织应该做的和能够做的工作缺乏了解和认识。但社区直接关系到公众的切身利益，无论其是否熟知规划法规、是否具有规划素养都略懂一二，都可以就一些住房、社区问题的谈论中发表自己的看法，可以以此作为突破口，通过社区更新改造的公众参与，逐步提高公众规划素养，拓展参与领域。

老年人受身体状况的影响，活动范围局限在自己所在社区周边有限的范围内。较其他年龄层的人群，其对社区的问题具有更充足的了解。充足的人生阅历亦使得他们更了解各个年龄层次的需求。一些人认为老年人已经失去了学习的能力，然而，老年人作为一个数量庞大的公众群体，往往构成复杂、社会经验丰富，对其生活周围的环境质量及改善要求足以提出一些有益的意见和具有一定参考价值的改善方案；而且老年人并非不具备学习能力，只是学习能力较其他年龄层次来说相对弱一些。让老年人参与到规划建设大有裨益，不能五十步笑百步，因为他们不具有足够的学习能力而将其拒之门外。

2.3　制度可行性

随着社区建设和社区居民自治的理念不断深化，老年人正在成为城市规划公众参与主体的最适当的选择。如何让老年人发挥贡献，日本有"银发人才资源中心"、美国有"老年人小区服务就业计划"、法国有"第三年龄俱乐部"等，他们依据自己的情况制定具体的政策，鼓励老年人在退休生活开始之后参与各种社团活动的进行来确保老年人的生活品质和活力。让居住在任何地区的老年人都可以有机会再次就业，得以充分发挥所学，打造出一个活力充沛的社区，为老年人提供就业机会、重现地区活力、满足老年人生活需求、充实其生活，提高其社会参与率[9]。

按照社区组织建构的规则，社区组织是"社区居民自我管理、自我教育、自我服务的群众性自治组织"[10]，这就意味着它可以跨越"公办公营"限制，向非政府组织延伸，从而为公众参与提供更为广阔的社会空间。为与当前政府职能转变和单位社会职能不断剥离的趋势相适应，城市社区的规划管理已逐步引入非政府组织为主体的物业等公共服务。但仅仅这样并不能有效的应对我国当前老龄化加剧的状况、无法提供足够的养老服务，且忽略了老年人的精神需求。笔者认为应当进行制度创新，将老年人视作社区规划参与的主体、服务的提供者，以适应新常态下的城市规划公众参与要求。

3 国内外相关经验借鉴

由于发达国家或地区老龄化进程相对中国较早，且经济发展水平较高，社会保障制度健全，形成了完备的机构养老、社区养老组织，但他们依旧积极利用老年人资源。对我国当前未富先老、养老负担重的现实有一定的借鉴意义。

3.1 香港

（1）老年人社会参与策略

香港地区的长者义工计划是香港政府整体安老服务的重要一环，政府在相关项目上给予经济支持[11]。由于政府、非营利组织以及媒体的长期大力倡导，志愿者精神深入人心，志愿者形象受到社会的推崇和尊重。同时政府也建立了一套制度化的志愿者服务评估和激励体系，政府依据志愿者的评定等级给予相应的政策支持，并定期举行表彰大会给表现突出的志愿者颁发奖章。

（2）老年人社会参与模式

香港地区老年人参与志愿服务的项目有家庭义工服务、邻里义工服务、小区参与、领导小区服务等，这种多样性正是老年志愿者活动的极大优势，老年人可以按自己的时间、能力和喜好找到适合的工作，甚至有些机构会针对老年人的个人特点专门设计相应的志愿工作，进一步增强了老年人的志愿服务能力。

（3）老年人社会参与效果

除了向大众进行有关市区更新的推广教育和加深他们对相关议题的认识外，广泛收集公众对城市更新初步方案的意见也是提高了规划研究深度和社会影响力。该策略不仅有助于了解现状旧区的生活环境，同时也可以了解和探讨公众对城市更新的观感和意见，有助于了解公众对有地区特色的城市规划的取向及意见。更新改造采取"先咨询、后重建"的方法，依照居民需要投放资源，提高了更新改造的科学性，保存了社区特色、社会网络和环境[12]。

3.2 日本

（1）老年人社会参与策略

日本于1986年制定高龄雇佣安定法，除延长退休年龄，导入继续雇用制度外，成立了社团法人全国银发人才资源中心[13]。银发人才资源中心不仅关注自身资源整合和建设活动，更拓展了老年人事业普及化及推广，让该中心有机会在全国各地逐渐发展，以规划开发新的就业领域，通盘性调整承接各类工作内容，让居住在任何地区的老年人，都可以有机会再次就业。

（2）老年人社会参与模式

银发人才资源中心采取会员制度，有就业意愿且年满60岁的老年人可在当地加入会员。成为银发人才资源中心之会员后，可以接受中心提供的工作机会、参与定期举办的志愿者活动以回馈社会，参加中心举办的各类别的教育训练。而有就业意愿的会员，中心会依据会员的希望与能力，透过承揽或委任之形式委派工作，主要的工作内容适合短时间的需求，且具备高度的弹性，也会依地方需求及会员意向开发出具有地方特色的工作类别。如：公园清扫、社区清扫或除草割草等，停车场管理、抄电表、催收账款或观光导览等。

银发人才资源中心会员的工作报酬，在日本不称为工资或薪资，而是以外包费或委托费的形式进行支付，老年人在工作结束后，当地服务中心再依据其工作的内容及成效，从工作单位支付的委托费用中按一定比例发放给该老年人，日本称之为"配分金"。

（3）老年人社会参与效果

除了可以促进老年人再就业外，也使老年人获得工作乐趣与活用长年在职经验，进而达成以"生活价值"、"健康维持"与"社会贡献"为宗旨的高龄活力社会。老年人充分发挥所学，打造出一个活力充沛的社区。该策略满足老年人生活需求、充实其生活，提高其社会参与率。同时，整个日本一年银发人才中心的产值将近3000亿日币[14]。

3.3 美国

（1）老年人社会参与策略

美国劳工部于2010年在《老年法（1965）》授权下建立了《老年人社区服务就业法案》[15]。该法案规定通过提供服务和支持，在保障老年人的尊严的前提下，老年人能够独立自助的选择从事社区工作；建立专项资金，每年列入财政预算，以保证老年人服务网络的经费支持，保障服务网络可以提供基于家庭和社区的基本支持服务。

2005年白宫老年问题会议着眼于制定相应政策，为美国老年人提供更多的工作、志愿服务和社会参与的机会，使他们能够为社会上亟待解决而又无人问津的问题贡献其技能和经验。2008年年度财政报表显示该法案为近300万人提供了相关服务，2011年财政年度报表显示联邦拨款达19亿美元。

（2）老年人社会参与模式

美国老年志愿服务项目覆盖全美56个州的244个老年人组织的20000个老年人服务参与者。参与内容多样，涉及社会生活的方方面面，如给流浪人口的午餐中心准备食物，进入一些老年人院、老年公寓开展活动，参与周末的沙滩清洁活动等；组织和参与一些慈善晚会或是筹款活动；开展行政性和管理性的工作；探访和陪同服务。此外，还有一些老年人成为许多非营利机构的理事人员，利用自己的专业知识和经验为机构的发展提出咨询和建议。更多的老年人选择自愿参加社区的服务，其中包括生活服务、环境美化、组织康乐活动等。由社区发给交通费和膳食补助，基本上为义务性质。

（3）老年人社会参与效果

实践证明，该计划在为老年人提供经济来源的同时，证明老年人可以在公共和私营领域从事很多工作。

3.4 小结

综上所述，我们可以看到，其他国家或地区在应对人口老龄化挑战中的经验和教训，他们虽然没有明确提出社区更新改造与老年人社会参与的结合，但在他们的老年人社会参与策略中都或多或少的涉及了社区参与的内容（表1）。

国内外经验总结　　　　　　　　　　　　　　　　　　　　　　表 1

国家（地区）	老年人组织	组织类型	资金来源	社区更新改造与老年人社会参与结合点
中国香港	长者义工计划	政府＋第三方组织	政府支持＋义务劳动	小区参与、领导小区服务
日本	银发人才资源中心	政府	单位委托方提供	社区清扫、停车场管理
美国	老年人社区服务就业计划	政府＋第三方组织	政府支持＋义务劳动	社区生活服务、环境美化

4　老年人参与组织方式

4.1　立足社区，建构平台

推进社区老年人参与平台的建构。居委会名义上来说是基层居民区中的一个自治组织，与过去相比，有相当一部分职能现在已经分流给物业、业主委员会等。居委会的职能现已经退化为街道办事处延至居民社区的最低一级行政机构，目前其在处理社区内的事务时仍然是以自上而下的行政化运作方式来得以完成。居民难以参与，更不要说主动参与。业主委员会没有办公场所没有带薪人员，也无从合法取得业主大会成员的全套信息，实质上是徒有其名、名存实亡的。物业作为公司，在逐利的过程中往往尽可能少投入地稳赚。可见，现如今社区各方工作人员没有时间，也没有精力去保障社区公众参与，更勿论组织社区老年人的参与。

对老年人来说，因其年龄增长和体能下降，在参与社会互动过程中会受到多方面的限制，社区参与是其社会参与的主要形式；同时，老年人对社区的依赖度较高，社区发展与他们的切身利益密切相关，因而他们对社区事务有较强的参与动机。老年社会参与的现实落点应该在社区，也必须在社区，建设好社区，积极推进老年人参与平台的建构，必须把老年人参与的平台建在社区，建在老年人的家门口。社区居委会作为法定自治组织，规模较大，拥有的治理资源相对丰富，建立社区老年人参与平台，可以有效地协调社区居委会及其他机构共同进行社区治理。这是推进老年社会参与的最为现实、也最为可行的方法。将平台建在社区，便于老年人针对社区问题及时表达看法，提高公众参与效率。让社区在组织老年人社区参与、促进社区更新改造和健康发展中的功能作用发挥到最佳状态，社会公众参与才有可能推展开来。

4.2　政府引导，政策支持

促进老年人参与，首先需要政府的引导，将包含社会参与的老年人的基本需求纳入政策体系和社会环境的建构中。老年人的主观评价低导致的社区参与意愿不高，某种程度上可谓是多年来公众习惯的刻板印象——老年人是社会问题的制造者，社会财富的耗费者，社会发展的拖累者等观念性歧视长期塑型而内化的产物[16]。因此，要积极创造条件降低和消除对老年人的认知偏差和情感排斥，变"消极参与"为"积极参与"。

经过多年的实践，我国对鼓励、支持老年人社会参与已形成了一些政策和法规。例如，《关于进一步发挥离退休专业技术人员作用的意见》，充分肯定了继续发挥离退休专业人员特别是老专家作用的重大意义。但并未引导其在保持身心健康、安度晚年的同时，继续为国家建设和发展贡献经验、才智和力量。

政府应为社区的老年人参与提供政策支持，制定鼓励政策，建立制度化的参与评估与奖励机制。赋予老年人组织一部分权利，为其提供工作场所支持，保证其可以合法取得社区规划的相关信息，引导其与规划部门对接。加强对老年人住区规划参与的扶持引导，将其活动内容纳入居委会或其他第三方组织工作体系的范畴内。

同时，政府还应提供必要的资金扶持和必要的便利，建立计划专项资金，列入政府财政预算，保证政策的经费支持。可以依据其参与状况不同给予不同的经济支持，并定期举行表彰大会给表现突出的志愿者颁发奖章。同时，可以以服务外包或委托的形式引导老年人参与，服务对象再依据其工作的内容及成效发放薪酬给该老年人。此外，亦可引入社会力量，建立公益性资金渠道，吸引慈善组织的捐赠。

4.3　依托第三方组织，培育参与意识

住区更新改造的过程是市民主体性建构和深化的过程。在市场经济的背景下，包括老年人在内的社区居民的参与不足、归属感不高、参与意识不强等问题是不争的事实[17]。第三方组织可以在政府市场和非正规部门等之间起中介协调和沟通的作用，让居民开始愿意走出家门与相关人员进行对话，愿意讨论小区意识及环境认知，进而对参与小区发展表现出积极的态度。然而，我国老年协会的性质和法律地位不明晰，有的地方把老年协会归于民间自治组织，单独在民政部门登记注册；有的地方则归为地方老龄委的下属机构，由离退休的地方官员担任领导；还有的地方将其作为二级协会，由上级协会进行管理，建制上缺乏统一。不健全、不平衡、不明晰，使得老年协会目前还难以成为老年人住区更新改造参与的一个有效途径。

目前规划行业在公众参与部分已经逐渐开始重视非政府组织的作用。美国和香港地区的老年人社会参与便是由非政府组织提供的。第三方组织不仅可以为老年人社区参与提供就业机会，还可为其提供有针对性的教育培训，分担政府的负担，提高他们开展相关服务活动的能力。如果能够调动老年人的参与热情，其儿孙也会受其影响参与其中，或至少将意见反馈给老年人，逐渐带动社会整体公众参与，从而逐步转变以往政府施予的观念，转变对于市民权利的认知，逐渐摆脱自上而下规划的困境。

4.4　提供教育培训，提高规划素养

为了更好地促进老年人社区更新改造的参与，政府要定期举办专门针对老年人的社区规划培训，规划人员进社区，对老年人讲解社区规划知识的，使这些人能够更好地将社区的问题反馈给规划部门，成为住户与规划部门的沟通桥梁。采用易于理解的方式讲解相关信息理论，使其运用于具体实践中，不断提高规划的相关专业知识、参与能力。老年人内部可以一代代相互培训，与社区服务人员、住户沟通，直接地反映到规划部门。以使用者的身份，承担调研沟通的角色作用，对优化规划内容与管理需求提出要求，以便规划人员获得规划绩效的客观评价，为后续的渐进优化工作提供依据与参考。

5　结语

老龄化问题日益加剧、公众参与的重要性日益凸显、新常态下规划转型等现实都使老年人参与这一课题任重而道远。随着老龄化加剧，调动老年人参与到社区更新改造的过程中，不仅可以提高社区更新改造的科学性，对积极应对老龄化、维持社会和谐稳定亦具有积极意义。吸引老年人参与自己身边的社区更新改造，有利于促进社区规划方案更合理、更贴近居民生活需求，也更容易获得更多的社区居民参与和支持，加强社区凝聚力，同时将社会的各个要素、各种资源串接起来，从而促进更大范围的规划公众参与。以社区老年人组织为基本单位，逐步拓展，根据学习能力和知识结构的不同，逐层选拔培训，在全社会构建老年人群体网络，使其社会参与不只局限于社区，更可以拓展到规划的各个方面。

参考文献

[1] 中国人口老龄化的 7 大特征 . 中国网 . 2008-05-04.

[2] 中国应对人口老龄化准备不足 . 新华网 . 2006-02-23.19：31：22.

[3] 鞠川阳子 . 日本老龄化社会对中国的启示 . 第一财经日报 . 2009-09-29.08：19.

[4] 日刊："全球老龄化"时代来临 . 新华国际 . 2011-07-21.09：38：50.

[5] 中国人口总量 2033 年达 1 5 亿 . 深圳商报 . 2010-09-29.

[6] 艾经纬 . 中国人口大转折 . 第一财经日报 . 2012-06-16 09：20.

[7] 许淑莲 . 从心理学角度看健康的老龄化 [A]. 中国老年学会 . 实现健康的老龄化 [C]. 北京：中国劳动出版社，1995.

[8] 刘颂 . 积极老龄化框架下老年社会参与的难点及对策 [J]. 南京人口管理干部学院学报，2006，22（4）：5-9.

[9] 王莉莉 . 中国老年人社会参与的理论，实证与政策研究综述 [J]. 人口与发展，2011，3.

[10] 徐勇 . 论城市社区建设中的社区居民自治 [J]. 华中师范大学学报，2001，3：5-13.

[11] 香港政府社会福利署 .http://www.swd.gov.hk/tc/index/site_pubsvc/page_elderly/.

[12] 香港市区重建局 . http://www.ura.org.hk/tc/.

[13] 戴琬真 . 活用高龄人力：以日本"银发人才资源中心"为例 [J]. 经济前瞻，2014（155）：21-25.

[14] 周玟琪 . 高龄社会的来临：为 2025 年台湾社会规划研究——就业与人力资源组期末报告，2007：121.

[15] 刘征争 . 美国老年社区服务就业计划及其对我国的启示 [J]. 中国就业，2003，9：021.

[16] 养老，你指望谁：中国面对人口老龄化的困惑 [M]. 北京：改革出版社，1998.

[17] 张桂蓉，程伟波 . 城市居民社区认同感与归属感的实证分析——以长沙市 Y 社区为例 [J]. 长沙铁道学院学报（社会科学版），2006，3：010.

海绵城市规划实施问题与策略

邻艳丽 *

【摘　要】海绵城市建设实践仅有一年半的时间，海绵城市规划实施快速推进的过程中发现了诸多质量问题，也隐含极大的社会风险。基于海绵城市建设的理念和技术还存在学术之争，法规标准和配套技术还存在矛盾之处，运营管理和配套制度还需要建构完善，因此海绵城市应有序推进，全面总结经验教训，以海绵城市建设为契机，完善城市运营管理体制，建构城市更新的系统性制度，建立基于社会参与的预警机制，促进城市安全、有序、健康运行。

【关键词】海绵城市，规划实施，风险预警，社会参与

2013 年 4 月国务院办公厅《关于做好城市排水防涝设施建设工作的通知》（国办发 [2013]23 号）官方第一次提出海绵城市的概念。2014 年 11 月 2 日住建部发布了《海绵城市建设技术指南——低影响开发雨水系统构建（试行）》（建城函 [2014]275 号），提出海绵城市建设雨水系统的构架原则、控制目标及技术框架的内容。2014 年 12 月，财政部、住建部、水利部（以下简称三部委）发布《关于开展中央财政支持海绵城市建设试点工作的通知》（财建 [2014]838 号），联合启动了全国首批海绵城市建设试点城市的申报工作。2015 年 1 月三部委联合印发了《关于组织申报 2015 年海绵城市建设试点城市的通知》（财办建 [2015]4 号），开展中央财政支持试点工作，4 月公布首批 16 个海绵城市试点名单。2016 年 2 月三部委办公厅联合下发《关于开展 2016 年中央财政支持海绵城市建设试点工作的通知》（财办建 [2016]25 号），启动 2016 年中央财政支持海绵城市建设试点工作，4 月公布第二批 14 个海绵城市试点名单。截至目前，海绵城市试点共计 30 个，海绵城市规划和实施以此为开端。由于海绵城市没有现成经验和可复制模式，先行先试是海绵城市规划建设全面推进的可行路径。

1　理论研究解释

我国海绵城市的相关研究始于 21 世纪初，2002 年中国工程院重大咨询项目《中国可持续发展水资源战略研究》发布了《中国城市水资源可持续开发利用》研究报告集，对我国城市雨水利用潜力进行估算。2006 年建设部颁布《建筑与小区雨水利用工程技术规范》（GB 50400-2006)，针对雨水资源化、节约用水、修复水环境与生态环境、减轻城市洪涝灾害等作出技术规定；基于 2014~2016 年海绵城市建设的官方文件密集出台，以海绵城市为关键词的研究文章也集中于 2015 年和 2016 年，对海绵城市规划与实施形成如下学术观点。

---

* 邻艳丽，女，中国人民大学公共管理学院副教授，博士。

1.1　学术认知

1.1.1　理念认知

仇保兴（2015）认为海绵城市有改变传统城市建设理念本质、弹性顺应自然发展目标、转变传统排水防涝模式、降低自然冲击影响方法等四项基本内涵。张全（2015）认为海绵城市是一种生态价值理念的集中体现，以城市建设模式的转变来驱动国家整体发展模式的转变，从而将"生态文明价值观"转变成为日常生活的一部分。王国荣等（2014）认为海绵城市的设计理念不同于传统城市建设模式的、末端控制的规划设计理念，而是采取绿色可持续的排水模式。陈华（2016）认为海绵城市建设是城市管理的革命，以水为媒，统筹多部门、多平台的工作，具有多学科、多手段、多功能和多目标的特征。

1.1.2　规划认知

李俊奇（2015）认为海绵城市规划是跨界规划，源于城市水问题的复杂性、多重目标需求的迫切性、分割管理问题的复杂性、多专业融合的协调性、多主体沟通的必要性、以人为本和生态为本的平衡性和未来愿景的预判性，并提出海绵城市建设应以给水和排水专业为主，多专业配合协调完成。谢映霞（2015）认为海绵城市理念下的雨水综合规划作为一项顶层设计，通过工程技术选择、设施组合进行优化。彭赤焰（2015）认为海绵城市建设的核心是雨水管理，包括水生态、水环境、水资源和水安全，以此构建总体规划和详细规划相互衔接的指标体系。俞孔坚（2015）认为海绵城市的概念不仅应该在城市范围内体现，也应该在区域和国土范围内体现，目标是海绵国土。彭狮、张晨、顾朝林（2015）认为海绵城市以"慢排缓释"和"源头分散式"控制为主要规划设计理念，在城市分类引导、专项规划补充和规划实施管理方面响应。董淑秋、韩志刚（2012）认为应借鉴发达国家工程技术和景观生态紧密结合的经验，城市规划和景观规划设计应为解决环境问题提供可操作的平台，雨水资源化思想融入城市规划、水系统规划、环境规划及防灾规划，雨水规划的法定化是制度化解决方案。陈华（2016）认为海绵城市可视为弹性城市规划、设计、建设中一个涉水的子系统，是一个相对完善的体系，可与弹性城市的其他子系统有机融合。

1.1.3　实施认知

刘飞、王岩（2015）认为海绵城市建设首先解决"海绵体"不足的问题。应以行业标准为支撑，从城市规划层面入手，在保证区域内水不外流的基础上合理增加城市滞洪低地，确保植物生长环境和建设结构安全。仇保兴（2015）认为海绵城市实施有区域水生态系统的保护和修复、城市规划区海绵城市设计与改造、建筑雨水利用和中水回用三大路径；陈义勇、俞孔坚（2015）认为应构建适应性城市形态、适应水系统的城镇格局和山水园林景观，如我国黄泛区形成择高地而居、城墙和护城堤、蓄水坑塘三大防洪治涝适应性景观遗产，荷兰低地有 6 种水乡古镇形式，古今中外城市均以自然水系为基础营建园林景观；李俊奇（2015）认为海绵城市的共同体由低影响开发雨水系统、雨水管渠排放系统和超标雨水径流排放系统三大系统组成。海绵城市建设应实现多目标控制，优先利用绿色基础设施，科学结合灰色雨水基础设施，共同构建多目标雨水系统和弹性雨水基础设施。陈雄志（2015）认为城市海绵城市建设主要从年径流总量控制、面源污染物控制、峰值径流控制、内涝防治和雨水资源化利用等五个方面着手，通过控制规划和导则锁定开发建设项目的具体控制指标，建立评估体系，引导海绵城市的规划建设。

1.1.4　运营管理认知

陈华（2016）认为海绵城市建设项目以获得环境效益和社会效益为主，国家鼓励民营资本参与基础设施建设，基于民营资本更关心经济回报，应建立环境效益货币化制度和雨水费征收制度，应用到商业测算层面，确保长期维护保养费用的持续提供。应管理好规划规定谁开发、谁负责海绵的建设落实，并明确运行维护的主体。鞠茂森（2015）认为应研究投资规模的经济合理性以及建设和成本核算的清晰可靠性。廖朝轩（2016）认为管理法规和奖励政策至关重要，美国采取雨水排放许可证制度和税收控制、政府补贴贷款、奖励等一系列经济手段，引导住户增加透水性面积及雨水贮存渗透设施。车武、吕放放、李俊奇（2009）总结国外代表性的海绵城市管理包括美国的最佳管理措施（BMPs）和低影响开发（LID）、英国的可持续排水系统（SUDS）、澳大利亚的水敏感性城市设计（WSUD）、新西兰的低影响城市设计与开发（LIUDD）等。王文亮等（2015）海绵城市建设目前依靠政策推进，不具有强制效力，需要政策和法规等强制性手段支持。

总体而言，海绵城市规划建设研究存在理念路径共识不足、后期运行缺乏有效机制、建设风险缺乏系统判别以及实践过程缺乏问题发现等问题。

1.2 学术之争

海绵城市建设是城市规划建设理念的深刻变革，是中国古代传统智慧的现代运用，是西方先进发展理念的中国实践。由于海绵城市刚刚起步，因此其争端主要体现在理念和技术之争，而理念和技术又具有相关性。

1.2.1 理念之争

海绵城市建设表象是城市内涝缺水等城市安全病的解决，实质是以此为切入点，对城市病的全面梳理，包括城市空间结构的全面调整以及旧城的更新和新区的建设等多个空间维度，涉及多个利益群体。海绵城市建设既是战略，也是路径，因此海绵城市理念之争的实质是传统中国智慧和西方技术理念之争，类似于到底用中医还是西医的方法解决城市病的争论。中国古代就有"天水不外泄"、"四水归堂"、"南面风水塘"等截留雨水的朴素环保理念，遵守敬畏自然是基本的法则，采用系统性的手段和方法，通过弹性策略允许和应对旱涝的出现。目前学术界的主流观点趋向于西方通过技术解决旱涝问题的方式，通过高成本运营实现精细化管理，而引发的风险类似于西药的副作用。因此有必要结合海绵城市建设实践的技术评价和传统智慧的反思对现有海绵城市规划进行全面系统评估，运用自然和人工的方法智慧解决问题，反对技术至上理念，总结传统农业社会的中国传统城市规划理论的现代适用性和西方海绵城市技术的中国实用性，可能是理念之争的解决之道。

1.2.2 技术之争

海绵城市建设理念之争是低技术和高技术之争，低技术主要侧重传统技术和生态技术，高技术是通过更多的人工设施实现更高目标的管控，目前尚没有最终的结论，但也意味着专业共识、标准设定尚未达成一致性的意见。技术之争背后是建设成本和管理运行成本的收益分析、可承担能力、管理能力及制度跟进。因此张全（2015）认为，虽然发达国家早在20世纪70年代就开始对海绵城市建设的实现路径——低影响开发雨水系统展开研究，经过数十年的研究和工程应用，已形成系统的雨洪管理体系。但世界各国、各城市的各个时期的气候都不一样，地形和城市建设情况更是千差万别，不具备直接复制的可能性，只能在互相借鉴学习的基础上结合各地的具体情况展开本土化和地域性研究，找到适宜的海绵城市建设的经验模式。张亚梅等（2015）认为海绵城市的建设刚刚起步，技术的成套及系统的配置问题有待继续创新和研发，实现本土化。

2 实证过程解读

2.1 问题发现

2015年3月，国家第一批16个海绵城市试点城市申报结果公布，随后部分试点城市即率先开展海绵城市建设专项规划编制和实施工作，到目前仅有一年半的时间，在规划编制、设计与建设施工和运营管理阶段均存在一些问题，并同时存在各个阶段不能有效衔接的情况。

2.1.1 规划编制阶段

全国海绵城市规划尚处在最初的探索阶段，存在如下问题：一是规划法定地位尚未确立。2015 年 10 月，国务院办公厅发布了《关于推进海绵城市建设的指导意见》（国办发 [2015]75 号），拉开了国内全面推进海绵城市建设的序幕，强调规划引领、统筹推进。2016 年 3 月，住建部制定的《海绵城市专项规划编制暂行规定》，要求各地按照结合实际，抓紧编制海绵城市专项规划，于 2016 年 10 月底前完成设市城市海绵城市专项规划草案，按程序报批，但海绵城市规划的法定地位并未确立；二是规划水平差异较大。海绵城市规划编制时间短，缺乏原有的技术研究储备。同时各地海绵城市规划百家争鸣，不同地区、不同规模的城市，以及不同规划设计单位所编制的海绵城市专项规划在规划思路、内容、技术方法等方面差异较大，规划完成水平参差不齐；三是与相关规划缺乏系统衔接。海绵城市建设是系统性工程，和区域生态规划、环境保护规划、规划城市总体规划、城市绿地系统规划、地下空间规划、控制性详细规划等不同层级、不同深度、不同部门的规划均有紧密联系，海绵城市规划实施方案的时间较短，三年的规划期和规定的试点范围与法定规划及其他专项规划在时间和空间很难衔接，缺乏专项规划相互衔接的平台，规划的有效性、科学性有待提高；四是缺乏配套的制度设计。海绵城市无论从地方还是中央均将关注重点放在如何建设，规划深度停留在空间规划阶段，对海绵城市的规划管理和法律规范缺乏必要的研究，缺乏具体的地区及城市层级上的政策法规和配套策略，如既有产权关系的协调和新的产权结构的形成，而基于城市更新的老城区改造的制度化设计尚未出台，使得海绵城市规划实施面临制度瓶颈；五是海绵城市规划因袭"招标"这一既不合理也不合法的模式，规划招标浪费了国家资金，降低社会发展效率，加之规划时间很短（一般设为三个月），规划编制单位反而大部分精力用于应付招标程序，影响了规划质量。

2.1.2 设计与建设施工阶段

海绵城市设施的设计模式是有一定相关规划设计经验的设计单位完成施工设计，由于时间紧，迫于国家考核验收的压力和政府业绩，为了完成进度，不得不边设计边施工，使得海绵城市规划实施过程中面临诸多管理、技术问题，甚至触碰现有法律和管理程序，目前存在如下问题：一是设计与规划不衔接。海绵城市规划一般是编制单位将海绵城市建设方案提交给地方政府审议后，意味着规划任务的完成，由于制度和资金限制，缺乏实践跟踪的总结和后期服务。而设计阶段发现的问题，缺乏对上位规划的反馈机制和修订程序，设计专业人员按照自己的理解进行设计调整和修改，使得设计和规划脱节的情况大量存在；二是设计监造各专业标准不衔接。海绵城市建设原则的"疏堵结合、留放结合"，具有对传统技术的改良特征和规划技术原理的颠覆属性，挑战原有城市给排水系统规划设计和规划监造技术。由于海绵城市建设在我国并未形成系列化、成熟化的技术标准体系，各行业按照自身原有的标准进行设计，相互之间矛盾较多，尤其建筑与结构、供水排水和园林绿化专业标准之间的矛盾，如下沉式绿地更适合干旱地区和解决节水问题，对于特大暴雨的滞洪作用相当有限，尤其是潮湿多雨和地下水位高的地区，这与很多城市的设计存在矛盾；三是海绵设施系统之间不衔接。整体中国城市还是水泥城市，距离海绵城市的建设还有相当长的距离，海绵城市的建设目标实现存在建设时序的问题，项目的规划审批、投资安排需要紧密的衔接、整体的安排。目前的项目是线状、点状的，落实到空间上存在项目的相互制约与钳制，并不能确保空间系统的完整性设计建设。无论是市政设计院还是建筑设计院以往的设计经验，还是从社会企业采用的技术，基本上都没有接触过海绵城市的相关设计工作，也不能独立承担相关建设工作，对此缺乏了解和实践，因此这方面的设计和施工只能边摸索边实践。从各地城市建设情况来看，部分研究人员对 LID 的知识掌握还不到位，构建技术也存在效仿，并不确定是否适用于该地区建设，没有足够的理论、技术支撑。工程技术如何制定实施没有得到重视和推广，人们常常认为通过网络搜索、借助设计手册，或采用通用的计算工具就可以做出 LID 和海绵城市设计的观念是不科学的，建设质量不能得到保证。

2.1.3　运营管理阶段

海绵设施运营时间短，缺乏系统性的顶层制度设计，具体体现在：一是缺乏系统性的管理制度设计。由于海绵城市是系统性工程，也是政策性工程，西方国家与中国在城市产权制度、管理方式、运行方式等都存在巨大的制度差异，中国适用难免水土不服，需要改良，配套的制度体系完善需要假以时日，从住建部海绵城市建设技术指导专家委员会名单的专家构成可以看出，我国海绵城市建设的整体学术支撑架构尚不完整，缺乏法律、规划管理、行政管理等相关法律、公共管理、行政制度的专家参与，运营主体、运营标准、运营收益模式都处于探索阶段，缺乏运营管理人才，使得如何规范运营管理、运营质量评价标准等制度保障严重不足，法律制度、管理体制的制约可能是海绵城市建设面临的最为薄弱的环节和短板；二是海绵城市现行的建设方式是由小做大，这意味着试点城市是局部海绵城市，是逐步推进过程中不得已的探索和实践，但整个城市是整体的，有着系统性和内在运行的逻辑性，如城市区域的上下游就对排水有着深刻的影响，城市问题的解决需要整个城市系统性和区域性的思维，存在由大到小的谋划，这与当前的试点路径是相悖的。

2.2　风险发现

海绵城市建设是系统性工程，牵一发、动全身，许多问题随着海绵城市的建设推进逐渐涌现。海绵城市建设从提出到试点城市仅用一年半的时间，进程远远快于预期，由于政策匆忙、目标短期、经验不足、措施杂乱和人才缺乏等原因，使得当前的海绵城市规划、设计和建设施工以及运营管理实践中暗含三大风险：

2.2.1　安全风险

除少量园林专家的文章对海绵城市建设可能对园林系统的破坏提出质疑外，还对生态环境风险和建筑安全以及伴生风险缺乏关注，海绵城市规划实施需要系统构建、认真识别和有效规避以下四大安全风险：一是环境污染风险。海绵城市建设的"渗、滞"两类工程措施中，强调的是雨水的就地下渗和消纳，因此极为强调隐形水库、硅砂深水井的工程作用，大量的雨水通过透水砖、透水混凝土、下凹式绿地、生物滞留带等使雨水渗入地下，雨水特别是初期雨水携带大量有毒有害物质，由于缺乏水质的管理，大量使用透水材料，如果不加处理全部渗入地下，对环境的影响、地下水污染的风险是客观存在的，同时后期储存水的污染处理和再利用的运行成本将极大提高；二是建筑安全风险。由于城市海绵设施的建设导致雨水入渗会造成地下水位上升，会对局部区域的地下工程地质情况产生影响，改变原有地质条件引起原有建筑物、构筑物地基发生变化。而改建项目由于工程结构的改变使得建筑物、构筑物隐含建筑安全风险；三是其他市政基础设施风险。由于老城区地下管线种类繁多，在用和废弃管线并存，地下空间有限，空间开发利用涉及多个管理部门，规划建设、权属登记、工程质量和安全使用等方面的制度尚不健全，海绵设施与地下管线、地下综合管廊、地下交通等其他地下设施相互协调存在制度性障碍，可能会对其他地下市政基础设施的安全产生影响；四是园林绿地系统破坏及伴生城市安全风险。大多数海绵城市规划将吸纳水体的砝码压在下沉式绿地上，多个城市出台文件要求下沉式绿地达到 50%，如北京市《新建建设工程雨水控制技术要点（暂行）》提出，凡涉及绿地率指标要求的建设工程，绿地中至少应有 50% 作为滞留雨水的下沉式绿地。园林学者邱巧玲（2014）指出了如果盲目执行这个政策可能带来很多后果，园林专家蒋三登认为，下沉式绿地要达到 70%，将是中国园林的一场浩劫。同时，园林绿地系统具有防火减灾、生态景观、居民使用等多种复合功能，储水利用并不是传统园林绿地系统的主导功能。原有的园林规划多从景观、生态角度进行研究，针对海绵城市的绿地多功能利用角度缺乏足够的标准和技术储备，虽然海绵城市建设标准已经出台，但适用性还未得到检验，一旦将其作为重要的主导功能，将带来园林设计技术的根本性改变和使用功能的重新调配，可能降低了城市洪涝灾害的风险，但相应增加了城市防火、地震等灾害的风险防控难度。

2.2.2 经济风险

海绵城市建设隐含着较高的经济风险：一是中央投资的不稳定性。目前海绵试点城市共计 30 个，2015 年 4 月第一批 16 个，第二批 14 个，总投资超过万亿元，预计 2020 年达到 1.18 万亿 ~1.77 万亿元，2030 年达到 6.4 万亿 ~9.6 万亿元。中央财政对试点城市进行三年补贴，直辖市每年 6 亿元，省会城市每年 5 亿元，其他城市每年 4 亿元。按照多数海绵试点城市规划方案，一般 40% 来源于中央财政拨款，另 60% 则需要采取地方政府和社会融资的 PPP 模式，中央财政三年补贴仅占海绵城市投资的少部分，如果所有城市全面推广和启动，中央财政压力巨大，不稳定性提升；二是地方面临政府债务压力风险。地方政府的主要目标是谋求来自于中央的财政补贴，并通过 PPP 化解地方债务，一旦地方财政收入面临困境，或遭受政府管理者的执行尺度和换届风险等原因，资金压力将导致项目建设无法进行；三是社会资本撤出风险。社会资本具有不稳定性和趋利性，目前海绵城市建设存在法律法规不够完善、项目风险分担机制不够成熟、经济收益确定性不高、融资条件难与国际接轨等诸多问题，并存在条块分割、标准衔接等管理问题，尤其在 PPP 立法及相关配套政策文件尚未出炉的背景下，地方推动 PPP 项目并不容易，一旦国家和地方政府资金出现问题，或引发社会投资的撤出；四是后期运行风险。海绵城市建设过于关注建设，对 PPP 以效付费、功效如何考评等后期运营管理制度缺乏研究，积蓄雨水的后期净化处理和资源利用不仅成本较高，处理效果和利用中存在安全风险，同时成熟的项目经验缺乏、PPP 项目专业人员的缺失使得未来运行风险的不可预估性增强，可能大量海绵设施无法有效利用。

2.2.3 社会风险

海绵城市规划实施的社会风险是存在的，具体体现在以下几个方面：一是居民短期利益受损。新建区域可以通过先期区域控制性详细规划、中期施工监管、后期项目验收等指标和渠道来约束，但已建小区需要新增下沉式绿地，可能导致停车位较少，屋顶绿化面临违章建筑拆除，引起居民短期利益的受损；二是效果短期难以实现。海绵城市建设不是一蹴而就的事情，出现效果需要长时间的建设投入，可能 10 年后看到效果，由于海绵城市尚缺乏系统性的效果考评指标和机制，大量的社会投入在短期内看不到效果可能引发存在争论。同时在由于气候变化产生的城市内涝现象越来越严重的情况下，会出现社会认同程度降低和技术方法的质疑，社会对政策前景有所怀疑、彷徨和观望；三是政府公信力下降。我国正处于转型社会，社会问题是西方城市化进程中所没有的大覆盖、高危机，并生的老龄化同步需要社会服务的提升，由于整个社会的公共投入总量是固定的，因此海绵城市等市政基础设施建设的大量投资无疑会影响社会公共服务的投入。海绵城市的建设客观地说是为了现有居民福祉的提升，更为了城市更长远的发展奠定基础，因此社会普遍的认同感和信任程度的降低会影响政府公共服务信誉，引发社会公共事件。

综上所述，海绵城市规划实施的风险是客观存在的，并将由不同的主体承担（表 1）。

海绵城市规划实施的风险承担

表 1

风险类型与承担者	政府承担	社会资本方承担	社会公民承担	共同承担
安全风险	规划、标准变更风险	规划、设计、施工、运营技术风险	生态环境风险、地下水污染、建筑和设施安全风险，城市安全受到其他灾难威胁	城市建设整体和局部、地下空间不协调、绿地系统综合功能缺失
经济风险	招商引资失败、土地获得失败	产权风险，建设、运营成本加大融资风险、运营管理风险、工期延误风险、成本超支风险	城市基础设施服务水平降低	市场风险利率变化超载风险、通货膨胀风险、管线单位付费风险
社会风险	政府公信力下降、政治风险、决策风险	项目停滞无法运营	环境污染风险、公共服务水平降低或公共服务缺失	法律风险、不可抗力风险

3 制度设计解决

3.1 制度设计思路

目前国家层面采取自上而下的角度通过部门规章、规范试图建构海绵城市规划实施的系统化顶层设计，同时，应对试点海绵城市进行跟踪调查和全面总结，通过风险发现、风险评估和风险规避等方面自下而上的实证发现，从反向和底线思维角度进行修正，为国家和地方政府轰轰烈烈、快速推进的海绵城市建设提供一种冷静思考的路径，并形成风险规避的制度化解决方案，达到如下目的：

3.1.1 避免政策失误

海绵城市建设刚刚起步，普遍的建设方式是选取一两个城市进行考察、学习，考察学习的深度受专业限制并不能全面和准确把握。同时，国家层面尚未出台海绵城市建设的系统性政策体系的顶层设计，也试图通过试点进行地方经验总结。因此，本课题将系统全面分析和研究海绵城市建设过程中的经验和教训及相应的制度设计，包括失败案例的总结，从而为其他海绵城市的建设提供系统性、专业性的经验和借鉴。

3.1.2 保障城市安全

从前文海绵城市建设的三风险可以发现，有些是根据学术研究凭专家以往的经验总结判断的，有些则是建设的过程中逐步发现的，而大多数风险多是建设过程中逐渐产生的，试点城市的风险多有共性，其发现将有助于海绵城市建设从源头对风险加以规避，从政策加以调整完善，从技术加以妥善利用，切实保障城市综合安全。

3.1.3 促进持续发展

大部分海绵设施处于规划、建设和施工阶段，少量处于运营阶段，海绵城市风险研究在全过程中发现失误和问题以及伴生的风险，可以对海绵城市规划、设计、建设的标准、技术和制度进行过程调整，避免一旦建成或重新施工所造成不小的经济损失和不好的社会影响。由于海绵设施多位于地下，建设质量并不如地上建筑和构筑物那么显见，因此过程控制以及后期运营企业的参与极为重要。

3.2 制度设计逻辑

海绵城市规划实施制度构建从历史视野、全域视野和全过程视野三个视野出发，历史视野解决传统中国海绵城市的现代运用和西方海绵城市建设理念的中国实践问题；全域视野是从区域层面—城市层面—分区层面不同空间应对海绵城市规划，实现区域规划、城市规划、控制性详细规划及各专项规划的空间横向协调一致，海绵城市的设计理念贯穿始终；全过程视野是从项目的生命周期角度，关注海绵城市建设从规划、设计、建设和运营管理的全过程，建立过程纵向及外延空间相互衔接，从而形成海绵城市建设系统化制度体系和风险防控机制。从城市安全角度出发，采用多学科、多角度，全面观察和客观分析海绵城市建设过程中的存在的问题，透视背后隐含的各种风险，从理念、制度、技术等方面提出海绵城市建设需要构建全域空间承接、全过程风险调控和纠错机制，是对当前海绵城市建设热的冷思考和后跟踪。更突破技术、专业限制，加入管理学研究方法，实现海绵城市建设的国家战略目标、城市安全目标和居民生活福祉提升目标（图 1）。

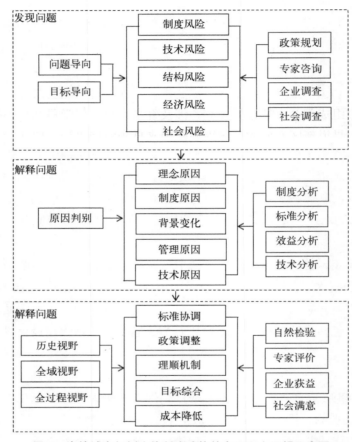

图 1　海绵城市规划实施制度建构的自下而上逻辑示意图

3.3　制度设计建议

3.3.1　完善海绵城市相关法律制度

海绵城市建设是新生事物，涉及范围广泛、类型复杂、主体多样，包括地上地下空间设施、已建新建区域、政府社会企业主体等，因此存在标准碰撞、法律抵触、制度矛盾等问题。应建立基于全生命周期的海绵城市规划实施法律制度体系，通过海绵城市管理立法和配套制度设计，促进社会资本的健康投入和约定收益，并形成海绵城市源头控制、过程管控和效能评估模式。

3.3.2　完善海绵城市规划技术标准

海绵城市视角的区域性、研究的系统性、成果的法定性等特点和需求，使得在城市规划各个阶段的海绵城市规划落实非常重要，同时海绵城市与其他专项规划，如园林绿地系统规划、生物多样性规划、生态环境保护规划等关系密切，也涉及与《城市蓝线管理办法》、《城市绿线管理办法》、《城市黄线管理办法》等相关管理制度相互衔接，因此，本课题需要在法定和非法定规划中落实海绵城市建设要求，按照系统性、科学性和可操作性的规划方法编制可实施的海绵城市规划，构建适合城乡规划转型背景下的规划管理制度和配套的风险规避机制，促进海绵城市规划的有序实施、建设安全可靠和运营规范有序。海绵城市专项规划虽然称为专项规划，但实际已经上升到城市规划的范畴、方法和思路，需要全面、系统的视角研究城市水资源、水生态、水环境、水安全、水文化问题，需要跨专业配合、统筹协调不同部门和相关规划，统筹考虑大海绵的系统规划和小海绵的精细设计，生态措施与工程措施并重、绿色基础设施与灰色基础设施共建。

3.3.3　完善海绵城市规划实施管理制度

控制性详细规划是地方规划管理的核心环节，控规中纳入海绵城市要求的技术方法及技术程序成为海绵城市规划建设实施的关键环节。同时，两证一书的规划管理制度是为了新开发建设项目设置的，老城区的改造并未有土地的出让，从用途角度也没有改变，虽然大部分城市的控规已经达到全覆盖，但基于大部分老社区拆迁改造难度大，基本保留现状，因此所谓的规划控制条件基本是现状数据的翻版，规划管理处于空白阶段。因此，基于老城区改造的控制性详细规划管理制度成为研究的制度重点。海绵设施建设是旧城更新过程中组成部分，是存量规划，涉及复杂产权，但学科知识还处于探索阶段，没有储备好系统的规划工具。如果说新区开发的海绵设施管理来自于空间设计，旧区改造的海绵设施建设则是基于产权的讨价还价；同时，海绵设施运营主体、运营费用基于海绵设施的分散性而面临运营风险，因此配套性的制度设计至关重要，解决海绵设施谁来建、怎么建、谁投入、谁受益、谁运营等一系列问题。

3.3.4　建立海绵城市建设技术体系

对海绵城市建设技术、建设效果进行全面、系统和长期的跟踪评价，通过专业设备和技术手段进行数据监控和积累，规避质量风险、安全隐患和环境污染。建立海绵城市公共项目绩效评价平台，促进决策智库和绩效动态评价的联动。如绿地海绵技术，不同区域海绵城市建设在水生态、水环境、水安全等方面各有侧重，针对气候带特点，探索适合区域特点与目标导向海绵建设的绿地系统支撑体系，确保城市绿地综合功效的同时，因地制宜的合理确定城市绿地海绵功能作用量，确立绿地植被、土壤和设施等技术的海绵响应机制。如工程海绵技术，通过地下水、工程地质的监测和检测，查清海绵城市建设对地下水和工程地质的变化，选取有利于海绵城市建设的工程技术。

3.3.5　建立社会全面参与机制

现阶段社会参与海绵城市规划还比较少，也没有成熟的机制体制，目前更多的是政府主导，专家、企业参与。因此，需要研究公众参与的有效性及其实施的机制与途径，制定鼓励措施，如将雨洪利用后防洪费的减免等，有效引导、调动公众积极参与海绵城市建设，充分发挥公众监督、举报、提出意见和建议等作用，增加公众认可度。

3.3.6　建立全方位风险发现、监测和评价制度

现有的《海绵城市建设绩效评价与考核办法》从官方角度进行评价，缺乏第三方评价和社会评价的介入，海绵城市建设试点工作进展情况的官方上报内容并未包括过程中发现的问题，应超越"行政化"评估范式，立足政府、企业和社会多元建设和受益主体，构建多角度、多元参与的社会风险评价体系，体现评价的客观性、科学性和系统性。同时，由于海绵城市作为新生事物处于摸索阶段，很多问题在实施过程中暴露，因此不仅关注海绵城市规划、工程设计、建设、验收过程，也关注运营维护过程，形成以效果和安全为核心的全方位、多角度、多视野和全过程的风险监测与评价制度，尤其加强地下设施建设的影响评价和建立雨水与地下水监测系统。

我国海绵城市建设速度快，政治性要求高于技术要求和科学要求，存在纵向的纠错脱节和横向的联系协调平台、载体与制度等方面的缺失，因此，应适当放慢速度，借助海绵城市试点规划实施的实证研究，发现隐含的风险和存在问题，通过自下而上的逻辑修正，建立科学、全面的海绵城市规划实施政策系统

和实施策略，有序推进海绵城市建设的全面开展。

参考文献

[1] 海绵城市技术指南——低影响开发雨水系统构建（试行）[M]. 住房和城乡建设部，2014.

[2] 赵晶. 城市化背景下的可持续雨洪管理 [J]. 国际城市规划，2012，(2)：114-119.

[3] 仇保兴. 海绵城市（LID）的内涵、途径与展望 [J]. 建设科技，2015，(1)：11-18.

[4] 刘云佳. 规划管控是海绵城市建设的重心——访中国城市规划设计研究院水务与工程院院长张全 [J]. 城市住宅，2015，(9)：19-22.

[5] 王国荣，李正兆，张文中等. 海绵城市理论及其在城市规划中的实践构想 [J]. 山西建筑，2014，(36)：5-7.

[6] 陈华. 关于推进海绵城市建设若干问题的探析 [J]. 净水技术，2016，(1)：102-106.

[7] 李俊奇. 跨界规划的思考，2015 规划师深圳论坛——海绵城市规划建设理论与实践 [J]. 规划师，2015，(10)：148-152.

[8] 谢映霞. 传承与创新——基于海绵城市理念的雨水综合规划 [J].2015 规划师深圳论坛——海绵城市规划建设理论与实践，规划师，2015，(10)：148-152.

[9] 彭赤焰. 德国、荷兰海绵城市规划建设案例研究——可持续性排水资源管理和利用 [J].2015 规划师深圳论坛——海绵城市规划建设理论与实践，规划师，2015，(10)：148-152.

[10] 俞孔坚. 建海绵城市不需要"高技术"——海绵城市的三大关键策略：消纳、减速与适应 [J]. 房地产导刊，2015，(9)：54-55.

[11] 彭艸，张晨，顾朝林. 面向"海绵城市"建设的特大城市总体规划编制内容响应 [J]. 南方建筑，2015，(3)：45-53.

[12] 董淑秋，韩志刚. 基于"生态海绵城市"构建的雨水利用规划研究 [J]. 城市发展研究，2012，(12)：37-41.

[13] 陈华. 关于推进海绵城市建设若干问题的探析 [J]. 净水技术，2016，(1)：102-106.

[14] 刘飞，王岩. 海绵城市建设的难点与技术要点 [J]. 园林科技，2015，(4)：1-5.

[15] 仇保兴. 海绵城市（LID）的内涵、途径与展望 [J]. 建设科技，2015，(1)：11-18.

[16] 陈义勇，俞孔坚. 水适应性景观经验启示 [J]. 中国水利，2015，(17)：19-22.

[17] 李俊奇. 跨界规划的思考，2015 规划师深圳论坛——海绵城市规划建设理论与实践 [J]. 规划师，2015，(10)：148-152.

[18] 陈雄志. 武汉市海绵城市的规划研究与实践 [J].2015 规划师深圳论坛——海绵城市规划建设理论与实践，规划师，2015，(10)：148-152.

[19] 陈华. 关于推进海绵城市建设若干问题的探析 [J]. 净水技术，2016，(1)：102-106.

[20] 鞠茂森. 关于海绵城市建设理念、技术和政策问题的思考 [J]. 水利发展研究，2015，(1)：26-28.

[21] 廖朝轩，高爱国，黄恩浩. 国外雨水管理对我国海绵城市建设的启示 [J]. 水资源保护，2016，(1)：42-45.

[22] 车武，吕放放，李俊奇. 发达国家典型雨洪管理体系及启示 [J]. 中国给水排水，2009，(20)：12.

[23] 王文亮等. 海绵城市建设要点简析 [J]. 建设科技，2015，(1)：19-21.

[24] 刘云佳. 规划管控是海绵城市建设的重心——访中国城市规划设计研究院水务与工程院院长张全 [J]. 城市住宅，2015，(9)：19-22.

[25] 张亚梅，柳长顺，齐实. 海绵城市建设与城市水土保持 [J]. 水利发展研究，2015，(2)：20.

[26] 束方勇，李云燕，张恒坤. 海绵城市：国际雨洪管理体系与国内建设实践的总结与反思 [J]. 建筑与文华，2016，(1)：94-95.

[27] 高嘉，王云才. 从美国西雅图雨水管理系统看我国海绵城市发展 [J]. 中国城市林业，2015，(6)：40-44.

[28] 邱巧玲. "下沉式绿地"的概念、理念与实事求是原则 [J]. 中国园林，2014，(6)：51-54.

[29] 张乔松. 海绵城市的园林解读 [J]. 园林，2015，(7)：13-15.

[30] 刘飞，王岩. 海绵城市建设的难点与技术要点 [J]. 园林科技，2015，(4)：1-5.

[31] 张书函，丁跃元，陈建刚等. 关于实施雨洪利用后防洪费减免办法的探讨 [J]. 北京水利，2005，(6)：47-49.

知识生产视角下的邻避设施规划公众参与
——以北京阿苏卫垃圾焚烧厂为例

郑 国*

【摘 要】邻避设施规划中及其风险防护由于具有较强的专业性，容易使普通公众产生强烈的不确定感，进而产生抵制行为。知识是消解不确定性的关键，因此邻避设施规划中公众参与的重要目的是通过对话和沟通实现知识整合和新知识的生产，进而达成共识并成为下一步集体行动的基础。本文以认知和行为动机的"知识转向"为基础，以北京阿苏卫垃圾焚烧厂为具体案例，从知识生产的视角系统阐述了"谁参与"、"为什么参与"和"怎样参与"等公众参与的基本问题，为解开我国邻避设施规划建设面临的困境提供一个新的思路。

【关键词】知识生产，邻避设施，公众参与，垃圾焚烧厂

1 前言

邻避设施是指会给所在地居民带来负的外部性（如环境污染、安全风险、房产贬值）但又是区域发展所必需的设施，这类设施投入使用后所产生的利益由全社会共享，但其带来的负的外部性却主要由当地居民承担，因此其规划建设常常受到当地居民的强烈反对，"欢迎建设，但别建在我家后院"是公众对待此类设施的普遍态度。

在西方发达国家，针对邻避设施的抗争运动在 1960 年代就广泛兴起，1980 年代初 NIMBY（Not In My Backyard）成为一个专业术语并成为经济学、社会学、规划学、公共政策等社会科学的研究热点。在几乎所有的研究成果中，公众参与都是一个不可回避并被一致强调的内容。西方学者普遍认为，公众参与有助于了解各方的利益诉求和增加政府决策的透明度，因而有利于当地居民对邻避设施的接纳和规划的实施（Sun 等，2016）。

在传统"强政府、弱社会"时期，我国的邻避设施规划由政府决策，专家提供技术支撑，普通公众很少参与。进入 21 世纪后，随着城市居民环境意识的觉醒、参与公共事务积极性的提升和互联网的广泛使用，传统的封闭决策模式难以为继，公众参与成为邻避设施规划的基本原则和重要环节，我国的《环境影响评价法》、《城乡规划法》、《环境影响评价公众参与暂行办法》等一系列法律法规都规定了公众参与的程序和具体方式。但是，现实中的公众参与往往演变为公众抗议，甚至发展成群体性事件。由于面临强大的社会压力，绝大多数邻避设施"一闹就停"，给我国社会经济和城市健康发展带来了诸多负面影响，也背离了推进公众参与的初衷。

在此背景下，我们需要重新思考"谁参与"、"为什么参与"和"怎样参与"等公众参与的基

---

* 郑国，男，中国人民大学公共管理学院城市规划与管理系主任，副教授，硕士生导师。

本问题。本文从认知和行为理论的"知识转向"入题，以北京阿苏卫垃圾焚烧厂为例，从知识生产的视角剖析邻避设施规划的公众参与，为解开我国邻避设施规划建设面临的困境提供一个新的思路。

2　认知和行为理论的"知识转向"

"经济人"假设不仅是西方经济学的理论主线和逻辑前提，也曾被认为是社会行为主体的基本准则。传统的认知和行为理论将行为主体假设为"经济人"，假定人们的行为都是从自身利益出发，全面考虑所有成本和收益，然后作出理性决定，是"利益决定行动"。20世纪80年代以来，"经济人"假设受到广泛的批判，其中一个批判的逻辑是：受知识和信息的制约，人们很难自动、精确地计算成本和收益。因此，一部分社会理论家开始将知识与行动的关系作为其理论研究的基础，开启了认知和行为理论的"知识转向"。

"知识转向"的第一个含义是将知识作为人们行动的重要动因，认为"知识促成行动"。舒茨（A.Schutz）、吉登斯（A.Giddens）、哈贝马斯（Habermas）等都系统阐述了知识与行动的关系。舒茨将知识的社会构成、知识的社会分配与社会行动相关联，阐发了行动的知识化建构、知识的行动化特征等知识行动理论的重要观点。哈贝马斯把交往行动的理性看作是行动者获取和运用知识的过程（行动者知识化），并把背景知识作为交往行动成立的基础，形成了有关知识与行动关系的许多观点。吉登斯结构化理论的逻辑起点是行动者，而行动者是有知识的行动者，知识行动者的行动是知识化的行动，因而知识是行动的前提、过程和结果（郭强，2005）。2015世界发展报告《思维、社会和行为》也认为，人们的大多数判断和选择都是自动做出的，并不经过深思熟虑，而知识是导致人们判断和选择的关键（World Bank，2015）。

"知识转向"的第二个含义是知识观和知识生产模式的转变。传统的知识观认为知识是具有客观性、普遍性和明晰性等特性，而新知识观认为任何知识的意义与价值仅仅体现于特定的时间、空间、文化传统以及现实社会中，脱离了现实情境和社会关系的知识是没有意义的（Stigt etc，2015）。与此相对应，传统的知识生产模式（模式1）以单学科为主，是一种在大学和科研机构中以制度化的研究为特点的生产模式。而新的知识生产模式（模式2）是指在应用环境中，利用交叉学科研究方法，在特定情境中围绕具体问题进行的知识生产模式（Gibbons，1994）。随着后现代社会异质性、不确定性和风险性的增加，模式2正在取代模式1成为主要的知识生产方式。

认知和行为动机的"知识转向"也引发公众参与主体、目的和方式的相应变化。传统的公众参与理论以经济人假设为基础，以利益相关者为核心，认为公众参与的目的在于表达利益诉求，政策制定者应该积极倾听并通过利益分配或补偿达成利益均衡。而根据认知和行为理论"知识转向"的基本思想，知识也是公众参与的基础，公众参与的目的是通过对话和沟通产生新的知识，进而达成共识并成为下一步集体行动的基础。

通过对我国近年多个邻避设施规划公众参与的初步分析，我们发现引发公众对邻避设施强烈抵制的根源并非当地居民对利益补偿不满意，而在于对邻避设施潜在风险的恐惧。邻避设施的规划设计和安全防护通常具有较强的技术性，公众参与的作用和目的不仅仅是达成利益平衡，更重要的是通过知识整合和知识生产来达成共识。北京阿苏卫垃圾焚烧厂比较系统的展示了一个通过知识生产而达成共识的公众参与过程，本文研究者全面梳理了有关阿苏卫事件的报道，并对事件的当事人进行了深度访谈，下面将通过对该案例的深入剖析来进一步论述。

3 北京阿苏卫垃圾焚烧厂案例概述 ①

阿苏卫位于北京市昌平区百善镇和小汤山镇交界处，1994 年这里建成一个垃圾填埋场，每天处理垃圾 3500 吨。2009 年 4 月，北京市政府提出在阿苏卫建设垃圾焚烧发电厂项目。7 月下旬，该项目进行了第一次环境影响评价公示，引发了周边几个高档社区（统称奥北社区）居民的高度关注和强烈反对。他们在网上掀起了抵制阿苏卫垃圾焚烧厂的热潮，同时组织了两次线下维权行动：第一次是在 8 月 1 日集结 58 辆私家车在社区附近巡游；第二次是 9 月 4 日在北京农业展览馆举办"2009 年北京环境卫生博览会"时，100 多名社区居民在展览馆前集结"散步"，这次维权行动中多位居民被警察强制带走并被行政拘留。

两次维权行动后，奥北社区居民开始转变维权思路，他们组成以律师黄小山为代表的"奥北志愿者小组"，小组成员根据自己的能力和特长，分工协作，用了三个月时间完成了《中国城市环境的生死抉择——垃圾焚烧政策与公众意愿》，并通过不同渠道递交给政府相关部门负责人。该报告对垃圾焚烧技术进行了质疑，对中国未来的城市垃圾非焚烧处理产业之路进行了研究，呼吁政府应该尊重公众参与和民意的充分表达。

北京市政府相关部门领导在看完这份报告后，认为有必要组织一次考察，详细了解国外垃圾无害化处理情况。2010 年 2 月 22 日，政府官员、专家、市民代表及媒体记者一行七人，赴日本进行了为期 10 天的垃圾无害化处理考察之旅。这次考察达成了两点基本共识，一是焚烧是中国城市垃圾无害化处理的必然趋势，也是一种安全的方式；二是由于不具备垃圾分类和前段资源化的前提，北京暂时不能利用垃圾焚烧的方式来处理垃圾。阿苏卫垃圾焚烧厂项目因此被暂时搁置，但政府和居民积极行动起来，使事件朝着理想的方向发展。

北京市政府开始积极研究生活垃圾的减量与分类，出台相应的法规和政策，引导居民分类丢弃垃圾。2010 年 5 月，北京市市政市容管理委员会下发《关于在全市 600 个试点小区建立垃圾减量垃圾分类指导员队伍的指导意见》；2010 年 6 月，北京市首都精神文明建设委员会办公室和北京市市政市容管理委员会联合开展"做文明有礼的北京人，垃圾减量垃圾分类从我做起"主题宣传实践活动；2012 年 3 月，《北京市生活垃圾管理条例》正式实施，"减量与分类"是该条例的核心内容。

周边社区居民也行动起来，积极推进垃圾生活分类。在日本考察之后，"奥北志愿者小组"就召集周边 10 余个社区的居民代表召开筹备会，商量制定阿苏卫地区生活垃圾分类组委会的组织框架和垃圾分类实施方案。黄小山本人更进一步投身于垃圾分类回收的事业中，研发出一种名为"绿房子"的生活垃圾二次分类收集系统并大力进行推广。

在生活垃圾的减量与分类取得一定成效的基础上，2014 年北京市政府再次将阿苏卫垃圾焚烧项目提上了议程。该项目拟采用更为先进成熟的设备和技术，污染排放标准更为严格。规划过程中通过多种渠道和多种形式向公众介绍建设该项目的必要性、安全性和合理性。还组织百善镇和小汤山镇共 139 人分批前往广州市、佛山、深圳等地的垃圾焚烧厂参观考察，让公众对垃圾焚烧发电工艺及其环境影响情况进行更深入、直观的了解和感受。该项目于 2014 年底进行了新的环评公示，2015 年 4 月 23 日举行了环评审批听证会。虽然依旧有少量周边居民和外地环保人士或组织反对，但总体支持率已经大幅度上升，达到 72.5%，原先抵制该项目的积极分子大多转变了态度。该项目已于 2015 年 6 月开工建设，预计 2017 年底投入使用。

---

① 阿苏卫事件的过程主要根据媒体报道整理而成，并经过了对主要当事人访谈的验证。

4 知识生产视角下的阿苏卫案例解读

4.1 谁参与

按照利益相关者理论，承担邻避设施负面影响的居民应当是公众参与的主体。而且邻避这个概念本身暗含了两个意思：一是空间临近性；二是矛盾和抵制（Dan，2007）。因此，距离邻避设施越近的居民越容易采取抵制行为。

在阿苏卫案例中，二德庄、阿苏卫、牛房圈三个村庄紧邻垃圾填埋场，长期饱受垃圾臭味的影响，过去曾经多次采取过堵路等行为，最终政府以给予居民每人每天 1.0~1.5 元现金补偿而平息。在 2009 年制定的阿苏卫垃圾焚烧厂建设规划中，需要征用这三个村以及百善村的土地，计划整体搬迁这四个村庄。由于征地拆迁通常具有可观的补偿费用且长期忍受垃圾之苦，这四个村的村民（3362 户，10098 人）一直盼望规划的顺利实施和尽快搬迁，因此他们已经不属于邻避意义上的利益相关者，而是征地拆迁和安置意义上的利益相关者。

垃圾焚烧厂给当地居民带来的主要负面影响是空气污染和环境风险，因此本案例的直接利益相关者应该是最有可能承担此风险的居民。根据我国《环境影响评价技术导则大气环境》规定，大气评价范围确定为以拟建项目源点（焚烧炉烟囱，下同）为中心、半径为 2.5km 的圆形区域。按照《建设项目环境风险评价技术导则》，风险评价等级为二级的评价范围为"距离源点不低于 3km 范围"。因此，距离烟囱 3km 范围内的居民应为直接利益相关者，包括 8 个村庄和 5 个居住小区，共 6207 户，人口 19138 人。此外还包括一所九年制一贯学校（百善学校，师生 1350 人），和一个国家 4A 级景区（中国航空博物馆）（图 1）①。但在阿苏卫整个事件发展中，直接利益相关者并非公众参与的主体。实地访谈发现，这些村庄和社区的居民大多文化层次较低，绝大多数居民并不了解垃圾焚烧技术，对该项目的建设运营情况以及未来对他们的可能影响也不清楚。

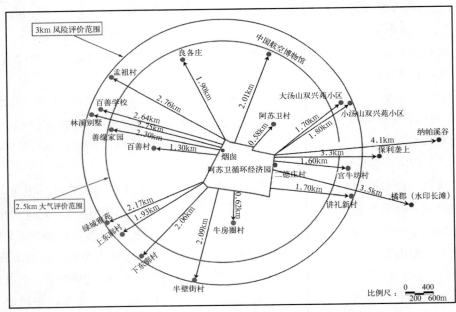

图 1 阿苏卫周边村庄和社区分布示意图
资料来源：中材地质工程勘查研究院有限公司 . 阿苏卫循环经济园项目环境影响报告书，2015 年 2 月，有修改。

---

① 阿苏卫垃圾焚烧厂周边村庄和社区的数据来自：中材地质工程勘查研究院有限公司 . 阿苏卫循环经济园项目环境影响报告书，2015 年 2 月。

真正积极参与和决定整个事件走向的是距离垃圾焚烧厂烟囱 3km 之外的纳帕溪谷、保利垄上、橘郡（统称奥北社区，总共约 1200 户、4000 人）等几个高档社区的居民（李东泉，2014），他们居住的社区位于垃圾焚烧厂大气污染和环境风险影响评价范围之外，因此只算是间接利益相关者。但这些社区居民大多是高学历和高收入人群，而且有一些居民本身就具有相关领域的从业经历，具有一定的垃圾无害化处理的背景知识。因此，背景知识和学习能力是公民参与邻避设施规划的关键，他们决定了公众参与的动力和能力，而不具备背景知识和学习能力的直接利益相关者则在整个事件中被边缘化。

4.2 为什么参与

邻避设施规划中，对自身利益的关注虽然有利于公众参与行为的发生，但难以通过利益补偿达成共识。在阿苏卫案例中，公众与政府争论的焦点并非利益和补偿，而在于采取焚烧方式处理生活垃圾是否合理、技术是否安全、能否准确监测二噁英浓度等问题。在近年来全国各地发生的其他类似事件中，我们也可以看到公众的诉求并不在于争取经济补偿，对邻避设施的抵制也并不在于对经济补偿不满意。

邻避设施风险的预测和控制通常具有较强的技术性，普通公众难以把握规划方案的合理性和风险控制的科学性，因此产生对邻避设施风险的不确定感。而恐惧大都因为无知与不确定感而产生（卡耐基，2006），这是公众对邻避设施普遍抵制的根本原因。世界各国发生的与邻避设施相关的意外事件更加剧了公众的恐慌心理和抗议行为。

知识有助于消除无知和不确定性（李瑞昌，2010）。传统知识观认为科技知识是无争议的真理，技术专家掌握这些专业知识，是"知识的代言人"，通过他们的讲解就会让公众接受这些知识。但随着知识观和知识生产模式的变化，公众对于专家的依赖和信任程度都明显降低。在阿苏卫之前的北京六里屯垃圾焚烧厂事件中，技术专家已经分为"主烧派"和"反烧派"，形成了知识迷雾。根据新的知识观和知识生产模式，在知识民主化的时代，知识是社会建构的结果，公众需要与技术专家和政策制定者互动，通过参与实现知识的整合和新知识的生产，进而达成共识并成为集体行动的基础。

4.3 如何参与

阿苏卫案例中，奥北社区居民第一阶段采取的策略与大多邻避事件大致相同，即采取网络抗议和集体示威等方式，但并未取得明显的效果。决定事件转机的是如下三个环节：一是奥北社区志愿小组用了三个月时间完成了《中国城市环境的生死抉择——垃圾焚烧政策与公众意愿》研究报告；二是政府组织专家、市民代表及媒体记者赴日本考察垃圾无害化处理；三是考察回国后政府和社区居民都积极行动起来推进生活垃圾分类和减量，最终使得该垃圾焚烧厂得以开工建设。从这个案例中，我们可以归纳出以下三个关键点：

（1）集体学习。虽然奥北社区志愿小组的成员都具有一定的背景知识，但他们初始的背景知识仍然难以与技术专家和政府部门管理者进行对话。因此，奥北社区志愿小组在他们掌握的初始背景知识的基础上，通过互联网和专家咨询的方式主动学习，集体完成了这份研究报告，这是一个行动者知识化的过程。而且他们生产出与政府掌握的管理知识和技术专家掌握的实验室知识不一样的知识，使得知识交换和对话成为客观的需要，这是整个事件从对抗走向合作的关键。

（2）对话和沟通。知识生产不仅包含原创性知识的创造，同时也包含在已有知识基础上，通过整合和交换而产生的知识，因而对话和沟通是决定公众参与成败的核心。对话和沟通的过程就是知识建构或者生产的过程，也是政府、专家和公众关系重塑的过程。阿苏卫案例中，政府、专家和居民代表召开了多次座谈会，同时还采取了一个重要的创新，即各方代表共同到日本参观考察，此次考察是这个案例从观点分歧到共识形成的关键。

（3）知行统一。知和行是一个互为前提和基础、相互促进的过程。从先秦到近代，对于知与行的先后、轻重、难易虽各有所辨，但知行统一是不言自明的（方克立，1997）。在阿苏卫案例中，在达成共识后，政府和公众都开始积极推进垃圾分类和减量，政府出台相关政策，居民探索具体途径，双方互动合作，又开始了新一轮的知识生产，并进而达成了新的共识，使得阿苏卫垃圾焚烧厂最终得以顺利开工建设。

5　结语

利益相关者理论对于利益关系简单且明确的领域具有较强的阐释力，但随着后现代社会多元化和异质性的增加，大量公共政策中的利益关系非常复杂或不确定。利益相关者理论难以有效指导这些复杂和不确定领域公众参与实践，由此导致在大量公共政策制定中公众参与虚置或形式化，造成公共政策目标的扭曲甚至是公众抗议。邻避设施规划及其风险防护由于具有较强的专业性，不具备一定的背景知识和学习能力的公众很难评判，因此产生强烈的不确定感和恐惧感。知识是消解不确定性和重建共识的关键，因此面向知识生产的公众参与不仅能生产出更加可靠的专业知识，还有助于促进各方主体合作行动（胡娟，2014），使公共政策目标得以顺利实现，也使得社会更加稳定与和谐（Nowotny，2011）。

参考文献

[1] Dan, V. H., NIMBY or not? Exploring the relevance of location and the politics of voiced opinions in renewable energy siting controversies[J]. Energy Policy, 35 , (2007)：2705–2714.

[2] Gibbons M. The new production of knowledge：the dynamics of science and research in contemporary societies[M]. London：SAGE Publications, 1994.

[3] Nowotny H., Scott P., Gibbons M.. Re–Thinking science：knowledge and the public in an age of uncertainty [M]. Polity, 2011.

[4] Sun, L. Yung E, Chan E., Zhu, D. Issues of NIMBY conflict management from the perspective of stakeholders：A case study in Shanghai[J]. Habitat International, 2016, 53：133–141.

[5] World Bank. World Development Report 2015：Mind, Society, and Behavior[R]. 2015.

[6] 郭强. 知识与行动的结构性关联 [M]. 上海：上海大学出版社，2005.

[7] Stigt, R.V. Driessen, P.P.J.Spit, T.J.M. A user perspective on the gap between science and decision–making. Environmental Science & Policy, 2015, 47 (1)：167–176.

[8] 李东泉，李婧. 从"阿苏卫事件"到《北京市生活垃圾管理条例》出台的政策过程分析：基于政策网络的视角[J]. 国际城市规划，2014，(1)：30–35.

[9] 戴尔·卡耐基. 人性的弱点 [M]. 北京：中国华侨出版社，2013.

[10] 李瑞昌. 共识生产：公共治理中的知识民主 [J]. 学术月刊，2010，(5).

[11] 胡娟. 从政治介入到公众参与 [J]. 江西社会科学，2014，(10)：205–210.

[12] 方克立. 中国哲学史上的知行观 [M]. 北京：人民出版社，1997.

活力社区设计实践——以呼和浩特团结社区更新为例

王建强 曹宇昕 *

【摘 要】通过对城市活力和街道活力相关理论的研究，认为活力社区具备以下三个基本要素：街道多样性、社区功能混合以及街块适宜的高密度。围合院落式建筑形式对于街道界面连续、日照充分利用、开放社区营造、街块混合度和容积率提升都具有很好的适宜性。实践以呼和浩特团结社区为更新对象，考虑社区原有基本条件，延续原有城市肌理和文化，依据"窄马路、密路网"的基本理念，将地块划分为小街块，以围合院落为基本形式，建立统一秩序，形成设计方案。最后通过更新前后指标对比、功能混合模型和空间基质分布为评价标准，对更新前后进行对比，认为围合院落式的建筑形式是活力社区营造的一个可行途径。

【关键词】活力社区，街道多样性，高密度，功能混合，围合院落

1 背景及社区概况

1.1 背景

改革开放 30 多年来，中国经济高速增长带来了城市规模急剧膨胀，城市建设延续了功能分区、宽大马路、稀疏高层居住区和宏大行政中心的基本特点，其本质仍然是柯布西耶的现代主义规划思想。粗放式的城市建设带来了诸多的城市弊病，如城市交通拥堵、郊区化蔓延、基础公用服务设施不足、城市建筑千篇一律、本土文化流逝等。在建成不到 30 年的城市中心区即面临城市更新，突显出各种城市问题，这足以说明城市建设的低质量、低层次和低效率。2016 年 2 月，中央发布进一步加强城市规划建设管理工作的若干意见，指出了城市建设盲目追求规模扩张，节约集约程度不高；城市建筑贪大、媚洋、求怪等乱象丛生等问题。意见提出"窄马路、密路网"的城市道路布局理念，优化街区路网结构，建设尺度宜人、配套完善、邻里和谐的生活社区；城市建成区平均路网密度提高到 8km/km^2，道路面积率达到 15%，并积极采用单行道路方式组织交通[1]。由此，在旧城更新中如何延续城市文脉，体现"宅马路，密路网"，创造高活力社区是一个重要现实问题。

1.2 社区区位

团结小区形成于 20 世纪 80 年代，位于呼和浩特市中心城区，社区北侧为城市主要交通干道主轴——新华大街，东面为崛起的呼和浩特市行政中心，紧邻自治区博物院，南面为城市新的商业中心——万达商业综合体。社区内部现状条件较差，土地闲置浪费严重，需进行更新改造。更新的目标是整合现有资源，延续原有城市肌理，提高容积率，解决地块内各种问题，创造一个尺度宜人，高活力的现代居住社区（图 1）。

---

* 王建强（1989—），男，深圳大学建筑与城市规划学院硕士研究生在读。
  曹宇昕（1990—），女，本科，内蒙古工业大学建筑学院。

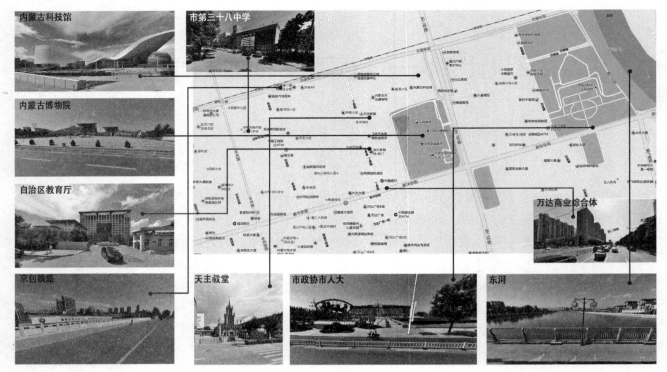

图 1　社区及周边环境

1.3　社区现状条件

现状居住建筑基本形式为板式整齐排列，居住小区通过围墙形成门禁封闭式小区，沿街为不连续条式建筑（图2）；公建及商业类建筑主要为条式或点式零散分布，缺少统一规划，街道界面不连续，街道景观缺少层次，难以形成较高活力的街道生活。

社区内部停车缺少统一的规划，停车位的不足是事实，但停车管理是停车混乱的最根本原因。双向四车道的道路并没有解决交通拥堵的问题。现场调研中发现，人行道以及车行道上无秩序的停放了各种车辆，宽大的马路并没有为人们的通行带来方便，而是导致了街道空旷杂乱（图3）。公共服务以及商业建筑退道路红线较大，道路与建筑之间的宽大空间被车辆所占据，使得公共建筑使用不便，街道的活力减弱。

商业主要集中在地块南侧万达广场，社区内部商业网点覆盖较低。社区南北联系的丰州路和新春路有较大的人流通勤，有较高人气，沿街两侧后来自发修建了少许单层商业满足商业需求，人行道两侧则出现较多自发性不固定摊位（图4）。表明社区内部本身有较高的商业需求，而难以形成有规模有活力的生活商业性街道的根源在于街道本身宽度太大。

图 2　现状居住建筑形态　　　　图 3　现状停车问题　　　　图 4　现状商业

2　理论与方法

2.1　城市活力的研究

深受现代主义规划思想影响的当代城市设计大多仍然停留在空间物质形态、交通效率、视觉美观层面，交通效率和机动车是成为规划决策者关注的重点，而步行与自行车构成的城市慢行系统被无限挤压，城市街道变成了机动车穿行的宽大马路。国外学者从城市设计的角度对城市活力的营造做了很多理论性的研究。简·雅各布斯的《美国大城市的死与生》，认为短的街道，足够的人流密度以及建筑年代和功能的混合是城市多样性的必要条件 [2]；扬·盖尔的《交往与空间》认为，整合、汇聚、开放的空间有利于形成高活力的街道 [3]；蒙哥马利的《建造城市：城市活力与城市设计》认为细密的城市肌理、适宜人的尺度、街道的紧密联系性、适宜的密度、人性化的尺度、功能的混合、绿地与水景等是城市活力的必须要素 [4]。国内学者叶宇从街道可达性、功能混合度以及城市密度高低建立起一套对城市活力高低评价的理论体系 [5]；龙瀛以城市街道为主体，通过街道上人的活动，对街道活力进行评价 [6]。面对大马路划分的大街块用地单元，适宜人活动的小街道大多数在大街块内部社区，而社区内部人的生活不仅限于街道，而应该是街道与社区融为一体，因此研究以社区为对象，将社区划分为最小的街块单元进行研究。通过对上述城市活力理论进行总结，将社区活社区要素概括为街道多样性、社区功能混合以及适宜的高密度。

2.2　街道多样性

街道的复杂多样性意味着更多的选择和便捷的交通可达性，较窄的街道和较密的路网有利于慢行交通系统的形成，同时也能使人和机动车和谐共存。"窄马路，密路网"意味着将街块划分的更小，道路交叉口增多，一个交叉口意味着一次选择，多的交叉口带给人多的选择，街区和交叉口的数量在一定程度反映空间的复杂性和多样性，使人们走在此类街区中能够体会到多样的变化和不同的选择，街坊和街道距离变得更近，更容易形成融为一体的高活力社区。

2.3　社区功能混合

高的功能混合度意味城市多种功能集中在同一单元地块，可以解决社区内部人口居住和工作，减少远距离出行，缓解城市交通压力。功能混合度的高低可以用功能混合模型（Mixed Use Index）来度量，该模型将城市功能划分为居住（Housing）、工作（Working）和服务（Amenity）三大类 [7]，如图 5 所示，其中工作包括商业或行政办公、生产活动，服务功能则包括城市所有生活配套设施，如商业服务网点、文化教育、休闲娱乐和市政交通设施。功能混合模型对城市用地功能做了如下七个分类。

（1）单一居住功能（H）：用地单元内居住占总建筑面积的 80% 以上且另外两大功能所占比例均小于 10%；

（2）单一服务功能（A）：用地单元内服务业（如商业、休闲娱乐等）占总建筑面积的 80% 以上且另外两大功能

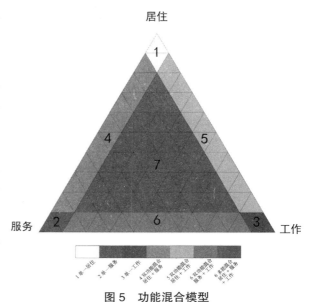

图 5　功能混合模型
图片来源：Berghauser Pont, M. and Haupt. Spacematrix - Space, Density and Urban Form

所占比例均小于 10%；

（3）单一工作功能（W）：用地单元内工作（如写字楼、行政办公、工业等）占总建筑面积的 80% 以上且另外两大功能所占比例均小于 10%；

（4）居住与服务混合（H-A）：居住与服务均占总建筑面积的 10% 以上且工作所占的比例小于 10%；

（5）居住与工作混合（H-W）：居住与工作均占总建筑面积的 10% 以上且服务所占的比例小于10%；

（6）服务与工作混合（A-W）：服务与工作均占总建筑面积的 10% 以上且居住所占的比例小于 10%；

（7）完全混合型（H-A-W）：三类功能所占总建筑面积的自比例均超过 10%。

2.4　适宜高密度

传统的城市肌理通常会出现极高的密度，分散的独立住宅货点式高层往往呈现较低的密度。院落式结构是最适合用于获取太阳能的辐射结构，在层数并不高的条件下可以创造出较高的容积率。设计限于现状条件，开放空间要求较大，属于高纬度地区，对日照要求控制较为严格，同时需要保证足够的道路宽度，围合院落式形态并不能充分采用，因此获得整个社区容积率并不十分理想。对于单个地块来说，仍然具有较高的容积率和建筑覆盖率，能够体现围合院落式结构，并产生较好的建筑密度。

同样的容积率可以产生多种不同的建筑形态和组合形式，反映了不同的城市形态，空间基质将密度与形态联系起来，通过聚类得到基质模型中不同密度指标对应的城市形态范围。空间基质可以反映建筑形态与建筑密度的关系，主要由容积率（*FSI*）、建筑覆盖率（*GSI*）、空间开场率（*OSR*）和平均楼层数（*L*）来评价和确定与其相关的城市形态与环境密度的状态[8]（图 6~ 图 8）。

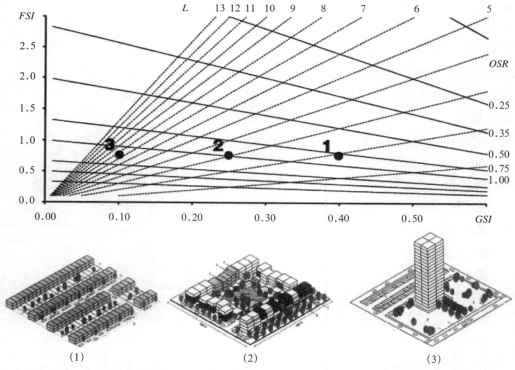

图 6　每公顷 75 户住宅中 3 种不同的建筑形态（从左至右分别是上图的 1~3）
图片来源：Berghauser Pont, M. and Haupt. Spacematrix - Space, Density and Urban Form

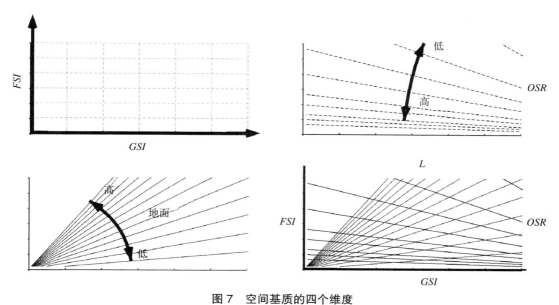

图 7　空间基质的四个维度
图片来源：Berghauser Pont, M. and Haupt. Spacematrix‐Space, Density and Urban Form

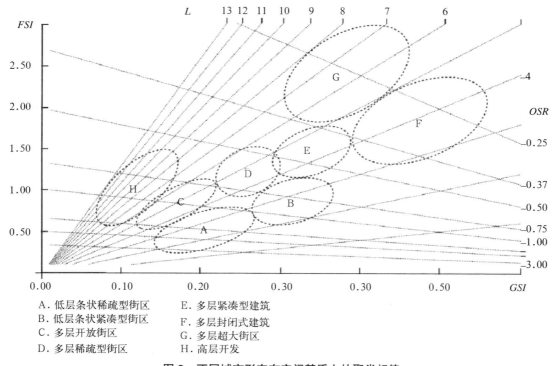

A. 低层条状稀疏型街区　　　E. 多层紧凑型建筑
B. 低层条状紧凑型街区　　　F. 多层封闭式建筑
C. 多层开放街区　　　　　　G. 多层超大街区
D. 多层稀疏型街区　　　　　H. 高层开发

图 8　不同城市形态在空间基质上的聚类规律
图片来源：Berghauser Pont, M. and Haupt. Spacematrix‐Space, Density and Urban Form

2.5　围合院落式布局

围合院落式布局形式相比平行条状式布局更有利于太阳光照的利用，更容易获得较高的容积率和覆盖率。在高纬度地区（太阳高度小于45°），点式建筑形态或者板式建筑形态的排列组合，增加建筑的高度容积率反而会降低。在低纬度地区（太阳高度大于55°），增加建筑高度，起初能增加容积率，但继续增加建筑高度反而会导致容积率降低（图9）。但不论哪种情况，增加建筑高度总会使建筑覆盖率降低[9]。

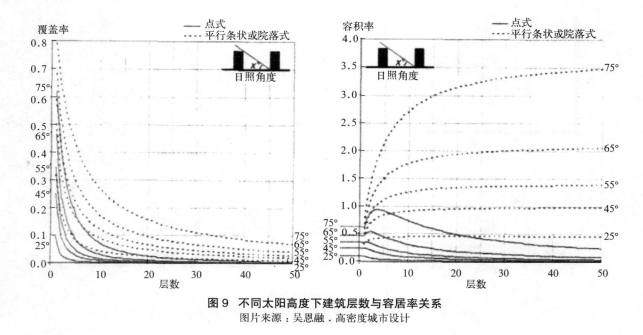

图 9　不同太阳高度下建筑层数与容居率关系
图片来源：吴恩融．高密度城市设计

比较平行条状建筑形态和院落式建筑形态，在一个给定的日照角度和建筑高度，点式建筑形态或者板式总是导致较低的容积率和较低的建筑覆盖率，而围合院落式布局在相对较高的纬度则能获得相对较高的建筑密度。

3　设计实践

3.1　设计策略

呼和浩特位于高纬度地区，居住建筑采光要求较高，现状居住建筑的基本形态为板式条状，这种布局形式不利于连续街道界面的创造，同时也带来较低的容积率和较低的社区活力。旧的居住建筑利用道路本身较大宽度，设置沿街商业，形成围合院落式街块，每个街块保留 3~4 个出入口通过宅前路连通街块内外，街块内部形成半开放空间，使得街块内部居住与街道生活融入一起。其他新建建筑则充分利用沿街界面，形成围合院落式建筑态，从而使得整个地块街道界面连续完整，城市肌理形成有秩序的整体（图 10）。

3.2　整体布局

总体布局延续原有城市肌理，主要功能为居住社区，总平面强调整体统一秩序的创造，建筑尽量沿街布置，居住单元底层加上 2~3 层商业服务类建筑，底层可作商业，2 层、3 层解决商业服务类居住问题，一方面完善居住配套服务功能，另一方面增加容积率，提高居住社区活力。丁香路东侧靠近博物馆，可利用其较大的游览人流优势，在博物馆背面建设一系列商业性展览和艺术教育类商业建筑。

在商业建筑南侧修建一个南北贯通的开放空间，利用天主教堂等文化优势，形成系列小型文化广场节点。新华东街南面为万达大型商业综合体，因此北侧同样建设综合商业服务设施，业态与万达形成互补。地块中间利用工业遗产资源，整合形成烟囱文化小广场，围绕其设置创客文化中心和艺术家工作室活力创造单元，吸引创客，活化地块。北垣东街利用现状较好的酒吧娱乐氛围，在不影响中学使用的前提条件下，建设酒吧娱乐的内街（图 11）。

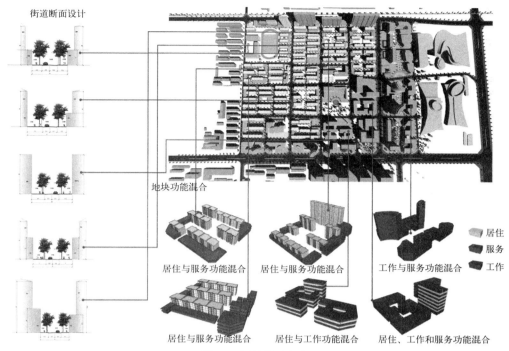

图 10　设计策略解析

图 11　总平面布局图

3.3　城市肌理

现状建筑通过建筑年代、建筑质量和建筑风貌三方面的总和分析，综合得到保留建筑的分布，新建建筑延续原来建筑肌理，在居住建筑地块增加商业建筑，沿街布置强化街块，新建其他建筑则充分利用沿街面，形成围合院落式建筑，使得整体延续原有城市肌理，同时保持整体秩序（图12）。改造后道路网为密集式小方格网结构，形成窄马路、密路网的社区内部交通网络。道路网密度增加2.6倍，交叉口数量增加到50个，街块个数从8个增加到33个。

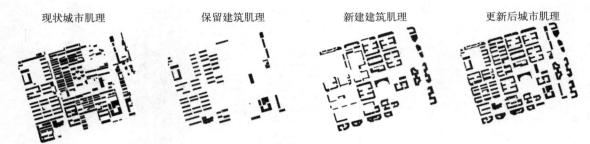

现状城市肌理　　　　保留建筑肌理　　　　新建建筑肌理　　　　更新后城市肌理

图 12　城市肌理延续

4　设计评价

4.1　设计前后指标

设计前后指标对比可以最为直观地反映更新前后的变化（表 1），更新后土地资源得到整合利用，闲置土地得到利用，并释放连续的街头小广场和空地。建筑覆盖率和容积率有所提高，但并不是十分明显，主要原因在于现状已经有一定的建设量，拆迁比例不到 50%。主要变化在道路网和道路交叉口的数量，居住人口有着很大的提高，人口密度有了较大的提升，超过一般地区居住人口水平，密度在一定程度的提升可以带来城市活力的提高。

指标	建筑基底面积 (m²)	建筑面积 (m²)	覆盖率	容积率	平均层数	开放空间率	道路交叉口数 (个)	道路长度 (km)	道路网密度	户数	人口数	人口密度 (人／km²)
更新前	151568	701647	23.87%	1.11	4.63	0.69	26	3.351	5.28	2402	9325	14688
更新后	168933	987449	26.61%	1.56	5.84	0.47	50	8.742	13.77	4216	15648	24648

更新前后指标对比　　　　　　　　表 1

4.2　空间基质分布

以街块为指标单元计算，街块面积以道路红线为界限，除去了单路对地块的影响（图 13）。现状为 8 个大街块（图 14 中黑色方点表示），改造后社区细分为 33 个小街块（图 14 中菱形点表示）。基质分布清晰的可以看出，改造后的街块总体有了较大的提升，尤其是新建的居住地块，没有出现高层，但是依然能出现较高的容积率，证明了围合院落式结构有助于得到更多的面积。分布依然较低的地块主要是社区东面有高压走廊影响的带形开敞空间、高中和九年制学校、地块中间公园的街块以及现状居住建筑完

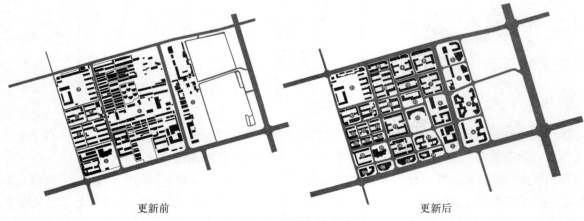

更新前　　　　　　　　　　　　　　更新后

图 13　更新前后地块排序

整保留的居住街块。以街块为单元计算指标相比于以整块用地计算指标有了很大的提升，主要原因在于消除了道路面积的影响。整个街块容积率指标难以提升起来主要有三点：一是呼市属于高纬度地区，对日照要求较高，紧凑围合院落式结构没有完全得以实现；二是受改造现状条件限制，保留现状建筑较多，且开敞空间较多，占据太多用地；三是现状三面原来道路红线太宽，占据太多面积，因此整个地块容积率难以提升。

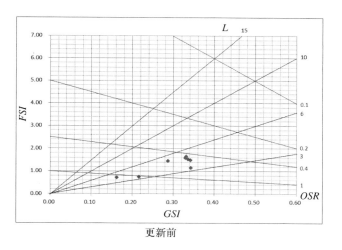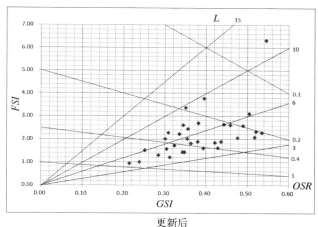

图 14　更新前后地块基质分布

4.3　功能混合分布

团结社区现状主要为居住功能，在现状的 8 个大街块中有 3 个为单一居住，3 个为居住与服务混合，1 个为工作与服务混合，1 个为三种功能混合，街区尺度较大且功能混合深度相对较低；更新后的全部为小尺度街块，居住街块通过增加沿街商业来提升混合深度，其他街块通过混合多样功能的建筑以提升功能混合度，从功能混合分布图（图 15）可以看出更新后街块较现状大街块功能混合深度有大幅提升，单一功能街区比例减少、双功能混合街块比例增多、多样功能混合基本不变（图 16），社区的功能多样性与复杂性得到了有效提升。增加居住街块单元沿街商业，能够使得街道具有更好地连续性，同时能够大幅度提升街块的功能混合深度，社区活力可以得到很好的提升。

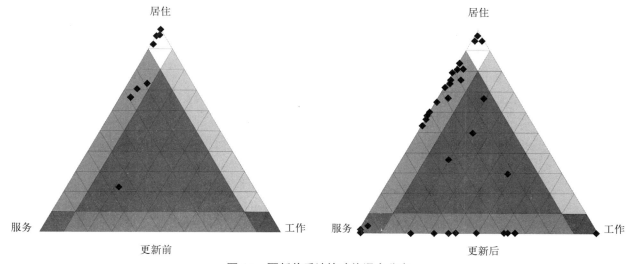

图 15　更新前后地块功能混合分布

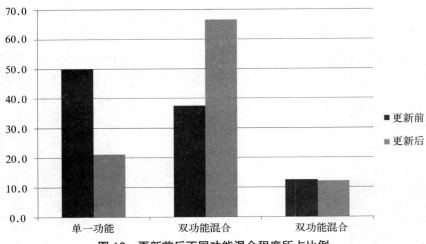

图 16　更新前后不同功能混合程度所占比例

5　结论

　　高活力的社区应具备街道多样性、适宜的高密度、高的功能混合度三个基本条件。实践以呼和浩特市团结社区更新为例，设计过程中通过建筑之类、建设年代、建筑风貌三方面确定保留建筑，通过增加沿街商业建筑与现状形成围合院落式布局，新建建筑沿地块四周设置 3~4 层底层商业形成围合院落，其他公共建筑根据使用功能和地块形状形成围合或半围合形式，最后通过前后指标对比、地块空间基质分布、功能混合分布证明了围合院落式结构能够更好适应小尺度街块，对于地块容积率和功能混合度的提升具有很好的积极效应。

参考文献

[1]　国务院 . 关于进一步加强城市规划建设管理工作的若干意见 [Z]. 2016.2.

[2]　Jacobs J. The death and life of great Americancities[M]. United States：Vintage Books ed., 1992.

[3]　Gehl J. Life Between Buildings [M]. Arkitektens Forlag, 1971.

[4]　Montgomery J. Making a City：Urbanity, Vitality and Urban Design[J].Journal of Urban Design, 1998, 3(1)：93–116.

[5]　叶宇 . 城市设计中活力营造的形态学探究——基于城市空间形态特征量化分析与居民活动检验 [J]. 国际城市规划, 2016：129–131.

[6]　龙瀛 . 街道城市主义——新数据环境下城市研究与规划设计的新思 [J]. 时代建筑, 2016：26–29.

[7]　Berghauser Pont, M. and Haupt. Spacematrix–Space, Density and Urban Form[M].2005.

[8]　Berghauser Pont, M. and Haupt.he Spacemate：Density and the Typomorphology of the Urban Fabric[J] .Nordisk Arkitekturforskning, 2005：57–68.

[9]　吴恩融 . 高密度城市设计——实现社会与环境的可持续发展 [M]. 叶齐茂，倪晓晖译 . 北京：中国建筑工业出版社 2016.

基于"三规合一"的近期建设规划编制研究
——以阳谷县为例

蔡园园　宋　瓒*

【摘　要】近期建设规划作为城乡规划与土地利用总体规划及国民经济与社会发展规划协调的有效途径和结合点，是践行"三规合一"规划理念的最佳平台。基于此，本文首先对我国近期建设规划的发展历程进行梳理，提出在新形势下近期建设规划编制面临的三大问题和四大要求；其次，以"三规合一"的角度切入，从土地和空间两个方面建构城市近期建设规划编制创新研究框架，包括与"总规"承继和发展、与"经规"的衔接和落实、与"土规"的协调和整合以及基于"三规合一"的土地供给四个方面1①；最后以阳谷县为例具体阐述编制的四个主要创新要点，为近期建设规划的编制提供科学性和可实施性的依据。

【关键词】三规合一，近期建设规划，规划编制，创新要点

1　研究背景

在市场经济体制下，一方面，城市的发展具有极大的不确定性和易变性，而奠基于计划经济的城市总体规划，这种基于未来考量的终极蓝图在决策主体分散的现实中屡屡遭受挫折，因而，兼顾中央和地方利益和目标的近期建设规划得到了重视；另一方面，城市需求的多元化带来了城市空间的复杂化和规划类型的多样化，而各类规划的不对接、多头管理反而阻碍了城市发展，因而，基于规划统筹和管理的"三规合一"、"多规融合"开始成为我国城市规划的重要发展趋势。对于"三规合一"与"近期建设规划"之间的关联，在 2014 年中国城市规划年会时，就曾提出"以近期建设规划为平台推进'三规合一'"的年会建言。近年来在各省市的规划编制实践中，"三规合一"已作为一种理念融合到近期建设规划编制方法和内容中。作为"十三五"规划的开局之年，2016 年国家、省、地方层面已经启动"十三五"规划的编制工作，综合调控城市土地投放和基础设施建设，新一轮的近期建设规划编制工作也陆续展开。在新常态下，经济增长模式悄然转变，城市转型升级压力凸显，以往城市规模快速扩张的时代成为过去式，城市经济的发展更加强调内涵增长，更加注重存量规划、公共服务均等化、可持续发展等战略内容，同时，国家新型城镇化规划和省新型城镇化规划都把"三规合一"作为城市发展和建设的要求。因而，近期建设规划的编制是实现"三规合一"的有效途径。

---

*　蔡园园，女，山东建筑大学建筑城规学院研究生。
　　宋瓒，女，山东省城乡规划设计研究院中级工程师。
①　在本文中，"总规"指城市总体规划；"经规"指国民经济与社会发展规划；"土规"指土地利用总体规划；"近规"指城市近期建设规划。

2 研究思路

2.1 阶段回顾

随着我国城乡规划体系和规划体制改革的推进，学术界在技术创新、制度创新和规划体系创新方面做了大量的研究工作。其中，对城市近期建设的关注和研究也达到前所未有的高度。在我国，近期建设规划的发展经历了从无到有、从附属到独立、从轻视到重视，进行规范管理的过程。笔者通过梳理新中国成立以来与城市近期建设规划相关的国家文件和研究实践，对城市近期建设的发展研究进行梳理，将其划分为 3 个阶段，见表 1。

近期建设规划发展历程　　　　　　　　　　　　　　　　　　　表 1

阶段	时间	重要文件	相关内容	地位和作用
第一阶段	1949~1979	1952 年《中华人民共和国编制城市规划设计程序草案》	无明确概念，多以"初步规划"的形式出现	从无到有
第二阶段	1980~2001	1980 年《城市规划编制审批暂行办法》；1991 年《城市规划编制办法》	城市总体规划的重要组成部分，主要内容包括：规模、项目布局和各项建设用地的布局	"总规"的附属，未受到重视和发挥作用
第三阶段	2002 至今	《国务院关于加强城乡规划监督管理的通知》国发 [2002]13 号；国家九部委《关于贯彻国务院关于加强城乡规划监督管理的通知》建规 [2002]204 号；2005 年建设部《关于抓紧组织开展近期建设规划的通知》；2006 年 4 月 1 日建设部发布《城市规划编制办法》并开始实施；《中华人民共和国城乡规划法》2008 年 1 月 1 日实施；《关于加强"十二五"建设规划工作的通知》[2011]31 号	明确了近期建设规划编制的强制性内容和谐指导性内容；与国民经济与社会发展规划一起构建"双平台"模式；五年一轮，滚动编制；提出"年度实施计划"、"项目库"建设等	高度重视，具有较强的针对性和时效性，是指导城市近期建设和发展的直接依据

其中，在第一阶段，城市规划经历了从无到有的过程，尚未明确提出城市近期建设规划概念，其相关功能多以"初步规划"的形式出现；在第二阶段，城市近期建设规划更多的是计划经济下的规划，属于总体规划的附属，并未受到重视且指导意义较弱，其原因：（1）总规从编制到审批时间长（通常 4~5 年），此阶段近期建设管理处于真空。（2）其自身的法律效力及约束力较弱，缺乏对市场的适应和调控能力。（3）规划重点是总规中的前五年，再次修编要等到下一轮的总规修编之时；在第三阶段，因总体规划在规划实施中面临规划滞后或失效和反复调整、修编等不适应性而备受诟病，作为法定规划的近期建设规划的重要性得到高度凸显，并进行单独编制且在探索实践中取得重大突破。当前，近期建设规划还处于探索实践阶段，其相关理论和方法还不成熟，因而仍需进一步探索。

2.2 新形势下的问题和要求

2.2.1 主要问题

按照动态的、渐进的、滚动的近期建设规划编制要求，从 2002 年近期建设规划独立编制以来，一共经历了"十五"、"十一五"、"十二五"三轮编制，通过对过去三轮近期建设规划的实施分析发现，仍存在以下问题：

（1）对规划依据的研判不足，导致规划合理性欠缺。其中，规划依据包括：1）国民经济与社会发展规划；

2）总体规划及其实践检讨；3）前一轮近期建设规划的检讨；4）土规和其他相关专项规划；5）土地产权状况与城市建设专题等。面临快速发展的现状，导致对规划依据的正确解读和论证难以得到及时的更正和反馈。

（2）相关部门参与不足，相关规划不衔接，导致规划可实施性差。近期建设规划涉及内容繁多，基础资料的收集及规划内容的编制都需要多部门的协调，而多部门之间的衔接和协调在相对较短的规划编制时间内很难高效完成，往往造成很多遗留的问题。

（3）用地供应计划不准确，导致规划目标与城市发展相悖。用地供应计划是依据项目库建设和城市近期发展重点做出的用地预算和供应计划，在规划实施过程中，因项目库建设的不合理性，往往出现规划用地未供给或供给严重不符的情况，导致规划的实效性差。

2.2.2　新要求

在新一轮的近期建设规划编制中，依据城市经济与社会发展的新形势，对近期规划的编制提出新的要求，主要包括：

（1）"十三五"规划的发展要求：作为实现"第一个一百年"的决胜阶段，近期规划的新一轮的编制工作必须坚持贯彻"创新、协调、绿色、开放、共享"五大发展理念，强化全球视野和战略思维，正确处理好政府与市场的关系，强调民生与发展相协调，而非仅对城市发展建设提出规划指导，把"十三五"规划的精神与内容落实在空间上。

（2）"三规合一"的政策要求：以近期建设规划为平台，推进"三规合一"工作，统筹项目和用地，落实国民经济社会发展规划的建设项目，协调土地利用规划的建设用地总量、空间分布和实施时序，是国家、省新型城镇化规划的内在要求。在规划编制中要充分发挥规划的主动性，充分分析现阶段面临的区域与经济发展背景、政策要求及城市面临的新问题，从而在原则上不违背总体规划强制性内容的前提下，发挥规划的时效性。

（3）"存量型"规划的现实要求：现阶段，城市由快速扩张进入转型调整期，城市发展模式由"增量"向"存量"转变。而城市更新的目标说到底，就是存量资本收益最大化，因而，近期规划是一种对民生的保障与改善、推进重点项目、结合地区特点发挥地区特色及合理配置城市建设用地的规划。

（4）近期建设规划的自身要求：作为城市建设的实施规划，具有较强的针对性和时效性，在规划编制时，应从两方面转变思路：1）重新把握量：框定总量、限定容量、盘活存量、做优增量、提高质量。2）着力保障质：和谐宜居、富有活力、各具特色、服务均等、城乡一体。

2.3　研究框架和创新研究

在我国规划体系中，"三规"是发改、国土和规划三部门平行协作管理机制下的平行规划，认识到城市的一切发展目标和计划最终都要落实到空间上来，部门之间各类规划逐步增加对空间的规划内容，有针对性地对空间调配提出各自的要求。在近期建设规划编制中，纳入"三规合一"理念，能够更好地统筹项目和用地，落实国民经济社会发展规划的建设项目、协调土地利用规划的建设用地总量、空间分布和实施时序。而基于"三规合一"的近期建设规划创新研究，主要集中在对"三规"影响最大的城市空间和建设土地的战略布局和发展目标的研究，并通过对三规关系以及对近期建设规划的影响梳理，提出本文研究框架（图1），并从以下四个方面进行创新研究。

（1）对"总规"的承继与发展。国家对近期建设规划的重视，是建立在对城市总体规划法定地位的维护和实施缺陷的清晰认知上，其主要目的是切实加强规划的调控作用，为总体规划的改革提供新的思路。因而，近期建设规划的编制，一是必须以"总规"为依据，不违背其强制性内容，维护其权威性；二是

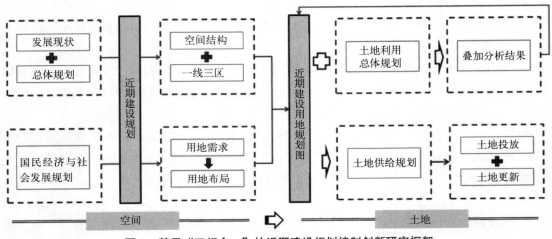

图 1　基于"三规合一"的近期建设规划编制创新研究框架

与城市发展现状相结合，基于"总规"提出的发展目标、方向和规模，安排近期发展，划定近期建设控制线以及城市重点开发区、重点改善区和重点控制区。

（2）与"经规"的衔接与落实。在我国，国民经济和社会发展规划与近期建设规划经常同时编制，一则使规划更贴近政府发展意图，二则保证了规划的时效性。在"十三五"规划中，对建设用地的需求主要包括以下几类：一是住宅建设用地需求，主要包括人口规模扩大对住宅的需求和居住水平提高对住宅的需求这两个方面；二是产业发展用地需求，重点考虑开发区建设对城镇建设用地的需求；三是公共设施建设用地需求；四是交通、市政基础设施用地需求等。基于此，在用地需求确定的基础上，进行合理布局。

（3）与"土规"的协调与整合。近期建设规划与"土规"在近期建设中，是指导用地合理配置的重要纲领性规划，两者的衔接主要体现在土地上，而用地分类、规划期限、技术标准等差异造成两者协调的困难。因此，依托 GIS 工具，基于相同的时间和空间截面，对两者进行叠加分析，总结斑块差异特征，提出整合机制是与"土规"协调的关键。

（4）基于"三规合一"的土地供给。基于"三规合一"的土地供给规划，更多强调的是多部门对近期建设土地的安排布局。首先，对建设用地按照"保留、在建、存量、新增"进行分类；其次，对新增用地项目进行筛选确定；最后，依据"盘活存量"、"优化增量"的原则，对近期建设用地优化存量、弹性供给，对土地进行分类控制。

3　阳谷县近期建设规划创新要点分析

3.1　研究对象概况

阳谷县地处鲁西平原，黄河之北，山东省聊城地区南端，冀鲁豫三省交界地带，镇域面积1065.7km²，属黄河冲积平原，地势总趋势为由西南向东北缓倾，地貌总体平坦，阳谷县下辖 3 个办事处、12 个镇、3 个乡、853 个行政村，截至 2014 年，阳谷县国内生产总值 283.7 亿元。目前，"十三五"规划开局，新版总规《阳谷县城市总体规划（2015-2030）》编制完成，为城市发展设定了发展蓝图，近期建设规划的编制成为阳谷县城市建设的现实抓手。

3.2　创新要点解析

（1）异质空间的分区管制：划定"一线三区"，加强空间管制

图2　阳谷县近期空间管制图

依据阳谷县总规，到规划2020年，城市空间框架基本形成，近期建设重点集中在完善城市结构、主干路路网系统建设、旧城（城中村）更新改造、工业园区聚集发展、古城风貌建设五个方面（图2）。通过对总规规定的近期建设规划的发展目标、建设重点和规模的论证，划定"一线三区"，即近期建设控制线、重点开发区、重点改善区、重点控制区。其中，建设控制线，即近期城市空间发展边界线范围，建设用地控制在35.25平方千米以内，涉及狮子楼、侨润和博济桥三个街道办事处；重点开发地区是拥有良好的用地条件和设施支撑、以新开发活动为主、对促进新城建设和城市整体发展有重要带动作用的地区，包括：北部文化体育中心、东部工业区商务办公区、金水湖公园生活组团和西部城区侯王庄、南关董改造工程；重点改善地区是以整理和改善为主、对提升城市功能有重要作用的地区，包括：新世界广场周边地区、宝福邻购物中心周边地区、博济桥广场南北地区、火车站西侧地区；重点控制区即古城核心区，该区域西北部为文保单位狮子楼及配套的狮子楼景区，西部为紫石街仿古商业街。

（2）谋划用地布局：衔接"十三五"规划，明确发展要素空间需求。

在本轮的规划编制中，阳谷县国"十三五"规划与近期建设规划同步编制，且期限相同，两者的协同编制，有效衔接，力求规划的时效性和可实施性。因而，近期建设规划的编制，一是要针对"十三五"规划确定阳谷县近期重点发展区域和重点建设项目，在近期发展空间上进行落实；二是结合阳谷县发展实际，确定需要重点建设的项目，在此基础上，确定近期建设用地需求和布局。

用地需求的准确预测，是建立在近期建设项目准确筛选的基础上，近期重点建设的项目包括两部分：一部分是"五年"计划规定的项目；另一类是根据城市近期建设发展需要确定的项目，前者具有明确性，后者需要采用发改、国土、规划等多部门联审确定，在此基础上进而确定用地需求，项目类型涵盖基础设施、资源节约和生态环保、社会事业、民生保障等领域。

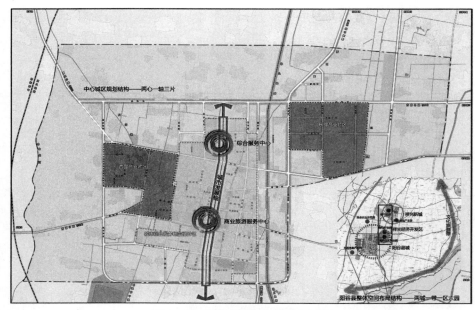

图3 阳谷县近期空间发展布局图

通过对用地的需求预测，结合十三五发展方向和目标，阳谷县近期整体发展空间布局为"两心一轴三片"（图3），其中，"两心"指县级商业旅游服务中心和城北综合服务中心，前者强调风貌维护与再塑，后者通过建设城北综合服务中心，引导城市生活空间北拓，同时疏解古城组团人口密度，以便于优化和完善古城商业旅游中心；"一轴"指沿谷山路形成城市的发展轴，同时也是城市的城市公共职能聚集轴，串联着两个综合中心；"三片"指城市综合服务和生活片区、东部产业区和西部产业片区；从而完善阳谷县域"两城一带一区六园"的整体布局。

（3）土地整合发展思路：与"土规"叠加，分析斑块差异，确定发展约束和引导作用。

1）叠加分析基本方法

第一，构建叠加分析的基础底图。"土规"是通过"一张图"统筹安排城乡各类用地，并以权属和用途作为土地类别划分的依据，近期建设规划更多的是关注规划期内中心城区的发展规模和用地布局，以指导下一层次的详细规划。

第二，确定叠加分析的时间截面。现行《阳谷县土地利用总体规划（2006-2020）》规划期限到2020年，与城市近期建设规划期限一致。

第三，确定叠加分析的空间范围。近期建设规划多基于不同利益主体需求，划定各类功能用地，进而确定各类用地所需发展空间范围，有明确的发展空间范围，而"土规"以土地权属和用途作为划分依据，无需考虑功能发展需求，因而，为科学进行规划比对，在近期建设控制范围这一空间层次作为与"土规"叠加分析的空间范围划分方式，以反映不同功能需求空间与"土规"的空间差异。

第四，确定叠加分析内容。首先，在统一的2020年这一时间维度下，在总量对比的基础上，进行交互差异分析，分别分析"近期建设总图"超出"土规"的斑块差异，以及"土规"超出"近期建设总图"差异斑块；其次，斑块分析，在近期建设控制范围内对对应的土地类别和功能进行详细分析，并归纳总结特征；最后，归纳总结特征可能存在的发展约束和引导作用，并提出相应的整合思路。

2）叠加分析结果

通过叠加，在中心城区近期规划控制范围内（表2和图4），"土规"确定的建设面积为3890.03公顷，近期确定的建设用地面积为2906.4公顷，重合面积为2372.95公顷，占"土规"的61%，占"总规"的

81.65%，"土规"超出"近规"建设用地 1052.59 hm²，占"土规"的 27.06%；"近规"超出"土规"建设用地 69.65 hm²，占总体规划的 2.4%。

"土规"与"近规"中心城区建设用地差异对比表（公顷）　　　　　表 2

两规	建设用地面积	重合建设面积及占总建设用地的比例		"土规"超出"近规"建设面积及占"土规"比例		"近规"超出"土规"的建设面积及占"近规"比例	
土地利用总体规划	3890.03	2372.95	61.00%	1052.59	27.06%	—	
近期建设规划	2906.40		81.65%	—		69.65	2.40%

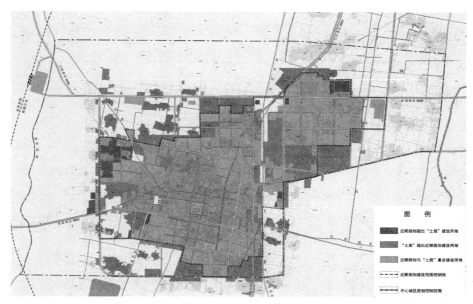

图 4 "近规"与"土规"叠加图

叠加差异特征：重合度尚可，"近规"超出"土规"建设用地部分主要涉及工业、市场和交通设施等用地类型，超出"土规"部分主要为一般农田和林地、园地，主要分布在西部产业区的西部以及东部产业区的东南部；"土规"超出"近规"建设用地部分主要集中在东部产业区北部和南部的工业用地，这就说明两规对工业发展规模考虑差异较大。另外还有少部分北部新区以及南部的生活用地，以及大量的中心城区范围内的村庄用地。

3）规划差异协调

首先，建设用地的协调，以 2020 年为目标年，城市近期建设用地总需求小于土地利用总量约束，通过整治项目调整用地供需结构关系，缓解土地利用总体规划在中心城区空间内分配的不均衡，做到有重点的发展；其次，工业发展规模的确定，根据"土规"超出"近期"用地的差异分析，对工业发展规模重新确定，由于东部依托石佛镇建设的祥光经济开发区的大力发展，明显城区东部的产业区建设动力不足，再加上和主城区跨京九铁路联系不便利，致使发展迟缓，因此东部产业区应采用促集聚、控规模的适度发展模式，集约增量工业空间，并逐步向南发展；最后，空间格局的协调，在空间上，两规都是优化中心、东西两翼发展；根据"近规"超出"土规"的用地差异分析，东西产业区的工业物流用地占用一般农用地，受一般耕地的约束相对较小，且符合"土规"方向，可适度扩展。

（4）土地更新策略：以土地供给规划为抓手，"盘活存量"与"优化增量"并重。

1）优化存量、弹性供给

规划应着眼于城市未来的长远发展，对于剩余的可建设用地，不应在规划期内全部用完，而应对部分用地进行战略性的预留，作为支撑规划期后城市持续发展的储备用地。土地指标是城市规模扩张的严格限制，因而，近期建设规划应严格控制新增建设用地总量，优先保证重点地区以及重大项目、公共服务设施和基础设施的用地需求，同时还要对城市内部的存量土地进行梳理盘活。按照用地现状和发展潜力，对阳谷县中心城近期建设用地进行整理（图 5、图 6），得出用地供应总量（表 3）。

近期建设用地供应一览表（公顷）　　　　　　　　　　　　　　　　表 3

分区	存量用地	新增用地	供应总量
狮子楼街道	58.49	130.53	189.02
桥润街道	161.35	297.82	459.17
博济桥街道	176.26	74.82	250.54
合计	396.10	502.63	898.73

图 5　保留、在建建设用地图

图 6　存量、新增建设用地图

2）对土地进行分类控制

通过土地调整、挖潜工作，可新增部分用地指标，建立完善的土地储备制度，以应对不可预知的重大项目建设，建立奖励机制促进土地的集约利用。保障重点开区和重点改善区的土地供给，大力推动城市更新改造，加快旧工业区升级改造，积极引导中心城区和旧工业区的功能置换。同时继续有计划有步骤地推进城中村改造，鼓励通过城市更新改造提供公共服务设施发展空间，提升城市综合服务能力。以土地供给总量为依据，从政府主导和市场主导的土地供给两个方面进行用地配置：①保障基础设施、公共服务设施的土地供应，提高城市的承载力和服务能力。②继续加大城中村改造用地供应，确保保障性住房建设和商贸用房供应量，改善民生和稳定房地产市场。③优先保障重点建设项目及环保节能等新兴产业入驻工业园区，进而对建设用地进行分类控制（表4）。

政府和市场主导的建设用地供给一览表（公顷） 表4

分区	政府主导				市场主导			
	公共管理与公共服务设施用地	交通设施用地	公共设施用地	绿地广场用地	居住用地	商贸用地	工业仓储用地	合计
狮子楼街道	27.96	43.14	4.68	11.34	49.00	22.72	30.18	189.02
侨润街道	30.01	41.76	6.35	41.35	135.43	28.64	175.63	459.17
博济桥街道	3.71	7.95	0	10.06	174.90	53.92	0	250.54
合计	61.68	92.85	11.03	62.75	359.33	193.03	205.18	898.73
	141.19				757.54			

4 结语

对于近期建设规划的审视、剖析与创新，将可能不断被重新检验、实践和丰富现有研究成果。在"三规合一"的政策与理论的支撑下，为规划编制的创新提供了良好的时机和肥沃的土壤。但是基于以上的研究笔者也有了一些思考，近期建设规划一直都是与国民经济与社会发展规划同时编制的，而且与五年规划具有同样的时效期限，这样为"三规合一"提供了一个很好切合点。但是总体规划在之后的年限内，在滚动编制中，总规对近期建设规划的指导限制性会越来越大。而且"土规"和近期建设规划同样关注的是土地，在计划性和市场性的差异下，如何协调刚性和弹性的矛盾，空间管制的不同，数据管理模式的差异，都是值得注意和思考的问题。希望在以后规划编制工作中能从更为宏观的层面上通过体制和管理模式的创新，真正消除壁垒，除旧立新。

参考文献

[1] 齐奕等."三规合一"背景下的城乡总体规划协同发展趋势[J].规划师，2015，（02）：5–11.

[2] 张少康等.以近期建设规划为平台推进"三规合一"[J].城市规划，2014，（12）：82–83.

[3] 谢广靖，张恒，郭本峰.变革背景下天津近期建设规划编制方法思考[J].城市规划，2011，（10）：38–43.

[4] 茹葳.对城市近期建设规划编制方法的思考——以吴江松陵城区为例[J].规划师，2006，（12）：59–62.

[5] 邹兵.由"战略规划"到"近期建设规划"——对总体规划变革趋势的判断[J].城市规划，2003，（05）：6–12.

[6] 杨保军.直面现实的变革之途——探讨近期建设规划的理论与实践意义[J].城市规划，2003，（03）：5–9.

香港城市战略规划在法定图则和土地供给
层面的额实施研究

曹哲静 *

【摘　要】香港形成了从宏观到微观的"战略规划—法定图则—发展蓝图"的规划体系，法定图则作为落实土地利用量与开发强度的强制性规划文件，不仅向上衔接"香港 2030"战略规划，同时也是香港规划行政审批体系的依据和土地出让的条件。本文以香港为例，探讨"香港 2030 战略规划—远景与策略"在法定图则和 2006~2015 十年土地供给层面的实施机制。本文首先概述了香港城市规划技术体系和规划行政审批体系。其次本文从土地地租组成和当今土地构成方面概述了香港土地供给的机制。再者本文从香港战略规划性质、香港战略规划定位、香港人居环境要求和区域要求、香港 2030 经济规模与人口规模趋势、香港土地需求和未来供给方案、多方案比选及最优方案提出、战略规划对开发容量的要求等方面深入剖析了"香港 2030 规划远景与策略"的发展与控制的土地利用指标特点。随后本文从总用地指标解析、人口指标、高度控制、法定图则对各类用地区位和开发容量的限制、用地比例等方面解析了香港截至 2016 年 4 月 143 个法定图则的控制指标，并将其与"香港 2030"土地控制上位要求进行实施评价。最后本文以居住、商业、工业用地指标为抓手，对比土地出让与战略规划与法定图则。总体得出结论为：法定图则在土地长远供给的区位控制和容量控制方面对战略规划保留了较好的衔接，但仍然以都会区和现有新镇及其扩展区为主；对于新界北的新发展区、乡郊地区，未来长期土地供给幅度较小。以此来衡量实施了 10 年的"香港 2030"发展情况，表明香港城市发展在 2006~2015 的十年向"低人口增长—中度经济增长"情景倾斜，发展放缓；法定图则故根据每三年"假如"情景规划的评估作出土地储备和长远供给的动态调整。十年土地出让同样基本符合"香港 2030"空间拓展要求，但商业和工业用地体现了"香港 2030"中尽用建成区用地，再开发新发展区的要求。居住用地需求量大，出让较为平均。此外还反映出实际土地出让通过限制经营性土地供给来维持高地价。

【关键词】香港战略规划，法定图则，土地供给，规划实施与评估

　　香港作为中国特色社会主义面向高度市场化的典型的窗口，以其特有的土地官有体制、战略性的规划和基础设施布局、严格的法定图则控制体系、通过市场调控的紧缩的土地供给政策，充分反映出权力和资本双重因素对于城市建成形态的影响。　20 世纪末期中国进入市场经济时代实行土地有偿出让后，一定程度参考了香港的城市规划体系和土地供给制度。1974 年以前，香港《土地利用计划》同时承担总体规划和控制性规划的职能；1974 年颁布《城市规划修订条例》后，土地利用总体规划被纳入战略规划，最终形成 2007 年的"香港规划远景与策略"。香港的战略规划作为非法定规划，但对城市建设用地边界增长、重大基础设施的布局、土地利用与交通体系的关系、不同类型土地供给的区位和量均作出战略性预

---

　　* 曹哲静，女，清华大学建筑学院城乡规划学研究生。

测和规划。香港四种类型的法定图则作为强制性法定规划,对 143 个法定图则所覆盖地块的土地利用性质、容量、开发强度、建筑布局形态等作出具体的限制;同时法定图则也是香港土地出让过程中获得规划行政许可的法定依据。因此本文旨在以香港为例从城市规划实施层面探讨其战略规划向下一层次法定图则及土地供给的贯彻情况和实施机制。"香港 2030 规划远景与策略"(下文简称"香港 2030")于 2007 年起生效,因此本文在研究香港土地供给情况时选取了 2006~2015 十年的土地出让数据进行分析。同时以居住用地、商业用地、工业用地三大类土地利用为抓手,探讨香港战略规划在法定图则和土地供给层面的实施机制。

1　香港城市规划体系概述

1.1　香港城市规划技术体系

香港城市规划技术体系从宏观到微观分为六大版块(表 1):全港发展战略规划(香港 2030)、次区域发展战略规划、法定图则、政府内部图则、发展大纲图、发展蓝图。宏观层面的次区域发展策略主要为根据全港发展策略修正人口预测和土地供给需求预测,确定土地分布模式,并落实对建筑高度和开发强度有特殊要求的地区。中观层面的法定图则对土地用途、开发强度、地块兼容性等进行法定规定。法定图则中较为特殊的发展审批地图是过渡性图则,管制新界乡郊地区不合理的土地用途,同时为乡村建设用地和农用地转为城镇建设用地、农用地转为乡村建设用地提供过渡性控制的依据,之后会逐步被分区计划大纲图取代。市区重建局发展计划图对港岛和九龙的开发成熟地区城市更新进行管控,对分区计划大纲图覆盖的城市更新区进行替代作用。政府内部图则作为政府筹划、管制发展、出售、预留、划拨土地的非法定依据。中观层面的发展大纲衔接法定图则,针对地块层面进行土地细分和交通深化。微观层面的发展蓝图衔接发展大纲图,针对地块层面进行详细设计。

规划技术体系中对于城市空间要求具有直接法定的形塑机制的是中观层面的各项法定图则。此外宏观层面的土地用途概括用途控制对土地开发用途大类提出指引,微观层面的《建筑条例》是在确定土地开发强度后转向针对建筑物的开发控制。以上三者形成了"规划指引 - 规划控制 - 开发管理"三阶段,在宏观层面刚性地明确土地的主要用途,在中微观层面弹性地对段允许的混合用途和改变用途作出明确指引并形成了从用地到建筑物的法规衔接。

香港城市规划技术体系　　　　表 1

尺度	规划技术		主要作用
宏观	全港发展策略		策略性发展方向及目标
	次区域发展战略策略		(1) 修正人口预测、土地供给需求预测、土地分布模式; (2) 修正城市规划标准与准则; (3) 落实对建筑高度和开发强度有特殊要求的地区
中观	法定图则(规划许可法定依据)	分区计划大纲图(OZP)	(1) 分为港岛规划区、九龙规划区、新界及离岛; (2) 针对香港城市建设用地(港岛九龙都会区和新市镇)进行土地用途、开发强度、地块兼容性等进行法定规定
		乡郊分区计划大纲图	(1) 分为沙田、大埔及北区,西贡及离岛、屯门及元朗; (2) 针对香港新界农村建设用地进行土地用途、开发强度、地块兼容性等进行法定规定
		发展审批地区图(DPA)	过渡性图则,管制新界乡郊地区不合理的土地用途,会逐步被分区计划大纲图取代

续表

尺度	规划技术		主要作用
中观	法定图则（规划许可法定依据）	市区重建局发展计划图（DSP）、土地发展公司发展计划图、西九龙文化区发展图（DP）	对港岛和九龙的开发成熟地区城市更新进行管控。对分区计划大纲图覆盖的城市更新区进行替代作用
	政府内部图则（规划许可非法定依据）		政府筹划、管制发展、出售、预留、划拨土地的依据
	发展大纲图		衔接法定图则，针对地块层面进行土地细分和交通深化
微观	发展蓝图		衔接发展大纲图，针对地块层面进行详细设计

资料来源：笔者自绘

1.2 香港城市规划行政审批体系

香港土地开发控制的行政审批体系由三个层面组成：规划行政许可、土地出让、建筑规范。表 2 总结了三个行政审批层面的审批主体、审批工具、法律效力、实施主体、法律依照。其中规划行政许可的审批主体是规划署和城市规划委员会；审批工具主要是法定图则；依照的法律条例是《城市规划条例》；依照的技术文件是《城市规划标准与准则》。土地出让的审批主体是地政总署；审批工具是土地契约；法律依照是香港《普通法（Common Law）》。建筑规范的审批主体是屋宇署；审批工具是建筑方案许可（Building Plan Approval）；法律依照是《建筑条例》。总的来说，香港土地开发控制一方面受限于三方行政主体，一方面也由于最后政府报告与决定都将汇向于中央部门（行政长官）而得到统一裁量。

香港土地开发行政审批体系
表 2

审批体系	规划行政许可	土地出让	建筑规范
审批主体	规划署、城市规划委员会	地政总署	屋宇署
审批工具	四类法定图则	土地契约	建筑方案许可
法律效力	有法律效力	合同性质	具有法律效力
实施主体	规划师	产业测量师	建筑测量师
法律依照	城市规划条例（Cap.131）	普通法	建筑条例（Cap.123）

资料来源：香港城市规划条例

2 香港土地供给概述

2.1 香港土地地租组成

租金理论上又可分为批租和年租两种形式。批租指一次性支付土地出让金，包含征地费用、土地平整费用、未来出让年限的土地位差地租的贴现值总和。港英政府 1985 年以前实行批租制度，其风险在于对未来市场信息的不完整把握将导致土地出让者不能分享之后的土地溢价。年租是指按年收取租金，并每年调整租金。由于土地征地费用、平整费用在土地出让前已经发生并维持固定，无需按年征收，年租的意义主要体现在位差地租。因此香港政府自 1985 年起结合批租和年租的特点实行混合制：首次土地出让金的批租包括征地费用、土地平整费用、出让年限中位差地租的贴现值总和；每年收取的年租包括按照每年对房地产市场市值评估得到的应课差饷值的一定比率收取的租金。香港的土地地租组成见表 3。本文 2006~2015 年土地出让价格中的居住用地和商业用地主要指批租，工业用地由于租期短（通常为 1~7 年），故以年租的形式为主，不设首次批租。

香港土地地租组成 表 3

地租种类	理论含义	内容（香港）	价格表现形式（香港）
绝对地租	城镇最差土地必须支付的最低地租	农村用地征为城镇用地的征地费用	首次土地出让金（批租）
极差地租 I	区位优劣形成的位差地租	土地区位的市场估值，即香港差饷物业估价署评估的应课差饷值	部分以贴现值总和的方式涵盖在首次土地出让金中（批租），部分为每年按照应课差饷值的一定租率缴纳的年租
极差地租 II	土地投资多少形成的地租	土地平整费用	首次土地出让金（批租）

资料来源：笔者自绘

2.2 香港当今土地构成

由于香港自殖民时代以来作为自由港采取低税率政策，土地财政便一直是政府的重要税收。因此政府采取了通过限制土地供给，一直以来实行"高地价"政策，充分利用土地资源的高密度发展模式，从而获得稳定的土地财政。香港总面积 1105.6 平方千米，海拔 50 米以下的部分仅占 17.8%，城镇建设面积仅占 24%，大量的郊野公园被保护，故都会（九龙、港岛、荃湾、葵青）范围人口密度 2.7 万人／平方千米。

但是由于香港制造业 80 年代大规模迁至广东，大量的工业人口转向服务业，导致港岛和九龙市中心经营性产业服务业用地需求激增，而 80 年代后新界新镇的大规模发展需要大量的居住用地供给。经过 1973 年后的"十年建屋计划"和新镇开发，2015 年香港土地构成如图 1 所示，建设用地占 24.1%，其中主要类的居住、商业、工业用地为 6.9%、0.4%、2.3%。

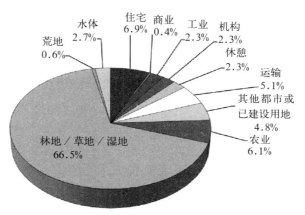

图 1 香港 2015 年土地利用现状
资料来源：香港规划署

3 "香港 2030 规划远景与策略"发展与控制指标解析

3.1 香港战略规划性质

"香港 2030 规划远景与策略"是 2007 年制定的最新的"全港发展策略"，旨在更新已有的"香港国土发展策略"（Territory Development Strategy for Hong Kong），通过空间规划引领政策制定和未来发展，通过一系列假设来建议空间环境如何在未来 20~30 年应对社会、经济、环境需要。香港战略规划自 1948 年针对香港战后重建和大陆移民涌入而制定的"阿伯克隆比报告"后经历了数论调整。1986 年和 1988 年的国土发展策略主要针对港口机场发展、都会区规划；1996 年的国土发展策略评估是香港第一次土地利用规划研究，并进行了全面的"土地利用－交通－环境"三维评估。2007 年的"香港 2030 规划远景与策略"进行了更综合系统的制定过程，并采用空间计量模型（land use-transport optimization model）评估土地和交通的最优发展模式，强化了可持续发展理念和公共参与机制。

　　"香港 2030"编制过程如图 2 所示。首先根据香港的发展现状、珠三角区域协同、中国五年国民经济和社会发展规划、国际定位拟订香港的经济规模和人口规模，并确定土地发展需要；其次根据一定框架进行空间规划多方案比选；再者对最优空间规划方案进行战略规划影响评估（Strategic Impact Assessment,简称 SIA），拟订建议的发展路径；最后建立"低人口增长－中度经济增长"和"高人口增长－高经济增长"两种可能的增长模式并提出预案的应变机制。

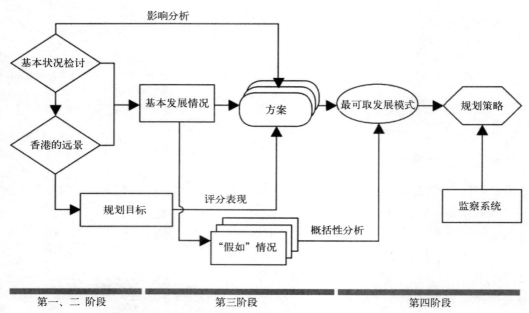

图 2　"香港 2030 规划远景与策略"战略规划编制步骤
资料来源：http://www.pland.gov.hk/pland_en/p_study/comp_s/hk2030/chi/home/

3.2　香港战略定位和发展目标

　　"香港 2030 规划远景与策略"中对香港的定位是像纽约和伦敦一样的亚洲世界城市，以金融、贸易、旅游、信息、交通运输为主导产业，吸纳更多跨国公司总部，在泛珠三角区域和大陆建立基础设施和产业发展的合作，通过城市设计、城市更新、工商业用地土地评估促进土地集约化利用。具体的目标包括：

　　提供良好的人居环境；加强对生态用地和历史文化用地的保护；增强城市的集聚功能，保障工业和商业用地土地储备；保障社区住房的土地需求和供给；建立安全、高效、经济、环境友好的交通运输系统；强化香港国际文化艺术和旅游中心的地位；加强香港和大陆的跨区域交流。

　　香港的战略规划着重强调在郊野环境保护、城镇用地的集约化发展、稳定的土地供给三方面保持平衡，进一步突出聚集经济的效应和以土地集约化为核心的聚集发展模式。

3.3　香港的人居环境要求和区域需求

　　人居环境层面，"香港 2030"从居民心理和生理健康需求的角度并提出一系列人居环境标准，包括清洁绿色的环境、优质城市设计、高效运输网络、营造空间感和场所感、提供多样生活选择、设置良好的城市基础设施、促进社会融合等。

　　在国家和珠三角区域层面，"香港 2030 规划远景与策略"将国民经济和社会发展五年规划、泛珠三角区域合作框架协议（CEPA）纳入上位参考，在衡量与"深圳 2030"、"珠海 2030"战略规划的关系下提出了香港区域协同下的发展方向：强化其门户经济、国际金融、科技服务的职能与地位，包括进一步加强香港与珠三角区域经济社会往来和跨区基础设施建设，通过跨界基础设施扩大香港仔珠三角、内地、东盟的市场，强化香港金融业、科技研发对珠三角制造业和海外市场的联系等。

3.4　香港 2030 年经济规模与人口规模趋势

香港经济总量 GDP 预测到 2030 年以 3% 速度增长。"香港 2030"强调在未来进一步形成以金融商业服务业、专业服务业、贸易业、物流运输业、旅游服务业、房地产业为主的六大主导产业。表 4 显示了香港六大主导产业对于土地供给的要求。

香港 2030 年主导六大产业的土地供给要求　　　　表 4

香港主导产业	子产业	对于土地供给的要求	主要用地类型
1. 金融商业服务业	金融服务业	中央商务区	商业用地
	商业服务业		
2. 贸易业	—	次级商贸中心、私人分层工厂大厦、会展用地	
3. 专业服务业	科技服务业	产业园、私人分层工厂大厦、文化区	
	文创服务业		
4. 旅游服务业	零售业	购物中心、私人零售楼宇	
	餐饮业		
	住宿服务业	酒店	
5. 房地产业	—	私人住宅	居住用地
6. 物流运输业	港口服务业	特殊经营性工业用地（仓储、机械服务）	工业用地
	空运服务业		

资料来源：笔者自绘

在人口增长预测方面，至 2030 年的人口增长将变缓，平均年增长率为 0.7%，在 2030 年达到 8.4 百万人，就业率将每年增加 1.2% 以支撑经济发展。此外，户型主体将由 1981 年的五六人户型转变为两人小户型，2030 年的平均户型尺寸将为 2.6 人。2030 年预测的各类人口数目如图 3 所示。

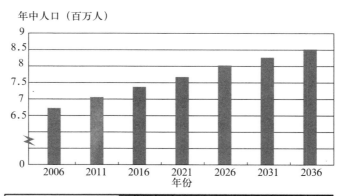

年中人口（百万人）

	基准年（百万人）	2010（百万人）	2020（百万人）	2030（百万人）
居住人口	6.8	7.2	7.8	8.4
工作人口	3.2	3.6	3.8	3.9
就业	3.0	3.5	3.7	4.0

图 3　香港人口增长预测
资料来源：团结香港基金报告

3.5 香港土地需求和未来供给方案

未来土地供给的需求根据 2030 年人口规模和经济发展规模可以进一步预测，表 5 显示了香港 2030 年居住用地、商业用地、工业用地的用地面积和建筑面积需求。

居住用地中，预计到 2030 年，共需要住宅用地 5000 公顷。商业用地主要分为三类：私人写字楼、私人零售楼宇、私人分层工厂大厦。2030 年总办公建筑面积官方结合经济发展、人口和就业规模预测为 10.5 百万平方米；以平均容积率 6 计算，占地面积达 175 公顷。在工业用地中，港口的发展和珠三角跨区基础设施的未来规划将需要更多的物流仓储用地。传统的物流仓储用地通常位于货流可达性高但地价较低的地方（如曾经新界的农田区），租约多是私人土地租赁和临时条款。政府预测 2030 该类用地总需求将达到 500hm²，但由于面临珠三角的竞争，需求增速将减缓。

香港 2030 年居住用地、商业用地、工业用地需求 表 5

用地类型	建筑面积（百万 m²）	占地面积（hm²）	计算标准
居住用地	1680	5000	居住人口 8.4 百万人、人均居住面积 20m²、平均容积率 3.4
商业用地	10.5	175	平均容积率 6，包括私人写字楼、私人零售楼宇、分层工厂大厦
工业用地（仓储物流）	—	500	—

资料来源：笔者自绘

3.6 多方案比选及最优方案提出

在制定空间规划方案时，香港政府在空间规划方面的主要作用是引导空间发展，根据需求评估保障及时的土地供给。"香港 2030"首先归纳出居住用地、中央商务区甲级写字楼用地、一般商业用地三类的土地供给来源；其次明确了都会区、新镇、新开发区三种地区的开发密度特征；并提出了"集中发展"和"疏解发展"两种模式的以土地供给为核心的空间规划蓝图。

目前来说都会区主要包括港岛、九龙、荃湾、葵青，秉承高密度的开发模式，高密度开发既有拥挤的环境问题，也有高效土地利用、未开发用地保护、较短的通勤时空距离的优势。新镇主要是较为平均的中高等密度发展，沙田和东涌最高容积率为 6，马鞍山最高容积率为 7，将军澳最高容积率为 8。新开发区在未来有两种模式：一种是如第一、二代新镇的全区普遍中高密度模式；另一种采取中高等密度的 TOD 开发模式，TOD 站点容积率为 6 左右，其余部分相对较低。

根据两种方案的比选，结合两者优势，"香港 2030"提出了如图 4 所示的最终全港发展策略空间规划，并分为中期和远期两个阶段：将大量发展集中在轨道车站的周边，进一步促进 TOD 发展；在基础设施容量允许下，利用已建区发展机会；在新发展区加强城市设计和环境历史保护。因此总体来说新界在 2030 年以前不会有大规模的新市镇建设，主要为适度规模的新发展区，兼顾居住、就业、高等教育、高附加值工业的综合土地用途。2020 年前主要先通过法定图则调整、增加开发强度、旧区更新等方式尽用建成区土地，辅以向新界和近郊寻找新的土地供给；2020 年之后再开发新界北新发展区。

图 5 显示了"香港 2030"主要空间结构：市区是发展及活动的重点，以此展开三条主要发展轴：中部沿着东铁的南北轴线、通向大屿山的西部轴线、与深圳临近的新界北发展轴线。都会核心区主要保持集约的商业地带和高密度的居住环境；中部南北发展轴主要发展社区形式的住宅、科研和专业服务业；西部轴线主要为物流与旅游设施；北发展轴线主要发展以中等密度的商业、研发、高附加值工业为主的门户经济新发展区。都会区和轴线区以外的区域主要作低密度发展。

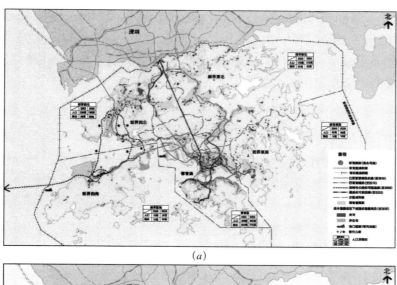

(a)

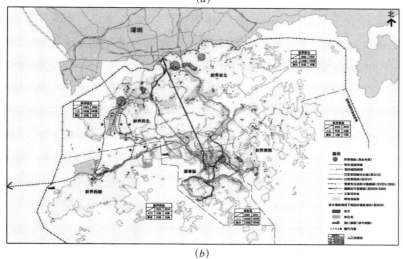

(b)

图4 "香港2030"最可取的空间规划方案

(a) 中期；(b) 远期

资料来源：香港2030规划远景与策略

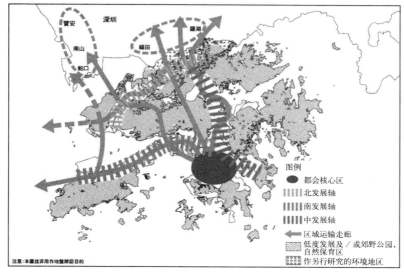

图5 "香港2030"最可取的空间规划方案（策略性发展概念）

资料来源：香港2030规划远景与策略

在住房用地要求中，对于基准年（2006 年），2030 年居住人口增加 160 万人，都会区将容纳 60 万人（36%），主要分布在重建区、西九龙及旧启德机场搬迁重建区。新市镇，特别是将军澳和东涌市将容纳 50 万人（31%）。新界的新发展区将容纳 35 万人（22%）。各个地区在不同时间段的居住人口规模见表 6。2006~2030 年将增加 924000 个房屋需求单位。

	基准年 ~2010 年	至 2020 年	至 2030 年
都会区	192000（49%）	321000（32%）	573000（36%）
新市镇	163000（42%）	491000（49%）	509000（32%）
新发展区	—	42000（4%）	353000（22%）
其他	33000（9%）	153000（15%）	167000（10%）
总数	388000（100%）	1007000（100%）	1602000（100%）

"香港 2030"新增人口的分布　　　　　　　　　表 6

资料来源：香港 2030 规划远景与策略

　　商业用地中的甲级写字楼用地 2030 年将主要集中于维多利亚港湾两侧，以中环与湾仔为中心，并以鲗鱼涌、西九龙群组、启德群组为三个副中心。西九龙填海区位于三条现有规划的铁路的交汇处，以上三个副中心不仅与中环、湾仔形成联动，更与邻近的九龙湾和观塘商业区产生协同作用。甲级写字楼土地供给主要利用未开发的写字楼用地、空置的"政府、机构和社区"用地，并腾空目前政府办公室的空间与用地作甲级写字楼。甲级写字楼的空间结构如图 6 所示。对于商业用地中的贸易、专业服务业的供给主要依赖于将法定图则中的工业用地，尤其是分层工厂大厦逐改划为"其他指定用途"的"商贸"子用途，该类用地主要位于都会区边缘，新界的新镇、新发展区，如打鼓岭将预留相应土地；该类用地楼面面积净需求将达到 290 万 m²。

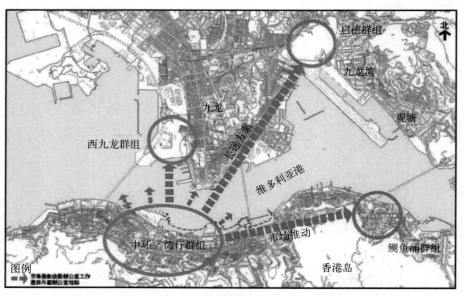

图 6　"香港 2030"甲级写字楼空间结构规划
资料来源：香港 2030 规划远景与策略

　　新界新发展区的规模为传统新市镇的 1/5~1/4。发展的优先次序中，由于古洞北、粉岭、打鼓岭、洪水桥均有铁路贯通，并与现有已发展区相邻，被列为优先发展区。其发展模式以 TOD 为主导，站点周围为中等密度发展，其余区域为低密度发展，发展周期为 13 年左右。新发展区位置如图 7 所示。2030 年都会区、新市镇、乡郊区的发展模式主要以《香港规划标准与准则》中密度分区为准。但值得注意的是，新界的人口疏解作用将导致新界人口的增长高于都会区，都会区的人口密度将稍降低，特别是旧城区；都会区将鼓励社区层面的土地混合使用，尤其是写字楼、商业、住宅用地的混合。

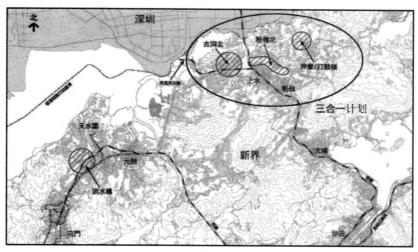

图7 "香港2030"新发展区地理位置
资料来源：香港2030规划远景与策略

2030年规划的重要对外基础设施包括两大港口，赤蜡角第二、第三跑道，深港西部通道、落马洲支线、广深港高铁、港珠澳大桥。各个阶段规划的内部交通主要如表7所示；此外规划至2030年轨道交通分担率将达49%，私家车控制在12%，在早上繁忙时段平均行程增加至9km，行程时间增加至27.4分钟。

"香港2030"规划主要交通运输项目　　　　　　　　　　　　　　　表7

铁路项目
至2010年（在现有铁路网络上已落实兴建的项目） （1）将军澳南站；（2）九龙南线；（3）水上至落马洲支线
至2020年（在2010年铁路网络上新增的项目） （1）沙中线；（2）观塘线支线；（3）北环线；（4）广深港高速铁路港段；（5）西港岛线；（6）南港岛线（东段）
至2030年（在2020年的铁路网络上新增的项目） （1）北港岛线；（2）南港岛线（西段）

3.7 "香港2030"空间规划对开发模式、开发时序的限制及与主要指标小结

表8总结了主要的用地、人口发展指标。表9总结了"香港2030"的主要发展区域的产业发展方向和土地供给措施。这些发展区域将依赖于未来新增的区域交通（港珠澳大桥、香园围口岸、广深港高铁、落马洲支线、青衣和大屿山港口）和境内交通。

2030年主要人口和用地指标　　　　　　　　　　　　　　　表8

居住人口总量	8.4百万人，年增长率0.7%
居住人口分布	都会区（36%）、新市镇（32%）、新发展区（22%）、其他（10%）
就业人口	3.9百万人
GDP增长速度	年增长率3%
商业用地规模	175公顷
居住用地规模	5000公顷
工业用地规模	500公顷

资料来源：作者自绘

2030 年主要区域产业发展方向和土地供给措施　　　　　　　　　　　　表 9

主要发展区域	相关产业发展方向	用地类型	土地供给主要手段	法定图则对应区划
中部南北轴线	社区形式的住宅	居住用地	(1) 增加现有用地容积率； (2) 法定图则改划	"住宅"
	科研和专业服务业	一般商业用地	(1) 现有工业区更新； (2) 发展科技园、产业园	"其他指定用途"中的科技园、产业园、商贸
西部轴线（东涌）	物流运输业	工业用地	略	(1) "工业"； (2) "露天贮物"
	旅游服务业	旅游服务业用地	略	(1) "其他指定用途"中的特殊旅游项目； (2) "康乐"； (3) "商业"
新界北轴线 （新发展区：古洞北、洪水桥、粉岭、打鼓岭）	TOD 模式中等密度住宅	居住用地	农地征用	"住宅"
	TOD 模式中等密度的商业和商贸	一般商业用地	(1) 传统工业区更新，置换"分层工厂大厦"用途为商贸、研发、文创混合用途； (2) 新设新的商业区	(1) "其他指定用途"中特指分层工厂大厦更新后的"商贸"； (2) "商业"
	研发、高附加值工业	一般商业用地		
		工业用地	(1) 改划"露天贮物"等用地为工业园； (2) 提升现有工业用地密度	"工业"
	高等教育	政府机构用地	(1) 改划用途； (2) 农地开发； (3) 现有用地增加开发密度	(1) "政府、机构、社区"； (2) "其他指定用途"中具体高等学校项目
中环、湾仔	金融商业服务业主中心	甲级写字楼	(1) 利用未开发的写字楼用地； (2) 改划空置的"政府、机构和社区"用地	"商业"
西九龙	金融商业服务业次中心	写字楼	(1) 利用未开发的写字楼用地； (2) 改划空置的"政府、机构和社区"用地	(1) "商业"； (2) "商住"； (3) "综合发展用地"； (4) "其他指定用途"
	西九龙文化区	文娱类用地	城市更新	"西九龙文化区发展计划"图则单独规定
旧启德机场更新区	金融商业服务业次中心	写字楼	(1) 利用未开发的写字楼用地； (2) 改划空置的"政府、机构和社区"用地	(1) "商业"； (2) "商住"； (3) "综合发展用地"； (4) "其他指定用途"
	住宅	居住用地	城市更新后中等密度住宅开发，加强土地混合利用	(1) "住宅"； (2) "商住"
鲗鱼角	金融商业服务业次中心	写字楼	(1) 利用未开发的写字楼用地； (2) 改划空置的"政府、机构和社区"用地	(1) "商业"； (2) "商住"； (3) "综合发展用地"； (4) "其他指定用途"
将军澳	高附加值工业加强区	一般商业用地	(1) 传统工业区更新，置换"分层工厂大厦"用途为商贸、研发、文创混合用途； (2) 新设新的商业区	(1) "其他指定用途"中特指分层工厂大厦更新后的"商贸"； (2) "商业"
	住宅加强区	居住用地	法定图则改划居住用地	(1) "住宅"； (2) "商住"

资料来源：笔者自绘

3.8　战略规划中对开发容量的要求

香港通过精细化的密度分区制对不同区域进行不同开发强度的控制，并保证自然环境不被破坏。香港采取的密度分区管制方法是可接受强度限制法。通过对城市环境、市容景观、基础设施配套和城市安全的评估确定可以接受的容积率的最大值，在《法定分区计划大纲图》中，划分出密度Ⅰ、Ⅱ、Ⅲ区。如在港岛九龙的都会区，维多利亚港湾两侧的填海区域为Ⅰ区，生态相对敏感的半山区为Ⅱ区，最敏感的山顶区为Ⅲ区。香港规划体系对于密度的控制程序主要包括两项：一是《城市规划条例》影响下的法定图则和具有自由裁量权的城市设计导则将纳入地契作为土地一级出让条件；二是《建筑物条例》和《建筑物（规划）条例》对于建筑开发进行法定的上限约束。

此外《香港规划标准与准则》也针对都会区、新市镇和乡镇三种类型用地中的居住用地、商业用地和工业用地划分出了不同密度分区，并作出了最高容积率的限制要求。表10显示了香港都会区、新市镇和乡镇的住宅用地密度分区和容积率控制指标。表11为工业用地分区控制指标。

都会区住宅最高平均容积率要求　　　　　　　　　表10

发展密度区	地区类别	地点	最高住用地积比率	注释
住宅发展密度第1区	现有发展区	香港岛	8/9/10 倍	(i) (ii)
		九龙及新九龙	7.5 倍	(iii) (iv)
		荃湾、葵涌及青衣	8 倍	(ii) (v)
	新发展区及综合发展区		6.5 倍	(vi) (vii)
住宅发展密度第2区			5 倍	(viii) (ix)
住宅发展密度第3区			3 倍	(viii) (ix)

住宅发展密度分区	最高主用地积比率
住宅发展密度第1区	8.0 倍 (i) (ii) (iii)
住宅发展密度第2区	5.0 倍
住宅发展密度第3区	3.0 倍
住宅发展密度第4区 (iv)	0.4 倍

发展密度分区	最高住用地积比率 (i)	最高地盘发展比率 (ii)	一般层数	地点方面的准则
乡郊住宅发展密度第1区	3.6 倍	—	12 层	乡郊市镇的商业中心
乡郊住宅发展密度第2区	2.1 倍	—	6 层	在乡郊市镇范围内商业中心以外的地方，以及其他有中等容量的运输系统（例如轻便铁路系统）提供服务的重要乡郊发展区
乡郊住宅发展密度第3区	—	0.75 倍	开敞式停车间上加3层	乡郊市镇外围的地方或其他乡郊发展区、或在远离现有民居但设有足够基础设施，以及在景观或环境方面并无受到很大限制的地点
乡郊住宅发展密度第4区	—	0.4 倍	3层，包括开敞式停车间在内	地点与乡郊住宅发展密展第3区相同，但发展密度受基础设施或景观方面的限制所规限
乡郊住宅发展密度第5区	—	0.2 倍	开敞式停车间上加两层	取代地区内的临时构筑物。以便改善地区内的环境
乡村	3.0 倍 (iii)	—	3 层	在传统认可乡村的划定范围界线内

资料来源：香港规划标准与准则

工业用地建设强度控制标准　　　　　　　　　表11

土地用地		最高平均地积比率	地积比率核准幅度
一般工业用途／商贸用途	都会区内现有的工业区	9.5	5.0~12.0
	都会区内的新工业区	8.0	2.5~12.0
	新市镇及其他新发展区	5.0	3.5~9.5
特殊工业用途	工业	2.5	1.0~2.5
	科学园	2.5	1.0~3.5
	乡郊工业用途	1.6	1.0~2.0
	其他有特殊要求的工业用途	按经营要求而定	

资料来源：香港规划标准与准则

香港的写字楼设计要求依照的是《建筑物条例》，最高平均容积率通常划分为 15、12、8、6、3 几个档次。中环、上环等写字楼的最高平均容积率达到 15。

4 香港法定图则规划控制指标解析

4.1 总用地指标解析

法定图则是在法定文件《城市规划条例》和通则文件《香港规划标准与准则》及《法定图则注释总表》下编制完成的。编制成果包括图则、图则注释和说明书，前两者是法定文件。图则的核心内容包括土地用途管制、道路网络及交通设施、局部地块附加容积率和建筑高度管制。注释包括准许的用途、规划意向及备注。法定图则赋予开发一定自由裁量权，注释准许的用途中因此指定两栏用途：第一栏用途是必然获得许可的开发活动；第二栏是需要提出申请取得城市规划委员会的许可方可进行开发的活动。政府内部图则一定程度上成了法定图则的"补充文件"，为规划部门根据工作需要逐步制定，指导日常管理事物。本文通过香港法定图则网站[①]获取了截至 2016 年 4 月 10 日全部 143 个法定图则信息（控制港岛九龙都会区和新镇城镇用地的"分区计划大纲图（OZP）"、控制新界乡村用地的"乡郊分区计划大纲图"、过渡性管制新界乡郊地区不合理土地用途的"发展审批地图（DPA）"）。以上三类图则和市区重建发展图则的边界与范围如图 8 所示。

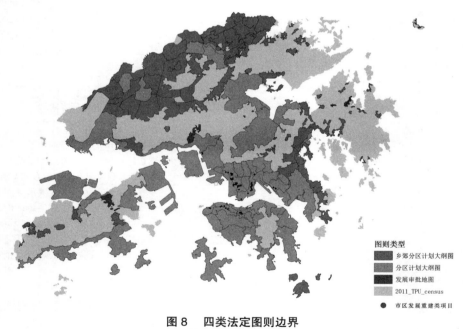

图则类型
■ 乡郊分区计划大纲图
■ 分区计划大纲图
■ 发展审批地图
2011_TPU_census
● 市区发展重建类项目

图 8　四类法定图则边界
资料来源：笔者自绘

表 12 显示了香港法定图则规划期内（2030 年）总体土地利用控制情况，并在部分可对比统计类用地容量方面和 2014 年现状进行对比。图 9 对法定图则覆盖范围各类用地面积占比进行统计。值得一提的是，商业用地仅计算集中开发类商业设施，住宅底商不计入，由于香港具有大面积的临街底商，因此此处统计的商业用地低于实际商业用地。此外，高比例的绿化地带用地、休憩用地、政府与社区用地反映了香港高比例公共空间和集中开发住宅与商业的规划意图。

---

① ozp.tpb.gov.hk

香港法定图则总体土地利用控制（含与部分现状用地对比） 表12

法定图则规划期（2030年+）控制指标		现状指标（2014年）	
指标	内容	指标	内容
规划人口	9185412人	现状人口①	7035265人
高度限制最低上限	22.57米（均值）		
高度限制最高上限	76.87米（均值）		
住宅用地面积　甲类住宅	2987公顷	住宅用地面积　私人住宅	约2600公顷
乙类住宅	963.45公顷		
丙类住宅	1321.84公顷	公共住宅	约1600公顷
丁类住宅	471.31公顷		
戊类住宅	79.82公顷		
小计	5823.42公顷	小计	约4200公顷
商住用地面积	81.72公顷	商业用地面积	约400公顷
商业用地面积	373.45公顷		
综合发展区用地面积	697.57公顷		
康乐用地面积	588.95公顷		
政府与社区用地面积	3314.31公顷	政府与社区用地面积	约2500公顷
工业用地面积	521.33公顷	工业用地面积	约439公顷
乡村式发展用地面积	3363.73公顷	小型屋宇（丁屋）	约3500公顷
农业用地面积	3181.05公顷	农业用地面积	约5100公顷
露天贮物用地面积	427.95公顷	工业仓储用地	约1600公顷
其他指定用地面积	6889.69公顷		
休憩用地面积	2178.86公顷		
绿化地带用地面积	15832.34公顷		
郊野公园用地面积②	3694.44公顷		
海岸保护区用地面积	824.17公顷		
自然保育区用地面积	5430.78公顷		
特殊科学价值用地面积	677.58公顷		
未决定用途用地面积	1091.92公顷		
市区重建局用地面积③	46.97公顷		
小计	55040.23公顷		

资料来源：笔者自绘

　　法定图则规划期（2030+）土地控制指标与现状指标的土地利用对比可以反映各类主要用地的未来供给态势。本文统计了基准年（2014）和规划年（2030+）人口、住宅用地（不含丁屋）、政府与社区用地、工业用地的增长比例，见表13。住宅和政府／社区用地的增长比例均大于人口增长比例，说明这两类用地从单纯用地面积来说未来供给较基准年而言富余；然而工业用地明显小于人口的增长，说明工业用地的供给将随着需求降低而大大减缓。表14对比了"香港2030"和法定图则相关指标的差别，"香港2030"居住用地和工业用地指标增长均小于居住人口的增长，但工业用地与居住人口增长幅度相差比法定图则小。以上总体说明法定图则规定的长远土地供给中，居住用地、政府和社区机构用地均较为充

---

　　① 现状人口以每个法定图则制定时间点的统计人口数量为准。
　　② 香港法定图则中郊野公园用地面积仅包括郊野公元边缘区过渡地带用地，不包括郊野公园主体区域。
　　③ 包括西九龙文化区发展图、土地发展公司发展计划图、市区重建局发展计划图的范围，因此比下文单独统计市区重建局发展计划图覆盖范围用地面积大。

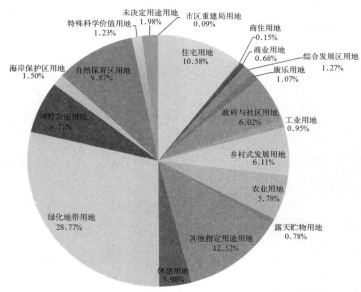

图 9 法定图则覆盖范围未来年（2030）各类用地面积百分比统计
资料来源：笔者自绘

足，工业用地随着需求的降低将减缓供给；和"香港 2030"预测的基准方案指标相比，居住用地供给高出 27.9%，工业用地略少 7%。

部分用地指标增长比例 表 13

	基准年（2014）	规划年（2030+）	增长比例
人口	7035265 人	9185412 人	30.5%
住宅用地	4200 公顷	5823.42 公顷	38.6%
政府和社区用地	2500 公顷	3314.31 公顷	32.6%
工业用地	439 公顷	521.3 公顷	18.75%

资料来源：笔者自绘

"香港 2030"和法定图则人口及用地指标对比 表 14

对比指标	基准年（2014）	"香港 2030"	法定图则	"香港 2030"增加幅度	法定图则增加幅度
居住人口	7035265 人	8400000 人	9185412 人	19.3%	30.5%
居住用地规模	4200 公顷	5000 公顷	5823.42 公顷	19.04%	38.6%
工业用地规模	439 公顷	500 公顷	521.3 公顷	13.9%	18.75%

资料来源：笔者自绘

4.2 人口指标

图 10（a）分别显示了规划与现状相比的各个区的人口变化数量（蓝色为减少、红色为增加），图 10（b）则为变化数量空间插值分析（克里金法）。东涌新市镇人口数量增加幅度较大，主要与全港发展策略中进一步通过港珠澳大桥、机场第三跑道、东涌市镇第二期（东填海区）有关；旧启德机场拆迁更新区、葵青区、新界北增幅也较明显。此外对比规划后人口密度和现状人口密度可以发现，人口密度增加的区域主要是"香港 2030"提出的新界北的新发展区、将以港口机场基础设施和物流为主的东涌市镇第二期、以住宅及专业服务业加强区为主的将军澳、金融商业加强区鲫鱼涌东部的箕箕湾、九龙、旧启德机场搬迁更新区、

位于中部发展轴线的马鞍山，说明非法定的"全港发展策略"即"香港2030"在法定图则方面具有较好的衔接。港岛南、大屿山东北部、昂船洲人口均减少，这些都是郊野公园所在的主要区域；在人口增加的区域中衡量未来发展的机遇区，最高的是将军澳、东涌、屯门三个新市镇，以及筲箕湾，而"香港2030"中的新界北轴线的新发展区、中部轴线的沙田与大埔新镇、都会核心区相对较弱，虽然就业有所加强，但不会成为未来吸纳居住人口的主要地区。

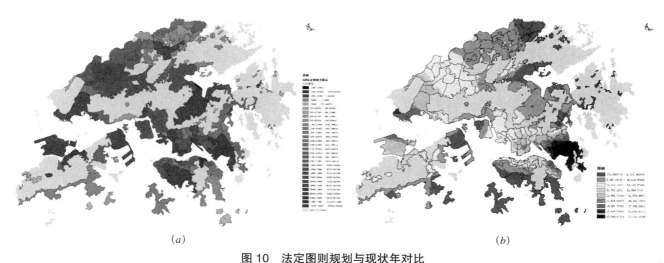

图 10　法定图则规划与现状年对比

（a）法定图则规划与现状相比人口增加数量；（b）法定图则规划人口增加数量插值分析（政策机遇区）

资料来源：笔者自绘

4.3　高度控制

在高度控制中，低层建筑以港岛中西区、湾仔南面的半山区、九龙湾为第一梯度，屯门、葵青、九龙城、深水涉为第二梯度，总体呈现多点状，如图11（a）所示；高层建筑则以中环、上环、九龙为制高点，逐渐向都会区外辐射减弱如图11（b）所示。法定图则高度控制与《城市规划标准与准则》的密度分区基本吻合，主要利用层高控制来调整容积率。

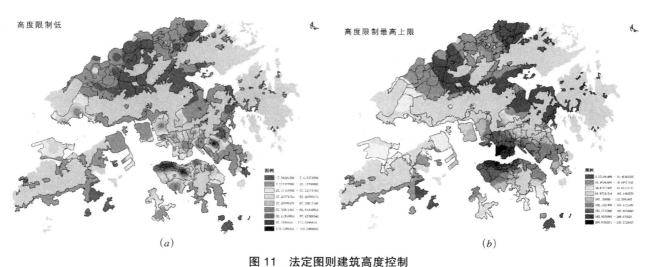

图 11　法定图则建筑高度控制

（a）法定图则建筑最低高度分级；（b）法定图则最高高度分级

资料来源：笔者自绘

4.4 法定图则对各类用地区位和开发容量的限制

143 个法定图则会对各类用地面积和开发强度（最大容积率）作出限制。以部分经营性用地为例，商业用地主要分布在都会区核心区和新市镇，但在新界北和将军澳分布较少，如图 12（a）所示。根据具体的商业用地类型，在各区的写字楼、一般商业用地其容积率主要形成 15、10、8、6、5、4、3、2 的梯度。商住用地主要集中在北角和将军澳、沙田、粉岭新市镇，主要为容积率 3~6 的中等密度开发，如图 12（b）所示。工业用地主要分布在荃湾、葵青、柴湾、香港仔和含有工业区的新市镇，都会区分布极少，新界北形成带状匀致分布，容积率主要呈 12、9.5、5、4、2 梯度分布，葵青区最高、部分工业新镇次之、都会区最低，如图 12（c）所示。康乐用地主要集中在乡郊地区，容积率主要为 0.2，如图 12（d）所示。

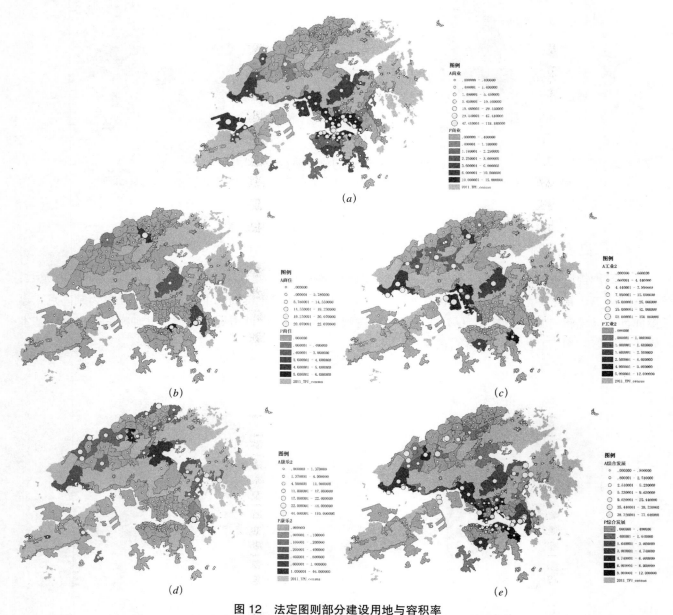

图 12　法定图则部分建设用地与容积率

（a）商业用地面积和容积率；（b）商住用地面积和容积率；（c）工业用地面积和容积率；
（d）康乐用地面积和容积率；（e）综合发展用地用地面积和容积率
资料来源：笔者自绘

综合发展区为鼓励地块整体开发而产生的一种用地类型，涵盖了居住、商业、康乐等多种用地功能，在都会区以居住功能为主的老城区和新镇分布较多，目的在于活化旧区，防止分散发展，容积率在都会区、新市镇呈现10、8、7、6、5、4、1等梯度，这与商业和居住用地的具体开发密度有关，如图12（e）所示。

4.5　用地比例—建设用地比例／非建设用地比例

图13、图14统计了143个法定图则区域内部建设用地比例和非建设用地比例，可以发现建设用地比例中都会区和新镇区的居住用地和商业用地综合均占了50%以上，乡郊地区的"乡村式发展"用地为各区主体。非建设用地比例中都会区和新镇区主要是休憩用地，乡郊地区涵盖了各类和自然环境保护相关的非建设用地类型。

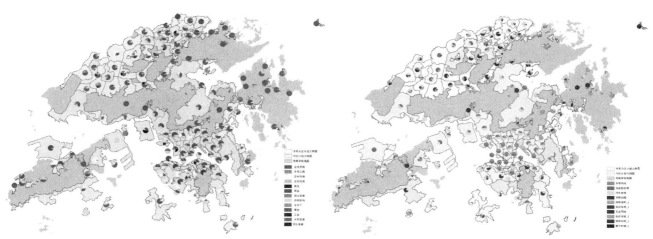

图 13　分区计划大纲、乡郊分区计划大纲建设用地比例　　　图 14　分区计划大纲、乡郊分区计划大纲非建设用地比例
资料来源：笔者自绘　　　　　　　　　　　　　　　　　　　资料来源：笔者自绘

4.6　法定图则对"香港2030"全港发展策略土地供给控制十年（2006~2015）实施总体评价

对比"香港2030"自2006年提出的对于土地供给的开发模式和开发时序的要求，2016年统计的法定图则对此仍从土地供给的区位控制和容量控制方面保留较好的衔接，但商业用地向新界北渗透较弱，且中部新镇的发展轴中的商业和工业用地长期供给较弱。以此来衡量实施了10年的"香港2030"发展情况，表明香港城市发展在2006~2015的十年向"低人口增长－中度经济增长"情景倾斜，发展放缓，故商业用地主要集中在都会区和新镇核心区，以充分利用现有建成区的土地潜力为主要的发展模式，而向新界的新发展区渗透较弱。总的来说，法定图则在长期的土地供给上以全港发展策略"香港2030"的空间规划为骨架；但仍然以都会区和现有新镇及其扩展区为主；对于新界北的新发展区、乡郊地区，未来长期土地供给幅度较小。

5　2006~2015 香港土地出让与规划对比分析

针对居住和商业用地，本文统计了香港2006~2015地政总署[①]官方的十年土地出让的全部记录，包括地理坐标、出让价格与年限。其中居住用地十年出让土地139幅，商业用地十年出让土地36幅。由于香港工

---

① http://www.landsd.gov.hk/sc/landsale/records.htm

业用地出让大部分以 1~7 年的短期租约形式为主，从而提高工业用地效率，因此本文统计了 2006~2015 地政总署官方 10 年短期租约中仓储、工厂、汽车修理、环保产业、加油站等特殊经营性工业用地。

5.1 长期批租居住用地

图 15 显示了 2006~2015 十年五类居住用地出让总量在地理上的分布。十年居住用地出让总量体现了以下特征：出让类型中以乙类和丙类住宅用地出让为主；出让地理位置中，都会区出让的居住用地集中在九龙的旧城更新区，并含大部分甲类住宅；新镇居住用地出让主要集中在沙田、屯门、元朗、将军澳的新镇；与"香港 2030"的空间规划要求、法定图则长远居住用地土地供给对比中，2006~2015 十年居住用地出让格局基本符合新界北轴线、中部轴线、将军澳居住加强区、东涌新市镇居住加强区的发展要求，但西部轴线沿线区域居住用地供给几乎为零。

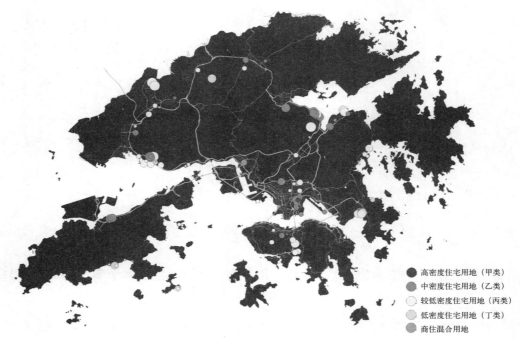

图 15　2006~2015 居住用地出让分布
资料来源：笔者自绘

每年居住用地出让量与出让单位价格区位插值分析的结果，表现以下特征：出让量的情况分析中，十年间并没有明显出现"都会区优先尽用土地资源，随后发展新镇和新发展区"的情况，而是都会区和新镇、乡郊同时土地出让。2008 年由于经济危机出让仅数幅土地。土地出让价格基本符合"都会区高于新镇，高于乡郊"，且"甲类住宅高于其他类住宅"。

5.2 长期批租商业用地

图 16 显示了 2006~2015 十年九类商业用地出让总量在地理上的分布：住宅／商业、住宅／商业／酒店、商业、商业／办公室、商业／办公室／酒店、商贸、酒店、酒店／住宅／商业、高端数据中心。十年商业用地出让总量体现了以下特征：商业用地用地兼容性较高，10 年土地出让主要集中在都会区的非核心区和部分新镇，且基本位于"香港 2030"提出的启德机场改造更新区、鲗鱼涌、将军澳、东涌新市镇、葵青区等区域。商业用地出让量与出让单位价格区位插值分析的结果，表现为将军澳、九龙呈现多年连续商业用地出让，且地价普遍较高。

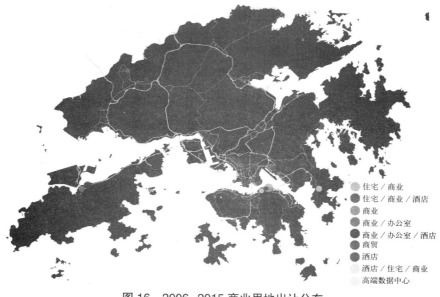

图 16　2006~2015 商业用地出让分布
资料来源：笔者自绘

5.3　短期租约工业用地

图 17 显示了 2006~2015 十年七类工业用地出让总量在地理上的分布：仓储、加油站、工厂、汽车修理、汽车服务、物流发展、环保产业。十年工业用地出让总量体现了以下特征：出让空间位置上，特殊经营性工业集中在都会区的边缘，如葵青区和九龙湾都会区工业用地主要集中在葵青区、荃湾、启德机场搬迁更新区，新镇主要集中在屯门、新界北、将军澳、中部发展轴的沙田、大埔区。充分体现了"香港 2030"中尽用建成区用地，再开发新发展区的要求，故工业用地十年在新界北出让较少。工业用地出让总体上以葵青区的仓储物流用地为主。其他类型用地多集中在新界的新镇，用地类型较为多样。工业用地出让量与出让单位价格区位插值分析的结果表现为虽然葵青区的仓储用地连年出让量均非常大，但租金较为低廉、租约较短，通常为 1~2 年。

图 17　2006~2015 特殊经营性工业用地出让分布
资料来源：笔者自绘

6　香港战略规划在法定图层和土地供给层面实施小结

表 15 显示了香港 2030、法定图则长远土地供给、实际土地出让在空间发展状况和土地供给状况、总体状况的三方面比较，法定图则和实际 2006~2015 土地出让基本符合"香港 2030"战略要求。但商业和工业用地体现了"香港 2030"中尽用建成区用地，再开发新发展区的要求。居住用地需求量大，出让较为平均。

香港 2030、法定图则长远土地供给、实际土地出让三者关系　　表 15

状况	位置	香港 2030 上位要求	法定图则长远土地供给	居住	商业	工业
空间发展状况	都会区	商业地带和高密度居住环境	土地供给的核心区城市更新释放了大量土地	低量供给	低量供给	中等供给
	新界北轴线	中等密度的商业、研发、高附加值工业为主的门户经济新发展区	商业用地供给较弱	中等供给	中等供给	中等供给
	中部轴线	中部社区形式的住宅、科研和专业服务业	商业和工业用地供给较弱	中等供给	中等供给	中等供给
	西部轴线	物流与旅游设施	商业供给集中在赤鱲角，工业供给较弱	零供给	中等供给	大量供给
	将军澳加强区	工业和住宅	未来人口流入最高的地区	中等供给	中等供给	低量供给
土地供给状况	居住用地	5000hm²	人均面积供给增加，需求比 2030 预期高	都会区和新镇、乡郊同时土地出让		
	商业用地	175hm²		集中在都会区的非核心区和部分新镇		
	工业用地	500hm²	人均面积供给随需求降低而降低，需求比 2030 预期低	充分体现了"香港 2030"中尽用建成区用地，再开发新发展区的要求，故工业用地十年在新界北出让较少		
总体状况			基本符合 2030 年的空间要求	基本符合 2030 年的空间要求		

6.1　"假如"情景规划动态调整战略规划实施方向

"香港 2030"根据未来人口增长和经济发展六种可能的情况组合（图 18），识别出基础方案最有可能偏移的两个方向，分别是"低人口增长－中度经济增长"和"高人口增长－高经济增长"。"低－中"假设按照基础方案的经济增长水平，但假设内地较低的生活成本和不断提升的生活水平将减缓香港人口的增长，因此导致较少的跨境通勤人口和跨境交通需求，更少的房屋、经济用地需求，更低的本土消费和一般商业用地面积建设；"高－高"假设中、长期的 GDP 将比基础方案高 0.5%，带来更多就业机会、技术人才和跨境通勤人口；其对于房屋、经济用地、跨境交通的需求则会更多。相应的针对两种可能的情景，"香港 2030"提出需要每隔三年整体评估一次发展状况，以便及时作出调整。总体逻辑为弱实际情况向"低－中"方向偏移，未来将首先尽用已建设区的发展机会，延迟开发新界的新发展区，商业用地方面充分利用传统工业区转型释放的土地潜力；若实际情况向"高－高"方向偏移，未来将在尽用已建设区的发展机会的基础上全面启动新开发区，并提升发展密度、寻觅更多新发展区可能，将写字楼枢纽、工业用地延伸至新界，改划都会区更多工业区作一般商业用地。由此可见，正是因为对战略规划的动态评估，当经济社会发展方向向"低人口增长－中度经济增长"偏移时，法定图则的长远土地供给能及时作出调整，以尽用市区高密度用地潜力为主。

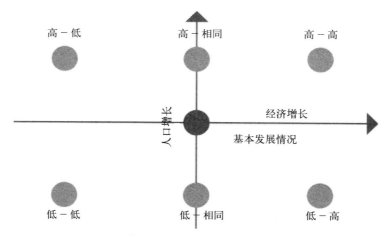

高－低　　　　　　高－相同　　　　　　高－高

人口增长

经济增长

基本发展情况

低－低　　　　　　低－相同　　　　　　低－高

图 18　可能偏移方向产生矩阵
资料来源：香港 2030 规划远景与策略

6.2　土地出让时通过限制经营性土地供给维持高地价

通过考量法定图则和十年土地供给对"香港 2030"提出的一核三轴的空间结构的实施状况，可以发现，虽然都会区提出进一步加强高密度人居环境，法定图则也通过城市更新释放了大量的居住用地，但实际十年土地出让中，居住用地还是较少，形成了中心区的高地价。同样，将军澳加强区作为未来吸纳大量居住和高附加值工业的区域，居住用地、商业用地和工业用地都呈现中低供给的情形，也进一步导致了将军澳加强区的高地价。

参考文献

[1] Cheung, Yuk-yi, 张玉仪. Land supply and housing price of Hong Kong：implication for urban planning. HKU Theses Online (HKUTO) 1996.

[2] Xu, Jiang, Anthony Yeh. Decoding urban land governance：state reconstruction in contemporary Chinese cities. Urban Studies, 2009, 46（3）：559—581.

[3] Yeh, Anthony Gar-On. Public and private partnership in urban redevelopment in Hong Kong. Third World Planning Review, 1990, 12（4）：361.

[4] GarOn Yeh, A. Land leasing and urban planning：lessons from Hong Kong. Regional Development Dialogue1994.

[5] Hills, Peter, Anthony GO Yeh. New town developments in Hong Kong. Built Environment（1983）：266—277.

[6] Chiang, Yat-Hung, Bo-Sin Tang, et al. Market structure of the construction industry in Hong Kong. Construction Management & Economics, 2001, 19（7）：675—687.

[7] Chiang, Yat-Hung, Bo-Sin Tang, et al. Volume building as competitive strategy. Construction Management and Economics, 2008, 26（2）：161—176.

[8] Tang, Bo-sin, Chung Yim Yiu. Space and scale：A study of development intensity and housing price in Hong Kong. Landscape and Urban Planning, 2010, 96（3）：172—182.

[9] 香港 2030 规划远景与策略：http://www.pland.gov.hk/pland_en/p_study/comp_s/hk2030/eng/home/.

[10] 团结香港基金报告：http://ourhkfoundation.org.hk/.

[11] 香港法定图则综合网站 2：http://www2.ozp.tpb.gov.hk/gos/default.aspx?.

[12] 香港市区重建局重建发展网站：http://www.ura.org.hk/tc/projects/redevelopment.aspx.

[13] 香港地政总署—卖地历史网站：http://www.landsd.gov.hk/sc/landsale/records.htm.

[14] 香港地政总署—短期租约招标记录网站：http://www.landsd.gov.hk/sc/stt/by_date.htm.

[15] 香港 2011 人口普查网站：http://www.census2011.gov.hk/en/index.html.

[16] Open Street Map 网站：http://www.openstreetmap.org/.

[17] 香港资料一站通　https://data.gov.hk/en/.

[18] 地理资讯地图　http://www1.map.gov.hk/gih3/view/index.jsp.

[19] 香港市区重建局　http://www.ura.org.hk/sc/.

[20] 香港运输及房屋局　http://www.thb.gov.hk/sc/index.htm.

[21] 香港房屋委员会　http://www.housingauthority.gov.hk/sc/.

[22] 香港城市规划委员会　http://www.info.gov.hk/tpb/sc/whats_new/whats_new.html.

[23] 香港城市规划标准与准则．

土地政策对总体规划实施的影响——以商河县为例

罗舒曼 *

【摘　要】自从《城市总体规划实施评估办法（试行）》颁布之后，规划实施评估在城乡规划学科研究中的地位日益凸显。与城市总体规划相关的各项公共政策如土地政策、人口政策等，均对规划内容的落实具有影响。因此在进行规划实施评估时涵盖规划实施相关政策的研究是十分必要的。本文简要探讨了在总体规划实施评估中公共政策的选择与评估问题，并以商河县 2010~2020 年城市总体规划评估中涉及的土地政策评估为例进行政策评估的试行。

【关键词】规划实施，政策评估，土地政策，新农村社区规划，土地增减挂钩

1　引言

在当今市场经济的影响下，经济、社会、文化之间得到了长足的发展，与此同时其相互之间的矛盾也愈演愈烈，经济社会关系也日趋复杂，政府作为宏观调控的掌舵者，亟需一种手段来表达政府意志、协调各方面之间错综复杂的关系，并对经济社会文化未来的发展指出明确方向。因此公共政策作为政府进行意志体现的重要手段，成了影响经济社会文化发展的关键因素。从广义上来讲，政策是一个十分复杂的概念，其种类繁多冗杂，政府管理部门发布的法律、法规、计划、条例、措施、规划等都属于政策的范畴。从这一角度而言法律法规等也属于公共政策的一部分。从狭义来讲，公共政策是政府制定的针对社会经济发展的具体举措，具有灵活性与实时性，其与已经成为固定条文的法律法规具有一定区别，本文中所指的公共政策采用的是狭义定义，在这一定义下对政府管理部门的公共政策结合城市总体规划实施评估中的政策评估部分进行探讨。

2　规划实施评估中的政策评估

城市总体规划综合性强、覆盖面广，是规划编制体系中最高层次的法定规划。城市总体规划对城市的发展方向、发展规模、土地利用形式、空间布局等方面均有涉及，是指导城市进行社会、经济、文化发展的重要一环。进行城市总体规划实施评估，对于评价规划实施的有效性，探讨规划制定的科学合理性以及完善规划实施机制具有重大意义，通过评估对规划进行反馈与思考，也使规划逐渐摆脱一纸图稿即交差的困境。

现阶段国内的规划评估主要侧重于城市的物质空间形态，随着城乡规划公共政策属性的加强，城乡规划作为公共政策的一部分与政策决策系统相辅相成，成了必然的一种趋势。对城市总体规划进行科学

---

* 罗舒曼，女，山东建筑大学硕士研究生在读。

的政策评估与研究，并从这一角度来思考城乡规划本身的内容、程序、管理与决策机制，对于保证城乡规划的实施效应具有重要意义。目前城乡规划的理念已经从规划方案转换到规划实施上来，规划方案提供了目标方向，政策则成为落实规划目标的指导，与城乡规划相关的所有政策，不仅应当与城市政府的所有其他政策是相互匹配的，相互促进的，同时对于城乡规划的落实与实施也存在正面或负面的影响。因此在对城市总体规划进行评估时应当从两个角度出发：(1) 在公共政策属性视角下对城乡规划进行评估。指的是从规划的公共政策属性出发，对实施情况进行评估。(2) 对影响城乡规划实施的相关公共政策进行评估。即在规划实施评估的视角下，进行相关公共政策的评估，评价政策制定与实施后对规划落实的影响，并对下一步城乡规划的完善、机关政策的制定、实施机制的促进提出意见与建议。

3　政策评估中的政策分类

大到天文地理小到鸡毛蒜皮，政策的类目以及数量复杂多样，国家党政机关下发的社会经济发展规划、政策文件、领导讲话、各级地方政府制定的条例等均属于公共政策的范围。要从数以亿计的公共政策中判定出对于城市总体规划实施具有一定影响，并需要加以评估的具体政策是一项复杂分析的工作。因此在进行公共政策选择时首先要明确政策的分类，进行公共政策实施特性的分析，从而从广泛的范围内根据所需要评估的规划方案筛选出被评估的具体政策。

目前关于公共政策研究的主要领域集中在社会公共管理学科范围内。在社会公共管理学科中对于公共政策的分类划分也依然存在不同的看法。有学者认为应当以公共政策制定的层次及作用范围的大小为标准作分类。持有这种分类标准的学者多数同意将公共政策分成元政策 [1]、基本政策（基本国策）[2] 和具体政策（实质政策）[3] 几大类。有些学者注重以政策的功能为标准来划分政策类别，例如目的型与手段型政策、改造型与调整型政策等。除此以外，还可以通过制定政策机关、用途、市场观点、权力的配置、重要程度、效用时间等多种手法进行公共政策分类。这些分类方法虽然清晰明了，但是运用到规划实施政策评估时，与规划内容关联性不强、目的性不够明确。因此在进行政策分类时应当站在城市总体规划政策评估的角度来看，依据城市总体规划的主要内容来进行分类。

根据城市总体规划涉及的主要内容可以将相关的公共政策划分为结果型政策与效果型政策两大类：(1) 结果型政策：即根据城市总体规划的实施结果进行分类，包括直接涉及规划内容实施目标的政策，如土地政策、人口政策、交通政策、区域与产业经济政策等。(2) 效果型政策：主要指的是政策的推展实施对规划内容起到一定的外部性效果作用，例如：财税政策的资金支持会对一定规划内容的实施起到保障效果。

4　被评估政策的选择

城市总体规划实施具有影响的政策主要体现在：土地政策、人口政策、生态环境政策、交通政策、

---

① 元政策：元政策也称总政策，是用于指导和规范政府政策行为的一套理论和方法的总称，是政策体系中统率或具有统摄性的政策，对其他各项政策起指导和规范的作用，是其他各项政策的出发点和基本依据。元政策侧重于价值陈述，它为所有的政策提供价值评判的标准。

② 基本政策：基本政策通常是高层次的、大型的、长远的、带有战略性的政策方案。基本政策又分为两类：一类是具有全面性和广泛性的针对全国所有机构的根本指导原则；另一类是规范某一领域各部门开展实际工作的根本指导原则。

③ 具体政策：具体政策凡是在元政策和基本政策的范畴以外的政策，都可归入具体政策。

产业政策以及财税政策六个方面①。但是政策条文复杂多样，在每一大类的政策下，又会细分出各式各样的具体政策来推进规划的实施，因此在大类政策的基础下，需要进行具体被评估政策的筛选。才能更具有针对性地进行政策内容研究。

在进行被评估政策选择时，主要采用战略矩阵选择的方法进行，将政策的作用影响划分为三种：直接作用政策、无作用政策以及可能作用政策。在进行政策类型判定时，采用两个影响因子，即：（1）政策与规划内容的相关度。相关度指的主要是政策内容是否直接涉及规划的相关内容，例如在城市的公共交通建设上，相关具体政策促成了规划中内容的直接落实。（2）政策对规划内容的实施的影响度。主要指的是政策内容对规划实施是否具有一定影响，例如山东省

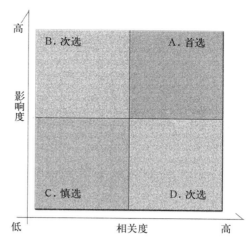

图1 战略矩阵选择模型示意图

户籍制度改革政策中，对城镇户口落户放宽了条件，并且鼓励居民转为城镇户口，这一政策对于总体规划中促进城市城镇化率的提高具有十分积极的影响。从相关度与影响度两个因子出发，根据战略矩阵模型，将影响度高、相关度高的直接作用政策作为政策评估的首选评估目标；将影响度高而相关度低，或影响度低而相关度高的可能作用政策作为次选评估目标；将影响度与相关度均低的无作用政策作为慎选评估目标，如图1所示。

5 商河县城市总体规划评估中的土地政策评估

商河县隶属济南市，是济南市的北大门，交通发达，地理位置优越，县辖6镇5乡1个办事处，总面积1162.7km²，截至2014年末总人口达63.6万人。2015年商河县动员开展了对《商河县城市总体规划2010—2020年》的评估工作。在规划实施评估过程中，对政策评估相关内容展开了探讨。本文通过选取其政策评估中土地政策评估一章进行分析。

首先通过对商河县土地政策方面资料的收集与整理，总结得出商河县由国家层面至县政府层面提出并实施的土地政策主要包括以下六方面内容：（1）国有土地储备方法；（2）农村新型社区建设；（3）土地增减挂钩；（4）工业用地弹性出让；（5）推进集约节约用地；（6）农村土地确权。通过对具体政策内容、规划实施相关资料的收集整理与分析，依据其与规划实施的相关度和对规划实施的影响度，得出表1，其中在"政策与总体规划内容相关"、"政策对总体规划实施的可能影响"两项中均有内容者，则是对上版商河县总体规划实施具有较大影响意义的土地政策，被选定为政策评估对象。

近十年来商河县主要土地政策选取进行评估考量表 表1

政策名称	政策主要内容	政策与总体规划内容相关	政策对总体规划实施的直接影响	是否对该政策进行评估
国有土地储备办法	国有土地储备、开发、审批、法律责任认定相关政策规定	无	无	否
新型农村社区建设	建设新型农村社区，提高农村各项设施水平	新型农村社区建设	促进新型农村社区规划内容实施	是

---

① 关于对总体规划实施政策的分类，周金晶在研究中将其划分为土地政策、人口政策、生态环境政策、交通政策、产业政策以及财税政策六种。

续表

政策名称	政策主要内容	政策与总体规划内容相关	政策对总体规划实施的直接影响	是否对该政策进行评估
土地增减挂钩	城镇建设用地增加与农村建设用地减少相挂钩	城市用地与空间布局规划	城镇建设用地指标出让，影响城镇建设；有利于推进农村社区建设；有利于实现城乡统筹	是
工业用地弹性出让	工业用地弹性出让、租赁、审批与考核相关规定	无	无	否
推进集约节约用地	进行用地控制，节约用地	资源节约利用	无	是
农村土地确权	开展农村土地确权登记颁证工作	无	对农村土地流转产生影响的城镇体系规划相关内容	否

由表 1 得出，新型农村社区建设政策、土地增减挂钩政策两项在相关度与影响度上均有内容，被判定为首选评估目标；推进集约节约用地政策与农村土地确权政策，在相关度与影响度上各有一项指标内容，判定为次选评估目标；国有土地储备办法以及工业用地弹性出让两项与总体规划内容无直接的相关度与影响度，判定为慎选评估目标。因此对商河县土地政策进行评估时选取：(1) 农村新型社区建设，该政策主要面向上版商河县城市总体规划中农村新型社区规划。(2) 土地增减挂钩，对商河县城市建设指标、城市建设规模等相关规划实施内容造成一定影响，属于效果型政策。

5.1 农村新型社区建设

5.1.1 政策来源与主要内容

2009 年山东省颁布了鲁发〔2009〕24 号《关于推进农村社区建设的意见》，在意见中指出要大力推进农村社区建设，要求因地制宜科学布置农村社区规划建设，提高农村各项服务设施、服务体系、农村环境等居住生活条件，并采用以奖代补的政策手段促进农村新型社区建设的实行。随后济南市政府进一步对该政策进行推进，出台了《关于进一步完善全市农村社区建设布局规划的通知》，通知中再次重申了进行新农村社区建设的重要性。并对济南市市域内新农村建设的具体布局提出了概念性解释。

2014 年商河县政府颁布了商发〔2014〕5 号《商河县关于加强农村新型社区建设推进城镇化进程的意见》，对上级政策进行回应。在《商河县关于加强农村新型社区建设推进城镇化进程的意见》中，商河县提出要进行农村新型社区建设，鼓励农民就地进城上楼，进行农村新型社区规划，并要求完善新农村配套的各项基础设施。并且在具体实施方面提出了近、中、远三期目标，要求在 2025 年之前，完成商河县 90 个农村新型社区建设。

5.1.2 规划主要内容在实施中的变动

在《商河县城市总体规划 2010—2020 年》中规划提出要提高农村各项实施水平与生活条件，集约土地用地，统筹城乡发展，规划中商河县共建设 165 个社区。并且对乡村并点建设新农村社区具体内容提出了要求（表 2）。

商河县总体规划新型农村社区规划基本情况一览表　　　　表 2

乡镇名称	现有村庄数量	原有村庄占地面积（亩）	规划建设新农村数量
玉皇庙	96	21230	18
龙桑寺	94	16787	14
殷巷镇	104	22122	10
怀仁镇	58	10781	10
贾庄镇	88	15191	11

续表

乡镇名称	现有村庄数量	原有村庄占地面积（亩）	规划建设新农村数量
郑路镇	95	22020	18
孙集乡	95	18781	14
沙河乡	66	14324	14
韩庙乡	45	30894	8
白桥乡	81	10715	19
张坊乡	42	7724	6
许商街道	79	15732	29

在总体规划实施的过程中，商河县根据实际情况对总体规划的新型农村社区建设内容进行了适当调整：

（1）社区数量变动

在商河县政府文件《商河县关于加强农村新型社区建设推进城镇化进程的意见》中，将商河县新型农村社区建设数量，由规划的 165 个调整为 90 个（表3）。

总体规划中新农村建设与《意见》中规划村庄数量对比　　　　　　　　　表3

村镇名称	玉皇庙	龙桑寺	殷巷镇	怀仁镇	贾庄镇	郑路镇	孙集乡	沙河乡	韩庙乡	白桥乡	张坊乡	许商街道
总体规划要求数量	18	14	10	10	11	18	14	14	8	19	6	29
政策实施规划数量	6	13	10	10	4	9	13	5	8	19	6	8

（2）具体并点情况变动

除在社区总体数量的变动以外，商河县在具体的政策推进中，对乡村的具体并点情况也进行了相应的调整，以韩庙乡新型农村社区建设并点情况为例：在总体规划中规划建设农村新型社区8个，原村庄中5个村庄并入乡驻地韩庙社区，其他7个社区分别为黄屯、朱林、西杨、站北、李集、赵寨、东杨社区，占地总面积3636亩，人口均在2000人以上。在《意见》中对原规划的村庄布点合并进行了更改。具体变动情况如图2、图3所示。

图2　商河县城市总体规划中的韩庙乡新农村社区规划

图3 《意见》中的韩庙乡新农村社区规划

虽然韩庙乡新农村社区数量与原规划保持了一致，均为8个新农村社区，但是《意见》将黄屯社区店子张村划归到实施建设中的仁和社区，将新农村社区选址由黄屯村更改至了打狗店子村；将西杨村社区选址更改到了苏王村；同时在社区名称上也进行了更改，除韩庙社区名称保持不变外，黄屯社区更名为仁和社区、朱家林社区更名为迎宾社区、西杨村社区更名为兴汉社区等。

5.1.3 具体实施情况

商河县自从2010年按照土地增减挂钩政策共审批3次批复12个农村新型社区项目，涉及8个镇（街道）11个农村社区，26个行政村。截至目前，共完成8个农村社区建设，在建社区2个，计划开工1个，累计总建筑面积65.20万 m^2，搬迁完成18个村，2754户9924人（含镇中村改造1个村324户1080人）（表4）。

商河县新型农村社区规划已实施情况统计 表4

社区名称	审批时间	搬迁时间	项目个数	涉及村庄数	涉及人口（人）	服务设施水平完善情况	已验收土地出让指标（亩）
玉皇庙镇玉南社区	2010年	2014年	2	7	4000	完善	1066.31
贾庄镇开元新村社区	2013年	2014年	1	3	1150	完善	295.19
怀仁镇中心社区	2013年	2014年	1	1	232	完善	48.02
郑路镇华鑫城社区	2010年	2014年	1	1	688	基本完善	217.4
许商街道商南社区	2013年	2014年	1	1	676	基本完善	300
龙桑寺镇龙申花苑社区		2014年	1	2	945	完善	306.8
殷巷镇赵奎元社区		2014年	1	1	935	基本完善	61.62
孙集镇周陈社区		2015年	1	1	614	基本完善	141.87

目前商河县在建社区两个：（1）玉皇庙镇玉苑社区一、二期。其中一期工程属于镇中村改造项目，二期工程7个村已完成审批，目前已开工建设28栋住宅楼。（2）龙桑寺镇悦都花园社区，其中一个村已完成审批。

计划开工社区一个：孙集镇李家市社区。已经完成各项审批，处于计划开工阶段。已经申报、等待批复的社区共有四个，包括沙河社区、怀仁镇中心社区、贾庄镇开元新村社区和郑路农场社区。社区建设变化情况如图 4 所示。

图 4　商河县新建的新型农村社区及原村庄风貌

5.1.4　存在的问题

目前商河县有关新型农村社区建设的政策正在有条不紊的推行，但是在实际实施过程中，其实施依然存在许多问题。根据对商河县相关部门访谈，村民调查发现问题主要体现在以下方面：（1）建设过程中的各项惠农资金整合难度大，比如：农村社区建设不享受农村电网改造政策。（2）农村新型社区建设资金回笼慢。由于农村新型社区建设进度很快，前期建设需要大量资金支撑，但是 2015 年复垦土地指标比较集中，土地指标不能对外交易，造成建设资金无法回笼，因此新型农村社区的建设启动资金也难以筹措，成为现今农村社区建设的瓶颈。商河县的新农村建设工作主要是依托省、市部署，以新型农村社区建设为重点，利用土地增减挂钩政策开展建设。从长远来看可以通过拆除旧宅、土地整理来增加耕地面积；但从短期看，由于各地财力有限，拆旧和建新往往不能同步进行，土地调整置换政策不健全，是成为商河县新型农村社区建设最急需解决的问题。

总体来说，商河县在推进总体规划实施时，依据商河县的具体情况进行了内容的适当修改，作为与新农村社区建设内容直接相关的结果型政策，其对于商河县新型农村社区建设具有良好的激励与保障作用，对商河县城市总体规划中新型农村社区规划的内容作出了良好回应，保证了规划内容实施取得阶段性的成效。

5.2　土地增减挂钩

5.2.1　政策来源与内容

2000 年增减挂钩政策 ①第一次在中发〔2000〕11 号《中共中央、国务院关于促进小城镇健康发展的若干意见》被提出，2006 年 4 月，山东、天津、江苏、湖北、四川五省市被国土部列为城乡建设用地增减挂钩第一批试点。随后国发〔2010〕47 号《国务院关于严格规范城乡建设用地增减挂钩试点切实做好农村土地整治工作的通知》再次重申了实行这一政策的重要性，并在全国范围内选取了政策地方试点，

---

①　增减挂钩政策的主要目的是将城镇建设用地增加与农村建设用地减少相挂钩。依据土地利用总体规划，将若干拟整理复垦为耕地的农村建设用地地块（即拆旧地块）和拟用于城镇建设的地块（即建新地块）等面积共同组成建新拆旧项目区（以下简称项目区），通过建新拆旧和土地整理复垦等措施，在保证项目区内各类土地面积平衡的基础上，最终实现增加耕地有效面积，提高耕地质量，节约集约利用建设用地，城乡用地布局更合理的目标。

2011 年 4 月 2 日国务院办公厅颁发《国务院关于严格规范城乡建设用地增减挂钩试点切实做好农村土地整治工作的通知》。通知要求各地采取有力措施，坚决纠正片面追求增加城镇建设用地指标、擅自开展增减挂钩试点和扩大试点范围、违背农民意愿强拆强建等侵害农民权益的行为。2013 年山东省政府颁布了鲁政土字〔2013〕502 号《山东省人民政府关于济南市城乡建设用地增减挂钩试点项目区实施规划的批复》，在批复中对济南市境域内的最新一批增减挂钩项目进行指示。

5.2.2 政策的具体实施情况

商河县自 2010 年以来积极实施了三个批次 9 个项目区的城乡建设用地增减挂钩项目。截至 2010 年项目总规模 344.4246 公顷，复垦耕地面积 326.9225 公顷，安置区面积 57.7576 公顷（其中占农用地面积 42.09 公顷），建新指标 284.8425 公顷（表 5）。

商河县增减挂钩政策实施情况统计   表 5

项目名称	立项时间	涉及村庄数	总规模（公顷）	复垦耕地规模（公顷）	安置区面积（公顷）	安置区占农用地面积（公顷）	建新区面积（公顷）	安置区完成情况
郑路镇乔李石村项目一期	2010 年	3	14.1939	12.3237	0	0	12.3237	无
郑路镇乔李石村项目二期	2010 年	1	17.491	16.4476	5.4876	5.4876	10.9603	完成
玉皇庙镇南河头村项目	2010 年	6	73.78	72.02	11.81	11.81	60.21	完成
贾庄镇郇家村项目	2013 年	3	22.6822	22.1339	3	2.4547	19.6792	完成
许商街道东八里村项目	2010 年	2	21.1511	20.1165	2.6598	0	20.1165	完成
怀仁镇卜家村项目	2013 年	1	3.2013	3.2013	1.5932	0	3.2013	完成
孙集乡周陈村项目	2013 年	2	20.384	20.1176	6.446	4.6767	15.4409	完成
龙桑寺常新庄项目	2013 年	3	28.3147	28.0202	4.2504	3.7334	24.2868	完成
殷巷镇赵奎元乡项目	2013 年	1	6.2889	6.1634	2.0838	2.0555	4.1079	完成
玉皇庙黄孙庄项目	2013 年	7	67.9035	66.6861	9.7356	6.8497	59.8364	未完成

2015 年商河县新申报城乡建设用地增减挂钩项目 4 个，分别为：山东省济南市商河县沙河乡苗李家村等 2 村项目区、山东省济南市商河县怀仁镇东风村项目区、山东省济南市商河县郑路农场项目区、山东省济南市商河县贾庄镇前贾村等 3 村项目区。

5.2.3 小结

从近两年商河县土地增减挂钩政策实施的情况可以看出，土地增减挂钩政策目前主要作用在商河县新农村社区建设上，通过土地的置换筹措到项目资金，极大地推动了商河县新农村社区建设的进展，可以说增减挂钩与新农村社区建设两项政策相互作用，使商河县城市总体规划中的新农村建设内容从图纸变成了现实，同时增减挂钩政策对于商河县城镇用地扩展提供了保障，作为影响城乡发展的重要政策之一，土地增减挂钩政策对于城乡规划的实施意义重大。

6 总结

尽管在规划实施与政策推动的过程中，存在着资金筹措有难度、农村社区产业发展瓶颈等问题，但是土地相关的具体政策在实际中推动了规划的具体落实，对于商河县城市总体规划具体内容的实施具有十分重要的保障作用。城乡规划作为公共政策的一份子，要发挥它的具体效用，就离不开从图纸到建设上的转换。要实现这种转换，无法缺少各项政策的推动，因此在研究规划实施问题时，政策研究必不可少。

政策的复杂多样注定其无法完全事无巨细地与规划内容一一对应起来任人们进行探讨，甚至有些政策看似与规划无关，实则润物细无声，抑或是成了拦路虎。城乡规划的公共政策属性、城乡规划与其他政策的依存关系等类似研究与探讨必然会愈发引起人们的重视。

参考文献

[1] 孙施文，王富海．城市公共政策与城市规划政策概论 [J]．城市规划汇刊，2000，（6）．

[2] 马国贤，任晓辉．公共政策分析与评估 [M]．上海：复旦大学出版社，2012．

[3] 吴立明．公共政策分析 [M]．厦门：厦门大学出版社，2012．

[4] 贠杰，杨诚虎．公共政策评估：理论与方法 [M]．北京：中国社会科学出版社，2006．

[5] 欧阳鹏．公共政策视角下城市规划评估模式与方法初探 [J]．城市规划，2008，（12）．

[6] 范晓东．公共政策视角下城市总体规划实施评估研究 [D]．重庆：重庆大学，2012．

[7] 周金晶．政策系统对杭州总体规划实施的影响研究 [D]．杭州：浙江大学，2015．

[8] 商河县城市总体规划（2010~2020 年）．

[9] 陈有川，陈朋，尹宏玲．中小城市总体规划实施评估中的问题及对策 [J]．城市规划，2013，（9）．

[10] 朱祁连．公共政策视角下城市总体规划实施评价方法研究——以北京市总体规划（2004~2020 年）实施评价为例 [D]．北京：中国人民大学，2010．

[11] 高王磊．公共政策属性导向的城市总体规划实施评估研究 [D]．苏州：苏州科技学院，2014．

[12] 李岩，李亚．中国测绘学会 2010 年学术年会论文集：公共政策在城市总体规划中运用的研究 [C]．江苏，2010．

[13] 王凯，李浩，徐泽等．《城乡规划法》实施评估及政策建议——以西部地区为例 [J]．国际城市规划，2011，（5）．

[14] 高兴武．公共政策评估：体系与过程 [J]．中国行政管理，2008，（2）．

基于客运铁路可达性的山东半岛城镇群空间格局分析

张贝贝 *

【摘　要】铁路客运系统的不断优化和发展改善了城市间的联系，表征一个地区经济发展水平。本文采用了加权平均旅行时间的时间距离和连接性、可选择性两个拓扑指标以及人口、地区总产值等经济指标综合反映出山东半岛城镇群各个节点的可达性程度，综合得出客运铁路可达性的空间格局。经过定性和定量的分析，将反映可达性综合指标录入 GIS 平台中，得出山东半岛城镇群分为一级优势区、二级优势区、未覆盖区三个分区的可达性的空间格局。根据 GIS 分析结果得出山东半岛城镇群沿胶济铁路、蓝烟铁路呈现明显的轴带状空间特征与梯度等级空间特征，并形成了以青岛为中心，潍坊和烟台为次中心，铁路为纽带的"潍坊－青岛－烟台"的轴带状空间格局，向外辐射延伸。

【关键词】可达性，加权平均旅行时间，连通性，山东半岛城镇群，空间格局

1　引言

我国铁路经过 100 多年的发展，已经形成了覆盖范围广大、四通八达的网络，在社会经济发展中发挥了举足轻重的作用。铁路客运系统的迅速发展和不断优化改善了我国城市间的联系，是经济快速发展和社会快速变革的主要表象。1959 年 Hansen 首次提出可达性的概念用来描述交通网络中各个节点相互作用的程度，是城市规划、城市地理学、交通经济学等诸多学科的重要研究内容。

国内学者对不同形式的交通工具和不同大小的区域的可达性进行了研究分析，孟德友等人对高速铁路建设对我国的省级可达性的空间格局进行研究分析；金凤君等人对我国铁路客运提速的空间经济效果进行评价，阐述了由此带来的经济效果；吴威等人以安徽沿江地区为例证实了区域高速公路网络构建对可达性空间格局的影响。目前对铁路网络的可达性评价大多是基于平均加权旅行时间这一单一指标，多指标的对比研究的重要性日益显著。本文基于连通性、可选择性、加权平均旅行时间、最短旅行时间等多重指标进行综合分析，对比研究得出山东半岛城镇群基于铁路可达性的空间网络格局特征。

铁路是供火车等交通工具行驶的轨道，本文研究的客运铁路指的是包括高铁、动车、特快、普快等在内的轨道客运运输。

2　研究区域与研究方法

2.1　研究区域

山东半岛城镇群位于环渤海地区南端，山东省东部，东临黄海，北滨渤海。山东半岛城镇群由 5 个

---

* 张贝贝，女，山东建筑大学。

地级市组成，分别为青岛、烟台、潍坊、威海、日照，东西相距约 410km，南北距约 390km，面积为 52433km²，占山东省总面积的 33.4%。截止 2013 年底，山东半岛城镇群总人口约 3083 万人，约占山东省总人口的 31.68%，其中城镇人口 1804.33 万人，城镇化水平达到 58.82%，高于山东省城镇化水平 4.77 个百分点。山东半岛城镇群属于山东省经济发达的地区，至 2013 年底，山东半岛国内生产总值达到 22091.02 亿元，约占山东省国内生产总值的 40.4%。

山东半岛城镇群下辖 5 个地级市，18 个市辖区，19 个县级市，5 个县。本次研究以山东半岛城镇群 5 个地级市、19 县级市及 5 个县级行政单位为研究对象，并将其依照行政中心的位置抽象为 29 个空间节点。研究的 29 个空间节点城市按照人口规模的分类见表 1。

山东半岛城镇群城市规模一览表 ①　　　　表 1

城镇规模（万人）	数量（个）	城镇
大于 300	1	青岛
100~300	9	烟台、潍坊、平度、日照、威海、即墨、诸城、寿光、莒县
50~100	18	安丘、青州、高密、莱阳、莱州、胶州、莱西、荣成、海阳、龙口、栖霞、昌邑、招远、乳山、龙口、临朐、昌乐、五莲
20~50	1	蓬莱
小于 20	1	长岛

表格来源：作者自绘

2.2 研究方法

在区域范围内，可达性反映了某一城市或区域与其他城市或区域之间发生空间相互作用与联系的难易程度，随着国内外对可达性问题研究的逐步深入，可达性的测度方法也越来越多。从时间和空间两个维度来划分，分为时间维度平均最短旅行时间、加权旅行时间两种；空间维度是最短空间距离分析。分析了在时间和空间距离指标的基础上，构建连通性和可选择性两项拓扑指标，较为直观地反映客运组织的影响。

2.2.1 加权平均旅行时间

平均最短旅行时间距离和加权平均旅行时间距离是分析区域可达性最为常用的指标。平均最短旅行时间距离是指在某种交通方式下某一节点到达区域内其他所有节点的最短旅行时间的平均值。平均最短旅行时间分析的过程，隐含的一个假设条件是各节点的等级规模和社会经济发展水平是等同的，而事实上区域可达性不仅与空间区位和交通基础设施水平有关还与地区的经济发展水平和城市规模、区位条件等有关。社会经济发展水平的高低影响着人员空间流动的动机和空间方向，考虑到节点规模和经济发展水平对可达性的影响，采用加权平均旅行时间距离指标。加权平均旅行时间公式如下：

$$A_i=\frac{\sum_{j=1}^{n}(T_{ij}\times M_j)}{\sum_{j=1}^{n}M_j}$$

式中　A_i——加权平均旅行时间；

　　　T_{ij}——节点 i 到节点 j 的最短旅行时间距离；

　　　M_j——节点 j 的权重，可以是节点 j 的人口规模或地区生产总值，反映节点规模对人们移动意愿的

① 人口规模为 2014 年末总人口数，数据资料来源于《山东省统计年鉴》。

影响程度，山东半岛城镇群可达性采用各个地区的人口规模和地区生产总值的几何平均值作为权重，即：

$$M_j=\sqrt{P_j G_j}$$

式中　　P_j——节点 j 的人口规模；

　　　　G_j——节点 j 的 GDP 总量；

　　　　n——除 i 点以外的节点总数。

A_i 加权平均旅行时间表征了 i 点在交通网络中的可达性水平，其值越小表示节点的可达性越好；反之，表示节点可达性越差。

2.2.2 连通性评价

连通性（C_i）是能直观反映客运组织的拓扑指标，广泛应用于航空可达性研究中，在铁路网络的可达性研究中，可将其定义为节点与网络中其他节点间直通客运联系水平，主要反映了客运组织特征，但受节点在路网中区位的影响。连通性常用的标准化处理方法是（0，1）变换，即判断 i、j 在节点间是否有直通客运联系，若有 C_i 则记为 1，反之则记为 0。连通性 C_i 计算公式如下：

$$C_i=\sum_j c_{ij}$$

连通性 C_i 其值越高，表明与该节点有直达联系的节点越多，出行越为便捷，可达性也越好；反之，可达性越差。

2.2.3 可选择性评价

可选择性（S_i）是反映客运组织的另一个拓扑指标，定义为直通列车的频率，即节点与其他节点间直通列车班次数之和，与连接性指标相似，主要体现客运组织特征，同时受节点区位的影响。可选择性同时也是铁路与其他运输方式竞争能力的衡量指标，在一定程度上体现了客运服务的高级需求。可选择性 S_i 计算公式如下：

$$S_i=\sum_j s_{ij}$$

其中 s_{ij} 为节点间直达列车班次数，当两节点间无直达列车时，该值记为 0。可选择性 S_{ij} 值越高，表明该节点与其他节点间直通列车越多，可达性越好；反之，可达性越差。

2.3　数据来源

本文研究涉及的数据有空间数据和社会经济数据两种。空间数据主要以半岛城镇群之间各个节点之间的最短旅行时间，是根据中国铁路客户服务中心（12306 网）2016 年 5 月 18 日更新的数据为准。半岛城镇群各地区的社会经济指标有人口、行政区面积、地区总产值等数据，来源于 2015 年《山东省统计年鉴》。

可达性数据：铁路里程、直线距离、交通距离、时间距离、是否具有可选择性、换乘次数等。

3　可达性空间格局分析

3.1　可达性测度比较分析

通过对山东半岛城镇群各个县市的连通性、可选择性和加权平均旅行时间的比较（表 2），可以得出以下结论：

（1）胶州市连通性最优，连通系数是 16，其次是威海、莱西、烟台、海阳；五个地级市中日照市的连通性最差，连通系数为 0；莱州市、蓬莱市、招远市、栖霞市、寿光市、安丘市、昌邑市、临朐县 8 个地区未设有客运站点，故连通性最差。

（2）潍坊市可选择性最好，可达性系数为 180；其次为烟台市、海阳市、莱西市、青岛市、胶州市，其可选择性系数均在 100 以上；日照市和平度市可选择性最弱。

（3）高密市的加权平均旅行时间最短为 0.77h，可达性最优；其次为即墨市、胶州市、莱阳市均在 1h 以内；莒县的加权平均旅行时间最长，高达 4.94h，可达性最差，其次为乳山市（图 1）。

山东半岛城镇群铁路可达性变化[①]　　　　表 2

地区	总计连通性	总计可选择性	最短旅行时间总计（h）	加权平均旅行时间（h）
高密市	11	94	25.6	0.77
即墨市	9	78	25.8	0.78
胶州市	16	108	26.1	0.80
莱阳市	11	99	26.8	0.84
莱西市	14	125	32.2	1.21
潍坊市	13	180	34.2	1.37
海阳市	14	135	36.2	1.53
青州市	11	66	36.7	1.58
平度市	1	2	37.6	1.65
昌乐县	8	16	42.9	2.15
诸城市	8	26	46.7	2.55
烟台市	14	173	46.8	2.56
五莲县	6	15	50.9	3.03
青岛市	12	114	51	3.04
荣成市	10	74	51.4	3.09
威海市	15	98	55.2	3.57
乳山市	8	16	63.9	4.78
莒县	8	11	65	4.94
日照市	0	0	99.5	11.59

数据来源：作者计算得出

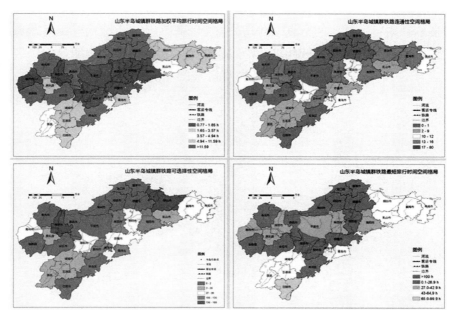

图 1　山东半岛城镇群客运铁路可达性空间格局
图片来源：作者自绘

---

① 以下城市未设有客运站点，表格中不含该类城市，包括：莱州市、蓬莱市、招远市、栖霞市、寿光市、安丘市、昌邑市、临朐县。

3.2 可达性空间格局分析

将表征铁路可达性的各个指标、时间距离的加权平均旅行时间和最短旅行时间以及连接性、可选择性两个拓扑指标和人口、地区总产值等经济指标所反映出的空间格局进行叠加，得出山东半岛城镇群铁路可达性空间格局的总体特征，并分析可达性的局部差异（图2）。

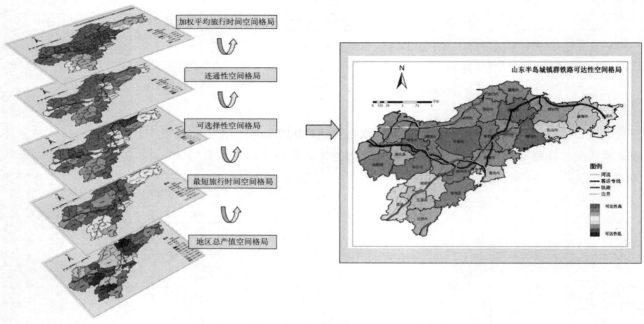

图2 山东半岛城镇群铁路可达性空间格局叠加分析
图片来源：作者自绘

3.2.1 总体空间特征分析

山东半岛城镇群的铁路可达性空间格局以潍坊—青岛—烟台为中心，向外围呈不规则的递减。铁路的布局对区域可达性空间格局的影响比较明显，沿胶济铁路、蓝烟铁路呈现明显的轴带状空间特征与梯度等级空间特征，基于铁路可达性的山东半岛城镇群区域的空间格局大致形成了"√"状的空间格局（图3）。

图3 山东半岛城镇群铁路可达性空间格局分析
图片来源：作者自绘

山东半岛区域铁路可达性空间格局的空间差异较大，沿胶济铁路、蓝烟铁路的县和市的加权平均旅行时间均在 3h 以内，视为优势区。青岛、潍坊及周边的胶州、即墨、莱西、海阳、平度等地处在区域中相对比较优越的空间区位，铁路可达性较高，构成了山东半岛区域铁路可达性的一级优势区。烟台、威海、荣成、昌乐、昌邑等地在空间区位优势上不明显，铁路可达性相对较弱，属于第二优势区。未设有客运站点的莱州市、蓬莱市、招远市、栖霞市、黄岛区、寿光市、安丘市、昌邑市、临朐县 9 个地区铁路可达性最差，可以视为未覆盖区。

山东半岛城镇群地区形成了以青岛为中心，以潍坊和烟台为次中心，以铁路为纽带的轴带状空间格局。潍坊和青岛之间胶济铁路和胶济客运专线有两条铁路线路，而烟台至青岛则有蓝烟铁路、青烟威荣城际客运专线两条铁路线路，形成了"潍坊－青岛－烟台"的带状空间，向内陆地区辐射延伸。

3.2.2　可达性局部差异分析

由于不同的地区空间区位和经济发展水平不同，交通设施建设水平也有差异，山东半岛地区的可达性空间分布也存在着明显的差异。山东半岛铁路可达性的空间格局在一定程度上反映了节点的区位条件和交通状况。铁路可达性最优的节点为青岛周边地区，其位于山东半岛的区域中心位置，且位于胶济铁路、蓝烟铁路、青烟威荣城际铁路等多条铁路线路的交汇处，交通优势明显，铁路可达性较好。另外从城市规模来看，青岛经济实力雄厚，是山东半岛区域的中心城市，辐射带动了周边的如胶州、即墨、平度、莱西等的中小城市。从区位角度上看，青岛市和其周边中小城市位于半岛城镇群的中心，具有较好的区位优势，其铁路可达性较好。

沿胶济铁路的寿光、潍坊、高密、胶州、平度等地和沿青烟铁路的即墨、平度、莱西、烟台等地以及沿胶新铁路的诸城、五莲、莒县均处在不同层次的铁路可达性优势区内，而沿着德龙烟铁路的昌邑、莱州、招远、龙口等地却是铁路可达性较差的未覆盖区。半岛城镇群内沿黄渤海的地区铁路可达性和综合实力明显高于内陆地区，另外沿铁路的城市综合实力也普遍高于其他地区。

经济发展水平较高的地区大多数分布于交通条件优越的区域，并逐步向沿胶济铁路和蓝烟等铁路干线轴带状的空间发展，且由环黄渤海区域向中部内陆地区辐射带动（图4）。

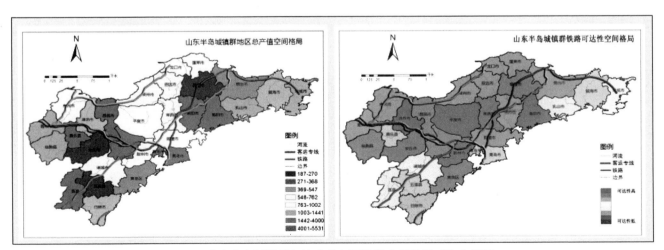

图 4　山东半岛城镇群经济产值与可达性空间格局对比分析图
图片来源：作者自绘

4　结语

节点在铁路客运网络中的可达性除受到路网发展、节点区位等因素的影响外，客运组织在其中扮演着非常重要的作用。本文采用了加权平均旅行时间的时间距离和连接性、可选择性两个拓扑指标以及人口、地区总产值等经济指标综合反映出山东半岛城镇群各个节点县、市的可达性程度，综合得出客运铁路可达性的空间格局。

节点的可达性受铁路网络分布和节点区位等方面的影响，客运铁路可达性的空间格局可以根据反映可达性综合指标分为一级优势区、二级优势区、未覆盖区这三个分区。一方面，铁路网络布局对区域可达性空间格局的影响比较明显，沿胶济铁路、蓝烟铁路呈现明显的轴带状空间特征与梯度等级空间特征，大致形成了"√"状的空间格局。山东半岛城镇群地区形成了以青岛为中心，以潍坊和烟台为次中心，以铁路为纽带的"潍坊—青岛—烟台"的轴带状空间格局，向外辐射延伸。另一方面，经济发展水平较高的地区大多数分布于交通条件优越的区域，并逐步向沿胶济铁路和蓝烟等铁路干线轴带状的空间发展，且由环黄渤海区域向中部内陆地区辐射带动。

参考文献

[1] 金凤君，武文杰．铁路客运系统提速的空间经济影响 [J]. 经济地理，2007，06：888-891+895.

[2] Hans en W G.H ow accessibility shapes land-use. Journal of the American Institute of Planners, 1959, 25：73-76.

[3] 孟德友，陆玉麒．基于铁路客运网络的省际可达性及经济联系格局 [J]. 地理研究，2012，01：107-122.

[4] 孟德友，陈文峰，陆玉麒．高速铁路建设对我国省际可达性空间格局的影响 [J]. 地域研究与开发，2011，04：6-10.

[5] 金凤君，武文杰．铁路客运系统提速的空间经济影响 [J]. 经济地理，2007，06：888-891+895.

[6] 金凤君，王姣娥，孙炜等．铁路客运提速的空间经济效果评价 [J]. 铁道学报，2003，06：1-7.

[7] 吴威，曹有挥，曹卫东等．区域高速公路网络构建对可达性空间格局的影响——以安徽沿江地区为实证 [J]. 长江流域资源与环境，2007，06：726-731.

[8] 李一曼，修春亮，孙平军．基于加权平均旅行时间的浙江省交通可达性时空格局研究 [J]. 人文地理，2014，04：155-160.

[9] 吴威，曹有挥，梁双波等．中国铁路客运网络可达性空间格局 [J]. 地理研究，2009，05：1389-1400.

城市中心区街道第二次轮廓线规划与管理研究

左 宜*

【摘 要】广告牌与店铺牌匾是广告宣传手法中最普及、效果最强烈的方式，也是城市街道的"第二次轮廓线"，对城市街道的美化有着举足轻重的地位，然而，这又往往是城市街道规划设计时所容易忽略的问题。本文以西安市钟楼地区东大街西段街道户外广告牌为例，在实地调研与问卷采访的基础之上，分析了该区域广告牌设置的现状特征，并由此归纳出户外广告牌规划设置存在的问题及原因，并提出了规划管理方面的建议。

【关键词】第二次轮廓线，街道，建筑，地域文化

1 引言

"第二次轮廓线"在芦原义信先生所著的《街道美学》中提出，他认为"决定建筑本来外观的形态称为建筑的'第一轮廓线'，把建筑外墙的凸出物和临时附加物所构成的形态称为'第二轮廓线'。西欧城市的街道是由建筑本来的'第一轮廓线'所决定，相对而言，韩国、日本等亚洲国家和地区的街道则多由'第二轮廓线'所决定。作者还提出"街道必须尽量减少'第二轮廓线'，力求把它们组合到'第一轮廓线'中"。

本文以西安市东大街西段户外广告为研究对象，结合一些国家关于户外广告设置的实例，通过对其调研分析，总结现有问题，并提出规划设计的构思，研究探索如何消除该地区"第二次轮廓线"对东大街产生的负面影响，发挥它的积极作用，创造良好的街道景观环境，提高东大街的知名度。

2 国外城市街道广告牌规划与管理研究

2.1 美国城市街道广告牌规划管理经验

美国的户外广告多而杂，但却能被安排得有条不紊，且设计与规划也与城市景观相得益彰。这同政府的严格统一管制有着非常重要的关系。

联邦政府立法对户外广告的特点、尺寸和内容进行了原则性规定。比如设置的位置，联邦政府确立了两大原则：第一，广告不能对行人和司机造成干扰；第二，要保护和改进城市的面貌。因此，有些地方是绝对禁止设置户外广告的，比如隧道、桥梁、码头周围1000英尺内；指定的旅游景点线路上、历史建筑物附件等。美国的户外广告发布商除了要遵守广告发布的通行规格外，还要遵守本行业的一些特殊法律法规。

美国政府对户外广告采取严格的审批制度。由于户外广告法规对各类户外广告的规格、质量及环境

---

* 左宜，男，武汉大学城市设计学院硕士研究生。

的和谐要求十分具体明确，对于广告商来说，在恪守这些法规规定前提下，大胆的创意和新奇的构想都不会被干预。对于违法的行为，比如私自进行户外广告宣传的公司和个人，一旦被执法部门发现，会马上通知当事人限期改正。过了期限仍没有行动的，将课以重罚，罚到破产都是有可能的。

2.2 日本城市街道广告牌规划管理经验

由于日本国土狭小，户外广告可利用的地点有限，因此在闹市街头，户外广告几乎是寸土必争，形成了上下、前后、左右立体的广告层次。

在日本，户外广告行业严格遵循自律原则。如果一个广告公司擅自出格，社会舆论会予以抨击，而行业协会内部会按自律原则，明令它停止该户外广告发布。广告公司是不敢随意违反的。没有行业广告协会权威支持，经营者很难生存。广告公司的影视、报刊、户外一切经营都遵循守法的游戏规则和道德规范的约束，行业组织是很有威信、很有力度的管理组织，这是我们感触最深、最令我们佩服和值得我们学习的。

同时，在立法上，日本也做的十分充足。在 1949 年 6 月，日本就通过了《屋外广告物法》，详细规范了户外广告的有关情况。其目的就是维持自然风景、城市市容的美观，防止户外广告危害公众利益，并且禁止在传统建筑群、文物、水土保持林、国有道路内、公园、绿地及墓地等指定区域设置户外广告。在户外广告管理上，古都奈良和京都是最严的地方，由于地方寺庙景观文化的影响，即使是批准设置了的广告在色彩上也必须有严格的控制，在高度上也不能高于传统建筑。

2.3 法国城市街道广告牌规划管理经验

法国户外广告设置的地点、间隔密度、大小比例，充分考虑到城市的周围环境和行人密度。以巴黎为例，该市能看到较多户外广告的地方，就是购物中心、商业街、地铁或机场商业区内，这些广告的设置要求考虑城市建筑整体布局的合理与规范，具体设立点和空间尺度，造型与城市风格相协调等，不会对城市建筑和景观造成"喧宾夺主"，给城市观瞻带来整体统一的美感。并且在一些重要建筑物上，是很难见到户外广告的。

2.4 经验总结

虽然以上一些国家和城市对于户外广告的规划及管理都具有地域性，但仍有许多值得我们借鉴的地方。总结下来有以下几点可以借鉴的经验和启示：(1) 注重结合城市特点来设置，与城市环境、城市文化的相融合，具有良好的地域特色。(2) 规划细致且全面，立法审批严格、管理正规科学，有完善的法律制度加以保障。(3) 通过加强行业自律来规范业界经营行为。(4) 能与所在建筑相协调，设计构思巧妙，富于浪漫情趣。(5) 体现了以人为本的原则。

3 西安市东大街西段广告牌设置现状

3.1 东大街西段概况

钟楼地区作为古都西安的"心脏"地带，也是西安城市的名片，由于其特有的文化历史信息，其成为市民乃至外地游客备受关注的城市核心区（图 1）。钟楼地区东大街西段是西安市内著名的商业地段，是西安市内人流、车流较为密集的一个地段。该地段长约 450 米。商业种类繁多：服装类、餐饮类、金融类、饰品类等，大量的商铺以及密集的公交站点使得该区域拥有大量的店铺牌匾和广告牌。

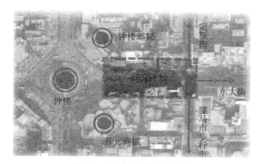

图1　东大街西段区位

3.2　现状调查方法

通过实地勘测法对东大街西段户外广告设置现状进行客观的描述、比较与评价，在实地勘测调研中，综合运用了拍摄图像、绘图、观察、统计等多种方法获得一手的资料收集；并采用调查问卷法的方式，对不同背景人士在这一研究领域的观点与看法进行分析与总结，为更深层次的研究与探讨做好铺垫。

3.3　广告牌设置现状调查

3.3.1　广告牌类别

该地段商业种类有：服装类、餐饮类、金融类、饰品类等。由于东大街是西安市传统的商业街，故该区域内服装类广告牌占到将近一半的比例，远远多于其他的广告牌。以其所占比重见表1。

东大街西段广告牌各类别占比　　　　　　　　　　　　　　　表1

类别	服装类	餐饮类	金融类	饰品类	其他
占比	58.6%	17.1%	12.1%	8.3%	3.9%

3.3.2　广告牌色彩

就单个广告牌来说，大部分比较符合店铺的要求。但当把单个元素放入整体考虑时，不难发现，整个东大街西段地区，被五彩缤纷的广告牌渲染得杂乱无章（图2），没有将钟楼乃至整个城市色彩作为一个主题连贯起来。通过发放问卷调查，笔者得出了东大街西段广告牌色彩与建筑主体色彩是否符合情况的比重，可以发现绝大多数市民对该区域内广告牌颜色不满意，既不符合建筑立面色彩，也与西安这座城市的特色相去甚远（表2）。

图2　广告牌色彩现状

东大街西段广告牌色彩与建筑主体色彩符合情况比重表　　　　　表2

项目	符合	不符合
占比	67.3%	32.7%

3.3.3 广告牌形式

为了突出西安这座古都的城市面貌，广告牌基本上都是规矩的方形牌匾，但是由于其商业性的影响，部分店铺牌匾设计具有新意（图3），在形式上追求变化，有的伴随着雨篷的起伏的形式形成富有动感的界面，有的搭配一些发光灯具以吸引更多路人关注，这些广告牌在个体上虽具有一些美感，但整体上还是显得有一些杂乱，缺乏协调感。

3.3.4 广告牌尺寸

广告牌的尺寸虽还未有统一规范，但从现场调研状况来看，有部分店铺牌匾有意贪大，遮盖了大部分墙面，有的高度设置超过了店面的高度。就整体而言，密度过大，牌匾紧密相连，不留空隙，给人目不暇接的感觉。高度上有些不能达到错落有致，形成无序的边际线。通过实地调查，得到广告牌匾对建筑表面的覆盖面积占比，可以看出 30~80m² 的大型广告牌占到了绝大多数，且也与建筑立面的大小不相适应（图4）。

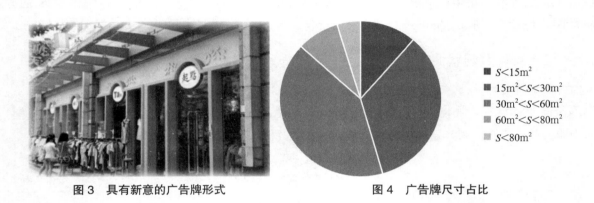

图3 具有新意的广告牌形式　　　　　　图4 广告牌尺寸占比

- $S<15m^2$
- $15m^2<S<30m^2$
- $30m^2<S<60m^2$
- $60m^2<S<80m^2$
- $S<80m^2$

3.3.5 广告牌位置

广告牌在建筑上所处位置形式不一，有位于入口门檐处的、有处于建筑顶部的、也有建筑侧面的，一半以上的广告牌选择布置在入口门檐处，路人可以在正常视觉范围内观察到它。近三成的广告牌布置在建筑顶部，其目的是让较远的路人看到，吸引其过来。其所占比重见表3。

东大街西段广告牌设置位置情况占比　　　　　　　　　　　　　　　　表3

位置	入口门檐	建筑顶部	建筑侧面
占比	56.6%	27.4%	16.0%

3.3.6 广告牌高度

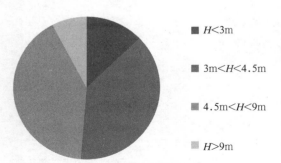

- $H<3m$
- $3m<H<4.5m$
- $4.5m<H<9m$
- $H>9m$

图5 广告牌高度占比情况

广告牌主要悬挂于建筑墙面，也有部分悬挂在屋檐和栏杆的，绝大多数广告牌布置在3~9m的高度内，符合人正常视线的范围，有的则布置得过高或过低，不方便路人观察。就整体分布而言，由于商铺较多，因而广告牌的密集程度较大，分布的高度差异性也较大，给人一种高高低低缺乏韵律的感觉。广告牌的高度所占比重如图5所示。

4 现状存在的主要问题

4.1 广告牌设置破坏建筑立面的形式构图

建筑立面设计是建筑设计工作中的一个重要环节，建筑师根据建设项目的功能、性质和所处的特定建设环境进行综合分析，提出具有时代和地域特征并具有某种建筑风格倾向的设计方案。基于多种原因大多数公共建筑在原设计阶段并没有充分考虑外立面广告牌的制作与发布因素，导致该建筑建成后在立面上像贴膏药般制作的广告牌杂乱无章地打破了原有的建筑立面构图和比例关系，形成了不和谐的视觉要素。

4.2 广告牌设置趋同化

钟楼地区东大街西段虽然设置有大量的广告，但缺少能够展示该地区文化特色、功能定位的广告牌，而且未能形成美观的城市主街道界面。广告内容一般是美女加文字，或是大红大绿为背景，这种流行风刮遍大江南北，很难彰显建筑的自身特点，使人无法感受城市的魅力，无法体会城市的精髓。

4.3 广告牌设置随意无序

建筑立面上的广告牌若未经统一设计，通常都是大小不一，形态各异，广告主、广告经营者盲目追求广告投放量，总以为广告牌以大为美、以多争效，欲求视觉上的强烈冲击以吸引人们的注意力，但却反而使广告牌设置的随意无序。尺寸不一、色彩繁杂、毫无文化内涵的广告牌拼接在一起，使人眼花缭乱，产生视觉疲劳，大大削弱了广告的有效宣传性。

4.4 广告牌设置有一定的安全隐患

由于没有形成完善的管理机制，户外广告设置随意性很大，后续维护不利，一些广告牌年久失修，既破坏城市景观，又带来安全隐患。在公共建筑外立面的广告制作和安装遮挡了外立面，封闭了商业裙房的屋面，还有一部分广告大尺度从外立面挑出，这些现象在消防抢险中给人员疏散与施救造成困难。当出现自然灾害（地震、飓风等），广告都有可能垮塌或坠落，对城市公共空间的人员和财物造成巨大伤害和损毁。一些构件制作会对外立面饰面建材、立柱、梁、外墙体、女儿墙和屋面板等部分和构件产生破坏作用，影响建筑整体的安全性。

4.5 广告牌设置影响建筑的通风采光

有一部分广告牌在建筑立面安装位置的选择时一味考虑自己的视觉效果，甚至遮挡了窗户，以牺牲应有的采光和通风来换取商业效益，严重影响了建筑内部使用者正常工作、学习和生活，只能采用人工照明、机械通风设备，浪费资源影响健康。

5 东大街西段广告牌设置的规划管理控制建议

5.1 广告牌设置加强地域识别性

城市的地域文化是城市特色的内在需求与展现，地域文化是指在一定的地域范围内长期形成的历史遗存、文化形态、社会习俗、生产生活方式等。

而户外广告恰恰是城市和区域传播地域文化的一种有效方式。本次研究区域周边的钟楼是西安市重点保护文物古迹，建于明太祖朱元璋洪武十七年（公元 1384 年），是中国古代遗留下来众多的钟楼中形制最大、保存最完整的一座，无论从建筑规模、历史价值或艺术价值各方面来说，它都居全国同类建筑之首。在做钟楼地区周边的广告牌设置规划时，要对这一特色用心挖掘、提炼，并再次在户外广告中呈现，将广告的形式和内容融入西安古城区的文化元素，或是将历史的、文化的符号加以提炼、整合、再创新利用，使这些充满着地域特色的广告既能传播着历史文化，成为西安有代表性的城市名片，又能增强不同地域的识别性。

5.2 色彩的控制

强对比色彩的使用是户外广告彰显自身的一种重要手段，对人们的视觉具有强烈的冲击作用。如果不经过合理的规划控制，任其自由发展，必定会产生"色彩垃圾"，造成"色彩污染"。所以，在东大街西段户外广告牌设计中，对广告色彩的选择要以保护东大街乃至整个钟楼地区的传统景观色彩为出发点，沿街设置的户外广告牌带给人们的是与平和、稳重的历史文化相得益彰的视觉感受，这些广告的色彩应该是含蓄的、不张扬的，与建筑融为一体的。

东大街西段户外广告的色彩既要与建筑颜色相协调，又要能够达到吸引消费者的目的，可以运用与所在建筑主色调相呼应，但纯度和明度适当的调高，或是使用近似色构成户外广告的主色调。保证沿街广告颜色既彼此之间相区别，又与建筑及街道景观色彩相协调。

5.3 广告牌设置融入街道景观

根据卢原义信在《街道美学》中相关描述，可以得知当 D/H 值较小，街道的纵长空间呈峡谷状，街道两旁建筑的界面会给路人带来压抑感。反之，如 D/H 值过大，街道的横长空间呈广场状，会给人以开放散漫的感觉（表 4）。不同的道路空间与街道尺度适合设置不同类型和位置的户外广告，但无论怎么设置，最重要的是街道上的户外广告规模不要过分破坏它原来显示的街道空间比率 D/H 值。

户外广告牌与街道空间关系表　　　　　　　　　　　　　　　　　　　表 4

街道空间	$D/H \leqslant 1$	$D/H = 2$	$D/H \geqslant 3$
空间的感觉	有一定的包围感，空间限定性强	较适宜的空间限定感，介于封闭和开敞之间	空间开敞，限定关系薄弱
设置要求	建筑物上设置的户外广告体型以小型为主，设置高度宜设置在视线可达的高度以内	建筑墙面可附设中、小型广告为主，仅局部可设置大型户外广告牌	建筑物上可设置墙面式广告及适宜的屋顶广告

街道景观是城市景观的骨架，街道景观的设计对整个城市景观具有很大的影响。分布于城市街道景观界面上的户外广告牌，对于城市街道的空间感及道路两旁建筑都有着重要的影响。因此，户外广告牌的设置应当考虑融入街道景观，尊重街道原来设计时形成的空间感。

5.4 监督管理部门的监控

城市监管部门要对东大街西段的整体街道景观加以控制，在全局上把握街道和建筑的形象风格，对广告牌的设计与设置进行严格把关，控制广告牌的位置、数量、尺寸、色彩等，使之与建筑以及街道特色相协调，在此前提下，让广告展现各自的特点，也可依据不同城市组团、街道的文化背景、要素特征及主要功能进行分区，广告牌的设计与布置应反映出各分区的特色。监督管理部门应成为商业街良好景观界面的保障，对广告牌设置的位置、大小、颜色等作出更加详细的控制要求，让各单位能够做到有章可循，同时，监督部门管理起来也更加方便。

6 结语

为了给人们创造一个良好的景观环境，对作为街道"第二轮廓线"的户外广告牌进行合理的规划是不容忽视的。通过这次对西安市钟楼地区东大街西段户外广告牌的调查研究，浅析了其的规划设置方法与街道、建筑景观的关系，发挥户外广告牌对营造现代商业氛围、塑造良好街道景观，以及宣传城市特色文化的积极作用。另外，只有严格按照规划要求，在实施的过程中加强管理、增强意识，才能利用东大街西段"第二轮廓线"的独特功能创造高品质的城市景观环境和城市形象。

参考文献

[1] （日）芦原义信．街道美学 [M]．武汉：华中理工大学出版社，1989.

[2] （美）凯文·林奇著．城市意象 [M]．方益萍，何晓军译．北京：华夏出版社，2009.

[3] 王天然．西安曲江新区大型户外广告布局规划初探 [J]．山西建筑，2014，（3）：19－22.

[4] 袁钦．我国近年来城市户外广告设施设置规划体系与方法探讨 [J]．规划师，2008，24（上海浦东专辑）：51－53.

[5] 黄芳．城市景观意识引领下户外广告影响规划研究 [D]．杭州：杭州工商大学，2010.

[6] 宋金民，刘延民．城市户外广告规划初探 [J]．规划师，2000，（3）：77－78.

[7] 矫鸿博，章征涛，周可斌．青岛市中山路户外广告规划研究 [J]．山西建筑，2008，（3）：28－29.

[8] 杨建军，王建辉．城市户外广告设置规划研究——以杭州市萧山城区户外广告设置专项规划为例 [J]．规划师，2006，（11）：57－60.

[9] 张静，陈武．城市户外广告规划探索———以温州市城市户外广告设置规划为例 [J]．规划师，2001，（4）：45－46.

[10] 袁钦．我国近年来城市户外广告设施设置规划体系与方法探讨 [J]．规划师，2008，24（上海浦东专辑）：51－53.

[11] 宋立新，张珂．中山市户外广告招牌设置指引研究的方法与实践 [J]．规划师，2001，（4）：50－52.

厦门市轨道交通综合开发规划与管理实践

卢　源　刘　健　魏晓芸　单静涛*

【摘　要】随着我国轨道交通建设的高速发展,轨道交通综合开发已成为必然趋势,但现状综合开发实施效果有限。厦门市将轨道交通综合开发规划纳入到轨道交通规划体系中,对轨道交通综合开发规划的编制进行了有益的探索。本文介绍了厦门市轨道交通 1 号线综合开发在总体策略、线路与站点功能结构整合、用地布局优化和交通一体化衔接等方面的实践。通过对沿线城市综合系统的优化与整合,有效利用资源,并在规划管理中进行落实,实现轨道交通规划与城市规划的相互融合。

【关键词】轨道交通,沿线综合开发规划,城市规划,厦门

1　轨道交通综合开发与规划管理的总体现状

近年来,我国城市轨道交通已经进入全新的高速发展阶段,规划建设轨道交通的城市纷纷开始尝试进行轨道交通沿线土地的综合开发利用。目前,无论是规划部门还是轨道交通建设部门都意识到轨道交通综合开发是平衡部分建设投资,实现未来轨道交通可持续发展的必由之路。各部门对轨道交通综合开发的意愿均表现积极,各大城市分别在土地储备、物业开发、车站和停车场上盖物业项目、线路沿线地块开发等方面进行了一些有益的尝试。

然而,我国轨道交通综合开发工作尚处于起步阶段。各城市无论是在综合开发管理办法上,还是在实际操作程序上都存在很大差异。同时,许多实际问题也导致轨道交通综合开发工作无法有效推进和落实。从建成和运营的情况来看,轨道交通综合开发所带来的实践效果并不尽人意。2013 年针对全国城市规划管理部门和轨道交通建设开发部门的一项轨道交通综合开发调查显示,开发效果明显的仅占 18%,而效果不佳的则占 37%,如图 1 所示[1]。

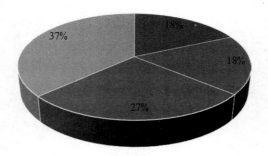

■效果显著■其他　■有些成就　■效果不佳

图 1　轨道综合开发实施效果调查结果

---

* 卢源,男,北京天华易和城市规划有限公司总规划师,北京交通大学讲师,同济大学博士。

造成以上结果的主要原因在于：在城市规划层面，轨道交通与城市功能没有很好的整合起来，城市功能沿道路建设的趋势没有根本改变，与轨道交通枢纽实现一体化的城市节点仍很少，资源未获得充分的利用。究其原因，当前城市规划体系缺乏对轨道交通综合开发的有效引导和控制是一重要因素。规划编制和管理与轨道交通系统工程实施之间缺乏有效的互动。尤其是轨道交通建设过程较少对沿线城市发展走廊整体发展与优化的考虑，往往丧失借助轨道交通建设进行城市系统优化的重大历史机遇，以及有效控制和引导的管理方法。

近期，TOD 综合开发类的规划编制工作成为规划设计市场的热点，招标信息网上与轨道相关规划设计的项目信息的统计数据表明，2008~2012 年我国开展了众多的相关规划工作，规划年增长率越来越大，平均增长率达到了 30%，如图 2 所示[2]。但是，综合开发规划编制缺少对规划目标、内容和深度等的规范性约束和指导。虽然相关部门提出了关于本类规划的指导意见，但是对综合开发规划的编制时机和主体以及综合开发规划在城市规划体系中的法定作用仍没有明确要求，导致大部分综合开发介入时间较晚，其实轨道线路站点的工程设计多已基本确定，难于系统引导轨道建设。同时，调研也发现，目前所编制的各类综合开发规划中对以项目投资平衡为目的的策划与规划之间的关系认识不清，常常"以策划代规划"，更多情况下，沿线的综合开发中常出现"以设计代规划，以站点代全线"的现象，缺少多系统综合与统筹。

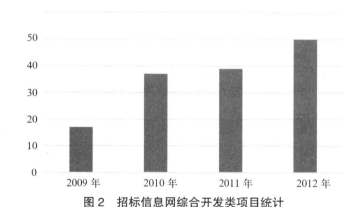

图 2　招标信息网综合开发类项目统计

2　现有研究情况

石楠在中国城市轨道交通沿线建设与规划管理问题及需求调查分析中指出：轨道交通综合开发是以轨道交通为引导，综合利用轨道客流与轨道对土地的升值效应，从城市系统化协调发展的角度，以实现筹措建设资金、弥补运营亏损、发挥轨道交通综合社会效益三大目标为出发点，强调轨道交通与土地开发的互利共荣，强调轨道交通对城市空间结构、产业布局和交通一体化衔接的积极影响，综合开发是改善和提高轨道交通与城市融合度，实现轨道交通可持续发展的重要基础。近年来，关于轨道交通综合开发领域的主要研究集中在现象与规律方面，但对如何实现规划对轨道交通综合开发的有效引导的方法论和政策机制的探讨十分有限。其中卢源、秦科等在第二届轨道交通综合开发国际研讨会上提出的观点认为：轨道交通综合开发要从多角度、多利益出发；考虑周边不同市场开发的潜力，并系统化、网络化整体考虑，充分利用资源，分清各车站及周边资源的优势及劣势，实现车站的整体规划[2]。

轨道交通真正实现沿线综合开发意味着：土地开发责任和轨道责任的合一；工程建设主体到系统开发主体实际上更应是规划编制的积极参与者。轨道交通的规划、建设与实施从单向结构进入了一个复杂的巨型系统和相互连接的网络平台的打造；这要求轨道交通与城市规划突破独立而分隔的垂直系统屏障，将综合开发规划作为一种持续的沟通平台，以多专业、多价值、多主体，加强二者之间的互动和反馈，使二者紧密联系在一起，从而创造更全面的经济效益，实现多目标的共赢。图 3 反映了综合开发系统性规划在沟通和构建城市规划与轨道交通建设两大程序主体在各阶段的互动或联系的桥梁作用。

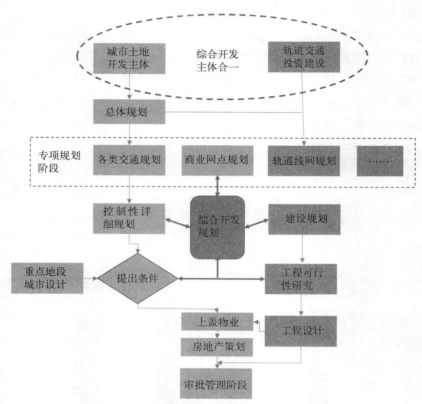

图 3　城市规划与轨道交通系统联系图

3　厦门市轨道交通综合开发规划管理的实践

3.1　厦门市城市体系与轨道交通发展

厦门为改革开放首批经济特区，计划单列市，经过 30 多年的发展，逐步从只有 30 万人口的海岛型城市发展成近 400 万人口的环湾型区域中心城市。根据 2016 年批复的厦门市城市总体规划（2011 ~ 2020年）到 2020 年厦门市的城市常住人口将增长到 500 万人左右，城市建设用地约 440 平方千米，并构建"一岛一带双核多中心"的城市格局。其中，"一岛"为厦门岛；"一带"为环湾城市带；"双核"为厦门岛和厦门东部两个市级中心；"多中心"为思明、湖里、海沧、集美、同安、翔安等区级中心；组团之间由海域、山体和生态绿廊分隔，总体形成城市与自然环境相互融合的生态型结构模式。

根据 2015 年修编的厦门市轨道交通线网规划，至 2022 年厦门市轨道交通线网由 2 条快线和 8 条普线组成。厦门轨道交通 1 号线是厦门市轨道线网的南北骨架线，延续了城市传统南北向发展格局，并连接思明区、湖里区、集美区等重要组团，厦门轨道 1 号线全长 30.3 千米，从毗邻鼓浪屿、中山路的本岛旧城出发，途经思明厦门站商圈、湖里特区工业发祥地、集美学村旧城、集美新城核心，终点至厦门北站，是由本岛向北辐射形成跨海联系的快速交通通道。厦门是城市轨道交通俱乐部的新成员，但厦门市政府为了避免前列城市在建设城市轨道交通系统中的不足，于 2012 年厦门 1 号线工程可行性研究编制的中期启动了《厦门市轨道交通 1 号线综合开发》规划的编制工作，其编制主要目的在于：是筹集建设资金的重要手段；是整合、促进、协调沿线城市建设发展的重要方式；是优化车站、线路功能、设施布局和工程设计的重要依据；是协调各个相关单位和利益主体关系的重要平台。

3.2 厦门市轨道交通 1 号线综合开发总体框架与策略

3.2.1 总体框架

厦门轨道交通 1 号线综合开发规划，首先从宏观上考虑整个厦门市的城市转型发展，确定线路的宏观定位、线路功能并根据发展态势制定线路总体发展策略。在此基础上，进一步在中观层面进行全线的资源整合与协调，确定空间与产业布局、调整用地功能和强度，根据客流情况确定配套设施规模，并进行线路与站位的调整与优化。在微观层面，针对各站点进行具体项目策划，包括确定各站点的土地开发策略，交通保障措施、车站地区空间意向，并制定站点综合体设计及物业开发策略和站点规划导则。厦门轨道交通 1 号线综合开发规划的总体框架流程如图 4 所示。

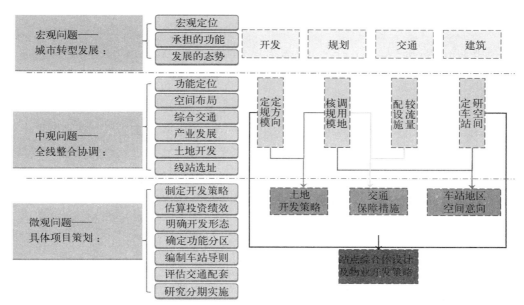

图 4 厦门市轨道交通综合开发总体框架

3.2.2 总体策略

厦门作为一个有别于一般形态稳定和以外延扩张为主的城市，正处于城市快速扩张的进程中，跨越海峡、向岛外内陆地区发展是未来厦门城市用地扩展的主要方向。通过对 1 号线沿线资源分布的梳理可以看出，沿线 80% 左右的资源都位于岛外，也就是说外围的重要性远大于中心城区，而且岛内资源开发成本极高，给综合开发带来难题。鉴于此，1 号线综合开发采取岛内外差异化发展和产城融合、站城融合的开发策略。

对岛内建成区，主要以完善配套、中心耦合、便捷换乘为主。对岛外待开发区，促进建设"地铁小镇"，在站点周边应尽可能规划形成完整的地铁社区，规划建筑规模约 100 万平方米，进行完善的基础服务设施配套。改变 1 号线各站点周边土地单一功能模式，强调混合开发，增强产业区活力、减少长距离通勤交通。同时，站点与周边用地综合考虑、一体化建设，促进土地高效集约利用，优化站点周边交通组织和业态布局，加强站点与片区中心耦合。从站点 500m 到影响区，拓展空间尺度，回收增值效益；在新城创造资本池，重点强化外围土地储备与土地控制；在中心锚固资源，审慎参与城市中心再开发，优选有限重点土地。

3.3　1号线总体功能定位与规划战略研判

厦门轨道交通 1 号线是厦门市南北向公共交通及跨海交通的主要通道，它延续城市传统南北向发展格局，是南北向发展轴的主要支撑，支持岛外杏林、集美组团的发展。通过 1 号线的建设及其他线路的建设成网，可以推动厦门市旧城改造和城市更新，并促进沿线综合交通系统的优化整合，使厦门的城市组团结构进一步得到优化。

1 号线作为连接厦门城市中心和众多副中心的重要纽带，串接多个城市重要商圈和商业设施。厦门本岛作为全市的政治、经济、文化中心，发展较为完善，而岛外的城市副中心，目前多数还处于功能、规模和档次较弱的发展阶段。因此，厦门空间结构优化，与轨道交通的耦合原则应成为城市空间中心体系发展的指导原则。厦门岛内外的商业布局分布不均，1 号线沿线串联厦门岛内和集美区现有及规划商业中心，轨道建设在强化传统商圈的基础上，优化调整商业网点布局，满足人口向岛外疏散、产业结构优化调整和旅游服务的需要，形成更为合理、层级分明的城市空间布局结构。

3.4　1号线各站点的功能指引与控制要点

制定站点的功能指引和控制要点的主要目的是确定节点等级与功能，明确规模控制依据，调整线站功能布局，耦合轨道网络与城市功能节点和交通换乘体系。在 1 号线沿线及站点的整合与优化中充分重视轨道引导的客流变化，顺应商圈形态结构演化，实现"轨道＋商业"的双心耦合；为重点土地谋求规划支持，实现独占性与差异化；核定市场容量，优化空间布局，实现城市商业功能的市场需求与供给在数量和空间分布上的平衡。只有充分利用商圈内现有可利用土地资源，强化与轨道站点的衔接，锚固客流，以商圈地上、地下空间利用的强化控制与政策激励，促进一体化才能使综合开发达到预期目标（表1）。

厦门市轨道 1 号线沿线城市空间发展策略　　　　　　　　　　　表 1

区位	发展策略	站点
传统老城风貌区	(1) 强化车站出入口及地下通道与厦门主要旅游集散地的步行联系； (2) 综合开发注重风貌保护，确保有序更新	镇海路、中山公园站
成熟中心区	(1) 强调交通无缝衔接与城市环境品质提升； (2) 形成地下步行网络联系主要交通枢纽及商业设施	滨湖东路站
工业更新区	(1) 进行存量用地二次开发； (2) 综合开发突出园区功能完善与提升	火炬园站
集美学村风貌区	(1) 强化风貌保护，完善旅游配套； (2) 理顺片区交通接驳系统，成为区域旅游集散中心	集美学村站
集美新城核心区	珠链式"TOD"布局模式	集美中心站、杏锦路站、园博苑站
厦门北高铁站片区	强化交通一体化及地上地下空间一体化建设	岩内站、天水路站

基于厦门以本岛为核心呈组团式发展的城市格局，规划按"优化岛内，拓展岛外"的原则，提出厦门空间优化应体现"多层次、多中心"的复合型网络化布局特点，岛内进一步强化现有中心，岛外依托站点调整中心布局，并将城市中心根据功能特点划分为商业、商务办公及旅游配套等不同类别，细分各中心的职能定位，如图 5 所示。结合所在区域功能，确定 1 号线各站点的功能定位及等级见表 2。

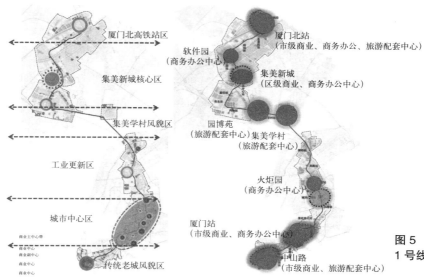

图5　厦门市轨道交通1号线沿线城市中心体系分布

厦门轨道交通1号线站点功能定位及等级表　　表2

序号	站点名称	商业等级	公共服务性质	综合开发等级定位	远期枢纽等级定位
1	中山西路站	区域－市级中心辅站	旅游	综合开发重点站	1级枢纽站
2	中山路站	区域－市级中心	医疗	一般站	4级枢纽站
3	中山公园站	区域－市级中心辅站	教育、文化	综合开发重点站	2级枢纽站
4	将军祠站	社区中心	医疗、教育	一般站	4级枢纽站
5	文灶站	市级中心	一般	综合开发重点站	2级枢纽站
6	湖滨东路站	市级中心辅站	一般	综合开发重点站	1级枢纽站
7	莲坂站	区级中心	一般	一般站	2级枢纽站
8	莲花路口站	区级中心辅站	一般	一般站	3级枢纽站
9	吕厝路站	一般站	一般	一般站	2级枢纽站
10	城市广场站	区级中心	教育、医疗	综合开发重点站	2级枢纽站
11	塘边站	一般站	一般	一般站	4级枢纽站
12	火炬园站	社区中心	教育	综合开发重点站	3级枢纽站
13	高殿站	片区中心	旅游	一般站	3级枢纽站
14	高崎站	特殊功能	一般	综合开发重点站	1级枢纽站
15	集美学村站	片区中心	教育、文化	综合开发重点站	1级枢纽站
16	园博苑站	一般站	旅游	一般站	3级枢纽站
17	内林站	一般站	教育	一般站	4级枢纽站
18	杏北站	片区级中心	医疗	综合开发重点站	2级枢纽站
19	董任站	社区中心	教育	综合开发重点站	3级枢纽站
20	集美中心站	区级中心	文化	综合开发重点站	3级枢纽站
21	诚毅广场站	一般站	一般	一般站	4级枢纽站
22	软件园站	社区中心	科研	一般站	3级枢纽站
23	琦沟站	片区中心	教育	综合开发重点站	2级枢纽站
24	圣果苑站	一般站	一般	一般站	4级枢纽站
25	厦门北站	市级中心站	一般	一般站	1级枢纽站
26	岩内车辆段站	特殊功能	教育	综合开发重点站	3级枢纽站

3.5 用地调整规划

现状，厦门岛内外用地构成差异明显，岛内用地开发已基本成熟，而岛外地区总体开发滞后。现阶段厦门地区1：1.4的岛外住商比，致使岛外地区商业类用地供给过剩，居住用地比重相对较低，不利于岛外地区的人口导入，如图6所示。岛内开发强度相对较高，与1号线耦合度较高。岛外站点基本不处于高强度开发区，导致重点用地容积率配置不足，开发绩效受损；交通综合用地缺项，市场规则难确立，土地转移缺乏制度保障。

为了协调与落实综合开发规划，需根据岛内外用地发展特点的差异，实施多目标的差异化管理原则，岛内开发总量严格控制，岛外地区应以轨道建设为契机，加快轨道沿线用地开发，形成紧凑型、串珠式和生态化的发展模式。在此基础上调整轨道沿线用地性质，置换工业仓储用地，增加商住、办公比例，确定综合开发用地。综合评估地区承载力，作为调整土地功能和开发强度的依据；提出适应性土地使用管理方案，提出"第六类"轨道综合类专项用地方案，如图7、图8所示。

3.6 交通一体化规划

轨道交通站点是城市综合交通枢纽节点，与常规公交、出租及慢行交通结合紧密，并与对外交通枢纽进行换乘。在本次规划中，结合用地调整优化交通衔接，提前布局各类交通设施，在用地控规中将交通设施用地提前预留，实现轨道交通与城市交通系统的一体化衔接，提高换乘效率，强化站点周边重要土地的可达性和影响腹地，有效调节和改善轨道客流。

通过调查分析可知，厦门地区枢纽与轨道锚固度低，换乘接驳薄弱，客流腹地受制；客流总量超预期，跨海区段客流不均；新城中心区可达性弱，腹地有限，调查结果如图9、图10所示。

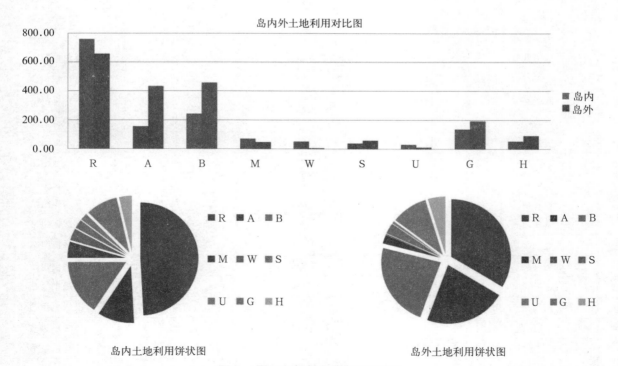

图6　厦门市岛内外土地利用现状

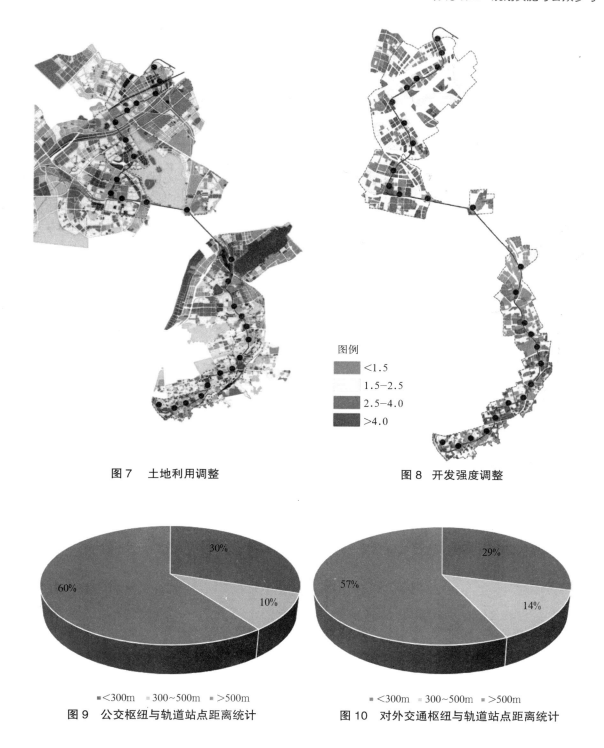

图7　土地利用调整　　　　　　　　　　　图8　开发强度调整

图例
<1.5
1.5—2.5
2.5—4.0
>4.0

■<300m　■300~500m　■>500m
图9　公交枢纽与轨道站点距离统计

■<300m　■300~500m　■>500m
图10　对外交通枢纽与轨道站点距离统计

　　规划中结合交通设施优化，调整公交场站，优化公交线路，合理安排各类换乘设施和换乘空间，完善站点周边步行网络，有序组织各类交通流，构建"B+R、P+R、W+R"一体化综合换乘体系。在1号线沿线27个站点中规划了19个公交场站，其中已建成公交场站4个。在岛外地区规划了5个P+R停车场，低成本扩充腹地，改善远端客户结构，提升远端土地价格。同时设置20个自行车停车场B+R，优化换乘改善品质，创造落地客流，增强重点土地能级。组建7个枢纽重配，码头＋全功能旅游综合体，有效地改善客流分布，有效提高商圈能级，有效地改善运营条件，如图11所示。

图中图例：
○ P+R 停车场
● 公交场站
● 已建成公交场

图 11　厦门轨道交通 1 号线交通一体化 衔接方案

3.7　强化引导与控制的控规体系

控制性详细规划是规划与开发建设中的关键性实施环节。控规的调整与优化，最主要的目的就是为了实现法定化与市场准则的确立。然而，目前的指标和技术要件难以在综合开发中发挥应有的作用，其主要原因在于：一体化综合开发规划是主体三维的开发过程，而传统控规是对二维平面上的方案进行控制。同时，综合开发是多主体、多权益在一个开发单元上的联合，也是近期实施性工程建设与近期控制性规划的结合；而现有控规只能做到分权而难以做到通过制度激励促进联合，难以对工程实施进行有效管理和引导。

在厦门轨道 1 号线综合开发中，对地面控规的控制指标体系进行了优化。除常规控制指标以外，还将步行设施、交通设施和地铁附属机电设施控制要素纳入指标体系，见表 3。步行设施主要包括过街设施、出入口与通道；交通设施主要指与轨道换乘衔接的交通一体化设施，包括公共停车场、公交场站和自行车停车场；地铁附属机电设施主要包括风井、冷却塔等需占地的附属设施。交通一体化设施、部分风井出入口根据周边规划条件鼓励与周边建筑结合建设，场站设施规模主要以数量指标进行控制。

新增地面控规指标　　　　　　　　　　　　　　　　　　　　表 3

控制类别	控制要素
过街设施出入口与通道	出入口地面部分
	广场和集散空间
	下沉广场
	过街天桥
	人行通道
交通一体化设施	公共停车场
	公交场站
	自行车停车场
地铁机电设施	风井
	冷却塔
	其他

在增加地面控规体系控制指标的同时，1 号线综合开发还创新提出地下专项控规编制，为实现站点地区立体管理提出可操作性的分层管理控制指标体系。地下分层管理控制指标包括强制性地下控制指标和建议性地下控制指标，见表 4。编制地下专项控规的主要目的是为了实现规则与共赢 —PPP 模式的网络一体化；关联区尺度的多主体联合开发；开放性市场条件确立；以网络放大个体功能效益，以控制强化基本公共功能保障。通过地下专项控规的编制，对不同类型的地下通道依据不同的建设要求、运营要求、建设模式等进行规划建设，充分发挥各自的突出作用。

地下控规指标 表 4

指标类型	控制类别	控制要素
强制性地下控制性指标	边界控制	地下建筑后退控制线
		用地边界线
		轨道安全协调区控制线
		地下空间整合设计线
		道路与用地红线
	通道、出入口与接口	重点地下空间出入口
		重点地下人行通道
		地下通道面接控制区
		地下建筑对接口
	地铁机电设施	风井、冷却塔等机电附属设施
	开发规模	特定功能开发规模上限与下限
	其他	特定区域运营要求
		关键控制点三维坐标
		地下公交换乘厅
建议性地下控制性指标	一般性控制指标	特定地区的地下空间开发功能
		特定地区的地下空间开发兼容性
		商业服务功能开发业态
		环保与空间景观环境
		开发时序与实施分期
		其他功能开发规模
		各空间功能竖向对接关系
		一般地下空间出入口与通道
		地下空间开发层次与规模
		开敞（半开敞）下沉式广场
		管线走廊
		其他地下人行通道
		一般区域运营要求

在厦门轨道交通 1 号线综合开发规划中，通过建立地上、地下控制指标体系，以城市设计为引导，深化控规体系，提升城市空间品质。建立站点设计图则，对下阶段综合开发设计提出工程衔接、形态控制、交通组织、分期建设具体控制要求，保障规划管理实施。1 号线综合开发规划中对原有控规的调整主要涉及指标调整、设施布局及地下开发控制 3 个方面，分别体现在土地利用规划图、地面图则和地下图则中，并被纳入规划信息库中作为控制管理的审查依据。同时，根据《厦门市轨道交通规划管理办法》，站点周边片区要求根据综合开发规划的成果进一步开展修建性详细规划，作为轨道交通站点施工设计的规划许可依据，确保规划意图在空间的具体落实（图 12、图 13）。

3.8 明确配套政策的建立

3.8.1 分类土地开发管理机制

本次规划对厦门市轨道交通 1 号线沿线的土地资源进行梳理，确定可利用的土地与空间资源及其存量，梳理各类土地资源之间的关系，优选分级，明确资本池和土地储备方向，提出分类土地开发管理机制。

结合沿线用地批租情况、拆迁难度、开发收益及公共设施布局要求，划定三类开发控制用地。第一

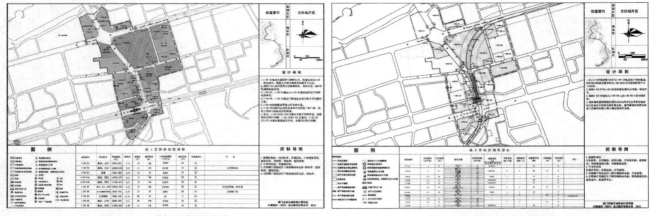

图 12　文灶站地面图则　　　　　　　　　　　图 13　文灶站地下图则

类为综合开发用地，即紧邻车站、建议与轨道同步建设的用地，可分为与轨道工程同步建设 A 类用地、通道与轨道工程衔接 B 类用地。第二类为近期储备用地，即拆迁难度小、近期有条件改造地块和已收储用地。第三类为开发控制用地，即收益于轨道建设但近期调整难度较大的用地。规划重点对综合开发用地和近期储备用地进行控制，并建议进行收储，为轨道建设投融资提供条件。

3.8.2　常态的综合开发规划编制程序和技术导则

厦门市先后出台了多个轨道规划地方规范文件，如《厦门市轨道交通规划管理办法》和《关于轨道交通站点周边土地建设的规划指引》，界定了轨道规划的内容，综合开发规划的编制主体和规划内容，其中明确指出："轨道交通规划体系包括轨道交通线网规划、建设规划、综合开发规划和修建性详细规划。"同时，"轨道交通综合开发规划由市规划行政主管部门组织编制。综合开发规划应先于线路工程可行性研究开展或与线路工程可行性研究同步开展，并与线路工程可行性研究互动、衔接，报厦门市人民政府审批"。《厦门市轨道交通规划管理办法》还指出："轨道交通综合开发规划，是指为保障轨道交通工程的实施，协调沿线用地开发建设、地下空间合理利用，结合轨道交通项目工程可行性研究报告的设计方案编制的涵盖轨道交通沿线及车站周边土地利用规划、交通组织规划和城市设计等内容的综合性规划。"

根据《厦门市轨道交通规划管理办法》，以车站为核心 500m 半径划定轨道交通影响范围，并覆盖线路全线及车辆基地。轨道交通影响范围内的用地鼓励结合站点进行综合开发，并优先考虑作为轨道建设投融资和安置房建设用地，用地规划与建设应慎重，凡涉及影响范围内用地规划审批应经规划委会议讨论，并征求地铁办意见。轨道交通综合开发规划（含控规）经市政府批复后，作为轨道相关规划控制要素，按照管理单元划分分别纳入规划信息库内统一管理。

4　厦门轨道交通 1 号线的创新与特色

轨道交通建设将对城市的综合发展产生复杂而深刻的影响，这种影响不仅体现在交通领域的结构调整上，还表现在城市整体空间结构、区域产业和功能布局、人口和社会资源分布等方面，对沿线地区的土地使用方式、产业功能布局、生活服务网络和交通配套体系都提出了新的挑战。

厦门将轨道交通综合开发规划纳入轨道交通规划体系，在轨道交通 1 号线前期规划阶段开展综合开发规划，从城市空间结构、用地布局优化和交通一体化衔接等多方面对沿线城市综合系统进行优化整合，并在规划管理中进行落实，对综合开发规划编制进行积极有效的尝试与实践。

　　综合开发规划是厦门在城市规划方面的创新与尝试，对其他开展轨道建设的城市在规划编制与管理方面具有可借鉴学习的意义。厦门市轨道交通 1 号线综合开发规划，通过多专业配合，系统性研究，城市设计引导，形成规划管理图则，为轨道工程规划与城市规划的"规划统筹、系统衔接"提供规划编制及管理的新思路与新平台，引导城市依托轨道建设实现城市空间优化、土地集约利用、交通一体化的规划目标。

参考文献

[1]　石楠．中国城市轨道交通沿线建设与规划管理问题及需求调查分析 [C]. 城市新引力 2　轨道交通综合开发规划理论与实践，2013：61-74.

[2]　卢源，秦科，高铁军．基于全线统筹的轨道交通综合开发规划方法论研究——厦门轨道交通 1 号线综合开发系列规划的经验与实践 [C]. 城市新引力 2　轨道交通综合开发规划理论与实践，2013：89-101.

[3]　魏晓芸．厦门轨道交通综合开发规划实践——以厦门轨道一号线综合开发规划为例 [J]. 城市，2016，（2）：50-54.

基于空间相互作用模型的关中——天水城市群研究

李志刚　李　倩 *

【摘　要】关中——天水经济区是西部地区经济发展的重点地区，完善关中——天水城市群的空间结构，能更好发挥城市群经济优势，提升区域竞争力。本文运用引力模型、潜力模型、断裂点模型等空间相互作用模型，计算关中—天水城市群 7 市 1 区的空间相互作用，得出结论和建议：关中—天水城市群中西安的综合规模雄踞榜首，次级城市发育不足；应加强建设以渭南为中心的东部副中心和以宝鸡为中心的西部副中心，完善城市群等级规模结构；在潜力分析方面，本文发现加权潜力模型在反映城市群空间相互作用的客观格局方面作用有限，其具体运用仍有待进一步探讨。

【关键词】关中天水经济区，城市群，空间相互作用，理论模型

1　引言

2013 年 9 月，国家主席习近平在哈萨克斯坦的访问中，首次提出了"丝绸之路经济带"这一全新经济合作区域的概念。作为"丝绸之路经济带"的东段——关中—天水经济区（以下简称关天经济区），东承中东部省份，西启河西走廊、新疆等地段，地理条件优越。

2009 年国务院正式批准《关中—天水经济区发展规划》（简称《规划》）。关天经济区作为国家确定的西部大开发重点经济区之一，其范围涵盖陕西省西安市、咸阳市、宝鸡市、渭南市、铜川市、杨凌农业高新技术产业示范区、商洛市部分县区以及甘肃省天水市所辖行政区域，共七市一区，总面积 7.98 万平方千米 [1]。《规划》将关天经济区定位为全国内陆型经济开放开发战略高地，把经济区中心城市西安打造成现代化国际大都市，并依此建立西部及广大西北内陆地区"开放开发龙头地区" [2]。

本文立足关天经济区城市群（即关中—天水城市群，简称关天城市群），研究各城市间空间相互作用关系，探讨该城市群空间结构优化、区域产业整合、优势资源互补的发展策略，这对推动西部地区经济发展，维持关天经济区产业结构协调有着重要意义。

2　空间相互作用模型及其在关天城市群中的应用

经济地理学中的"空间相互作用理论"是以区域范围内城市间关联性与互相协调为基础。通过建构空间作用模型，可以判断这一互动关系的作用程度。近些年来应用空间相互作用模型的实例较多，陈群元等对传统模型进行改进，得出基于引力模型的长株潭城市群空间范围界定 [3]；顾朝林等运用重力模型方法对中国城市间的空间联系强度进行定量计算，刻画出中国城市体系的空间联系状态和结节区结构 [4]；郭庆胜等运用主成分分析方法确定中心城市断裂点位置，提出了中心城市空间影响范围的近似性划分

---

* 李志刚（1962—），男，博士，西安交通大学人居环境与建筑工程学院教授，国家注册城市规划师，主要从事城乡规划方面的研究。李倩（1992—），女，西安交通大学人居环境与建筑工程学院硕士研究生，从事城乡规划方面的研究。

方法[5]；薛领等运用空间相互作用理论和模型，定量测算了海淀区各个街乡的人口潜能与商业吸引力，分析该区的人口与商业分布状况及其空间互动关系[6]。空间相互作用模型中应用最多的是引力模型、潜力模型与断裂点模型[7]。引力模型能估算出空间两点间相互作用力的具体数值；潜力模型可测度空间既定点的质量集合对单位质量所施加的影响[8]；断裂点模型广泛应用于城市空间影响范围和城市经济区的划分[9]。这三种模型用于分析城市空间相互作用时，应注意其质量、距离指数的选择以及参数、常数的确定。本文以关天城市群 7 市 1 区（不包括县级市和县城）为研究对象，实证上述模型的应用。文中各城市统计资料来源于《中国城市统计年鉴 2014》市辖区（不含郊县）统计数据。

2.1　引力模型

城市之间相互作用力（引力），可以通过分析城市之间经济联系强度来估算。该引力值与两点的质量呈正向变化，与两点间距离呈反向变化。引力值的大小综合反映城市对外经济辐射能力。

引力模型公式如下[10]：

$$F_{ij}=\frac{M_iM_j}{D_{ij}^k} \tag{1}$$

式中　M_i、M_j——i、j 两城的综合规模；

　　　　D——城市 i 与 j 之间的综合距离；

　　　　K——待定系数（根据经验一般可取 1）。

通常以城市人口和经济实力两项数据来综合表达城市综合规模 M[11]。本文以城市市区人口 P 代表城市的人口规模，以国内生产总值 G 代表城市 GDP，则：

$$M_i=\sqrt{P_iG_i} \tag{2}$$

D_{ij} 是由直线距离和交通距离两个指标合成，具体计算采用几何平均值作为两城市的综合距离 D_{ij}[12]，以 X_1 代表城市 i 与 j 之间的直线距离（由百度地图可得），X_2 代表城市 i 与 j 之间的交通距离（由百度地图可得）：

$$D_{ij}=\sqrt{X_1X_2} \tag{3}$$

根据公式（2）计算关天城市群城市综合规模，结果见表 1。

关天城市群的综合规模计算　　　　　　　　　　　　　　　　　　　　　表 1

	西安	铜川	宝鸡	咸阳	渭南	杨凌	商洛	天水
市区人口（万人）（P）	580.6	76.1	143.5	92.2	99.4	20.2	55.4	133.1
GDP（亿元）（G）	4097.2	296.1	873.9	680.5	273.7	93.2	108.4	267.2
城市综合规模（M）	542.3	150.1	354.1	250.5	164.9	43.4	77.5	188.6

同样，根据公式（3）计算关天城市群的综合距离，结果见表 2。

关天城市群各城市综合距离　　　　　　　　　　　　　　　　　　　　　表 2

	西安	铜川	宝鸡	咸阳	渭南	杨凌	商洛	天水
西安		72.6	161.1	24.1	60.6	82.6	110.8	315.1
铜川	72.6		190.8	73.9	74.7	119.1	166.6	338.5
宝鸡	161.1	190.8		139.6	217.8	83.9	276.2	154.7
咸阳	24.1	73.9	139.6		81.4	61.2	134.5	292.4
渭南	60.6	74.7	217.8	81.4		139.8	93.9	370.5
杨凌	82.6	119.1	83.9	61.2	139.8		190.2	235.3
商洛	110.8	166.6	276.2	134.5	93.9	190.2		424.1
天水	315.1	338.5	154.7	292.4	370.5	235.3	424.1	

将以上数据代入公式（1），得出关天城市群相关城市之间的引力值（表3）。

关天城市群各城市相互引力值 表3

	西安	铜川	宝鸡	咸阳	渭南	杨凌	商洛	天水
西安		3188.0	3390.1	16022.8	4193.4	810.8	1078.8	923.1
铜川	3188.0		278.5	508.9	331.5	54.7	69.8	83.6
宝鸡	3390.1	278.5		635.5	268.1	183.2	99.4	431.6
咸阳	16022.8	508.9	635.5		507.7	177.5	144.4	161.6
渭南	4193.4	331.5	268.1	507.7		51.2	136.1	83.9
杨凌	810.8	54.7	183.2	177.5	51.2		17.7	34.8
商洛	1078.8	69.8	99.4	144.4	136.1	17.7		34.5
天水	923.1	83.6	431.6	161.6	83.9	34.8	34.5	

由表3可知，咸阳与西安相互引力值最大，其次是渭南和宝鸡，与西安联系相对最为薄弱的城市分别是商洛、天水和杨凌。原因在于天水在关天城市群中与区域中心城市西安的距离最远，距离摩擦系数作用明显。而咸阳在区域内与西安的联动发展占有绝对的优势[13]，说明西安与咸阳虽然在行政管辖上尚未合并，但其城市融合发展具有良好的区位基础。

2.2　潜力模型

引力模型可以探索城市之间的空间联系强度，但并不能直观看出城市所蕴含的潜力。引入潜力模型，目的是定量考察城市群各城市空间联系总量大小，可通过计算引力值之和求得：

$$V_i = \sum q_{ij} F_{ij} \tag{4}$$

式中　V_i——城市 i 的潜力；

　　　q_{ij}——权重，它反映的是城市 i 对空间相互作用力 F_{ij} 的贡献率。

关于潜力值的计算，目前存在两种分析思路：一种是不考虑权重影响，此时城市群内城市 i 的潜力值即为城市引力的简单求和，权重 q_{ij} 等于1；另一种是考虑到城市规模大小不同会导致其对引力的贡献度的不同，通过加权计算各城市的潜力值。

城市加权潜力值的计算，关键在于确定权重。权重 q_{ij} 反映该城市在与其他城市相互作用力中自身所占的比例，可用如下公式计算：

$$q_{ij} = \frac{GDP_i}{GDP_i + GDP_j} \tag{5}$$

式中　GDP_i、GDP_j——城市 i 和城市 j 的国民生产总值。

将 q_{ij} 代入公式（4），可计算出城市加权情形下的潜力值，也可同时计算列出城市不加权情形下的潜力值（表4）。

关天城市群各城市潜力值（不加权与加权两种情形） 表4

城市	不加权情形下的潜力值及排序		加权情形下的潜力值及排序	
	潜力值	排序	潜力值	排序
西安	29607	1	26149.1	1
铜川	4515	5	748.6	5

	不加权情形下的潜力值及排序		加权情形下的潜力值及排序	
宝鸡	5286.4	4	1949.9	3
咸阳	18158.3	2	3673.7	2
渭南	5572	3	810.5	4
杨凌	1329.9	8	100.4	8
商洛	1580.7	7	135.4	7
天水	1753.1	6	334.6	6

通过表 4 的潜力值排名对比可看出，有无权重对关天城市群中城市潜力排名格局影响不显著，整体而言，西安在关天城市群中处于绝对优势位置，宝鸡、咸阳潜力较大，而商洛、杨凌位居其末。

2.3 断裂点理论

断裂点理论(Breaking Point Theory)由康弗斯(P.D.Converse)于 1949 年在赖利(W.J.Reily)"零售引力规律"的基础上提出的[10]。该理论认为，中心城市对相邻区域发展的影响因各城市规模（人口规模、经济规模等）的差异，所产生作用的范围有所不同，随着距离的增加这种影响逐渐减弱，并最终被附近其他城市的影响所取代[14]。该理论认为相邻两城市间吸引力达到平衡状态的点即为断裂点，计算公式为：

$$d_A = \frac{D_{AB}}{1 + \sqrt{\dfrac{P_B}{P_A}}} \tag{6}$$

式中　　d_A——断裂点到 A 城的距离；

　　　　D_{AB}——A、B 两城的直线距离；

　　P_A、P_B——A、B 两城的人口规模。

根据公式（6），计算关天城市群城市间影响范围，结果见表 5。

关天城市群各城市断裂点距离　　　　　　　　　　　　　表 5

	西安	铜川	宝鸡	咸阳	渭南	杨凌	商洛	天水
西安		53.66	106.07	16.25	43.86	67.41	83.08	220.35
铜川	16.74		65.97	29.02	33.15	68.25	85.01	139.66
宝鸡	50.83	101.33		73.54	124.23	58.24	173.93	81.17
咸阳	6.55	37.48	61.86		41.9	40.83	80.06	146.76
渭南	14.34	34.75	84.78	34		88.27	47.76	167.74
杨凌	11.31	36.69	20.39	17	45.28		75.73	71.27
商洛	18.62	61.09	81.37	44.53	32.74	101.18		155.08
天水	77.05	156.54	59.23	127.34	179.37	148.53	241.92	

将表 5 计算出的断裂点数据标注在关天经济区地图上并过断裂点做圆滑曲线，可绘制出关天城市群空间影响范围（图 1）。可见，西安市的影响辐射范围已远远超过自身行政界限，成为关天城市群中绝对核心城市。

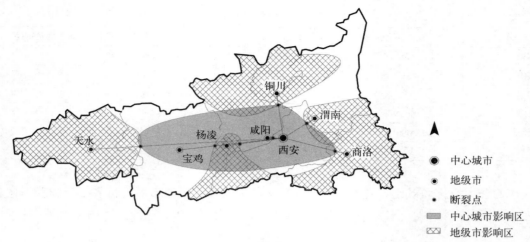

图 1　关天城市群空间格局

3　结论与讨论

3.1　结论

（1）在关天城市群空间相互作用的引力分析中，若以西安为中心观察其与其他诸城市的相互作用引力，则咸阳与西安引力值最大，引力值居中的城市依次是渭南、宝鸡和铜川，与西安联系相对最弱的依次是商洛、天水和杨凌。

（2）从各城市潜力值分布来看，西安的潜力值雄踞榜首，明显超越下级城市；咸阳、宝鸡的潜力值较为接近，但远远低于西安，构成关天城市群第二梯次城市；渭南、铜川、天水的潜力值次于第二梯次城市；潜力值最小的城市是商洛、杨凌。整体来看，关天城市群等级规模序列属于一种首位度极高的分布类型。

（3）从各城市之间断裂点（本文运用人口规模和距离参数进行计算）分布来看，西安市的影响范围很大，并在区位上与咸阳有较大耦合，形成关天经济区具有强大吸引辐射能力的西安—咸阳"复合极核"；在关天城市群外围，分别形成以渭南为中心的东部城市组团，和以宝鸡为中心的西部城市组团。

3.2　建议

关天城市群空间结构的调整，要针对城市群核心单一、城市分布离散、次级城市发育不足、空间结构不合理等问题，实施城市群优化完善战略：

（1）推进西安—咸阳一体化。全力推动西咸新区建设，加快西安发展国际化大都市的步伐，提升大西安的引领辐射作用，形成带动关天经济区发展乃至带动我国西北地区对西开放的强大发动机，为实现"一带一路"《愿景与行动》中提出的"打造西安内陆型改革开放政策新高地"提供战略支撑。

（2）打破单核心的城市群结构、培育城市群副中心。积极提升宝鸡、渭南城市综合规模，分别建设宝鸡、渭南两个副中心，形成"一主（西安—咸阳'复合极核'）两副（宝鸡、渭南）"城市群空间结构（图2），带动区域发展。

（3）淡化行政分割，积极发展天水，完善城市群空间布局。天水市是甘肃东大门，东连关中地区，扼陕甘咽喉，在空间战略上应积极融入大关中区域，发挥对甘肃省东南部地区的带动作用，实施跨省级行政区的空间发展策略。

（4）扩大关天城市群范围。为了发挥关天城市群核心区——西安—咸阳"复合极核"对区域发展的辐射和带动作用，需进一步跨区域扩展关天城市群范围：将延安纳入关天城市群范围内，可以对区域内石油资源进行优化配置，保证区域内能源的供给与输出；将平凉、庆阳纳入关天城市群范围内，可以对

图 2 关天城市群"一主两副"空间结构图

区域内煤炭资源进行有效整合，有利于关中西部资源短缺问题的解决；将汉中、安康纳入关天城市群范围内，可解决关中发展用水的问题，带动陕南脱贫开发。

3.3 讨论

在潜力模型的分析中，本文针对加权与不加权两种情况分别进行分析，其计算结果对城市潜力值排序影响不显著。笔者认为，加权潜力模型在客观反映城市群空间相互作用格局方面作用有限，在城市空间相互作用潜力值计算中引入权重并不具有必然性，其具体运用仍有待进一步探讨。

参考文献

[1] 国家发展改革委．关中天水经济区发展规划.2009，06.

[2] 张欢．关中天水经济区城市群结构特征研究 [D]．新疆：新疆师范大学，2011.

[3] 陈群元，宋玉详．城市群空间范围的综合界定方法研究 [J]．地理科学，2010，30（5）：660.

[4] 顾朝林，庞海峰．基于重力模型的中国城市体系空间联系与层域划分 [J]．地理研究，2008，27（1）：1.

[5] 郭庆胜，闫卫阳，李圣权．中心城市影响范围的近似性划分．武汉大学学报（信息科学版），2003，28（5）：596-599.

[6] 薛领，杨开忠．基于空间相互作用模型的商业布局：以北京市海淀区为例．地理研究，2005，24（2）：265-272.

[7] 闫卫阳，王发曾，秦耀辰．城市空间相互作用理论模型的演进与机理 [J]．地理科学进展，2009，28（4）：512-517.

[8] 罗芳，冯立乐．基于潜力模型的南京都市圈城市等级划分 [J]．华东经济管理，2010，24（6）：7-11.

[9] 闫卫阳，秦耀辰，郭庆胜等．城市断裂点理论的验证、扩展及应用 [J]．人文地理，2004，19（1）：12-16.

[10] 许学强，周一星，宁越敏．城市地理学 [M]．北京：高等教育出版社，1998：128-129.

[11] 王海红．城市间经济联系定量研究 [D]．开封：河南大学，2006.

[12] 唐相龙，李志刚，赵艳梅．基于引力模型的陇南市对外交通发展研究 [J]．兰州交通大学学报，2007，26（6）：25-28.

[13] 郑良海，邓晓兰，侯英．基于引力模型的关中城市间联系测度分析 [J]．人文地理，2011，10（2）：80-84.

[14] 南平，姚永鹏，张方明．甘肃省城市经济辐射区及其经济协作区研究 [J]．人文地理，2006，88（2）：89-92.

新常态下的旧城社区更新方式方法探索

原　斌　吕学昌*

【摘　要】城市像个有机体有其出生与发展，也有停滞与衰败。改革开放后，城市用地在增长主义的发展理念下不断扩张，新城的开发成为主导，而城市中心区的更新建设相对缓慢，沦为名副其实的"旧城"，糟糕的居住环境，低劣的房屋质量，复杂社会问题成为旧城的标签。如何使紧缺的土地资源得以高效利用，创造出集约、宜居、人性化、可持续的城市空间成为当下的重要研究方向。本文通过对我国经济发展的新常态分析，并介绍了英国和日本的社区更新方法，针对我国旧城社区更新模式单一，利益分配不公，公众缺乏有效参与的问题，提出了政府引导、规划师组织、居民自主参与的社区更新方式，以期能对新常态下我国旧城社区的改造更新方式方法提供思路。

【关键词】旧城更新，社区更新，以人为本，多元参与

1　引言

在我国经历的快速城镇化过程中，全国各地曾掀起了一股开发建设新城新区的热潮，但是随着时间的推移，多个城市"空城"现象频出。在产能过剩的背景下，随着中国经济走向了"新常态"，以往不断扩张的城市空间发展模式亟待转变。城市的建设不能再以增量开发为主导，应当探索新的社区更新的方式以激活旧的城市中心，避免因旧城衰败而引发各种严重的社会问题，造成类似于西方的"新城崛起，旧城衰退"的现象，从而形成集约、宜居、人性化、可持续发展的城市空间。

2　经济发展的新常态

从 2014 年 5 月"新常态"的提出到 2016 年 2 月"供给侧结构性改革"的提出，两大重要的发展理念透露了新形势下的中国经济发展趋势，中国经济在经历了连续的高速度增长以后，从 2007 年增速开始逐年下滑，而房地产行业也经历了从"黄金时代"到"白银时代"再到"青铜时代"的剧烈转变。房地产市场的相对过剩导致了大量的"鬼城"产生，不仅是对资源的浪费也是对经济发展的阻碍，未来，以增量为主的房地产市场最终会转为以存量和再改造为主的房地产市场。旧城的更新与复兴将是未来规划师的主战场。

2.1　经济发展进入新常态

过去提到促进经济增长，人们自然而然的想到要扩大需求、刺激消费，是由于从前的消费动力不足，

---

*　原斌，男，山东建筑大学在读研究生。
吕学昌，男，山东建筑大学教授。

而如今消费者有消费动力,但是供给的产品却满足不了消费者日益增长的需求。所以"供给侧结构性改革"旨在从供给端提供更加优化的产品以拉动消费,促进经济增长。

2.2 中等收入陷阱与旧城更新

"中等收入陷阱"是指一些发展中国家经济发展水平超过了人均 GDP1000 美元,进入中等收入行列,但却很少有国家能够顺利进入高收入行列,长期徘徊在中等收入区间,他们或是陷入增长与回落的循环之中,或是较长期处于增长十分缓慢甚至停滞的状态。在中等收入阶段,有些国家和地区长期滞留在下中等收入阶段,有些国家和地区则较快走出下中等收入阶段,但却在上中等收入阶段徘徊不前。

据国家统计局 1 月 19 日公布的经济数据显示,2015 年我国人均 GDP 为 5.2 万元,约合 8016 美元,已经步入上中等收入国家行列。但在全球经济遇冷,发展动力不足的新形势下,如何跨越"中等收入陷阱",步入发达国家行列是我国当今要面对的大的经济背景,中国的城镇化是 21 世纪带动世界经济前进的一大动力,解决好在城镇化过程中城市空间发展的问题,注重旧城更新会为跨越"中等收入陷阱"提供强有力的支撑。

3 旧城社区存在的问题

3.1 旧城社区环境恶劣

区域与城市的关系可以用"区域是城市的基础,城市是区域的核心"来形容,那么城市与社区的关系便可以用"城市是社区的基础,社区是城市的核心"来概括。

城市的主体是人,在人的意向中,特别是安土重迁的中国人的心中,住宅的地位毫无疑问是无可比拟的。在城市空间形态的构建中,作为曾经的城市中心的旧城,社区内多为使用几十年的低层、多层住房,在很多城市中这样的住宅形式仍旧在中心城区占有相当的比例。越来越多的旧居社区中的高收入者逃离出去,在新城购买新的住宅,旧城社区逐渐成为拥挤、破旧、人员复杂、高犯罪率的代名词。城市旧有社区的破旧、脏乱、无序等虽说是空间问题,但其根本所在仍旧是社会问题,新旧两城的居住空间分异会造成严重的社会问题,旧城的更新无论对于城市形象的改善还是社会稳定的可持续发展都至关重要。

3.2 旧城社区容积率低,建筑密度高,土地利用不集约

旧城社区内的旧有住宅以多层与低层为主,建筑密度高,容积率低,公共服务设施匮乏,土地利用极其不集约,在城市土地短缺的背景下,这种粗放的土地利用方式已经极为落后,随着经济水平的提高,人们对物质文化的需求也日益增高,改变现有的社区形态已经刻不容缓。

3.3 旧城社区居民收入低、老龄化现象严重

造成旧城社区内的居民呈现收入低、老龄化现象的原因很多,大致可以概括为两个。(1)随着旧城社区内环境每况愈下、房屋居住质量的严重下降,一些高收入者为了更好的生活体验而选择举家搬离到新建的住宅小区。(2)房子作为婚姻的必备品是绝大多数中国人的信仰,父母举债或者背负着巨大的经济压力为年轻一代购置新的婚房,而自己选择留在老宅。这就造成旧城社区居民老龄化严重、缺乏活力、收入结构单一、缺乏有效组织管理等一系列问题。

3.4 规划以经济利益为导向，忽视人的需求，不符合以人为本的原则

原有规划单纯从经济目标出发，规划忽视人性的需求，居民被动的选择既定的居住空间，缺乏人性化、个性化。

3.5 社区缺乏可识别性、居民没有归属感

快速城镇化的发展过程中，为满足大量的外来人口的居住，解决住房需求问题，城市社区在规划设计过程中往往只是简单的粘贴复制，造成居住社区缺乏可识别性，冷漠的城市生活也使得居民被隔绝在钢筋水泥所制作的牢笼中，缺乏归属感。

4 英、日社区更新经验借鉴

4.1 英国的文化导向城市更新方法

早在 20 世纪七八十年代，全球范围内掀起了一股"治理"模式变革之风，主张政府在城市管理中由单向的"管治"向互动的"治理"转变。其核心是依赖市民社会的迅速成长，对政治力量滥用发起制衡作用，从而使市民权利与国家权威相协调。其目的是通过改善政府的"管治"及倡导社会参与，强调通过民主参与，使得市民与国家发生良性的互动，从而使得政府向服务型转变，简政放权以利于推动经济发展和社会进步。这种变革是在整个社会层面上重新界定城市政府的职能与角色，实现政府与市民社会关系的重新建构。

4.1.1 背景简介

如同当今中国正在面临的经济结构转型的困难一样，英国在 20 世纪 70 年代中期的滞胀危机，制造业纷纷衰落，而生产性服务业逐渐兴起，此时英国经济暴露出来深层次的结构性问题。大量制造业破产，从而引发大量工人失业。一些工业城市如曼彻斯特、利物浦等，由于城市中心聚集着大量的失业工人，新兴的中产阶级纷纷逃离，选择在郊区居住，更加加剧了旧城中心的衰落，面对着由后工业转型带来的城市问题提出城市更新方法应该是更加一体化的方法，需要有更好的城市与区域政策配合。

4.1.2 旧城复兴的阶段

随后英国制定了一系列旧城复兴的政策，一阶段：20 世纪八九十年代，目标为解决城市内城的衰落问题。二阶段：2000 年后，除了解决内城问题外，又增加了增强城市的吸引力，实现城市复兴的目标。

4.1.3 以空间营造为主的文化导向

由于英国保留有大量维多利亚时期的建筑，这些具有历史价值意义的建筑对于当时的中产阶级具有怀旧和文化品位的精神价值。通过对能够引起共鸣的文化建筑的修缮，改善城市形象，从而促进投资、管理等生产性服务业和城市旅游业的发展。并且让市民拥有相同的文化感知，产生归属感，从而能够促使城市生活的和谐发展。

4.2 日本的"造街活动"

日本的"造街活动"是以原住居民为主体，结合政府合作方式对城市旧区的街道或地区根据不同的需求从艺术、景观、历史等方面进行更新改造。

4.2.1 "造街活动"背景简介

在 20 世纪 50 年代，日本通过拆旧建新的方式缓解战后所带来的房屋短缺的局面，随后便对房地产进行商业开发，导致房价高昂，粗放式的开辟荒地建设新的住宅楼使得旧城持续衰退。随着矛盾的产生，

20 世纪 60 年代旧城居民发起了呼吁旧城更新的活动。20 世纪 70 年代城市规划更加注重以人为本的规划理念，日本借鉴欧美发达国家经验，进行了拥有日本特色的"造街活动"。

20 世纪 80 年代政府组织建立各地区发展会，根据各地区不同情况进行更新活动。20 世纪 90 年代中央政府简政放权，鼓励地方政府自主管理，制定符合自身特点的政策，使得更新活动更加灵活多样。地方政府负责资助原住居民成立的社团，原住居民由被动参与变为主动的组织者，社区文化、凝聚力、自豪感增强。

4.2.2 古川町"社区营造"

古川町作为一座山间小镇，原本拥有着美丽的景色，一条贯穿小镇的濑川给小镇的生活带来了灵动的气息。在日本经济快速发展的 20 世纪 70 年代，随之而来的是环境污染、人心涣散，濑川受到来自上游工厂的污染，居民也随意的将垃圾倒入濑川冲走，导致濑川的活力不再，而彻彻底底成为一条污水沟。随着人们对环境的重视，古川町的居民就自发动员本地居民进行河道的整治，全镇的居民都动手参与污泥的处理与垃圾的清理，由此在每个居民心中种下了社区营造的种子。为了提醒大家保持川水的清澈，地方组织举办了放生鲤鱼的活动，当地组织捐赠了 3000 条鲤鱼，在放生当天，全镇居民齐聚濑户川共同见证此景，濑户川和川中的鲤鱼满载着居民对未来的生活的希望，也凝结着整个社区的情怀。

我国经济水平大致接近于英国和日本在 20 世纪 70 年代的水平。虽然经济大幅度的增长，但无论对于旧城居民的物质空间改善以及精神文明建设都处于相对落后的境地。新常态下，需要新的社区更新方式，这不仅仅改善旧城社区的物质空间环境，同时又能激发旧城活力，加强民众的社会认同感与社区归属感。

5 政府引导、规划师组织、居民自主参与式的旧城社区更新设想

伴随着经济发展进入了新常态，城市发展模式从增量规划到存量规划的转型，旧城更新也将进入一个新的建设方式语境下。政府、规划师、居民理应协同合作，在对城市社区进行更新改造的过程中将以人为本的理念更进一步的付诸实践，努力为广大民众打造更加舒适、更具温情、更有归属感的生活家园。政府、规划师、居民在旧城社区更新中扮演着不同的角色，承担着不同的分工（表 1）。

	政府、规划师、居民的各自分工	表 1
角色	分工	
政府	政策制定、提供资助	
规划师	规划设计、组织协调	
居民	参与更新、维护成果	

5.1 现状调研、整治优先

所谓更新，即在现有的基础上进行维护、改善，而非从无到有的规划设计。在进行更新规划设计前，在物质空间方面理应对社区现状进行详细的调研，对房屋质量、公共设施情况、动静态交通、卫生环境进行着重记录，了解社区现存的问题。

在现状调研过程中对于居民应当从家庭结构、年龄构成、收入情况、居住意象进行详细了解。针对不同情况进行分析，真正的体现出以人为本的规划理念，做出制定式的规划而不是千篇一律的规划。

社区调研可以采用问卷调查或与居民代表、居委会、物业等的座谈，以及实地考察调研等方式开展，对收集的数据进行分类和整理，将总结的内容进行二次沟通，以达到调研与实际相符合，能准确掌握社区现状情况的目的。

5.2 方案设计

5.2.1 制定政策、细化标准

地方政府作为城市的管理者，应当担负起责任，进行指标性、指引性的建设，严禁高密度、高容积率、低质量的新的"问题社区"出现。针对不同改造项目进行标准的细化，对更新目标进行初步的展望。

规划设计中还应强调预留发展空间的设计理念：目前社区规划是不允许居民对其进行任何改造的终端式、结果式的营造方式，拒绝居民根据自己日常习惯和个性需求的改造，是不可持续的方式；社区更新规划应适当留出一定余地，供日后居民根据自身实际需求与变化进行适应性改造建设，同时这样也有利于为居住者提供参与社区建设的机会，让他们为公共空间环境的设计与营造作出自己的贡献，并让他们承担一定的责任，这必然会增强他们对社区及空间环境的归属感、认同感，并形成强烈的社区意识（表2）。

更新分类和更新重点　　　　　　　　　　　　　　　　　　　　　　表2

更新分类	更新重点
文化	社区文化营造、传统文化
环境	海绵城市理论、宜人舒适公共空间
交通	开放式街区、绿色停车
建筑	个性化设计、外观改造、局部景观优化

5.2.2 居民参与

随着城镇化的快速进行，城市面貌发生着日新月异的变化，居民作为城镇化进程中第一线的直接参与者，束缚于传统规划的"自上而下"模式，居民往往只有最基本的权利得以"自下而上"的反馈给政府，而对新的基础设施和住宅以及更高的文化层次的需求无处反应，政府和民众之间缺乏有效的沟通导致一些公共政策和大型争议公共设施的选址建设往往会造成民众强烈的反抗。对于公共空间的更新改造，规划师应组织社区居民积极参与社区的规划改造工作。

5.2.3 小尺度小规模改善

转变更新发展思路，从传统的大拆大建不可逆的建设模式转为小尺度、小规模的更新改造，从单纯的物质空间改善转向内涵式提升。对基础设施破旧的社区进行更新改造，更新路面，增加垃圾收集点，拆除旧式混凝土式路灯，进行升级换代。通过聆听居民真实想法，鼓励居民参与进整个社区的更新发展中去，以改善环境，挺高生活品质，调动居民生活生产的积极性。

5.2.4 营造社区文化

商品房时代的城市社区给城市面貌带来改善，提升居住条件舒适度的同时，也大大地削弱了传统胡同文化中的邻里关系，和谐的邻里关系会给社区居民带来更加舒适的社区生活。社区更新改造需要考虑社区文化的营造，设立公共的交互空间，社区居民可以在此举办儿童绘画比赛，展出孩子的作品，居民会在闲暇时候互相讨论评判，多些驻足，多些交流，让每个居民体会到归属感，从更多的角度满足居民的精神文化需求。

5.2.5 成果评价、居民维护

在更新改造结束后，应该对更新的成果进行评价，建立系统的评价表，由所有居民进行打分评价。并对更新维护后的成果进行包片划分，由每户居民或几户成组共同维护社区的更新成果，政府应当给予一定的资金资助，保障社区居民的居住福利。

6 结语

在改革开放后，中国的经济拥有着巨大的成就，经济总量排列全球第二位，城镇化率从 17.92% 提升到 2014 年的 54.77%，整体国力的提升是不容忽视的伟大成就，但中国经济发展正处在新常态的变更下，我国城市将从快速扩张走向内部调整与扩张并行的发展之路。

在新常态下，针对社区的更新改造应是以发现问题、解决问题、完善功能、满足需求为出发点，是在原有社区规划基础上的更新、提升。规划社和城市建设决策者应从对物质、效率、利润的追求，回归到对社会、经济、环境综合效益的考量，实现对人需求的关注。新常态下的中国，规划师应在旧城社区更新的领域为人们打造出一个多样化、互动化的多彩城市生活场所。

参考文献

[1] 张德荣 . "中等收入陷阱"发生机理与中国经济增长的阶段性动力 [J]. 经济研究，2013，09：17-29.

[2] 岳宜宝 . 紧凑城市的可持续性与评价方法评述 [J]. 国际城市规划，2009，06：95-101.

[3] 赵民 . "社区营造"与城市规划的"社区指向"研究 [J]. 规划师，2013，09：5-10.

[4] 周晓，洪亮平 . "再城镇化背景"下城市更新创新方法初探——基于广东省"三旧改造"规划的辩证思考 [A]. 中国城市规划学会、南京市政府 . 转型与重构——2011 中国城市规划年会论文集 [C]. 中国城市规划学会、南京市政府，2011：10.

[5] 王强 . 从社区规划到社区更新 [A]. 中国城市规划学会、贵阳市人民政府 . 新常态：传承与变革——2015 中国城市规划年会论文集（06 城市设计与详细规划）[C]. 中国城市规划学会、贵阳市人民政府，2015：9.

[6] 易晓峰 . 从地产导向到文化导向——1980 年代以来的英国城市更新方法 [J]. 城市规划，2009，06：66-72.

基于 PSPL 调研法的南锣鼓巷公共空间研究

成雪菲　王淑芬　伍清如 *

【摘　要】历史文化街区作为一种特殊的公共空间形式，不仅是城市历史文化的展示窗口，还是市民进行日常活动和社会交往的重要平台。在城市历史文化街区的保护、改造过程中，应该关注使用者的体验感受，从使用者需求的角度出发，创造出积极的历史街区空间。本文以南锣鼓巷历史文化街区为例，采用 PSPL 调研方法（即公共空间－公共生活调研法），对该街区的公共空间质量和市民的活动行为特征从定性与定量角度进行调研与分析。以此为基础，从使用者对空间诉求的角度，提出空间设计与改造意见。以期为切实提升南锣鼓巷历史文化街区的空间使用价值、保证街区活力提供借鉴。

【关键词】PSPL 调研方法，公共空间，公共生活，历史文化街区

1　引言

历史文化街区作为延续城市历史文化的载体，随着我国城市化进程的加快，其改造建设的速度不断提高、规模不断加大。然而，很多学者和设计师仅仅从城市整体规划的宏观视角对其进行保护、传承和复兴工作，而较少关注街区空间与使用者的关系，缺乏对使用者体验要求的考虑。对空间中、微观设计的缺失，造成了历史文化街区内频频出现"失落的空间"。以延续历史文脉为出发点，却最终因使用者流失、空间活力下降等原因导致历史文化的延续仅仅停留在表面层次，更深层次的历史文脉却被迫割裂、得不到延续。

公共空间作为市民发生社会生活的重要活动场所，使用者的体验感受很大程度上决定了它的空间价值。只有从使用者对空间诉求的角度出发，才能创造出积极的公共空间，进而鼓励好的社会行为方式。历史文化街区作为一种特殊的公共空间形式，不仅是城市历史风貌的展示窗口，还是人们进行日常活动和社会交往的重要平台。因此，在城市历史文化街区的保护、改造过程中，同样应该重视使用者（当地居民、商业经营者、游客等）对空间的诉求及体验感受。

本文研究南锣鼓巷历史文化街区公共空间中使用者的实际需求，以此为出发点，分析和评价空间综合质量。结合周围环境空间设计，有针对性地提出空间问题及改造策略，以期为改善南锣鼓巷街区市民的公共生活质量、保证空间活力提供借鉴。

2　调研方法、调研对象与调研内容

2.1　调研方法

PSPL（Public Space & Public Life Survey）调研法，即公共空间－公共生活调研法，是一种综合

---

*　成雪菲，女，北京工业大学建筑与城市规划学院硕士研究生。

评价公共空间质量和市民公共生活水平的方法。该方法旨在通过了解和掌握人们在公共空间中的活动和行为特点，总结公共空间和公共生活之间的相互关系，将定性和定量的分析相结合，为公共空间设计和改造提供依据，从而达到创造高品质公共空间、满足市民开展公共生活的需要。它是扬·盖尔城市公共空间设计重要理论之一。对于该调研方法的实践意义，扬·盖尔曾这样描述："就像一位医生在给病人做诊断一样，首先要对病人进行全方位的检查，找出病因，在充分了解了病情之后，再确定对病人采取什么样的治疗方式。PSPL 调研就相当于医生为病人检查的过程，只有在充分了解了区域范围内存在哪些影响人们使用公共空间的问题，才能有效的解决问题，对症下药才会医好城市的病，否则可能做了很多工作，但最终效果并不明显[1]。"

PSPL 调研方法的实践分为三个步骤：首先，对于公共空间问题的分析，包括哪些地方需要设置公共空间、现存公共空间具有哪些特征（积极的与消极的）、发现公共空间改造的潜力方向等，这一部分可通过调查者的实地调研及观察走访来完成；其次，对于使用者公共生活的调查，包括公共空间被使用的方式、使用者的体验感受及使用者未从现有公共空间中得到满足的诉求等，这一部分可以通过观察走访和问卷调查的方式来完成；最后，对于以上两部分调研结果所进行的归纳总结，并以此为基础，得出以使用者诉求为出发点的公共空间质量评价结果。

2.2　调研对象

南锣鼓巷历史文化街区坐落在北京鼓楼与地安门之间，由北至南相连鼓楼东大街与地安门东大街[2]。其格局以南北向的南锣鼓巷为主线，东西两侧分别串联着 8 条平行的胡同。南锣鼓巷街区与元大都同期建成，当时建造者践行了《周礼·考工记》中都城建制的思想，在"左祖右社，前朝后市"的城市功能布局中，南锣鼓巷是"后市"的组成部分，所以这里当时是北京城重要的商业场所之一。现在，南锣鼓巷街区成为我国唯一完整保存着元代胡同院落肌理、规模最大、品级最高、资源最丰富的棋盘式传统民居区，也是最赋有老北京风情的街巷。在南锣鼓巷街区内部，居住用地占主导地位，其次为商业服务业用地，另有部分文物古迹用地（曾王府、齐白石故居、矛盾故居、可园等）、教育科研用地（中央戏剧学院）和少量行政办公用地。

2.3　调研内容

对南锣鼓巷街区进行公共空间调研（以实地调研和观察走访的方式完成）和公共生活调查（以实地体验、观察走访和问卷调查的形式完成）。

（1）公共空间调研。根据使用者（游客、本地居民、租客及商业经营者）的活动时间，确定 7 个典型调研时间节点（8:00、10:00、14:00、16:00、18:00、20:00、22:00），结合扬·盖尔对于公共空间评价的 12 个关键方面（表1）[3]，对南锣鼓巷中的公共空间进行实地调研，记录通行、驻足的人数；记录使用者活动的类型与情况；记录重要节点的使用情况等，发现公共空间存在的问题：如街区微气候环境、街道人流拥挤情况、步行体系通畅情况、特殊人群对街区的使用状况、休憩空间设置情况、公共服务设施状况（卫生间、座椅、垃圾箱、照明等）、吸引点分布情况、街区景观美感度、空间连通便捷度等。

扬·盖尔对于公共空间评价的 12 个关键方面　　　　　　　　　　　　表 1

防护性	防备车辆交通的危害	防范犯罪与暴力的危害	防范不悦景观体验
	交通肇事	良好的照明	风、雨、雪
	污染、烟气、噪声	允许必要的监视	冷、热

续表

防护性	能见度	时间与空间中的重叠功能	污染、尘土、噪声
吸引性	对步行的吸引性	驻足于逗留的吸引性	停歇的吸引性
	步行的空间	有吸引力的边缘	为停歇而界定的区域
	核心区域的可达性	为逗留而界定的场地	便利的最大化
	有趣的建筑立面	可依靠或驻足其旁的物体	愉悦的景色
	视觉可达的吸引性	游戏、休闲与交流	白天／晚上活动
	连贯的道路	允许体育活动、交流和娱乐	全天功能的多样性
	无遮挡的景物	临时性活动	宜人尺度的照明
	有趣的景物	选择性活动	不同季节的活动
	照明	社会性活动	不良气候的特殊防护
愉悦性	符合人体的尺度	气候因素的积极方面	美学与景色
	建筑与空间的尺度应遵守与人的感知、运动、大小和行为相关的尺度	阳光	高水准的设计、精心的细部、优质的材料
		温暖／凉爽	
		通风	近景／远景

（2）公共生活调查。采用访谈与问卷调查相结合的方式，结合扬·盖尔对于公共空间评价的 12 个关键方面（表 1）[3]，对南锣鼓巷的游客、居民、商业经营者及相关人员进行调查，以了解使用者对空间的诉求。调查包括以下问题：被调查者的基础信息，即年龄、职业、文化程度等；来南锣鼓巷的原因与频率、停留时间、所选的交通工具；在街区中主要进行的活动；街区中的吸引点、失望点及原因；还有哪些活动需求；对南锣鼓巷中公共空间的认可度，即对空间安全度、舒适度、便捷度以及历史文化气息等的打分评价；对南锣鼓巷公共空间的整体满意度及对未来改造的建议。

3　调研结果

对以上两部分调研结果从定性与定量两方面进行统计，总结出以使用者（主要包括居民和游客两部分）

诉求为出发点的空间研究结果，发现：南锣鼓巷街区环境较好地保留了历史文化印记（图 1），丰富多样的业态种类也为街区带来了人气与活力。而且，一年四季均有全天性的活动体验，没有季节性落差。但是，在公共空间功能多样性、尺度和细节设计上仍多有不足，不能很好地满足不同使用者的要求，主要表现在以下几点：

图 1　南锣鼓巷街区立面
图片来源：作者自绘

（1）街区内部缺少游憩空间。约 85% 的居民受访者反映：休闲、交往、健身等日常活动只能局促于道路空间进行，景观及安全环境均不理想，且容易对道路通行造成影响（图 2）。约 60% 的游客受访者反映：

街区内缺乏户外休憩场所，在其游览过程中，若出现疲惫等状况，只能进入餐饮店铺等室内空间进行有偿且短暂的休息。

（2）由于搭建临时构筑物等原因，南锣鼓巷内不少街巷尺度变窄，导致空间宽高比（D/H）小于 1（通常认为，当街巷空间的 D/H 在 1~2 之间时，人们很容易感觉到它的容量，形成匀称而亲切的氛围[4]），给居民及游客造成压迫之感（图 3、图 4），破坏了原有街巷空间的宜人尺度。

（3）街区内公共设施未经统一规划，缺乏特色且杂乱无章的电表箱、电线杆、店铺装饰、招牌等随处可见（图 5），造成空间美感度及使用者体验满意度下降。

图 2　居民在道路空间进行日常活动

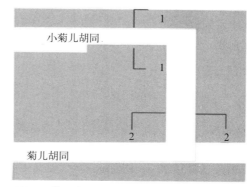

图 3　菊儿胡同平面示意图

图片来源：作者自绘

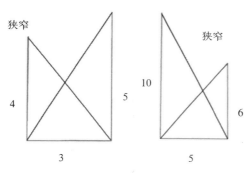

图 4　1-12-2 剖面宽高比示意图

图片来源：作者自绘

图 5　杂乱的街道空间

（4）夜景照明技术采用单一的照明手法和方式，缺乏设计感。同时，通过与居民的访谈，发现：现有照明设施存在照射部位不恰当、影响当地居民休息、光色失调、与建筑风格不协调等问题。

4　设计与改造意见

（1）尽管保持原有的街区肌理、空间尺度是维持历史特征的重要手段，但公共绿地与广场的缺乏给南锣鼓巷街区带来了很多弊端：没有合适的广场与绿地供游人休憩或者居民日常休闲之用，一定程度上，造成了本地居民的流失。同时，可供人流集散的场地与标志性场所的缺乏，导致了空间标识度与舒适度下降。因此结合现有图底关系，在相对开阔的节点位置（如南锣鼓巷南端入口处）设计小型文化景观广场或口袋绿地是十分有必要的。

（2）尺度往往是历史文化街区改造中需要重点关注的问题之一，需要把人对空间的感知作为空间协调与否的判断准绳，努力使空间的尺度符合人们生理与心理的需求。在南锣鼓巷历史文化街区的改造中，可以通过拆除私搭乱建的临时构筑物来拓宽街道空间，还原宜人的街巷尺度。还可以通过丰富建筑界面、屋顶形式，增加街道界面转折变化等方式，避免使人们产生压迫感、单调感。

（3）在空间细节的改造上，将标识系统、街灯、垃圾桶、座椅及景观小品等作为一个系统进行整体规划；提炼富有地域特色的历史文化图样或符号，并使之巧妙地蕴含在空间细节的设计上，力求突出整个南锣鼓巷街区的历史文化氛围，同时增加对使用者的吸引点，丰富人们的体验。

（4）照明设计应该是对历史文化街区本身特征一个完整性的理解，比如历史真实性、生活真实性等。在南锣鼓巷街区改造和设计中的照明设计方面，可以结合街道尺度、空间功能及文化特色等进行综合设计，增加夜间的空间活力的同时，不影响居民的夜间休息。

5 结语

1961 年，简·雅各布的《美国大城市的死与生》给当时城市规划界带来了巨大冲击，在书中，她指出城市中最基本的特征就是人的活动[5]。基于此，本文希望通过对南锣鼓巷街区的 PSPL 调研，为南锣鼓巷街区的改造与设计提供一个新的视角，即关注使用者的活动现状及需求。以期为切实提升南锣鼓巷的空间使用价值、保证街区活力提供借鉴。

参考文献

[1] http://www.nap.edu/catalog/10288.html.

[2] http://baike.baidu.com/item/ 南锣鼓巷 /6200499.

[3] （丹）扬·盖尔 . 交往与空间 [M]. 何人可译 . 北京：中国建筑工业出版社，2002.

[4] （日）芦原义信 . 外部空间设计 [M]. 尹培桐译 . 北京：中国建筑工业出版社，1985.

[5] （加）简·雅各布 . 美国大城市的死与生 [M]. 金衡山译 . 南京：译林出版社，2006.

分论坛三

农村与乡镇规划实施

从多元实施主体机制分析规划师的作用
——以福州市螺洲镇历史文化名镇保护规划为例

姜 红*

【摘　要】规划的作用是在规划实施的实践中发挥的，而规划师的作用除了编制规划的技术成果外，还包括使规划发挥出最大的效用，在规划实施过程中，规划师会面对多元的规划实施主体、各类的利益群体，规划师如何才能有效地提供技术服务？面对不同规划实施主体，在不同的规划编制和实施阶段，规划师的作用是不同的。因此，本文结合福州市螺洲历史文化名镇保护规划修编的案例分析，提出规划师在规划实践过程中发挥作用的基本方式。

【关键词】多元主体，编制，实施，保护，规划

1　综述

规划编制的目的是为了实施，但目前规划编制是作为相对独立的技术服务项目进行立项及管理的，与规划实施间并无直接的联系，编制过程与实施过程在实际操作过程中变成割裂的两个阶段，在规划编制过程中规划师①更多的是应对编制委托方（政府或建设单位）的具体需求，而当委托方与未来实施主体不一致时，规划成果基本上都被"束之高阁"、推翻再来。这种现象的根本原因是规划编制与实施过程参与主体的差异，也反映了规划师的作用的局限性。

国内已有多位学者发现这样的现象并开展了研究，邹兵②（2015）提出"国内关于城市规划实施的研究基本从两个方面展开：一方面，研究城市规划编制技术的改进。实践上，通过对规划方案的检讨和评估，发现存在的问题和不适应性，进行调整和修订以提高其现实操作性；理论上，则反思现行规划的编制体系、内容和方法，提出规划改革创新的方向。两者的着眼点都是规划技术的理性完善，目标是编制一个'可实施'的规划。另一方面，研究城市规划运行的制度环境、相关配套政策等，从规划编制系统外探讨规划实施的路径。目前总体研究现状是前者居多，后者较少。究其原因，对于规划编制者来说，如何做好规划是其主要任务，也是技术人员可以有所作为的范畴，而规划实施则往往被看做是政府部门或市场开发主体的职能，规划编制人员既不熟悉，又难以直接参与和发挥作用，即便对于规划管理者而言，受政府工作规则和职责边界的约束，也很难对超越其职能范畴的事务发表意见。这在客观上造成了目前重规划编制改进、轻实施机制研究的状况"。

历史文化名镇（村）是历史文化遗产丰富、人文气息浓郁、环境特色丰富的特殊地段，以改造为前

---

*　姜红（1978—），女，同济大学建筑与城市规划学院博士研究生，福州市规划设计研究院城市研究中心主任工程师、高级规划师。

①　首先需要界定的是，本文提到的规划师指的是狭义的规划师，也就是规划编制单位具体进行本项目规划编制设计的技术人员。而广义的规划师，是包括了政府规划管理机关、建设单位、施工单位的规划专业人员、社区规划师等。

② 邹兵．实施性规划与规划实施的制度要素[J]．规划师，2015，01：20-24.

提的"精英式"的"理想规划"，容易忽视底层群众的具体需求，提出方案大多为疏解古镇（村）人口，保留精华文物保护单位、历史建筑，延续风貌，对古镇（村）进行整体地更新改造。但是以这样的技术思路进行的规划，古镇规划方向基本都定位为旅游景区，原住民外迁造成了文化的断裂，基础设施改善但租金上涨，以逐利为目标的商业气息将古镇（村）变为了猎奇式的"商业布景"，将古镇（村）最核心、最独特、最精彩的人文气息抹去了。古镇内原有的居住功能被各种观光、商业、休闲业态取代，各类连锁店铺缺乏地域特色、产品雷同，失去了古镇（村）原有的人文厚度和独一无二的特质。殷帆等（2010）[①]提出历史地段的保护"不仅关注客体中物质和非物质的保存，还尤为关注主体的需求、行为和价值观，把它和客体作为同等重要的研究对象，在此基础上考虑时间要素所引发的历时性和共时性。由此，对不同类型的城市历史地段原真性提出因地制宜、有所区别的处置方式，希冀给地段增添空间魅力，并激发活力"。

在这样的背景下，古镇保护规划仅被作为古镇开发的规划程序，而实际上对后续的规划实施起不到约束作用。以所谓保护与开发并举的各类建筑实际上是把保护规划作为"保护伞"，保留了物质环境作为开发项目的风格特色，而对历史文化进行了严重的破坏。保护规划在具体实施过程中仅起到了文物保护单位的作用，而其他的更新修复、业态引导、展陈利用等都无法真正得到实施。

2 历史文化名镇保护规划编制与实施的主体识别

李和平、王一飞[②]（2014）选取政府、开发商、市民（除原住民外的市民阶层）、原住民四类具有独立意识的主要主体，分析研究历史地段保护过程中多主体的意识行为特点、各自主体意识特点及其与历史地段保护的关系。孙辉斌、孙静一[③]（2015）以南京市龙虎巷历史地段为案例研究，针对四类利益主体"意识—行为"提出相应措施，使各利益主体"意识—行为"得以矫正，规避外界不利因素影响，从而使各利益主体从非理性走向理性、从非合作走向合作，保护工作得以顺利进行。姜红[④]（2014）以福州苍霞历史地段开发案例研究政府、开发商、规划部门、居民、市民、学者等各社会主体价值取向及规划实施过程的作用。

本文将历史地段保护规划的规划编制、规划实施两个阶段所涉及主体罗列如下，来展现参与规划实施的主体的全局情况。

2.1 规划编制主体

规划编制主体是规划编制合同的甲乙双方，委托单位一般是地方政府或下属机构，一般为名城名镇名村保护管理机构或规划主管部门；编制单位为具有规划资质的规划设计机构（规划师）。

其他参与主体包括：国有开发建设单位、私营开发建设单位、街区居民等，但实际上，居民仅在调研阶段、规划公示阶段非常有限地参与，完全无法控制规划的方向，甚至连基本的信息取得都非常困难。

① 殷帆，刘鲁，汪芳．历史地段保护和更新的原真性研究[J]．国际城市规划，2010，03：76-80．
② 李和平，王一飞．历史地段保护过程中的多主体意识矫正[A]．中国城市规划学会．城乡治理与规划改革——2014中国城市规划年会论文集（03- 城市规划历史与理论）[C]．中国城市规划学会，2014：13．
③ 孙辉斌，孙静一．历史地段更新过程中利益主体"意识—行为"特征分析——以南京市龙虎巷历史地段为例[J]．城市观察，2015，04：122-131．
④ 姜红．历史保护规划实施过程主体价值目标研究——以福州苍霞历史建筑群保护规划实施为例[A]．第二届中国城乡规划实施学术研讨会宣讲论文，2014：12．李锦生．中国城乡规划实施研究——第二届全国规划实施学术研讨会成果[M]．北京：中国建筑工业出版社，2015：251-262．

2.2 规划实施主体

规划实施一般要分为征迁、修缮改造、更新建设、招商、经营等阶段，实际上，各阶段涉及的主体不完全一致。

征迁的主体包括：地方政府（区政府、镇政府、村委会）、居民、拆迁公司。

修缮改造的主体包括：文物主管部门、规划主管部门、设计单位、施工单位、居民。

更新建设的主体包括：国土部门、文物主管部门、规划主管部门、建设单位（开发商）、设计单位、施工单位、居民。

招商的主体包括：古镇保护管理机构、商业策划机构、招商代理机构、商户。

经营的主体包括：古镇保护管理机构、商业运营公司、物业管理公司、房主、商家、顾客、居民、游客。

2.3 分析与小结

从以上主体分析可以看出全程参与的主体只有古镇保护管理机构，在古镇保护机构全责明确、职能完善、人员得力的地方，古镇保护开发建设成效较好，而在许多地方，缺乏专业职能管理机构，各主管部门间互相推诿，古镇的保护开发建设就会出现很多问题。

福州近几年历史文化名城保护的成效，得益于名城保护管理机构的设置及开发机制，国有体制的名城保护开发公司实际上发挥了投资及建设主体的作用，非政府组织也对名城保护的监督、参与等发挥了积极作用。

规划师在整个过程只参与前期的保护规划编制，对后续的实施管理并不了解，也谈不上对应实施需求来"理性规划"，这样的结果造成要么规划成果没有实质效用，要么就是规划不断修编以适应实施需求。

3 规划实施对规划师的要求

与规划实施的需求相对应，规划师需要完成的技术成果包括规划编制成果、策划咨询报告、开发技术服务、运营技术服务、公众参与或管理的信息技术平台。各个实施阶段对规划成果内容、深度、表达方式的需求不同，对规划师的要求也不同。

3.1 提供规划及其他相关专业技术的综合服务

规划编制的底线是指法规、编制办法、技术规程等基本编制质量要求。历史文化保护规划不同于一般的规划，要求规划是必须具备专业的知识与技能，对历史建筑等历史环境要素进行普查，对历史遗存年代判定、精华程度有清晰的、准确的判断，需要对历史文献进行收集整理，需要历史格局、历史环境要素的发展演变进行评判，以确定整体历史环境保护的范围、层次及要求。这对规划师的团队工作能力、组织协调能力、知识结构、技术水平、项目经验、工作态度等都提出了很高的要求。规划团队应与文化保护的团队密切合作，在文化遗产保护规划基础上完成古镇（村）空间保护规划；规划团队应与建筑、景观设计团队配合，保证后续的工程可实施；规划团队应与招商、运营团队配合，保证商业开发利用与古镇保护不冲突……

3.2 促进各主体形成共同愿景

古镇的近期、中期、远期发展目标，对目标是否具有共识是影响规划实施的根据要素，规划成果应该是远期目标共识。

对古镇的历史文化环境的整体保护及文化传承方式必须在政府、镇民、开发经营机构间达成共识，社区的复兴与文化的延续是古镇历史文化保护的核心，在此基础上保护各类物质遗存，而不是仅保留场景，将各类保护建筑作为展览馆的藏品进行展示，而是让生活可以延续，文化可以发展。

规划师作为规划设计技术服务的提供者，在规划编制过程中是主要的完成者，但是为了使规划成果能够实施，规划编制的过程也是各个主体参与、博弈、协商最终达成一致的过程，因此规划师应辅助保护管理机构，为规划编制至实施的各个阶段提供规划技术咨询，并协调规划编制、策划、开发建设、运营管理各个阶段利益主体间的矛盾，寻求共同利益的最大化。

但是各个参与主体的利益并不是完全一致，规划目标本身也存在近期、远期目标的差异，规划师能否取得各个主体的信任，是否能成为协商的斡旋者也不确定，目前并没有法律授权或者社会地位（比如族长）来赋予规划师相应的权力和威信。

3.3　寻找可实现的路径

实施路径应该是现状—近期—中期—长期清晰的阶段和路线图，方向应该是清晰的、明确的，工作方法、具体操作方案、实现途径可以是多样的。规划师在这个过程中必须起到技术核心的作用。

4　规划师的作用的发挥

4.1　突破规划编制阶段的局限

如果仅仅将规划师限定在规划编制阶段，对后续的实施过程不参与、不了解，是没有办法实现"理性规划"的，规划成果的可操作性也很难预期。

所以需要规划师在项目前期策划、规划编制、开发建设、后期经营和养护等全阶段提供技术服务和支持，但是这样的需求与规划师可以提供的服务类型和服务时间是无法对应的，目前的规划师仅仅参与了规划编制的一个阶段，而且所提出的规划方案受制于委托方，按照甲方的意图和想法进行空间的规划，即以被动的立场提供有限的规划服务。因此，如果规划实施过程出现问题，而把责任算在规划师身上，规划师就真正成了"替罪羊"。

4.2　突破规划师身份的局限

规划师要真正发挥作用，首先要提供全方位的技术服务，从规划策划、规划咨询、规划编制、工程设计的规划意见咨询、规划实施的技术指导、运营策划及管理，规划师不仅自身应具备综合素质，也不应局限自身的身份，要服务多个实施主体，提供不同阶段、不同内容、不同深度的技术服务。

规划师应是一个群体，个人的能力及时间都是有限的，要发挥团队的作用，建设完整的、综合的规划师梯队，以保障综合技术水平和服务质量。

规划师要能提供"在地服务"、"驻场服务"，由于古镇（村）的规划建设情况复杂，施工及运营现场经常会产生许多规划及设计过程未发现的问题，需要现场进行精细化的指导，同时，古镇（村）的保护与利用也需要对古镇（村）民进行教育、培训等。这些都要求规划师除了具备足够的专业技能和经验外，还要熟悉当地，能取得居民的信赖，能够与居民良好的沟通和互动。

5　案例分析

《福州市螺洲镇历史文化名镇保护规划》自 2002 年开始编制，其间，完成了几轮的规划初稿，并未形成正式成果。直至 2015 年底，项目组开始进场调研，现已通过评审，形成了完整的名镇保护框架，并对古镇的保护开发提出了可操作性的实施建议。

5.1 主要的经验

5.1.1 深入民间的现场调研

在已批复的《福州市城市总体规划（2011–2020）》、《福州市历史文化名城保护规划（2011–2020）》，螺洲历史文化名镇的保护范围仅限于店前村、吴厝村的旧村核心地区。核心保护范围主要集中在以天后宫、陈若霖故居为中心的沿江地带、陈氏五楼为中心的周边地带以及陈氏宗祠、王仁堪状元府周边的近现代建筑片区，面积合计 11.3 公顷。建设控制地带核心保护范围之外，西至规划螺洲大桥，南到乌龙江堤路边，东至武警福州总队医院西侧和北侧、福建武警总院西侧、福州中银职专和省机电学校西侧，北至规划环岛路，面积 11.36 公顷。而项目组在调研中发现，螺洲古镇的核心空间是"陈"、"吴"、"林"三姓聚居，缺一不可，空间上不仅包括店前村、吴厝村，还应包括洲尾村，这样才能完整体现螺洲在乌龙江畔聚族而居的整体空间格局（图1）。通过查找文史资料，以及对曾经工作或生活在螺洲的老人的走访，项目组发现，除了明清两朝的传统民居，螺洲保留了大量的建国初期地委时期的办公建筑群，这在福建境内是非常罕见的。螺洲在建国初期作为闽侯地委所在地，曾经沿乌龙江及螺洲街，建设了地委大院、地区医院、地区公安局、地区人民银行、地区邮电局等办公建筑，距今已超过 60 年（图2~图8）。虽然当年的建设拆除了当时的明清民居，对古镇整体风貌进行了破坏，但是时至今日，完好保存了一段特殊历史时期的空间风貌，并与其他明清民居混合镶嵌，时间连续，空间绵延，形成了独特的人文遗产。由此，古镇的文化内涵和空间范围被拓展和丰富了，形成了此轮古镇保护规划的重大突破。项目组按照城市历史文化环境整体保护的理念，扩大了历史镇区的保护范围。核心保护范围扩展至：西至天后宫西墙及陈宝琛故居西墙，南到乌龙江堤路边，

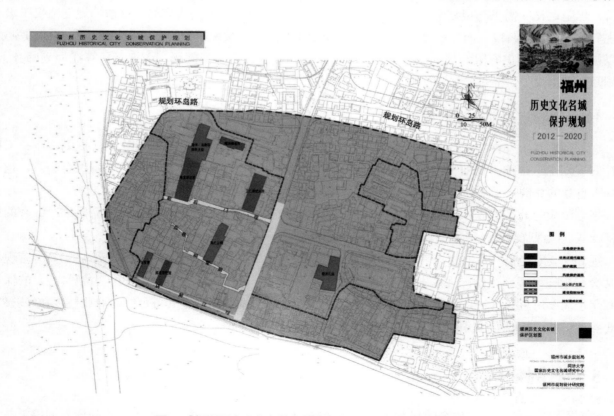

图 1 《螺洲历史文化名镇保护规划》保护区划图（评审稿）

图 2 建国初期闽侯地委建筑群现状照片

图 3 地委行署办公楼一

图 4 原地区人民银行

图 5 地委行署办公楼二

图 6 县委办公楼

图 7 原地区公安局办公楼

图 8 原地区医院办公楼

东至螺洲造船厂，北至螺洲镇政府和生化物探重力队北侧，面积约 34.36 公顷；建设控制地带西至规划螺洲大桥，南到乌龙江堤路边，东至规划路，北至规划环岛路，面积 31.73 公顷。

5.1.2　与镇民探讨规划思路

古镇居民对于古镇的感情是复杂的，世代居住使他们对螺洲具有浓厚的家乡情结，不愿意轻易搬离，但是又对于现有的基础设施、公共设施落后不满，希望提高居住水平和居住环境质量。由于目前的拆迁补偿标准很高，他们也希望可以通过拆迁取得大笔的现金来改善家庭的生活条件。

但是螺洲镇的居民与福州市其他历史地段的居民还是存在很大的差别，主要体现在：

（1）对教育的重视

由于螺洲历代人才辈出，帝师之乡、科举福地，螺洲人对文化教育十分重视，各个家族至今还保留着宗族教育基金，为后辈发放奖学金，为当地教师发放教育津贴，为儿孙求学创造各种条件。

（2）原住民比例高

螺洲居民很多已经搬离了螺洲，到市区买房居住，但目前螺洲各户均以自家或者族人居住为主，外来人口比例低。各家虽然会对老屋进行修缮改造，部分改造已破坏了建筑整体风貌，但是各户在改造过程中，都尽量保留正屋（即祖厅）。历史镇区内共 4 处省级文物保护单位，2 处市级文物保护单位，12 处登记未定级不可移动文物。另经评估，镇区内历史建筑 96 处，其中 44 处明清民居（明代 12 处、清代 32 处）。目前政府尚未出台明确的历史建筑修复补贴政策，现有的历史建筑均是镇民自愿、自发、自筹资金保护的，在 20 世纪八九十年代，古镇内的文物修复资金也主要来自于镇民的捐款。

（3）居民对古镇文化保护的热情

在整个调研及规划编制过程中，镇民对于外来人员都十分警觉，但是当发现项目组是保护古镇的，都热情支持，帮忙领路、介绍背景故事等，能够感受到居民对家乡的热爱和深厚的感情。

在与镇民的交流和沟通中，将规划思路和将来的实施机制与镇民进行沟通，镇民表现出难得的文化素质和保护意识。

5.1.3　规划师作用的发挥

在规划过程中，规划师设身处地为古镇镇民着想，并借鉴参与过的其他历史地段的保护实践经验，与规划、文物、名城管理等主管部门沟通协作，以帮助镇民共同保护家乡、保护家族文化的目标，取得镇民的信任，发挥主人翁精神，融入各个家族，从各个侧面了解古镇的发展历史，保护多元的信俗，保护寄托在各类宗族庆典上的家族文化。并在整个编制过程中，实现公众参与，并与福州老建筑群和福州老建筑百科网[①]（民间自发的保护群体）合作，收集、共享历史文化遗产资源情况，合作监督与保护。

5.2　存在的问题与不确定性

由于福州市、仓山区两级政府还未真正建立起对古镇的保护的实施机制，对于古镇未来的保护和开发模式还未明确，因此是否能按照规划理想情况保护原生的古镇文化氛围和保留原住民，还存在不确定性。规划师要继续和镇民一起努力，任重道远。

6　结语及展望

因历史地段保护利用是长期的复杂的政治、经济、社会过程，体现在空间上是各个历史时期的城市历史文化环境的融合、存续，核心是历史文化遗产的传承与发扬。在我们目前的短期的政绩动因、

---

① "福州老建筑"网是福州当地自发的民间古建筑保护群体，后组建"福州老建筑"QQ 群，群友们都有各自的工作，但是为了保护古建筑而聚集在一起，自发开展各类公益活动，调查、搜集老建筑资料，上传到网站共享，监督政府及部门，监督各类实施主体，成为福州历史文化名城保护中不可忽视的民间力量。

快速式的经济效益推动的旧城改造的背景下，面对上千年形成的历史地段带来的复杂的保护与发展的问题，规划师的能力还远无法适应其所应承担的责任。不管是理论研究还是实践，都还需要长期的、艰苦的努力。

参考文献

[1] 邹兵．实施性规划与规划实施的制度要素 [J]．规划师，2015，01：20-24．

[2] 殷帆，刘鲁，汪芳．历史地段保护和更新的原真性研究 [J]．国际城市规划，2010，03：76-80．

[3] 李和平，王一飞．历史地段保护过程中的多主体意识矫正 [A]．中国城市规划学会．城乡治理与规划改革——2014 中国城市规划年会论文集（03- 城市规划历史与理论）[C]．中国城市规划学会，2014：13．

[4] 孙辉斌，孙静一．历史地段更新过程中利益主体"意识—行为"特征分析——以南京市龙虎巷历史地段为例 [J]．城市观察，2015，04：122-131．

[5] 姜红．历史保护规划实施过程主体价值目标研究——以福州苍霞历史建筑群保护规划实施为例 [A]．第二届中国城乡规划实施学术研讨会宣讲论文：2014：12．李锦生．中国城乡规划实施研究——第二届全国规划实施学术研讨会成果[M]．北京：中国建筑工业出版社，2015：251-262．

[6] 彭觉勇．规划过程参与主体的行为取向分析 [D]．武汉：武汉大学，2013．

[7] 肖铭．基于权力视野的城市规划实施过程研究 [D]．武汉：华中科技大学，2008．

撤制镇必然会走向衰落吗？
——来自浦东新区的观察与思考

罗 翔*

【摘 要】撤制镇又称非建建制，即撤销行政建制的城镇功能服务区。在上海市实施"三个集中"战略背景下，浦东新区自正式建区以来，先后发生了 28 次街镇撤并，形成了 32 个撤制镇。梳理发现，撤并形式可分为一镇合并另外一镇、两镇合并为新镇以及其他形式。撤制镇区域内仍然有大量人口，占主镇区人口比例并未显著减少，但相对撤制前所占比例有所下降。因行政中心转移，发展重心随之转移，撤制镇发展缺乏持续动力，与主镇差距有拉大的趋势。本文指出，当前形势下应进一步明确撤制镇定位，创新管理体制，盘活既有资源，遏制撤制镇进一步衰落。

【关键词】撤制镇，衰落，人口，浦东新区

1 背景

撤制镇又称非建制镇，是指撤并镇级建制后，原建制镇城镇化地区所遗留的城镇功能服务区，属于集镇的范畴，不含原建制镇的农村地区 [1]。撤制属于行政区划变革，国内各地都存在撤制镇现象，但撤并原因并不相同。中西部地区，自农村税费改革尤其是取消农业税之后，乡镇财力难以为继，被迫走向撤并之路 [2]。而东部地区，在跻身全国百强镇的刺激下，倾向于主动合并，以实现形式上的做大做强。

1997 年，上海正式提出了"三个集中"的发展战略，即农民居住向城镇集中，工厂向工业园区集中，土地向规模经营集中。2000 年又提出将郊区发展作为今后发展的主战场，建设中心逐渐由中心城区向郊区转移。在此背景下，上海开始启动大规模乡镇行政区划调整，主要有撤乡建镇、乡镇合并和镇镇合并等形式。行政区划调整后，乡镇数量大幅下降，镇域面积和平均人口大幅上升 [3]。1996 年，上海郊区共有 214 个乡镇，平均镇域面积约 22 平方千米，人口 1.7 万人；到 2003 年，郊区乡镇调减为 121 个，平均镇域面积增至 48.41 平方千米，人口增至 4.57 万人。撤并过程中产生了撤制镇。

浦东新区包含中心城区、郊区、新城、新市镇、农村地区等诸多地域类型，在发展过程中同样经历了街镇撤并过程，形成了一定数量的撤制镇。浦东作为国家综合改革试点区，在城乡一体化发展领域具有先行先试责任。研究浦东新区撤制镇的撤并历程、发展现状与存在问题，并对撤制镇未来发展提出建议，可为上海其他地区、乃至于国内其他区域撤制镇发展提供一条可能的参考指引。

2 撤并（沿革）历程

1993 年，浦东新区正式建区。2009 年，南汇区撤销建制，整体划入浦东新区，新的浦东新区成为上

---

* 罗翔，男，上海市浦东新区规划设计研究院高级工程师，研究中心主任。

海最大的区县。自 1993 年正式建区开始，浦东新区总共发生了 28 次撤并行为，共撤掉 32 个镇，撤并过程表现出不同的特征（表 1）。

浦东新区自建区以来的街镇撤并过程

表 1

撤制镇名称	现属镇域	撤并详情	撤并时间
外高桥镇	高桥镇	撤外高桥镇、原高桥镇，建高桥镇	1998.10
凌桥镇	高桥镇	撤原高桥镇、凌桥镇，组建高桥镇	2000.6
龚路镇	曹路镇	撤销龚路镇、顾路镇，成立曹路镇	2000.4
顾路镇	曹路镇		
杨思镇	三林镇	撤销三林镇和杨思镇，建立新三林镇	2000.4
王港镇	唐镇	撤销王港镇、唐镇，成立新的唐镇	2000.4
原金桥镇	金桥镇	撤销金桥镇、张桥镇，建立新的金桥镇	2000.4
杨园镇	高东镇	撤销原高东镇、杨园镇，建制新高东镇	2000.5
蔡路镇	合庆镇	撤销蔡路镇、合庆镇，成立新的合庆镇	2000.5
六里镇	北蔡镇／南码头路街道	原六里镇建制撤销，一部分划归南码头街道、一部分并入北蔡	2001.5
孙桥镇	张江镇	撤销张江镇、孙桥镇建制，建立新的张江镇	2001.11
严桥镇	花木街道	撤销花木镇、严桥镇，设立新的花木镇	2000.3
钦洋镇	花木街道	撤销钦洋镇、花木镇，设立新的花木镇	2001.5
东城镇	川沙新镇	撤销川沙镇和东城镇，建立新的川沙镇	1997.1
黄楼镇	川沙新镇	撤销黄楼、六团、川沙，成立新的川沙镇	2000.4
六团镇	川沙新镇		
六灶镇	川沙新镇	六灶、川沙、祝桥撤三建二，其中六灶并入川沙	2011.10
施湾镇	祝桥镇	施湾和江镇合并为机场镇；机场镇后来划给川沙；之后六灶、川沙、祝桥撤三建二，其中施湾和江镇（不包括和平、华路、大洪、民利 4 个村）又划给祝桥	1998.9
江镇	祝桥镇		
东海镇	祝桥镇	撤销东海、盐仓、祝桥，成立新的祝桥	2003.4
盐仓镇	祝桥镇		
机场镇	祝桥镇	撤销川沙镇、机场镇，建立川沙新镇；之后六灶、川沙、祝桥撤三建二时，施湾社区和江镇社区（即机场镇）又划给祝桥	2005.12
横河镇	康桥镇	撤销横河、康桥，成立新的康桥	2000.7
坦直镇	新场镇	撤销原新场镇、坦直镇建制，建立新的新场镇	2001.7
下沙镇	航头镇	撤销下沙镇、航头镇建制，建立新航头镇	2002.6
瓦屑镇	周浦镇	撤销周浦镇、瓦屑镇建制，建立新的周浦镇	2002.6
彭镇	泥城镇	撤销泥城镇、彭镇建制，建立新的泥城镇	2002.7
三灶镇	宣桥镇	撤销原宣桥镇、三灶镇建制，合并成新的宣桥镇	2002.7
黄路镇	惠南镇	撤销惠南、黄路，成立新的惠南	2003.4
原书院镇	书院镇	撤销新港镇、书院镇，成立新的书院镇	2003.4
三墩镇	大团镇	撤销三墩、大团，成立新的大团	2003.5
芦潮港镇	南汇新城镇	撤销申港街道、芦潮港镇建制，调整老港部分行政区划［大冶河以南的（不包括大河村和东河村）］，成立南汇新城镇	2012.11

资料来源：作者整理。

2.1 按撤并时间分类

从撤并时间来看，撤并过程并非均匀分布，而是集中在少数几个时间点。据其特征，可以分为三个撤并阶段（图 1）：

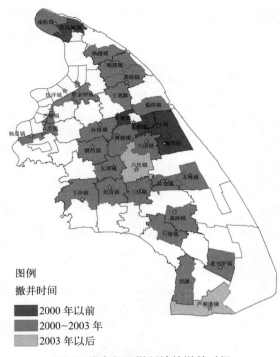

图 1　浦东新区撤制镇的撤并时间

（1）2000 年之前，零星撤并，仅有 3 次撤并过程。

（2）2000~2003 年，在上海市"三个集中"战略指引下，原浦东新区与原南汇区均出现大范围撤并行为，共发生了 22 次撤并，行政力量为密集撤并的主要驱动力。

（3）2003 年之后，受两区合并以及大型项目驱动影响又有 3 次撤并过程，其中 2 次发生在原浦东新区和原南汇区合并之后。

2.2　按撤并方式分类

依撤并方式，可以分为不同的类别，主要有：

（1）一镇合并其他镇，共有 23 次，表现为新镇沿用其中一个镇名字。这其中又有两种类型，比如唐镇合并王港镇形成新的唐镇，驻地也在原唐镇；而书院镇和新港镇合并为新的书院镇，但驻地实际却是在原新港镇。

（2）两镇合并为新镇，共有 2 次，表现为新镇不采用原来两镇的名字，而重取新名。比如龚路镇和顾路镇合并为曹路镇（驻地新址），施湾镇和江镇合并为机场镇（驻原江镇）。

（3）其他复杂的撤并形式，共有 3 次。尤其典型的是川沙、祝桥、六灶撤三建二的过程，而且川沙和祝桥都经历了多次撤并，具体过程如图 2 所示。

3　撤制镇发展现状

撤销建制之后，镇域发展重心逐渐转向主镇区，行政管理、公共服务、建设开发往主镇区转移，而撤制镇则呈现出空心化现状，产业萎缩、人口外迁。有关撤制镇的研究均指出这一问题，但由于撤并后原撤制镇统计缺失，相关数据不容易获取，更多是定性分析，并没有相对可靠的定量分析。本文借助 GIS 手段，尝试对撤制镇撤并前后人口、经济等变化作出定量分析。

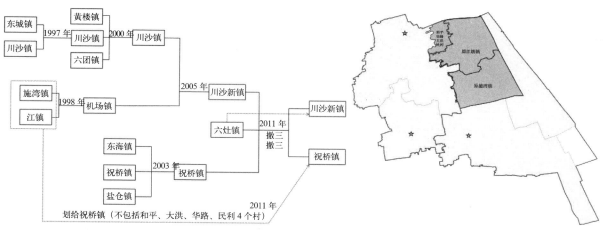

图2 川沙新镇和祝桥镇历次撤并过程及川沙新镇、祝桥镇、六灶镇撤三建二图示

3.1 人口现状

借助 GIS 手段，将撤制镇范围与现有街镇图叠加，还原撤制镇原镇域范围，再根据浦东新区实有人口数据年报中各村居数据，从而得到撤制镇原镇域范围内现有人口情况，用于分析人口变化情况。

3.1.1 人口总量

根据浦东新区实有人口数据分析年报，可以得到最近几年各撤制镇人口变化情况（图3）。从人口总量来看，外环线以横沔镇人口最多，远远超过其他撤制镇，最高值达到 15.65 万人（2013 年）。其次较多的是顾路镇、龚路镇、江镇和下沙镇。顾路镇和龚路镇虽然在外环线以外，但是紧邻外环线，属于中心城周边地区。人口相对较少的是老书院镇、三墩镇、东海镇和盐仓镇等。

从最近三年变化来看，无论是外环线以内还是外环线以外，大多数撤制镇实有人口都呈现出一种先增后减的趋势，这个趋势跟整个浦东新区近三年实有人口变化趋势相同。但仍然有少数撤制镇表现出明显的人口上升趋势，比如下沙镇，2014 年相对 2012 年增长了 37.22%。这个与下沙有大型居住社区相关。老书院镇、三墩镇等则表现出明显的下降趋势。

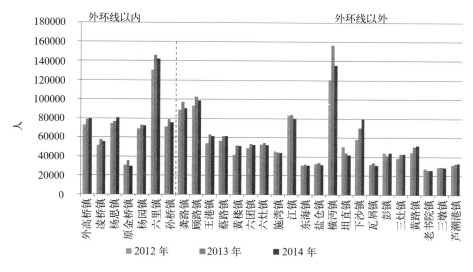

图3 各撤制镇近几年实有人口情况

　　回溯历史，考虑到各撤制镇撤并之前的人口，可以发现，现状人口数量最多的横沔镇，在撤并之前人口并不是最多，甚至还低于各撤制镇平均值。可见相对其他撤制镇，横沔镇撤并之后人口增长非常快。这一变化与横沔镇的主镇康桥镇或有关系。1999年康桥镇相对原南汇区和原浦东新区各镇人口并不占优势，不及南汇区各镇平均人口，但到2014年，康桥镇人口仅次于川沙、北蔡、三林等镇，位居浦东新区前列（图4）。

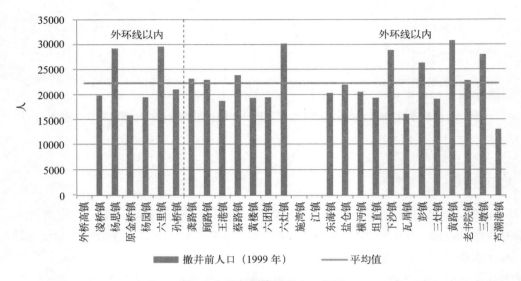

图 4　各撤制镇撤并前人口数据
注：外高桥、江镇和施湾 1998 年就已撤并，所以此处无数据。

3.1.2　与主镇区人口关系

　　人口变化虽然可以看出各撤制镇人口增减情况，但人口变化也会受到人口基数等因素影响。为此，本文继续分析撤并时以及现状各撤制镇人口占主镇人口的比例，以便分析撤制镇人口往主镇区或者城区转移情况。考虑到撤制镇情况复杂，在具体计算过程中，剔除了那些一个镇内有多个撤制镇的主镇（比如黄楼、六团、六灶都是属于川沙新镇），以及外环线以内的镇（外环线以内与主城区基本融为一体，计算意义相对不大），主要计算了外环线以外只包括一个撤制镇的主镇（图5）。

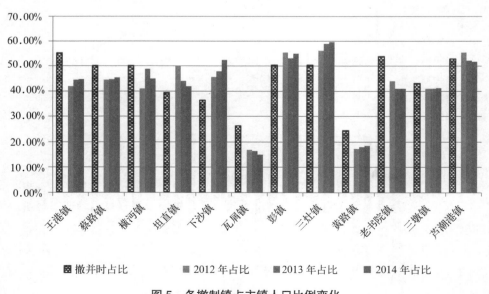

图 5　各撤制镇占主镇人口比例变化

从 2014 年来看，大多数撤制镇人口占主镇人口都达到 40% 以上，仅有瓦屑、黄路等少数撤制镇不足 20%。这说明，尽管这些镇都被撤制，但依旧有大量人口集中在撤制镇，撤制镇对于主镇发展依然影响很大，不能弃之不理。

但是对比撤并前与现状，大多数撤制镇占主镇人口比例还是有所下降。比如王港、蔡路、瓦屑、黄路都表现出明显下降趋势。这又表现，虽然有大量人口仍集中在撤制镇，但是比例相对还是在下降，撤制镇内人口还是相对在转移。

3.1.3 人口结构

根据实有人口中人员分类，将其归并为本地人口和外来人口。从图 6 中可以看到，大多数撤制镇外来人口都明显多于本地人口，有些甚至远远超过本地人口。比如横河镇，外来人口达到本地人口的 8.7 倍。仅有少数撤制镇本地人口低于外来人口，比如三墩镇和老书院镇。横河外来人口远高于本地人口，与主镇康桥镇情形一致。康桥镇户籍人口约为 3.5 万人，但外来人口却约有 20 万人。这些外来人口主要都集中在周边工业园区就业，且多是低端制造业。大量外来人口涌入，导致违章搭建、城中村、群租等现象非常普遍，非正规就业和服务野蛮生长，导致撤制镇治理更加困难。

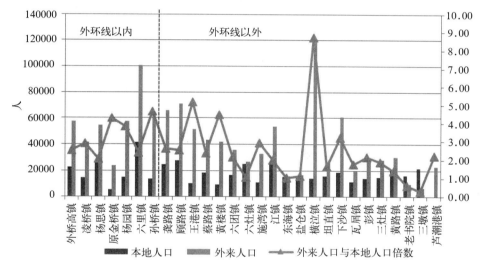

图 6 2014 年各撤制镇本地人口和外地人口数量

从空间差异来看，撤制镇和主镇人口比例存在着较明显的外环线以内和外环线以外的差异，同时也表现出明显的南北分异。浦东新区北部地区人口总量相对较多，而且外来人口都要明显多于本地人口；而南部地区人口总量相对较少，而且外来人口相比本地人口并没有表现出太明显的优势。二者差异基本是以原浦东新区和原南汇区为界。

3.2 用地分析

在当前上海市建设用地总量锁定和以拆定增背景下，撤制镇内建设用地情况以及集中建设区范围，对撤制镇本身乃至主镇发展均有较大影响。借助 GIS 软件，利用现有土地利用数据，叠加各撤制镇范围，得到各撤制镇用地情况。

从用地结构来看，外环线内外表现出较明显的差异。外环线以外撤制镇城市建设用地占比为 33.27%，低于整个浦东新区（46.43%），更低于外环线以内撤制镇（72.04%），二者差异巨大。非建设用地面积外环线以外撤制镇占比达到 55.87%，远远超过外环线以内的 21.72%（表 2）。

2013 年外环线内外撤制镇用地结构比较 表 2

镇域用地情况	城市建设用地（km²）		农村建设用地（km²）		非建设用地（km²）		合计面积（km²）
	面积	占比	面积	占比	面积	占比	
外环线以外撤制镇	168.42	33.27%	55.03	10.87%	282.85	55.87%	506.30
外环线以内撤制镇	77.03	72.04%	6.67	6.24%	23.22	21.72%	106.93
所有撤制镇	245.45	40.03%	61.70	10.06%	306.07	49.91%	613.23
浦东新区	647.34	46.34%	111.55	7.98%	638.12	45.68%	1397.01

再考虑集建区情况，计算发现，全区约有 39% 的集建区位于撤制镇范围，排除基本都位于集建区的外环线以内撤制镇，有 26% 的集建区是位于外环线以外的撤制镇。这表明撤制镇虽然建制被撤，但仍然占据着新区较大比例的发展空间。

分析各撤制镇建设用地在集建区内和集建区外的关系，可以发现，外环线以内撤制镇建设用地基本都在集建区以内，而外环线以外撤制镇这一比例仅为 71.30%。相比较整个浦东新区集建区建设用地占全部建设用地比重（80% 左右），外环线以外撤制镇所占比例偏低。在当前建设用地总量锁定、集建区外减量化背景下，外环线以外撤制镇减量化情况需要尤为重视。

3.3 经济发展

因经济数据统计一般以街镇为单元，没有更细的单元，所以撤并后情况不容易获取，此处比较各撤制镇撤并之前经济发展状况。考虑到 2000 年之后开始出现大范围撤并潮，之前只有零星撤并，本文选取 1999 年作为撤并前的时点来比较，之前撤并的外高桥、施湾和江镇以 1997 年（三者都是 1998 年撤并）数据作为参考。

从经济总量来看，外环线以内和外环线以外撤制镇 GDP 并没有表现出明显的差距，外环线以内撤制镇 GDP 平均值为 2.6 亿元，外环线以内为 2.4 亿元，整体平均值为 2.5 亿元。GDP 较大的是外环线以内的原金桥镇，外环线以外的六灶镇、下沙镇等。GDP 排名较靠后的是三墩镇、施湾镇、江镇等（图 7）。

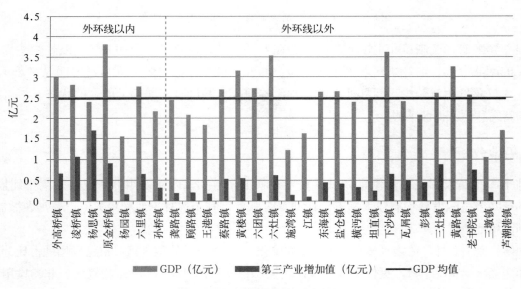

图 7 各撤制镇撤并前经济总量情况

经济总量虽然外环线以内和外环线以外不表现出明显差异，但是地均 GDP 则显示出较大差异。从图 8 可以看到，外环线以内撤制镇地均 GDP 整体要明显高于外环线以外撤制镇。

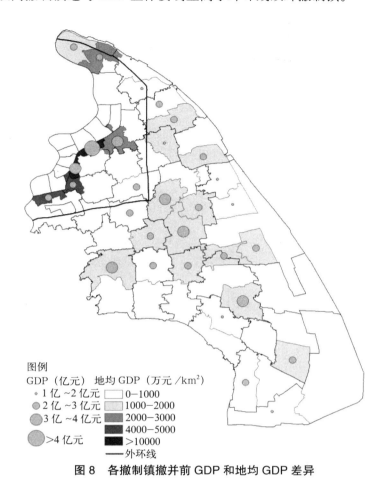

图例
GDP（亿元）　地均 GDP（万元 /km²）
· 1 亿 ~2 亿元　　☐ 0–1000
● 2 亿 ~3 亿元　　▨ 1000–2000
● 3 亿 ~4 亿元　　▨ 2000–3000
● >4 亿元　　　　■ 4000–5000
　　　　　　　　　■ >10000
　　　　　　　　　—— 外环线

图 8　各撤制镇撤并前 GDP 和地均 GDP 差异

这表明，在撤并之前，虽然各撤制镇经济总量没有明显的空间差异，但是经济发展效率外环线以内要相对优于外环线以外撤制镇。

4　撤制镇存在问题与成因分析

撤并后，撤制镇原镇区一般当成"社区"或者居委会来管理，虽然节约了行政成本，但由于发展重心往主镇区倾斜，撤制镇渐渐不受到重视。失去行政建制，撤制镇同时也丧失财政能力，因此在城市管理和公共服务等方面捉襟见肘，镇区发展逐渐衰弱，与主镇区差距逐渐扩大。当前，撤制镇发展存在许多问题：市政基础设施老化，超负荷运转；管理力量配置不足，教育、卫生、文化等服务能力减弱；外来人口大量涌入，加大公共资源配置压力，增加管理难度[4]；管理职能与法律地位不匹配，撤制镇镇区一般当做居委会来管理，但其管理任务远比一般的居委会要繁重[1]。此外，两规合一后，撤制镇相当面积划为基本农田保护区，建设用地受到了严格限制，因而发展受限，与主镇区差距进一步扩大。

究其原因，撤制后，撤制镇镇区失去了原来政治、经济和文化中心地位，对周围吸引力和辐射力顿时下降，难以起到集聚作用。同时，经济和民生等发展重心转移到主镇，对撤制镇的财政支持和投入较少，这进一步影响了撤制镇的发展。

5 撤制镇未来发展思考和讨论

撤制镇虽然行政上被撤制，但仍然有大量人员在撤制镇内，不能完全放任不管，任由其萎缩甚至衰败下去；而且撤制镇内部仍有一定发展基础，存在盘活再利用的可能。因此，撤制镇的发展应该受到重视。

首先，需要关注的问题就是撤制镇的定位问题。撤制镇被撤制后，一般不可能达到和主镇一样的地位，要明确它和主镇的关系是主副关系还是兄弟关系；是应该融入整个镇域，还是相对独立发展。同时，当前城乡之间差距较大，城乡一体化发展越来越受到重视，而农民直接由农村进入主镇或者城区成本较大，那撤制镇是否可以成为失地农民进城的一个缓冲与替代？再者，郊区推行农村集中居住在中心村，但效果并不太好，那是否可以集中居住在比中心村基础设施和服务更好的撤制镇？为此，就需要评价各撤制镇的发展情况，分析它和主镇的关系，据此将其分成不同的类别，再采取针对性的发展措施。

其次，撤制镇发展存在的一大瓶颈就是没有财政，发展缺乏资金支持。可以尝试完善财政转移支付，或者采取 PPP 模式，为镇区发展提供资金，从而用于镇区城市管理和发展。

再者，撤制镇在教育、卫生、文化等公共服务上仍有一定基础，应积极梳理这些资源，并采用各种方式盘活利用。比如引进设计力量更新改造既有空间，将撤制镇内原有影剧院变革为台球、滑冰、游戏、舞厅、浴场等，注入新业态、增添新活力。

最后，要创新撤制镇的管理机制。撤制镇当成"社区"来管理虽然可以节约成本，但难以承担撤制镇的管理任务。当前，上海市出台《关于做实本市郊区基本管理单元的意见》，确定了 67 个基本管理单元，其中有 35 个位于浦东，这其中有 16 个是撤制镇。基本管理单元是指郊区城市化区域集中连片、边界范围相对清晰、人口达到一定规模、管理服务能相对自成系统的城市人口集聚区，是城市化区域集中连片、边界范围相对清晰、人口达到一定规模、管理服务能相对自成系统的城市人口集聚区。

参考文献

[1] 刘细彦，马骁琳. 上海市非建制镇发展存在的问题与对策——以金山区为例[J]. 上海农村经济，2015，(3)：28-30.

[2] 贾康，赵全厚. 减负之后：农村税费改革有待解决的问题及对策探讨[J]. 财政与水务，2002，(5)：1-6.

[3] 石忆邵.21 世纪上海村镇体系建设的构想与对策[J]. 农业现代化研究，2006，27（6）：443-446.

[4] 何建木. 大都市郊区推进新型城镇化应重视解决历史遗留问题——以上海市浦东新区为例[J]. 上海市经济管理干部学院学报，2015，13（4）：28-39.

农村建设用地管控边界的理论与划定探讨
——以莒南大店镇为例

刘洁欣 *

【摘　要】当前，我国新型城镇化快速推进，城乡建设用地面临结构性的调整。本文在分析了建设用地管控边界尤其是增长边界产生及发展的背景后，简单论述了农村地区建设用地发展现状，通过对城乡规划和土地利用规划中的空间管制边界和区域的对比，结合"多规合一"下建立统一的国土空间管制体系的迫切要求，提出农村建设用地管控边界的内涵，并以莒南大店镇为例提出了基于生态保护的农村建设用地管控边界的划定内容，采取规模控制和边界引导两种方式对农村建设用地增长进行刚性与弹性的管控。

【关键词】农村，建设用地管控边界，划定

1　国内外建设用地管控边界研究现状

1.1　国外建设用地管控边界研究现状

在美国、欧洲等国家，增长管理都被视为控制城市蔓延和鼓励城市集约发展的重要手段。从具体的实施步骤来看，增长管理包括边界设定和配套政策两方面内容[1]。边界设定是城市空间增长管理的重要工具，主要包括绿带、城市增长边界（UGB）、城市服务边界。其中，城市增长边界由于具有限定城市增长空间、引导城市空间发展双重属性逐渐成为以美国为首的国外其他国家管理城市空间增长的重要工具。

城市增长边界这一概念最早于 1976 年由美国塞勒姆市提出，主要是为了应对小汽车交通带来的低密度城市蔓延及郊区化带来的中心城市衰退。它是指城市与农村地区的分界线，用于限制城市地区的增长。目前，美国已经形成州、都市区、市（镇）三个层次的空间增长管理单元，其中最著名的城市增长边界案例为美国俄勒冈州波特兰大都市区的实践。

从产生背景来看，城市增长边界是美国政府主动干预城市空间增长的一种政策手段。后来，西方学者对城市增长边界的定义进行了补充。本斯顿（David Bengston）等认为城市增长边界是城市化地区与郊区生态保留空间的重要分界线，政府应通过区划及其他政策工具保障其实施。

西方有学者通过建立一系列的指标或模型来评价城市增长边界的实施效果。其中，Nelson（1999 年）研究结果表明，城市增长边界对控制城市蔓延、保护农业用地、减少能源消耗等有明显效果。但也有研究表明发现，城市增长边界在限制边界外的开发密度的同时，增加了外面乡村地区的低密度开发，使其更加破碎化和孤立，在某种程度上加剧了城市向更宽广的范围扩展。

---

　* 刘洁欣，女，山东建筑大学。

1.2　我国建设用地管控边界研究现状

在我国，建设用地管控主要包括划定"三区四线"、建设用地范围（建设用地规模边界）。由于建设用地范围（建设用地边界）具有更为明确的法律地位以及保障，因此对城市建设用地的增长具有明显管控作用。

张进（2002 年）首先将增长边界等城市增长管理工具引入中国。针对快速城镇化、工业化引发的生态环境破坏和耕地资源建设，2007 年起，学术界对城市增长边界研究给予了广泛关注。与美国较为单一起因的城市蔓延相比，我国的城市蔓延更复杂，包括了人口大量涌入城市，造成了中心城区与郊区、农村同时发展的因素[2]。张庭伟（1999 年）认为，西方发达国家利用城市空间增长边界来控制城市蔓延的主要动机是生态环境保护和旧城复兴，而我国则是以保护耕地、确保粮食安全为出发点的[3]。

2006 年颁布实施的《城市规划编制办法》第二十九条及第三十一条明确提出总体规划纲要及中心城区规划阶段应当研究中心城区空间增长边界，提出建设用地规模和建设用地范围。至此，城市空间增长边界在我国有了法律依据。

李旭峰（2010 年）研究了哈尔滨中心城区的城市空间增长边界的划定，赵文恒（2012 年）以定州中心城区为例，研究了空间增长边界的构成及划定，张振广、张尚武（2013 年）以杭州市区为例，研究了空间结构导向下的城市增长边界划定理念与方法。徐小磊（2010 年）、吕斌等（2010 年）、林坚等（2014）对城市增长边界的制度构建、技术方法、法律体系构建等进行了研究分析。

划定城市增长边界主要目的在于通过划定一条未来城市建设用地范围与非建设用地范围的边界线来控制城市蔓延，合理引导城市土地开发与再开发，防止土地资源浪费，保护耕地、保障国家粮食安全，维持生态安全与平衡，合理引导城市空间形态发展。但不论是学术研究还是规划法律法规，并未针对我国城镇化发展中城市与农村"共增长"的现状，考虑农村地区建设用地发展的需要，对空间增长管理的研究仅局限于人口规模为 50 万人以上的城市，即规划区或中心城区内部，并不涉及广大的乡村地区。

2　农村建设用地管控边界必要性分析

2.1　农村建设用地发展现状

党的十六大以来，我国进入统筹城乡发展的重要时期。随着"三化"建设的不断加快，土地资源供需矛盾越来越突出。一方面，根据《中国统计年鉴 2012》，在城市人口大规模增加、城市建成区迅速扩大、人均建设用地逐年走高的同时，我国的乡村建设用地面积在乡村常住人口大幅减少的情况下仍有少量增加。新增部分大部分来源于耕地，导致侵占耕地现象显著。另一方面，农村居民点分布零散、"空心化"、"一户多宅"等现象较为严重。土地利用效率低下，进一步加剧了建设用地供需矛盾[4]。

中央政府于 2013 年底召开的"中央城镇化工作会议"上明确要求"科学设置开发强度，尽快把每个城市特别是特大城市开发边界划定，把城市放在大自然中，把绿水青山保留给城市居民"。这一要求表明增长边界已经是新型城镇化的一个重要方面，并表明了城乡一体的概念。

新型城镇化中，城市吸引农村人口到其中生活、工作、定居，导致城市用地规模的扩大以及自身土地利用结构的调整，而乡村地区恰恰是这一进程的反面[5]。快速城镇化下，乡村的人口数量、用地结构等必然面临着"减量"与"优化"，再加上人口不完全城镇化带来的迁移不确定性，如何判读、规划未来乡村的发展，做人口外流的乡村规划是城镇化面临的问题。

从发展背景、技术方法等方面，乡村地区都与城市有明显差异。这决定了乡村需要建立适应地区发展的技术方法和管理体系。

2.2 农村建设用地的规划管理现状

2.2.1 城乡规划对农村建设用地的管理现状

我国长期的规划管理思想"重城轻乡",造成大量的乡村建设用地处于失管状态,随搭随建、生态恶化、空心村、村民满意度差等情况随处可见。虽然《城乡规划法》(2008)把乡、村庄规划的内容纳入到了法定规划体系,并增加乡村建设规划许可证对乡村建设进行管理,但由于规划编制、实施管理体系的不成熟,城乡发展的不平衡,乡村规划管理工作大多流于形式或未能实现。

我国城乡规划对建设用地的管制采用边界和区域控制的方式,形成了以空间管制四区、规划区、中心城区空间增长边界、建设用地范围、各类用地保护四线等多种管控边界和区域(表1)。

城乡规划中的管控边界(区域) 表1

管控边界(区域)名称	划定层次	管控区域及要求
空间管制四区	全域和中心城区	综合性区划。根据各类要素的不可建设等级,将全域或规划区内的土地要素分级,调控重点是禁止建设区和限制建设区。主要针对城镇的建设行为进行约束和管制
规划区	城市、镇、乡、村庄	城镇总体规划的强制性内容。因城乡建设需要,必须实施规划控制的区域,原则上包括建设用地和非建设用地,无具体管制要求
空间增长边界	城市中心城区	无明确规定
建设用地范围	城市、镇、乡、村庄	城镇总体规划的强制性内容。城乡规划主管部门不得在确定的建设用地范围以外做出规划许可
四线(蓝线、绿线、黄线、紫线)	城市中心城区	从空间特征出发,明确某一类型空间的管制要求,通过确定管制边界、确定规划控制指标,将空间管制要求落实到对具体地块的开发建设活动管理上

资料来源:笔者整理。

从表1可以看出,我国城乡规划对于建设的管理大多局限于城市,且并无针对建设用地的具体管理措施以及法律体系,因而对于乡村建设用地的发展不能起到良好的控制与引导。

2.2.2 土地利用规划对农村建设用地的管理现状

建设用地管理一直是城乡规划的重要内容,但城乡规划中对其"范围"、"布局"的要求,相对于土规对建设用地"边界"、"区域"的明确定义和管理却显得不足[6],尤其是对乡村建设的管理。

国土部门建立了城乡建设用地空间管制制度,解决土地利用在规模、结构和布局上的问题。在《市县乡级土地利用总体规划编制指导意见》(2009)中明确提出了建设用地"边界"和"区域"的概念,包括城乡建设用地规模边界、城乡建设用地扩展边界和禁止建设用地边界三条边界,并结合三条边界定义了允许建设区、有条件建设区、限制建设区和禁止建设区四种区域,并设置了相关管制规则(表2)。

土地利用规划中的管控边界(区域) 表2

管控边界(区域)名称	划定层次	管控区域及要求
建设用地规模边界	全域	按照土地利用总体规划确定的城乡建设用地面积指标,划定城、镇、村、工矿建设用地边界。主导用途为城、镇、村或工矿建设发展空间,具体土地利用安排应与依法批准的相关规划相协调
建设用地扩展边界	全域	为适应城乡建设发展的不确定性,在城乡建设用地规模边界之外划定城、镇、村、工矿建设规划期内可选择布局的范围边界。 扩展边界与规模边界可以重合。边界内土地符合规定的,可依程序办理建设用地审批手续,同时相应核减允许建设区用地规模;规划期内建设用地扩展边界原则上不得调整。如需调整按规划修改处理,严格论证,报规划审批机关批准

管控边界（区域）名称	划定层次	管控区域及要求
禁止建设用地边界	全域	为保护自然资源、生态、环境、景观等特殊需要，划定规划期内需要禁止各项建设的空间范围边界。禁止各类建设开发
允许建设区	全域	城乡建设用地规模边界所包含的范围。依据城市规划、土地利用规划确定的城乡建设用地指标落实到空间上的预期用地区
有条件建设区	全域	城乡建设用地规模边界之外、扩展边界以内的范围。在不突破规划建设用地规模控制指标的前提下，区内土地可以用于规划建设用地区的布局调整
限制建设区	全域	辖区范围内除允许建设区、有条件建设区、禁止建设区外的其他区域。区内主导用途为农业生产空间禁止城镇建设，严格控制线型基础设施和独立建设项目建设
禁止建设区	全域	禁止建设用地边界所包含的空间范围。严格禁止与主导用途不相符的建设

资料来源：笔者整理。

通过农村居民点控制边界的设定，对管理上"重城轻乡"的现象进行纠正，将城镇建设用地、农村居民点建设用地都纳入管制范围，加强对农用地特别是耕地的保护力度[7]。

2.3 农村建设用地管理的新要求

由于我国空间规划种类众多，对于城乡建设用地的规划管理长期处于矛盾冲突中。2013年12月12日，习近平总书记在中央城镇化工作会议上指出：要建立统一的空间规划体系、限定城市发展边界、划定城市生态红线，探索经济社会发展、城乡、土地利用规划的"三规合一"，形成一张蓝图，加以落实。为推进"十三五"规划改革，国家正式启动"多规合一"试点工作。建设用地边界的确定自然成为"多规合一"的重要内容。

此外，乡村规划也被纳入各地区经济社会发展的重要议事日程。2015年，《住房城乡建设部关于改革创新、全面有效推进乡村规划工作的指导意见》（建村 [2015]187 号）要求重视乡村规划，"划定乡村居民点管控边界，确定乡村建设用地规模和管控要求"。

在城乡统筹、"多规合一"的要求下，结合土地利用规划对城乡建设用地空间的管控，将乡村纳入到建设用地管控体系中，建立全域建设用地管控机制尤为重要。

3 农村建设用地管控边界的内涵界定

农村建设用地管控边界是在农村周围形成的一道连续、封闭的界限来控制农村建设用地的增长，主要通过规模控制和边界引导两种方式实现刚性与弹性的管控。本质上来讲，农村建设用地管控边界并不是为了控制增长，而是在城镇化发展中，从城乡统筹的角度，通过分析城镇化的趋势，对农村现状建设用地进行整治，提高农村建设用地的利用率，并结合农村新型社区建设，以基本农田保护区、生态底线为约束，充分考虑村民的生活、生产意愿，引导农村地区形成合理的空间布局。农村建设用地管控边界是在"多规合一"下，协调土地利用规划、城乡规划、环境保护规划等空间规划管理措施的手段，也是健全全域管控的空间管制体系，为乡村规划建设提供管理的一项政策工具。

4　莒南大店镇农村建设用地管控边界划定

4.1　划定原则

（1）避让底线，保护优先的原则

农村建设用地管控边界的划定以生态底线、基本农田保护区为限制，原则上不侵占城市生态保护的底线、不占用高标准基本农田，可以占用少量的基本农田，尽量少占其他农用地。

（2）集约发展，形态完整的原则

农村建设用地管控边界的划定应以满足村民生活居住为前提，结合城乡建设用地增减挂钩项目，对较为分散的用地进行整理集中，保证近期居住、公共服务设施等的安排，并为远期发展留有余地，推动农村地区土地集约化发展。

（3）利益协调，公众参与的原则

农村建设用地管控边界的公共政策属性是其划定的依据。基于农村土地集体所有的产权特点，应遵循农村地区自下而上的民主决策机制，重视村民的发展诉求，将这种不确定性反映到管控边界中，使其更具可实施性。

4.2　管控边界的划定内容

4.2.1　生态底线确定

通过梳理大店镇各项保护边界，结合海拔、坡度等因子的生态敏感性分析，全镇共划定生态红线区域面积 5.4km²，占全镇总面积的 4.1%。生态红线区域内实行最严格的管控措施，严禁一切形式的开发建设活动，禁止进行工业化、城镇化开发（表3、图1）。

大店镇生态红线内容　　表3

类型	要素	大店镇生态红线内容
自然与文化遗产	风景名胜区	马鬐山景区（省级）一级保护区
	文物保护区	八路军115师司令部驻地（国家级）、薛家窑遗址（省级）保护范围
资源安全	基本农田	高标准基本农田
	林地保护区	三级保护林地内的森林
	湿地	浔河湿地
水源保护	饮用水地表水源保护区	浔河和沭河水源地一级保护区、陡山水库水源地一级保护区
生态安全	蓄滞洪区	浔河、沭河、陡山水库蓄滞洪区范围
	水土流失区	坡度大于25°地区
其他	大型市政通道	大型市政通道控制带
	矿产资源区	东部禁止开采区

4.2.2　管控规模确定

根据"存量发展"与"控制增量"的规划理念，结合"多规合一"的规划理念，对2030年大店镇的建设空间需求进行压缩，特别是压缩镇区的建设用地规模，减少城乡居民点建设用地总量供需差额，符合《大店镇土地利用总体规划》的刚性约束。基本思路是先确定镇域重大突破区域或村庄建设积极区域的建设用地规模和人口规模，然后确定其他农村新型社区的用地和人口规模，最后计算确定镇区可能的发展规模。

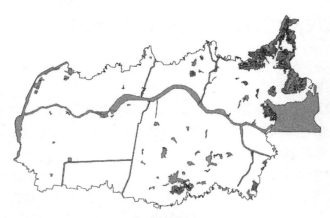

图1 大店镇生态红线划定范围

按照"尊重主体意愿，分类控制，灵活推进"的原则，通过公众参与的方式，了解村民的搬迁意愿以及发展诉求，确定各社区的类型。以大店镇为例，在全镇形成"旧村整治＋特色改造＋整村迁建"的多元改造方式，基于村民迁居意愿对镇域社区（村庄）进行分类发展建设引导，分为旅游突破型、市场引导型、适时推进型、特色塑造型等。

基于对社区发展类型、发展模式的选择，进行社区规模优化。主要参照各社区建设规划的人口规模，整合《城市用地分类与规划建设用地标准》GB 50137—2011、《镇规划标准》GB 50188—2007以及当地相关集约用地要求均用地指标，结合发展模式的选择修订原有规模（表4）。

大店镇农村社区建设用地规模一览表　　　　　　　　　　　　　　　　表4

社区类别	社区名称	人均用地（m²/人）					备注
		现状	总规	修规	社区布局规划	山东省建设用地集约利用控制标准	
旅游突破性	花园社区	223.89	89.09	34.28	67.39	100.00	平原
	后官庄社区	161.86	84.70	31.16	48.23	80.00	山区
	天湖特色村	141.30	107.80	31.31	54.13	80.00	山区
市场引导型	四角岭社区	207.68	89.70	49.39	100.40	100.00	平原
	仕沟社区	142.11	77.90	49.08	68.30	100.00	平原
	官庄社区	302.74	91.20	46.31	86.34	100.00	平原
适时推进型社区	公书社区	169.71	91.90	54.83	65.65	100.00	平原
	五龙官庄社区	188.42	94.50	39.56	63.09	100.00	平原
	宣文岭社区	236.51	86.27	43.99	65.71	100.00	平原
	埠墩社区	217.47	86.40	36.13	64.47	100.00	平原
	高柱社区	151.12	86.70	——	67.63	80.00	山区
	后惠子坡社区	173.54	80.30	32.27	67.43	100.00	平原
	峰山社区	150.33	81.27	41.33	39.80	80.00	山区
	坡子社区	190.14	93.40	40.10	58.22	100.00	平原
特色	甲子山村	158.94	88.10	89.21	62.54	100.00	平原
合计		191.24	88.26	43.07	65.61	——	——

资料来源：山东省国土厅乡镇层面"多规合一"试点的研究课题

4.2.3　管控边界划定

乡镇作为我国最基层的行政单元，其建设空间本身就是生产、生活、生态"三位一体"的空间，空间要素基本就有明确的利益主体，这在农村居民点体现更为明显。因此，规划社区能否体现居民意愿显得尤为重要。在农村社区选址上，主要采用公告公示、开放式研讨会、问卷调查等公众参与方式，多次上下联动确定，将居民对于生活、生产的需求考虑在内，将居民发展诉求范围纳入到农村居民点建设用地管控边界内，使其布局更加具有准确性和可操作性。

公众参与协调确定农村社区的过程中，居民对于社区选址提出更为实际的意见。以大店镇五龙官庄社区为例，有大部分村民表示希望将社区选址靠近镇区核心区，并沿浔河布置，以获得更加方便、舒适的居住环境。综合考虑本次规划的可行性，将规划五龙官庄社区以东靠近镇区核心区的部分地区划入农村居民点建设用地管控边界，便于后期社区规划针对村民实际居住意愿在边界内的合理调整（图2）。

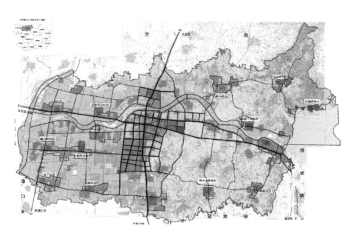

图2　大店镇农村建设用地管控边界划定范围

5　结语

在新型城镇化发展下，城市对乡村人口的吸引力造成农村地区人口流失以及村庄空心化，再加上长期以来"重城轻乡"规划思想带来的农村规划管理缺失，给农村建设用地结构调整带来了前所未有的挑战。立足于城乡统筹的视角，以保护生态环境和耕地资源，保证农村合理发展为目标，依托各规划现有的空间管制工作基础，划定农村建设用地管控边界，是促进土地节约集约利用，建立"多规合一"下统一的空间管制体系，推动新型城镇化健康发展的重要举措。

参考文献

[1]　吴次芳，韩昊英，赖世刚. 城市空间增长管理：工具与策略 [J]. 规划师，2009，(08)：15-19.

[2]　黄明华，田晓晴. 关于新版《城市规划编制办法》中城市增长边界的思考 [J]. 规划师，2008，(06)：13-15.

[3]　张庭伟. 控制城市用地蔓延：一个全球的问题 [J]. 城市规划，1999，(08)：43-47.

[4]　许晓婷. 县级土地整治规划理论与方法研究 [D]. 西安：长安大学，2014.

[5]　张尚武. 乡村规划：特点与难点 [J]. 城市规划，2014，(02)：17-21.

[6]　周显坤，董珂. 议边定界——对建设用地边界管理的辨析与思考：城乡治理与规划改革——2014 中国城市规划年会，中国海南海口，2014[C].

[7]　全国土地利用总体规划修编工作委员会. 为什么要建立"城乡建设用地空间管制制度"[N]. 中国国土资源报.

村民"自助式"乡村规划模式探析

许广通　郭小龙*

【摘　要】当前我国的乡村规划多属于自上而下的城市规划编制思路，一些"模式化"的理论与方法常被不自觉地应用于乡村规划过程之中，在实践中产生了一系列矛盾。而我国乡村具有数量多、规模小、分布散和特色各异等特点，问题也十分复杂，本文基于分析乡村现状困境与当前乡村规划模式存在的问题，回归传统乡村治理理念，提出了村民自助式乡村规划模式，具体划分为"村民个体式自助、村民集体化自助和村庄一体化式自助"三个规划组织模式阶梯，并从村民自助权限、村民参与方式、规划弹性、动态规划以及成果表达形式提出了相应的规划应对策略。努力探讨一种契合乡村实际、真正具有针对性与操作性的乡村规划方法。

【关键词】乡村规划，自下而上，自助式，应对策略

新型城镇化背景下，乡村规划逐渐受到社会各界高度重视，而乡村被融入学科开设乡村规划课程尚处于起步阶段，乡村规划研究与教育严重落后于实践。改革开放以来我国发展都是以城市为主导，城市规划的编制方法和研究已较为成熟，而目前工作在一线的乡村规划工作者多来自传统的城市规划培养模式，乡村规划也多为"捆绑、打包、任务式"的组织模式，而且规划成果多为自上而下式的规划师个人意志贯彻，规划的编制过程、设计手法、成果形式和审批环节都沿用城市规划编制和管理的方法，导致多数乡村规划成果脱离实际而缺乏指导性与实施性较差等问题普遍存在。

现状乡村农民组织性不断弱化呈现为分散无组织状态，而且村民在乡村规划中多处于被代表的角色；我国取消农业税以后，广大乡村失去基本的财政来源，乡村更没有持续的收益机制，建设资金过度依赖政府部门，整合资金难度非常大，国家在乡村的投入尤其那些普通农村的资金微乎其微，存在严重的稀释现象和程序性浪费。即使是目前推行的精准扶贫，如果忽视村庄的造血功能，也会使得乡村发展过度依赖外部政策越扶越贫。所以必须转变思维方式，发挥农民在乡村规划的主体性作用，积极探求一种适合村民自主选择、自助建设的"自助式"规划模式，提升村民组织化，逐渐摆脱对外部资本的过度依赖，提高乡村规划实施的内部动力。

1　当前乡村规划组织模式问题探析

1.1　乡村"城市化"管理，脱离乡村实际

我国国土幅员辽阔，乡村数量更是高达 70 万个，由于区域、气候、地形地貌、经济、文化等条件水平不同，乡村存在很大的差别（李迎成，2014）。面对跨度大、分布散、数量多、类型丰富的乡村，规划

---

* 许广通，男，华中科技大学建筑与城市规划学院硕士研究生。
　　郭小龙，男，华中科技大学建筑与城市规划学院硕士研究生。

工作者们显得力不从心，乡村规划多为"捆绑打包式、任务式"的组织模式（张尚武，2014）。虽然 2008 年《城乡规划法》开始生效，但是对于乡村还是采用传统的城市管理思维，并且由于管理人员机构严重不足、技术标准的规范性无法适应乡村的多样性，以及村民认识不足缺乏申请审批等程序意愿，导致《城乡规划法》在乡村并未有效实行。而且规划建设过程中也采用城市规划管理中的招投标、单位资格认证等硬性规定，限制了村民与工匠的自主性，同时造成了很多政府资金浪费在不必要的程序上。

1.2　农民被代表，未能充分反映民意

乡村建设需要群众力量的参与，当前的状况是，过分追求速度使得农民的主体作用并未真正发挥。甚至多数由政府自上而下编制的物质规划更是忽视了村民的主体性地位。村民参与流于形式，广大农民往往被拒之于规划决策之外。而村民意愿没有得到反映，势必会造成村民集体感与凝聚力不足，从而在规划实施管理过程中缺乏自主积极性。村庄建设全部靠政府与村集体，既造成了政府投资的浪费又增加了村集体后期维护的经济负担，并且难显成效。

1.3　规划止于成果，设计与实施脱节

传统村庄规划成果主要包括规划文本、图册和说明书，属于专业性较强的技术文件，针对的对象多为评审专家和当地政府，同时成果求多求厚过于繁杂，并不适合村集体与村民研读交流，而且乡村规划多在评审结束成果提交后终止，缺乏后期跟踪服务指导。村集体与村民拿到成果文件多困惑重重无从下手，如在走访湖北广水市桃源村驻村干部时，我们便发现他们作为一线工作者在实践中的困惑与难处：首先是规划，之前乡村一直没有规划，不知道怎么做，后来有了规划，却不知道做什么；而且乡村缺乏科学的机制，一线的非专业干部缺乏高度的规划执行率与快速推动项目的建设能力，这都造成了很多规划成果在实际中很难落地。

1.4　多部门交相干预，政绩工程由城市转向乡村

目前，政府财政资金通过多部门渠道投放到乡村，如水利、电力、交通、农业、城建、环境等部门资金。各个部门各自为政，管理工作交叉，村庄建设的同一个建设项目可能有多个部门同时规划管理，同时随着国家政策逐渐向乡村倾向，农村逐渐成为政府政绩工程的延伸地（邹艳丽，2015），各部门为满足自身在乡村包干包揽，乡村重复叠加建设现象比较严重，而且各个部门分别拥有自己的规范标准，建设要求与验收标准缺乏统一，项目冲突与矛盾频现。仅有的财政部门资金经过各个渠道的稀释与程序性浪费，无法集中统筹大型基础设施建设安排，从而影响基础配套项目实施和结构安排整体项目工程的投资效果。

2　乡村治理与村民自助

2.1　古代乡村治理模式

自古皇权不下于县，国家在乡村长期实行的行政制度便是保甲制度，10 户为甲，10 甲为保，10 保为里，保甲制而真正作为基层政治制度则源自宋朝王安石变法，此后，一直延续至 20 世纪初，其本质是以家族为单元作为国家权力在乡村的延伸。于是在这样的背景下，乡村社会"聚族而居、累世同堂、同族共产"，乡约、族规逐渐兴起，乡绅、乡贤与族长等德高望重之人逐渐在乡村治理中扮演着重要的角色，同时村内的祠堂、寺庙、风水林、先人事迹、故事传说等共同构成了物化场所和德化手段，构建人们的精神空间与行为禁区，从而辅助于乡村的建设与管理（邹艳丽，2015）。国家权力对广大乡村的管辖与控制便形

成了成熟的正规与非正规两种治理形式，刚柔并济相辅相成，在国家权利干预相对较弱与乡村自治相对日趋成熟的条件下古代乡村稳定有序发展。

2.2　现代乡村管理模式

新中国成立后伴随着社会主义改造和社会主义建设逐渐展开，国家权利在乡村全面控制和覆盖，甚至乡绅、乡贤，族规、乡约在一些运动中深受重创；改革开放后，开始试点推广家庭联产承包责任制——"包产到户、包干到户"，伴随着乡村新秩序从经济领域开始建立，政府也逐渐退出生产者的角色，而且改革开放后在乡村实行以"四个民主"为核心内容的村民自治制度，从而在乡村正规与非正规两种治理形式逐渐失灵，乡村治理的刚柔平衡状态逐渐被打破，从此乡村正常运行系统失去合理的调控制度。伴随着乡村人口与资源向城市单向流逝，乡村逐渐空心化、老年化，家庭联产承包责任制度在乡村发展遇到了新的瓶颈。同时农村土地流转被合法化与城乡建设用地总量增减挂钩并存，而农村土地依然是农民关注的焦点，城乡空间争夺日益尖锐化，加之种种原因《城乡规划法》在乡村并未有效实行，政府通过程序合法性侵占与村民通过违法建设合理性抵抗并存，便造成了严重建设性破坏与生态破坏（邻艳丽，2015）。现代乡村的种种问题，很大原因便在于我们在用管理城市的思维管理乡村，同时逐渐丢失了相互平衡的治理手段。

2.3　从管理走向治理与村民自助

对比传统乡村治理模式与现代乡村管理模式，乡村建设的理念应该回归，思维需要转变，借鉴古代正规与非正规"刚柔"结合的治理模式，积极发挥农民在乡村建设中的主体性作用，最终努力实现乡村生产、生活、物质空间秩序的重建。"自助式"乡村规划模式便是基于此努力从制度与非制度角度思考，引导发挥农民在乡村建设中的主观能动性，将乡村建设真正融入百姓生活，同时在规划与管理上做出应对，让农民可以自主选择，自助建设的可持续式的规划方法，这也契合当前中国农村与农民的特点（唐燕，2015）。

3　村民"自助式"规划组织模式

在对比当前乡村普遍的组织模式的基础之上，结合村庄规划建设主体不明与实施资本缺乏的现状困境，笔者根据农民组织化程度以及对乡村建设对外部资本依赖程度，设计出三种村民"自助式"组织模式：个体化自助模式、集体化自助模式、共同体化自助模式。三种是依次由初级到高级的村民"自助式"阶梯，农民组织化程度逐渐增强，村庄规划建设对外部资本依赖逐渐减弱。该阶梯模式分别针对不同类型的村庄特点以及村庄不同的发展阶段，具有较强的适应性。

3.1　村民个体化自助模式

个体化自助模式的主体对象是村民个体家庭，是建立与当前乡村最为常见组织模式的基础之上，也是较为初级的一种自助模式。通过政策与技术创新积极发挥村民的积极性与创造性，政府部门资金与社会民间资本投放被分解到户，同时居民自己也拿出一定比例的资金，自发进行民居修复改造或院落环境整治，村委会通过招投标或村民记劳记工的方式承担村庄公共环境综合整治和基础设施建设，规划技术成果应针对个体户的特点，以指导个体村民进行自助式民居改造和院落环境整治的使用手册的形式发放到户。如宁波市力洋村在单体民居院落修复过程之中，政府的补助 70%，村民负责剩余 30%，村民在统一规定和引导下，自己进行修缮，如果村民不愿出资则将不会获得政府的补助（图 1）。

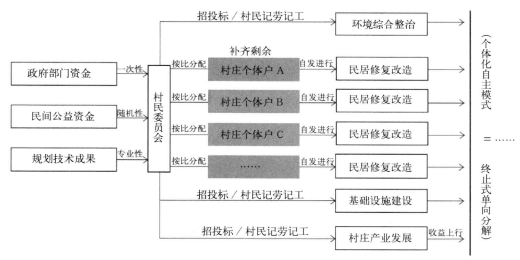

图 1 村民个体化自助模式示意图
图片来源：作者自绘

3.2 村民集体化自助模式

集体化自助模式主体对象"村集体＋个体村民"，是将分散的村民组织起来，集中力量统一进行村庄建设，外部对村庄投入的资金与村民筹集的资金，在公开透明的前提下，由村集体统一进行使用。村集体统一购买民居修复材料、统一请工匠，各户进行流水线式逐一修复，同时进行村落外部环境综合整治和基础设施建设，在这过程中，村民也可以通过出资出力的方式参与到整个过程中，统购统建有效地节约了建设成本，同时政府与社会投入在村落形成了政策合力提升了投入的边际效益。规划技术成果直接与村集体对接，通过村集体专业人员与村民之间的知识落差。如宁波市马头村在未评上历史名村之前，村集体带来村民统一进行民居修缮和公共环境建设，依据当地特色统购统建，收到很好的效果与专家的一致好评（图 2）。

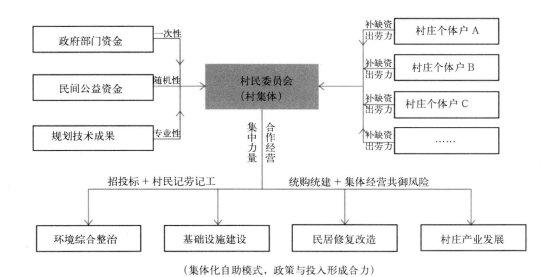

（集体化自助模式，政策与投入形成合力）

图 2 村民集体化自助模式示意图
图片来源：作者自绘

3.3 乡村共同体化自助模式

乡村共同体化自助模式是借鉴英国社区土地信托与国内日渐兴起的合作社思想，设计一种摆脱对传统土地经济和政府补贴过度依赖，构建村庄内部持续的资金收益机制的一体化自助模式。该模式针对的主体对象是由村民、乡贤、村干部、合作社等人共同组成的"村社共同体"（刘文奎，2016）。打破传统资源的私有分散化利用方式，将独立的村民和分散的资源组织起来，集体统筹，合作经营。村委会负责村庄的日常管理；合作社主管村庄经济发展；负责各类专业人员培训与总体的设计管理、投资运营。集中整合全村力量进行村庄基础设施建设、环境综合整治、民居修复改造，接着将资源进行集合化利用，对生产性产业升级转型鼓励村民通过分股形式参与到合作经营中，并完善各项服务与功能设施。村社共同体将村落闲置的资源转变为持续的"金融资产"，收益除了用于村社共同体正常运转、项目设施的建设维护、合作经营村民的分红外全部用于投入村庄再生产，而不是归私人公司所有或瓜分掉。同时在规划编制实施过程中可以借鉴广州的驻村工作营与助村规划师成功经验，实现动态长期的专业指导（图 3）。

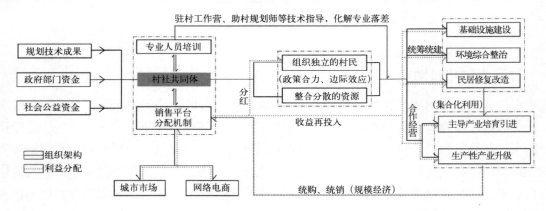

(一体化自助式模式，持续的收益机制)

图 3 乡村共同体化自助模式示意图
图片来源：作者自绘

3.4 三种村民自助模式对比

三种村民"自助式"组织模式分别为三种不同的"自助式"阶梯，特点有别，适应性有差，实际选择应根据村庄自身的特点以及所处的发展阶段合理确定自助模式，具体分析见表 1。

三种村民自助模式对分析一览表　　　　　　　　　　　　　　　　表 1

模式类型	村民个体化自助模式	村民集体化自助模式	乡村共同体化自助模式
特点	外置资本＋"私有化"	外置资本＋"集合化"	内生金融＋"一体化"
主体对象	个体村民	村集体＋个体村民	村社共同体
优点	模式简单、容易操作	农民组织化、政策合力	农民组织化，持续收益机制
缺点	政府资金不可持续且稀释现象严重，社会资本目的性较强。农民未被有效组织；乡村资源私有化，不利于整合利用	对村干部的工作要求较高，农民意愿不一	模式复杂、缺乏专业人员、运营模式尚不成熟、推广经验不足，村庄建设集资慢
组织化程度	较低	较高	很高
外部资本依赖程度	极强	较强	较弱
与专业人员落差	极高	中等	较低
适应性	村庄发展起步阶段	村庄发展稳定阶段	村庄发展成熟阶段

表格来源：作者自绘

4　村民"自助式"规划策略

当前，由于受传统的城市规划思维与观念影响，村庄规划成果过度依赖政府与外部条件，与村民距离较远，并没有与村民和村集体进行良好对接，导致规划成果很难落地。乡村规划的顺利实施必须从实际情况出发，农民的事还要农民自己来做。需要发挥农民的主体性作用，乡村规划在规划编制过程中也因充分以村民为核心，打破传统思维，在最好规划编制的工作的基础之上，还应从以下五个方面进一步探讨村民自助式的规划路径，提升规划的适应性与操作性。

4.1　划定权利边界，明晰村民自助权限

村庄规划建设涉及不同利益主体与多种项目内容，既关系到村庄内部物质空间建设也关系到产业发展，因此村庄规划不能简单放任自主，也不能管控过境，甚至大包大揽以至于。应充分协调政府、村集体与个体等人员之间的利益和职责分工，这就需要合理划分不同人员的自助权限（图4）。

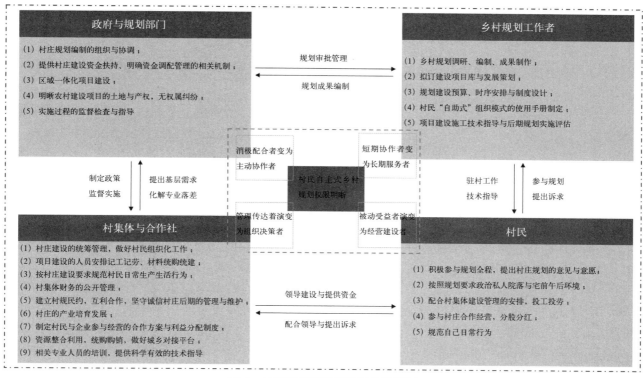

图4　村庄规划管理权限划分示意图
图片来源：作者自绘

4.2　民意导向，提升村民参与的广度与深度

将村民村庄规划制度化、标准化，制定合理的参与流程与任务内容，真正将村民意愿体现在村庄规划的宣传发动、调研、方案编制、公示审批总结调整以及实施管理的各个阶段（戴帅，2010）。村民自助内容可分为"必选、自选与创新动作"三种类型，在完成基本规定内容之外，鼓励各村根据自身的实际情况，探索具有本村特色的村民参与规划的方法，以及相应的适应村民自助组织的模式。

规划师在充分了解民意的基础上，还应做好村民的培训指导工作，因为村民的自身局限性可能无法充分表达自己的意愿，规划师可以做出多个选择方案，如：方案 A、B、C 等，村民根据自己的需要与意愿进行自主选择，同时与邻居相互协调达成一致意见，进而进行自助建设。

4.3　强调规划弹性，发挥村民的积极性与创造性

村民"自助式"乡村规划更强调规划的弹性，首先应尊重乡村实际，尽量利用原生态的乡土材料，充分发挥当地居民与工匠的主动性，避免规划过度设计、全覆盖。规划设计需适当地"留白"，给村民与工匠在自助建设过程留一些创造空间，规划成果对强制性内容进行刚性规定，引导性内容在可以有乡场调整的空间，细节处理可留给当地人民发挥。

同时规划弹性强调避免程序规定太死，为发挥村民的创造性提供制度保障。笔者在宁波清潭村调研时发现，政府规定了 3 万元以上的项目必须采用招投标的形式，同时规定了施工队的资格认证，而实际操作过程中，这大大延误了项目施工的最佳时期，而且当地的本土工匠按规定无法参与到项目建设中去，并且政府仅有的项目资金有较多浪费在招投标程序上。所以提升规划弹性，既可以发动村民的积极性与创造性，也可以降低建设成本，降低资金的程序性浪费。

4.4　动态规划，推广驻村规划工作坊和助村规划师制度

村民"自助式"乡村规划不是倡导不要专业规划，而是在专业规划基础之上，更倡导动态长期的专业指导服务，乡村建设非一劳永逸之事，需要时间去经营。动态的乡村规划未来的发展导向，"自助式"乡村规划应积极借鉴广东省乡村规划的规划工作坊与助村规划师制度经验（李开猛，2014），在规划调研编制阶段，采用驻村体验方式，充分了解乡村现实情况与村民意愿，现场调整，持续完善规划成果，并在后期实施阶段安排专业规划师定期轮流到村里监督与技术指导。从而构建有效的沟通机制，实现规划师全程参与乡村规划建设。

4.5　简化成果，制定自助使用手册与民约规范

村民"自助式"乡村规划强调规划成果应简单直观易懂，方便村民的实际使用需要（汤海孺，2013）。应该避免传统的求厚、求繁、专业性太强的成果表达方式。可以将成果针对性地简化为村民明白易懂的使用手册形式，图文并茂，详细阐释自助建设的要求与程序，同时可以提出多种选择方案，供村民自主选择。根据三种自助模式阶梯，制定针对不同人员的使用手册，从而有效化解村民与规划人员之间的专业落差。村民使用手册还应辅以相应民约规范进行制度约束，避免村民自助建设的随意性。

5　结语

致力于做好"自助式"乡村规划研究，将该方法成功应用于乡村规划的实践，改善传统的规划方法，克服规划中的"制定容易实施难"具有重要的现实意义，同时更需要在实践中进行更深入的探索。中国的乡村数量之多、分布之广，乡村复兴单纯地靠政府、专家和外部资本，应及时转变规划技术方法、思维与理念，充分发挥农民在乡建中的主体性作用，从乡村自身去寻求其发展建设的内生动力，同时需要跟进的应该是更加合理及时的制度方向引导。

参考文献

[1] 李开猛，王锋，李晓军等 . 村庄规划中全方位村民参与方法研究——来自广州市美丽乡村规划实践 [J]. 城市规划，2014，12：34-42.

[2] 张尚武，李京生，郭继青等 . 乡村规划与乡村治理 [J]. 城市规划，2014，11：23-28.

[3] 唐燕，赵文宁，顾朝林等 . 我国乡村治理体系的形成及其对乡村规划的启示 [J]. 现代城市研究，2015，04：2-7.

[4] 戴帅，陆化普，程颖等 . 上下结合的乡村规划模式研究 [J]. 规划师，2010，01：16-20.

[5] 李伟，徐建刚，陈浩等 . 基于政府与村民双向需求的乡村规划探索——以安徽省当涂县龙山村美好乡村规划为例 [J]. 现代城市研究，2014，04：16-23.

[6] 汤海孺，柳上晓 . 面向操作的乡村规划管理研究——以杭州市为例 [J]. 城市规划，2013，03：59-65.

[7] 邹艳丽 . 我国乡村治理的本原模式研究——以巴林左旗后兴隆地村为例 [J]. 城市规划，2015，06：59-68.

[8] 李迎成 . 后乡土中国：审视城市时代 农村发展的困境与转型 [J]. 城市规划学刊，2014，04：46-51.

[9] 乡村复兴 . 访中国扶贫基金会刘文奎：合作社的"前世今生"[DB/OL].http://www.weixinnu.com/tag_article/3124101364.

宜城市推进农村产权制度改革实施路径研究
——基于首批新型城镇化综合试点探索

耿　虹　朱海伦*

【摘　要】随着我国工业化和现代化进程的加快，以土地制度改革为核心的农村产权制度改革已成为我国当前深化改革的一项重要内容，农村产权制度改革具有重大现实意义和深远历史意义的改革。宜城市抓住国家新型城镇化综合试点和土地改革试点双试点的契机，从以下五个方面大力推进农村产权制度改革：（1）农村集体土地确权登记颁证；（2）推进农村集体产权制度改革；（3）引导农村产权流转交易市场健康发展；（4）规范推进农村集体经营性建设用地入市；（5）改革完善农村宅基地抵押担保和有偿退出机制。

【关键词】农村产权，农村集体土地，农村产权流转，集体经营性建设用地，农村宅基地

1　前言

土地制度改革是新型城镇化面临的关键挑战，也是改革的重中之重。推进农业现代化，提高城市密度，推进收入改革与财富分配，都需要更加有效地利用土地，提高土地利用的公平性。宜城市是全国人大常务委员会授权国务院暂时调整实施《中华人民共和国土地管理法》、《中华人民共和国城市房地产管理法》两部法律的 33 个试点县（市、区）之一。暂时调整实施两部法律之后，土地补偿费和安置补助费的总和将不以土地被征收前三年平均年产值的 30 倍为上限，而是要综合考虑当地经济发展水平、人均收入等情况，安排农民住房、社会保障、就业培训，并给被征地农民留地、留物业由集体经济组织经营等方式，全面高水平地补偿农民。

宜城市以试点为契机，出台了《宜城市农村集体经营性建设用地使用权流转管理办法》。在符合规划和用途管制的前提下，允许农村集体经营性建设用地，尤其是城镇周边的农村集体经营性建设用地，使用权实现出让、租赁、入股和抵押担保，不通过征地就直接入市，与国有建设用地同等入市，同权同价。允许城镇周边的农村集体经营性建设用地重新规划、整理，参与公共设施、产业园区、物流园区以及农贸市场等生产生活设施建设。支持城镇郊区农民发展土地财产权，实现"就地城镇化"。

2　宜城市推进农村产权制度改革实施路径

2.1　农村集体土地确权登记颁证

2.1.1　开展农村集体土地所有权确权登记工作

按照现有行政划分对农村集体所有土地的所有权进行确权登记，属于原生产队或者小组的，确权为

---

* 耿虹，女，华中科技大学建筑与城市规划学院博士生导师，教授。
朱海伦，女，华中科技大学建筑与城市规划学院硕士研究生。

当前村民小组为所有者；不明确为某一村民小组所有的，确权为村集体所有；村集体以外乡镇以内的，确权为乡镇所有。

2.1.2 开展土地承包经营权确权登记颁证工作

以第二次全国土地调查成果为依据，充分利用现有的图件、影像等数据，绘制工作底图、调查草图，查清农户承包地块的面积、四至、空间位置，制作承包地块分布图，做好发包方、承包方和承包地块调查。调查成果和权属户表经审核公示确认后，作为确权依据。

根据公示确认的调查成果，完善土地承包合同，属于原承包地块四至范围内的，原则上应确权给原承包农户。根据确权登记颁证完善后的承包合同，以承包农户为基本单位，按照一户一簿原则，明确每块承包地的范围、面积及权利归属，由市级人民政府农村经营管理机构建立健全统一规范的土地承包经营权登记簿，作为今后不动产统一登记的基础依据。

2.1.3 建立完善土地承包经营权信息系统

建立和完善市镇村三级互联互通的土地承包经营权信息应用平台，建立土地承包经营权确权登记颁证数据库和土地承包经营权登记业务系统，实现土地承包合同管理、权属登记、经营权流转和纠纷调处等业务工作的信息化。

2.2 推进农村集体产权制度改革

（1）清产核资，界定农村集体经济组织成员及相关权益。

综合考虑户籍、社会保障、劳动关系、土地承包经营权等因素，明确农村集体产权的所有权主体与行使主体。集体经济组织成员一般应同时满足以下原则：为本村农业户口且落户在集体经济组织；在本村集体经济组织生产、生活；以本村集体经济组织土地为基本生活保障。农村集体经济组织对本权属单位的集体资产进行清产核资、登记造册，报主管机关确认。

（2）分类登记不同类型农村集体产权、赋予农民对不同集体资产的权能。

成立专门机构清产核资，将农村经营性资产、非经营性资产全部折价统计，将农村集体资产折股量化到成员。对于土地等资源性资产，重点落实土地承包经营权确权登记颁证工作，稳定农村土地承包关系，在充分尊重承包农户意愿的前提下，可探索发展土地股份合作等多种形式；对于农村集体经营性资产，股权设置应以个人股为主，针对不同地区的情况，是否设置集体股，股权是否可以抵押、担保、继承、有限流转交易，可由集体经济组织通过公开程序自主决定；对于农村集体非经营性资产，重点探索集体有效的统一运营管理机制，更好地为集体经济组织成员及社区居民提供公益性服务。

赋予农民对集体资产股份占有、收益、有偿退出及抵押、担保、继承等各项权能，有条件地开展赋予农民对集体资产股份有偿退出权、继承权试点。并在部分地区慎重开展赋予农民集体资产股份抵押担保权试点。

（3）建立健全农村集体经济组织，探索完善基层组织治理结构。

健全农村集体经济组织，在组织构架上可实行村级党组织、村民自治组织、集体经济组织的领导班子成员交叉任职。规范集体经济运作机制，逐村建立村级集体资产、资源、资金的"三资"台账，规范村级财务管理，建立健全农村集体资产股权台账管理制度和收益分配制度。并按照归属清晰、权能完整、流转顺畅、保护严格的要求，积极推进农村集体经济的股份化改革，以村为单位，实施股份制改革，将符合条件的农民农龄折股量化，年度按股分红，把"共同共有"的集体经济改造为"按份额共有"的所有者共同体，农户收益按照股份制制度分配。

（4）推行"政经分开"，理顺农村基层组织间的职责及关系。

健全新型集体经济组织运行管理机制，按照行政事务划归社区管理、经济职能留在股份合作社的原则，让农村集体经济组织轻装上阵。在各村集体股份制改革的基础上，立足本地的农业优势，搭建农民投资平台，寻找与各乡镇种植养殖特色相适应的公司或加工企业，形成利益联合体，增加集体收入。

2.3 引导农村产权流转交易市场健康发展

（1）完善农村产权流转交易有形市场建设：建设交易中心，完善功能。

由政府统一投入，建立起各村镇设施配套、功能齐全的交易服务大厅。根据不同的服务项目，可以将大厅分设不同功能区，如信息登记发布区、流转交易区、合同鉴证区和纠纷调解区等。鉴于农村产权交易单宗金额小、交易活动不频繁，交易市场建设的投资回报率较低，现阶段农村产权流转交易市场应定位为公益性市场，建设的主体应该是政府，投入的主要来源应该是财政。

（2）提高农村产权流转交易市场服务水平：明确对象，整合平台。

明确农村产权流转交易对象，包括农户承包土地经营权，农村集体"四荒"使用权，农村集体经营性资产（不含土地）的所有权或使用权，农村集体林地经营权和林木所有权、使用权，农村小型水利设施使用权，农业类知识产权，农业生产设施设备，农村建设项目招标、产业项目招商和转让等都可进行流转交易。整合当地现有平台，建立农村产权流转交易市场，将现有的农村土地承包经营权流转服务中心、农村集体资产管理交易中心、林权管理服务中心和林业产权交易所的相关信息与服务项目进行整合，并开发新产品的流转交易服务，提高农村产权流转交易市场服务水平。

（3）健全农村产权流转交易市场管理机制：健全机制，规范交易。

一是建立农村产权交易平台信息网络。超过一定合同标的金额，超过一定面积的标的物经营权或者使用权，以及超过一定年限的标的物经营权或者使用权等，必须进入农村产权交易平台公开交易。每一宗达到标准的产权流转交易，从流转供求双方信息收集—反馈—组织流转双方见面--流转评估—供求双方洽谈达成共识—签订流转合同—合同鉴证都能进行实时的记录与信息发布。此外，每个流转市场应设立固定交易日，便于交易双方集中办理相关事务。

二是建立市镇村三层级管理机制。在全市范围内，市镇村三级分别分层级负责组织开展辖区内农村产权交易。市级流转服务中心应主要负责指导乡镇交易中心规范开展交易服务，对大宗交易实施监管，重点负责乡镇上报的面积较大的土地经营权流转交易、金额较高的农村集体资源发包和农村集体资产拍卖，组织开展农村产权的融资抵押、担保咨询、信用评估服务，开展社区股份合作社股权交易等业务。乡镇级交易中心以现有的农村土地流转服务中心为基础搭建，负责辖区内农村产权交易信息的收集和初审，履行土地经营权流转面积小于 150 亩或单笔标的低于 3 万元的交易职能。村级应主要负责当地基本信息的上报、核实等工作。

2.4 规范推进农村集体经营性建设用地入市

2.4.1 集体经营性建设用地界定与确权登记颁证

农村集体经营性建设用地的所有权主体主要有三种：组民所有，即所有权主体为村农业生产合作社等农业集体经济组织；村民集体所有，即所有权主体为村民委员会；乡（镇）农民集体所有，即所有权主体为乡（镇）农民集体经济组织。原生产队或者小组的农村集体经营性建设用地，按照多数村民的意愿，可确权为原村民小组所有，也可按照现有行政划分确权为新的村民小组所有；不明确为某一村民小组所有的，确权为村集体所有；村集体以外的乡镇以内的，为乡镇集体所有。

2.4.2 农村集体经营性建设用地权能拓展

拓展农村集体经营性建设用地权能，主要有出让、转让、租赁、作价入股、置换、抵押等权能。农村集体经济组织可以在获得村集体成员多数赞同、民主决议的情况下，使用乡（镇）土地利用总体规划确定的经营性建设用地兴办企业或者以土地使用权入股、联营等形式共同举办企业、或租赁给其他法人、以土地使用权作抵押、担保等；经营性建设用地直接进入法定交易中心出让或者由收储中心收储后，土地所有权保持不变，仍然属于集体所有。

2.4.3 建立农村经营性建设用地流转的收益分配机制

建立"宜城市农村集体建设用地收储中心"，形成以政府为主导、投资主体多元化的土地收储机构，社会资本通过发行"农村建设用地收储基金"筹集。"中心"收储的城乡建设用地增减挂钩指标进入湖北省城乡统一建设用地交易服务中心挂牌交易。制定《宜城市城乡建设用地增减挂钩指标收储管理办法》、《规范城乡建设用地挂钩指标价款拨付及分配使用指导意见》，规范"中心"运行和指标收益分配。"中心"通过指标交易所获得的增值收益，主要用于宜城市新型城镇化建设。

对于贡献指标的集体经济组织，在指标拍卖的一定期限内，集体经济组织若提出发展项目确实符合新型城镇化建设规划的，经由集体经济组织成员协商一致，4/5以上成员同意的情况下，可优先无偿使用新增范围内指标，性质仍为集体经营性建设用地，所有权不改变。对于直接转让集体经营性建设用地的，根据不同交易方式确定分配机制：直接拍卖地块或者拍卖复垦原地块后的城乡建设用地指标，其土地收益30%归政府所有，70%归原集体经济组织所有，在集体经济组织内进行分配；经"宜城市农村集体建设用地收储中心"收储地块或者指标的，由收储中心按照收储价标准先支付给集体经济组织收储款，待该地块或者指标由收储中心拍卖后，按照扣除原收储价的土地溢价收益50%归于收储中心进行收益分配，50%归于原集体经济组织进行收益分配。对于城郊城镇化潜力较好、经济实力较强的村，可以由收储中心出资、适当引入社会资本，共同开发农村集体建设用地，推动郊区农民实现"就地城镇化"。

2.5 改革完善农村宅基地抵押担保和有偿退出制度

2.5.1 落实宅基地的用益物权特性

在宜城市农村宅基地确权登记颁证工作的基础上，对于确权登记颁证的在册农村宅基地，扩展其收益权、继承权、赠与权以及农业转移人口对农房的抵押、担保、转让权能。

确立宅基地的收益权。通过土地整理、宅基地置换等形式收归集体经济组织统一经营或处置的宅基地，原使用人对差额面积享有收益权。对通过宅基地腾退、复垦换取的城乡建设用地增减挂钩指标，宅基地原使用权人享有指标收益分配权。

确立宅基地的继承权和赠与权。宅基地的使用权可通过继承方式确定给合法的继承人；宅基地的使用权可通过赠与方式确定给指定的中国公民。

确立农村房屋的抵押、担保、转让权能。制定《宜城市农村房屋抵押登记规定》、《宜城市农村房屋流转管理办法》、《金融机构支持农村产权抵押融资指导意见》，对已经在城市登记户口，并已购买商品房的农业转移人口，允许其以原有农房进行抵押、担保、转让。

2.5.2 将宅基地腾退纳入城乡建设用地增减挂钩体系

制定《加快推进宜城市农村宅基地制度改革的指导意见》、《宜城市建设用地指标登记、交易、使用管理办法》。在不改变土地集体所有性质的基础上：（1）已经在城市登记户口的农户，其自愿腾退的宅基地及其附属建设用地，80%的面积复垦为合格耕地可换取城乡建设用地增减挂钩指标（建设用地增减挂钩指标由国土部门据实核销），20%的面积可直接转为宜城市的新增农用地。（2）宅基地及其附属建设用地腾退、复垦所换取的城乡建设用地增减挂钩指标进入城乡统一的建设用地交易市场挂牌交易。(3) 宅基地及其附属建设用地腾退换取的城乡建设用地增减挂钩指标在湖北省范围内交易。

提前做好全市的村镇发展规划,将宅基地退出与复垦新增的城乡建设用地指标来源按乡(镇)、村、组识别标记,预留 5% 以上作为新增宅基地需求,预留 15% 以上作为农村的基础设施建设、农业现代化生产经营配套设施等用地需求,根据不同乡镇情况适当提高比例。

2.5.3 建立宅基地有偿退出中的土地收益分配机制

制定《宜城市宅基地有偿退出土地收益分配指导意见》,对已经在城市登记户口,并自愿腾退宅基地的农户,制定并实行退出过程"双保底"政策。一是面积保底,保底面积为 140m²。宅基地确权登记面积不足 140m² 的农户,其换取的城乡建设用地指标按照 140m² 计算;对于宅基地确权登记面积超过 140m² 不到 200m² 的农户,其换取的城乡建设用地指标按照实际面积计算;对于宅基地确权登记面积超过 200m² 的农户,其宅基地换取的城乡建设用地指标按照 200m² 计算,超出 200m² 的建筑物按成本价补偿。二是价格保底,其中,宅基地及其地上建筑物保底价约为 1200 元 /m²;宅基地附属建设用地保底价为 300 元 /m²,换取的建设用地增减挂钩指标由集体经济组织统一交易。农户通过腾退宅基地及其附属建设用地换取的城乡建设用地增减挂钩指标,进入宜城市城乡统一的建设用地市场挂牌交易,市场交易价低于保底价,由"宜城市农村非农建设用地收储中心"按照保底价格收储;市场交易价高于保底价,按照市场交易价交易。推动远郊地区的农户参与"土地置换"为核心的城乡建设用地增减挂钩置换,从而帮助其实现市民化。

3 创新点

在清产核资、清人分类的基础上,把集体资产全部折成股份,按一定的标准分配给集体经济组织的每一个成员,明晰产权主体,解决集体所有制的实现形式问题。对使用价值形态的集体资产,由股份合作社统一经营。

在农地农用的前提下,承包地经营权可以在产权中心交易,或抵押担保,扩大受让范围。探索扩大"农户宅基地使用权、农民住房财产权、农户持有的集体资产股权"的受让范围。

全面盘活存量农村经营性建设用地,将宜城市农村集体经营性建设用地可直接入市拍卖或者腾退、复垦换取的城乡建设用地增减挂钩指标扩大到湖北省范围内交易,提高了宜城市农村集体经营性建设用地的收益,为新型城镇化建设新增了建设用地资源。

在不改变土地集体所有性质的基础上,宜城市宅基地及其附属建设用地腾退、复垦换取的城乡建设用地增减挂钩指标扩大到湖北省范围内交易。执行"双保底"政策,在兼顾公平的基础上,解决农户尤其是贫困农户市民化过程中的成本分担问题。

4 经验总结

开展土地承包经营权调查,完善承包合同,建立登记簿,颁发权属证书,妥善解决承包地块面积不准、四至不清、空间位置不明、登记簿不健全等问题;把承包地块、面积、合同、权属证书全面落实到户,依法赋予农民更加充分而有保障的土地承包经营权。建立土地承包经营权信息应用平台,实现土地承包合同管理、权属登记、经营权流转和纠纷调处等业务工作的信息化。

出台了《宜城市农村集体产权制度改革指导意见》,按照先郊区后边远地区的顺序,分类逐步推进农村集体产权制度改革。对宜城的农村集体资产清产核资，明晰农村集体资产产权归属，完善各项权能，界定农村集体经济组织成员及相关权益；推进体制机制创新，建立健全农村集体经济组织；推行"政经分开"，理顺农村基层组织间的职责及关系；健全新型集体经济组织运行管理机制，创新集体资产监管体制机制。

建立类型多样、功能完整、运转高效的农村产权交易市场体系，引导农村产权流转交易市场健康发展。统筹利用现有的各类产权交易市场，组建综合性农村产权交易市场，规范交易平台和交易系统，鼓励各种交易中介服务、为农村产权流转交易提供市场化服务体系。设立可靠的风险防范机制、为农村产权流转交易提供安全保障，并扩展交易标的，将农村房屋产权、宅基地使用权、集体股权、承包地经营权、林权等纳入流转交易平台之中。

明确集体经营性建设用地产权归属权，将农村集体经营性建设用地确权登记，完善农村集体经营性建设用地产权制度；拓展集体经营性建设用地权能，在符合规划、用途管制和依法取得的前提下，允许存量农村集体经营性建设用地，尤其是城镇周边的农村集体经营性建设用地，使用权实现出让、租赁、入股和抵押担保，不通过征地直接入市，与国有建设用地使用权同等入市、同权同价；建立农村集体经营性建设用地交易的土地收益分配机制，不同层级集体组织与成员享有集体经营性建设用地流转收益的主要部分。

为解决宜城目前当地宅基地使用权能单一、农民权益受限、农村集体建设用地指标困难、宅基地退出与转让机制不合理等问题。宜城市出台了《宜城市宅基地抵押担保和有偿退出实施办法》，扩展农村宅基地权能，保障农民宅基地用益物权和住房财产权权益，明确赋予农民对宅基地的使用权、收益权、继承权、赠与权、抵押担保权；赋予农业转移人口对农房的抵押、担保、转让权能；建设宜城市城乡统一建设用地交易服务中心；依托城乡统一的建设用地市场，建立健全农村宅基地有偿使用和有偿退出交易制度，完善城乡建设用地增减挂钩政策，让农民最大限度地分享以宅基地为主体的城乡建设用地增减挂钩置换产生的级差地租收益，发挥好农民集体土地财产效用，建立"土地置换城镇住房和社会保障"的有效机制，探索远郊地区农民市民化路径。

参考文献

[1]　刘华富.农村产权制度改革的条件、内容及功效分析[J].天府新论，2008，增2.

[2]　孙英.探索"确权赋能"之路——成都市A区农村产权制度改革问题与思考[J].中国集体经济，2009，16.

[3]　宜城市新型城镇化综合试点规划.2016.

区域背景下小城镇一体化发展路径探析
——以山东济宁新驿镇为例

郭诗洁　陈锦富*

【摘　要】在区域一体化背景下，小城镇亟需突破体制机制障碍，只有与周边城镇联系协作，实现一体化发展，才能突破传统常规的规划思路，寻求创新的发展路径与规划策略。基于当前区域一体化的背景影响和对国内小城镇现状发展问题普遍研究，选取都市区边缘区域内的近郊紧邻型小城镇为案例，结合当地实际进行一体化发展必要性与可行性分析。根据区域产业现状，整合产业资源优势，提出区域产业总体策略；通过城镇空间演进过程分析，明确城镇未来发展方向，确定空间发展模式；结合区域现状基础设施，统筹布局建设基础设施，实现资源互通共享；运用 GIS 数据平台分析处理现状用地空间发展制约因子，基于特尔斐层次分析法建立评估体系，形成用地适宜性评价，结合分析结果进行塌陷地治理和生态区划管制。以上对小城镇一体化发展路径与策略的探索，目的是最大化地利用周边城镇环境带来的外部正效应，最终在城镇一体化的发展进程中实现 1+1>2 的效果，同时也将对中国许多正处于发展瓶颈中的近郊紧邻型小城镇发展提供更多的借鉴意义。

【关键词】都市区边缘，区域一体化，小城镇，一体化发展路径

1　引言

在新常态的背景下，小城镇经济增长趋于平稳，更加注重城镇发展质量与水平。为适应科学管理小城镇的需求，城市规划编制也亟需突破原有的传统规划观念。现今，随着经济全球化的快速发展，不仅是特大城市、省会城市及地级市受到外部环境影响，对于许多小城镇也影响颇深，尤其是区域性基础设施与交通设施建设越来越完善，缩短了城镇与中心城市的联系，在经济、政治等各领域的对外联系与合作越来越多，对小城镇的发展也提出了区域一体化的新要求。如何规避外部负效应，而更加深化外部正效应，同样是城市规划编制工作的一项挑战。

2　区域一体化背景概述

区域一体化是以区域经济紧密协作为发展基础，以区域生态环境建设为平台，以消除区域市场壁垒促进区域空间整合为目的，促进区域产业集聚优化，空间功能协同优化，各城市联结为一个综合的地域共同体的概念。作为地域发展综合体，其开放型的市场形成了物资流、信息流、交通流、资金流等诸多资源优势，促进各区域间的优势互补。

---

* 郭诗洁，华中科技大学建筑与城市规划学院硕士研究生。

　　区域一体化典型形式是以中心城市为依托的城市群、都市圈或地理相邻城市、地区的区域经济合作。经过国内最近这些年的实践发展，区域一体化取得了显著的发展成效。越来越多的城市、城镇需要在经济、政治、文化、社会活动方面与地理邻近地区达成各领域区域性合作，这也将影响到城市规划编制理念转变。借鉴区域一体化的理念与形式，通过研究小城镇规划，联合相邻相近地域，实现产业、空间、生态环境等方面的协同合作发展，逐步走向一体化进程。

　　目前国内学者大多集中于城乡一体化背景下的小城镇规划研究，包括关于小城镇城乡一体化空间演化趋势研究（邵祁峰，2011）、关于城乡一体化视角下的小城镇建设发展研究（任月红，2011）、关于一体化背景下小城镇空间发展特征研究（冯晶，2011）、关于一体化区域小城镇发展分化与模式研究（张鹏，2011），而针对中国小城镇一体化发展的研究比较少。

3　小城镇发展现状瓶颈

　　目前，随着城镇化率的快速增长，小城镇发展的众多问题与矛盾越来越突出。过去一味地追求小城镇发展速度却忽视发展质量的模式造成了诸多城市问题。其一，小城镇作为独立的行政实体，受到行政体制的制约，无论其规模大小，功能都求大求全，发展以自我为中心，导致小城镇为了提高自身的区域地位，盲目追求基础设施和公共设施的自成体系，有的甚至严重脱离实际和现实，造成了土地、资金的巨大浪费和公共基础设施的重复建设与分散布置。其二，一些小城镇的无序发展导致其受到环境破坏、资源短缺、人地矛盾突出等各种因素制约，造成不可持续的发展瓶颈，这就要求我们从更大的区域角度入手，深入调查研究，分析基础资料，以上一层次规划为指导，树立群体城镇的构想。

　　本文基于对国内小城镇普遍的现状发展问题研究，以位于都市区区域内的近郊紧邻型小城镇为案例，在此区域一体化背景下，突破体制机制障碍，为小城镇突破发展瓶颈、寻求创新的一体化发展路径作出初步探索。

4　小城镇一体化的发展路径——以山东济宁新驿镇为例

4.1　区位优势分析

　　大都市圈小城镇的发展特点与模式更多的是作为中心城市功能调整的外溢地和城市空间扩散的承载体。济宁市都市区是济宁市发展的核心圈层，是市域经济增长极，由济宁、兖州、邹城、曲阜、嘉祥五大板块组成。其中，新驿镇在济宁市都市区中兖州区的北部，是济宁都市区近郊镇，位于济宁市区"半小时经济圈"内，为都市区空间拓展腹地，也是其产业外溢发展区域。同时，兖州区在山东省城镇体系中位于鲁南城镇带和鲁西隆起带的重要战略位置，有利于区域一体化进程加速、重大区域性交通基础设施加速落地，提升兖州新驿镇的区域发展环境。

　　在都市区建设进程中，各区域间的经济一体化、职能分工、产业协作等各方面得到明显增强，新驿镇作为都市区区域一体化背景下近郊紧邻型小城镇，受都市区的辐射与带动作用明显，享受资金、信息、产业、技术的独特区位优势，与周边联系的需求也在不断增强。同时，小孟镇位于济宁市市域北部边缘地带，为融入都市区范围内的产业与经济发展辐射圈，必须依托济阳公路穿过新驿镇向南发展，因此，在新一轮的总规编制中，提出新驿镇与小孟镇联合发展的新路径，这也为我国目前小城镇突破传统发展短板提供了新思路（图1）。

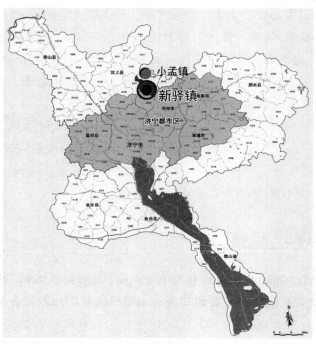

图1　市域内新驿镇与小孟镇在都市区的区位分析
资料来源：作者自绘

4.2　新驿—小孟镇一体化发展必要性与可行性

4.2.1　兖州区自身发展的需要

通过对兖州区的空间发展判读得出，兖州区亟需一个西部区域次中心支撑。然而运用 GIS 数据平台分析兖州西部四个城镇的经济发展、人口及用地规模（图2），可知西部尚未形成一个强有力的核心增长极来承担此职能，因此，新驿镇应以"山东省百强示范镇"为政策契机，推进新驿—小孟镇一体化发展，形成要素集聚，才能增强核心竞争力，打造兖州区域次中心。

图2　兖州区西部四镇评价分析
资料来源：作者自绘

4.2.2　新驿—小孟镇发展遭遇瓶颈

新驿镇与小孟镇都遭遇资源富集带来的城镇建设用地限制。两镇煤炭储量十分丰富，地上地下矛盾尤为突出，亟需进行综合生态管控规划。其中，两镇都存在大面积的采煤压覆线及塌陷地治理问题，若各自为政实行封闭式发展，则均面临着资源环境破坏严峻与用地不足的制约因素，而两镇联合一体化发展，可以提供更多的城镇建设用地空间。同时，小孟镇经济实力较弱，产业发展亟需联合、协作，与新驿镇逐步一体化也是自身发展势在必行的举措。

4.2.3 历史沿革：两镇"一家"

新驿是明、清两代官路上的驿站，即古时供传递公文的人或来往官员途中歇宿、换马的处所。清代以前，新驿镇与小孟镇均同属于北达巷乡，本是"同源一家"。解放初期，小孟一直隶属于新驿区，1984 年行政区划改革时，将 3 村划出成立小孟区。

4.2.4 地域相连，交通联系紧密

新驿镇北部与小孟镇相连，小孟镇地处区位较为边缘，与济宁市中心城区的经济联系须途经新驿镇。因此，从小孟镇的战略角度出发，与新驿镇一体化也是未来自身壮大发展的必然要求。

4.3 发展路径与策略

4.3.1 产业协作一体化

（1）区域产业现状发展

从产业空间分布来看，新驿、小孟镇第二、三产业发展相对集中在两个镇驻地，其他地区主要以农业为主。两个产业发展区的产业都以机械制造业为主导产业，同时发展煤矿、商贸业，存在同质趋同特征。而小城镇之间的封闭型竞争关系使得经济要素的流动和资源配置都局限在各个小城镇内部进行，导致了产业发展水平低、资源争夺和环境污染问题。为避免产业的无序竞争，需要走联合发展、产业链分工协作发展道路。

（2）区域产业发展策略

利用新驿镇现状产业基础，优化产业结构，发展机械制造、轻纺织造、新材料等产业。利用区位发展条件、交通条件优势，发展商贸物流业。新驿镇的产业空间沿济阳公路分布发展，且新驿镇商贸服务业也将对小孟镇起到辐射带动作用。从区域整体角度出发，对新驿—小孟间的恶性竞争作出限制，从政策导向上引导形成开放合作的市场体系，积极对接都市区区域产业发展，坚持"存量提升、内引外联、区域协作"的发展战略，大力发展中小企业，并形成配套都市产业集群。远期（2020~2030 年）重点发展新驿东部综合园及小孟产业综合园发展，推进新材料、现代物流等产业发展，注重与小孟镇产业分工协作，发挥吸引辐射作用，推进产业一体化发展。

4.3.2 空间发展一体化

由两镇的空间发展进程分析得出，分为五个发展阶段，如图 3 所示。

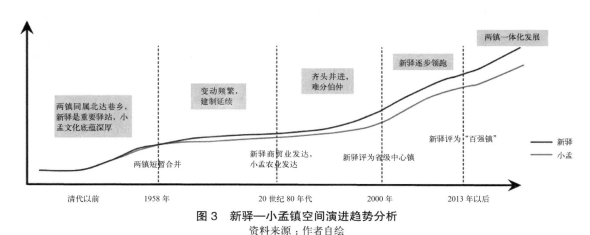

图 3 新驿—小孟镇空间演进趋势分析
资料来源：作者自绘

通过空间演进过程分析，新驿镇城镇长期以来的东西向发展趋势是由于受到东部兖州主城区的经济吸引，沿省道 255 是城镇主要发展方向，虽然通往济宁都市区的济阳路对城镇发展起到一定的吸引作用，

但在一定期限内，城镇还是偏重于向兖州方向发展。在发展过程中，城镇的变迁往往朝着其主要经济联系方向移动，因而，新驿镇面向兖州区发展是其主要方向。而小孟镇发展方向更加明确，沿主要交通通道济阳路向南发展是其未来发展的主要方向，最终将与新驿镇走向融合，实现空间一体化发展。

因此，在远景规划中提出，新驿镇未来的城镇发展方向为"北上、东进"，与小孟镇实现对接，进而完成区域一体化统筹发展的目标，形成协调的空间法阵格局。充分考虑两镇发展基础、资源条件、交通、村镇现状以及用地的综合评价等多方面因素，协调"新孟"一体化发展，协调地上地下发展，兼顾两镇的产业基础，采用"有机分散、组团布局"的空间模式，把两镇域范围划分为两个功能片区，以镇区为依托，以公路为村镇发展与产业布局轴线，考虑煤炭因素空间集约发展，向东产业对接大安镇工业区，向北城镇发展连接小孟镇（图 4）。

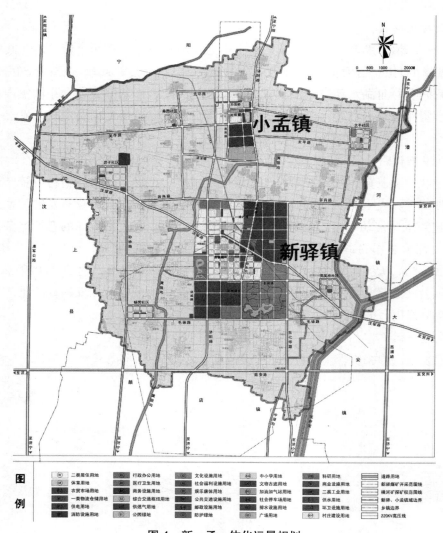

图 4　新—孟一体化远景规划
资料来源：新驿镇城市总体规划　　济宁市规划设计研究院

4.3.3　基础设施一体化

为了打破城镇建设盲目追求基础设施自成体系的传统规划，在有效结合镇区现状资源基础上，提出打破行政体制障碍，实现基础设施一体化与资源共享的规划策略要求，包括综合交通设施、市政公用设施和公共基础设施在两镇镇域层面进行一体化的综合规划与建设。

综合交通规划考虑新驿—小孟镇间的产业经济联系便利，站在区域角度完善两镇与东部兖州区、南部济宁市中心城区的经济对接，形成有机衔接的交通道路规划体系。科学管理公共交通、城际间快速交通系统，实现公共交通信息化和网络化。同时，建立功能完备的市政公用设施及管网系统，完善公共服务设施配套体系，加强两镇及周边邻近地域资源互通共享。

4.3.4　生态管控一体化

对于新驿—小孟镇的现状，其用地空间制约因素主要是采煤造成生态破坏的塌陷地。自然资源对区域城镇群的空间发展有制约作用，但这种制约并不是一种阻碍，而是对区域整体的空间管制。由于新驿镇与小孟镇煤炭资源的过度开采，采煤压覆区域和塌陷地在两镇大面积存在，从而导致资源环境遭到破坏、用地空间受到极大的限制。因此，实施生态一体化管理与控制的需求十分迫切。

（1）建设用地适宜性评价分析

通过运用 GIS 数据分析处理，综合考虑研究区用地现状、生态要素、地形地貌等以及兖州区城市建设现状问题等因素，基于影响适宜性评价的显著性和数据可得性，以麦克哈格适宜性评价理论为指导，从新驿—小孟镇的自然条件、社会经济条件和生态安全三个方面选取了交通区位、压煤塌陷、断裂带、基本农田保护区、河湖水系、水源地保护区、土地利用、文化古迹保护这 8 个因子进行用地适宜性评价分析，根据各个因子对建设用地适宜性重要程度的差异对其赋予不同的等级，并运用特尔斐层次分析法确定各单因子内部不同等级的适宜性评价分值。由此，建立研究区建设用地适宜性评价等级体系和各个单因子评分体系，并根据规划区建设用地适宜性评价分类系统和各因素评价结果，进行多因子的叠加形成建设用地适宜性综合评价图，从而得出新驿镇与小孟镇的未来用地空间发展与实行生态管控区域（图 5）。

图 5　建设用地适宜性综合评价

资料来源：新驿镇城市总体规划　　济宁市规划设计研究院

（2）采煤塌陷地综合治理

通过建设用地适宜性评价分析，由于以往不生态、不可持续的发展模式，在新驿－小孟镇域内存在大量被破坏的采煤塌陷地，规划借鉴了唐山市采煤塌陷地治理案例，建议采用工程技术措施和生态复垦技术进行治理。根据当地煤炭开采等值线分析，将新驿—小孟镇内塌陷区域分为三个不同级别，分区采取不同的工程措施，进行综合治理，以保证不同塌陷区域的土地利用的最优化。

（3）生态环境功能区划管制

根据新驿—小孟镇的生态功能定位及其生态环境特征、自然资源分布现状与社会活动情况，结合兖州区城市总体规划相关要求，充分考虑新驿－小孟镇生态建设、农业、林业、水利、水土保持及城镇体系等规划要求，划分为生态居住区、生态工业区、生态农业种植区、生态农业休闲旅游区、生态功能保护区共 5 个生态功能区（图6）。

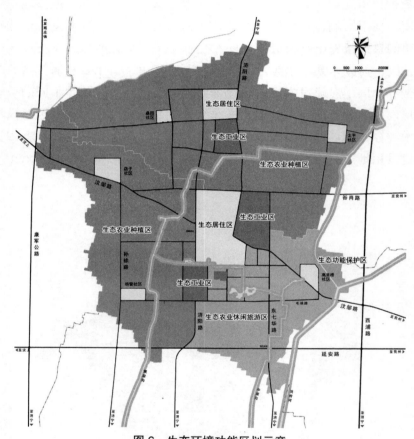

图 6　生态环境功能区划示意
资料来源：新驿镇城市总体规划　　济宁市规划设计研究院

4.3.5　新孟一体化发展建议

（1）区域发展，规划先行

站在区域发展的视角，分析新驿、小孟镇的发展途径，运用层次分析法构建用地评价体系并通过 GIS 平台进行数据分析与处理，对新驿、小孟镇在用地规划层面的一体化发展进行研究。

（2）基础共建，经济共荣

通过道路交通、市政公用设施和基础设施的共同建设，加强两个镇的基础设施共享，产业对接、经济共荣，在设施建设与经济发展的过程中达到一体化发展目标。

（3）城乡发展，空间统筹

规划进一步对新驿—小孟镇的空间发展进行综合统筹考虑，强化优势，避免重复建设。同时，注重空间统筹，摆脱行政体制障碍，打破城乡界限与行政界限，在一体化发展的过程中进行空间布局的对接。

（4）管理创新，高效管理

科学管理小城镇一体化发展是规划实施环节的重要内容，应积极探索一体化发展的管理体制机制，本着最经济有效的方式对小城镇进行高效便捷管理，为新驿、小孟镇一体化的科学管理平台建设提出政策与制度层面支撑。

5　结语

通过小城镇在都市区区域一体化背景下的案例分析，中国的许多小城镇各自为政的封闭式发展已不符合当今经济与社会市场化的需要，只有在各方面寻求联系协作，联合周边城镇实现一体化发展，才能突破传统常规的规划思路，最大化地利用周边城镇环境带来的外部正效应，这也是城市规划作为公共政策的一项基本职能，以达到最终规划目的——在城镇一体化的发展进程中实现 1+1>2 的效果。本文区域一体化研究也将对中国许多正处于发展瓶颈中的近郊紧邻型小城镇的发展提供更多的借鉴意义。

参考文献

[1]　徐境．呼包鄂区域一体化发展模式及空间规划策略研究 [D]．西安：西安建筑科技大学，2010，（5）．

[2]　徐境．呼包鄂区域一体化发展模式及空间规划策略研究 [D]．西安：西安建筑科技大学，2010，（5）．

[3]　朱建达．小城镇空间形态发展规律：未来规划设计的新理念、新方法 [M]．南京：东南大学出版社，2014：75．

[4]　郭庭良，马娟．小城镇总体规划的认识与实践 [J]．城市规划，2003（9）．

[5]　宗传宏．大都市带：中国城市化的方向 [J]．城市科学，2001，（3）：8-12．

[6]　朱建达．小城镇空间形态发展规律：未来规划设计的新理念、新方法 [M]．南京：东南大学出版社，2014：75．

[7]　朱建达．小城镇空间形态发展规律：未来规划设计的新理念、新方法 [M]．南京：东南大学出版社，2014：75．

精明收缩视角下的我国农村规划实施策略研究

马亚宾 *

【摘　要】2014 年，我国的城镇化率达到了 54.77%，然而随着我国的城镇化的快速推进，城镇人口在快速增长的同时，农村人口正在快速的减少。农村人口的大量流出带来了农村土地资源的浪费、公共服务设施利用率低、人居空间的衰败以及房屋空置等问题。在新型城镇化的大背景下，未来农村的建设规划将会引起广泛的注意。本文旨在结合国外的"精明收缩"理论，探讨其对未来我国农村建设规划实施的启示。

【关键词】城镇化率，农村人口，人居空间，新型城镇化，农村建设规划，精明收缩

1　引言

　　自 1978 年改革开放以来，我国的城镇化率从 17.92% 提高到 2014 年的 54.77%，年均提高 1.02 个百分点(图 1)。借鉴西方国家城镇化发展的规律，我国的城镇化率还处于 30% 与 70% 快速发展阶段。根据《国家新型城镇化规划（2014—2020 年)》规定，到 2020 年，全国的常住人口城镇化率达到 60% 左右，户籍人口城镇化率达到 45% 左右，并且"促进约 1 亿农业转移人口落户城镇"。因此，未来我国的城镇化还将处于快速发展时期，城镇人口会持续增加，城镇空间会不断扩展。与此相对应，未来农村人口必定会持续的减少，农村人居空间就要相应的收缩。

　　当前，城镇化是实现国家现代化的必由之路，这已成为共识，中国在快速城镇化发展的过程中，城镇空间要"精明增长"，作为城镇空间对立面的农村空间则是要"精明收缩"，以实现空间资源的最优配置。

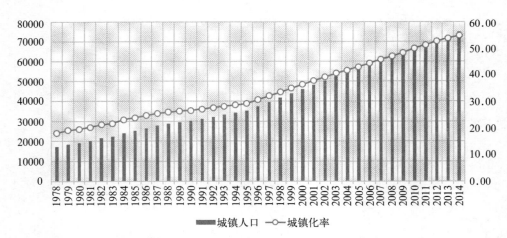

图 1　1978~2014 年我国城镇人口与城镇化率变化一览
数据来源：据历年《中国统计年鉴》数据绘制

---

　　* 马亚宾，男，山东建筑大学在读研究生。

2 精明收缩理论的兴起

2.1 精明收缩理论的背景

随着工业化与城市化的快速发展，欧美国家的一些工业城市、矿区城市由于产业的转移与转型，给城市带来了诸如经济萧条、人口减少等问题。比如，由德国联邦文化基金会支持的研究项目"收缩的城市"，对城市的收缩现象进行了总结描述，并将成果收录在《收缩的城市》一书中。其统计结果表明，超过 370 个人口在 10 万人以上的城市都在萎缩减少；美国东北部工业带上的城市如布法罗城、底特律、匹兹堡等城市萎缩和衰退的最为明显。

面对城市"后工业化"的转型，一些欧美国家的城市提出了应对策略——"精明收缩"策略。

2.2 精明收缩理论的提出

最早提出"精明收缩"理论的是罗格斯大学的弗兰克·波珀教授和其夫人，并将其定义为"为更少的规划——更少的人、更少的建筑、更少的土地利用"。精明收缩理论源于德国针对破落的东欧社会主义城市的管理模式，主要针对物质环境衰败问题与经济衰退问题。在美国的提出主要是针对这些问题所做的一系列实践，1974 年费城提出的绿色计划、2006 年的布法罗城《皇后城市总体规划》、底特律 2008 年以来的非盈利空置房产整理运动，在 2010 年的俄亥俄州扬斯敦规划中，精明收缩理论作为一种新的规划策略正式被确立。

2.3 精明收缩理论的要点

精明收缩主要针对城市物质环境衰败、人口减少以及经济衰退等问题。其理论要点主要包括：

（1）精明收缩的核心思想是在城市人口不断减少与城市萎缩发展的同时，注重对城市活力的培养，制定合理的城市规模、邻里及空间肌理，提倡集约型的土地使用模式。

（2）对城市大量废弃与闲置的住房采取绿色基础设施建设，改造成公园和开敞空间、娱乐设施、农田等措施。

（3）土地银行作为城市政府机构，直接参与收缩发展，将城市中的闲置房屋、废弃土地等收回再利用。

（4）公众参与是规划制定与实施不可缺少的环节。

当前我国农村发展面临的问题，与西方国家的一些城市面临的问题很是相似，都面临着不可回避的人口减少与衰退。因此，可以借助于"精明收缩"理论，制定符合我国农村发展状况的规划与策略。

3 我国农村的发展变化

我国目前正处于快速城镇化发展时期，随着城镇化的快速发展，由于城镇人口增加会带来城镇空间的拓展，这是合乎事物发展变化的内在规律的。然而我国农村的人口与空间却存在着不协调的发展。农村人口无论在数量还是在素质上都在减少和下降，而农村空间却在不断拓展。

在农村人口上，选取农村人口总量、农村从业人口、农村人口年龄结构以及农村人口素质四个指标进行分析；在农村空间上，选取村庄用地面积和农村居民人均住房面积两个指标进行分析。通过对农村人口与农村空间变化对比分析，得出当前我国农村空间应当是收缩发展。

3.1 农村人口的变化

3.1.1 农村人口总量的变化

在农村人口不断减少的同时，农村的户籍农业人口却在不断增加。根据历年的《中国人口和就业统计年鉴》的统计数据，1982 年，全国农村人口为 8.0 亿人，户籍农业人口为 8.4 亿人；而到了 2012 年，全国农村人口为 6.4 亿人，户籍农业人口为 8.8 亿人，农村人口不断流入城镇。依据《国家新型城镇化规划（2014—2020 年）》的规定以及相关政策的引导，未来我国的城镇化率和城镇人口仍将不断上升，户籍农业人口进入城镇生活定居的规模仍将不断扩大。

3.1.2 农村从业人口的变化

在从业人口上，反映在地域空间上，城镇从业人口正在逐年上升，乡村从业人口在不断下降（图 2）；反映在三次产业上，第一产业的从业人口在逐年下降，第二、三产业的从业人口不断增加，并且第三产业从业人口的增加速率不断加快（图 3）。

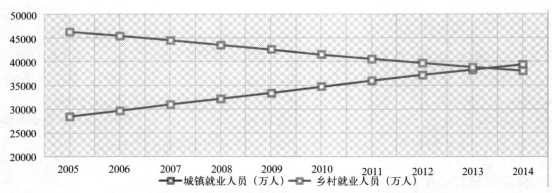

图 2　2005~2014 年我国城镇就业人员与乡村就业人员变化趋势
资料来源：根据国家统计局人口抽样调查数据绘制

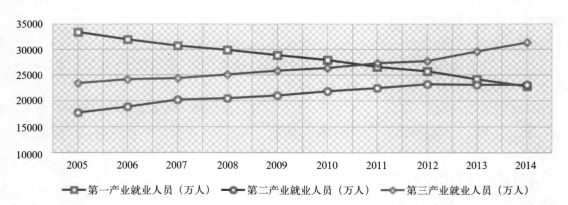

图 3　2005~2014 年我国三次产业从业人员变化趋势
资料来源：根据国家统计局人口抽样调查数据绘制

3.1.3 农村人口年龄结构的变化

根据 2013 年中国流动人口发展报告所作的年龄结构分析（图 4），对比 2010 年全国第六次人口普查全国人民的年龄结构（图 5），可知流动人口的年龄阶段主要集中在 25~45 岁之间，是农村的主要的成熟劳动力。此外，幼儿在流动人口中所占的比例也相对较高，而进入学龄段的儿童所占的比例趋于下降，直至 15 岁以后出现拐点，15 岁之后又开始上升。由此可知，农村成熟的劳动力不断向城镇转移，幼儿随着父母转移至城镇；而 10~15 岁少年相对较高，可能是没有随着父母转移到城镇而留在农村上学；15 岁之后的少年可能由于上高中与大学而转移到城镇；留在农村里的老人比例相对较高，农村出现了严重的老龄化。

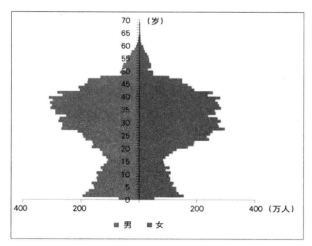

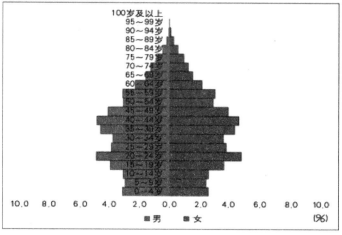

图 4　中国流动人口年龄金字塔（2012）　　　图 5　全国流动人口年龄金字塔（2012）

数据来源：2013 年中国流动人口发展报告，2010 年全国第六次人口普查

3.1.4　农村人口素质的变化

根据国家统计局发布的人口抽样调查数据分析（图 6），从 2005~2014 年，我国的人口受教育程度在不断提高，尤其是初中、高中和大专及以上的人口数量增加比较明显，未上学的人口数量在不断下降。根据 2012 年中国流动年龄金字塔分析可知，处于高中和大专及以上年龄段的农村人口转移比例相对较高。农村高中和大专及以上的人口转移造成了农村人口整体素质的降低。

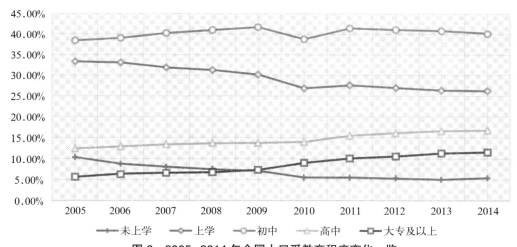

图 6　2005~2014 年全国人口受教育程度变化一览

资料来源：根据国家统计局人口抽样调查数据绘制

3.2　农村人居空间的变化

近年来，我国农村人居空间呈现出不断扩大的趋势，反映在物质空间上表现为农村建设用地面积不断扩大，农村居民人均住房面积逐年上升。

3.2.1　农村建设用地面积的变化

随着农村人口的不断外流，农村的人居空间却出现相反的变化。根据中国城乡建设统计年鉴和城乡建设统计公报的统计数据分析，在农村人口大量减少的同时，农村的建设用地却在不断的增长（图 7）。农村人口与建设用地发展的不平衡性这一点也在赵民教授对安徽省五河县的农村调查中得到验证（赵民等，2015）。分析其原因，这是由于中国的土地二元制度导致的。农村土地归农村集体所有，农民在进入到城市生活后，并没有享受到城市的各种生活福利，集体土地是他们唯一的生活保障，所以他们不愿意放弃农村的土地，这就导致了土地资源的严重浪费。

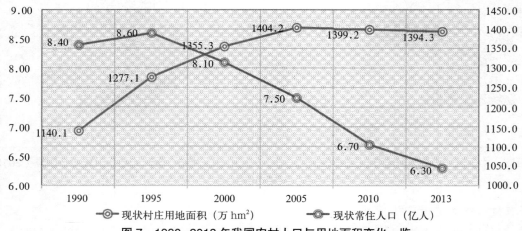

图 7　1990~2013 年我国农村人口与用地面积变化一览
数据来源：中国城乡建设统计年鉴、城乡建设统计公报

3.2.2　农村居民人均住房面积的变化

近年来，农村人口虽然在不断的流失，但是农村居民却在不断的建设新房。根据国家统计局发布的2005~2012 年农村居民人均住房面积的数据分析（图 8），可知从 2005~2012 年，我国农村居民人均住房面积正在逐年增加，并且逐年增加的幅度有所加快。这与农村人口的变化趋势不相协调。

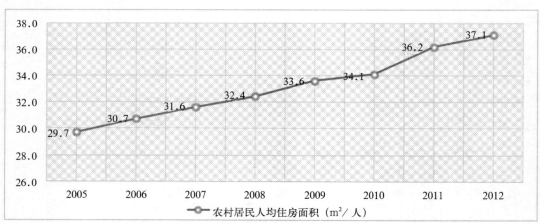

图 8　2005~2012 年农村居民人均住房面积变化一览
资料来源：根据国家统计局发布数据绘制

3.3　小结

基于以上的分析，我们可以得出以下结论：

（1）我国农村户籍人口在不断增加，而农村常住人口在不断下降。

（2）在从业人口上，乡村从业人口与第一产业从业人口在不断下降。

（3）农村人口偏向老龄化，25~45 岁的成熟劳动力逐渐向城镇转移。

（4）乡村人口的整体素质不高，高中及大专以上的人员由于思想觉悟的提高，以及他们对美好城市生活的追求，使得他们不愿停留在乡村。

（5）在农村人口不断流失的背景下，农村建设用地面积与农村居民人均住房面积却在不断增加，农村的人居空间却在不断拓展。

综合以上分析，我们可以得出，我国现阶段农村常住人口在不断减少，造成这种现象的原因不是自然的减少，而是农村人口在不断的向城镇转移。而农村人口在向城镇转移的过程中却不愿放弃对农村宅基地与农田的放弃，这是由于中国的土地二元制度造成的。在中国，城镇土地属于国家所有，农村农田和宅基地属于农村集体所有，农村居民在进入城镇以后并没有享受到城镇的各种福利，农民的就业与社会保障等问题不能够解决，农田与宅基地是农村居民的唯一的保障，因此他们在进入到城镇以后并不愿意放弃对农村集体土地的使用权。这就使得农村人口与空间出现不相协调的发展，造成土地资源与空间资源的严重浪费。

4　农村发展的问题

大量的农村人口外流，给农村发展带来了一系列的问题。

4.1　宅基地与房屋的闲置

根据赵民教授对安徽省五河县农村的调查分析，农民在进入到城镇生活后，仍然对宅基地、房屋和集体土地保持很强的黏性，并不愿意放弃对这些资源的占有。根据赵民教授的问卷调查分析，在92%的农业户口村民中，80%的村民不愿农转非；8%的非农业户口村民仍然占有宅基地和房屋，并且超过2/3的村民表示不会轻易放弃他们的宅基地与房屋（赵民等，2015）。这就造成了宅基地的浪费与房屋的空置问题。房屋长时间的闲置使得农村的人居空间衰败。

4.2　公共服务设施的低效率利用

由于村民离开农村进入到城镇生活或者打工，村民进入到城镇后会利用城镇的医疗等社会服务设施，这就使得农村配置的医疗设施和学校的利用率偏低。

4.3　村庄的空心化

根据《中国流动人口发展报告（2015）》统计数据，在"十二五"期间，我国流动人口每年增长约800万人，2014年末，流动人口达到2.53亿人，预计到2020年流动人口达到2.91亿人，其中农业人口转移为2.2亿人。农村人口的大量转移造成了村庄严重的空心化。

4.4　人居环境的破败

人口的外流，使得村庄空心化发展，进一步使村庄显得毫无生气，加上村庄的无序蔓延、乱拆乱建、生产生活垃圾的处置不当等问题，村庄的自然环境与人居空间越来越衰败。

与西方国家普遍处于后工业化阶段的背景不同，我国大多数城市还处于工业化的深化发展阶段，城镇化还在快速发展时期，城镇人口数量与城镇空间在未来一段时间内增加和拓展还将会持续，除了少数的资源开采型的城市以外，精明收缩理论还不适用于我国的城市。但是我国农村却与西方的城市发展情况有类似的地方，都面临着人口减少、人居空间破败、空间资源浪费等问题。因此，中国农村的规划建设可以借鉴西方的"精明收缩"理论。

5　精明收缩对于我国农村建设规划的启示

基于以上的分析，在农村人口不断流失的背景下，由于社会资源的有限性，需要对农村空间与资源进行重组，实现资源配置的"帕累托最优"与空间的"精明收缩"。

5.1　整体空间的精明收缩

针对农村人口流失、土地废弃、房屋闲置等问题，在村庄整体空间上提出精明收缩的发展导向。面对不可回避的衰退趋势，传统的村镇体系规划方法已不能适应当前我国农村的发展（郝晋伟，2014）。因此，在农村建设规划上，首先要树立"精明收缩"的发展理念。但这并不反对有些农村开展新的村庄建设，只是针对大多数出现空心化和衰退的村庄而言。

5.2　制度层面的创新改革

我国农村土地属于村民集体所有。村民对宅基地上房屋享有使用权和所有权，但对房屋所依附的宅基地仅有使用权，而没有所有权（图9）。根据《土地管理法》规定，农村集体建设用地必须转变为国有土地以后才能进入二级市场进行流转（赵之枫，2011）。由于缺乏对土地的自主让渡权，农民在进入城市以后，无法出售土地获得资金作为进入城镇生活的资本，造成了农村土地资源的浪费与房屋闲置。并且，在计划经济时期形成的户籍管理制度，造成了城镇市民与农村居民的身份差异。村民在进入城镇以后，并不能享受到城镇化进程中土地增值收益（田莉，2013）。农民的就业与社会保障等问题不能够解决，集体土地是村民唯一的社会保障，因此他们在进入到城镇后并不愿意放弃对集体土地的使用权。

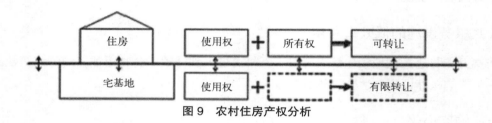

图9　农村住房产权分析

因此，必须进行制度创新，在土地制度上有所松动，让集体土地进入到市场进行流转。可以借鉴西方政府设立土地银行，管理进入市场流转的集体土地，协调好国家、集体与个体农户的利益。

在集体土地的制度创新上，成都的创新比较成功。成都实行自上而下的政府主导与干预模式，加强管控。成都的实践表明，原本无法进入市场流转的集体土地经过产权的创新改革以后，可以带来巨大的经济收益，不仅可以吸引外来投资，而且还可以给村民带来长期收入，使集体土地资源得到有效配置与重构。

5.3　实现方式的村民参与

农民是乡村建设的主体，因此，在乡村建设规划中，农民应有自己的话语权。让村民参与到建设规划中，建设社区文化与村民共同体认同感的农村社区。在美国高线公园规划建设中，公众参与发挥了重要作用，一些项目由公众募捐集资，并且募捐到的资金占到总资金的一半；一些项目直接由公众参与设计与施工；一些项目由于侵犯到公众的利益而被迫停止等（杨春侠，2011）。因此，在未来我国农村的建设规划中，村民参与应是不可缺少的环节。

5.4 服务设施的均等配建

在公共服务设施的配建上，应实现农村地区的均等配建。在农村人口持续减少的情况下，如果按照均衡与就近原则配置公共服务设施，以教育设施为例，不但需要投入较多的人力资源与资金，而且难以实现教学的规模效应，如果只强调就近入学，学校规模太小，教学质量差，那么对学生就没有公平可言（赵民等，2014）。所以，精明收缩导向下的农村公共服务设施应是均等配建，而不是城乡设施配置的平均化（赵民等，2015）。

6 结语

我国现阶段还处于快速城镇化的发展时期，未来农村人口还会大量的从农村流入城镇，相应的农村空间应是收缩发展，以达到农村资源的优化配置与重构。面对农村不可回避的衰退，借鉴国外"精明收缩"理论，变被动的衰退为主动培育新的增长活力点，带动农村人居空间的活力重新焕发。

参考文献

[1] 赵之枫，张建．城乡统筹视野下农村宅基地与住房制度的思考 [J]．城市规划，2011，03：72-76．

[2] 黄鹤．精明收缩：应对城市衰退的规划策略及其在美国的实践 [J]．城市与区域规划研究，2011，03：157-168．

[3] 赵民,邵琳,黎威．我国农村基础教育设施配置模式比较及规划策略——基于中部和东部地区案例的研究 [J]．城市规划，2014，12：28-33+42．

[4] 赵民，游猎，陈晨．论农村人居空间的"精明收缩"导向和规划策略 [J]．城市规划，2015，07：9-18+24．

[5] 郝晋伟．人口萎缩背景下的村镇体系规划方法研究——从两个村镇体系规划评估案例说起 [A]．中国城市规划学会．城乡治理与规划改革——2014中国城市规划年会论文集（14小城镇与农村规划）[C]．中国城市规划学会，2014：12．

[6] 谢正伟，李和平．论乡村的"精明收缩"及其实现路径 [A]．中国城市规划学会．城乡治理与规划改革——2014中国城市规划年会论文集（14小城镇与农村规划）[C]．中国城市规划学会，2014：10．

[7] 田莉．城乡统筹规划实施的二元土地困境：基于产权创新的破解之道 [J]．城市规划学刊，2013，01：18-22．

[8] 杨春侠．历时性保护中的更新——纽约高线公园再开发项目评析 [J]．规划师，2011，02：115-120．

镇村建设用地优化的"多规合一"探讨
——以山东省两乡镇为例

刘洁欣　赵一亦　苗若晨 *

【摘　要】现阶段的城镇化发展面临着土地供需矛盾突出、规划与实施缺乏沟通、现有规划应变与弹性不足、不同规划难以衔接的困境。在由增量规划转向存量规划的今天，如何协调各规划在建设用地上的矛盾，成为各规划关注的焦点。本文以山东省两乡镇为例，以镇村建设用地优化为目的，以"多规合一"为优化方式，主要探讨了"多规合一"下镇村"多规"空间发展战略的整合内容，用地规模冲突的协调方法，城乡居民点建设用地增长边界内涵以及划定内容和建设用地优化的优化思路，最终得出"多规合一"的城乡居民点建设用地控制线体系。

【关键词】乡镇，建设用地优化，多规合一

1　研究背景

1.1　镇村建设用地现状问题

1.1.1　城乡统筹背景下土地供需矛盾日益突出

党的十六大以来，我国进入统筹城乡发展的重要时期。随着"三化"建设的不断加快，土地资源供需矛盾越来越突出。一方面，建设用地需求持续增加，导致侵占耕地现象显著。另一方面，建设用地利用低效等问题突出。特别是乡镇层面，农村居民点分布零散、"空心化"、"一户多宅"等现象较为严重。土地利用效率低下，进一步加剧了建设用地供需矛盾[1]。

1.1.2　规划与实施之间缺乏沟通，难以满足社会需求

乡镇层面，传统的城镇规划往往是"蓝图式"的理想状态，并据此为规划管理和控制引导的依据。但在实施过程中，由于乡镇空间尺度不大，且规划实施涉及的空间要素基本有明确的利益主体，实施过程的主体价值判断往往导致实施结果需要协商或谈判才能确定。例如，依托增减挂钩政策的新型农村社区建设最终确定的用地边界往往与城镇总体规划不符，有时甚至与社区布点规划也不相符。

1.1.3　应变与弹性不足，重大设施难以落地

在快速城镇化的发展过程中，由于发展的不可预见性以及难以预测性致使土地需求不断增加的过程中，规划的弹性不足得到充分暴露，且规划编制和审批主体越高，规划修编弹性越少。例如，区域重大基础设施选线往往由省级以上政府立项后，根据项目的技术需要确定用地需求，而在这一过程中乡镇政府缺乏基本的参与机会，结果往往是信息不对称导致区域层面重大基础设施在乡镇层面的规划缺少应对，

---

　　* 刘洁欣，女，山东建筑大学城市规划专业研究生。
　　赵一亦，女，山东建筑大学城市规划专业研究生。
　　苗若晨，男，山东建筑大学城市规划专业研究生。

特别是占地面积较大时，重大设施难以落地。

1.1.4 缺乏规划衔接，不同规划各自为政，难以管理

长期以来，我国的规划编制管理体制部门分治、集权管理，存在着"多规"在用地规模、空间布局、空间管制等方面不统一的问题，且问题最突出的是各个规划的技术交集部分——城乡建设空间。

另一方面，各规划都试图尽可能地扩展自己的规划内容，扩大规划事权的边界，均表现出不同程度的趋向综合性的特点，于是导致各部门就规划的事权范围在规划中没有明确的划分，使规划内容相互交叉、事权划分不清，甚至彼此冲突，进而使这些规划互不衔接，规划审批难，项目落地难。

1.2 镇村建设用地"多规"差异分析

1.2.1 用地规模差异

城乡规划与土地利用规划所反应的利益主体差异以及编制技术差异导致"两规"建设用地规模差异。城乡规划主要体现乡镇政府、村民等主体对空间发展需求，土地利用规划则基于耕地保护，采用"自上而下"土地总量分解的土地供给，体现国家利益。这种差异主要表现为城乡规划的镇村建设用地总量超出土地利用规划用地的总量要求。

在编制技术上，确定用地规模的传统规划思维是"以人定地"，"人"的规模差异直接反映用地规模差异。对于"人"的判断，在土地利用总体规划中，往往基于规划的户籍人口预测；在城镇总体规划中，"人"的确定往往基于包括机械人口的常住人口的规划预测；在农村社区建设规划中的"人"的确定则基于现状户籍人口，这种差异直接导致规模差距。

1.2.2 空间布局差异

"多规"在空间布局上的差异体现在城乡规划与土地利用规划的横向体系以及城乡规划内部的纵向体系上。

首先，在城乡规划与土地利用规划之间存在明显差异。城乡规划聚焦于城镇建设用地与村庄建设用地空间发展，尤其是对规划区范围内用地的功能布局以及管控，规模集中。布局规整等方面安排各类用地斑块，以满足建设使用的需求。土地利用规划更关注的重点是对耕地、特别是基本农田的保护，关注的重点是农用地、建设用地与未用地之间的比例关系，对建设用地采取"空间＋指标"的方式。

其次，在城乡规划内部，作为战略性的城镇总体规划和以新型农村社区为代表的实施性的修建性详细规划之间差异突出，城镇总体规划以村庄人口转移，并以镇区聚集为前提，以做大做强镇区为首要目标，在技术层面压缩规划期末各农村社区的人口规模对村庄远期用地进行控制；社区建设规划是基于安置现状人口为首要任务，以村民意愿为基础，以规划实施为目的，其人口规模是村庄的现状人口。

1.2.3 空间管制差异

城乡规划作为发展型的空间规划与土地利用总体规划，生态环境保护规划之间存在明显的规划建设用地与基本农田和生态底线之间的冲突。

"多规"在空间管制分区内容上也存在重叠与差异。《城乡规划法》和《乡级土地利用总体规划编制规程》中均提出要建设限建区和禁建区，但在内容和管制要求上有较大出入，这种冲突主要体现在非建设用地上。以禁建区为例，城乡规划中的禁建区不仅包括土地规划中要求的现状自然资源，还包括基本农田等，城乡规划的禁建区包含的范围更大，因此保护的要求比土地利用规划宽松。

2 乡镇层面"多规合一"的理性判断

乡镇是纵向控制、横向衔接"多规冲突"的承接平台,具有"自下而上"调和"多规冲突"的主体优势,以及推进"规划融合"的社会基础和实施优势,此外,乡镇空间要素相对简单,具有推进"多规合一"的成本优势。

在现有的法律体系下,"多规合一"合成一个新规划的想法是无法做到的,也无从依据,不具可操作性。另一方面,原有的各个规划对空间发展所发挥的作用各不相同,因而也没有必要将各个规划合成一个"巨无霸"式的规划[2]。其次,从国内开展"多规合一"的实践表明,更多的是作为一项工作阶段,创建一个统一的工作平台作为衔接的基础。

对于乡镇而言,在尚未建立新的权益协调机制,行政管理体制改革缺位的情况下,解决乡镇现实问题,需要将"多规合一"定位于一种技术性手段,在技术层面,通过"多规融合"建立"土规"与"城规"用地分类标准的衔接机制,处理好不同规划的空间交界面,划定城乡建设用地增长边界和提出空间分区管制要求等。

3 技术路线

镇村建设用地优化技术路线如图 1 所示。

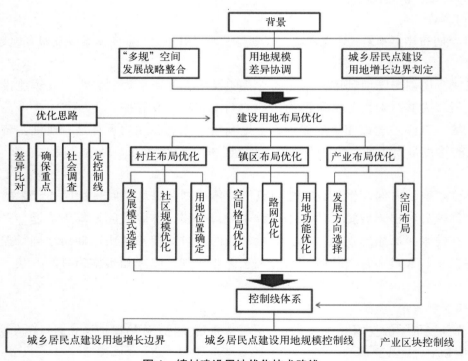

图 1 镇村建设用地优化技术路线

4 两乡镇概况

本次研究选择莒南县大店镇和齐河县表白寺镇,主要原因是两乡镇规划冲突和矛盾等比较尖锐,且发展速度较快,发展需求较高,有利于最大程度反映镇村建设用地的情况。此外,两乡镇类型有明显差异，既有代表全国重点镇的经济强镇，又有代表一般水平的普通乡镇；既有平原乡镇的特点，又有山区乡镇的特色；在区位上既代表普通地区的乡镇，又有代表大城市边缘区特殊区位的乡镇。

在地形地貌上：大店镇地势东高西低，东部和北部为山区、丘陵，西部、南部为平原，分别占地表总面积的 60% 和 40%，全镇平均海拔 96.5m；表白寺镇属黄河下游冲积平原，土壤以沙壤土为主，地貌形成受黄河影响较大，境内沟渠成网、排灌畅通。

在区位交通上：大店镇位于鲁东南、沭河与浔河冲积平原，莒南县域北部，镇区距县城中心 19km；表白寺镇北、东与济阳县相邻，南与济南市天桥区相接，西与安头乡接壤，西南与齐河县主城区毗邻，对外交通便捷，距济南绕城高速出入口不到 10km，与济南相接。

5　镇村建设用地优化思路与内容

5.1　优化思路

5.1.1　融入"多规合一"的理念，实现规划衔接

协调以往各规划各自为政引起规划在建设用地空间的冲突，在镇村建设用地优化中探讨"多规合一"，使多个规划成果统一在"一张图"上，实现不同规划核心内容的衔接。

5.1.2　确定远期控制线体系，明晰不同整治任务的边界

立足"多规"尤其是空间规划的交界面[3]，以发展速度合理为基础，以空间功能布局合理为原则，通过多情景模拟和多方比优，最大程度避让基本农田和重要生态用地区域，合理确定城镇建设用地控制线、农村居民点建设用地控制线、产业区块控制线、城乡居民点建设用地增长边界。

5.1.3　充分考虑发展弹性，确定建设用地增长边界

分析村镇空间拓展方向，避让永久性基本农田和生态底线，在建设用地规模控制线外划定有条件建设区，作为满足特定条件后可以开展城乡建设的空间区域。将规划建设用地、有条件建设区及城市生态绿地的围合线划为建设用地增长边界控制线，引导城市合理开发、有序发展。

5.1.4　协调"多规冲突"，优化镇村建设用地空间布局

在深入摸查土地利用和城乡建设现状情况的基础上，结合"一张图"控制线的划定，消除城乡规划与土地利用规划建设用地布局差异，达成发展和保护共识；应在落实各项规划控制指标的基础上，通过图斑调整，进一步优化建设用地空间布局，形成良好的生态格局及城镇空间结构，保障城镇功能完整，促进城乡居民点合理发展。

5.2　镇村"多规"空间发展战略的整合

空间发展战略的整合的核心内容可以概括为三个方面，即应该发展到何种状况、能够发展到何种状况和怎样发展到这种状况。为解决这三个问题，主要从以下几个方面进行整合[4]。

5.2.1　区域地位与发展目标

整合镇村"多规"空间发展战略，首先根据国民经济和社会发展规划、城镇体系规划等，明确本城镇的区域地位，如规模等级、城镇职能以及区域性重点基础设施的布局；其次，结合城乡规划、国民经济和社会发展规划、土地利用总体规划、土地整治规划、近期建设规划等多个规划，确定总目标的期限，且总目标之下应制定阶段性目标，即近中期发展目标；最后，在论证发展条件的基础上，以自身空间发展合理为目标，突出核心功能，与周边其他城镇错位发展。

5.2.2 空间结构与发展模式

首先，基于现实发展的延续性需求分析。作为相对独立性的个体，镇村空间常常倾向于延续历史发展的脉络、保持空间的常规增长。这是城镇最基本的空间需求[5]。

其次，基于发展愿景的经营性需求分析。在明确城镇职能、功能定位的基础上，根据各层次需求实现的可能性，可概括出城市发展不同阶段的主要需求特征及大致规模[5]。

最后，以"紧凑生长，弹性布局"为原则，引导城镇空间组团式紧凑布局，并考虑潜在性需求的不确定性和空间供给的多选择性，组织镇域内部空间结构，稳步推进空间拓展。

5.2.3 区域设施与生态环境

区域设施尤其是交通设施的建设改变了不同城镇间相互关系，也改变了城镇之间对市场、资源与投资的竞争关系。因此，区域交通基础设施对城市的影响以及城市内区域性交通基础设施的发展策略自然成为确定空间发展战略的重要内容。

另一方面，生态保护、可持续发展已上升为国家发展战略之一，也已被政府、市民所广泛接受。构筑城镇周边自然生态体系，控制生态敏感区，确定永久性保护区是空间战略研究的重要内容。

以生态环境保护和环境容量为前提[6]，统筹区域基础设施对城镇空间发展方向的引导，使城镇空间发展战略的确定有利于生态环境系统的优化，有利于城镇融入区域性的开发环境。

5.2.4 城市特色与社会发展

城市风貌特色也是空间战略研究应涉及的内容，在城镇化、现代化进程中，"大拆大建"是对传统城市特色的摧毁，千篇一律的城镇化建设难以突出城市特色，不利于社会发展。因此，在空间发展战略层面提出文化建设与名城保护相结合的目标，以降低开发成本的土地拓展模式整合社会空间结构是镇村空间发展战略的重要内容。

以大店镇为例，围绕山东省政府旧址发展镇域极化中心，体现山东省红色文化圣地地位，并结合浔河湿地生态景观带的打造，从而构建"一心，一带"的镇域空间发展格局，城镇空间更具特色且符合社会发展（图2）。

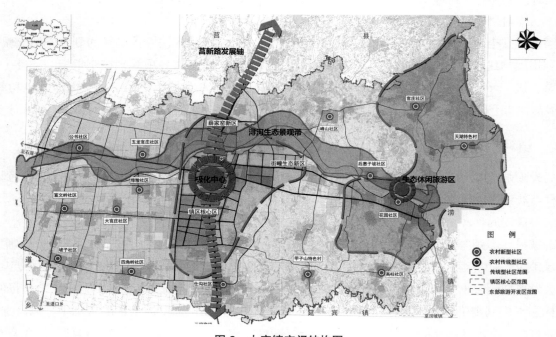

图2 大店镇空间结构图

5.3 用地规模冲突协调的思路方法

5.3.1 界定概念，对接用地统计口径

由于土地利用总体规划和城乡总体规划分类标准的侧重点不同，导致用地分类的具体内容不同，同时也使得现行"两规"土地利用分类体系存在分类名词概念的内涵及外延相互交织、包含的现象，大大增加了两项规划协调的难度。因此，统一用地统计口径是协调土地利用总体规划与城乡总体规划用地规模的基础[7]。本次研究主要对城镇建设用地、镇区建设用地、农村居民点建设用地、城乡居民点建设用地等概念进行界定。

5.3.2 人地互定，优化存量调整供需

基于供给与需求的平衡，用地规模的确定应由"以人定地"转向"人地互定"。基本思路是在土地利用总体规划城乡居民点建设用地总量的约束下，先确定镇域重大突破区域或村庄建设积极区域的建设用地规模和人口规模，然后确定其他农村新型社区的用地和人口规模，最后计算确定镇区可能的发展规模。

以大店镇为例，根据"存量发展"与"控制增量"的规划理念，将《莒南县大店镇土地利用总体规划（2006—2020）》确定的 2020 年大店镇城乡居民点建设用地规模 1546.51hm²，作为"控制增量"的约束指标。同时，对 2030 年大店镇的建设空间需求进行压缩，特别是压缩镇区的建设用地规模，减少城乡居民点建设用地总量供需差额，符合土地利用总体规划的刚性约束。

5.3.3 增量控制，阶段对接远期协调

以重点项目建设为指向，明确各阶段、各类城市功能用地的用地量，并结合制定分阶段各类城市功能用地的用地统计表，明确规定各阶段的新增、改造用地面积，以增量区域、减量区域以及建设用地保留属性区域进行对接，用地模式逐步以"增量扩张"向"存量优化"转变[8]。

总体上，用地规模的确定以土地利用总体规划下达的指标为约束，重点控制土地利用总体规划及 2020 年前的建设用地总量。若土地利用总体规划的指标未下达，则两个部门合理确定建设用地规模，待指标下达后校准。

以大店镇为例，《莒南县大店镇总体规划（2012—2030）》确定的 2020 年城乡居民点建设用地总量小于《莒南县大店镇土地利用总体规划（2006—2020）》约束，且 2030 年规划用地与土规不存在显著差别，通过建设用地整治可以实现 2020 年土规对于 2030 年村镇发展的约束。因此，大店镇 2030 年规划城乡居民点建设用地总量以 2020 年土地利用总体规划为约束。

然而，2020 年土地利用总体规划确定的用地对于表白寺现阶段的发展已经产生明显制约，且表白寺依托与济南的地理优势以及高铁站的建设，具有强烈的发展诉求。因此，2020 年土规约束难以应对远期发展。因此，根据"存量发展"与"控制增量"的规划理念，对建设用地规模采取分阶段衔接方式。中期（2020年）以土规用地总量为约束，远期（2030 年）则以缩减供需差额为方式，体现乡镇发展诉求。

5.4 城乡居民点建设用地增长边界的划定

5.4.1 内涵界定

在"多规合一"中，城乡居民点建设用地的空间布局需要解决"土地利用总体规划规模控制与城乡规划远期用地布局之间的矛盾"[9]，因此需要划定应对刚性指标约束下，建设用地空间布局的确定性和现实发展不确定性之间重要弹性区域。

本研究将城乡居民点建设用地增长边界定义为：为更好的引导城乡空间发展，在避让基本农田、生态底线约束下，综合考虑政策、重大基础设施、居民意愿等划定的一条在规划期限内城乡居民点建设用

地指标的约束下，按照一定比例划定的满足特定条件后可开展城乡居民点建设的空间区域，作为"三规合一"及"多规融合"城乡扩展范围和城乡规划编制范围。

包括两方面内容：城镇建设用地增长边界和农村居民点建设用地增长边界。其中，城镇建设用地增长边界是城镇建设用地调整的弹性边界，应以集中布局为原则，在规划期末建设用地总量的约束下，在该边界内等质、等量调整。农村居民点建设用地增长边界是农村居民点建设用地调整的弹性边界，应以符合居民意愿为原则，在该边界内等质、等量调整。

5.4.2 划定方法

本次研究以避让底线、集约发展、明确重点、利益协调、尊重权属为原则，划定城乡居民点建设用地增长边界。

（1）城镇建设用地增长边界

作为一条政策边界，城镇建设用地增长边界主要从空间发展方向以及基本农田保护区、生态底线等刚性边界约束两方面定性划定。

首先，根据城乡居民点建设用地发展的合理需求，结合重大基础设施、重点建设项目，提出其空间发展策略，确定发展方向。然后，结合政府政策、各类规划确定边界的约束大小等修正空间发展需求下的增长边界。由于位于城镇建设用地周边的较为破碎的基本农田，在未来镇村发展中存在被建设侵蚀的极大可能性，且根据相关法规，零星破碎、区位偏僻、不易管理的基本农田可以占用。由此对增长边界进行修正。

以大店镇为例，在镇区核心区东部，依托大东环路这一重要区域基础设施的建设，以及九峰山公园的建设，大店镇向东扩展潜力巨大。因此将大东环路以西的部分划入城镇建设用地增长边界。另一方面，镇域西部已开展高标准基本农田建设，在相关政策下，高标准基本农田一旦划定禁止更改和占用，便限制了镇域向西发展方向。基于发展与约束，最终确定大店镇镇区增长边界。

（2）农村居民点建设用地增长边界

作为最基层的行政单元，乡镇的发展受到政府意愿、居民意愿等多方面的影响。作为协调空间布局的确定性和现实发展不确定性之间重要弹性区域，本次农村居民点建设用地增长边界的划定将居民对于生活、生产的需求考虑在内，将居民发展诉求范围纳入到农村居民点建设用地增长边界内。

公众参与协调确定农村社区的过程中，居民对于社区选址提出更为实际的意见。以大店镇五龙官庄社区为例，有大部分村民表示希望将社区选址靠近镇区核心区，并沿浔河布置，以获得更加方便、舒适的居住环境。综合考虑本次规划的可行性，将规划五龙官庄社区以东靠近镇区核心区的部分地区划入农村居民点建设用地增长边界，便于后期社区规划针对村民实际居住意愿在边界内的合理调整。

5.5 建设用地布局优化及镇村建设用地控制线划定

5.5.1 优化思路

首先，比对"多规"差异，确定可调整的建设用地数量，依据建设项目排序，布局建设用地，确定"三规合一"的控制线。

其次，确保重点，根据城乡建设用地增减挂钩项目区计划确定建设用地的增量区域、减量区域，落实分阶段的建设用地规模边界。

然后，通过社会调查，提高规划的可行性，保障农民切身利益。

最后，用地布局优化引导。采用"先布局，后定线"的方式，优化建设用地布局，划定控制线。

5.5.2　农村布局优化与农村居民点建设用地控制线

（1）农村布局优化内容

按照"尊重主体意愿，分类控制，灵活推进"的原则，通过公众参与的方式，了解村民的搬迁意愿以及发展诉求，确定各社区的类型。以大店镇为例，在全镇形成"旧村整治＋特色改造＋整村迁建"的多元改造方式，基于村民迁居意愿对镇域社区（村庄）进行分类发展建设引导，分为极化发展型、重点突破型、特色塑造型、市场自主型、适时推进型等。

基于对社区发展类型、发展模式的选择，进行社区规模优化。主要参照各社区建设规划的人口规模，整合《城市用地分类与规划建设用地标准》（GB 50137-2011）、《镇规划标准》（GB 50188—2007）以及当地相关集约用地要求均用地指标，结合发展模式的选择修订原有规模。

以表白寺为例，《镇规划标准》（GB 50188—2007）中规定，一般镇区人均居住用地取值为26.4~43m²／人左右，根据表白寺镇政府提供的《表白寺镇拟开工社区（村）情况统计表》规划人均建设用地面积为100m²／人，表白寺社区已建片区计算人均建设用地标准为60.16m²／人。综上，考虑到镇区的发展需要，本规划对表白寺社区的人均安置面积取值60m²／人。由于预留镇南社区未纳入镇区核心发展，故按照《山东省建设用地集约利用控制标准》规定平原居民点人均建设用地≤100m²，以100m²／人的安置标准进行控制。

乡镇作为我国最基层的行政单元，其建设空间本身就是生产、生活、生态"三位一体"的空间，空间要素基本就有明确的利益主体，这在农村居民点体现更为明显。因此，规划社区能否体现居民意愿显得尤为重要。在农村社区选址上，主要采用公告公示、开放式研讨会、问卷调查等公众参与方式，多次上下联动确定，使其布局更加具有准确性和可操作性。

（2）农村居民点建设用地控制线

农村居民点建设用地控制线定义为：依托"多规合一"协调所确定的优化后的规划期末农村居民点建设用地边界，转变成农村居民点建设用地控制线，是在一定期限内划定的允许进行农村居民点建设的统一控制线。

农村居民点建设用地控制线是农村建设管理的范围，新增建设用地项目必须位于规划建设用地范围内。依据规划，是规划确定的农村居民点建设用地指标落实到空间的预期用地范围。

5.5.3　镇区布局优化与城镇建设用地控制线

（1）镇区布局优化内容

第一，结合空间发展战略的修正，基于发展与约束确定空间结构格局优化空间结构。以表白寺为例，基于对铁路及高铁站点带来的机遇发展以及重点机遇下城镇差异发展的判读，确定其沿建邦大道以及青银高速发展的空间结构。另外，通过土地利用总体规划与城镇总体规划的叠加分析，发现建设用地发展受基本农田约束明显，且主要集中在镇区主体的东部和西部、高新技术产业园区北部、高铁发展区的北部和西南部。因此，必须压缩"总规"中2030年规划的各部分规模，尤其是工业和居住用地，减少与基本农田的冲突。

第二，结合路网梳理、用地功能的调整和优化，统筹协调市政设施规划和公益性设施规划。以大店镇为例，结合本次优化的结构调整，对《大店镇总体规划（2012-2030）》镇区道路骨架也相应地进行了优化调整，主干道系统优化为"五横四纵"，强化"通"的功能；以次干道和支路为依托，实现"达"的目标。

第三，采用多方案比较、综合评定方式确定镇区用地布局的优化方案。以表白寺为例，依托铁路以及高铁站的建设对人流、物流、资金流、技术流和信息流的集聚，围绕站房布置部分商业、商务、办公、酒店等多种功能的服务配套设施，发展商务办公、会展贸易等现代服务产业，形成高铁核心区。在镇区核心区，以现状工业为基础形成工业极化区，再逐步完善其周围功能，形成功能合理布局的发展组团。

（2）城镇建设用地控制线

城镇建设用地控制线定义为：依托"多规合一"协调所确定的优化后的规划期末城镇建设用地边界，转变成城镇建设用地控制线，是在一定期限内划定的允许进行城镇建设的统一控制线。

城镇建设用地控制线是核发规划许可的范围，"城乡规划主管部门不得在城乡规划确定的建设用地范围以外作出规划许可"（《城乡规划法》，第四十二条）。新增建设用地项目必须位于规划建设用地范围内。依据规划，是规划确定的城镇建设用地指标落实到空间的预期用地范围。

5.5.4　产业布局优化与产业区块控制线

（1）产业布局优化内容

首先，通过"多规"产业比较，以强化区域协调、承接产业转移、符合产业政策、对接上位规划、发挥本地优势为原则，协调并确定产业发展方向；其次，通过重大项目建设指向、产城一体发展指向、区位交通条件指向、空间布局模式指向以及生态环境保护指向等方面分析，结合现有产业基础确定产业布局意向。最后，通过发展趋势预测、重大建设项目需求、建设用地比例要求以及耕地及基本农田约束等分析确定产业布局。

以表白寺为例，一方面，在《齐河县现代城镇体系规划（2012—2030）》中，在表白寺规划齐河（济南）特别园区，进行相关产业建设；另一方面，由于紧靠济南，表白寺承接了济南大部分的产业转移，在镇区核心区南部已经建设了齐河美安储运有限公司、山东金时代实业有限公司、齐河圣基新型建材有限责任公司等多家企业，现状产业发展基础良好。此外，已经有几家重要项目正在洽谈，拟落地于该镇区核心区南部。综合表白寺的现状产业发展，结合上位规划以及未来发展意向，在镇区核心区南部规划产业园区，发展现代物流、新材料、机械加工等现代化高新科技产业，建设中小企业总部基地和创业企业孵化基地。

（2）产业区块控制线

划定由"工业园区—连片城镇工业用地"组成的用地集中区为产业区块，其边界转化为产业区块控制线，作为用地性质为"工业仓储类"的新增工业制造及仓储项目选址区域，用于推动工业项目集聚发展。原则上产业区块的用地规模应大于 $50hm^2$。

在满足"三规"（国民经济与社会发展规划、土地利用规划、城乡规划）的前提下，可根据项目建设情况对产业用地位置在产业区块内做出适当位移，其用地边界的形状可根据相关规划作出适当调整。

新增工业用地项目，原则上必须落在产业区块用地范围内，基本农田不得占用。对于工业区块外、已批未供的工业项目原则上将不再供地。农转用指标可平移使用[10]。

6　结语

乡镇作为纵向控制、横向衔接的"多规冲突"承接平台，更有利于推进"多规合一"。在技术层面，通过不同规划的整合，建立"土规"与"城规"用地分类标准的衔接机制，处理好不同规划的空间交界面，建立城乡建设用地控制线体系，作为不同规划各自管理的依据，将是未来空间规划发展的重点。本文仅依托现有规划，从空间发展战略整合、用地规模协调、用地边界划定等方面将各规划统一到"一张图"上，划定了不同规划对建设用地管控的交界面，但并未深入探讨城乡规划在"多规合一"下的编制，仍需要进一步研究。

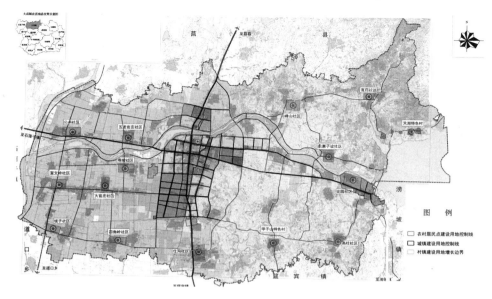

图3 大店镇镇村建设用地控制线

参考文献

[1] 许晓婷. 县级土地整治规划理论与方法研究 [D]. 西安：长安大学，2014.

[2] 王唯山，魏立军. 厦门市"多规合一"实践的探索与思考 [J]. 规划师，2015，（02）：46−51.

[3] 谢波，彭觉勇，李莎. "三规"的转型、冲突与用地整合 [J]. 规划师，2015，（02）：33−38.

[4] 李晓江. 关于"城市空间发展战略研究"的思考 [J]. 城市规划，2003，（2）：28−34.

[5] 盛鸣，沈沛. 基于"供需"分析的城市空间发展战略研究 [J]. 规划师，2007，（04）：79−83.

[6] 朱才斌. 现代区域发展理论与城市空间发展战略——以天津城市空间发展战略等为例 [J]. 城市规划学刊，2006，（5）：30−37.

[7] 汪燕衍. 乡镇级土地利用规划与村镇规划的比较及协同研究 [D]. 武汉：华中农业大学，2011.

[8] 唐兰. 城市总体规划与土地利用总体规划衔接方法研究 [D]. 天津：天津大学，2012.

[9] 肖昌东，方勇，喻建华等. 武汉市乡镇总体规划"两规合一"的核心问题研究及实践 [J]. 规划师，2012，（11）：85−90.

[10] 姚凯. "资源紧约束"条件下两规的有序衔接——基于上海"两规合一"工作的探索和实践 [J]. 城市规划学刊，2010，（03）：26−31

分论坛四

生态宜居城市规划实施

城市设计中的多元复合绿道网络体系构建研究

耿　虹　方卓君[*]

【摘　要】伴随着我国城镇化的迅速发展，不少城市都不可避免地采取了高强度、大规模的建设行为，针对城市生态环境保护和绿色空间品质提升的诉求越来越引起重视。我国绿道网络方面的研究和实践逐渐升温，但研究和实践中还存在诸多问题。本文试图通过对绿道发展历程和构成元素的梳理，提出以绿道网络为框架的城市设计对城市景观环境的提升和空间品质改善的重要意义，引出了绿道网络的层级构建模式和规划策略。同时以吉安高铁站前区城市设计为例，详细阐述了如何在尊重自然生态的基础上，搭建"区域绿道—城市绿道—社区绿道"的层级递进、多元复合的绿道网络体系，并配套相关设施，构建开放社区，引导城市设计。由此改变了以往二维化、图形化的设计方式，推动了自然环境与人工系统的紧密结合。

【关键词】城市设计，绿道网络系统，多元复合，绿色开放空间

1　引言

"绿道"源于英文的"greenway"，当前广泛使用的定义是由美国学者利特尔（Charles E. Little）提出的，即绿道是一种线性绿色开放空间，或沿水滨、河谷、山脊线等自然廊道，或沿运河、景观道、废弃铁路线等人工线路建设；绿道串联主要的景观节点，相互间连接构成网络。绿道系统规划的发展历史悠久，其开端为 19 世纪 20 年代，美国"绿道之父"奥姆斯特德爵士（Olmsted）在波士顿市区内构建出一条呈线性半圆环绕特征的"翡翠项链公园"。其全长约 25km，将波士顿大公园、后湾沼泽等几个零散公园连接成整体。这条公园绿道是世界公认的第一条真正意义上的绿道。随着城市化日益加剧，生态学家理查德·福尔曼（Richard Forman）和米歇尔·高顿（Michel Gorden）通过斑块—廊道—基质理论，指出绿道在栖息斑块（patches）和踏脚石（stepping stones）之间建立高品质的连接，能为廊道、连接性和野生动物活动创造唯一机会[1]，丰富了绿道作为生物栖息地和生态廊道的意义。绿道这种新兴的线性景观系统在世界范围内受到欢迎，掀起了诸多规划及建设运动。

当前我国正处于快速城市化时期，城市绿道体系方面的研究和实践都在稳步展开，同时也暴露出了诸多问题。由于城市的快速扩张，城市设计中绿道网络系统的规划和建设得不到重视，往往相对滞后，造成了城市绿色空间零散、破碎，相互间联系性差，户外空间得不到充分利用，城市的生态效益得不到合理发挥等问题；另一方面，建成的绿道功能多数停留在游憩方面，"绿道是慢行道，是自行车道"的观念深入人心，绿道网络并没有充分发挥出其在生态、经济、社会等方面的重要作用[2]。由此可见，在城市设计，特别是新城建设中，重视多元复合功能的绿道网络建设，是我们必须重视的问题。

* 耿虹（1961 年—），女，武汉理工大学博士研究生，华中科技大学建筑与城市规划学院教授，中国城市规划学会小城镇学会副主任委员。
方卓君（1992 年—），女，华中科技大学建筑与城市规划学院城市规划专业 2015 级硕士研究生。

2　城市绿道网络的构成要素

城市绿道并非是简单的绿色通道。从广义上来说，城市绿道是一种在城市中形成的线性网络结构的开敞空间，是在城市基底上依靠城市内各种天然或人工的线型要素发展起来的一种多功能廊道网络[3]。根据景观生态学中的"斑块—廊道—基质"景观结构模式，可以认为，构成城市绿道的主要要素为：景观节点（相当于斑块）和潜在的连接这些节点的廊道[4]。

城市绿道通常以自然人文景观和休闲设施作为串联的景观节点，以充分发挥绿道的综合效益，增强绿道吸引力。节点包括自然节点、人文节点、城市公共空间和公共绿地，以及城乡居民点等[5]。

绿道中的廊道应由绿廊和人工两大系统构成[6]，其中"绿廊"是生态基底，为绿道提供舒适亲切的自然环境，同时它界定了绿道的控制区和缓冲区域；人工系统由慢行道系统、交通衔接系统、服务设施系统和标识系统等组成。

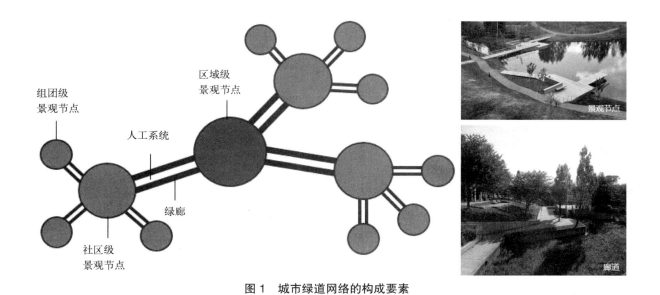

图 1　城市绿道网络的构成要素

绿道只有连成系统，才能获得网络的协同性能，因此规划中应尽量引入能形成环带、放射带、交叉带的绿地结构，创造绿地之间的连接性。同时，绿道网络不应采取人工化的整齐边缘、等宽带状，而是应尽量模拟自然形态的凹凸边缘，兼纳多种形态的绿地，以便提供生态栖居(habitat)和生态导管(conduits)作用[7]。

3　城市绿道网络的多元复合功能

绿道作为廊道，拥有极高的边缘／中心比率（ratio of edge to interior），较其他形态更易与周边产生密切关联[7]，使同样面积的绿地产生更为巨大的多元复合效益。依托绿道网络形成的城市生态廊道，可以推动城市环境保护，预防自然灾害；可以统筹城乡发展并防止城市无序蔓延；以绿道网络为框架的绿色基础设施及城市景观体系的建立对城市环境的塑造有着重大意义；绿道网络还具有休闲游憩的价值与绿色经济的活力，可以推动慢行交通，鼓励市民绿色出行，构建开放社区，营造和谐人居环境。

3.1 保护城市生态环境

绿廊是城市绿道的生态基底，通过建设网络化绿色生态廊道，可以改善生态环境，修复城市中受损的生态植被群落系统，连接生态斑块，扩大绿地边缘面积，为动植物提供充足的生存繁衍空间与迁徙廊道，并具有城市风道、涵养水源、保持水土、净化空气等作用[8]，提高城市抵御自然灾害的能力。

3.2 塑造城市发展形态，优化土地利用方式

城市绿道网络的布局与区域发展需求保持一致，可以融合城市与自然，合理衔接城乡过渡，推动城乡一体化发展；同时绿道网络通过连接不同的功能分区，控制城市空间形态，可以在快速发展的背景下，防止城市无节制的蔓延[9]；通过对廊道周围土地利用进行控制，可以推动城市土地利用方式的优化。

3.3 构筑城市景观体系，增强城市活力

城市绿道网络塑造了多样化和可识别的城市景观。潘德明在《有心的城市》一书中写道："正是在街道的不规则布局和在由楔形绿地分隔的小区域的定义中，一个城市得到它的吸引力和独特性……为了不形成千篇一律的城市，通过绿道扩展城市公园系统是最好的方法[10]。"

同时城市绿道网络通过将城市中的开放空间串联起来，构建了城市景观结构，完善了城市游览体系，聚集起大量人气，增强了城市活力。在城市中心区建设绿道，并与周边的商业开发相互结合，营造独特的街道景观，可形成良好的旧城更新改造模式。例如美国的圣安东尼奥河步道，原为不足 2m 宽的防洪通道，通过"滨水商业设施与公园环境结合"的整治理念，扩展河道并与周边的公园联系起来，保留大量历史建筑，综合设置商铺、旅馆和餐厅，现为全美最著名的景点之一，每年吸引 700 万境外游客。

3.4 承接城市慢行交通，鼓励绿色出行

绿道网络作为城镇慢行交通系统的一部分，具备相应的通勤功能。绿道将主要的公共服务设施连接起来，并与城市公共交通网络无缝对接，使人们可以通过步行和自行车安全出行，为人们提供了绿色低碳健康的出行选择，对城市建设绿色低碳交通网络有着重要的意义。

3.5 搭建城市绿色基础设施网络

依托绿道网络进行绿色基础设施建设，构建地下综合管廊，会对现行的供排水、废水循环、供热、电力电讯等灰色性的城市基础设施产生布局上的根本改变；通过绿色排水设施的设置，有助于海绵城市的建设。

3.6 将开放空间延伸至社区

社区级绿道作为绿道网络的最末端，与人的关系最为密切[11]。绿道有着将开放空间很好延伸进社区的可能性，有利于开放式社区的建设，增强社区活力；鼓励适当减少住区绿地而多出的绿量注入绿网，可以增强人居环境的亲和力，有利于城市层级的人车分流。

4　城市绿道网络的规划策略

4.1　绿道网络规划方法及原则

绿道网络定位选线应基于麦克哈格"千层饼模式"得出的土地适宜性分析与土地多元利用方式，以人与自然和谐共生的理念为价值取向和生态导向，选取开敞空间、交通线路和已有绿道等作为选线依据，以优先串联重要节点为目标，分化绿道层级，明确绿廊控制、慢行交通、功能服务、设施搭建等内容，确定科学合理的绿道网络布局，使绿道网的综合功能效益得到有效发挥，促进城市环境的生态优化和可持续发展。具体要遵守以下几点原则：

（1）尊重自然，保护生态。充分结合现有地形、水系和植被等自然资源特征，发挥绿道对自然生态的保护作用，在此基础上确定绿道网主体框架。

（2）立足区域，统筹考虑。绿道网选线规划应连接城区绿地与郊区绿地，构建城镇与乡村之间完整、高效的区域绿地空间网络。

（3）层级清晰，网络覆盖。连通性是绿道最主要的特性之一，成熟高效的绿道应连接城市的主要公园和开放空间、重要公服设施和居民点；同时网络应达到一定密度，才能有效地覆盖城市。

（4）交通接续，完善配套。加强城市绿道网中慢行系统与城市公共交通系统的接驳能力，提高城市绿道网的连接度与可达性，实现绿色低碳目标；完善城市绿道各类设施配套，合理配置驿站与服务点，统筹建设绿色地下综合管廊。

4.2　绿道网络的层级搭建

站在区域层面上而言，绿道可以分为区域绿道、城市绿道（骨干绿道）和社区绿道三级。区域绿道主要用于城市间的联系，宽度在100m左右；城市绿道对接区域绿道，串联片区内的景观资源节点、商业核心节点以及公共服务中心，构建片区内部的景观和生态系统，提供市民的游憩设施，是城市绿道网络的骨架，宽度在50~100m左右；社区绿道用以联系社区内的小游园及街头绿地，主要提供非机动车和行人穿越的道路。相对于城市绿道而言，服务型功能更为重要，宽度多在10~20m左右，但考虑到社区的情况各不相同，不对宽度作硬性规定。绿道在设置时应考虑不同层级的合理搭配，最终构成综合的网络体系以优化利用有限的土地资源。

5　吉安高铁站前区城市设计中的绿道网络规划实践

5.1　背景概述

规划区位于江西省吉安市中心城区西侧，西抵规划的站前大道，东临规划君华大道，南至规划的南一路，北至规划的北一路，总面积5.19km²。规划区未来的交通优势明显，昌吉赣高速铁路吉安高铁站建成后，将进一步加强吉安中心城区在吉泰城镇群中的核心地位。

规划区地形南北高，中间低，水系径流横贯东西，地势最高点达95.9m，呈低丘拥簇之势。生态环境破坏较小，自然植被保护较好。近年来吉安市围绕"文化庐陵、山水吉安"的定位，大力推进高品质主题公园、生态绿廊和郊野公园建设，先后被评为中国优秀旅游城市、国家园林城市、中国特色魅力城市200强、中国人居环境范例奖，为绿道网络建设打下良好基础。

同时，吉安市居民可支配收入持续增长，消费需求逐渐成为拉动城市发展的主导动力之一，整体步入体验型经济时代，与公共空间相结合的环境品质提升越发重要。

规划区现状以村庄建设用地和农田、水塘、林地为主，基本无城市建设项目。本案通过在生态基底上搭建具备复合功能的城市绿道网络，进一步引导城市开放空间的设计（图2、图3）。

图2　规划区在吉安中心城区的区位　　　　　　图3　规划区用地现状图

5.2　绿道网络的功能塑造

规划区位于吉安高铁站正对面，是城市的门户，具备重要的景观展示作用。本案的定位为"高铁门外是花园"，目标是打造高铁经济繁盛区、庐陵文化展示区、宜居多元生活区。因此本案在保留原有的自然生态肌理的基础上，植入城市绿道网络，最终形成239hm²的绿地面积，30hm²的水域面积，16km的滨水岸线，23km的绿道网络，承载丰富多彩的城市活动，打造被自然包裹的活力新区、城市文化生态廊道体验地。在展现城市风貌、塑造城市景观轴线的基础上，进一步搭建城市开放空间系统和公服设施系统，接驳城市道路和基础设施，构筑开放社区，提升城市的生活质量和空间品质（图4）。

图4　多目标的绿道网络体系

5.3　生态基底的考虑

绿道作为城市居民享有自然资源的实现途径，应充分结合自然资源布设。本案以保持自然径流系统及特色地形完整性为原则，以主要径流路径为骨架，串联区域特色地形点，构建楔形绿地走廊，形成城市大型开放空间系统，作为绿道的生态基底（图5）。

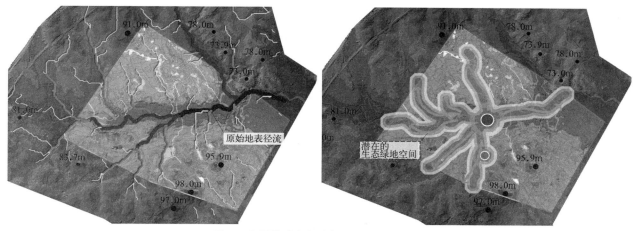

图 5　由原始地表径流推演潜在绿地空间

5.4　与区域性绿道的衔接

　　规划区作为一个片区而言并不是独立的，必须要站在中心城区的层面，使规划区内的绿道与周边绿道进行连接，构建一个完整的绿道系统。本案整理结合现状水系，连接南北两大城市绿楔，由此决定规划区内中心绿道的整体走向（图 6）。

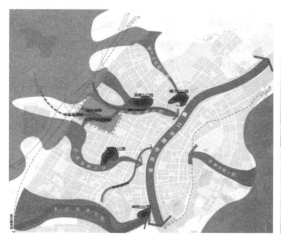

图 6　市区绿环的整合

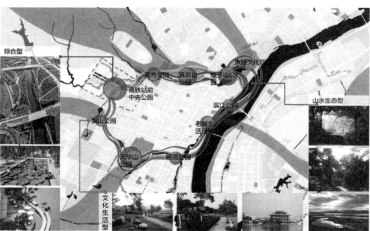

图 7　城市精品公园带

　　同时，本案建设的高铁站前区中央公园，通过区域性绿道与中心城区内的其他公园连接起来，完善了"精品公园＋生态绿廊＋郊野公园"三级生态梯度，构建城市特色精品公园带（图 7）。

5.5　多层级的绿道网络结构

　　本案构建了区域、城市级、社区级三级绿道网络体系，等级不同的绿道，其规模、辐射半径、服务人群也不相同；在空间形态上通过"点线面"相结合，建构层次感丰富、各具特色、可达性强的绿道网络（图8、图9）。

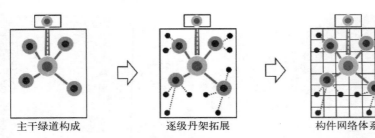

主干绿道构成　　　　　逐级开架拓展　　　　　构件网络体系

图8　规划区绿道网络的构建过程

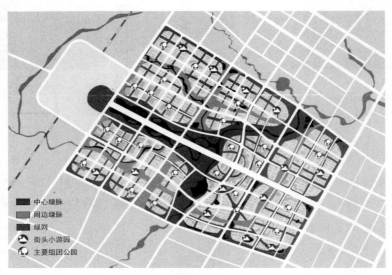

■ 中心绿脉
■ 周边绿脉
□ 绿网
⊙ 街头小游园
⊙ 主要组团公园

图9　规划区绿道网络结构

5.5.1　优选绿道网串联的节点

本案强调"500m一园"的建设目标，力求达成"市级公园—区级公园—街头小游园—组团公园"的层级，绿道通过串联片区内的各类公园和绿地，满足市民就近开展慢跑、散步、健身等户外运动的需要，为市民提供亲近自然的空间以及交流场所；同时串联主要的商业设施、社区服务中心和学校，结合慢行系统建设，方便居民生活，鼓励居民绿色出行。

5.5.2　城市绿道（骨干绿道）的构建

骨干绿道网络紧密结合线型的高铁中央花园，以及主要的生态绿地、河流水系布设，构成规划区绿道的主体，打造高标准、功能性强、自成体系的"一级"绿道系统，彰显出"生态吉安"的城市设计理念。骨干绿道的景观与整体的"庐陵文化"景观风貌相一致，与周边的商贸商务区景观相协调，通过开阔的水面、精心营造的绿化和庐陵风格建筑，突出城市特色（图10）。

图10　高铁站前区中央公园的绿道设计

5.5.3 形成绿道网络体系

在主干绿道骨架形成的基础上，通过"线"型开敞空间，主要为社区绿道，以竖向、横向的联系来加强网络的整体性、连续性，从而构成一个完善成熟的绿道网络。绿道网络应具备一定的密度，根据英国政府的自然保护专家团建议，绿道入口应在离任何居住地点的 300m 范围内，本案绿道间的宽度控制在 600m 以内。

社区绿道可采用"单独设"或与城市慢行道"合设"的形式。主要社区绿道沿地块内部的绿色开敞空间布设，串联主要的社区公园和组团绿地；周边的次要绿道可沿城市道路绿化带设置。

本案选取了一片典型开放街区，探讨了社区绿道网络构成的基本模式。社区级的网状绿道覆盖片区，与城市绿道相联系，同时绿道网络将主要的社区公园、组团绿地、社区服务中心和学校串联起来，密切服务于周边的居民，为其散步、健身、日常购物、通勤提供舒适的环境，实现人车分流（图11）。

图 11 开放街区的绿道布置模式

5.6 绿道两侧的天际线规划与街墙规划

绿道两侧应形成景观视线通廊，两侧建筑实行退层式处理，使绿道景观被最大化共享，通过普通视角可以看到的城市天际线，充分展示城市景观风貌。

通过绿道的内外渗透和地形水系的摆动，使城市形成灵动的、风格统一的、界面连续的城市街墙展示面（图12）。

图 12 绿道两侧的建筑高度控制

5.7 绿道配套的人工系统规划

与绿道网络相配套的人工系统由慢行道系统、服务设施系统、标识系统和基础设施系统等组成，本案中根据规划的绿道网络，对相关设施进行了综合布置。

5.7.1 慢行道系统

慢行道包括自行车道、步行道、无障碍道（残疾人专用道）、综合慢行道等。慢行道应根据不同的主题和功能，采用不同的铺装和设计，整体风格要与自然环境相协调，同时考虑连续性和无障碍性，并与城市公共交通相接驳。依托城市绿道的慢行道应尽量单独铺设。本案规划慢行系统如图 13 所示。与城市绿道配套的慢行道功能以游憩娱乐为主，社区绿道配套的慢行道则更多考虑通勤、休闲功能。

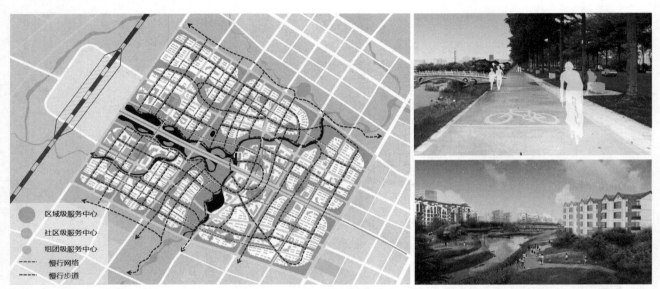

图 13　与绿道网络相结合的慢行系统布置

5.7.2 服务设施规划

服务设施由游览设施服务点和管理设施服务点两部分组成。游览设施服务点主要为绿道中的游客提供便民服务，包括信息咨询亭、游客中心、医疗点、饮水处等；管理设施服务点主要提供绿道的日常管理服务，包括治安点、消防点、休息点等[12]。服务设施的设计要考虑人们的使用体验，设计风格与城市设计整体风格相协调，可以与公园服务区或社区服务中心结合设置。

5.7.3 标识系统规划

标识系统包括指示标志、信息标志、解说标志、警示标志等。设计风格应与城市设计的整体风格相协调，如庐陵文化风格；可设计专用的标识与 LOGO 图案，增强识别性。在布局上充分考虑游人的需求，按需分布。

5.7.4 基础设施规划

基础设施系统包括出入口、停车场、环境卫生、照明、通信、防火、给水排水、供电等。其中给排水、供热、电力电信等灰色性的城市基础设施地埋绿网之下，形成地下综合管廊；同时通过街旁绿地、带状绿廊、集水湿地等绿地构建汇水廊道，实现海绵城市的管控。

6　总结

本文通过吉安高铁站前区的城市设计，说明了在城市设计，尤其是新城设计中通过建设多元复合的绿道网络，将各个单一分散的绿地开放空间联系起来，可以构建系统化的生态廊道，营造多样化的景观环境，为居民提供丰富的生活游憩空间，提升城市的生活质量与空间品质。

在绿道网络建设中，应首先通过绿道网络规划保证绿化的量，对绿道进行分级，以确保能形成完整的绿道系统。在随后的城市设计中，重视绿道的品质提升，将绿道的多元复合功能落实到设计中。绿道网选线规划必须站在区域的视角上，以充分连接的线状廊道将各种绿地开放空间串联并予以利用，建立从点到线、从线到面的绿道网络体系，以保障绿道多元复合的发挥。

城市设计中的绿道网络规划设计需要与城市总体规划和相关上位规划相协调，同时需要城市园林部门与交通部门等多部门协同进行管理，并根据实际建设情况实时评估，根据评估结果不断进行动态调整。

不同于区域性和景区里以游憩功能为主的绿道，城市层面的绿道与居民生活联系的更加紧密，直接服务于居民的生活需求和休闲需求，因此绿道的规划设计中需要重点考虑人的需求，从绝对生态主导转向更加以人为本，规划过程中也要尽可能与当地居民沟通，让居民参与进来。

参考文献

[1] 张天洁，李泽．高密度城市的多目标绿道网络——新加坡公园连接道系统 [J]．城市规划，2013，（5）：67-73．

[2] 夏淑娟．基于浙江省美丽乡村建设背景的产业型乡村绿道规划研究——以安吉县产业型乡村绿道规划为例 [D]．杭州：浙江农林大学，2013．

[3] 罗培蒂．城市绿道网络构建研究——以成都市为例 [D]．成都：西南交通大学，2008．

[4] 吴剑平，闻雪浩．城市绿道的功能与布局方法．转型与重构 [C]．2011 中国城市规划年会论文集．

[5] 蔡瀛，何昉，李颖怡等．融入城乡的绿道网选线思路与规划方法 [J]．规划师，2011，（9）：32-38．

[6] 广东省住房和城乡建设厅．广东省城市绿道规划指引 [Z]．2011．

[7] 李开然．绿道网络的生态廊道功能及其规划原则 [J]．中国园林，2010，（3）：24-27．

[8] 朱江．绿道网规划设计方法初探．规划创新 [C]．2010 中国城市规划年会论文集．

[9] 王招林．试论与城市互动的城市绿道规划 [J]．城市规划，2012，（10）：34-39．

[10] Thomas M.Paine. Cities with Heart[M]. 北京：中国建筑工业出版社，2014.

[11] 黎秋萃，胡剑双．社区级绿道实践使用后评价研究——以佛山市怡海路和桂城东社区绿道为例 [C]．2011 中国城市规划年会论文集．

[12] 金云峰，周煦．城市层面绿道系统规划模式探讨 [J]．现代城市研究，2011，（3）：33-37．

"总谱控制＋分区引导"应对管理的城市色彩规划

汪小文　杨　博*

【摘　要】使用以《中国颜色体系》（GB/T 15608-2006）为基础的《中国建筑色卡》来开展城市色彩调查，并使用《中国建筑色卡》电子软件处理调查所得的色彩数据，通过色彩取样调查，得到现状色谱，再融合增补色谱，得到色彩总谱。本文以安陆市城市建筑色彩规划为例，根据现状调查和色彩总谱确定城市色彩定位和城市主色调，并结合总体规划功能分区，确定城市色彩分区和色彩结构。通过确定分区色彩主色系及辅助色系，决定分区的用色范围、建筑的色彩引导，以此作为城市建设的审批依据，便于城市实施管理。

【关键词】中国颜色体系，中国建筑色卡，色谱，主色调，色系

1　引言

色彩关系着一个城市的形象，科学、合理的色彩规划不仅体现了一个城市的精神面貌，更是对整个城市历史与文化的传承。城市色彩规划以色彩为有效的使用工具，引导和带动城市的规划发展，使原有杂乱无章的建筑，在色彩的有效调节中获得统一。

城市色彩规划随着中国颜色体系国家标准的发布实施，以及基于中国颜色标准与其相配套的一体化调色技术，为实现建筑和城市色彩的规划、控制和管理提供了必要的科学依据与操作方法。

2　色彩规划研究方法

2.1　案例研究

2.1.1　强调城市主导色的城市色彩规划

北京：2000 年，北京出台了《北京市建筑物外立面保持整洁管理规定》，提出以灰色调为本的复合色被定为建筑物外立面的推荐色，今后城区新建的建筑物在做设计方案时，均须加入外立面色彩设计的内容。

烟台：2006 年，烟台市委托天津大学规划设计院编制了烟台市风貌规划暨整体城市设计，市规划局据此制定了《烟台市市区城市风貌规划管理暂行规定》。其中提出黄色系、暖灰色系及白色为一般城区主色调。

杭州：2006 年，由中国美院完成的杭州市城市色彩规划研究将灰色系定为杭州的主色调，并总结出了"城市色彩总谱"，作为今后城市建筑用色的指导。

---

* 汪小文，女，湖北省城市规划设计研究院高级规划师，注册规划师。
　　杨博，男，湖北省城市规划设计研究院规划师。

2.1.2　按照城市空间结构对城市特色区域进行色彩规划

重庆：2006 年，由重庆大学建筑城规学院承担的《重庆市主城区城市色彩总体规划研究》对城市提出暖灰的主导色调并实行分区规划：以渝中半岛东部为中心，为橙黄灰；以长江和嘉陵江为界，东北片区为浅谷黄灰、东南片区为浅豆沙灰、西部片区为浅砖红灰；内环高速内外两部分，色彩内浓外淡。

南昌红谷滩：2005 年，以红色系为主题的城市色彩景观形象，一种高亮度的暖灰色系为主基调的色彩体系。

温州：2001 年，温州市的整体城市设计确定中心城区建筑的整体主色调以淡雅明快的中性色系为主，辅以冷灰、暖灰色;把中心城区划分成特色区（老城区、中心区、杨府新区、过渡区、扩散区）和廊道系统，分别提出色彩引导。

2.2　"总谱控制 + 分区引导"适合中小城市规划管理的方法

经过对典型案例的分析，归纳安陆地区城市建筑色彩总体印象，选择"总谱控制 + 分区引导"的规划方法，以适应中小城市的规划管理，表达方式也由语言描述与色彩总谱结合。具体表达为：

城市建筑色彩分区用色引导：按照规划区内部的自然、地域历史文化景观差异和发展方向划分为若干个色彩分区，分别编制区域形象引导，在服从整体和谐的基础上，营造个体特质。

城市建筑色彩设计指引：对重点建设区域的城市景观要素进行具体的色彩要求，提出具体的规划设计建议。

规划管理的结合：把建筑色彩规划的成果转化为色彩管理的要求，编制建筑类型用色限定和管理规定，制定管理程序。定性和定量相结合，在划定许可范围（建筑类型用色限定）的同时为建筑色彩设计留有发挥的空间。

2.3　规划采用的研究方法

2.3.1　研究基础

研究使用中国颜色体系为工具来记录和描述城市色彩。中国颜色体系采用颜色的三属性色相、明度和饱和度来描述和标定颜色。在本研究中，主要使用以《中国颜色体系》（GB/T 15608-2006）为基础的《中国建筑色卡》来开展城市色彩调查，并使用《中国建筑色卡》电子软件处理调查所得的色彩数据。

色相 H:即色彩的名称、相貌。以围绕中心轴的环形水平剖面上不同方向的放射性代表 10 种不同的色相。

明度 V：即色彩的明亮程度。是以中间垂直轴表示，此垂直轴代表黑白明度等级。

饱和度 C：即包含单种标准色多少的度数，或者说是色彩的鲜艳程度。以样品离中央水平轴的水平距离表示（图 1）。

2.3.2　技术路线

综上所述，进行城市色彩规划时应从城市的自然色彩、文化色彩、建筑色彩（传统、现状）等方面入手搜集资料并进行相关研究，提出城市色彩总谱，结合城市功能和发展进行城市色彩分区和结构，提出分区色彩控制主色调和建筑色彩控制引导，以此作为城市科学管理的依据（图 2）。

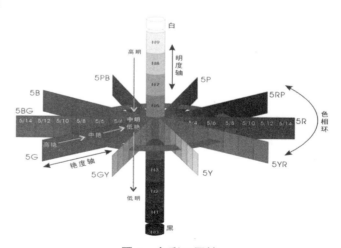

图 1　色彩三属性

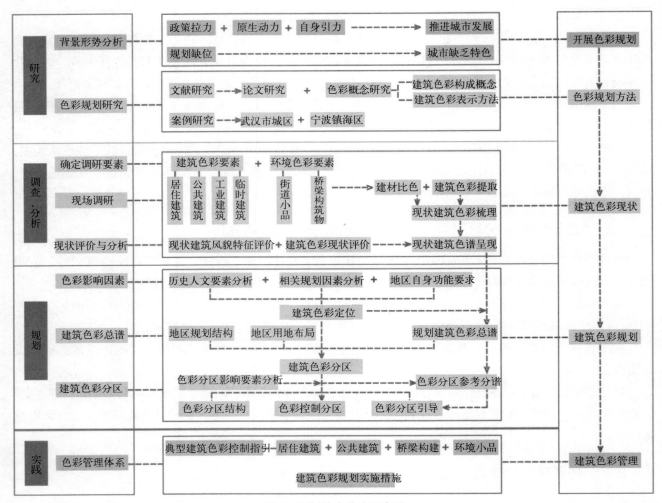

图 2　规划技术路线示意图

3　色彩取样、汇总与现状色谱确定

3.1　调研组织与安排

3.1.1　读文

收集并阅读城市历史文献、地方志、相关规划，提取影响城市色彩的历史、地理因素。

3.1.2　实地踏勘

现场踏勘和色彩提取是一个繁琐的过程，本次规划重点主要包括：城市景观（包括自然景观、历史景观、建筑景观）、多维视角的建筑色彩调研（面：城市鸟瞰、城区整体色彩、街区色彩；线：街道色彩；点：建筑色彩）、现状建筑色彩比色与归类（图 3）。

3.1.3　分析研究

针对收集、踏勘取得的资料进行分类、抽取、汇总，进行色彩呈现、系统梳理，并分析规划重点。

3.2　现状建筑色彩结构

现状建筑色彩结构分类见表 1。

现状建筑色彩调查

 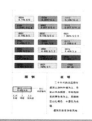 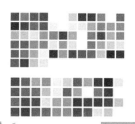

建筑分类　➤　建筑定位　➤　颜色拾取　➤　色表反映　➤　各类色表汇总分析

A1-01：70~90年代居住多层
A1-02：2000以后居住多层
A1-03：2000以后居住高层
A1-04：农居建筑
B1-01：公建办公
B1-02：公建商业
B1-03：公建教育
C1-01：公建建筑
D1-01：建构筑物
E1-01：临时建筑
F1-01：小品建筑

图3　现状建筑色彩调查过程

现状建筑色彩结构分类　　　　　　　　　　　　　　　　　表1

编号	类型	特征	年代	色彩	色彩示意
A1-01	居住建筑	企事业单位住宅和商品房交杂，砖混结构和框架结构物皆有的多层建筑，质量较好，风貌较新	20世纪70~90年代	以灰白和红褐色为主	
A1-02		商品房为主，建设档次较高，框架结构为主的多层建筑，质量和风貌良好	2000及以后	以红褐色、浅黄色、水墨灰白为主	
A1-03		商品房，建设档次较高，框架结构，小高层和中高层，建筑质量和风貌良好	2000及以后	以红褐色、黄色、水墨灰白为主	
A1-04		城中村建筑，2~4层的低层建筑，砖混结构，屋顶多为砖红坡屋瓦面	20世纪80~90年代	冷灰及红褐色为主	
B1-01	公建设施	商业，多为底层沿街商业，体量不大，多层为主	20世纪90年代及2000年以后	1990年的商业灰白偏暗，2000年以后的商业以灰白、黄色、橙色及红褐色为主，沿街商业广告牌色彩纷繁多样	
B1-02		公建办公，行政办公设施，多层，建筑体量大形式现代，多用面砖和玻璃幕墙	20世纪90年代及2000年以后	艳浅灰、米色、蓝绿色系为主	
B1-03		公建教育，中小学，多层，多用面砖，风貌形式较为统一	2000年以后	白色、黄色机砖红色为主	
C1-01	工业建筑	生产，仓储，物流、配套办公用途建筑及部分厂房，多层，外墙面多直接用灰砂水泥	20世纪90年代	暖灰和冷灰，蓝绿系列为主	
D1-01	建构筑物	桥梁、围墙、电线杆等	20世纪90年代及2000年以后	桥梁以灰白色，金属色为主；围墙为简易灰色，电线杆为灰白色；户外广告艳色较多	
E1-01	临时建筑	施工场地的临时搭建房	2000年以后	蓝色、白色为主	
F1-01	小品建筑	公园广场的灯柱、喷泉、盆景、硬质铺地等景观小品，品质较好	2000年以后	浅灰、米色为主，兼有红褐色，金属色	

3.3　现状建筑色彩汇总

经过实地调研、实物校色、照片提色及调整（剔除由于光线影响、相机偏差等因素造成较大色偏的颜色），得到建筑屋面和墙面的百来个颜色汇总，较为客观地反映了安陆地区现状建筑的大致色彩面貌。

墙面色彩汇总——以无彩色系为主，部分色彩艳度不适宜、缺乏秩序和着色根据，整体显得紊乱。现状墙面主色调（概念）总谱：由无彩系、灰蓝色系、暖米灰系、黄棕色系、红棕色系、粉灰色系和中高艳系 7 个色系家族构成（图 4）。

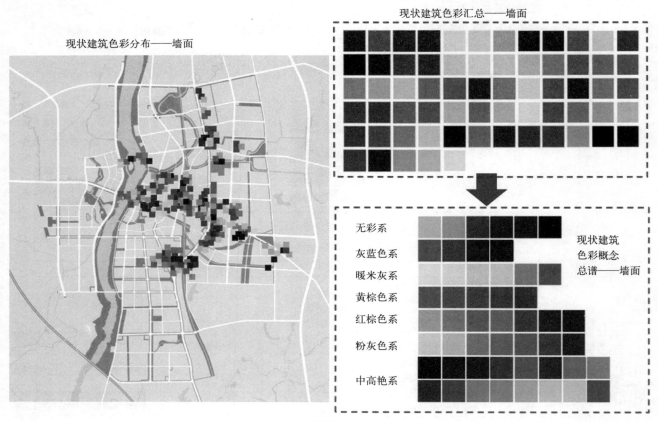

图 4　现状墙面色彩汇总

屋顶色彩汇总——以无彩色系、赭红系和纯蓝色系为主，色彩艳度较高，跳跃紊乱，缺乏秩序。现状屋顶主色调（概念）总谱：由无彩色、灰蓝色系、米灰色系、黄棕色系、赭红色系、暖灰粉系和中高艳系 7 个色系家族构成。色彩饱和度明显偏高（图 5）。

4　确定城市色彩总谱

4.1　安陆地区建筑色彩规划思考

（1）2 大优势

具有优秀的自然人文基质——安陆地区内河网密布，为色彩规划提供了良好的自然景观基质，城市的生产服务职能可打造出具有标识性的地方色彩。

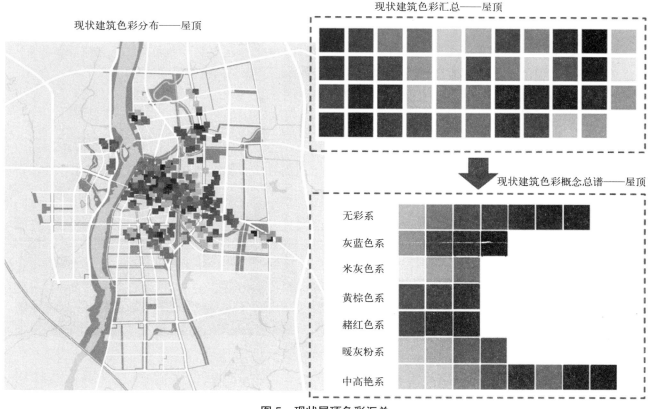

现状建筑色彩分布——屋顶

现状建筑色彩汇总——屋顶

现状建筑色彩概念总谱——屋顶

无彩系

灰蓝色系

米灰色系

黄棕色系

赭红色系

暖灰粉系

中高艳系

图 5　现状屋顶色彩汇总

具有很好的后续色彩可控区间——城市建设尚未完善，及时做好色彩规划，可以为后续建设起到良好的指引作用。

（2）3 大问题

色彩风貌特色缺失——地区色彩特征未明确，建筑色彩未能体现地域特色。

各自为政，缺乏统筹——多种型制、风格、体量共同存在城市空间中，色彩上各自为政，缺乏呼应。

引导缺位，约束不足——未形成建筑色彩规定，色彩要求尚未作为建设条件。

（3）4 大对策

多元并举——　在研究地区历史文脉、自然资源和成功地区经验基础上，结合色彩现状，提出规划定位与色彩控制策略。

分区控制——　研究规划区的自然、地域历史文化景观差异和功能定位，将规划区划分为若干个色彩分区，分别编制区域色彩控制。

重点突出——　结合相关规划内容，突出重点建筑的色彩设计，点亮安陆地区，提升地区形象。

制度保障——管理建议，找寻安陆城区色彩控制制度管控路径。

4.2　自然环境分析

优秀的自然环境基调——山谷灵动。

白兆山：中国文学史上极负盛名的名篇佳作使得白兆山的自然风光能够长期流传。

银杏谷：走进钱冲银杏谷，感觉像在看巨幅水墨画卷：松柏森森，流水潺潺，鸟鸣嘤嘤。钱冲的古银杏群处于深山之中，独自绿了黄，黄了绿。叶黄的时候，满山遍野，层林尽染，黄得气势逼人，美得让人沉醉。

色彩提取：要呼应黄、绿色的植被、蓝色的水系等区域环境。

色彩选择：以淡绿色、淡蓝色和淡黄色的建筑环境配色为主。

六河交汇：府河是安陆的母亲河，河面宽阔，风景优美，中心城区更是"六河交汇"之地，水系纵横。

沿河环境工程色彩指引原则：色彩选择要呼应蓝色的水系、绿色的植被等区域环境。

色彩选择：以淡蓝色和淡绿色的建筑环境配色为主（图6）。

白兆山
中国文学时尚极负盛名的名篇佳作使得白兆山的自然风光能够长期流传。

银杏谷
走进钱冲银杏谷，感觉像在看巨幅水墨画卷：松弛森林，流水潺潺，鸟鸣嘤嘤。钱冲的古银杏群处于深山之中，独自绿了黄，黄了绿。叶黄的时候，漫山遍野，层林尽染，黄得气势逼人，美得让人沉醉。

色彩提取：要呼应黄、绿色的植被、蓝色的水土等区域环境。
色彩选择：淡绿色、淡蓝色和淡黄色的建筑环境配色为主。

六河交汇
府河是安陆的母亲河，河面宽阔，风景优美，中心城区更是"六河交汇"之地，水系纵横。

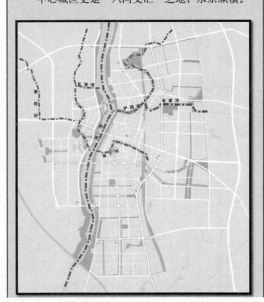

沿河环境工程色彩指引原则：色彩选择要呼应蓝色的水系、绿色的植被等区域环境。
色彩选择：淡蓝色和淡绿色的建筑环境配色为主。

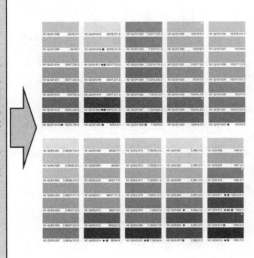

图6 现状自然环境色彩提取

4.3　历史文化特色分析

浓郁的人文环境腔调——安陆历史渊源、李白文化。

安陆位于美丽富饶的鄂中腹地，是楚文化发祥地，是历史上郧子国、安陆郡（安州）、德安府所在地。

唐代大诗人李白当年仗剑去国，来到安陆，娶已故宰相许圉师的孙女为妻，生一儿一女。面对安陆的灵山秀水，诗人写下了"桃花流水窅然去，别有天地非人间"的赞誉之辞。李白的到来是这个城市文化积淀的高峰，不仅为这个城市带来了盛唐的文化，还在这篇美丽的土地上留下了众多不朽的诗篇。

所有这些历史传说和历史遗存，都成为今日新区建设的文化承载（图7）。

图7　现状人文环境色彩提取主色调——灰色

4.4　地区发展个性需求

安陆地区城市职能为以创新驱动为特色的重要产业基地；产城融合的示范城市；安陆市域政治、文化、商业中心。

以创新驱动、产城融合为特色的城市地区或街区的色彩通常以白色、淡蓝色或淡绿色为主色调；同时，结合公共服务功能，选择明亮、鲜艳的色彩为辅色调，带给人以沉稳不失活泼之感（图8）。

图8　个性色彩参照

4.5　建筑色彩总谱

安陆地区建筑色彩总谱见表2。

墙面色谱是安陆地区色彩的主体色，以体现地区主色调为原则，色彩选择上要以无彩、淡黄、蓝灰和浅米色系为基底，分片区反映安陆地区的不同功能，在体现出丰富多元、细腻淡彩的面貌的同时增强其可识别性（图9）。

屋面色彩作为点缀色，保留了主要的无彩系和灰蓝系，并与主色调相统一，辅以浑厚的低明度、高艳度彩色系，以赭石、红褐色为代表，体现出安陆地区的现代、繁荣、活力（图10）。

安陆地区建筑色彩总谱   表 2

影响因素	影响因子	主色调参考	建筑色彩需求总谱
历史人文要素分析	地区自然环境基调之山谷灵动。 生态基地，背景用色		
	地区特色塑造之六河交汇。 生态基础，背景用色		
	地方文化传承之水墨淡彩。 背景调参考，用于渲染		
地区自身功能要求	以创新驱动为特色的重要产业基地；产城融合的示范城市；安陆市域整治、文化、商业中心。功能色指导		

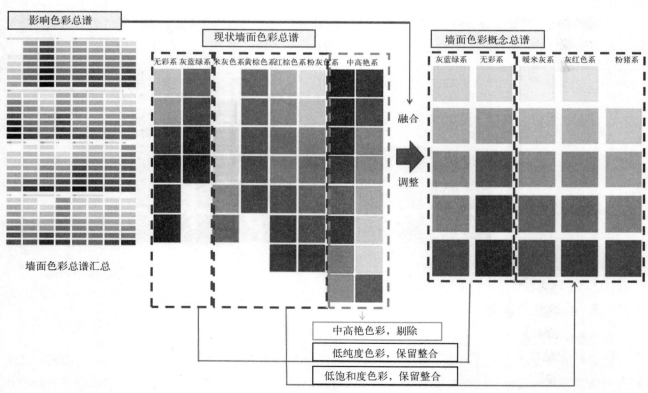

图 9　增面色谱

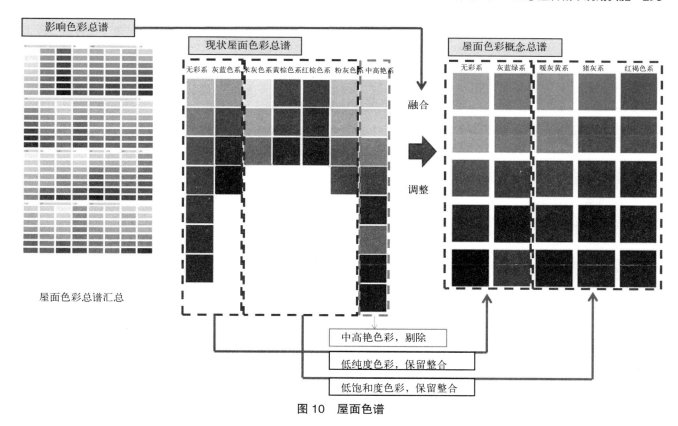

图 10　屋面色谱

5　基于城市总体规划和色彩总谱的色彩空间结构

5.1　建筑色彩规划总体策略

（1）自然为底

尊重生态。以白兆山、银杏谷、府河等自然风光水系和生态绿廊为城市背景色，综合考虑安陆地区"山谷灵动、六河交汇"的城市自然背景色彩，创造融汇地区自然风貌特色的城市色彩体系。

（2）多彩为魂

特色引领。根据安陆城区不同的职能分区，有意识地进行建筑色彩上的区分与引导，使其在充分体现其职能的同时创造具有可识别性和代表性的色彩特征。

（3）韵律重生

和谐共存。对城区内的重要视觉焦点、轴线、节点和界面等进行"亮化"设计，提升视觉敏感度，突出重点。同时强调各种色彩的和谐统一，创造具有韵律的城市流动空间。

5.2　建筑色彩空间结构

规划思路——"片区引导，局部点亮"。

建筑色彩空间意向——"三大节点"＋"五彩片区"：

（1）"三大节点"

1）综合亮彩节点（老城综合商业中心）；

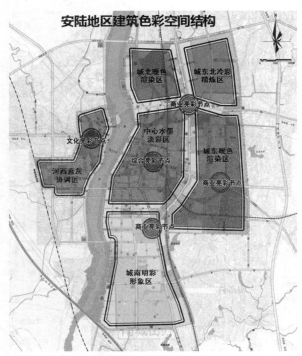

图 11 安陆地区建筑色彩空间结构

2）文化亮彩节点（河西文化综合体）；

3）商业亮彩节点（环岛商务综合体、东大商业综合体、城南商贸综合体）。

（2）"五彩片区"

1）中心水墨淡彩区（中心综合片区）；

2）河西蓝灰协调区（河西片区、高铁片区）；

3）城北、城东暖色渲染区（城北居住片区、城东综合片区）；

4）城东北冷彩精炼区（城东北工业区）；

5）城南明彩形象区（城南综合片区）（图 11）。

5.3 建筑色彩分区与引导

根据色彩空间结构，对规划的色彩节点和片区分别制定相应的主导色和用色引导。以规划的"文化亮彩节点"和"城东综合片区、城北居住片区"为例：

文化亮彩节点：该节点位于河西边片中心，碧涢路与滨河大道交叉口处，形成安陆的城市文化综合体，提升安陆城市形象，是展现滨水景观、城市文化、市民生活的重要节点。规划应充分利用大片绿地进行植物造景，与现状色彩较和谐的建筑相互映衬，充分突显该区域内高铁的联动作用，塑造安陆城市门户形象。

规划建议色彩以无彩系为主导，总体色调明亮偏冷（表 3）。

节点色彩引导	表 3
文化亮彩节点色彩用色	
节点在色彩总谱上的用色主导	用色引导
灰蓝色 无彩系 暖米灰系 灰红色系 柳绿调	规划建议色彩以无彩系为主导，总体色调明亮偏冷

城东综合片区、城北居住片区——暖彩渲染区：城东综合片区是以居住、商贸、教育、生活服务、配套工业、物流等功能为主的综合片区；城北居住片区是以发展居住和生活服务功能为主的片区。色彩选取应与现状相结合并形成轻松温馨的基调，建议色彩以暖米灰、灰红色系为主导，总体明亮偏暖。

规划建议色彩以暖米灰、灰红色系为主导，总体色调明亮偏暖（表 4）。

5.4 色彩规划指引结构要素

规划依托色彩分区，结合现状建筑色彩调研分类，对公共建筑（商务办公、文化教育）、居住建筑（多层居住建筑和高层居住建筑）等主要建筑类型提出色彩控制要素指引，以形成直观的色彩意向（图 12）。

分区色彩引导	表 4

城东综合片区、城北居住片区色彩用色

分区在色彩总谱上的用色主导	用色引导
灰蓝色　无彩系　暖米灰系　灰红色系　粉糯系	规划建议色彩以暖米灰、灰红色系为主导，总体色调明亮偏暖

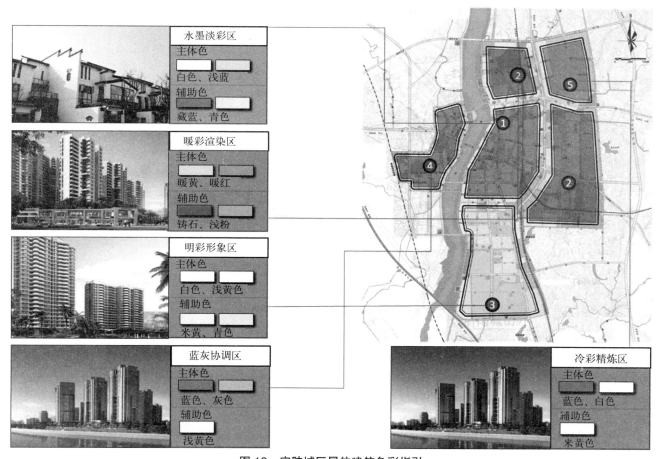

图 12　安陆城区居住建筑色彩指引

6　规划实施与管理

　　将建筑色彩设计指引纳入区域城市设计成果，色彩分区控制导则作为建管审批的技术依据。建立规范的审批管理流程，政府通过制定的文件了解诉求的基本信息，进入处理程序。

　　建筑色彩设计指引和分区控制导则作为审批依据与参考应对色彩诉求，提出指导方案（图 13）。

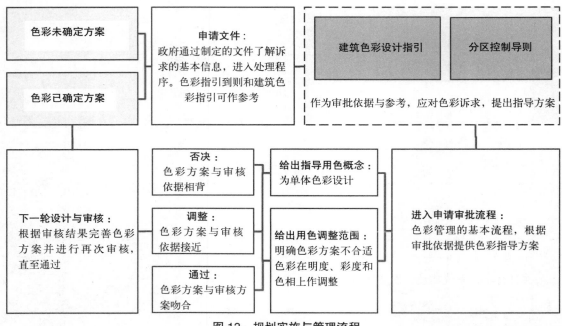

图 13　规划实施与管理流程

7　结语

城市色彩规划工作有许多种方法，本次工作旨在探索实际可行、科学有效的城市色彩规划方法和技术路线，为科学决策提供充足依据。并就城市色彩主调根据建筑用途类型研究色彩配色方案，紧密结合城市规划的实施，为城市色彩管理制度的制定和实施探索总结切实可行的方法。

参考文献

[1]　万敏，吴新华 . 城市色彩规划中的若干问题 [J]. 规划师，2004，（7）.

[2]　王洁，周洁，李敬峰 . 基于色彩总谱的温岭中心区色彩规划 [J]. 城市规划 2009，（4）.

[3]　王大珩，荆其诚等 . 中国颜色体系的研究 [J]. 心理学报，1997，（3）.

城市公共自行车系统建设发展路径研究

张 晶*

【摘 要】通过对公共自行车系统在国内外部分城市的发展状态及其在综合交通中的作用比较分析，总结部分城市在城市公共自行车系统建设和发展过程中所涉及的问题，提出系统建设发展路径。即以城市自行车交通发展条件为基础，找准城市公共自行车系统在公共交通发展中的定位，选择适合的发展策略和模式，以相关规划和公共自行车系统建设和技术支撑为手段，加强政府综合协调机制和长期发展策略保障，才能推动公共自行车系统建设和发展，进入良性循环并发挥更大的作用。

【关键词】公共自行车，系统建设，发展路径

1 引言

从国外的丹麦哥本哈根、法国巴黎到国内的杭州、武汉等诸多城市，都在积极发展自行车交通，尝试公共自行车系统建设。然而大多数城市并没有能够在公共自行车系统建设和使用中获得成功：公众使用中各种问题和不便、经济效益差所带来运营维护后续乏力、政策制度支撑不足等方面造成了公共自行车系统建设的失败，环境效益更是无从体现。城市发展中交通问题凸显的今天，充分利用城市自身现有的资源条件，在城市公共交通组织发展的基础上，分析自行车交通发展的诸多影响要素，选择适合的自行车交通发展策略和模式，针对城市发展条件、居民出行特点、公交发展状态、管理制度保障等方面的发展诉求和制约条件进行剖析，提出城市相适宜的发展路径和解决方法，才能推动城市公共自行车系统建设的良性循环。

2 国内外城市公共自行车交通发展情况

2.1 基本情况

从国内外的城市交通发展状况来看，很多城市都在大力发展公共交通的基础上，鼓励居民以自行车出行的方式参与交通，特别是很多城市开展了公共自行车系统建设，并在道路建设、交通管理、政策机制等很多方面进行了尝试。

2.2 国外城市

2.2.1 法国巴黎——采用特许经营模式扶持和鼓励公共自行车发展

按照巴黎市政府的计划，巴黎的自行车专用道将形成网络，让骑车人出行更为安全便捷。目前有近

---

* 张晶，男，中国建筑西南设计研究院有限公司规划市政院副总规划师，注册城市规划师，教授级高级工程师。

400km 的自行车专用道，逐年新增约 40km。巴黎市政府通过巴黎市 50%（约 800 块）户外广告牌的独家使用权置换获得了用公共自行车租赁系统 10 年建设和管理的回报，赢得了经营者的支持，同时经营者还会收到政府提供的部分资金以供更新及维修损坏的自行车。除此之外，经营者把该系统也逐步建设成为一个品牌并建立了网上商城来售卖授权的商品，发挥了该项目的品牌效应，获得了一定的经济回报。诸多举措使其进入了运行、管理、维修、更新乃至收费的持续稳定。

巴黎公共自行车租赁系统（Vélib）目前提供 2.36 万辆自行车供人全天 24 小时租用，约有 1800 个租车站点，站点间距大约 300m，为市民租车、修车提供便利。采用年费、每周、每天、单次等多种计费方式鼓励公众使用，每单次使用的前半小时都是免费的，旨在鼓励短距离骑行、避免长期占用、提高公共自行车的利用率和服务能力。

2.2.2 丹麦哥本哈根——公共自行车规模不大的"自行车城"

哥本哈根 1995 年开始尝试第二代公共自行车系统建设和使用，建立的 CityBikes 系统投放和建设了 1300 辆公共自行车及 110 个站点；同时还有 Bycyklen 系统投放了 1860 辆公共自行车，建设了 105 个服务站点（其中 15 个截止 2015 年底仍在审批建设中），其车辆除了升级的安全装置外还带有大屏幕 PAD、GPS 导航等，系统提供网络查询用车、快捷支付等便捷使用功能。

相比巴黎、伦敦以及国内的杭州、武汉等城市，哥本哈根的城市公共自行车系统整体规模并不大，但是哥本哈根在自行车交通上可谓走上了专业化发展之路，20 世纪 70 年代公众关于交通问题的抗议和冲突就唤醒了政府大力发展自行车交通和基础设施的意愿，经过 30 多年的发展，特别是 2000 年全面改善自行车使用条件的行动计划提出了详尽的自行车道路网扩展方案，提高通行能力、安全性和舒适性的具体要求，开展建设了相应的维护设施，制定了自行车绿道干线方案、自行车道优先计划等。同时，2011年制定的《哥本哈根城市自行车战略 2011-2025》又提出了明确的目标要求，至 2014 年要建成 454km 的各类自行车专用道（其中包括完全隔离、划线标示的自行车道，以及绿道干线等，不包括自行车快速路）；借用道路和人行道建成各类停车设施 5.1 万个；居民骑车就学或上下班通勤的比例从 2012 年的 36% 提高到 45%，每天通行总计 134 万 km；平均速度达到 16.4km/h。从各项指标的统计情况来看，基本完成或超出了年度分解的预定目标。截至 2014 年，哥本哈根的城区人口 58 万人（对应其直辖市面积 85km²），自行车拥有量已达到 65 万辆，本地居民在工作和就学的出行方式上选择自行车达到了 63%。此外，政府还制定了系列政策、技术和服务保障措施鼓励自行车交通发展，通过提高机动车购买、消费使用税费等减少购车和机动车出行使用需求，在城区的道路设置公交、自行车专用通道，应用"绿波"技术组织自行车通勤交通，大雪过后优先清除自行车道上的积雪等，都促进了自行车交通的发展。这些努力也终被国际自行车联盟授予"自行车城"称号。

2.3 国内城市

2.3.1 杭州——实施公共自行车组成的公共交通优先发展战略

2008 年杭州市委、市政府提出了构建杭州公共自行车交通系统的要求，杭州公交集团组织实施公共自行车交通系统的建设。2010 年，市委市政府出台了《关于深入实施公共交通优先发展战略 打造"品质公交"的实施意见》，提出了形成"五位一体"大公交营运结构的总体目标。其中特别提出了要加快覆盖免费单车（公共自行车）交通系统，充分发挥其在城市公共交通中的重要补充作用，建设"国内领先、世界一流"的免费单车（公共自行车）交通系统。之后相应制定了系统布点规划，提出了明确的年度和区域建设发展计划。

截至目前，杭州市公共自行车服务系统已具有 3354 个服务点、84100 辆公共自行车的规模（平均

25.1 辆／服务点），日最高租用量达 44.86 万人次，免费使用率超过 96%。同时由于其便捷、经济、安全、共享的特点，实施过程中公众参与度高，信息反馈沟通渠道畅通，经营方在不断地改进硬件设施的同时，建设了公交出行实时服务系统，可利用手机等在网络上实时查询相关信息。经过多年的发展，在建设规模、技术应用、服务品质等多方面取得了进步，也达到了其在城市综合交通中的定位作用。

2.3.2　成都——逐步被取代、公共自行车系统失败的自行车城市

有数据显示，在 20 世纪 80 年代中期，我国的自行车保有量达到了 5 亿辆，在数量上成了当之无愧的"自行车王国"。成都因其地处平原、四季气候条件适宜、城市规模不大且结构紧凑等原因，成为"自行车王国"中的典范城市，其自行车出行比例一度高达 54.53%。后来整体上逐渐出现下降趋势，截至 2010 年，成都市非机动车出行比例已骤降至 25.7%，其中自行车出行比例仅 4.6%。

2010 年，成都市交委牵头在高新区试点推进公共自行车服务系统试点建设，市公交集团作为项目投资、建设、营运管理主体，完成了高新区的 72 个站点建设，投放自行车 1000 辆。随后，金牛区和锦江区也各自建设了公共自行车服务系统：金牛区的公共自行车服务系统建成 106 个站点，投放自行车约 1000 辆；锦江区在三圣乡景区内建成公共自行车服务系统，设置站点 15 个，投放自行车 225 辆。几套系统所在的行政区域在空间上毫无关联、自身服务区域有限、系统完全独立运行，互不兼容、不能跨系统借还，租借规则也不尽相同，全市也未进行全面、大规模的宣传、推介、使用等工作，运营亏损严重，导致现今已处于基本停滞状态，高新区和金牛区内仅有极少量的点位和车辆在运行，而仍在运行中的三圣乡景区内公共自行车从其骑游性质而言对城市交通几乎无影响。

2015 年底，成都市明确表示将暂停投放公共自行车，提出可能将公共自行车作为社区巴士的补充，下一步将根据社区巴士运行效果再行研究公共自行车服务系统建设的必要性及实施方案。

3　发展路径研究

比较分析国内外城市发展自行车交通、建设公共自行车系统的路径可以发现，整个工作其实是一个城市整体、长期的系统工程，这其中涉及一个城市自身发展自行车交通的条件评价、城市公共交通策略以及自行车交通在城市综合交通中的定位、骑行环境的建设维护和权益保障、公共自行车系统的投资建设模式、政策资金保障、运行维护和技术支撑、全社会参与和互动等多角度、全方位长期持续的工作。特别要充分认识城市自行车交通的整体发展定位和基本条件是公共自行车系统建设、使用、维护和持续运转的基础，制定多种交通形式充分结合、适应城市发展阶段、分期实施的综合发展方案，才能够使公共自行车系统得以维系并使其发挥最大的综合效益。

3.1　研究自行车交通发展影响要素及城市发展特征，明确发展基本条件

3.1.1　分析评价影响城市自行车交通发展的要素

不同的城市应针对自身的自然环境条件、城市发展布局特点以及人文环境条件等城市自行车交通发展的影响要素进行针对性的评价和研究，有助于认识城市发展自行车交通的适应性、有效性，对于政府决策、政策制定、规划设计和设施建设等起到积极的支撑作用。具体应涉及以下几方面：城市的发展规模、布局结构、职住功能布局特点；非机动车出行方式和需求；综合交通中公众出行距离和时间、速度的调查比较；城市所处的地域海拔、气候、天气以及地形等自然环境条件；自行车交通所需的道路通行条件、交叉口交通组织、机动车限速限行、自行车专用道等交通组织情况；自行车停放点位及相关服务设施及延伸服务；自行车与城市公交系统的接驳互动关系；城市在自行车交通中的文化特征、交通参与者素质条件等。

3.1.2 持续研究自行车交通发展的影响因素的空间发展特征和动态变化

自然环境条件和人文特征中的部分要素是随着城市不同的发展阶段的经济条件、文化特征变化而变化的，这就需要我们关注发展要素的动态变化：如城市规模、结构和功能配套的建设发展是一个较长的过程，不同的发展阶段和速度对交通出行包括自行车交通有着不同的发展诉求，影响其道路通行条件、服务设施建设、公共自行车网点布局重点方向和时序安排等，进而对交通特征产生影响并形成不同的出行结构。同时部分发展要素的空间属性也值得关注：在城市新区和旧城等不同的空间区域，市公共交通和自行车交通都有着不同的交通出行需求和条件，特别是在一些大城市甚至特大、超大城市的空间尺度条件下，自行车交通呈现出更加依赖于城市公交等进行互补、综合发展的态势。

3.2 分析自行车交通发展状态和模式，找准公共自行车系统发展定位、政策保障支撑

3.2.1 认识自行车交通发展状态，确定自身发展模式
现阶段自行车交通发展的发展阶段和综合特征划分状态和模式如图 1 所示。

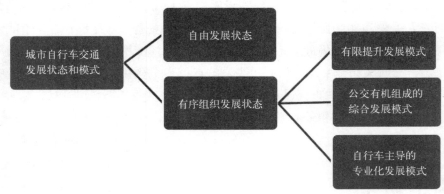

图 1　城市自行车交通发展状态和模式

从城市现有的自行车通行条件、涉及的交通管理和组织、配套服务设施、政府的投入、参与综合交通的比例等方面比较分析，我国大部分小城市、乡镇以及一些发展条件不充分的大、中城市处于自由发展的状态。其余大部分城市都属于有序组织发展状态，其特点是自行车交通有较好的通行条件，有一定针对性的交通管理和组织，政府有一定的服务和设施投入，参与综合交通达到一定的比例。其基本状态可称之为有限提升发展模式，其特点是整个城市在自行车交通发展方面有所意识但也仅仅是规范有序，未明确其在综合交通中的作用和地位，在交通组织、管理服务、城市人文环境等方面没有更多的投入、提升和引导，使其在城市综合交通中的作用乃至产生的综合效益有限。如成都等大部分大中城市均属于这种发展模式。而相比较而言，如杭州等城市可称之为公交有机组成的综合发展模式，即将自行车交通纳入到城市综合交通体系中，明确定位和发展方向，自行车出行比例较高，自行车、公共自行车系统建设与公共交通发展并行，关联紧密。在自行车交通组织、管理服务、城市人文环境等方面有较多的投入、提高和引导，产生的综合效益明显。还有一种自行车主导的专业化发展模式即丹麦的哥本哈根等，将自行车交通纳入到城市综合交通体系的同时，还具备专门的通行通道等条件、特定专业化的交通管理和组织、政策法规、政府及社会机构强力参与和投入，自行车交通出行比例占主导，产生的综合效益明显。

3.2.2 发挥自行车交通及公共自行车系统特点优势，在城市综合交通中找准定位
大多数自行车交通无法单独实现在部分大城市、特大城市甚至超大城市中的长距离通勤，但在这些城市的局部组团、片区或者中小城市，自行车交通就可以非常好地发挥其中短途出行的优势。特别是很多城市进行了 10~15min 左右的便民生活服务圈等规划建设，从步行和自行车交通系统建设的角度提出了

短距离出行的需求和限定，对相应的系统建设提出了需求和考验。在这种情况下，部分城市在努力实现公共交通覆盖和保障充分的同时，建设城市步行和自行车交通系统，特别是用公共自行车与公交接驳零换乘、配合解决"最后一公里"问题，使得城市公共交通的长距离、大运量和自行车交通的短距离便捷、机动灵活的特点相结合，既满足了居民出行需求，也解决了自行车使用中维护、保养、存放以及权属问题，充分体现了综合出行的优势互补，也在很大程度上激发了交通参与者对公共交通的兴趣，可谓一举多得。但同时也应认识到公共自行车系统服务网点布局等的局限性，对城市在组团、片区、特别是行政区域内发展自行车交通的定位策略的影响，这在公共自行车系统建设中尤为重要。在成都中心城这样非组团结构的城市中限定一个或几个完全独立的行政区域分别建设公共自行车系统，综合其他原因历经几年发展仍未达到预期效果而宣告失败，几年后的今天才在城市公交系统中开通社区公交的同时，将公共自行车定位于社区巴士的补充。这充分说明了找准自行车交通的定位和特点的必要性。

3.2.3　协同城市公共资源，出台政策保障和支撑自行车交通发展需求

住房和城乡建设部等三部委在 2012 年就联合发布了《关于加强城市步行和自行车交通系统建设的指导意见》，同年年底国务院发布了《关于城市优先发展公共交通的指导意见》，肯定了步行和自行车交通出行灵活、准时性高，是解决中短距离出行和接驳换乘的理想交通方式；明确其为城市综合交通不可缺少的重要组成部分，城市公共交通规划要加强与自行车出行等方式的协调；要求各地全面推进城市步行和自行车交通系统建设，改善步行、自行车出行条件，推进相关配套服务设施建设等。住建部也在全国范围内组织开展了城市步行和自行车交通系统示范项目工作。这些政策和措施都在宏观层面为城市发展公共交通和自行车交通提供了政策支撑。

城市的相关政策和措施还会在自行车交通发展的空间资源、通行条件、配套设施、公共自行车系统建设、扶持政策、建设目标和要求等方面保障和支撑城市的相关发展需求。如杭州的《关于深入实施公共交通优先发展战略　打造"品质公交"的实施意见》，不仅将免费单车（公共自行车）系统纳入到"五位一体"的城市大公交营运结构中，同时也提出了建设"国内领先、世界一流"的免费单车（公共自行车）交通系统的目标，对免费单车（公共自行车）在全市各城区加快建设、覆盖情况、规模总量、服务网点等提出了明确的年度和区域计划要求等。

3.3　系统性地开展自行车交通发展规划及建设实施方案设计，突出规划编制的针对性和可实施性

住建部于 2013 年组织编制了《城市步行和自行车交通系统规划设计导则》，同时要求各地抓紧编制《城市步行和自行车交通系统规划》。明确要依据城市总体规划和城市综合交通体系规划，与城市轨道交通、公共交通、停车设施等专项规划相衔接，重点落实和细化城市步行与自行车交通系统的发展政策和设施布局，结合城市地形地貌、自然条件和城市交通发展实际等，合理规划步行道、自行车道及停车设施。笔者认为，在这一专项规划及相关工作中，应重点关注三方面内容。

3.3.1　充分结合城市功能和交通出行需求，合理布局网络及配套设施

开展自行车交通系统规划，应充分研究城市自身的规模和空间结构、功能布局、交通出行需求，城市的职住功能布局关系会在城市的某一特定区域、特定的方向和时间段对居民的出行方式产生影响，而城市的娱乐、商业、公共服务设施、绿道骑游等功能又会产生不同的交通需求，这些都会影响自行车交通在城市道路交通组织、公共交通资源的配置和调配、甚至道路的断面设计等方面的要求，特别是城市公共自行车系统在服务网点的布局、服务规模、车辆配置、调度运行等方面，针对性地开展分析和研究，避免均质的网格化布局，显得尤为重要。

3.3.2 强化管理制度和交通组织方案研究，保障通行路权和高效安全

在我国现状的交通组织和管理中，往往忽略了自行车交通和机动车交通的差异，特别是非机动车交通具有组成种类复杂（电动、人力；三轮、两轮等）、功能和出行需求多样（自行、载货甚至载客等）、参与者素质差异大等特点，这就需要更加细化、针对性地组织和管理创新举措及其监管实施，以保障自行车通行路权、提高非机动车道通行能力和安全性。首先，细化研究并明确自行车通行路权的法律保障，尤其是借人行道通行时的路权等，加强宣传和组织管理；其次对特别功能和出行要求的路段提出分时、分段、分类的针对性交通组织方案，细化高峰时间段的非机动车管理，如设置自行车交通主干路、载货三轮车等限时限行、设置机动车禁行的自行车专用道路以及自行车限时单向通行等方式提升路段的通行效率；第三，优化城市道路交叉口中自行车交通组织，其中应特别关注大型交叉口的渠化交通组织、非机动车与行人的通行起步时序、通行时间乃至局部的通行方向和等候区域位置、面积等，充分利用交叉口资源、降低相互的交叉干扰、提高综合通行能力。

3.3.3 深化自行车交通建设工程设计，保障通行必备条件、落实规划建设

城市在推进相关规划编制和建设实施的过程中，还应在市政道路工程设计和实施等各个环节，落实规划相关要求。在城市针对旧城区强化主干道路通行能力、改造道路断面的同时，要重视非机动车道通行的安全、快速、舒适等要求，非机动车道尽可能采用固定隔离方式，无固定隔离的划线乃至不划线混行、借人行道通行等方式时要保障必要的非机动车通行宽度，充分考虑人行道路面平整度、防滑、无障碍通行条件等骑行要求。同时，在自行车道与公交港湾站点、地铁出入口、道路交叉口等用地、功能有交叉和易产生矛盾的地方，应细化地面标志标线引导、路面高差处理、停车设施、通行条件要求。建立完善的标识、指示体系，特别是旅游城市使用公共自行车等方式时，为居民和游客提供关于出行时间、线路安排等的便捷、清晰的指示，提高自行车出行比例和服务水平。

3.4 建立综合协调管理机制，提升建设管理运行服务能力和水平

3.4.1 建立适宜统一的政府综合协调机制平台，落实相关责任部门和职责

自行车交通发展中涉及城市相关管理的部门和职责内容较多，特别是建设公共自行车系统除了自行车交通的基本条件需求，系统建设和运行还涉及经营、管理、维护等很多政策和部门职责需求，如城市规划、市政道路工程建设、公共交通、交通管理、服务网点经营、信息化建设和发布、公共治安、园林绿化、旅游接待等行政管理部门及职责。在确定城市自行车交通发展目标定位的同时，结合现有的行政体制框架，通过建立统一综合决策、协调和执行的机制平台，按照城市各行政部门职责分工情况，进行宏观研究决策、分工协调组织，落实各责任部门进行建设实施保障、管理服务等工作，才能有效地支撑自行车交通发展和公共自行车系统的良好运营。

3.4.2 建立开放的宣传和互动机制，引导全社会关注和参与自行车交通发展

在政府体制内职能部门相互联动、强化建设、管理和服务的同时，还应组织并鼓励社会机构、公众关注和互动参与自行车交通的发展。特别是城市综合交通的各参与者和利益相关方都应该关注自行车交通工作，不仅是自行车交通参与者、自行车服务设施机构和相关自行车发展、运动协会等代表人员，还应包括交通组织管理者、公共交通运营管理、自行车经营商业协会甚至建设开发商等。通过针对性的听证会、研讨会以及手机、网络等电子信息平台调查统计、收集意见等方式进行互动，特别是城市在自行车发展中加强多种媒体方式的新闻报道和宣传等，获取并处理公众意见和信息，提高公众关注、参与自行车交通发展的影响力和关注度。

3.5　加强公共自行车服务设施建设、搭建服务信息平台，提升管理水平

3.5.1　深化城市公共自行车系统建设运营政策，保障动态良性循环

大部分城市采用引入社会资金或者政府平台公司融资共建等方式建设城市公共自行车系统，在其进入运营阶段后，会因为当地交通参与者对自行车交通、公共自行车系统等的接受和使用程度以及诸多因素影响下，逐步显现资金流转、网点建设、宣传使用、城市管理等各方面的问题，需要政府开展相应的法律法规、政策制度研究，针对性地解决问题，保障自行车交通和公共自行车系统的持续发展。如在资金运作中搭建平台、积极协调以获得更多的资金支持，通过广告使用权等公共资源经营开发权置换促进系统的良性循环，应特别关注运营企业关于租车服务点、车身广告设置及招商、网上商城授权营销等公共资源转换落实的问题，协调银行落实贷款等资金保障，按照运营情况给予服务站点、公共自行车、特殊岗位人员（下岗工人、公益岗位等）补贴，服务点附带零售服务等的行政许可、水电供给、市容综合执法管理等。政府开展公益性的宣传和推介让城市居民更快、更广泛地认可公共自行车系统，简化使用人身份限制和办理条件要求，方便城市外来人员（暂住、就业上学、游客等）的使用，实现综合效益的最大化。

3.5.2　优化自行车服务网点布局和建设，提升服务功能

建立分层级、全覆盖、布局合理、密度适宜的服务保障设施布局体系，其中应充分考虑服务网点与地铁、公交站点之间的换乘关系，协调大专院校、大院等的准入使用等。在实际使用中应不断地根据需求调整、增设网点达到合理的密度和服务半径。而公共自行车服务网点除了提供基本的公共自行车租还、普通自行车充气、补胎、快修等服务，还应整合食品饮料、邮政报刊等售卖服务，提供租车（公交）卡充值查询、无线网络热点覆盖和电子平台相关服务功能等，具体可结合周边发展和使用需求，分层级设置不同功能组成的服务网点。加强服务网点设施设备维护、工作人员的培训等工作保障服务项目、内容和时间的及时有效和服务质量。

3.5.3　加强公共自行车辆的升级维护，保障并引导使用

城市应持续加大投入、建立稳定的后台维修队伍等，保障公共自行车使用中的定期养护、维修损坏、遗失的及时补充等。有条件时不断提升公共自行车自身的功能，如加装 GPS 定位、导航功能、车灯照明、省力配置、舒适安全等方面的改进，让使用者感受到更加舒适和便捷。

3.5.4　研发技术支撑公共自行车系统运营管理和公众信息互动

建立基于物联网、云计算技术的公共自行车系统管理体系，实现及时调度指挥、站点流量监控、车辆运行预警、系统指挥解决突发事件等功能。通过手机、网络信息等发布信息引导使用，人工干预、动态调度部分网点特定时段的车辆数量等，联动调度维修人员及时处置设施和车辆故障；及时更新智能刷卡等系统，整合城市公交卡、一卡通等充值使用功能，提升公共自行车租借方式的便捷度；通过客服中心等多种渠道引入公众参与，处理发展建设、使用维护、网点布局、故障报告等咨询、投诉和建议等。

充分利用大数据、网络平台和手机软件等技术手段和服务平台，统计分析系统运行数据、预判交通和使用状态，整合城市公共交通、自行车通行、公共自行车服务等交通出行信息，及时向公众发布。特别是关于天气、交通路况、公交车辆及轨道交通线路转换、公共自行车服务点位车辆情况等信息的推送和便捷查询，引导居民和游客对自行车出行的选择使用。

3.6　提升城市自行车发展环境，建立持续稳定的发展策略

3.6.1　建立持续稳定的发展策略和机制，保障方向和目标的长期实施

随着城市整体经济发展水平、城市建设发展的进程，城市综合交通在不断地变化和调整其发展重点

和方向，自行车交通也就更加需要制定长期、持续的综合策略来保障其持续发展。其中包括明确的发展定位和方向，充分的近远期安排，以便于发展策略不受政府换届等影响而能够持续贯彻执行和发展引导，保证在城市综合交通中长期、持续地发挥预期的作用。相比较丹麦成为自行车之国历时 30 多年的努力，考虑我国地方政府换届和城市快速发展增长等因素，这一点显得尤为重要。

3.6.2 充分利用专业机构提供长期、持续的技术支撑

从技术角度来说，政府可采用技术外包、服务采购等方式，利用专业技术机构和社会团体优势，组织并鼓励其参与数据收集、调查统计、策略分析、规划编制、实施评估等工作，建立城市交通发展数据库，提供长期、持续的技术支撑和服务。

3.6.3 创新管理举措和法律保障，加强管理提升自行车发展环境

创新出台关于自行车交通的政策制度，完善、细化相关的法律法规，保障交通组织管理实施和发展环境。如研究制定机动车借非机动车道、非机动车借用人行道通行的路权划定法律依据；电动自行车使用中载客、载货、速度过快等问题的管理、查处手段及依据；严厉打击盗窃自行车及后续销赃、拆分组装等系列违法犯罪活动并细化执法法律依据等。

3.6.4 建立长效机制，提升自行车等交通参与者素质

借鉴国外从幼儿园就开始进行自行车交通安全行为和骑车礼貌等教育经验，城市的长期发展策略中还应包含交通参与者素质提升的安全教育计划，其实施者应该包括校园和社会机构乃至交通管理组织者，而对象则应覆盖从幼童到成年人、从本地居民到外地游客等不同年龄和身份的全部人口。比如通过自幼儿园到大学的校园教育开展不同层次的自行车交通安全、自行车运动等教育，通过协会组织机构等对包括外地游客在内的自行车交通参与者进行宣教和引导，通过交通管理者对违章违法行为进行纠正和查处。与之相对应的则是城市还应该建立完整的自行车安全行车引导标识和行为意识规范，使得交通参与者能够有清晰、完善的行为指引来遵循，起到约定和规范作用。

4 小结

综合现阶段各城市公共自行车系统建设实践，各个城市都能基本认同其在综合交通中所起到的积极作用，但从建设发展路径来看，很多城市将公共自行车系统建设简单地视做一个工程项目，引入企业并仅仅移植其他城市成功的系统技术手段进行"建设"，终将面临发展中的诸多问题和困境。所以充分重视城市自身的自行车交通基础条件、发展定位等影响，将其作为"一把手工程"予以长期持续地关注，扶持政策保障措施得力、职能部门综合协同管理到位，才能够推动公共自行车系统建设和发展进入良性循环，在城市综合交通乃至城市发展中发挥更大的作用。

厦门市溪流治理保障体系构建思路初探

陈伟伟　黄友谊　王　宁*

【摘　要】厦门市选取十条溪流作为对象，分别从治污、景观、土地利用等方面开展了流域污染综合整治规划、景观规划设计和水系控制性规划等三个层面的规划。该项工程具有涉时长、覆盖面广、综合性强、投资大等特点，规划实施中存在部门权责不明确、组织管理不健全、缺乏配套政策、缺乏长效机制、资金来源不明确、民众参与度不高等问题。本文结合厦门实际情况和存在的问题，从领导机制、社会参与机制、投资机制、评估体系、经济补偿、长效运营机制、政策出台等七个方面对构建厦门市溪流综合治理政策保障体系提出了建议，以期保障工程的顺利开展。

【关键词】溪流，综合治理，政策

1　规划概况

1.1　项目背景

2012 年，胡锦涛同志在十八大报告中提出，大力推进生态文明建设，"把生态文明建设放在突出地位，融入经济建设、政治建设、文化建设、社会建设各方面和全过程，努力建设美丽中国，实现中华民族永续发展"。

与国内很多城市一样，城市建设进程加快、经济增长势头强劲使厦门市面临着溪流污染严重、水环境质量逐年恶化的严重问题；另外也存在河道无序开发、堤岸硬质化、河道渠道化、河道生态退化等问题。

在这样的政策背景和现实背景下，厦门市溪流流域综合治理和景观等系列规划的开展，有利于推进和指导厦门市的生态文明建设。

1.2　指导思想

以"防洪安全、涵养水源"为基础；

以"控源减污、生态修复"为前提；

以"提升景观、串联绿道"为重点；

以"溪流整治、片区开发"为手段；

统筹协调溪流水利工程建设、污染综合治理和生态景观建设三者的关系；

打造小流域青山绿水的田园风光；

促进区域环境、经济和社会的协调发展。

---

* 陈伟伟，女，厦门市城市规划设计研究院工程师。
　黄友谊，男，厦门大学建筑与土木工程学院高级工程师。
　王宁，男，厦门市城市规划设计研究院工程师。

1.3 编制内容

规划选取了厦门岛外流域面积在 10 平方千米以上的 10 条溪流作为规划对象（图 1），总计流域面积约 1012.5 平方千米，占全市陆域面积的 59.6%。

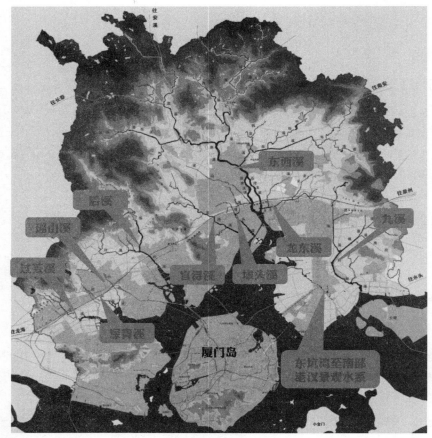

图 1 厦门市十大溪流分布图

为实现水清、水美、水活、水利安全等目标，每条溪在已有防洪规划的基础上同步开展流域污染综合整治规划、景观规划设计、水系控制性规划等三个层面的规划。

溪流流域污染综合整治规划以解决"水脏"问题为主要目标，提出溪流各种污染源的控制措施和工程规划，合理制定溪流污染综合整治、河道水生态环境修复和保护方案，统筹协调好流域社会经济发展与溪流水利工程建设、河道生态环境保护之间的关系，为打造青山绿水的田园风光、建设生态友好型社会环境打下良好的基础。该规划是一项覆盖面广、综合性强的系统工程规划，不仅涉及污水截流与处理工程、重点工业污染治理、农业面源污染控制、养殖污染控制、固体废弃物污染控制、河道防枯、水生态修复等多个专业层面（图 2），而且需要厦门市级和区级规划局、环保局、水利局、市政园林局、农业局、建设局等多个职能部门的通力配合[1]。

溪流景观规划设计针对溪流提出整体景观框架、功能分区、绿地空间策略、慢行系统网络和示范区节点设计等，旨在挖掘溪流的潜在生态价值和景观价值，提升周边土地利用价值。该规划结合水利工程，以生态建设为理念，改变原有硬质堤岸，主张河道后退，预留生态空间，形成连接"山、海、城"的生态通廊；结合厦门绿道系统建设，组成连续的城市慢行系统；结合土地利用开发，围绕溪流节点进行设计，建设湿地公园、亲水设施等景点，实现城市亮点开发[2]。

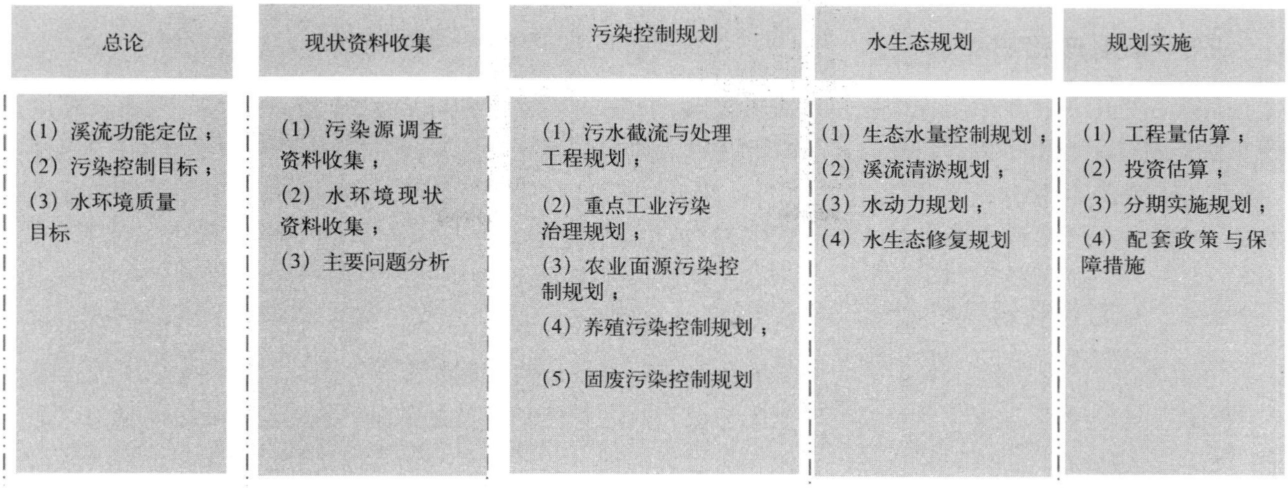

总论	现状资料收集	污染控制规划	水生态规划	规划实施
(1) 溪流功能定位； (2) 污染控制目标； (3) 水环境质量目标	(1) 污染源调查资料收集； (2) 水环境现状资料收集； (3) 主要问题分析	(1) 污水截流与处理工程规划； (2) 重点工业污染治理规划； (3) 农业面源污染控制规划； (4) 养殖污染控制规划； (5) 固废污染控制规划	(1) 生态水量控制规划； (2) 溪流清淤规划； (3) 水动力规划； (4) 水生态修复规划	(1) 工程量估算； (2) 投资估算； (3) 分期实施规划； (4) 配套政策与保障措施

图2　溪流流域污染综合整治规划任务

水系控制性规划从土地利用和空间布局着手，结合流域污染治理、景观设计等要求，梳理、整合、调整溪流两侧土地利用规划，落实控制蓝线和绿线，为污染治理和景观设计方案预留空间，将其纳入城市空间布局规划中并真正落到实处[3]。

水清是实现水美的必要条件，水美是对水清的进一步提升。因此，污染综合整治规划的落实是达到景观设计效果的前提，景观设计又是对污染综合整治规划的进一步提升，而水系控制性规划为二者的实现落实了必不可少的空间。三个层面的规划相辅相成、有机结合。

2　规划实施存在的问题

2.1　部门职能交叉，权责不明确

溪流综合治理涉及治河、治污、景观建设、用地开发等方方面面，是一项复杂的系统工程，牵涉到多个职能部门，存在部门职能交叉造成的政出多门、责任不落实、执法不统一等问题。另外市级职能部门与区级分工不明确，管理出现漏洞，缺乏协调性。比如治污一方面就涉及建设局、农业局、环保局、水利局这四个部门，其中建设局主要负责农村污水治理，排污口管理、水质监测和工业企业排污又分属环保局管理，水利局主要负责河道工程，农业局负责动物疫情控制和监督管理，但不负责畜禽养殖污染整治，农业面源污染目前尚无主管部门。各部门的管理往往从局部利益出发，不能从整体层面掌控。

2.2　缺乏健全的组织管理体系

溪流综合治理规划由厦门市规划局牵头，会同发改委、财政局、水利局、环保局、建设局、农业局、市政园林局等部门开展，规划方案综合性、系统性较强，但针对工程的具体实施，现状却无健全的组织管理体系，缺乏基本的管理制度和全面系统控制，甚至无市级层面的溪流建设指挥部或者领导小组。

溪流综合治理工程时间紧、投资大、任务重，涉及镇乡（街道）和部门多，不管是工程施工、征地拆迁、监督监理还是资金管理，都迫切需要一套健全完善的组织管理系统。若缺乏统一高效的组织管理，极有可能出现管理不到位、执行力差、效率低下、运作秩序混乱等多种问题，甚至可能造成溪流治理止于规划、成为一纸空谈。

2.3　缺乏政策支撑

如此系统的溪流整治工程在厦门市实属头例，所以目前厦门市尚无有关的政策出台。为了使整治工程更加规范化，有据可依，亟需出台《农村污水治理实施指导意见》《农村污水治理设计导则》《农村污水治理运行管理指导意见》《规模化养殖场和养殖小区管理办法》《养殖污染治理技术导则》等多项技术政策，也需出台计量与支付管理、工程变更管理等多项管理政策。

2.4　缺乏长效运营机制

溪流整治不仅工程本身耗时长，而且整治完成后仍需长期有效的管理运营，以维持十条溪流得来不易的水清、水美和水健康。目前厦门市尚无相关长效运营机制。溪流生态文明建设不是短期行为，是千秋万代的宏伟事业，必须打持久战。若无长效运营机制，极有可能出现溪流整治前功尽弃，整治后因管理不当造成水质重新恶化、水景观重现脏乱差，使之前投入的大量人力、物力付诸东流。

2.5　耗资巨大，资金来源不明确

初步估算，厦门十条溪综合治理和景观建设仅工程建设费用就多达 277 亿元（不计拆迁征地费），耗资巨大。按传统思路，水环境治理等公益性项目应由政府出资建设，但依靠现有地方财力和管理模式难以支撑十条溪流整治工程的投资和建设。现状可能的资金来源包括以下几个方面：

（1）各级政府的财政投入，包括厦门市政府、集美区政府、海沧区政府、同安区政府、翔安区政府。

（2）各职能部门的专项资金，包括农村连片整治专项资金、新农村建设专项资金（基金）、清洁家园行动专项资金、环保专项资金、水利专项资金等。

（3）片区开发投资。

（4）市政、水务部门的污水治理投资，自来水费中的污水处理费。

（5）可向国家部委、省级部门申请专项补助。

虽然资金可能的来源较多，但具体的工程项目由谁投资，投资多少却不明确。比如畜禽养殖污染控制工程，可能的资金来源为片区开发投资和各级政府财政投入，但二者投资比例为多少，是否还有缺口，若有缺口该如何解决，这些投资问题都亟待解决。

2.6　民众参与度不高

溪流综合治理工程是厦门市规模空前的综合性大型公益工程，也是造福百姓的民心工程。但现状管理体系缺乏有效的民众参与机制，广大市民只能通过报纸的简短报道和时间短暂的市长热线了解溪流整治概况，并不能真正做到让民众全程参与进来。若民众参与度不高，在后期工程建设中极有可能出现征地拆迁纠纷、畜禽养殖赔偿不合理等问题，不但不能发挥民心工程造福广大市民的作用，反而有可能引发矛盾。

3　构建厦门市溪流综合治理政策保障体系

为保障厦门市溪流治理工程快速有序、科学高效、顺利的开展，结合厦门市具体情况，建议从领导机制、社会参与机制、投资机制、评估体系、经济补偿、长效运营机制、政策出台等多个方面构建厦门市溪流综合治理政策保障体系[4]。

3.1 领导机制

本次市政府集中组织了全市十条溪流的综合整治工作，为使此项工作得以切实实施，必须加强领导、明确责任，形成上下联通、左右协调的实施管理体系。各级党委、政府应统一认识，把本次流域污染治理与生态环境建设作为事关流域和全市经济社会长远发展的战略举措来抓，列入重要议事日程。把流域生态环境综合治理的目标任务，落实到各级各部门的战略决策、项目建设和日常管理中去。落实各级政府的综合治理目标责任制。

（1）建立高规格的流域综合治理领导协调机制

市政府应成立流域污染治理领导小组，负责研究解决各流域规划项目建设过程中的重大问题，部署项目建设的工作和任务，协调各地方、各部门的关系，监督、检查有关部门和下级人民政府履行流域污染综合治理职责、开展流域综合治理工作的情况，并负责日常工作调度。每条溪流宜在市政府流域污染治理领导小组的统一领导下，由区政府进一步成立单条溪流污染综合治理工作指挥部负责具体项目的实施和落实。

（2）建立健全综合治理与地方发展综合决策机制

各级政府要树立以保护环境优化经济发展的观念，切实做到环境保护与经济发展的"并重"与"同步"，同步推进各条溪流流域的污染治理、防洪减灾和生态修复工作。各村镇在制定国民经济和社会发展规划，各部门在制定行业发展规划、产业政策、产业结构调整规划、区域开发规划时，要落实溪流流域生态综合治理规划目标要求。

（3）建立和完善目标考核及责任追究制度

把流域综合治理规划目标的完成情况列入政府考核指标体系，定期严格考核，确保各建设目标、任务和措施落到实处。地方政府对本辖区污染治理及生态环境质量负责，规划实施的责任主体是地方政府，地方政府的行政首长是第一责任人。建立部门职责明确、分工协作的工作机制，做到责任、措施和投入"三到位"。项目实施机构体系建议见表1。

项目实施机构体系建议 表1

序号	项目	项目领导单位	项目实施单位
1	市流域污染综合治理领导小组、区溪流流域污染综合治理工作指挥部		
2	工业治理项目	市环保局	区环保局
3	城镇生活污水项目	市建设局	区建设局
4	农村生活污水项目	市农业局	区农林水利局
5	生活垃圾治理项目	市建设局	区建设局
6	养殖治理项目	市农业局	区农林水利局
7	农田面源治理项目	市农业局	区农林水利局
8	防枯与生态修复项目	市水利局	区农林水利局
9	水土保持项目	市水利局	市林业局区农林水利局

3.2 社会参与机制

应加强引导、注重宣传、建立和完善社会化的参与机制。

（1）努力提高全社会应对生态保护的参与意识和能力

加强对各条溪流流域居民的环境保护宣传、培训和引导，使流域内居民建立人人保护环境、人人注重生态的理念，并同时加强对流域居民的科普教育，开发流域湿地、生态产业、河流景观等的旅游资源，使流域治理重点段及示范段成为环境保护教育基地和科普教育基地。增强企业、公众节约利用资源的自觉意识。坚持勤俭节约，倡导绿色低碳、健康文明的生活方式和消费方式，动员全社会广泛参与，营造积极良好的社会氛围，推动整个社会走上生产发展、生活富裕、生态良好的文明发展道路。

（2）建立并完善各溪流域综合治理信息公开制度

建立相关网站并提高信息公布质量，有效实现相关政务公开。建立十条溪流流域水环境质量监测资料、水系河流水文资料库，定期发布流域水环境质量信息，逐步推进企业环境信息公开，鼓励和引导公众和社会团体有序地参与环境保护。增加环境管理的透明度，充分发挥环保举报热线的作用，强化人民群众监督，自觉接受新闻媒体监督。

（3）多方谋划，鼓励公众参与

利用广播、电视、报刊和网络等新闻媒体，在厦门市开展经常性的水环境保护和生态建设宣传工作，提高全民对流域环境整治工作的参与意识。大力宣传环境保护方针政策和法律法规，开展公益性宣传，及时播放、报道、表扬环境保护先进典型，公开曝光环境违法行为，不断增强公民的环境保护意识和法制观念。进行"谁污染，谁治理，谁受益，谁付费"的企业宣传教育，使企业遵纪守法，自觉进行水污染源治理，实现达标排放。加强生态文化意识宣传，促进形成符合"两型"要求的生活与消费方式。

3.3 投资机制

应建立和完善市场化的投入机制，围绕污染治理及生态环境保护大胆探索新的体制机制，积极引导社会多元投入。

（1）落实资金是实现综合治理目标、完成治理任务的关键，要采用多渠道、多层次、多形式筹措建设资金，确保资金落实，并保证资金专款专用，对挪用、滥用治理资金的人员和单位要依法追究责任。本次规划项目建设除政府投资外，亦可结合相关专业部分的专项经费以及结合招商引资工作进行融资，鼓励社会资本参与溪流流域景观工程、生态修复工程、土地开发利用等的建设和运营，积极引进各方资金、先进技术和管理经验，提高综合治理的技术、装备和管理水平。厦门市溪流流域的生态环境建设资金，优先纳入全区相关规划和厦门市重点城镇建设计划，统筹安排各类农林水项目资金，重点向各条溪流流域倾斜，同时制定有关优惠政策。

（2）按照"谁受益、谁补偿"的原则，建立受益地区对受损地区的生态环境补偿机制，建立生态恢复专项。对所征收的资源与环境补偿费用，专款专用，真正用于环境治理与生态修复。按照"谁污染、谁治理，谁破坏、谁恢复"的原则，依法足额征收并合理使用排污费及生态修复费，落实污染治理与生态修复的主体责任。抓紧建立生态补偿机制，设立资源环境产权交易所，强化市场机制的作用。

（3）以推进溪流流域污水处理、垃圾处理产业市场化为突破口，加快环保投融资体制改革，健全环保投入市场机制，制定并落实有利于环境保护的经济政策和价费政策，多方筹集环境保护资金，形成政府主导、市场推进、多元投入的格局。对于工业企业工业污水治理，其环境治理由企业投费解决；对于环境公益性污染治理、生态建设项目，由各级政府作为公共财政投入，并纳入同级财政预算。针对流域水资源特征及污水排放去向等问题，实施重污染及高耗水企业准入制度。

（4）大力推行低碳化社会经济发展模式。流域生态综合治理最根本、最重要的途径和方法是通过改进发展模式、生产、生活方式来解决环境问题。低碳化应该从优化调整产业结构入手，大力推动和实行节能减排，把推进低碳经济作为流域社会经济发展的重要任务。流域城市应从理念创新、产业结构创新、科技创新、消费方式创新、管理创新等方面推进低碳经济。对污染的环境和退化的生态进行修复、恢复和塑造，重塑景观生态、产业生态、人居生态、人文生态。

3.4 评估体系

应落实效果监测及评估体系。

（1）根据十条溪流流域综合治理规划，建立防洪防枯、污染防治、环境保护、生态保护与修复等工程建设效果监测评价体系，对综合治理规划实施效果进行评价，为厦门市溪流流域综合治理工作提供基础依据和科学支持，促进厦门市流域综合治理工作的开展。

（2）市环保局牵头会同有关部门严格执行《福建省主要污染物总量减排统计监测及考核实施办法》，对各工业区、各重点减排企业减排工作情况进行综合考核。对工作滞后、问题突出、形势严峻或者影响全流域减排大局的工业区和项目，要及时予以预警。相关行业主管部门也要建立预警、通报制度。

（3）以区自评估和市综合检查两种形式，以定量指标评价为主，结合定性分析，客观公正地检查落实流域综合治理规划的治理责任、任务、目标的工作进展情况，查找工作中存在的主要问题，以及急需协调解决的问题，全面推动流域综合治理工作。

3.5 经济补偿

为控制和削减农业面源污染，在规划区内实施绿色农业工程、清理整顿散户养殖污染及规范规模化畜禽养殖场和水产养殖场的污染排放等，这些措施将带来环境效益，但会给当地农民和养殖户的经济利益带来损失。因此在实行约束机制的同时制定相应的奖励政策，对涉及搬迁的企业、污染物零排放区和生态产业发展区内的农民、畜禽养殖户和水产养殖户进行补偿。

具体补偿方案应由专项小组研究后确定，并出台相关补偿政策。

3.6 长效运营机制

统筹兼顾，建立健全溪流治理与景观开发的长效运营机制，长时间持续发挥促进和保障溪流综合整治工作扎实开展，不断取得实效。

确定溪流生态建设的战略地位，把本次流域污染治理与生态环境建设作为事关全市经济社会长远发展的战略举措来抓；建立比较规范、稳定、配套的厦门市溪流整治制度体系；发掘推动制度正常长期运行的"动力源"。

3.7 政策出台

成立溪流流域综合治理专家委员会，针对溪流治理的多项整治工程，负责政策制定和项目审查，在政策上保证整治工程和开发利用项目的规范化开展。

（1）村庄污水治理

建议出台《农村污水治理实施指导意见》《农村污水治理设计导则》和《农村污水治理运行管理指导意见》，规范农村污水治理项目管理、工程设计和日常运行维护工作。

（2）畜禽养殖污染控制

建议制定畜禽（特别是生猪、鸭）禁养区、限养区管理办法，提出退养补偿标准、复养管理措施等。

建议制定《规模化养殖场和养殖小区管理办法》和《养殖污染治理技术导则》，并纳入环保重点监管对象。

（3）面源污染整治

建议制定《面源污染综合整治设计导则》，指导农田综合整治、源头控制和末端截留。

（4）生态河道建设

建议制定《河道生态整治设计导则》，规范生态河道建设、水生态系统修复和河道防枯等工程建设。

（5）资金

建议制定《厦门市溪流整治基本建设资金管理办法》《厦门市溪流整治基本建设管理费管理规定》《厦门市溪流整治工程计量支付管理办法》等文件，规范厦门市溪流整治投资。

参考文献

[1] 华东勘测设计研究院有限公司，上海勘测设计研究院有限公司，河海大学等 . 厦门市十大流域污染综合整治规划 [Z].2012.

[2] 土人城市规划设计有限公司，AECOM 环境规划设计（上海）有限公司，北京易兰建筑规划设计有限公司等 . 厦门市十大流域景观规划设计 [Z].2012.

[3] 厦门市城市规划设计研究院 . 厦门市十大流域水系控制性规划 [Z].2012.

[4] 江莹 . 试论综合治理南京秦淮河的话语路线——以组织创新为论域 [J]. 地方经济社会发展研究，2005，(11)：134-138.

面向规划编制的省域老旧社区分类研究

钟　婷*

【摘　要】存量时代人们越来越关注老旧社区。本文从兼顾不同城市社区的共性与特性角度出发，进行四川省域老旧社区的分类研究，结合省域规划行政部门管理的特点，采用定性描述与定量评估的方式界定老旧社区，结合省域自然因素、文化因素、经济社会等因素进行省域老旧社区分类，并形成涵盖单一城市并结合省域差异的省域老旧社区二维分类体系，并针对分类特点提出图文结合的菜单式管理方式，为省域老旧社区的分类以及规划指引研究提供思路。

【关键词】省域老旧社区，分类，规划编制

存量时代，老旧社区进入人们视野。李克强总理在 2014 年《政府工作报告》中着重提出解决"三个 1 亿人"的问题，其中包括改造约 1 亿人居住的城镇棚户区和城中村。一些先进城市已经铺开进行了大量的工作，如广州、深圳、珠海、佛山等地依托广东省"三旧"改造的契机，开展了城市更新专项规划的编制及编制方法的探讨，并出台相关的《城市更新办法》和《城市更新编制条例》等。上海也结合旧城改造开展了城市更新规划的详细研究，出台了《上海市城市更新实施办法》和《上海市城市更新规划技术要求》，能够有效指导规划编制。但是迄今研究与实践主要以单个城市主城区的老旧社区为主要工作对象，缺少从省域层面对多个城市的老旧社区进行研究的先例。

1　社区分类与城市更新编制的关系

国内对于社区分类研究视角较为多元化，如王娟、杨贵庆（2015）利用六普数据，对上海市城市社区类型的空间类聚特征、经济社会属性等进行多因子选取和社区类型划分，构建"理论值"谱系，为重点社区的遴选提供依据；如高永久、刘庸（2005）从民族学的视角进行西北民族地区的城市研究，从民族成分、功能特征、民族文化类别、地域特点、宗教信仰、社区管理归属这六个方面进行分类研究，通过对西北民族地区城市社区多元类型及其演化趋势的研究，探讨民族地区城市社区建设的思路；也有针对某一特定类型的住区进行深入提出改造策略，如楼瑛浩（2012）以杭州老城区"街坊型"社区为对象，提出公共空间适老化更新策略。在实际城市更新实践中，如《深圳市城市更新专项规划（2016-2020）》中，将市域划分成拆除重建、综合整治等多个不同类型的更新单元,针对性采取不同的规划策略,在广州"三旧"改造中也是用类似的分类方式进行城市片区分类。可见，对于社区的分类的研究是为了针对各个类型的社区规划建设提供思路。从现有的研究和实践来讲，以单个城市为对象研究较多，跨区域的大尺度研究

---

* 钟婷（1988-），女，成都市规划设计研究院，规划师，天津大学城市规划与设计学院硕士。

相对较少，杨贵庆（2009）利用采样的方法，针对我国农村住区样本的空间类型，综合考虑建筑气候区划、地形地貌、行政区划、经济发展水平以及农村村庄数量等多项因素，分析确定了我国农村住区的类型图谱，但是针对省域空间的城市社区分类现在在国内仍是空白区域。

2 面向规划编制的省域老旧社区分类探索

进行社区分类需要与不同层次的规划编制的实施主体进行挂钩。省级建设厅的职能包括负责省住房和城乡建设重大问题与改革的政策研究，拟订省城乡规划的政策和规章制度。本次研究是四川省建设厅委托的课题研究的一部分，进行省域老旧社区更新研究，是为了指导和部署省域各市、区（市）县老旧社区有机更新规划工作的开展，促进政府推进老旧社区有机更新改造工作，在省域层面的规划主要是为下一层级行政单位的规划提供技术指引，因此在老旧社区界定和分类中需要兼顾普适性以及地域个性。

2.1 采用定性描述与定量评估的方式界定老旧社区

省域老旧社区分类的前提是进行老旧社区概念的界定。国家、省、市等各个层面均出台了有关定义老旧社区的文件，但是具体指标还不明确，为了确保可操作性，与下层级规划对接，本次定义的老旧社区采用总体层面特征描述与地方性量化指标结合的方式进行。

本次界定老旧社区为具有一定建成年限，建筑结构老化质量差，存在安全隐患，公共服务设施、市政基础设施亟需完善，环境条件亟需提升，现有土地用途明显不符合社会经济发展要求，影响规划实施等特征的居住社区。主要包括老旧传统住区、单位机关大院、厂区大院、商品房、棚户区中破旧的住区以及城中村中的住区等。城市中零散分布、不成规模的住区或者独／几幢居住建筑属于本次研究老旧社区范围。

各级政府可根据自己的实际情况定义老旧社区的具体指标与界定。四川省各城市发展水平、社区文化、民族特征及城市空间格局差异较大，老旧社区特征和分布也存在差异，为了各城市明确对象，清晰划定老旧社区有机更新范围，故各市、区（市）县可根据实际情况在专项规划中增加限制要素，以明确老旧社区有机更新划定范围。

根据老旧社区的概念界定，结合其存在的问题，综合评判其指标要素，总共分为六大类，分别为建设年代、建筑情况、景观环境、配套服务、社区管理、社区安全。如建设年限，一般的说来，老旧社区应具有一定建成年限，多以 2000 年前建成的旧住宅区为主。四川省各城市发展水平、社区文化、民族特征及城市空间格局差异较大，对老旧社区的建筑年代的评价标准也会呈现差异，故各地在专项规划中对老旧社区的建设年代应进行明确的界定。对于建筑情况主要包括建筑质量和建筑结构等方面的要素。其中建筑结构分为钢筋混凝土、砖混结构、砖瓦结构、简易搭棚等类型，其中后三类为大多数老旧社区呈现的特色；老旧社区的建筑质量分为完好、基本完好、一般损坏、严重损坏、危险房屋等类型，一般来说老旧社区根据其不同年代发展存在不同的建筑质量，其通过墙体、楼道、屋顶、门窗等元素表现。

2.2 兼顾共性与特性的省域老旧社区分类

省域老旧社区对象丰富多样，地区差异明显，需要兼具共性与特性，形成有特色的分类引导。在城市以及社区发展中，受到多种因素的作用，会有不同的因素作为重要影响因素，不同的作用效果会产生不同的社区。如四川省地貌东西差异大，地形复杂多样，气候地带性和垂直变化的特点显著，旅游资源丰富，自然风景资源、历史文化和民族文化资源丰厚，丰富多变的自然环境、丰富的文化遗产以及不同的城市发展建设造就了丰富有特点的人居环境。

老旧社区可以从多个方面进行解读，并衍生出多个量化指标，如何确定分类指标的度量是一个关键的问题。本次研究通过采样分析，选取地区差异大、典型性强的指标作为省域老旧社区的关键影响因素，主要包括自然条件、文化要素以及经济社会发展三个方面，每个方面再演化形成次一级的量化指标，最后选取得到三类六小类因子，如图1所示。

自然条件	文化要素	经济与社会发展
气候要素；地形地貌要素；地质要素	丰富的民族文化和典型的移民文化	不同时期城市建设呈现不同的特点与经济社会发展

自然条件		文化要素		经济社会与城市建设发展	
气候要素	季风气候	民族文化	少数民族文化地区	经济社会发展	城镇化率
	高山高原高寒气候区				人均生产总值
地形地貌要素	四川盆地				地区生产总值
	高原				地区户籍人口
	山地				三线建设
地质灾害要素	严重灾害地区		非少数民族文化地区	城市建设特点	商品房建设
	轻度灾害地区				传统住区
	基本无灾害地区				城中村

图1　分类因子选取

研究的技术路线为：首先基于四川省气候区划的特征，综合地形地貌特征、地质灾害要素以及各个地市州的行政区划进行空间数据叠合分析。其中气候区划主要反映不同地区住宅设计的规范与标准。气候条件的差异反映了对日照条件、日照间距和保温节能等多个方面的要求，地形地貌主要考虑了地理条件差异，主要划分为平原、丘陵和山地三种不同的类型，地质要素则反映了不同层次的防灾设置标准，民族文化与经济社会发展主要是体现各个地方区域的特异性差异。行政区划的空间数据是为了便于各个地方政府建设规划主管部门制定下一步相应的规划与建设标准因素，从而为分类指导工作提供意见。

具体就四川省而言，气候要素可以分为季风气候与高山高原高寒气候区；地貌可分为四川盆地、川西北高原和川西南山地三大部分。四川主要城市（地级市及县级市）中，共有15个城市位于平原地带，10个城市位处丘陵地区，5个城市属于山地地貌，1个城市位处高原。地质要素中，四川省地质灾害频发，是我国地质灾害大省。四川主要城市（地级市及县级市）中，6个城市（攀枝花、雅安、都江堰、绵竹、峨眉山、西昌）地质灾害严重，3个城市（邛崃、江油、万源）具有轻度地质灾害。

而文化要素中，四川为多民族聚居地，少数民族主要聚居在四川省西部，包括凉山彝族自治州、甘孜藏族自治州、阿坝藏族羌族自治州及木里藏族自治县、马边彝族自治县、峨边彝族自治县等区域。

在经济社会发展中，四川盆地与盆周发展情况差异显著。平原地区人均GDP约为4.8万元，丘陵地区2.3万元，山地地区仅有1.9万元，全省城乡收入比为2.9，盆周广元、巴中等贫困地区城乡收入差距约达4。巴中、阆中及位处边远山区的北川、万源等市（县）均为经济发展弱市（县）（图2~图6）。

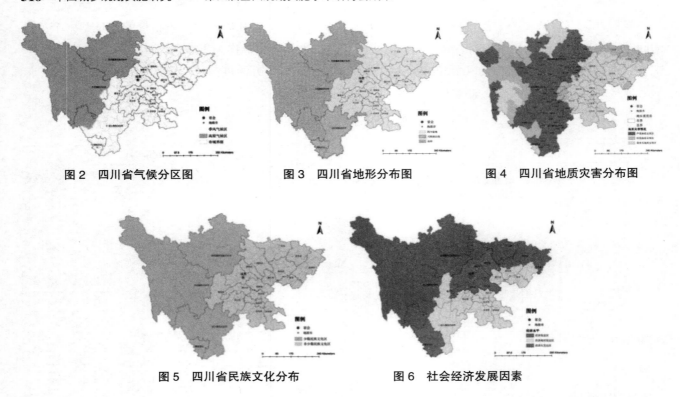

图 2　四川省气候分区图　　　　图 3　四川省地形分布图　　　　图 4　四川省地质灾害分布图

图 5　四川省民族文化分布　　　　图 6　社会经济发展因素

其次根据四川省各个地方城市建设的不同特点进行纵向分析，得出在区域政策背景的作用下城市社区普适的演变趋势。在四川省城市建设发展中，大部分城市都经历了三线建设时期，并形成以单位大院为典型的住区；改革开放后进入快速城镇化时代，因为城市扩张导致的城中村以及改革开放和制度变革带来居住空间的转型和变革。在城市发展过程中，四川省域层面较共性的四类住区，包括三线建设留下的单位社区、老旧商品房、传统住区以及老旧城中村（图 7）。

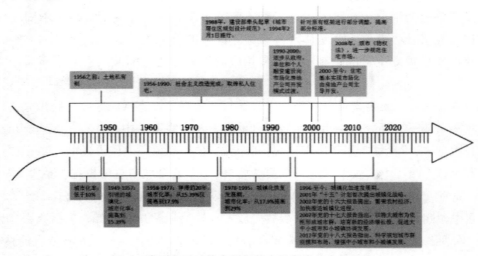

图 7　我国住区政策变化与城市发展战略变化沿革

根据上述分析，最终形成省域层面的老旧社区分类，将从时间和空间两个维度出发，兼顾普适性和差异性，最终形成如图 8 所示的各种分区。

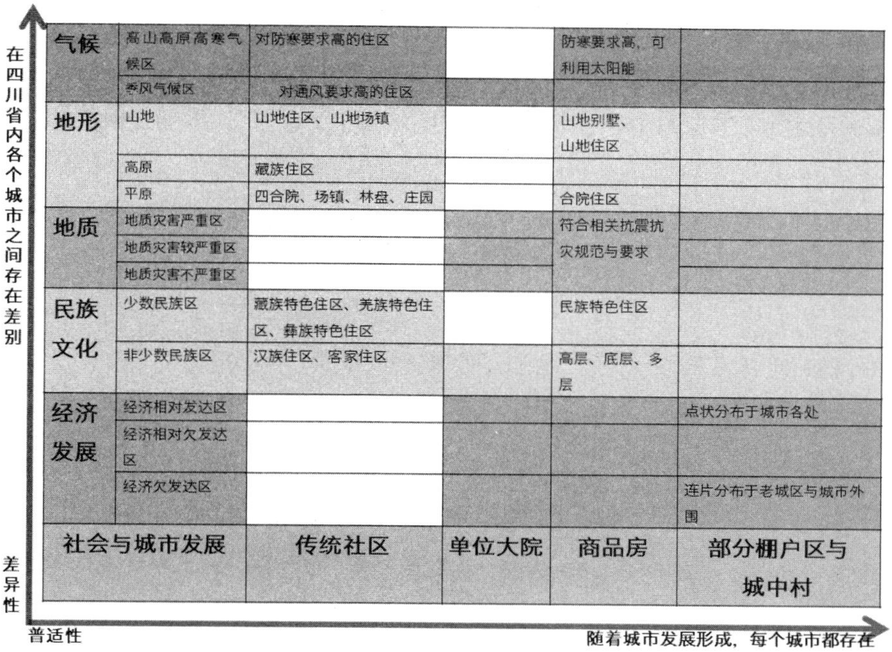

气候	高山高原高寒气候区	对防寒要求高的住区		防寒要求高，可利用太阳能	
	季风气候区	对通风要求高的住区			
地形	山地	山地住区、山地场镇		山地别墅、山地住区	
	高原	藏族住区			
	平原	四合院、场镇、林盘、庄园		合院住区	
地质	地质灾害严重区			符合相关抗震抗灾规范与要求	
	地质灾害较严重区				
	地质灾害不严重区				
民族文化	少数民族区	藏族特色住区、羌族特色住区、彝族特色住区		民族特色住区	
	非少数民族区	汉族住区、客家住区		高层、底层、多层	
经济发展	经济相对发达区			点状分布于城市各处	
	经济相对欠发达区				
	经济欠发达区			连片分布于老城区与城市外围	
社会与城市发展	**传统社区**	**单位大院**	**商品房**	**部分棚户区与城中村**	

左侧纵轴：在四川省内各个城市之间存在差别　差异性
底部横轴：普适性　随着城市发展形成，每个城市都存在

图 8　四川省老旧社区分类图

2.3　图文结合的菜单式管理

老旧社区分类将直接和下一步的编制对接，为了兼顾二维分类的特点，采用图表结合管控的菜单式管理方式。除了对于单位社区、老旧商品房、传统住区以及老旧城中村进行分类控制外，还通过将影响因子进行分类处理，按照行政边界进行分区划分，然后在分类指引中针对有重大影响的因素进行菜单式指引。如在文化特色引导中，提出应注重对民族文化特色和内涵的尊重，提出对物质环境的保护、利用、展示原则和要求，以及对非物质文化的传承和展示。对以宗教文化为特色的城市，老旧社区的有机更新中应注重对宗教活动空间的保障；在以民族歌舞为特色的城市，应注重对歌舞文化要素的景观展示。

3　结论

本次规划结合省级规划行政部门的特点，针对老旧社区发的概念界定、分类目的、重点以及主要内容，进行了阐述。以"兼顾共性与特性"的原则提供了一个面向管理、对接下一级的规划编制等方面的研究。

当然本研究还存在不足，在选取典型案例与一定规模的样本进行深入研究方面还有待加强。

参考文献

[1] 高永久，刘庸．西北民族地区城市社区多元类型及演化趋势[J]．城市发展研究，2005，12（06）：47-52.

[2] 王娟，杨贵庆．上海城市社区类型谱系划分及重点社区类型遴选与研究[J]．上海城市规划，2015，（04）：6-12.

[3] 杨贵庆，庞磊，宋代军等．我国农村住区空间样本类型区划谱系研究[J]．城市规划学刊，2010，（01）：78-84.

[4] 楼瑛浩．杭州老城区"街坊型"社区公共空间适老化更新策略研究[D]．杭州：浙江工业大学，2014.

[5] 四川省城乡建设厅，机构职能，http://www.scjst.gov.cn/display/show-mechanismfunction.html[EB/OL]．2015.2.24.

[6] 四川省统计局．四川统计年鉴[J]．2015.

[7] 李先逵．四川民居[M]．北京：中国建筑工业出版社，2009.

基于 GIS 平台的体育设施布局研究——以莱芜市为例

张海洋　杨　亮*

【摘　要】随着国民经济的迅速发展，城市生活水平得到大幅度提升，休闲时间的增加以及人们对健康的重视使得居民更加关注生活品质的提升，城市体育设施资源不足、分布不均等问题日益凸显。针对目前城市体育设施配置中存在的常见问题，本研究基于 GIS 的技术操作平台，提出了体育专项规划的必要性。以山东省莱芜市中心城区为例，应用 GIS 平台对其体育设施现状分布情况进行分析，并对近期体育设施规划建设提出了相关建议。

【关键词】体育设施规划，选址布局，专项规划，GIS

1　体育设施布点选址规划的必要性

1.1　快速发展背景下体育设施配置问题

在经济、人口迅速增长的大中城市，公共服务设施的供需矛盾非常突出，主要体现在以下几个方面：其一，人们对生活品质的提升有了更高的追求，体育设施的可达性和公平性逐渐成为人们关注的焦点；其二，土地资源的稀缺使得可用于城市发展的建设用地少之又少，地方政府为了获得土地收益，对于区位优势明显的地块往往优先考虑发展居住或者商业金融等，体育设施的配置往往比较滞后；其三，为了房地产开发市场的效益，在规划实施阶段，地块局部调整频繁，在多方利益主体的博弈之下，许多原有体育设施用地被挪位甚至侵占，最终导致体育设施的配置出现总量不足、分布不均等问题。

近年来，人们的健康问题逐渐受到重视，这使得居民对体育设施的配置更加敏感，规划方法的局部改进能够提升体育设施配置的公平性及可达性，从而有效缓解人们对体育设施的需求压力。

1.2　常规规划的局限性

城市总体规划层面，体育设施的布局规划大致落地，只能起到意向性的指导作用，无法对具体项目的建设提出具体要求。

控制性详细规划层面，大多在现状调研的基础上，根据传统的服务半径来调整体育设施布点，规划师的个人主观因素对规划成果影响较大，缺乏法理性思考，规划深度不够，无法指导实际项目的设施建设，最终规划成果往往只是"图上画画，墙上挂挂"而已。

近期建设规划虽已纳入法定规划范畴，但在地方政府贯彻实施时，往往把经济产业、重大基础设施放在首要位置，社区级、小区级的体育设施未必能够全面顾及，结果往往是体育设施的布局缺乏公平性和可达性。

---

* 张海洋（1991—），男，山东建筑大学在读研究生。
　杨亮（1990—），男，山东建筑大学在读研究生。

1.3 体育专项规划的必要性

依据以上论述，笔者认为，体育专项规划在快速发展的城市地区非常必要。这类规划的主要内容是布点（大致位置）、定性（设施类型）、定规模（用地面积、设施规模）、定位（基于周边环境、建设项目，划定用地边界）、定时（项目建设时间）。为了保证规划的时效性，工作周期不宜太长，规划成果宜简洁。

2 基于 GIS 平台的城市体育设施专项规划的改进与探讨

2.1 传统分析方法的局限性

传统分析方法大致可分两个阶段：（1）根据现状调研，初步判断哪些设施配置不合理和哪些区域缺少体育设施，再依据人口规模，判断需要如何减少或新增体育设施。（2）在传统地图上对现有体育设施按其等级所对应的服务半径画圆，如果出现服务盲区，就考虑在盲区内布置不同等级的体育设施。

但是，传统服务半径分析法有其自身的局限性：（1）在城市中心区，土地资源相对稀缺，体育设施的配置受到多方面因素的影响而导致分布不均，部分地区的体育设施服务半径高度重叠，但是由于中心区人口高度聚集，导致人们对体育设施的需求量远大于其实际保有量。（2）在城市边缘地带，往往受到地方政府的轻视，城市体育设施的配置往往缺少科学依据，致使某些地区的体育设施人满为患而局部地区的体育设施无人问津，并且服务半径也会出现明显的盲区。

2.2 基于 GIS 平台的城市体育设施规划设计思路

依据 GIS 操作平台中的服务区分析和位置分配，分析现有的城市体育设施规划的服务区范围。若按传统方法配置的体育设施基本满足规划范围内居民使用需求，那么依据 GIS 平台建立基本的社区体育设施数据库，以便后续与规划管理的衔接，弥补当前规划实施时效性和实效性差的问题；若分析结果显示较大范围不能满足居民需求，则需要考虑合理利用现有要素资源并科学规划配置，在空间上达到设施服务范围最大，且分析的数据库仍然与后续的规划管理对接。

3 基于 GIS 平台的莱芜市体育设施规划设计

莱芜市是山东省辖地级市，位于山东省中部、泰山东麓，北距济南 80km，东北距淄博 70km，西距泰安市 50km，总面积约 2246.21km²。

莱芜市地处山东省中心，位于国家高速公路网横线 G22 青兰高速公路以及放射线 G2 京沪高速（明莱高速）的交汇点，公路交通联系十分便利；铁路联系方面，莱芜位于国家高速铁路干线京沪高铁和济青客运专线枢纽站 1h 通勤范围内，交通区位优势明显。

3.1 莱芜市公共体育设施现状问题

3.1.1 体育用地总量不足

莱芜市中心城区现状体育用地 15.92 公顷，人均体育用地面积 0.34 平方米（表 1），而《城市公共设施规划规范》（GB 50442-2008）中规定 20 万~50 万人口城市，体育设施人均用地应达到 0.5~0.7 平方米，对比规范要求，莱芜市现状体育用地总量不足。

分级别来看，市级体育用地人均用地面积为 0.34 平方米，镇级体育用地面积仅为 0.09 平方米，相较于达标标准来看，市级体育用地已达标，而区级体育设施欠缺，镇级体育用地有较大缺口。

体育用地现状指标与达标标准对比

表 1

项目	达标标准（平方米／人）	现状指标（平方米／人）
体育用地人均指标	0.5	0.34
市级体育用地人均指标	0.2	0.34
区级体育用地人均指标	0.12	0
镇级体育用地人均指标	0.54	0.09

3.1.2 空间分布不合理，出现服务盲区

莱城区现有公共体育设施（图 1）多分布于中心城区的核心区域，城市外围地带设施较少，西北边缘地区部分区域甚至出现了体育设施分布的真空现象，出现许多体育设施服务盲区。

相对于莱城区来说，钢城区体育设施（图 2）遍布全城大部分区域，但在城市东北区域仍出现了局部体育设施分布盲点的情况。

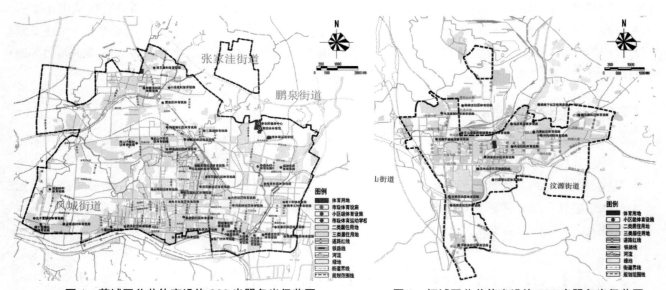

图 1　莱城区公共体育设施 800 米服务半径范围
图片来源：作者自绘

图 2　钢城区公共体育设施 800 米服务半径范围
图片来源：作者自绘

然而在城市核心地带，由于受到城市用地局限性等因素影响，部分体育设施的分布过分集中，最终不仅会导致城市体育设施建设的浪费，更会给稀缺的城市土地资源带来不必要的浪费。

3.1.3 大型体育场馆类型不足

莱芜市现状仅有两处大型体育场馆，分别为全民健身中心和莱芜市体育馆（图 3、图 4），对比《城市公共体育设施标准设施用地定额指标暂行规定》（1986 年）中对同等规模城市体育场馆的规模标准来看，体育馆规模已达标，但仍然缺少体育场、游泳馆等大型体育场馆。

3.1.4 体育设施分布密度不均，空间体系不完善

使用核密度分析法计算现状体育设施的供给密度，设置其搜索半径为 800 米。通过核密度分析（图 5、图 6）可知，莱城区、钢城区的体育设施现状分布均呈双核心布局，体育设施在城市核心区域分布密集，分布结构相对合理。但是在城市外围地带，次一级的区域核心明显数量不足，部分区域只能依靠局部地区的零星设施，体育设施空间体系有待进一步完善。

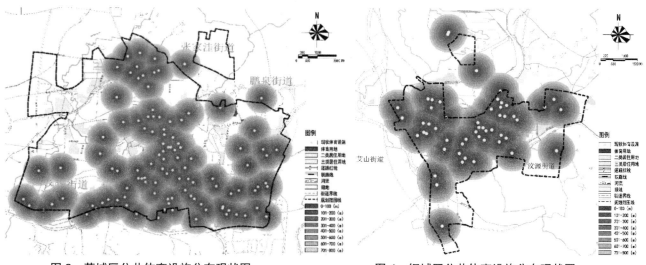

图3　莱城区公共体育设施分布现状图
图片来源：作者自绘

图4　钢城区公共体育设施分布现状图
图片来源：作者自绘

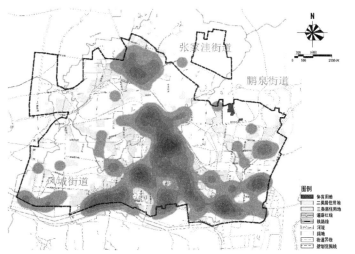

图5　莱城区公共体育设施现状核密度分析
图片来源：作者自绘

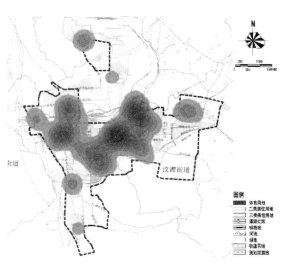

图6　钢城区公共体育设施现状核密度分析
图片来源：作者自绘

3.1.5　小区级体育设施规模普遍偏小，场地类型相对单一

对现状中心城区内小区级体育设施场地面积的统计结果显示，用地面积在 0.2~0.3 公顷的小区级公共体育场地仅占 2%，约有 62% 的小区级体育设施场地面积不足 0.1 公顷，场地规模普遍偏小。

而对场地类型的统计结果显示，健身路径的数量在小区级公共体育设施中占比重最大，其次为篮球场、乒乓球场等体育场地，而占地较大的足球场、多功能运动场、游泳池等场地在社区级公共体育设施中仍然欠缺，场地类型较为单一，与居民日益多样化的体育需求不相匹配。

3.2　莱芜市公共体育设施专项规划的若干建议

3.2.1　合理预测人口规模

人口规模是体育设施专项规划的根本依据，然而现今不少城市的当地政府为了争取有限的城市用地指标，在进行总体规划的人口规模预测时往往存在非理性成分，这非常不利于体育部门进行体育设施的合理配置，最终可能会导致体育资源的浪费以及城市土地的不合理利用。因此在进行体育专项规划时，必须合理预测居住区的人口总量及密度，利用 GIS 平台对不同片区进行体育设施供需分析，在分析的基础之上确定体育设施的合理区位、用地面积、规模等级。

3.2.2 兼顾体育设施规模与服务半径

体育设施规模大有利于设备设施配置齐全，资源利用率较高，地方政府征地、动迁相对容易。但是单个体育设施规模过大会造成服务半径大，不利于附近居民的正常使用，难以均衡布局。

在进行体育专项规划时，应在 GIS 分析的基础之上，参照现有体育设施服务范围，着重解决莱芜市现有体育设施服务真空的问题，尤其是在城市外围地带应增加体育设施的配置。对不同社区按人口数量有针对性地进行规划设计，避免服务真空现象的产生，同时必须顾及居民使用的便利性，不能一味求大导致居民使用不便。

3.2.3 居住用地布局合理

体育设施的布置归根结底是为城市居民而服务的，本研究是将居住用地布局规划作为一个先决条件，在此基础上布置各级体育设施。但在现实情况下，莱芜市许多居住用地布局分散、位置相对孤立，不利于体育设施的布局，使得居住与体育设施难以匹配。因此在进行体育专项规划之前应先对现有居住用地进行合理调整，随后依据调整之后的规划进行体育设施的布局，保证设施规模与居住规模相适应。

参考文献

[1] 宋小冬，吕迪．村庄布点规划方法探讨 [J]．城市规划学刊，2010，05：65-71．

[2] 张卫．基于 GIS 的农村健身设施空间分布研究 [D]．石家庄：河北师范大学，2012．

[3] 熊友明，熊萌．孝感市城区公共体育设施布局现状及优化研究 [J]．湖北工程学院学报，2012，05：120-124．

[4] 刘伟，孙蔚，邢燕．基于 GIS 网络分析的老城区教育设施服务区划分及规模核定——以天津滨海新区塘沽老城区小学为例 [J]．规划师，2012，01：82-85．

[5] 金银日．城市居民休闲体育行为的空间需求与供给研究 [D]．上海：上海体育学院，2013．

[6] 宋小冬，陈晨，周静等．城市中小学布局规划方法的探讨与改进 [J]．城市规划，2014，08：48-56．

[7] 夏菁．基于 GIS 平台的城市社区体育设施布局优化研究——以铜陵市为例 [A]．中国城市规划学会．城乡治理与规划改革——2014 中国城市规划年会论文集（04 城市规划新技术应用）[C]．中国城市规划学会，2014：9．

[8] 刘偲偲．基于 GIS 的城市公共体育场馆空间特征分析 [D]．成都：成都体育学院，2014．

[9] 夏菁．城市社区体育设施规划布局方法优化研究 [D]．合肥：安徽建筑大学，2014．

[10] 刘少坤．基于 GIS 的城市医疗资源空间配置合理性评价及预警研究 [D]．长沙：湖南农业大学，2014．

[11] 刘奋山．GIS 技术下的城市体育设施信息系统设计探讨 [J]．自动化与仪器仪表，2016，05：116-117．

城市社区公共服务设施实施现状问题与优化对策研究
——以长沙市为例

邓凌云　张　楠*

【摘　要】本文以长沙市为研究对象，通过对全市2县6区85个街道533个社区的现状摸底调研，对于六大类设施行政管理与社区服务设施、基础教育设施、文化体育设施、医疗卫生设施、养老服务设施以及其他设施的现状，从设施配置水平、设施供给方式、设施服务能力以及设施配置属性四个方面进行问题分析。其主要原因是规划标准不成体系且不完善、实施机制尚未理顺、配套政策缺乏或存制约。在此基础上，本文提出了加强社区公共服务设施实施的三方面对策与建议，包括"多标合一"、建立分级分区的差异化配置地方标准，明晰政府与市场供给主体边界、完善实施机制以及制定完善配套政策。

【关键词】社区公共服务设施，实施，长沙

1　引言

中央城市工作会议明确指出："统筹生产、生活、生态三大布局，提高城市发展的宜居性。……推动城镇常住人口基本公共服务均等化。"为城市居民提供安全、舒适和均等的公共服务，是新时期我国城市公共行政和政府改革的核心理念，也是城市规划工作需要思考和努力的重要方向。

目前很多城市面临的突出问题是公共服务设施实施的问题，即公共服务设施按照规划实施效果不佳或者规划未作安排跟不上现实需求。实施是一个动态的全过程，包括供给、建设、管理与运营等环节。任何一个环节出现问题，都将影响社区公共服务设施的实施效果，直接损害居民的切身利益。当前，设施供给已经由原来的通过独立占地规划新建与项目规划配建为主的方式，逐步发展为街道和社区为主体、民间资本为补充通过自主购买、租赁及改建存量等方式来增加公共设施的供给。对于如何更有效合理的引导这些非规划供给方式，使得居民的刚性需求得到释放与满足，国内研究尚不足。各城市普遍重规划标准研究而轻实施制度的设计与配套政策的制定。北京（2015）、重庆（2014）、天津（2014）、厦门（2014）、杭州（2015）、武汉（2014）等大城市近年来纷纷制定了新的地方规划标准或正在开展标准的修订，在规划标准体系的建立与完善方面取得了成效。但如何实施则各地普遍缺乏实施指导意见，研究较为薄弱。根据相关资料的查询，2015年政府出台了《北京市居住公共服务设施配置指标实施意见》，提出了从规划编制、土地储备、建设验收、交付使用四个阶段的相应要求，并明确设施的投资主体与产权主体。这是该工作领域的一大政策性突破，但其指导意见仍不够完善。因此，如何实施中的制度设计与政策设计是各地政府亟待解决的迫切问题。

---

* 邓凌云（1979—），女，中南大学土木与建筑学院博士生，长沙市城乡规划局编制处处长，注册规划师。
　张楠（1966—），男，中南大学土木与建筑学院博士生导师，北京世纪千府国际工程工程设计有限公司董事长，教授级高级工程师。

2014 年长沙市委市政府提出了"四增两减"的公共政策，即增加公共服务设施、增加公园绿地、增加支路网密度、增加公共空间，减少中心区人口密度及减少建设总量，将增加社区公共服务设施上升为重要的全市发展战略与惠民举措。2015 年，长沙市针对全市 2 县 6 区 85 个街道 533 个社区，通过实地、网络平台、微信平台以及现场问卷等形式开展了全面调研，启动了《长沙市居住公共服务设施配置规定》的制定工作。本文以长沙市作为实证研究，分析社区公共服务设施实施的现状困境及其原因，旨在提出实施阶段配套制度的设计与政策体系设计的优化对策，以期为下一步政府和相关部门出台相关规定提供决策参考。

2　社区公共服务设施的界定

社区是聚居在一定地域范围内的人们所组成的社会生活共同体。一个社区应该包括一定数量的人口、一定范围的地域、一定规模的设施、一定特征的文化、一定类型的组织。本文所指的社区从狭义上来讲包括街道及其所辖社区覆盖的空间范围。

社区公共服务设施，是相对于城市大型公共服务设施而言的。随着城市规模的不断扩大，城市大型公共设施的服务半径越来越大，普通市民使用频率低；位于居民基本生活圈内的居住公共服务设施因"数量多、距离近"而成为居民日常使用频率最高的公共设施，对于儿童和老人尤其如此。社区公共服务设施更加贴近居民的日常生活需求。因此，新时期城市公共设施规划建设的思路由"大型化、专业化"转向"社区化、便民化"，构建和完善城市居住公共服务设施体系，不仅是提高城市公共服务水平的重要途径，也是实现城市基本公共服务均等化的有力保障。

本文研究的社区公共服务设施，是指以居住区为一般单位、为周边居民提供日常生活所需要的基础性公共服务功能的小型化设施。具体包括行政管理与社区服务设施、基础教育设施、文化体育设施、医疗卫生设施、养老服务设施以及其他设施等六个类别。

3　社区公共服务设施实施现状问题分析：基于长沙的实证分析

3.1　设施配置水平：配置程度较低，难以满足居民新的生活需求

通过对全市所有街道、社区的 18 项公共服务设施摸底调查，其覆盖率情况如图 1 所示。以 60%、30% 作为衡量配置较好与较差的分界线，配置情况较好（60% 以上）的包括：小学（街道覆盖率 95.3%）、中学（街道覆盖率 63.5%）、室外健身广场（91.8%）、街道办事处（64.7%）、社区管理用房（62.2%）以及菜市场（街道覆盖率 77.6%）。配置情况较差（30% 以下）的包括：卫生服务站（28.3%）、室内健身馆（21%）、养老院（街道覆盖率 27.1%）、社区居家养老中心（20.8%）。从配置情况来看，基础教育设施、行政管理与社会服务设施配置情况相对较好，而养老设施、体育设施尤其是室内馆、医疗卫生设施则缺口较大。从数据统计中发现，设施配置得较好的仍是一些传统的设施类型，这些设施是多年来各地政府强力推行的设施，通过立法、政府文件等形式对配建要求进行了明确的规定，作为强制性要求分解到各个责任主体单位落实，并通过相关监督机制进行督查落实，形成了较为成熟的实施机制。经过多年的配建历程，取得了较好的成绩。而对于居民日益迫切的养老需求、体育文化需求等，则实施情况不够理想。

3.2　设施供给方式：规划与非规划兼有，部分设施存合法性问题

设施的供给包括规划供给和非规划供给两类情形，共七种方式：一是规划新建，即在控规中预留了用地如中小学；二是项目配建，即在规划条件中作为土地出让与建设的条件，需在项目修建性详细规划

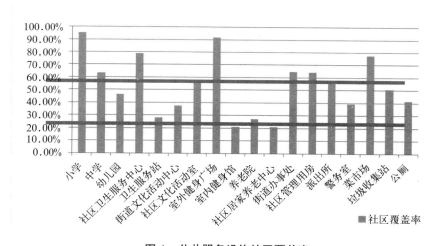

图1　公共服务设施社区覆盖率

中安排的配建设施如幼儿园、社区办公用房；三是进行临建，对于一些空坪隙地或闲置地，在规划未实施前临时用做公共服务设施用地。这三种类型是依托规划而实施。除此之外，还有四种非规划提供方式，包括租赁、购买、改建以及违法建设。七种提供方式存在一些需要重视的问题：一是临建受法定时限的约束，按照长沙市地方规定，最多只有四年的存续期，到期必须予以拆除。这样会造成已经成为居民生活一部分的设施突然消失后给居民生活带来不便；二是改建设施，其依托的原建筑物使用性质、条件不一定符合改建设施的要求。比如有些养老设施利用已有的仓库改建，其通风日照难以符合老龄人居住的要求，有些设施利用原有的住宅楼改建为医院，对于消防安全的要求、环境影响的要求等都有了更高的要求，这些改建建筑达不到相关规范要求存在着各类隐患；三是违法建设的去留难以决断。部分小区确实没有增量用地，不得已采取违法建设，如某社区公共服务中心产生了很好的社会效应，成为居民使用频率极高的公共服务设施，但却是违法建筑，与规划的强制性内容存在冲突，既不能办理合法报建手续，又不能拆除，寻求不到合适的解决途径。又如有些小区利用架空层进行违法建设，将其部分封闭作为文化活动室，如果通过合法途径可能有严格而漫长的程序要求，且报建成本高，而擅自改建又属违法建设。这让社区陷入两难的局面。因此，如何进一步规范非规划供给方式，是社区公共服务设施面临的亟待解决的问题。图2反映了设施提供方式通过规划方式和非规划方式供给的比例情况，可以看出非规划方式提供的比例占总比例的情况还是比较明显的，亟需对非规划供给方式进行合理的引导。

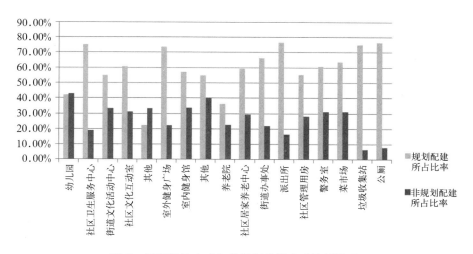

图2　规划供给方式与非规划供给方式比例情况

3.3 设施服务能力：设施布局分散，服务半径不佳

对于项目规划配建的设施，按照长沙的既有模式其建设主要是由开发商实施，开发商配建的设施主要包括幼儿园、社区办公用房。幼儿园多为私立幼儿园，属于盈利性设施，且幼儿园的配置水平及位置对于售房具有较大的影响因素，因此其规划布局往往选择在位置较好、服务半径最大化的地段。而对于社区办公用房，属于非盈利性设施，按照长沙市的现行标准是老城区 500m²，新城区 800m²。开发商在进行规划布局时，因要无偿移交社区办公用房给社区，进行利益权衡后，往往布置在相对较差的位置。这样造成部分设施的服务半径有限，其利用率不高。此外，各类设施的规模比较小，布局也比较分散。大部分设施的配置规模、占地规模都达不到国标要求。比如养老设施在甲社区，活动中心在乙社区，医疗卫生设施在丙社区等。各类设施相对孤立，难以形成集聚效应与联动效应，不利于提高设施的多人群复合使用效率。

3.4 设施配置属性：公益性与盈利性兼有，公益性设施维持局面堪忧

公共服务设施的供给类型既有盈利性的，也有公益性的。目前社区公共服务设施仍以公益性为主，利润微薄。对于社区级的公共服务设施，因贴近居民的日常生活需求，且人流量较之城市级设施毕竟有限，因此，如果要维持其公益性，必须要依靠政府加大公共资金的投入力度来解决，这是市场无法自行调节的困境。目前，城市级公共服务设施的实施是以政府投资或 PPP 的运营模式为主，公共性投入相对较大。而社区级的公共服务设施，则普遍缺乏公共资金的大力扶持，仍以私人资金为主。调研设施的公共性投入、私人投入以及公私投入兼有的情况见表 1。国家已经将全民体育健身上升到国家战略层面，但社区体育场馆的建设正面临较为尴尬的处境。以当前日益时兴的羽毛球运动为例，已经成为居民的日常体育需求，且需求越来越大。其场馆的建设如果是由私人资金通过合法的报建程序来合法建设运营，出于投资收益的考虑，其报建与建设成本最终会通过相对高额的收费来回本。而高收费又反过来会抑制刚性的需求，让居民的体育需求得不到充分的满足。因此，现实情况是在公共投入不足的情况下，羽毛球场馆多是通过仓库改建或进行临建、违建实施的，投资省、见效快，这样收费不高，但面临的突出问题是场地环境不佳以及合法性、存续期等问题。又如，中国已经进入老龄化社会，受传统观念影响，老龄人仍以居家养老和社区养老为主，极少数老龄人愿意到独立的养老机构养老。因此，社区养老设施的刚性需求大。但社区养老设施面临的现实困境同样是经营性的问题，如何既能维持公益性又能让设施存活下去，场所、收费、医护人员等问题是亟待解决的，缺乏公共资金的支持，其后续发展的局面堪忧。

各类设施资金投入调研情况　　　　　　　　　　　　　　　　　表 1

公共性资金投入为主	私人资金投入为主	公、私投入兼有
街道办事处、派出所、中小学、公交首末站	社区公共服务中心、文化活动中心、全民健身广场、健身场馆、老年人日间照料中心、社区居家养老服务中心、垃圾收集站、公厕	幼儿园、社区卫生服务中心、社区卫生服务站、菜市场

4 社区公共服务设施实施中存在问题的成因分析

4.1 规划标准不成体系且不完善

目前，从国家层面而言，在进行居住区设计时，执行《城市居住区规划设计规范》（2002）。该规范

对于应该配建哪些设施作了规定，但并未规定其用地及建设规模，未对其功能进行规定。因此，在实际工作中，该规范的执行力度较弱。表2梳理了从国家到地方的各类设施对应的规范、政策或规划，存在几个突出问题：一是规划建设标准缺乏整合。社区公共服务设施的规范或政策涉及民政部门、建设部门、规划部门、公安部门、教育部门、卫生部门、体育部门、文化部门、环保部门等多个部门，各个部门都有本部门的规范、政策或规划。较为分散的规划建设标准缺乏统筹性，造成信息不够对称，规划部门因为不了解其他部门的规范标准，在进行控规编制及项目审批时未纳入相关要求，不利于设施的实施；二是规划建设标准较为滞后。从表2可以看出，大部分的国标是2010年前出台的，部分已经较为落后，无法满足现实需求；三是规划配置的内容约定不够。在标准中未明确街道和社区各应配置的设施内容，并明确强制性配置内容与引导性配置内容。同时，在规划条件及土地出让条件中，未约定社区公共服务设施建设的内容、建设的时序、建设的规模、建设的位置（用地及楼层）、移交的方式等，使得后期实施及使用的效果不够理想。

各类设施对应的规范、政策或规划　　　　　　　　　　表2

类别	设施名称	国家规范或政策	地方规范、政策或规划
行政管理与社区服务设施	街道办事处	(1)《城市社区服务站建设标准》（建标167–2014）； (2)《党政机关办公用房建设标准》发改投资[2014]2674号	
	派出所	《公安派出所建设标准》（建标[2007]165号）	
	社区公共服务中心	《城市社区服务站建设标准》（建标167–2014）	(1)《长沙市社区党建和社区建设三年行动计划（2015–2017）》； (2)《长沙市物业管理用房规定》（2009）
基础教育设施	中小学	(1)《城市普通中小学校校舍建设标准》（建标[2002]102号）； (2)《中小学校设计规范》（GB 50099–2011）	(1)《长沙市城市中小学校幼儿园规划建设管理条例》（修正）（2004）； (2)《长沙市普通中小学校校舍建设标准》（2007）； (3)《长沙市中心城区中小学校布局规划》（2013–2020）
	幼儿园	《托儿所幼儿园建筑设计规范》	(1)《长沙市城市中小学校幼儿园规划建设管理条例》（修正）（2004）； (2)《长沙市民办幼儿园设置标准》
文化体育设施	文化活动中心	(1)《文化馆建设用地指标》（2008）； (2)《文化馆建设标准》（建标136–2010）	《长沙市文化设施用地专项规划》（2013~2020）
	全民健身活动中心、健身广场、社区多功能活动场	《城市社区体育设施建设用地指标》（2005）	(1)长沙市政府《建设现代体育公共服务体系三年行动计划》（2015~2017年）； (2)《长沙市体育设施专项规划》
医疗卫生设施	社区卫生服务中心、社区卫生服务站	《社区卫生服务中心、站建设标准》（建标163—2013）	(1)长沙市《基层医疗卫生机构建设指导标准（修订版）》（长卫发[2013]42号）； (2)《长沙市医疗卫生用地专项规划》
养老设施	老年人日间照料中心、社区居家养老服务中心	(1)《城镇老年人设施规划规范》（GB 50437—2007）； (2)《社区日间照料中心建设标准》（建标143—2010）	(1)长沙市社区养老服务设施项目建设和资金管理办法（2015）； (2)长沙市政府《关于加快发展养老服务业的实施意见》（长政发[2015]1号）； (3)《长沙市养老服务设施布局规划》（2010~2020）； (4)《长沙市养老服务设施布局规划》（2010~2020）》

续表

类别	设施名称	国家规范或政策	地方规范、政策或规划
其他设施	垃圾收集站	《环境卫生设施设置标准》（CJJ 27-2012）	《长沙市环卫设施专项规划》
	公厕	(1)《环境卫生设施设置标准》（CJJ 27-2012）；(2)《城市公共厕所设计标准》（CJJ 14-2016）	《长沙市环卫设施专项规划》
	生鲜市场	《标准化菜市场设置与管理规范》商贸发[2009]290 号	(1)《长沙市农贸市场建设提质工程建设标准（试行）》（2008）；(2)《长沙市农贸市场建设专项规划》（2008~2020）
	公交首末站	(1)《城市道路公共交通站、场、厂工程设计规范》（CJJ/T 15-2011）；(2)《城市道路交通规划设计规范》（GB 50220-1995）	

4.2　社区公共服务设施实施机制尚未理顺

现状各类设施的建设主体、管理主体、日常运营主体与产权主体五花八门，涉及多个主体（表 3）。在建设主体方面，有政府派出机构、政府部门、开发商、企业等；在管理主体方面相对比较明晰，由相应的部门或政府派出机构负责；在日常运营主体方面，有政府派出机构、居民基层自治组织、政府部门、开发商、企业及个人等；在产权主体方面，与日常运营主体情况接近。如此多的主体参与到实施全过程，在缺乏明确的责权利划分的情况下，造成社区公共服务设施在实施中乱象丛生，其配置水平、配置标准、配置内容良莠不齐。

社区公共服务设施的建设、管理、日常运营、产权主体情况　　　　　　表 3

类别	设施名称	建设主体	管理主体	日常运营主体	产权主体
行政管理与社区服务设施	街道办事处	区政府	街道办	街道办	街道办
	派出所	公安局	公安局	派出所	派出所
	社区公共服务中心	街道办 / 开发商	街道办	社区	街道办 / 开发商
基础教育设施	中学	教育局	教育局	中学	教育局
	小学	教育局 / 开发商	教育局	小学	教育局
	幼儿园	教育局 / 开发商	教育局	幼儿园	教育局 / 开发商
文化体育设施	社区文化活动中心	街道办 / 开发商	街道办	社区	街道办 / 开发商
	全民健身活动中心、健身广场、社区多功能活动场	街道办 / 开发商	街道办	社区 / 企业 / 个人	街道办 / 开发商
医疗卫生设施	社区卫生服务中心	街道 / 开发商	卫生局	卫生服务中心	街道 / 企业 / 个人
	社区卫生服务站	开发商	卫生局	卫生服务站	企业 / 个人
养老设施	老年人日间照料中心、社区居家养老服务中心	街道 / 企业	民政局	街道 / 企业 / 个人	街道 / 企业 / 个人
其他设施	垃圾收集站	城管 / 开发商	城管	城管 / 小区物业	城管 / 开发商
	公厕	城管 / 开发商	城管	城管 / 小区物业	城管 / 开发商
	生鲜市场	工商局	工商局	经营户	工商局
	公交首末站	交通局	交通局	公交公司	交通局

4.3　适应社区公共服务设施发展趋势的配套政策缺乏或制约

一是缺乏配套政策引导建筑改变使用性质以满足新的功能需求。现状的规范与标准主要是针对新建或配建设施，对于如何规范建筑改变使用性质的问题，既缺乏标准也缺乏政策引导。前文所述，社区公共服务设施的供给方式中包含购买、改建等非规划方式。长沙当前的商品房存量较大，因此，社区及企业通过购买存量房或改建存量房来解决社区亟需的公共服务设施的需求日益加大。不同的公共设施，其建筑的安全、消防、卫生、通风、日照的要求不相同，不能简单的对建筑改变使用性质来解决设施有无的问题，更应注重建筑改变使用性质后能否满足设施的使用功能要求。二是绿地率的计算方式制约体育活动场地的建设。长沙的二类居住用地上的绿地率标准为：低多层 30%，高层 35%（在强度三区为 40%），超高层 40%。按照《城市居住区规划设计规范》（2002）的要求：新城区不低于 30%，旧城区不低于 25%。长沙市的绿地率标准是要高于国家规范标准的。对于绿地率的计算与认定，其标准同样较为严格。按照《长沙市城市管理技术规定》的要求，绿地率的认定中有一条是"水面、水景按全面积计入绿地面积，绿化休闲广场需有明确界限且实施绿化的用地须达到广场面积的 60% 以上方可全部计入绿地面积"。体育活动场地往往结合中心广场建设，但绿化用地面积要达到 60% 才能计入绿地率。受绿地率指标及计算方式的影响，限制了硬质的体育场地的建设，这些是不能计入绿地率的。居民对于体育场地（篮球场、羽毛球场、气排球场、健身广场）的现实需求特别大，但如果项目中实施较多的体育场地，很可能绿地率就难以达标，对于项目的报建产生影响。因此，绿地率计算方式在一定程度上制约了社区体育场地的发展。

5 社区公共服务设施实施的优化对策

5.1 "多标合一"，建立分级分区的差异化配置地方标准

由规划部门牵头，整合分散的多个设施规划建设标准，形成一本标准，制定了《长沙市社区公共服务设施配置规定》。在该规定中，主要体现了以下配置原则：

一是新区旧区差异化配置。对于城市的新旧区域，应差异化的对待。在旧区，因用地条件及建设条件有限，因此，鼓励在旧区的既有小区通过非规划供给方式（租赁、购买、改建）来增加公共服务设施的供给。在新区，则鼓励通过规划供给方式（新建、配建）来增加公共服务设施。在规划标准上，新区的标准要高于旧区标准。

二是建立街道和社区两级配建标准。级配标准与行政层级挂钩，便于管理与实施，且其他部门的配建标准多以街道和社区两级为基础。为了各部门的标准彼此更紧密衔接，能有效地落实到用地与建筑上，因此在制定标准时未使用传统的以居住区、居住小区、居住组团为基础的三级级配模式，而采用街道（对应 3 万 ~8 万人）及社区（对应 0.5 万 ~2 万人），其对应的人口规模标准是通过统计长沙市现有街道和社区的人口区间值确定。街道级和社区级包含的公共服务设施分类见表 4。每类设施应明确用地规模标准、规模标准、设置规定、设置内容。

长沙市社区公共服务设施分类 　　　　　　　　　　　　　　　　表 4

分类 ＼ 分级	街道级	社区级
教育	高中、初中、九年一贯制学校、小学	幼儿园
行政管理与服务	街道办事处、派出所	社区公共服务中心（包括社区办公用房、社区警务室和文化活动室）
文化	文化活动中心、全民健身活动中心、健身广场	社区多功能活动场
体育	体育活动中心、运动场	体育活动站／场
医疗卫生	社区卫生服务中心	社区卫生服务站
养老	老年人日间照料中心	居家养老服务站
其他	垃圾转运站、公交首末站	垃圾收集站、公厕、生鲜超市

三是明确法定规划中的新建与配建设施要求。街道级公共服务设施应在控规中明确设施用地性质、用地范围与建设规模，社区级公共服务设施应在控规中明确配建地块编号、配建设施类型及配建规模，在具体建设项目中予以配建。规划编制中应结合项目建设与人口规模情况，优先保障落实幼儿园、社区公共服务中心、社区居家养老服务中心、小型垃圾收集直运站等社区级公共服务设施。将这些设施应作为强制性要求进行规划与建设。居住公共服务设施的配置要求须纳入规划条件及土地出让条件，约定明确需同期配置居住公共服务设施的名录、规模、位置、是否独立占地、建设标准、建设时序、资金来源、建设主体、具体实施方式和移交时限等内容。

四是鼓励设施集中布置形成公共服务中心。在进行控规编制及修规编制时，鼓励公共服务设施规划布局时，将同级别功能和服务方式类似的公共服务设施相对集中布局，以利于形成不同层级公共服务中心。表5为五类设施彼此间是否适宜集中布局的建议。如养老设施、医疗设施、文化活动设施、体育健身设施宜集中布局，既让老龄人保持身心的健康、丰富的生活，也方便老龄人护理与就医。设施集中布局有利于形成互补及规模效应，集聚人气，提高设施的利用率。

五类设施间是否适宜集中布局建议表　　　　　　　　　　表5

	养老设施	医疗设施	文化活动设施	体育健身设施	教育设施
养老设施		✓	✓	✓	—
医疗设施	✓				
文化活动设施	✓	✓		✓	✓
体育健身设施	✓	✓	✓		
教育设施	—	—	✓	✓	

5.2　完善实施制度设计，明晰政府与市场供给主体边界

公共服务设施从根本上来说是公共产品及公共服务，不能完全交由市场配置。应明确政府和市场的边界，能由市场去自行配置的可以交由市场完成。而对于非盈利性的设施，则应由政府承担相应的配置责任或者采取资金补助等方式。政府应加大公共财政投入，担负起"保基本、兜底线"的责任，同时还要采取多种方式积极引导社会资本参与社区公共服务设施的投资、建设和运营管理。街道级公共服务设施通过政府投资建设，社区级公共服务设施以项目配建为主。街道级公共服务设施宜集中布局独立占地，由政府投资建设，产权归政府。其建设方式可以借鉴苏州工业园邻里中心的建设方式，对社区公共设施配套建设思路是：配套先行、政府出资、建立苏州工业园区邻里中心管理平台。成立了邻里中心发展有限公司（苏州工业园区管理委员会直属独资企业），由其投资建设与运营。共配建了 29 个邻里中心，每 500m 的服务半径，配套 12 项基础服务功能（菜场、修理箱、洗衣店、美容美发、药店、卫生所、社区活动中心、文化中心、超市、银行、通信、餐饮）。此模式可以推广，各个区政府都有城投集团，建议可以在城投集团下设社区公共服务设施发展有限公司，专门负责街道的社区服务设施按照统一标准、统一配建内容、统一标识来进行标准化建设。考虑到公司适度盈利的需要，可以配建一些商业设施并由公司负责其日常运营。而社区级公共服务设施以项目配建为主，鼓励以市场为主体，让更多的民间资本进入，可由开发商、企业或个人投资建设。政府通过奖励政策或资金扶持，鼓励民间资本按照高标准、低收费来建设与运营。表6为各类设施对应的建设、管理、运营、产权主体建议。

设施建设主体、管理主体、日常运营主体、产权主体建议表　　表6

设施类型	建设主体	管理主体	日常运营主体	产权主体
街道级设施	社区公共服务设施发展公司（政府投入）	设施对口部门／街道	设施运营主体	社区公共服务设施发展公司（政府投入）
社区级设施	民间资本为主（政府奖励或资金扶持）	设施对口部门／社区	设施运营主体	投资者

5.3　制定配套政策，满足设施的供给趋势与需求

一是合理引导建筑改变使用性质与改建。制定相关的政策，合理的引导建筑改变使用性质以及改建，以满足增设设施的需要。表7是设施改建的导则表，对于原建筑性质改为新建筑性质的情况分为允许、不宜、禁止三种情形。允许的情形可以通过简易的法定变更程序办理，不宜的情形则需要进行相关论证后决定，禁止则是不同意性质的改变。

社区公共服务设施改建导则表　　表7

新性质＼原性质	住宅	办公楼	商铺	厂房或仓库	建筑架空层
卫生医疗	不宜	允许	允许	禁止	禁止
文化活动	不宜	允许	允许	允许	允许
体育场馆	不宜	允许	允许	允许	允许
居家养老	允许	允许	允许	禁止	不宜
社区办公	允许	允许	允许	不宜	不宜

二是鼓励既有设施"开放共享"与设施兼容。对于已经建成的机关大院、企事业单位、校区，在确保安全的前提下，应逐步向社会开放共享公共活动空间、绿地、体育场馆、停车等设施。对于公共服务设施用地，在规划编制中应鼓励设施适度的兼容，以提高设施的复合利用率。表8是各类用地上公共服务设施配置兼容性建议表。尤其应考虑在公园绿地中兼容适量的体育设施用地、在高架桥下利用空余空间兼容文体设施。

各类用地上社区公共服务设施配置兼容性建议表　　表8

兼容设施＼用地类别	居住用地	公共管理与公共服务设施用地	商业服务设施用地	物流仓储用地	工业用地	高架桥下空间	公用设施用地	绿地与广场用地
卫生医疗	允许	允许（A7、A8、A9除外）	鼓励	允许	允许	禁止	禁止	禁止
文化活动	允许	允许（A5、A7、A8、A9除外）	鼓励（B4除外）	禁止	禁止	允许	禁止	鼓励
体育场馆	允许	允许（A7、A8、A9除外）	允许	禁止	禁止	允许	禁止	鼓励
居家养老	允许	不宜	允许	禁止	禁止	禁止	禁止	禁止
社区办公	允许	允许（A7、A8、A9除外）	鼓励	禁止	禁止	禁止	禁止	禁止

三是充分利用闲置空间提供活动场地。各地近几年拆违行动取得了很大的成效，对于拆违后的闲置用地在未编制或实施规划前，可以临时作为体育活动场地、公共绿地等。本次调研中，大部分街道和社区明确提出所辖范围内少量的零星用地和空坪隙地可用于建设完善公共服务设施。因此，可以开展全市零星用地（含拆违闲置用地）的清查工作，并对用地类型分类提出实施意见。对于居住公共服务设施缺口严重的街道和社区，可以在有条件的零星用地、空坪隙地上由街道商有关部门实施公共服务设施。

四是明确体育用地人均标准与改革绿地率计算标准。2014年《国务院关于加快发展体育产业促进体

育消费的若干意见》中提出"新建居住区和社区要按相关标准规范配套群众健身相关设施，按室内人均建筑面积不低于 0.1 平方米或室外人均用地不低于 0.3 平方米执行，并与住宅区主体工程同步设计、同步施工、同步投入使用。"该标准对于加大体育设施的配置起到了积极的作用。但对于体育用地的界定标准目前尚不清晰，相关部门应尽快明确计算标准及统计口径。人均体育用地标准与绿地率密切相关，体育用地提出了标准，是否会相应的影响到绿地率的标准有待进一步研究论证。而对于绿地率的计算，宜考虑到居民对于体育硬质场地的实际需求，在计算绿地率时对于体育场地酌情折算比例纳入到绿地率的计算统计中。

6　结语

本文以长沙市为例，通过对全市 2 县 6 区 85 个街道 533 个社区调研数据的整理与统计分析，从设施配置水平、设施供给方式、设施服务能力以及设施配置属性四个方面分析了其实施的现状及存在的问题。主要问题包括配置水平不高难以满足群众的多种需求，部分非规划供给方式的设施存合法性问题，设施布局分散且服务半径不佳，公益性设施维持局面堪忧等。其主要原因是规划标准不成体系且不完善，实施机制尚未理顺，配套政策缺乏或存制约等。为了加强实施的力度与效果，本文分别从标准的建立、制度的完善以及政策的制定三个方面提出了对策建议。标准方面要"多标合一"、形成体系，鼓励通过多种形式包括规划供给及非规划供给方式来达标，在标准中要建立与现行管理体系相适应的两级级配体系。制度完善方面应明晰建设、管理、运营与产权的主体，原则上街道级的设施由政府投资建设，社区级设施通过项目配建来落实。政府投资建设的主体建议可以通过政府成立专属专责公司，按照统一的标准来建设。配套政策则应制定出符合设施发展需求的政策，包括规范与引导非规划供给方式、增加设施的供给以及对于相关指标计算界定。这些基础性研究仅作了一些探索，未来对于这些对策要作进一步的深化研究，结合地方实际纳入到相关工作体系中。各地政府宜尽早研究制定实施的相关政策与技术指引，以解决实施中存在的各种问题。

此外，感谢《长沙市居住公共服务设施配置规定研究》课题组对本文的贡献。

参考文献

[1] 晋璟瑶等. 城市居住区公共服务设施有效供给机制研究——以北京市为例[J]. 城市发展研究，2007，(6)：95-100.

[2] 张大维等. 城市社区公共服务设施规划标准与实施单元研究——以武汉市为例[J]. 城市规划学刊，2006，(3)：99-105.

[3] 侯成哲等. 公共服务设施配置标准的地方化发展研究——以杭州市为例[J]. 规划师，2014，(3)：89-93.

[4] 刘佳燕等. 北京新城公共设施规划中的思考[J]. 城市规划，2006，(3)：38-42.

[5] 周岚等. 探索住区公共设施配套规划新思路——《南京城市新建地区配套公共设施规划指引》介绍[J]. 城市规划，2006，(3)：33-37.

[6] 费彦，王世福. 市场体制下的城市居住区公共服务保障体系建构[J]. 规划师，2012，(6)：66-69.

[7] 李阿萌，张京祥. 城乡基本公共服务设施均等化研究评述及展望[J]. 规划师，2011，(11)：5-11.

分论坛五

新型城镇化规划研究

宜城市人口市民化成本分担机制研究
——首批新型城镇化综合试点的探索

耿　虹　朱海伦*

【摘　要】在我国快速工业化进程中，快速转移至城市的农业人口受到户籍制度的限制，不能享受到与城镇户籍人口一样的待遇，难以融入城市社会，市民化进程滞后。为了实现城镇化的质量提高，党的十八大明确提出要"加快改革户籍制度，有序推进农业转移人口市民化"。宜城市是新型城镇化综合试点之一的县级市，对宜城市探索的人口市民化成本分担机制进行研究，为我国广大小城市的健康城镇化提供正确的方向。本文研究宜城市的农业转移人口市民化成本分担机制，通过分析宜城市人口市民化的特点，对其成本进行科学和严密测算，寻找成本分担机制的创新之处与推广的价值，为其他城市提供可借鉴的经验。

【关键词】新型城镇化，成本分担机制，人口市民化

1　前言

改革开放以来，伴随着工业化进程的加速，大量农村人口从农业生产中转移出来，进入城镇就业、生活和居住。然而由于户籍制改革严重滞后，以及城乡分割的社会保障体系和公共服务制度，大量进入城镇的农业转移人口依然无法与城镇户籍人口享有同等的就业和社会保障待遇，并没有真正的市民化。大量农业转移人口难以融入城市社会，市民化进程滞后。所以，中国现阶段的城镇化是一种不完全、质量不高的城镇化。

为了实现我国城镇化的质量，促进社会经济健康发展，党的十八大明确提出要"加快改革户籍制度，有序推进农业转移人口市民化，努力实现城镇基本公共服务常住人口全覆盖"。《国家新型城镇化规划（2014~2020 年）》提出，要建立健全由政府、企业、个人共同参与的农业转移人口市民化成本分担机制，根据农业转移人口市民化成本分类，明确成本承担主体和支出责任。

2014 年 12 月，宜城市正式确立为全国 64 个国家新型城镇化综合试点地区之一。宜城市经济发展与其他试点县级市相比处于中下水平，与东部地区县市相比差距较大。宜城市刚刚进入工业化中期阶段，对农村转移劳动力的吸纳能力有限；宜城市尚处于从传统农业向现代农业转型阶段，农村仍有大量劳动力需要转移出去；宜城市城镇化水平滞后于工业化发展水平，城镇化质量不高。总体看来，宜城市推进新型城镇化动力不足、阻力不少、压力不小，但潜力大、机遇好。宜城市先行先试、率先突破，形成推进新型城镇化的新体制新机制，取得有益经验和深刻教训，对襄阳市、湖北省，乃至全国中西部地区都是宝贵财富，为全国传统农区推进新型城镇化提供借鉴。

---

* 耿虹，女，华中科技大学建筑与城市规划学院博士生导师，教授。
朱海伦，女，华中科技大学建筑与城市规划学院硕士研究生。

2　宜城市农业转移人口市民化状况

2.1　宜城市常住人口城镇化率较高，但市民化率偏低，城镇化任务十分艰巨

截至 2013 年，宜城市户籍人口 56.51 万人，城镇户籍人口 26.60 万人，户籍人口城镇化率 47.1%，在周边的县级市中位列第一（图 1）。全市共有常住人口 51.82 万人，其中城镇常住人口为 27.52 万人，按常住人口计算的城镇化率是 53.10%。但在城镇常住人口中，有 4.5 万人尚未完全享受市民化待遇，因此宜城市实际城镇化率仅为 44.4%，城镇化任务十分艰巨。

宜城市户籍城镇化水平在其他县级市（区、县）试点中位居前列，但常住人口城镇化率稍有落后。从图 2 可以看出，在东中西部的九个县级市（区、县）试点中，宜城市的户籍城镇化率位列第二，处于较高水平，表明宜城市全面放开的户籍制度清除了新型城镇化的部分障碍，吸引农民进入城镇，但宜城市的常住人口城镇化率的排名却不容乐观，位列倒数第三名，说明宜城市的产业结构吸纳就业的能力不足，有待调整和优化。

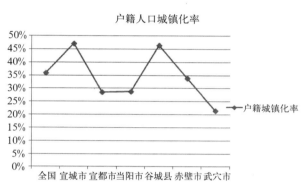

图 1　宜城市与周边县级市的户籍城镇化率比较（%）　　图 2　东中西部县级市试点城镇化水平比较（%）

2.2　新增城镇化人口的来源结构

按照宜城市城镇化综合试点方案目标，到 2020 年，宜城市将有 10.5 万农业转移人口实现市民化。届时，城镇人口总数预计达到 33.5 万人，户籍人口总数预计仍维持在 56 万人左右，常住人口总数约 54 万人。如果考虑到其中已经入城但尚未市民化的 4.5 万人，则实际城镇化率从 40.5% 提高到 59.0%（图 3）。

新增的 10.5 万城镇人口将有几个不同来源：一是 4.5 万人已经入城但并未真正市民化的人口；二是从宜城以外地区流入 3000 人；三是目前在外地打工的约 8 万人中，预计将回流约 4.3 万人；四是来自于宜城农村的转移人口 3.7 万人，但同时，预计也将有一部分人口继续转移，预计会转移出去约 2.3 万人（图 4）。

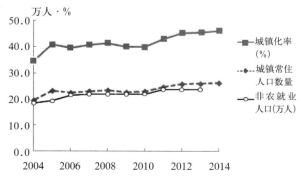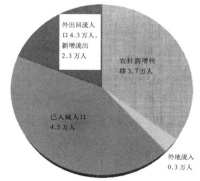

图 3　近十年宜城市城镇化和非农就业发展趋势　　图 4　新增城镇化人口的来源结构

根据规划，宜城市中心城区主要包括市区、小河镇、雷河镇，规划常住人口规模为 40 万人，新增城镇化人口将主要落户于宜城市中心城区。

3 宜城市全面放开城镇户口落户限制，促进人口分类落户城镇

宜城市自 2003 年起便开始全面推行户籍制度改革，农民进入城镇务工经商，只要有固定住所或稳定收入，在本人自愿的前提下，都可以成为社区的非农业人口，取消城市增容费及其他类似的收费，在就业、子女入学等方面同原有城市居民一视同仁，基本上建立了城乡统一的户口登记制度。

从 2014 年 7 月 24 日起，宜城市取消暂住证，在城镇全面实施流动人口居住证管理，综合配套社保、教育、卫生等政策，对居住证持有人员赋予适度的本地居民同等待遇，根据自愿原则，对符合一定条件的居住证持有人员转为当地户籍人口。根据国务院发布的《关于进一步推进户籍制度改革的意见》，宜城市全面放开城镇户口落户限制。制定《宜城市居住证管理办法》，为流动人口提供权益保障和基本公共服务。对于不愿在城镇登记落户的持证人员，可以享受基本公共服务。实行基本公共服务供给与城镇居住年限挂钩制度。在城镇连续居住满 2 年持居住证人员，享有与本地城镇户籍居民完全同等的基本公共服务。同时，提高乡村居民的基本公共服务水平，不断缩小与城镇居民的基本公共服务差异。随着经济发展水平的提高，逐步增加农村合作医疗、农村养老保险、低保等保障水平。

4 转移人口市民化成本测算

农业转移人口市民化的过程，既是为经济提供新增劳动力和消费人群的过程，也是提高居民生活水平的过程，还是一个投入的过程，需要政府、企业和个人合作分担市民化的成本支出。

4.1 转移人口市民化的公共成本

公共成本是指为容纳新市民化人口，政府在城镇基础设施建设、维护以及公共服务等方面所需增加的财政投入，主要包括城镇建设维护投入、公共服务管理投入、社会保障投入、随迁子女义务教育投入、保障性住房投入等。

4.1.1 随迁子女义务教育投入

农业转移人口的随迁子女义务教育成本主要包括两个方面：一是随着进城务工经商人员子女的增加，需要新建中小学校舍，以及需要增加相应的义务教育经费支出；二是由于城乡义务教育支出差距，转移人口子女在进入城镇接受教育后，政府的义务教育经费支出需要相应增加（表 1）。

农业转移人口随迁子女义务教育成本计算 表 1

指标	数值	备注
A. 修建 6 所小学和改扩建 3 所初中（万元）	24000	参考宜城市教育体育局重大项目策划、武汉市成本测算报告
B. 义务教育儿童教育事业费支出（元／人年）	5513	
C. 农业转移人口随迁子女义务教育人均成本(元／人)	7956.2	

4.1.2 就业创业补助

加强就业培训和创业指导是提高转移人口在城镇生活能力的最重要措施。

宜城市早在 2006 年就被省政府确定为全省 8 个统筹城乡就业试点县市，先后出台了一系列政策措施。

2012 年以来，政府为就业创业也投资很多。为了做好农业转移人口的就业创业工作，还需要政府资助成立一些公益性岗位，另外还需要扶助创业，并为转移人口提供技能鉴定服务（表 2）。

农业转移人口就业创业成本计算　　　　表 2

指标	数值	备注
A. 人均职业技能培训补贴（元／人）	1600	《湖北省就业专项资金管理办法》（鄂财社规〔2011〕19 号）相关规定
B. 公益性岗位年人均补贴（元／人年）	12000	
C. 建立职业教育与培训中心（元／人）	1429	总投资 1.5 亿元
D. 初始创业人员一次性创业人均补贴（元／人）	2000	
E. 职业技能鉴定单次费用（元／人次）	200	
F. 农业转移人口就业创业人均成本（元／人年）	495.4 元／人年 +1829 元	

4.1.3　社会保险补助

农业转移人口市民化社会保险成本分为两部分：一部分是企业和个人支付的部分；另一部分是政府部门支付的部分，即为使新市民人口能够在城镇平等享有基本养老、医疗、失业等社会保障，政府财政所必须投入的资金。从实际情况看，政府主要负担转移人口市民化的养老、医疗、失业保障等成本。

结合各项费用，在社会保险方面平均每年为每位转移人口补贴 463.4 元（表 3）。

农业转移人口社会保险成本计算　　　　表 3

指标	数值	备注
A. 养老保险年人均成本（元／人年）	286.9	
B. 医疗保险年人均成本（元／人年）	176.5	(1) 对职工医疗保险，政府不需投入；(2) 对城镇居民医保补贴，按照被助 320 人／年，补贴比率为 30% 计算（中央 180 元，省 72 元，本级 68 元）
C. 失业保险年人均成本（元／人年）	0	政府无须补助
D. 工伤保险年人均成本（元／人年）	0	政府无须补助
E. 生育保险年人均成本（元／人年）	0	政府无须补助
小计（元／人年）	463.4	

4.1.4　社会服务成本计算

为了保障城乡居民特别是困难群体的基本生活，以及保障老年人、残疾人、孤儿等特殊群体的生活和发展，需要政府部门投入一定的资源。根据宜城市近年来社会服务方面的具体支出情况，农业转移人口的社会服务成本见表 4。

结合各项费用，在社会服务方面平均每年为每位转移人口补贴 790.3 元。

农业转移人口社会服务成本计算　　　　表 4

指标	数值	备注
F. 低保年人均成本（元／人年）	232.6	
G. 医疗救助（元／人年）	57.2	
H. 居民养老服务（元／人年）	357.5 +143.0	
小计（元／人年）	357.5 +432.8	

4.1.5　基本医疗卫生补贴和人口及计划生育服务

转移人口市民化过程中，政府还需要负担城镇常住人口的社区卫生计生服务、疾病监测、疫情处理和突发公共卫生事件的处置等服务，人均每年支出 185 元。另外还需要为每人支出 17.2 元的计划生育补贴费用。

4.1.6　保障性住房成本

转移人口市民化的保障性住房成本，主要是指政府为把新市民化人口纳入城镇住房保障体系所必须增加的资金投入。主要包括保障性房源的建设投入和廉租房、公租房的租金补贴。

结合保障房和租金补贴的成本，平均需要为每个转移人口支付住房保障费用约 7820 元（表 5）。

农业转移人口住房成本计算　　表 5

指标	数值	备注
A. 住房建设成本（元/m²）	2000	宜城市 2013 年平均水平
B. 人均保障性住房面积（m²）	15	参照鄂政办发〔2011〕28 号文《湖北省人民政府办公厅关于加快发展公共租赁住房的意见》
C. 保障性住房覆盖率（%）	25	
D. 人均租金补贴（元/人）	320	根据《宜城市城镇最低收入家庭廉租住房管理实施办法》、《宜城市公共租赁住房管理暂行办法》
E. 人均保障性住房成本（元/人）	7820	E=A×B×C/100+D

4.1.7　城镇建设维护成本

转移人口市民化的城镇建设维护成本，主要指为容纳新增加的市民化人口城镇在给水排水、电力、燃气、道路、交通、环卫等各类市政基础设施和公用设施的建设维护方面所必须增加的资金投入（表 6）。

转移人口人均城镇建设维护成本　　表 6

指标	数值	备注
A. 人均城镇市政设施建设成本（元/人）	10900	宜城市 2014 年人均投资水平，按 5 年计算
B. 人均城镇市政设施维护成本（元/人）	218	
C. 公共体育设施建设（万元）	20000	
D. 人均城镇市政设施建设维护成本（元/人）	218+12805	

4.1.8　公共服务管理成本

转移人口市民化的公共服务管理成本是指城镇在提供各项公共服务和进行城市日常管理方面所需增加的资金投入（表 7）。

农业转移人口公共服务成本计算　　表 7

指标	数值	备注
A. 人均城市公共服务财政支出（元/人年）	2864	
B. 新增人口的边际管理成本与人均城市公共服务财政支出额之比	0.126	
C. 农业转移人口公共服务人均成本（元/人年）	360.9	C=A×B

总结农业转移成本的 8 个方面，按照每个转移人口需要在城镇生活 43 年计算，平均每人需要支出公共成本 12.4 万元，其中社会保险、就业创业、城镇建设维护等是主要方面。另外，公共成本的支出也是

一个长期的过程，既有短期的中小学校、职业培训学校、城市建设，也有长期的如社会保险、公共服务等支出（图 5）。

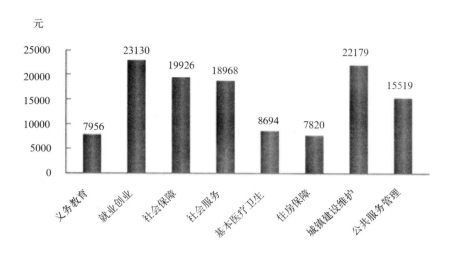

图 5 农业转移人口市民化的总成本构成

4.2 转移人口市民化的企业和个人成本

农业转移人口市民化过程中，除了政府要担负较高的市民化成本外，企业和转移人口自身也需要承担一定的成本，主要包括农业转移人口在城镇居住生活的生活成本支出、住房成本支出和社会保障成本支出。

4.2.1 生活成本

农业转移人口市民化的生活成本主要是指农民工自身及其家庭在城镇生活的日常消费支出，包括衣、食、住、行、文教娱乐等消费支出。由于住房将单独列算，因此以 2012 年宜城市城镇居民的年均消费支出扣除住房支出后，再乘以年增长率作为农业转移人口市民化的年平均生活成本。据测算，宜城市农业转移人口市民化的人均年生活成本为 9385.1 元。

4.2.2 住房成本

住房问题是农业转移人口市民化过程中集中支付成本最高、最难以解决的问题之一。尽管有部分农民工将被纳入政府的保障房体系，但绝大部分农民工仍然需要自行解决自身及其家庭在城镇中的住房问题。以宜城市住房单位造价乘以当地居民的人均住房面积、并考虑保障性住房的覆盖率作为农民工的个人住房成本，宜城市农业转移人口市民化的个人住房成本将为 54600 元。

4.2.3 社会保障成本

假设农业转移人口的自我负担社会保障成本等于宜城市城镇职工在社会保障方面实际支付值，则农业转移人口市民化个人所需支付的年人均社会保障成本为 727.55 元。

4.2.4 社会总成本

综合上述各类公共成本支出和个人成本支出，宜城市农业转移人口市民化的人均公共成本为 12.4 万元。个人支出成本为 0.94 万元／年。除去少数被纳入廉租房、公租房体系的市民化人口外，绝大多数农民工还需要集中支付一笔可观的购房成本，这笔费用大约为 5.5 万元。另外企业还需要支付转移人口在工作期间的五险一金和培训费用等（表 8）。

农业转移人口市民化的综合成本 表 8

项目	金额	备注
义务教育成本	7956.2 元	阶段性
就业创业	542.9 元 +495.4（元／人年）	一次性 ＋逐年
社会保险成本	463.4（元／人年）	逐年
社会服务成本	432.8（元／人年）＋ 357.5（元）	逐年＋ 一次性
基本医疗卫生	202.2（元／人年）	逐年
住房保障成本	7820（元）	一次性
城市维护建设	218.0（元／人年）+12805（元）	逐年＋ 一次性
公共服务管理成本	360.9（元／人年）	逐年
公共总成本	3.07（万元）+2173（元／人年）折 12.4 万元／人	逐年的按照 43 年计算（75-32）
生活成本	9385.1	
住房成本	54600	
社会保障成本	727.55	
个人总成本	5.5 万元 +1.01 万元／年，计 48.9 万元	

5 建立政府、企业、转移人口多元化成本分担机制

根据规划，预计到 2020 年宜城市城镇化率将达到 59.0%，将有 10.5 万的农业转移人口要到城镇工作和居住。要解决这 10.5 万农业转移人口的市民化问题，仅公共成本部分就需要约 130 亿元。为顺利推进转移人口市民化工作，需要建立一个由政府、企业和转移人口共同承担的多元化成本分担机制。

5.1 成本分担的总原则

根据市民化成本的不同性质，政府应负责承担农业转移人口的住房保障、社会保障、随迁子女义务教育、就业服务以及承载农业转移人口的相关城镇建设维护和公共服务等公共成本。

企业主要负责落实农业转移人口与城镇职工同工同酬制度，加大职工技能培训投入，并依法承担相应的养老、医疗、工伤、失业、生育等社保费用。

农业转移人口按规定参加各类社会保险，承担住房支出和个人社保分担成本，并主动参加职业教育、技能培训，提升融入城市社会的能力。

5.2 各级政府的成本分担

根据中央有关文件精神，特别是结合转移人口市民化的成本分配特征，建立实行中央、省和地方政府以城镇化人口数量为基准的确定性转移支付模式。

中央政府可以专项转移支付为手段，根据吸纳农业转移人口的规模，每年定向给予相应的财政补贴，重点支持地方政府在农业转移人口市民化的住房保障、公共服务、义务教育等方面的建设。

省级政府也可以参照这一方法，建立农业转移人口市民化的专项基金，支持宜城市政府为市民化的农民工提供的均等化公共服务。

地方政府在农业转移人口市民化过程中主要应承担两方面的成本：一是为容纳新市民人口，地方政府应对城镇进行必要的新建、扩建，进一步补充和完善市政基础设施、公共服务设施等，并承担起相应

的城镇建设、维护和管理成本；二是地方政府应加大在公共卫生、住房保障、义务教育等方面的投入和建设力度，努力为新市民化人口提供均等化的公共服务，并在中央财政、省级财政的支持下，担负起为新市民化人口提供均等化公共服务的大部分成本（表9）。

各级政府公共成本分担　　　表9

成本内容中央	分担比例（%）			备注
	中央	省级	地方	
义务教育成本	60	30	10	根据《国务院关于深化农村义务教育经费保障机制改革的通知》
就业创业成本	40	40	20	结合《中华人民共和国社会保险法》，考虑宜城属欠发达城市而定
社会保险成本	60	20	20	结合《中华人民共和国社会保险法》，考虑宜城属欠发达城市而定
社会服务成本	60	20	20	结合《中华人民共和国社会保险法》，考虑宜城属欠发达城市而定
基本医疗卫生成本	60	20	20	结合《中华人民共和国社会保险法》，考虑宜城属欠发达城市而定
住房保障成本	40	45	15	根据《国务院办公厅关于保障性安居工程建设和管理的指导意见》（国办发[2011]45号），中央政府、省级政府、地方政府、个人承担比例分别为5%、6%、2%和87%
城镇建设维护成本	40	40	20	参考《中央预算内固定资产投资补助资金财政财务管理暂行办法》，结合宜城属欠发达城市而定
公共服务管理成本	40	40	20	参考《中央预算内固定资产投资补助资金财政财务管理暂行办法》，结合宜城属欠发达城市而定

6　经验借鉴

6.1　以人为核心，加快公共服务体系建设，全民公平共享

宜城市以人的城镇化为核心，从政策上清除落户障碍，维护农村权益，尊重农村居民意愿，有序推进农业转移人口市民化，不断提高城镇人口素质和居民生活质量。加快教育、就业、社会保障、卫生医疗、住房等公共服务体系建设，推动城镇基本公共服务常住人口全覆盖，使全体居民共享城镇化发展成果。

6.2　相关政策结合地方实际，建立完善的成本分担创新机制

农业转移人口市民化是一个比较漫长的过程，需要支付巨额的市民化成本，要合理消化这一改革成本，宜城市全面建立起政府合理负担、企业依法负担、个人自愿负担的农业转移成本分担机制。首先，充分发挥政府主导作用，根据农业转移人口市民化成本分类，坚持农业转移人口市民化成本分类，简直事权与支出责任相适应的原则，合理确定各级政府在教育、就业、住房保障、社会保障等公共服务方面的事权，建立健全城镇基本公共服务支出分担机制。其次，鼓励企业和社会广泛参与，分担农业转移人口市民化的成本。企业依法为农民工提供就业培训，加强劳动保护，及时为农民工缴纳相关社会保险费用。最后创造条件让农民"带资进城"，实现市民化是农民工向上流动和福利改善的过程，作为市民化的主体和主要受益者，农业转移人口应主要承担实现市民化的基本生活与自我发展成本。

6.3　动农村集体产权制度改革，让农民带着资产进城

农村宅基地占宜城市农村集体建设用地的绝大部分，农村集体建设用地要成为非公益项目用地的主要来源，就必须尽快完成农村宅基地制度改革。同样，若农村土地等要素资源价值和财产功能无法实现，必然限制农村居民生活质量的提高，也会制约农业转移人口融入城市的能力。

宜城市同时作为农村土地制度改革的试点城市，出台了《宜城市宅基地抵押担保和有偿退出实施办

法》。要求尽快完成农村宅基地确权登记颁证工作，落实农村宅基地占有、使用、收益、抵押担保权能，农村宅基地使用权实现有偿退出，抵押担保。让农民最大限度地分享以宅基地为主体的城乡建设用地增减挂钩置换产生的级差地租收益，发挥好农民集体土地财产效用，建立"土地置换城镇住房和社会保障"的有效机制，探索远郊地区农民市民化路径。

6.4　中部地区中小城市是当前人口市民化的重点，宜城市的探索有一定的意义

一线城市和部分二线城市的人口规模已经非常庞大，城市开发强度趋于饱和，再接纳人口落户已经不现实，当下，人口市民化的重点应该在中西部的三四线城市。城镇化过程中的人口市民化应该是梯度转移的过程，即村镇人口向三四线城市转移，目前的情况是农村人口直接向一二线城市流动，核心的问题在于三四线城市的公共资源要素的不足，人口吸引力的缺乏。宜城市是这一类小城市的典型代表，人口增长速度缓慢，人口外流现象严重；在宜城市探索农业转移人口市民化的创新机制，可以向湖北省甚至整个中部地区提供好的经验。

参考文献

[1]　姚明明，李华．新型城镇化进程中我国农业转移人口市民化成本分担机制研究 [D]. 沈阳：辽宁大学，2015.

[2]　吴文恒，李同昇，朱虹颖．中国渐进式人口市民化的政策实践与启示 [J]. 人口研究，2015，03.

[3]　宜城市新型城镇化综合试点规划，2016.

大城市城乡接合部违法建设治理的法律冲突及其破解
——以广州市为例

叶裕民 刘晓兵 *

【摘 要】大城市城乡接合部违法建设问题是困扰大城市持续健康发展的一大难题。目前，我国法律在治理违法建设上存在着严重冲突，制约了违法建设的有效治理。这种冲突可分为三个层次：第一层次表现为不同法律之间的条文冲突，第二层次体现为行政法领域不同哲学理念的冲突，第三层次则是法律所依据的哲学理念与社会发展需求之间的冲突。文章以广州市为例，通过理论分析与实证研究，对控权论、管理论和平衡论这三种行政法哲学理念进行权衡比较，在此基础上提出了以平衡论为哲学基础重构统一的违法建设治理法律体系的构想。

【关键词】大城市城乡接合部，违法建设，冲突，平衡论

1 违法建设的内涵及治理必要性

1.1 违法建设的内涵界定

违法建设治理问题是城市化健康发展所必须面对的重大问题。《城乡规划法》、《水法》、《城市绿化条例》等法律法规都对违法建设治理进行了规定，但均未明确界定违法建设的内涵。蒋拯对违法建设的不同学术定义进行了整理和评论[1]，范德虎、谢谟文对违法建设的法律界定和构成要件进行了分析[2]。综合比较学者研究，本文认为，违法建设是指公民、法人或者其他组织违反城乡规划法等法律、法规的规定，未经法定行政主管部门合法有效批准擅自改变土地或建筑用途、结构或者未依照法定程序而建造的建筑物、构筑物或其他设施[3]。

违法建设的表现形式多种多样。在大城市城乡结合部，违法建设集中体现为违法占用土地建设房屋或其他设施以及在原有建筑上违法加盖楼层等形式。大城市城乡结合部违法建设的主体包括村集体和个人，违法建设的用途主要包括建设产业发展用房、出租屋用房以及村集体公共用房和村民的私人用房。其共同特征是密度大、容积率低、土地利用效率低、公共空间匮乏、安全隐患严重、社会问题和空间问题凸显，直接影响着大城市城市化整体发展水平和土地利用效率，是城市违法建设治理的重点，也是本文的研究对象。

---

* 叶裕民，中国人民大学公共管理学院城市规划与管理系教授，博士生导师。
刘晓兵，中国人民大学公共管理学院城市规划与管理系博士研究生。

① 蒋拯. 违法建筑定义问题研究 [J]. 河南省政法管理干部学院学报，2011，(5-6)：157-163.
② 范德虎，谢谟文. 城乡规划违法建设的法律界定及其要素分析 [J]. 规划师，2012，(12)：61-65.
③ 一些学者强调违法建设的构成要件包含行为人主观有过错、具备法定的行为能力和责任能力等要素。本文认为，上述要素不构成违法建设的"违法性"要素，只构成违法建设的"有责性"要素，即这些要素对违法建设的认定不起作用，而只影响违法建设行为人承担的法律责任的大小。

1.2 治理违法建设的必要性

受历史因素和城市物质要素扩散影响，大城市城乡接合部违法建设的产生极具复杂性。而且，大城市城乡接合部违法建设为工业化前期我国产业发展提供了空间支撑，为我国农业转移人口逐步流入城市提供了落脚之地，在一定程度上分担了城市政府职责，起到了推动工业化和城市化发展的作用。但是现阶段治理大城市城乡接合部违法建设极具必要性。

首先，大城市城乡接合部生活环境脏、乱、差不可持续。大城市城乡接合部违法建设楼层高、建筑密，人口密度大，对城市消防安全和卫生安全构成极大挑战。同时基础设施落后，基本公共服务缺失，环境卫生及空间管理失序，多元群体高度聚集但缺乏相互信任和社会交往，矛盾冲突不断，严重威胁着城市安全和可持续发展。

其次，大城市城乡接合部城市空间品质难以支撑大城市供给侧结构性改革。城市质量是中国最大的短板。我国大城市中心区域现代化快速推进，城乡接合部却长期举步维艰，成为特大城市现代化发展和提高城市质量的关键区域，也是我国大城市由增量开发转向存量改造发展的主要空间载体。未来大城市城乡接合部唯有通过大规模的城市更新，解决城乡接合部违法低效用地和建设问题，不断提升城市空间品质，才能吸引高端产业入驻，支撑城市产业结构整体升级，从而在激烈的城市竞争中继续保持优势。

第三，大城市城乡接合部人居环境却是基本的空间公平，严重限制人力资本积累。人力资本包括智力资本和健康资本。聚集在中国大城市城乡接合部的大规模流动人口，由于缺乏基本的公共服务和健康住房，智力资本和健康资本的积累都受到严重阻碍。因此，如何通过综合治理违法建设，大城市城乡接合部纳入正常的城市秩序，为城市人力资本的积累奠定物质空间基础成为大城市必须面对的难题。

第四，治理违法建设是增加城市公共产品供给、缓解产能过剩的有效路径。赵燕菁提出扩大公共产品需求是缓解产能过剩与消费不足之间的矛盾、跨越"中等收入陷阱"的有效途径。他认为"贫富差距是制约公共产品需求最主要的原因"，"'免费搭车'是制约公共产品供给最主要的原因"[1]。因此，有效治理违法建设有利于增加城市公共产品供给，拉动城市更新改造建设投资，缓解产能过剩状况，防止城市陷入"中等收入陷阱"。

总之，违法建设与城市发展转型严重冲突，依法有效治理违法建设势在必行。但是，我们还没有准备好依法治理违法建设的法律条件。

2 违法建设治理的法律冲突

之所以说我们还没有准备好依法治理违法建设的法律条件，是因为我国法律在治理违法建设上存在严重冲突，这使得违法建设不仅难以得到有效治理，反而愈演愈烈。违法建设治理的法律冲突首先表现在不同法律之间条文的直接冲突，更深层次则体现出了行政法领域不同哲学理念的冲突，再深一层次则是体现出了法律所依据的哲学基础与社会发展需求之间的冲突。

2.1 违法建设治理的法律冲突首先表现在不同法律之间的条文冲突

相关法律的条文冲突体现在两个方面：一是违法建设的处罚方式；二是违法建设的强制执行程序。

在处罚方式上，不同法律、法规规定的处罚手段各异，处罚程度和自由裁量幅度也不尽相同。以罚

---

① 赵燕菁．危机与出路：跨越"中等收入陷阱"[OL]．中国城乡规划行业网 http://www.china-up.com/newsdisplay.php?id=1441501&unam=，2016 年 1 月 7 日访问．

款为例，《城乡规划法》规定按照工程造价的一定比例处罚；而《文物保护法》、《水法》、《历史文化名城名镇名村保护条例》是按照一定的额度范围进行处罚，且各自额度范围不同；《城市绿化条例》、《土地管理法》则没有规定具体罚款的比例或额度。此外，一些法律没有规定"不可改正"或"不能拆除"情形下的处理方式，使得有处罚权的行政主管部门在依据该法律处理违法建设案件时通过罚款了事。根据行政法"一事不再罚"原则，行政主管部门一旦作出罚款处罚后，就不能再次对违法建设实施改正、拆除或没收等处罚，这就造成处理同一性质的违法建设时因依据的法律不同而产生罚款和拆除两种不同结果，给处罚方案的选择造成许多博弈空间，也使得一些违法建设成为"永久的毒瘤"（表 1）。

违法建设治理相关法律处罚方式比较　　　　　　　　　　　表 1

法律法规	相关条款	处罚方式
《城乡规划法》	第 64、65、68 条	限期改正，消除影响，处建设工程造价百分之五以上百分之十以下的罚款；不可改正的限期拆除；逾期不拆除的可查封施工现场、强制拆除；不可拆除的除没收外还可并处建设工程造价百分之十以下的罚款
《土地管理法》	第 73、76、77、81 条	限期拆除，恢复原状①；没收建筑物并处罚款②；限期改正或治理，可并处罚款③；逾期不拆除的可申请法院强制执行
《文物保护法》	第 66 条	对于在文物保护单位的建设控制地带内进行违法建设的，责令其改正，对文物保护单位的历史风貌造成严重破坏后果的，处五万元以上五十万元以下的罚款
《水法》	第 65 条	对于在河道管理范围内进行违法建设的，责令其限期拆除、恢复原状，逾期不拆除、不恢复原状的，强行拆除，所需费用由违法单位或者个人负担，并处一万元以上十万元以下的罚款
《历史文化名城名镇名村保护条例》	第 41 条	对于占用保护规划确定保留的园林绿地、河湖水系、道路等行为，责令其限期恢复原状；造成严重后果的，对单位并处 50 万元以上 100 万元以下的罚款，对个人并处 5 万元以上 10 万元以下的罚款
《城市绿化条例》	第 27 条	对于擅自占用城市绿化用地的，责令其限期退还、恢复原状，可以并处罚款

资料来源：作者自制。

在强制执行程序上，《城乡规划法》、《水法》与《土地管理法》和《行政强制法》对强制拆除违法建设的执行条件和作出决定的主体的规定都不尽相同。根据《城乡规划法》和《水法》的规定，只要当事人逾期不拆除违法建设，行政机关就可以立即强制拆除，丝毫没有司法程序限制；相对而言，《土地管理法》对行政机关的强制执行行为作了一定的程序限制，只要当事人在法定期限内向法院提起诉讼，除非法院裁定当事人建筑为违法建设，否则行政机关就不能作出强制拆除的决定并申请法院强制执行；《行政强制法》则给予行政机关双重程序限制，当事人在申请行政复议之后还可提起行政诉讼，大大有利于避免错误认定，保障其合法权利。这一差别又使得在强制拆除同一性质的违法建设时因依据的法律不同而产生不同的后果（表 2）。

违法建设治理相关法律强制执行程序比较　　　　　　　　　　　表 2

法律法规名称	执行条件	作出强制拆除决定的主体
《行政强制法》	当事人在法定期限内不拆除，又不申请行政复议或者提起行政诉讼	行政机关
《土地管理法》	当事人在法定期限内不起诉又不自行拆除	行政机关作出决定，申请人民法院强制执行
《城乡规划法》、《水法》	逾期不拆除	行政机关

资料来源：作者自制。

---

① 针对违反土地利用总体规划擅自将农用地改为建设用地的情形。
② 针对擅自将农用地改为建设用地但符合土地利用总体规划的情形。
③ 针对擅自在耕地上建房的情形。

处罚方式、强制执行程序的不同,一方面造成了事实的不公平,使得法律的公平价值难以得到彰显;另一方面也使得公民对自身行为后果缺乏明确的预期,特别是一些违法建设通过"以罚代拆"得以存续,更加助长了公民的侥幸心理,使得违法建设愈演愈烈,严重破坏了社会秩序,损害了法律的秩序价值。同时,这种情形也给行政机关的执法工作造成困惑。一些行政执法人员就不解地抱怨道:"我们小心翼翼地严格按照《城乡规划法》的相关规定执法,最后法院怎么还判我们违法呢?"因此,实现违法建设治理法律体系及其内容的协调一致极其必要。

2.2 法律条文冲突的背后是行政法哲学理念的冲突

在行政法发展历程中,存在着管理论、控权论和平衡论三种不同哲学理念[①]。管理论主要流行于德、日等大陆法系国家,强调"公益应优于私益,旨在实现公益的行政权应优于代表私益的公民权"[②];控权论主要流行于英、美等普通法系国家,强调公民权优于行政权,且认为完全依靠市场就能够实现资源的最优化配置,因此,主张严格限制行政权,以保障公民权利;平衡论认为"行政主体与公民之间的对立合作是行政法发展的根本原因",强调充分发挥双方的能动作用[③]。

陈小文将管理论的基本特征概括为"以公法理念为基础、以行政行为为制度核心、追求的是实质正义",将控权论的基本特征概括为"以普通法为基础、以司法审查为核心、以程序正义为目的"。[④]我国深受大陆法系影响,多数法律都体现出了管理论的特征,即强调行政主体单方面的管理职能,允许宽泛的自由裁量权存在,注重对执法效果的规定而缺少对执法程序的规范。比如《城乡规划法》、《土地管理法》、《水法》等都体现了管理论的特性,只不过不同法律在体现管理论的程度上存在差异。

但是,另一些法律,诸如《行政强制法》等则更多地体现了控权论的色彩。《行政强制法》是规范行政强制行为的程序法,通过严格的程序规定来限制行政主体的行政强制行为。《行政强制法》通过充分发挥司法作用来保护行政相对方的合法权利,该法第44条[⑤]专门对强制拆除违法建设作出了限定。该条规定,违法建设当事人除非在法定期限届满后放弃申请行政复议或提起行政诉讼的权利,行政机关才有权依照法定程序对违法建设实施强制拆除,否则一旦违法建设当事人申请行政复议或者提起行政诉讼,行政机关就只能等到司法[⑥]裁定相关建筑为违法建设后,才能实施强制拆除。应松年明确指出这一条款"使得法院有了最终认定权,这将有助于遏制行政机关滥用职权","有助于更好保护当事人的不动产权利"[⑦]。

立法所依据的哲学理念的差异必然导致法律条文的冲突,因此,要实现违法建设治理法律体系及其内容的协调一致,就要首先统一立法所依据的哲学立场。

2.3 更深层次的法律冲突是行政法哲学理念与社会发展需求的冲突

在违法建设治理方面,我国现行法律体现了不同的哲学理念。要统一立法哲学理念,就必须要有所取舍,依据就是该理念是否最符合社会发展实际情况,顺应社会发展的需求,从而彰显法律的价值和功能。

大城市城乡接合部违法建设产生的机理是:土地和房屋的刚性供不应求,强烈刺激大城市城乡结合

---

① 陈小文 . 行政法的哲学基础 [M]. 北京:北京大学出版社,2009.

② 罗豪才,宋功德 . 行政法的失衡与平衡 [J]. 中国法学,2001,(02):72-89.

③ 罗豪才 . 行政法的核心与理论模式 [J]. 法学,2002,(08):3-6.

④ 陈小文 . 行政法的哲学基础 [M]. 北京:北京大学出版社,2009.

⑤ 该条款具体内容为:对违法的建筑物、构筑物、设施等需要强制拆除的,应当由行政机关予以公告,限期当事人自行拆除。当事人在法定期限内不申请行政复议或者提起行政诉讼,又不拆除的,行政机关可以依法强制拆除。

⑥ 行政复议属于行政司法范畴。

⑦ 应松年 . 行政强制法教程 [M]. 北京:法律出版社,2013.

部大多数村民进行违法建设的欲望，使得违法建设动机具有社会普遍性特征，在这种情况下，政府有限的监管和执法力量必然显得捉襟见肘。因此，大城市城乡接合部违法建设治理领域呈现出"小政府、大社会"的态势。当然，这种态势背后凸显的是村民要求基本生存权益和争取更好发展机会的强烈愿望。在治理违法建设过程中，这一社会需求不容忽视。

管理论强调政府单方面的发挥作用，管理手段具有明显强制性特征，基本上限于限期改正、罚款、没收等一些处罚方式和查封现场、冻结房产、强制执行等一些执行方式，缺少疏导和激励的措施，忽视社会发展需求。在没有投入足够多的执法力量的情况下，这种"封堵"和处罚手段难以有效解决违法建设问题。控权论也没有提出有效途径解决社会发展需求问题，而是通过严格程序进一步限定政府权力，使得"小政府"更小，在同等条件下更加不利于违法建设的控制。

从图1可以看出，2000~2007年，我国违法占地呈波动上升趋势，2007年以后随着国土资源督察力度和执法力度的加大，违法占地面积呈减少趋势，但仅仅是回到了2002年左右的水平，每年发生的违法占地面积仍旧十分巨大，2012年高达1.8万公顷。

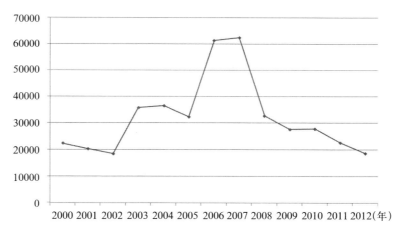

图1　2000~2012年全国当年发生违法占地面积（公顷）
资料来源：中国国土资源年鉴2001~2013

从图2可以看出，2005~2009年间，广州市查处违法占地面积较大，2009年后广州市查处违法占地面积相对减少，但仍远高于2002~2004年间查处的违法占地面积，且每年查处违法占地面积时升时降，呈波浪状分布，表明违法占地状况没有得到有效遏制。

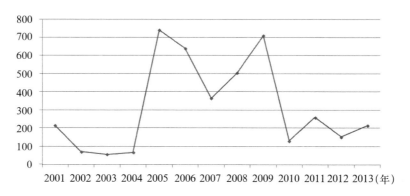

图2　2001~2013年广州市当年查处违法占地面积（公顷）
资料来源：广东国土资源统计年鉴2002~2014

广州市统计数据显示，全市乡村地区无证宅基地占地面积占宅基地总占地面积的 65%，无证住宅建筑面积占农村住宅总建筑面积的 63%。按照现有户籍农业人口计算，广州市人均占有宅基地面积约为 140 平方米，其中，人均非法占有宅基地面积约为 90 平方米。在广州市城乡接合部的村庄中，有半数村庄非法宅基地占地面积占到本村宅基地总占地面积的 70% 以上。

理论和实践都已表明：以管理论或控权论为哲学基础建构的违法建设治理法律体系不能有效解决违法建设问题。当前行政立法所依据的哲学理念与社会实际和社会发展需求之间均存在冲突，这是违法建设问题得不到依法有效解决的最深层次原因。

背景复杂、规模巨大的违法建设必然难以通过单一主体、单一手段解决。当今公共事务治理越来越强调利益相关方的合作，强调充分发挥利益相关各方的能动性，违法建设的有效治理也必然离不开政府与社会的沟通、合作与制衡。平衡论能够而且应当在构建违法建设治理法律体系过程中发挥更大作用。

2.4 行政法哲学理念的转型——平衡论的背景、内涵与实践

1929 年的经济危机使得英美等普通法系国家意识到加强政府职能对保障经济社会平稳运行的重要作用，极大地冲击了控权理论。与此同时，法西斯主义在第二次世界大战中产生的巨大危害也使人们开始反思以"命令—服从"为基本模式的管理论。这样，普通法系国家和大陆法系国家出现了立法理念相互借鉴、相互渗透的趋势。

改革开放之前，我国长期实行高度集中的计划经济模式，行政法体现出较为浓厚的"管理论"色彩。改革开放初期，随着政治、经济体制的变革和转型，我国出现了"全面自由化"和"开明专制化"两种截然对立的思潮，"两种思潮在行政法学领域的反映和体现即是'新控权论'和'新管理论'"①。

在上述背景之下，罗豪才等从古代、近代、现代三个维度考察了行政法的发展历史，指出"行政法的全部发展过程就是行政机关与相对方的权利义务从不平衡到平衡的过程"，在立足中国国情的基础上，提出"现代行政法不应是管理法、控权法，应是平衡法"。②行政法平衡理论提出后，得到了一大批行政法学家的支持。平衡论不断发展完善，20 世纪 90 年代中后期开始在中国行政法学界占据主导地位。

平衡论认为，现代行政法理论体系的核心是行政权与公民权的关系。在具体关系上，二者应当是不对等的，这种不对等具有必要性，主要体现为"在实体行政法律关系中，行政主体和相对方形成行政机关为优势主体、相对方为弱势主体的不对等关系；在程序法律关系和司法审查关系中，则形成另一种反向的不对等关系"。但在总体上，"诸多具体的法律关系综合起来应当体现行政机关和相对方法律地位的平等，权利义务动态上的平衡"。行政法权利结构的失衡不仅包括"行政权过于强大、相对方权利过于弱小"，还包括"行政权过于弱小、相对方权利过于强大"。因此，行政法不仅要制约行政主体，还要制约行政相对方，但同时更要强调对二者的激励。这种制约和激励从行政的角度体现为要正确区分"消极行政"与"积极行政"。所谓"消极行政"，是指那些"限制公民的人身自由、剥夺公民的权利、科以公民义务的行政行为"，所谓"积极行政"是指"增进公共利益，保护公民、法人的合法权益，为公民提供各种公共服务"的行政行为。"消极行政"必须有明确的法律依据，要通过严格的法律程序加以限定，通过制约行政权力保护公民权利。同时，也要对公民权加以约束，法律明确规定的公民义务必须要落实。"积极行政"表现为行政指导和行政合同等行政行为，往往通过行政主体和相对方的合作来施行。对于这类行政行为，只要其与法律及法律精神、原则不抵触，就应当鼓励，并通过激励措施促进行政主体和相对方合作的实现，

① 姜明安．各国行政法学的主要流派 [A]．罗豪才．现代行政法的平衡理论（第二辑）[C]．北京：北京大学出版社，2003.
② 罗豪才等．现代行政法的理论基础——论行政机关与相对一方的权利义务平衡 [J]．中国法学，1993，(01)：52–59.

保障行政行为的顺利实施。

诺内特、塞尔兹尼克在《转变中的法律与社会：迈向回应型法》一书中，将法律的发展历程概括为从"压制型法"到"自治型法"再到"回应型法"，最终谋求权威与社会公众之间的互动与合作。这与平衡论的主张十分契合。平衡论符合当代社会转型和行政法治发展的需要。从国际上看，经济全球化需要充分保障公民权，这是市场经济和自由贸易繁荣的重要前提之一。与此同时，全球化并不意味着政府职能的削弱，恰恰相反，全球化带来的不确定性更需要政府及时有效地应对风险。吉登斯在《第三条道路——社会民主主义的复兴》一书中，列举了在经济全球化时代政府应当积极履行的 11 项职能，内容涵盖政治、经济、社会等广泛领域。吉登斯同时指出，"在任何这些领域中，市场都不能取代政府，社会运动或者其他各种类型的非政府组织也不能做到这一点"。从国内看，袁曙宏、宋功德揭示了行政法治原则的地域化特征，指出"行政法治原则的中国化，既要考虑到经济转轨与社会转型的事实，又要注意到行政法本土资源的丰富性与差异性"，因此，具备地域化特征的行政法治原则必须具有流变性、回应性、共识性和乡土性，这就必然需要平衡论作为理论依据。综上，全球化、市场化、民主化和本土化要求平衡论为转型时期中国行政法治发展提供理论支撑。

平衡论使得传统行政法的范式发生重大转换。具体表现在：行政法律关系与监督行政法律关系从分裂走向统一；行政主体和相对方从对立走向合作；行政法中心从单一走向多元；行政行为模式从单一走向复合；行政权与公民权从对等走向法律地位平等。这种转变与公共管理领域兴起的合作治理理念不谋而合。张康之从全球化、后工业化角度，指出合作是人们应对社会高度复杂性和高度不确定性的必然选择。20 世纪末期，新兴社会自治力量不断壮大并与政府形成平等互动关系，这使得合作治理成为政府治理改革新的命题。合作治理理念强调政府与社会等多元主体的平等合作关系，与平衡论具有同质性。在当代社会治理领域，行政法的平衡论理念表现为权力（权利）控制和合作治理。

熊时升、刘松安以平衡论为标尺，评估并阐释了地方立法的失衡现象，并设计了地方立法的平衡之路。戚建刚分析了群体性事件行政法治理模式的转变，指出以平衡论为理论基础的回应型治理模式能够使群体性事件治理摆脱合法化危机。在立法和社会治理一些领域，平衡论正在开始或已经发挥了理论主导作用。事实上，在违法治理领域，平衡论已经开始发挥指导作用并取得了良好成效。

3　平衡论的成功实践：广州市北村村违法建设治理经验介绍

广州市在 1997~1999 年间编制了第一轮村庄规划，之后又在 2007~2010 年间编制了第二轮村庄规划。但是两轮村庄规划都是自上而下编制，作为利益相关方的村集体和村民沦为纯粹的规划执行者。由于正当权益和发展诉求没有得到有效体现，上述两轮规划遭到村集体和村民的抵制，最终没有很好地实施。2013 年开始的新一轮规划，政府坚持多元合作、多管齐下，不仅使规划具有可实施性，而且还在规划过程中有效解决了城乡接合部违法建设问题。广州市城乡接合部违法建设治理成功经验体现了行政法平衡理论。文章以广州市北村村为例，介绍平衡论在广州市大城市城乡接合部违法建设治理过程中的成功运用。

3.1　北村村基本概况

北村村地处广州市白云区太和镇西北部，属于城边村。在广州市"123"（一个都会区、两个新城区和三个副中心）空间功能布局规划中，北村属于都会区边缘范围；在广州空港经济区规划布局中，北村位于空港经济区一期南片范围。地理区位条件十分优越（图 3）。

　　东西走向的北太路从北村村域中部穿越，村域西部有 106 国道并设置有地铁三号线延长线龙归站，北部有北二环高速公路（出入口设置在村域西边北二环高速与 106 国道交叉处）。整个北村村域位处几大交通要道的金三角位置，具备得天独厚的交通区位优势（图 4）。

图 3　北村村地理位置示意图
资料来源：根据广州市白云区太和镇北
　村村庄规划（2013~2020）图例绘制

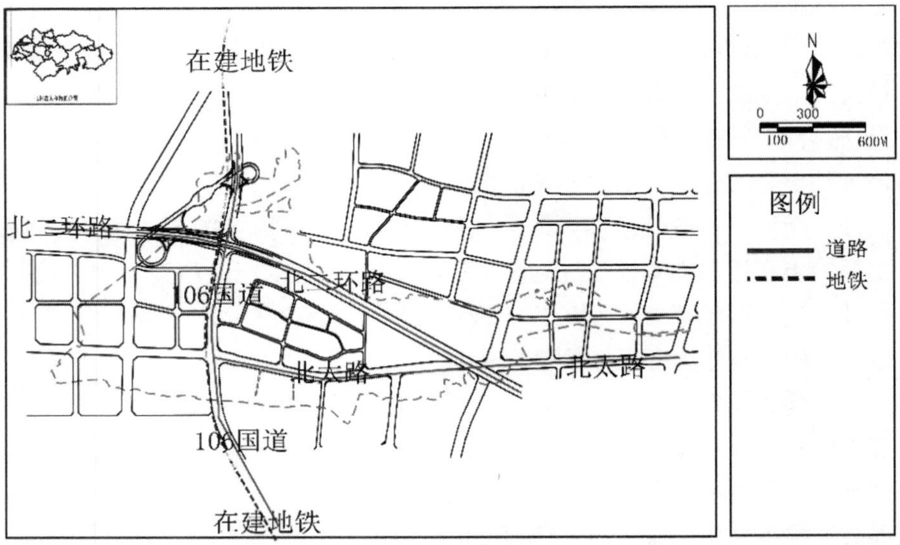

图 4　北村村交通区位图
资料来源：根据广州市白云区太和镇北村村庄规划（2013~2020）图例绘制

　　凭借优越的地理区位和交通区位，北村村集体大力兴建厂房及相关配套设施，吸引了众多劳动密集型企业和外来经商、务工人员。广州市统计数据显示，2012 年，北村户籍人口 1950 人，外来人口 676 人。近些年来，随着空港经济区的开发以及村东北部广州市民营科技园的进一步发展，北村村企业和外来人口数量呈上升趋势。根据 2015 年 10 月底北村村调研数据，该村企业数目达到 80 家，外来人口数量增至2100 多人。

3.2　北村村违法建设的缘起与蔓延态势

　　历史上，北村村集体凭借优越的区位条件，大力兴办厂房用于出租，出租对象主要瞄准劳动密集型加工工业，因此厂房以低层粗放型为主，需要占用大量土地，而村集体经营性建设用地数量有限，再加上政府征地返还的"留用地"没有兑现，村集体经济发展用地需求难以得到满足，在强大经济利益刺激下，村集体违法占用其他性质土地甚至耕地来兴建厂房。

　　企业的入驻吸引了大量的外来人口，外来人口的住房需求又刺激村民加盖高层甚至违法占地建造房屋出租。出租经济的发展刺激北村村大量违法建设的产生。

　　此外，北村村从上世纪末就停止划分宅基地，大量新增分户只有通过违法加盖楼层或者违法占地建房才能获得住所，这也导致违法建设的产生。

　　广州市统计数据显示，2012 年前后，北村村集体经济项目总占地面积为 1749.1 亩，其中有证面积为 1025.5 亩，无证面积为 723.6 亩，无证面积占比高达 41.4%。北村村住宅用地面积为 152810 平方米，住宅建筑面积为 396677.7 平方米，其中，非法住宅用地面积为 48936.8 平方米，占住宅总占地面积的32%，非法住宅建筑面积为 159327.1 平方米，占住宅总建筑面积的 40.2%。

需要说明的是，数量庞大的违法建设是历史的产物，2009 年以后，北村村违法建设势头得到有效的遏制。2009~2012 年，北村村违法建设总量基本处于稳定不变的状态，2013 年以后，尽管北村村企业数目和外来人口数量还在不断上升，但违法建设数量却呈现出不断下降的趋势。

3.3 多方合作、多管齐下有效治理违法建设

北村村违法建设数量不断下降的趋势的出现，与广州市各级政府采用"多方合作、多管齐下"的治理理念和措施密切相关。这些措施主要包括：

第一，与村集体和村民合作制定新一轮村庄规划，通过协商和博弈实现村庄发展和违法建设有效治理的双重目标。

2013 年，广州市在全市范围内开展新一轮村庄规划编制工作。本轮村庄规划在编制过程中充分尊重村集体和村民发展意愿，充分保障村民参与权利，通过政府、规划师、村集体和村民的多方合作协商与利益博弈，在满足村集体和村民发展需求的同时，也解决了违法建设问题，实现了多方共赢。

首先，本轮规划解决了村集体经济发展用地问题。本轮规划在多个地块实现了留用地政策的落地。图 5 显示的 7 个地块为本轮规划落实的新增留用地，地块面积总和超过 10 公顷，基本解决了历史上拖欠的以及村庄未来发展留用地问题。同时，根据村庄发展需要和空港经济区产业发展要求，新一轮规划将一些工业用地转变为商业用地，对于提升村庄土地利用效率、优化村庄产业结构起到了重要作用。

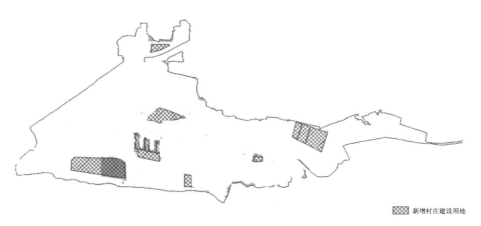

新增村庄建设用地

图 5 北村村新增村庄经济发展用地示意图
资料来源：广州市规划局

其次，本轮规划解决了新增分户住房用地问题。到 2020 年，北村村有住宅建设需求的农户共计 178 户（新增分户有 111 户，历史欠账户有 67 户）。本轮规划共划出 2.06 公顷作为新村，为新增分户提供住宅建设用地。新村用地采取一户一宅和公寓两种形式进行安置。按容积率 2.3~2.8 计算，新村总建筑面积约 5 万平方米，可安置 192 户，基本可以解决村民的住房问题。其中 A-1 地块面积 2738 平方米，建成每户建筑面积小于 280 平方米的一户一宅农民公寓，拟安置 22 户，A-2 地块面积 1.78 万平方米，用于建设农民公寓，拟安置 170 户（图 6）。

最后，本轮规划新增了公共服务用地。规划在保持用地总量不变的前提下，优化公共服务设施布局，整理完毕后在旧村内新增 0.67 公顷用地，用于建设村民文化室、宣传报刊橱窗、休闲活动广场、社区小游园、健身公园以及无害化公厕，并在北村南面新增 0.35 公顷用于建设骨灰楼（图 7）。

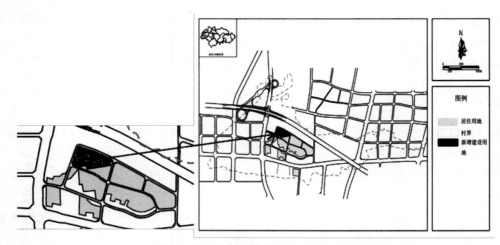

图 6　北村村新增村庄居住用地示意图
资料来源：根据广州市白云区太和镇北村村庄规划（2013~2020）图例绘制

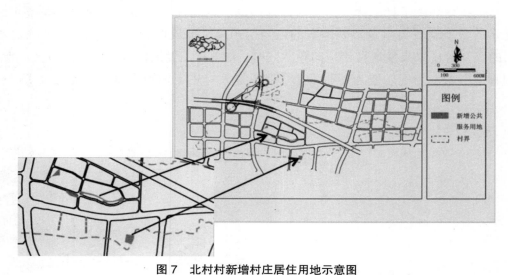

图 7　北村村新增村庄居住用地示意图
资料来源：根据广州市白云区太和镇北村村庄规划（2013~2020）图例绘制

　　与此同时，本轮规划要求违法建设及用地必须依法进行改正、拆除或复垦为耕地、绿地等。因此，本轮规划实际上是"减量规划"（表 3），北村村整体建设用地数量减少，耕地和绿地数量增加，违法建设得到有效治理，村庄整体环境不断改善。尽管建设用地总量减少，但村集体和村民获得了具有合法产权的居住用地和经济发展用地，土地利用效率也得到提升，村集体和村民生存和发展需求得到满足，生活环境得到改善。因此，规划方案得到了大多数村民的理解和支持。例如，依据法律规定，北二环高速公路两侧 100 米内应建设为绿地，但这一地带长期被违法建设占据，2013 年以后，北村村集体和村民自觉组织拆除北二环高速公路两侧的违法建设并恢复成绿地（图 8）。

北村村土地利用平衡表（公顷）　　　　　　　　　　　　　　　　　　　　　　　表 3

村庄现状建设用地规模（不含村庄道路用地）	新增村庄建设用地规模					现状保留村庄建设用地规模	复垦规模		转为国有建设用地规模
	新增分户、历史欠房户及重点项目搬迁安置用地	村留用地规模（有指标未落地）	村经济发展用地规模（预留）	规划许可留用地	公共服务设施用地规模		住宅复垦规模	经济用地复垦规模	
56.22	1.78	2.9	5.8	3.54	1.94	18.03	6.5	5.7	10

资料来源：根据广州市白云区太和镇北村村庄规划（2013~2020）制作。

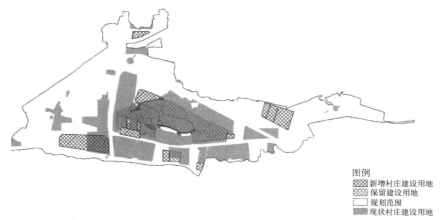

图8 本轮规划中北村村建设用地变化示意图
资料来源：广州市规划局

图例
▨ 新增村庄建设用地
▨ 保留建设用地
▢ 规划范围
■ 现状村庄建设用地

第二，村集体通过村规民约能动参与违法建设治理。

2009年，北村村将禁止违法建设等内容加入到村规民约之中，以此约束村民违法建设行为。新一轮规划编制完成后，北村于2015年重新修订村规民约，将规划成果纳入其中，以保证规划的实施。

北村村是一个历史悠久、文化氛围浓厚的村庄，村规民约长期得到村民认同，并成为约束村民行为的有效手段。北村村庄规划通过以后，2013年重新修订村规民约，明确将村庄规划内容纳入到村规民约之中，提出"为了加强村镇建设规划管理，村统一编制《广州市白云区太和镇北村村庄规划（2013-2020)》，并按方案实施执行，严禁违章建筑和未经报批的拆、改、建项目。村规划内需要新建、扩建、改建任何建筑物、铺设道路和管线都必须向村委会提出申请，并呈报镇政府审批，严格服从规划管理"。村规民约同时还对村民拆、改、建房屋所应具备的条件和所应履行的程序以及如何保持村容村貌整齐统一等事项进行了规定。

北村村通过股份分红的方式分配集体经济收益，村民股份分为基础股和农龄股两种，基础股共9股，本村居民从1~18周岁每2周岁配1股；农龄股则是本村居民从19周岁起，农龄每增加1年配置1股，最高不超过51股。但配股的前提是农户不能违反村规民约，否则该户成员就一直得不到增加的股份。这种形式使得北村村规民约的执行力大大增强，将禁止违法建设的规定加入村规民约，对于有效遏制新增违法建设起到了重要作用。自2009年以来，北村村违法建设基本没有增加，这与村规民约的作用发挥密不可分。

第三，加大执法力度、依法履行职权，通过创新监管机制，有效监管城乡建设行为。

广州市创新城乡建设监管机制，通过建立网格化监管机制，将监管责任落实到每一位执法管理者身上，责任人员通过加强巡查等方式加大执法力度，有效遏制了违法建设行为。

北村村治理违法建设的一系列措施，是平衡论在行政执法过程中的典型体现。违法建设行为从本质上看是因公民权滥用而损害公共利益和他人合法权益的行为，从其产生原因上看，既有经济利益刺激的因素，又有法律控制存在缺陷的因素，同时也有规划过程中行政权过于强势而忽视公民权的因素。这里存在着两种权利失衡：一种是总体上公民权过于强势而导致行政主体和相对方权利失衡，一种是诱因上行政权过于强势而导致行政主体和相对方权利失衡。

北村村治理违法建设的一系列措施纠正了这两种权利失衡状况。首先，在规划制定过程中，政府和村集体、村民都是规划的制定者和决策者，双方地位平等、权力均衡，既合作又相互制约，解决了行政权过于强势导致的权利失衡问题。规划成果既满足了村集体和村民的生存权益和发展诉求，又实现了政府治理违法建设、提升城市品质的目标，在权利平衡中实现了双赢。其次，在违法建设防范机制建设上，政府和村集体也都积极发挥双方的能动性。村集体通过村规民约参与违法建设治理，政府则依法运用强制性手段震慑和制止违法建设行为，双方通过合作共同承担公共治理职能，在一定程度上缓解了公民权过于强势导致的权利失衡状况。综合上述措施，满足村民生存发展需求是激励措施，监管和制止违法建设行为是制约措施，通过激励和制约解决了公民权过于强势导致的权利失衡问题，最终实现了违法建设的有效治理。这正是平衡论的精髓所在。

4　结论与启示

4.1　平衡论是违法建设治理领域相关法律协调完善的哲学基础

事实证明，与控权论和管理论相比，以平衡论为指导的社会治理才能够有效解决违法建设问题。因此，针对当下违法建设治理领域的法律冲突，有必要以平衡论为哲学基础重构统一的违法建设治理法律体系。

以平衡论为哲学基础重构统一的违法建设治理法律体系，首先要明确行政主体和相对方的权利义务。这就要以权利平衡为准则协调不同法律之间的条文冲突，使行政主体和相对方的权利义务在不同法律之间具有一致性且总体上达到平衡。同时要协调执法程序，使执法程序不致过分严格而损害行政效率，也不致过于宽松而伤及社会公平。通过合理的程序限制，一方面羁束行政权使之依法行政；另一方面也为行政权依法制止公民违法行为提供正当程序。

以平衡论为哲学基础重构统一的违法建设治理法律体系，更要注重运用合作治理手段解决违法建设问题。合作治理是平衡论在社会治理领域的形式表达。在具体治理过程中，法律应当充分尊重双方的法定权利和正当利益，鼓励行政主体和相对方在符合法律规定和法律精神、原则的情况下，通过谈判、博弈解决冲突，通过合作和共同参与实现违法建设的有效治理。

4.2　平衡论也应当成为转型时期我国城乡规划乃至整个行政法治建设领域的理论依据

平衡论理念从 1993 年被提出至今，不断地发展和完善，在行政法学领域的主导地位日趋突出。这一理论契合了我国行政法治建设应对国内政治经济体制转型和全球化挑战的实际需求，也应当成为转型时期我国城乡规划乃至整个行政法治建设领域的理论依据。

长期以来，我国行政法治建设领域存在着行政主体和相对方的权利义务不明确、不均衡等问题，这种不均衡既表现为行政权过于强势，又表现为公民权过于强势，但主要表现是行政权过于强势，这与我国长期以来行政法"管理论"色彩较为浓厚直接相关。

以平衡论为理论依据推进我国行政法治建设，首先要求在法律的框架内明确行政主体和相对方的权利义务，并使之均衡。当前这种均衡状态主要靠加强公民权以及完善法律程序、通过合理的程序限制行政权来实现，但在一些具体领域内也要限制公民权，防止公民权滥用损害公共利益和他人合法权益。

以平衡论为理论依据推进我国行政法治建设，就要使法律更多地体现政府与社会的平等合作。当今社会的复杂性和不确定性，使得社会治理离不开政府与社会的平等合作。平等合作的前提是要有平等的、明确的、均衡的法定权利（权力）；平等合作的关键是双方相互尊重对方的正当权益和发展诉求，努力寻找利益契合点，以平等谈判、博弈等方式解决利益冲突；平等合作的手段主要是运用非强制性和激励性手段，让行政相对方平等参与社会治理，充分发挥双方的能动性。这就要求法律充分尊重公共利益和公民合法权益，在不违背法律精神、原则的前提下，更多地鼓励运用行政指导、行政合同等非强制性和激励性手段，更多的鼓励政府与社会合作治理。同时，强制性手段也要作为法治的底线存在，以震慑和制止损害公共利益和他人合法利益的违法行为，但强制性手段的实施必须要有适当严格的程序限制，以防止权力滥用损害公民利益。

参考文献

[1] 蒋拯．违法建筑定义问题研究 [J]．河南省政法管理干部学院学报，2011，(5–6)：157–163.

[2] 范德虎，谢谟文．城乡规划违法建设的法律界定及其要素分析 [J]．规划师，2012，(12)：61–65.

[3] 赵燕菁．危机与出路：跨越"中等收入陷阱"[OL]．中国城乡规划行业网 http://www.china–up.com/newsdisplay.php?id=1441501&unam=，2016 年 1 月 7 日访问.

[4] 陈小文．行政法的哲学基础 [M]．北京：北京大学出版社，2009.

[5] 罗豪才，宋功德．行政法的失衡与平衡 [J]．中国法学，2001，(02)：72–89.

[6] 罗豪才．行政法的核心与理论模式 [J]．法学，2002，(08)：3–6.

[7] 陈小文．行政法的哲学基础 [M]．北京：北京大学出版社，2009.

[8] 应松年．行政强制法教程 [M]．北京：法律出版社，2013.

[9] 姜明安．各国行政法学的主要流派 [A]．罗豪才．现代行政法的平衡理论（第二辑）[C]．北京：北京大学出版社，2003.

[10] 罗豪才等．现代行政法的理论基础——论行政机关与相对一方的权利义务平衡 [J]．中国法学，1993，(01)：52–59.

[11] 罗豪才．行政法学与依法行政 [J]．国家行政学院学报，2000，(01)：53–59.

[12] （美）P. 诺内特，P. 塞尔兹尼克．转变中的法律与社会：迈向回应型法 [M]．张志铭译．北京：中国政法大学出版社，2002.

[13] （英）安东尼 · 吉登斯．第三条道路——社会民主主义的复兴 [M]．郑戈译．北京：北京大学出版社，2000.

[14] 袁曙宏，宋功德．论行政法治原则的地域化 [J]．南京大学法律评论，2001，(02)：13–34.

[15] 罗豪才，宋功德．行政法的失衡与平衡 [J]．中国法学，2001，(02)：72–89.

[16] 张康之．合作的社会及其治理 [M]．上海：上海人民出版社，2014.

[17] 熊时升，刘松安．基于平衡论的地方立法分析 [J]．政治与法律，2007，(02)：152–156.

[18] 戚建刚．论群体性事件的行政法治理模式——从压制型到回应型的转变 [J]．当代法学，2013，(02)：24–32.

都市区化空间结构演变探究
——以山东省济宁市都市区为例

郭诗洁　陈锦富 *

【摘　要】都市区是一个大城市人口核心以及与其有着密切社会经济联系的具有一体化倾向的邻接地域的组合。本文通过研究都市区与都市区化现象，对城市未来发展态势进行探索。选取山东省济宁市市域内的都市区作为案例，研究影响该地域空间结构演变的动力机制，并从"金三角复合中心"到"菱形结构城市"，再到"1+2 结构"及现在的"都市区中心组群结构"进行全面的演变阶段过程与空间结构分析。通过探究现有的都市区和市域空间发展结构，提出都市区空间发展战略指引。

【关键词】都市区化，空间结构，动力机制，演变过程

1　都市区及都市区化

1.1　概念

都市区的概念起先是由国外发达国家引入，由于国外发达国家郊区化现象十分明显，区域间一体化发展需求较大，形成都市区化现象。国内学者谢守红提出，大都市区是一个大的城市人口核心以及与其有着密切社会经济联系的具有一体化倾向的邻接地域的组合[1]。北京大学教授周一星于 1986 年建议中国建立一套能与国际接轨的包括都市区在内的城市地域概念[2]。他曾指出都市区即"凡城市实体地域内非农业人口在 20 万以上的地级市可作为都市区中心市；外围县要满足全县非农产值达到 75% 以上和非农劳动力比重达到 60% 以上两个条件"[3]。

大都市区化是指大城市人口逐步向郊区迁移，形成功能相对集中的中心商业区和居民为主的郊区[4]。即在城市人口与经济发展到一定水平后，中心城市出现一系列交通、设施滞后等城市问题，因此在地域空间上所形成的一种趋势。大都市区化的特征可以概括为中心城市功能的相对分散；区域间的交通、市政公用设施、公共服务设施、产业间相互协作、联系紧密。

1.2　城市发展趋势——多中心、都市区化

从城市发展过程来看，城市发展模式一般分为一定区域内的单中心城市和多中心城市群两种。所谓单中心城市是能够产生规模聚集效应，不断推动人口向中心城市集中，使城市的规模优势体现出来。但是，

*　郭诗洁，华中科技大学建筑与城市规划学院硕士研究生。
　　陈锦富，华中科技大学建筑与城市规划学院教授。

[1]　谢守红 . 大都市区的空间管治 [M]. 北京：科学出版社，2004：18.
[2]　周一星 . 关于明确我国城镇概念和城镇人口统一口径的建议 [J]. 城市规划，1986，(3)：10–15.
[3]　周一星 . 城市地理学 [M]. 北京：商务印书馆，2007：33–35.
[4]　黄昭雄 . 大都市区空间结构与可持续交通 . 北京：中国建筑工业出版社，2012，(12)：4.

"增高度"、"摊大饼"所导致的人口过密、交通拥挤、环境恶化等一系列城市问题，也是世界上许多单一中心大城市所共有的严重弊病。而多中心城市群逐渐成为未来城市发展方向，它有利于克服单一中心结构的集聚不经济与规模不经济的问题，有利于实现区域的协同发展，提高城市的综合竞争力。

由于单中心城市应对城市快速发展的经验不足，规划建设与行政管理体制上表现出无序性，使得传统的城市扩张往往是呈现圈层式发展。由此导致土地利用的不经济，将直接影响城市未来发展。目前，世界许多大城市均已出现多中心的都市区化的趋势，城市空间扩张与社会发展阶段与城镇化水平密切相关，由起初比较均质的但中心城市向点轴系统发展，最终将形成全面有组织的网络状空间结构系统（图1）。

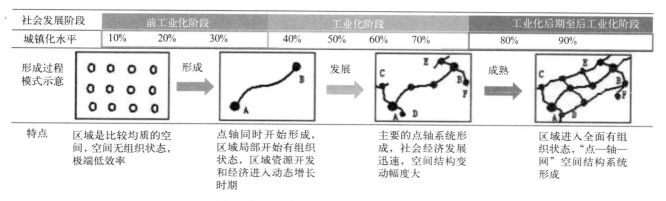

图1 都市区化空间结构示意（点—轴—网）

2 都市区化空间结构演变——以山东省济宁市为例

济宁市位于鲁西南腹地，地处淮海平原与鲁中南山地交接地带，全市总面积10684.9平方千米。现辖市中区、任城区、曲阜市、兖州市、邹城市、微山县、鱼台县、金乡县、嘉祥县、汶上县、泗水县、梁山县，共计2区3市7县，济宁都市区由济宁、兖州、邹城、曲阜、嘉祥构成，总面积4879平方千米，占市域总面积的45.67%，为市域人口、经济最为集中的地区，拥有市域范围内1/3的土地面积、1/2的人口和2/3的财政收入（图2、图3）。

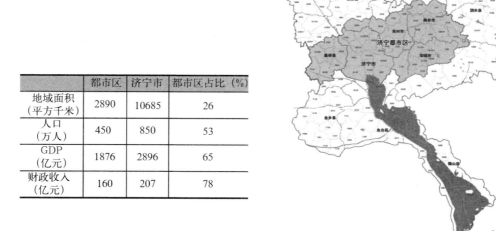

	都市区	济宁市	都市区占比（%）
地域面积（平方千米）	2890	10685	26
人口（万人）	450	850	53
GDP（亿元）	1876	2896	65
财政收入（亿元）	160	207	78

图2 济宁都市区在市域范围内位置及相关数据

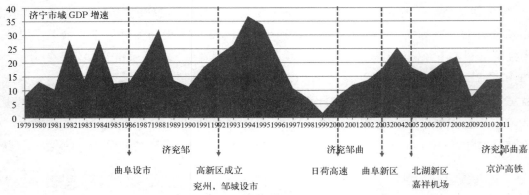

图 3　济宁市 GDP 增速与都市区发展阶段历程事件

2.1　空间结构演变动力机制

2.1.1　资源要素

城市的发展最初依赖于自然资源要素的集聚，良好的自然资源有利于形成生态的自然人居环境。因此，城市发展选址多集中于有自然本底与资源的地域。同时，城市的发展也会对自然环境造成破坏。在都市区规划中，更加依赖于各县市的资源集聚与共享，形成具有特色的都市区城市群。

由于济宁市中心城区资源要素较弱，而县市资源特色鲜明，因此中心城市需要联合周边各市县共同发展，形成都市区化的发展态势。例如：曲阜为世界著名的历史文化名城、孔子故里；兖州为山东省交通枢纽和民营经济示范城市、现代化工贸城市；邹城为国家能源基地、山东省循环型经济强市和生态园林城市、孟子故里。

2.1.2　经济发展及产业驱动升级

城市的经济与产业在不断发展集聚的过程中，一定会产生结构连接与功能合作互补，外向型经济的作用下，城市间不断走向功能整合与经济合作。城市区域的服务化、信息化发展态势促使产业之间相互作用，协调、耦合发展带来产业结构的整合化，产业的技术水平提高带来产业结构的高技术化，国际贸易、跨国投资和国际区域经济合作带来产业结构的国际化[①]，从而促进城市区域空间结构相应的演变。

因此，经济发展及其产业驱动是城市区域间合作的重要动力因素之一。都市区一体化发展有利于充分利用济宁市域资源，发挥各自县市的资金、技术等生产优势，优化产业空间布局，合理引导产业集群发展，打造一批协作配套、有机联系、特点鲜明的产业集群，避免重复建设造成的浪费，消除产业同构带来的恶性竞争，努力实现都市区综合经济效益的最大化。

2.1.3　交通技术的支撑

交通技术的进步对土地价值与开发强度增加具有重要作用，可以吸引更多的人流、资金流，使得都市区空间规模的集聚与扩展。另一方面，交通技术进步使得企业、居民等对社会资源需求增加，原有城市中心区已不能满足对资源的需求，周边县市开始向中心城市输入资源，从而中心区的聚集力增强，都市区边界逐步扩大，城市区域空间结构扩展[②]。同时，都市区化的趋势也会加强中心城市与周边县市的联系。

各国对都市区界定的人口规模不相同，一般 5 万人口以上的组团计入都市区，更加强调组团通勤率

---

① 任宗哲. 城市功能和城市产业结构关系探析 [J]. 电子科技大学学报（社科版），2000，（2）：32-34.
② 韩守庆. 长春市区域空间结构形成机制与调控研究 [D]. 长春：东北师范大学，2008.

（15%以上）和就业岗位，由于居民就业等出行需要，在都市区范围内呈现通勤特征（图4）。同时，通过都市区城际间公交出行一日 OD 的调研状况看，济宁中心城区与兖州走廊空间联系性最强，与邹城、嘉祥次之（图5）。

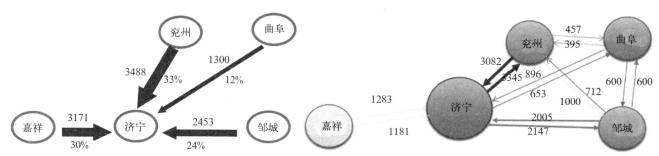

图 4　都市区各城区进入济宁机动车流量　　　　　图 5　都市区城际间公交出行一日 OD

2.2　济宁都市区空间结构演变分析

自 20 世纪 80 年代以来，济宁都市区一直在探索中发展。济宁市都市区的空间结构演变过程可以大体分为四个阶段从济宁、兖州、邹城"金三角复合中心"到济宁、兖州、邹城、曲阜"菱形结构城市"，再到济宁、兖州、邹城、曲阜、嘉祥"1+2结构"及现在的"都市区中心组群结构"，济宁都市区的范围在逐步扩大、规划体系在不断完善。由于无需跨越市管辖行政界限，更加便捷了市域内都市区化空间结构的演变与发展。

2.2.1　金三角结构（济兖邹）

1985~1993 年，兖州煤矿企业凭借资源优势发展强大，与济宁市形成产业对接，兖州、邹城崛起并先后撤县设市，弥补济宁市区中心城市实力不足。此时，都市区人口为 48.2 万人，人口逐步集聚，但并未形成规模（图6）。

2.2.2　菱形结构（济兖邹曲）

1993~2008 年，随着世界历史文化名城曲阜加入济宁都市区范围，济宁市都市区由原先的金三角转变为菱形结构。利用曲阜旅游发展，带动都市区产业结构转型。此时，都市区人口为 130~150 万人，人口规模迅速增加，经济产业发展势头较快（图7）。

图 6　都市区金三角结构

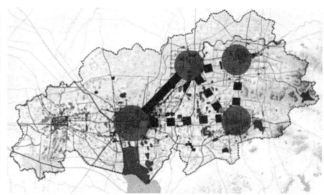

图 7　都市区菱形结构

2.2.3 "1+2"结构(济兖邹曲嘉)

2008~2012年,随着济宁市域西部地位的提升,北湖新区与嘉祥机场相继建立,济宁市中心城区地位复归,其中高新区升级为国家级。都市区结构规模逐渐扩大、联系性更为紧密,但近些年,都市区的用地增长较为支离破碎,整体缺乏统筹规划与管理(图8)。与都市区内其他县市比较后发现,市中心辖区的人口与用地相对其他地区占比较多(表1),但同时其GDP和财政收入低于邹城,仅略高于兖州,人均GDP低于邹城、兖州和曲阜,济宁市中心城区的中心性不强,呈现"弱中心强县市"的局面(图9)。同时,由于济宁城区与兖州、嘉祥等周边组团距离过近、人口差距过大,现行体制下,预留发展空间、做大做强中心组团是都市区发展的必然选择。同时,曲阜、邹城组团与济宁城区相距较远、存在空间发展制约,可依托自身基础,形成外围特色组团。综上所述,济宁市都市区的整体空间结构形成了"1+2"结构——从济兖邹曲嘉多组团到济宁中心城市+外围特色组团(图10)。

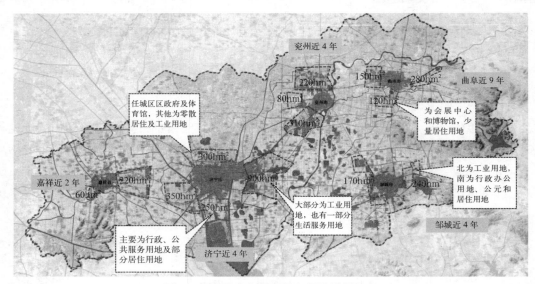

图8 都市区内各县市近年用地增长情况

都市区内各县市人口与用地比例 表1

	城区人口(万人)	人口比例(%)	建设用地(公顷)	用地比例(%)
济宁	102.4	50.4	117.5	50.3
曲阜	17.8	8.8	26	11.1
兖州	31.7	15.6	34.9	14.9
邹城	38	18.7	38	16.3
嘉祥	13.3	6.6	17.2	7.4

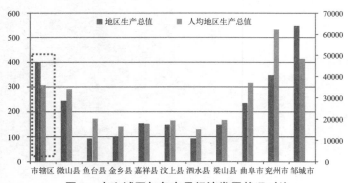

图9 中心城区与各市县经济发展状况对比

图10 都市区"1+2"结构

2.2.4 "多中心、组群式"结构（济兖邹曲嘉）

2013 年至今，随着济宁市中心城区的迅猛发展，空间也在不断突破，不断做强中心的同时，在中心城区外围形成了组群式发展的空间态势。由于都市区各城市人口和空间规模的进一步扩大，一体化融合发展的势头将更加强劲，"多中心、组群式"大城市的空间形态将更加明显，鲁南中心城市的发展目标将更加清晰。

（1）发展方向

济宁中心城区以向东发展为主，对接兖州；曲阜向南发展为主，对接邹城；嘉祥向东建设祥城新区，沿呈祥大道与济宁中心城区对接；兖州向西建设现代新城，通过西浦路、327 国道，与济宁高新区连成一片；邹城向东、向北发展，主要沿孔孟大道与曲阜南部新区对接（图 11）。

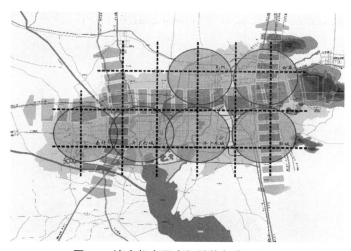

图 11 济宁都市区空间结构与发展方向

（2）空间布局

在济宁市最新版总规中，济宁都市区空间布局为"多中心、三组团"的"网络化组群结构"。其中，"多中心"即济宁中心城区和兖州共同组成的都市区主中心，包括济宁老城区、北湖新区、济北新区、济宁高新区，同时济宁中心城区济宁高新区、兖州新城区建设相向发展，逐步连成一片，济宁兖州成为新的都市区中心；"三组团"指邹城、曲阜、嘉祥，是以济宁中心城区为中心，各具特色、优势互补、相向融合发展的都市区城市副中心（图 12、图 13）。

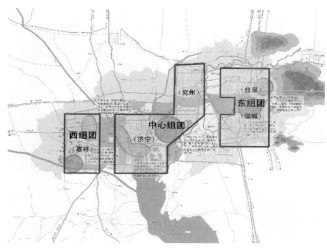

图 12 济宁都市区"多中心三组团"组群式空间结构

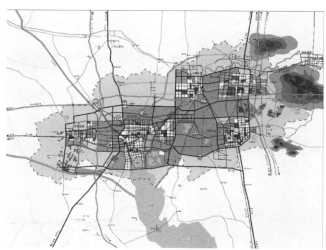

图 13 济宁都市区用地布局

其中，九龙山地区、曲阜高铁站区、济宁高新区、北湖新区、嘉祥东部新城、济宁机场地区是总体规划确定的都市区 6 大战略空间，是都市区未来发展的重点。随着各城市空间的逐步扩展，都市区多中心、分散型的城市形态又将呈现出紧凑和集中趋势。

2.3 市域空间结构（"一心三轴一带"）

济宁市都市区在济宁市市域范围内，是市域经济、政治与文化中心，也为济宁市未来经济发展起到带动、辐射和吸引作用。都市区在市域内的空间结构直接关系到济宁市的发展方向，即"一心三轴一带"。"一心"是济宁中心城市，为未来需要继续重点发展与做强做大的中心；"三轴"即日荷轴——中部轴线；京沪轴——东翼发展轴线；济徐轴——西翼发展轴线，重点发展轴线横纵贯穿市域。"一带"即文化带——沿京杭运河发展带，由于运河文化自古以来承载了济宁的城市记忆，运河南北纵贯 6 个省市、5 大水系，跨越燕赵文化、齐鲁文化、荆楚文化、吴越文化的地域，各类文化相互吸收、交流与融合，结合济宁市市域的儒家文化，形成了独具特色的运河文化带（图 14）。

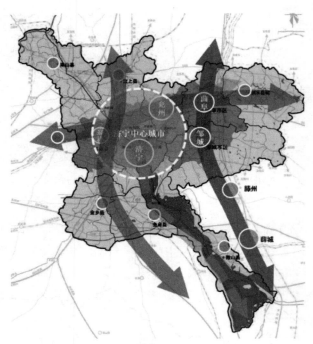

图 14　市域内都市区空间结构

3　济宁都市区化空间发展战略指引

3.1　强化中心突破，做优做大中心城区

强化"中心突破"，即进一步做大做强济宁中心城区，增强对都市区各城市的辐射带动作用。按照现今都市区多中心发展模式，逐步提升老城区环境质量，大力推进新区建设。老城区为城市商业中心，传统风貌体现区，逐步增加公共服务设施和公共空间，不断提高公共服务水平和城市管理水平，进一步疏解老城区人口，缓解老城区交通压力，改善提升人居环境。同时，明确各新区的承载功能，例如：北湖新城为市级行政办公、文体商务中心；滨河新区是重要的物流商贸中心，市中区要充分发挥铁路、水运、航空等交通优势，大力建设大运河生态经济区；济北新区为任城区行政、商贸中心，着力完善行政、商业、文化、物流四大功能区。

3.2　坚持一体化，加快都市区融合发展

在济宁市域范围内构建"组群发展"，即都市区各城市按照各自的职能定位，错位竞相发展，形成优势互补的城市组群，区内各城市仍然相对独立，是竞争与发展的关系。都市区内"一体化协调发展"即将济宁都市区作为一个整体城市，区域内各城市是整个城市系统的组成部分，在政治、经济、文化、社会、环境、空间等各方面一体化建设，是协调发展的关系。目前，济宁都市区空间特征主要表现为由"济兖邹曲嘉"各城市组成的组群城市。但随着都市区组织、产业、交通、环境、科技等一体化的建设和发展，"济兖邹曲嘉"都市区将逐步建设发展成为一个"多中心组群式"的一体化大城市。

城市发展的主要动力来源于经济发展，而优势产业是推动经济发展的主导力量。针对都市区进行"重点产业带动"的发展策略，即重点发挥济宁高新区先进制造业和曲阜文化产业的产业优势，带动都市区经济和社会的跨越发展。

3.3　注重产业带动，增强经济发展动力

首先，应以济宁高新区为依托，大力发展先进制造业。济宁高新区为国家级高新技术产业开发区，目前有规模以上工业企业200余家，形成了以机械制造、汽车配件、生物技术、纺织服装、煤化工、电子技术及新材料等特色产业，是国家著名的现代制造业基地。应当充分发挥济宁市高新区高新技术优势，大力提升纺织服装、建材等传统产业，积极培育新能源、新材料、生物医药、信息技术和节能环保等新兴产业，不断壮大煤化工、机械制造等支柱产业，打造都市区内创新能力强、专业技术先进的特色工业区，不断增强现代制造业的综合竞争力，带动都市区相关产业共同发展。

其次，应以曲阜为旅游重点，大力发展文化产业。曲阜是世界文化遗产，国家历史文化名城，国际闻名的文化旅游城市，具有发展文化产业的独特优势和良好基础。十七届六中全会提出，发展文化产业是社会主义市场经济条件下满足人民多样化精神文化需求的重要途径。因此，应加快发展文化产业、推动文化产业成为国民经济支柱性产业。曲阜市应重点利用当地的交通资源优势，京沪高铁的开通为曲阜城市的快速发展进一步打开了空间，同时，曲阜市按照"建设新城、保护旧城"策略，加快建设曲阜高铁站区、南部新城区，大力拓展城市的发展空间。曲阜高铁站区也是济宁市重要的对外交通门户，是人口和各类生产要素集散的重要节点，需要加快开发建设，逐步完善交通枢纽、商贸物流、旅游集散等各项公共设施。而曲阜南部新区，规划为曲阜市级商贸、文化产业中心，现已具备一定的基础设施建设条件，应重点发展文化旅游、演艺会展、商贸物流等文化产业，加快基础设施建设和商业开发，接纳都市区人口和产业转移，成为济宁都市区发展的新亮点。

参考文献

[1]　谢守红. 大都市区的空间管治 [M]. 北京：科学出版社，2004：18.

[2]　周一星. 关于明确我国城镇概念和城镇人口统一口径的建议 [J]. 城市规划，1986，(3)：10-15.

[3]　周一星. 城市地理学 [M]. 北京：商务印书馆，2007：33-35.

[4]　黄昭雄. 大都市区空间结构与可持续交通 [M]. 北京：中国建筑工业出版社，2012.

[5]　任宗哲. 城市功能和城市产业结构关系探析. 电子科技大学学报（社科版），2000，(2)：32-34.

[6]　韩守庆. 长春市区域空间结构形成机制与调控研究 [D]. 长春：东北师范大学，2008.

[7]　冯艳. 大城市都市区簇群式空间成长机理及结构模式研究 [D]. 武汉：华中科技大学，2012.

试点背景下我国集体经营性建设用地入市的价值探索

舒 宁[*]

【摘 要】今年来国家政策密集关注建立城乡统一的建设用地市场，2015 年 2 月 27 日，第十二届全国人大第十三次会议决定:授权国务院在北京市大兴区等 33 个试点县（市、区）行政区域，暂时调整实施《土地管理法》、《城市房地产管理法》关于农村土地征收、集体经营性建设用地入市、宅基地管理制度的有关规定。上述调整在 2017 年 12 月 31 日前试行，对实践证明可行的，修改完善有关法律。面对这样一次我国土地使用制度的根本性改革，本文从多方面系统梳理与分析了集体经营性建设用地入市的发展历程和意义，详细解析了为什么我国的集体土地长期无法与国有土地"同地同权"的根本原因。

【关键词】统一建设用地市场，集体经营性建设用地，入市，同地同权

自 2008 年 10 月，十七届三中全会通过了《中共中央关于推进农村改革发展若干重大问题的决定》，首次提出"逐步建立城乡统一的建设用地市场"，到 2013 年 11 月，十八届三中全会通过了《中共中央关于全面深化改革若干重大问题的决定》，正式确定"建立城乡统一的建设用地市场。在符合规划和用途管制前提下，允许农村集体经营性建设用地出让、租赁、入股、实行与国有土地同等入市、同权同价"。中央近年来一系列政策的密集关注为我国土地使用制度的新一轮改革提供了支持，这意味着长期被"隔离"在我国土地市场之外的农村集体所有制下的土地（主要为集体建设用地中的经营性建设用地）已准备开始"融入"土地市场这个"大家庭"。

1 集体经营性建设用地的概念

依据土地的用途不同,2004 年 8 月 28 日第三次修订的《中华人民共和国土地管理法》（以下简称《土地管理法》，特指 2004 年第三次修订版[①]）第四条:国家实行土地用途管制制度，规定土地用途，将土地分为农用地、建设用地和未利用地。其中建设用地按我国现行的土地所有制又分为国有建设用地和集体建设用地。

1.1 集体建设用地

对于集体建设用地，我国当前的法律法规中并没有一个明确的法定概念。《土地管理法》只是规定了集体所有的土地可以用做非农建设；《物权法》第 151 条简单地规定，集体所有的土地作为建设用地的，应当依照土地管理法等法律规定办理。

---

* 舒宁，北京市城市规划设计研究院规划师。

① 1986 年 6 月 25 日经第六届全国人民代表大会常务委员会第十六次会议审议通过《中华人民共和国土地管理法》，1987 年 1 月 1 日实施。此后，该法于 1988 年 12 月 23 日、1998 年 8 月 29 日、2004 年 8 月 28 日经过了三次修改。

因此，对于这种在我国现行法律中没有明确界定但现实中大量存在的用地类型，我们可以根据长期以来学界对此类用地的普遍认识来对其概念进行阐释，即集体建设用地可理解为：除了农民宅基地这一特殊用地外，集体建设用地是属于农村集体经济组织所有的，可以被用做乡镇企业、乡（镇）村公共设施、公益事业等乡（镇）村非农建设的土地。

1.2 集体经营性建设用地

本次试点提出的集体经营性建设用地是集体建设用地中一种特殊的用地类型，它与集体建设用地一样，缺乏法律界定但在现实中大量存在，因此，本次研究中我们同样根据长期以来学界的普遍认识对其概念进行阐释，即集体经营性建设用地通常是指在集体建设用地中用于农村乡镇企业等经营性用途建设的农村非农建设用地，也就是俗称的集体产业用地。

2 关于我国土地"入市"的几个基本认识

2.1 "市"的含义与"入"的对象

"市"本意是指市场，市场是社会分工和商品经济发展到一定程度的产物。市场从一般意义上讲，指商品交易关系的总和，主要包括买方和卖方之间的关系。本次研究中的"市"是指以土地为商品的市场——土地市场。狭义的土地市场仅指土地交易的场所，如土地交易所；广义的土地市场不仅包括土地的交易，还包括土地交易中各种关系及管理、监督机制等的总和，具体包括交易主体、交易行为、管理监督、政策引导、法律法规和市场调节等。

在土地市场中，"入"的对象与普通市场不同，不是土地商品实物本身，而是按照土地所有权与使用权分离的原则，将附着于土地上的除所有权以外的其他权能——使用权、收益权、处分权等作为"入"土地市场交易的对象，是一种无形的商品。

2.2 原有内涵（狭义）

根据我国现有法律规定，我国原有的土地"入市"的内涵是具有针对性的，主要体现在严格限制可以"入市"的土地类型。因此，原有内涵可以理解为：在保持我国土地所有权制度不变的基础上，变革国有土地使用方式，通过拍卖、招标、协议等方式将我国国有土地（建设用地）的使用权及其他权利以一定的价格、年限及用途纳入土地市场进行出让的行为（由"按计划无偿划拨"变为"按市场竞价有偿公开出让"），出让后的土地可以转让、出租、抵押。

2.3 现有内涵（扩展）

随着 2008 年 10 月，党的十七届三中全会明确提出"建立城乡统一的建设用地市场"到 2015 年全国人大授权国务院开展"集体经营性建设用地入市试点"。这标志着国家对可以"入市"的土地类型有所扩展。

因此，扩展后现阶段的我国土地"入市"内涵可以理解为：在保持我国土地所有权制度不变的基础上，变革国有和集体土地使用方式，通过拍卖、招标、协议等方式将我国国有土地（建设用地）及集体经营性建设用地的使用权及其他权利以一定的价格、年限及用途纳入土地市场进行出让的行为（由"按计划无偿划拨"变为"按市场竞价有偿公开出让"），出让后的土地可以转让、出租、抵押。其土地市场可分为国有土地（建设用地）市场及集体经营性建设用地市场两大类。

可以说，我国现阶段的土地使用方式的主要趋势是在不改变土地所有制基础上，逐步弱化所有权的限制，强化使用权等其他权能的扩展。

那么，我国的国有土地（建设用地）为什么要"入市"？长期以来为什么仅有国有土地（建设用地）可以"入市"？为什么现阶段集体经营性建设用地可以"入市"？这些问题需要我们进一步剖析。

3　我国国有土地（建设用地）使用方式的发展历程

3.1　改革开放前：计划经济体制建立 [①]，我国国有土地（建设用地）形成"按计划配给"的使用方式（1949~1978 年）

1950 年 6 月，党的七届三中全会以后，开始在全国范围内创造有计划地进行经济建设的条件。1950 年 8 月，中央召开了第一次全国计划工作会议，讨论编制 1951 年计划和三年的奋斗目标。会后，三年奋斗目标虽然没有形成计划文件，但已初步形成了我国计划经济体制决策等级结构的雏形。1954 年 4 月中央成立了编制五年计划纲要草案的工作小组。该小组在 1951 年以来几次试编的基础上，以过渡时期总路线为指导，形成了第一个五年计划草案（初稿）。1954 年我国制定和颁布了第一部宪法，其第十五条规定："国家用经济计划指导国民经济的发展和改造，使生产力不断提高，以改进人民的物质生活和文化生活，巩固国家的独立和安全。"这表明，计划经济体制已成为我国法定的经济体制。

计划经济体制中一个很重要的特点就是生产资料的计划配给，所谓计划配给就是按照中央政府的统一计划，由中央政府来决定如何配置有限的资源，生产什么、生产多少和如何生产，企业或生产单位完全是计划的执行者，对资源配置没有什么影响。无可否认的是，在新中国成立之初，国家千疮百孔，百废待兴，计划经济体制是一种最能集中生产力，对国力与民生的复苏最快捷有效的经济体制。使新中国在物资极其匮乏的情况下，有效地调动了有限的人力、物力、财力，集中进行大规模的经济建设，在短短十多年里就建立起社会主义制度赖以巩固和发展的物质基础，体现了社会主义制度的巨大活力。

作为最重要生产资料的土地，在计划经济时期，我国城市中的国有土地（建设用地）使用方式的主要特征是：行政划拨，无偿使用，无限期使用，不准转让。其实质就是土地部门根据不同的产业门类的发展计划对国有土地（建设用地）资源进行依计划且对用地单位规定限定条件的配给制度，这种带条件的计划性配给主要的作用是为城市中的第二、三产业发展提供建设空间，为计划经济时期国家的经济社会发展提供保障。

3.2　改革开放后：计划经济向市场经济过渡，国有土地使用方式率先与"市场接轨"，使用方式向"按市场价值有偿转让"转变，国有土地（建设用地）使用权交易市场逐渐形成（1979 年至今）

计划经济体制的建立是我国时代背景的需要，具有一定的优势，但在完成特定时期的历史使命后，计划经济体制也因种种原因，无可避免地退出了历史舞台。

计划经济体制的弊端主要表现为三个方面：一是在经济管理上，国家对企业统得过死；二是在所有制结构上，盲目追求"一大二公" [②]；三是在分配方式上，忽视价值规律，平均主义严重。这些弊端严重压抑了广大人民群众的积极性、创造性，无法满足人民日益增长的物质文化需求；同时，资源配置权力过

---

①　计划经济是指以国家指令性计划来配置资源的经济形式，计划经济被当做社会主义制度的本质特征，是传统社会主义经济理论的一个基本原理。我国的计划经济时期是从 1949~1992 年中共十四大。

②　"一大二公"是中共中央在社会主义建设总路线的指导下，于 1958 年在"大跃进运动"进行到高潮时，开展的人民公社化运动两个特点的简称。具体是指第一人民公社规模大，第二人民公社公有化程度高。

分集中于中央，经济主体缺乏激励的动力和竞争的压力，致使国民经济在微观层面缺乏活力；另外，计划经济体制是在抑制价值规律要求的前提下的粗放增长模式，这种以低消费换来的高积累、以牺牲企业的微观经济效益为代价换来经济增长的计划经济体制对资源配置显然是低效率的。因此，这些逐渐显现的弊端使本来应该生机盎然的社会主义经济在很大程度上失去了应有的活力。

为打开困局，1978 年 12 月党的十一届三中全会召开，这是一次自新中国成立以来在党的历史上具有里程碑意义的会议，会议作出了若干重要决定[①]，使我国进入了以改革开放[②]和社会主义现代化建设为主要任务的历史新时期。在经济体制方面，改革开放拉开了我国经济体制改革的序幕，开始由高度集中的计划经济体制向社会主义市场经济体制转轨，经过十余年的过渡，1992 年，党的十四大召开，会议明确指出：我国经济体制改革的目标是建立社会主义市场经济体制[③]，1993 年，八二《宪法》的第二次修订版第十五条规定："国家实行社会主义市场经济"，这标志着我国社会主义市场经济体制正式确立。

从改革开放到党的十四大的十余年间，社会主义市场经济的逐步发展，我国的资源开始通过价格机制、供求机制、竞争机制进行配置，极大地促进了劳动生产率的提高和资源的有效利用，使我国的经济重新焕发活力。落到土地上，在市场经济萌动的时代背景下，城市中的国有土地（建设用地）率先开始了与市场的"亲密接触"，这主要是由于其价值的不断增长[④]能够为我国的经济社会发展作出重大贡献，因此，国有土地（建设用地）在计划经济体制下的"不得买卖、不得租赁、出让与转让，靠计划指令配置"的模式开始向社会主义市场经济的"有偿使用"转变。

1986 年 6 月 25 日，经第六届全国人民代表大会常务委员会第十六次会议审议通过的《中华人民共和国土地管理法》第二条规定："国家依法实行国有土地有偿使用制度"，即在国有土地（建设用地）的使用方式上，变计划经济时期的"无偿使用"为"有偿使用"，使其真正按照其商品的真实价值进入市场。

这一时期虽然明确了国有土地"有偿使用"，但其只是一种"使用方向"的调整，"有偿使用"在实施层面的具体做法在法律上尚未规定。但是，从实践中探索进而完善法律是最切实可行的办法。1987 年 9 月，深圳率先试行土地使用有偿出让，出让了一块 5000 多 m² 的土地使用权，限期 50 年，揭开了国有土地使用制度改革的序幕。11 月国务院批准了国家土地管理局等部门的报告，确定在深圳、上海、天津、广州、厦门、福州进行土地使用制度改革试点。12 月，深圳市公开拍卖了一块国有土地的使用权，这是新中国建立后首次进行的土地拍卖，这一实践的成功，为我国国有土地（建设用地）"有偿使用"积累了宝贵经验，也为后续制度的完善打下了基础。

经过实践的探索，使得我国法律立刻作出了相应调整，其调整内容主要针对实施层面，即土地"有偿使用"的实现方式以及"有偿使用"针对的对象。1988 年，我国八二《宪法》的第一次修正版规定"土地的使用权可以依照法律的规定转让"，这是我国法律在改革开放后首次许可了土地使用权的转让制度，

① 党的十一届三中全会彻底否定了"两个凡是"的方针，重新确立解放思想，实事求是的思想路线；停止使用"以阶级斗争为纲"的口号，作出把党和国家的工作重心转移到经济建设上来，实行改革开放的伟大政策。会议实际上形成了以邓小平为核心的党中央领导集体。
中共十一届三中全会是建国以来党的历史上具有重要意义的转折。它完成了党的思想路线、政治路线和组织路线的拨乱反正，是改革开放的开端。从此，中国历史进入社会主义现代化建设的新时期。
② 改革开放是邓小平理论的重要组成部分，中国社会主义建设的一项根本方针。改革，包括经济体制改革，即把高度集中的计划经济体制改革成为社会主义市场经济体制；政治体制改革，包括发展民主，加强法制，实现政企分开、精简机构，完善民主监督制度，维护安定团结。开放，主要指对外开放，在广泛意义上还包括对内开放。改革开放是中国共产党在社会主义初级阶段基本路线的基本点之一，是我国走向富强的必由之路。
③ 我国的社会主义市场经济不属于纯粹的市场经济，它具有一些自身的特征：以公有制为主体；以共同富裕为目标；施行强而有力的宏观调控。
④ 自改革开放以后，农村家庭联产承包责任制激发了农业生产积极性，农业的发展积累的大量剩余，这极大的促进了工业化进程，同时引发了我国城市化的快速发展。因此，城市需要为工业化和城市化提供大量建设用地，供需关系的变化及城市的独特优势（人口集聚优势、基础设施优势、交通优势、智力优势等）使得城市中的国有建设用地的价值不断提升。

也就是明确了在实施层面土地"有偿使用"的实现方式是依法律规定转让，即以"转让"取代了计划经济体制下的行政划拨，同时也规定了"有偿使用"的对象（转让的对象）不是土地，而是土地的使用权。为了与该版《宪法》相适应，同年，第一次修订的《土地管理法》也在第二条增加了"土地使用权可以依法转让"。至此，通过成功的时间探索，国家在法律层面完成了对国有土地（建设用地）"有偿使用"的实现方式及对象的界定，使得国有土地在实施层面如何"有偿使用"得到了进一步的完善。同时，在实践层面，土地部门经过探索尝试，开始将土地使用权在一个平台上进行公开竞价转让，这便是我国国有土地（建设用地）使用权交易市场形成的开端。

1992 年邓小平同志南巡讲话和党的十四大确立了社会主义市场经济体制后，通过市场配置土地的范围不断扩大，实行国有土地（建设用地）使用权"有偿"转让已扩展到全国各地。特别是在经济特区和一些沿海开放城市，国有土地（建设用地）全面纳入了新使用制度的轨道，其使用权交易市场正式建立。

4　我国集体土地使用方式的变迁

由上面的分析可知，我国农村集体土地的地位因时代的发展而逐渐发生着变化，因此，集体土地的具体使用方式也在不同的时代有着不同的特点，总的来说，其使用方式的变化可以以改革开放为分界点。

4.1　改革开放前，长期作为重点改革对象的农村集体土地以"法律规定"使用方式为主

从 1949 年土地改革，到 1956 年生产资料社会主义改造完成，我国进入社会主义初级阶段，计划经济体制形成，再到 1956 年开始建立高级农业生产合作社和人民公社，我国土地公有制全面形成，计划经济体制达到高潮，最后到 1978 年改革开放，人民公社瓦解，家庭联产承包责任制建立和社会主义市场经济萌芽，可以说，新中国成立后近 30 年的时间内，我国一系列重大改革均与农村土地的所有制和使用方式相关，也就是说，农村以土地为核心的改革成效对于我国社会主义初级阶段的经济社会发展具有决定性意义。

所谓农村集体土地的"规定"使用方式是指：农村集体土地的使用方式严格按照各个时期的法律法规对其的相关规定执行。总体来说，主要有三大"规定"使用方式。

4.1.1　农村土地私有制下的农户私人支配（1949~1953 年）

新中国成立后，通过土地改革，废除了延续千年的封建土地制度，将地主阶级的土地按人头平均分配给农民，形成了农村土地私有制。

1950 年 6 月正式颁布实施的《中华人民共和国土地改革法》第三十条规定："土地改革完成后，由人民政府发给土地所有证，并承认一切土地所有者自有经营、买卖及出租其土地的权利。"因此，在这一时期，农村土地是可以由农户进行自由自配的，也就是农户具有所有权、使用权、收益权、处分权等全部的土地权利。但由于当时正值土改后农民热情高涨期，农民第一次成为土地的主人，同时，建国初期农民生活水平极低，需要利用土地解决基本的温饱问题，因此，在这一时期，农村土地主要以自用为主，土地交易情况极少。

4.1.2　由私人支配转变为农村土地集体所有制下的集体经济组织支配（1954~1977 年）

农村土地私有制产生了阶级分化，其归根结底是与我国实行的社会主义不符的，因此，自 1954 年起，我国农村通过农业互助合作运动（建立初级农业生产合作社）的方式开始了以农村土地为代表的生产资料的社会主义改造，这一时期，农民由土改时期对土地完全的私人支配权调整为所有权仍属于农民，经营使用权属于集体的不完整的支配权。

随着农业合作化运动的开展，"左倾"思想逐渐显现，从 1956 年社会主义改造完成，我国又"快马

加鞭"地建立了高级农业生产合作社和人民公社，在这一时期，我国形成了完全的土地公有制和农村土地的集体所有制，至此，建国初期土地改革所赋予的农村土地私人所有权及农户可支配的其他权利基本消失，以人民公社为代表的集体经济组织取得了对农村土地各项权利的支配地位，即农村集体土地由"农民所有、集体利用"发展到"集体所有、集体利用"。这种"集体利用"更多的指的是农用地，而宅基地则与城市中的国有土地计划性配给的方式相似，同样采用"无偿、无限期、无流动"的使用制度，具有计划经济时期的特色。

4.1.3　国家开启对农村土地的征用

七五《宪法》第六条规定："国家可以依照法律规定的条件，对城乡土地和其他生产资料实行征购、征用或者收归国有。"这是一次我国土地使用方式的重大改革，意味着我国农村集体土地除了可以由农民集体使用外，还可以根据法律规定被征为国有，使转变其土地所有制得到根本转变，这一改革对我国后续农村集体土地使用方式产生了重大而深远的影响。

4.2　改革开放后，国有土地使用方式改革成为"主角"，农村集体土地使用方式经历了由"承包经营"向"自发流转"、"法律许可流转"转变的复杂过程

改革开放后，我国将工作重心开始转向经济建设，这一指导思想的变化直接导致了我国的城市地位逐渐提升，城市开始成为引领我国社会主义现代化建设的"排头兵"。这一时期的土地相关制度改革重心也发生变化，呈现出"重国有，轻集体"的特点，与我国城市中的国有土地（建设用地）"直接入市"与"农地征收入市"的"风起云涌"、"大刀阔斧"相比，作为曾经改革"主战场"的农村集体土地显得"波澜不惊"。这一时期针对农村集体土地的改革只有一项，即对内改革——在农村建立了家庭联产承包责任制，这一制度是在不改变土地集体所有制的前提下推动农村土地使用方式改革，这种改革使得农村集体土地形成了"所有权归集体，土地承包经营权归农户"的两权分离结构，即农村集体土地所有权与使用权的分离，这对于提高农民生产积极性以及促进农业的进一步发展具有十分重要的历史意义。

但是由于当时国家整体发展思路的重大调整，这一制度不可避免地受到了改革开放后我国推行市场经济所带来的影响。改革开放后，随着计划经济体制逐渐向社会主义市场经济体制转轨，我国的城市经济和城市居民的生活水平获得了较大的提高和改善，也就是从这一时期开始，城市与农村、城市居民与农村居民的差距逐渐增大。但与城市居民一样，农民也具有强烈的物质文化（致富）需求，因此，进城务工人员开始增加，加之改革开放后我国的工业化进一步快速发展，城市中也需要更多的劳动力，在多重条件的带动下，我国的大规模城市化就此开启。农民的城市化对于农村土地带来了两大问题：一是进行农业生产的青壮年劳动减少，一户承包经营的土地的生产效率降低；二是村集体经济组织需要完成国家粮食定额上缴任务，但是以户为单位的家庭承包制的生产效率降低，任务完成存在风险。与此同时，这一时期城市对国有土地的需求快速增长，直接导致了对农村集体土地的征收规模增加，农村土地（尤其是耕地）的减少使得本已存在粮食上缴风险的状况愈发严峻。因此，到20世纪80年代中期以后，农村集体土地的使用方式悄然发生了改变，"自下而上"的农村土地规模经营的诉求较为强烈，农村集体土地的"自发流转"就此开始。

虽然"自下而上"的农村集体土地"自发流转"在实践上已经开始行动[①]，但是当时的法律并没有许可这一行为，同样也没有对"流转"作出准确的定义（根据实践总结，可以将"流转"理解为农村土地各类使用权的转让和流通）。

---

① 在发达地区出现了村集体经济组织作为流转主体，将务工农民的承包地集中后承包给若干个大户经营，给予一定的补贴，并要求大户必须替村集体完成全村上缴的国家粮食订购任务。而大多数传统农业地区，农村土地流转仍然以农户之间的自发流转为主。

1988 年的《宪法修正案》和第一次修改的《土地管理法》明确了"土地的使用权可以依照法律的规定转让"，如果完全依据法律的规定解释，那么对 1988 年这两部法律提出的"土地"的概念可以作广义的理解，即应当包括我国所有的土地在内，既包括城市及城市郊区的国有土地，也应当包括城市郊区和农村集体所有的土地。但是笔者认为，1988 年的《宪法修正案》虽说规定中的土地看似是"全覆盖的广义土地"，但其本质的意图主要是为了适应社会主义市场经济的需要，逐步许可城市及城市郊区国有土地使用权的转让，并没有许可农村集体土地使用权转让的目的，而且农村集体土地的使用权究竟包括哪些权利，在当时也缺少相关法律界定。因此，笔者认为，1988 年《宪法修正案》所提出的"土地的使用权可以依照法律的规定转让"中的"土地"实质就是指国有土地。

20 世纪 90 年代，随着社会主义市场经济的正式建立，我国的相关法律中彻底没有了"集体土地可以转让的身影"。先是广东地方立法，不仅把"有偿使用和有偿转让的土地制度"限于"深圳特区"，而且严格限于"国有土地"。1990 年，国家颁布了《城镇国有土地使用权转让条例》，但"农村集体土地使用权的转让"，却再也没有一个全国性法律的出台。再过 8 年，1998 年第二次修订的《土地管理法》第六十三条干脆下达禁令："集体土地不得买卖、出租和转让用于非农建设。"由此可知，当时我国的法律规定并没有许可农村集体土地的"流转"，因此，这一时期的"流转"属于"自发行为"，不受法律的保护。

中央最早关于许可农村土地权利流转的文件是 2001 年 3 月 15 日九届全国人大第四次会议批准的《国民经济和社会发展第十个五年计划纲要》。在这个文件中第一次提出了关于"农村土地经营权流转"的概念，指出"在长期稳定土地承包关系的基础上，鼓励有条件的地区积极探索土地经营权流转制度改革"。随后，中共中央于 2001 年 12 月 30 日发布了《中共中央关于做好农户承包地使用权流转工作的通知》，提出了"农户承包地使用权流转要在长期稳定家庭承包经营制度的前提下进行，农户承包地使用权流转必须坚持依法、自愿、有偿的原则"。2003 年 3 月 1 日起实施的《土地承包法》第三十二条首次以法律的形式明确规定："通过家庭承包取得的土地承包经营权可以依法采取转包、出租、互换、转让或者其他方式流转。"

至此，我国农村集体土地"自下而上"的"自发流转"转变为"自上而下"的"合法化流转"，其目的也从 20 世纪 80 年代的提高生产效率，完成国家粮食定额上缴任务转变为促进农民增收，保障城乡统筹发展。由于得到国家的政策法律支持，这一时期我国农村集体土地"流转"的整体速度、规模和方式得到快速发展，但"流转"的范围仍然被限定在本集体经济组织之内。

那么为什么国家对农村集体土地"流转"的政策法律许可较晚呢？这主要有三方面的原因。第一是自然规律所致，由"自下而上"的自发行为到"自上而下"的行政许可是一个较为漫长的过程，国家需要对地方实践进行长期的评估，这也是一项政策制定的必经之路。第二是国家定位所致，改革开放后，国家对于土地使用方式改革的重心在城市国有土地（建设用地）上，目的是尽快恢复"文革时期"我们面临崩溃的经济，而对于农村的土地使用方式，虽然为了适应市场经济创新性地建立了家庭联产承包责任制，形成了崭新的土地承包经营使用方式，同时后期又"自下而上"地形成了"自发流转"的实践探索，但由于国家对农村集体土地的定位始终是"保障农民和农业"、"支撑城市及工业"的基础地位，因此对于"流转"的许可必然十分谨慎，时序必然滞后。第三是时代发展所致，随着 20 世纪八九十年代城乡差距的逐渐拉大，社会矛盾逐渐显露，国家开始意识到城乡统筹发展对于我国可持续发展的重要性，因此这一时期我国的政策法律关注点开始重新聚焦农村、聚焦"三农"，其中许可农村集体土地的"流转"势在必行，这对于提高农民收入、改善农民生活水平、维护农村社会稳定、促进城乡统筹发展具有十分重要的作用。

从上文的分析可以看到，我国农村集体土地的使用方式经历了由"规定动作"到"规定动作与自选动作"并行再到"规定动作"的复杂历程，其中，集体土地征收制度作为"规定动作"贯穿始终，这也是集体土地与"入市"具有间接联系的唯一政策，而"自选动作"主要是指集体土地的"流转"使用方式，它发端于改革开放初期，经历一个从"自发"到"合法化"的过程，这体现了国家对于集体土地"流转"使用方式成为"规定动作"的谨慎态度。总体来说，我国土地所有制二元结构以及国家对于集体土地的谨慎态度直接决定了我国土地使用方式的二元结构。

5　我国集体土地使用方式的主要特点分析

5.1　集体土地只能"流转"不能"入市"，体现了与国有土地的"同地不同权"

从我国农村集体土地使用方式发展历程可知，除了国家法律许可的征收为国有，改变土地所有权后可以"入市"外，农村集体土地是禁止直接"入市"的，这直接体现了国有土地和集体土地的"同地不同权"。

从国有土地（建设用地）"入市"和集体土地"流转"两种使用方式的本质来看，都存在土地所有权和占有权的二元结构，在马克思产权理论和《物权法》中，土地占有权是作为与土地所有权平行而立的物权 [①]，是土地所有权人外的其他权利人对土地享有的各种物权的总和。具体而言，是指非土地所有人在占有他人所有的土地的基础上，以占有、使用、收益、处分或其他政策和法律所许可的方式实现直接支配土地的权利，其所表述的是土地实际利用和使用的关系，这也是我国当前国有土地（建设用地）"入市"和集体土地"流转"两种使用方式的法理基础，因此，"流转"和"入市"在本质上是相同的，都是非土地所有人在占有全民或集体所有的土地，并对土地享有各种物权。

那么，既然本质相同，那么农村集体土地就具备了"入市"的条件，但是为什么我国政策法律只允许其被征为国有才能"入市"，而长期禁止其与国有土地（建设用地）"同地同权"直接"入市"呢？其原因除了为了防止农村耕地流失，保障农民的基本生存条件、实现国家对土地的宏观管理政策之外，还有哪些深层次的原因呢？

笔者认为，农村集体土地长期不能"入市"的本质原因是其权能界定不清晰。

5.1.1　集体土地具有的权能类型

这需要从土地本身进行分析，了解土地是什么，附着了什么权能。从《物权法》的角度进行理解，土地是一种不动产 [②]，根据对其概念的界定可知，这种不动产是一种有体物，也就是《物权法》中所指的"物"，因此土地是"物"。同时，土地也是一种财产。这主要是因为土地是天然存在的一种自然资源，是人类生活和生产所必须依赖的天然条件，也是一种有限的资源。无论是对传统的农业生产、工业生产还是对现代市场经济而言，土地都是一种重要的财产，具有极大的经济价值和社会价值，是发展经济的重要资本。因此，我国《民法通则》明确将土地认定为一种重要的、为国家和集体所有的财产，也就是说作为"物"和"财产"的土地成了"物权"和"财产权"的客体。那么"物权"和"财产权"是什么？都包括哪些权能？首先，"物权"与"财产权"都是"产权"，也就是说，"物权"、"财产权"和"产权"只是称谓不同，其实质是相同的。其次，根据马克思产权理论，产权包含所有权、占有权、使用权、支配权、收益权和处分权等，因此，我国的集体土地作为土地类型中的一种同样应具备上述几项权能。

5.1.2　集体土地的权能法律界定不清晰，体系关系复杂，不具备"入市"条件

我国农村集体土地上的物权关系比较复杂，简单归纳，可以按"所有权"和"非所有权的物权"两大类进行分析。

---

① 根据《物权法》，物权是指权利人依法对特定的物享有直接支配和排他的权利。
② 不动产通常是指土地以及附着于土地的房屋等建筑物和其他难以与土地相分离的地上定着物。因此，从法律概念的角度理解，土地是不动产的一个重要组成部分。同时，大陆法系对动产和不动产的划分依据和标准主要是物的物理属性，不动产是指不能自行移动，也不能用外力移动，否则就会改变其性质或其价值的有体物。

(1)"所有权"：集体土地"所有权"主体界定不明确，不能成为法人，是其不能"入市"的根本原因。

1998 年第二次修订的《土地管理法》第十条规定："农民集体所有的土地依法属于村农民集体所有的，由村集体经济组织或者村民委员会经营、管理；已经分别属于村内两个以上农村集体经济组织的农民集体所有的，由村内各该农村集体经济组织或者村民小组经营管理；已属于乡（镇）农民集体所有的，由乡（镇）农村集体经济组织经营、管理。"

因此，可以将现行法律规定的农村集体土地所有权概括为"三级所有"，这"三级"分别是：村农民集体所有、村内两个以上农村集体经济组织的农民集体所有和乡（镇）农民集体所有，分别相当于《农村人民公社工作条例修正草案》规定的生产大队所有、生产队所有和人民公社所有。因此，集体土地所有权的主体按范围由小到大相应地分为三类：村内农民集体、村农民集体和乡（镇）农民集体。那么究竟什么是"农民集体"呢？

自初级农业合作化开始，"农民集体"就频繁出现在各种立法文件当中。但是，作为社会主义公有制重要组成部分的集体土地所有权主体，"农民集体"并不具备完全的法律人格性质，因此不是一个独立的民事权利主体（法人），不具备独立的财产和独立的责任，不能独立享有民事权利和承担民事义务 [1]。这主要是由于"农民集体"不是法律上的组织，而是一个抽象的集合群体，它是传统公有制理论在政治经济上的表述，不是法律关系的主体，从具有最高法律效力的宪法到普通的规范性法律文件，都不曾对"农民集体"这一概念作出明确的规定。那么，既然"农民集体"不具备法律人格，就不能成为法人，而法人又是市场经济下商品交易的前提，因此，作为"农民集体"的重要生产资料的集体土地，虽然具有与国有土地相同的物理性质（同地），但其不能成为商品，也就不能"入市"交易（不同权）。

(2)"非所有权的物权"：集体土地"非所有权的物权"转让将带来更为复杂的法律关系，是其不能"入市"的外部障碍。

所谓土地"非所有权的物权"主要是指使用权、支配权、收益权、处分权等，这些物权也是土地"入市"和"流转"的实际对象，但是，这些物权对象能否真正地、完整地转让给占有权人是区别"入市"和"流转"的关键。在国有土地（建设用地）"入市"使用方式中，"非所有权的物权"是完整的转让给了土地占有权人，而对于农村集体土地，因其物权关系的特殊性造成其"非所有权的物权"无法完整的进行转让。

以农村集体农用地的物权关系为例，按照现有法律，该类土地实行家庭联产承包责任制，农用地是承包方（农民）通过与发包方（农村集体）签订土地承包经营合同进行使用的，那么，集体农用地的使用已经至少存在两层法律关系：国家与"农民集体"的关系和"农民集体"与农民的关系。自改革开放后，农民承包地开始以转让、转包、入股、互换等形式"流转"出去，这就将原有的"两层法律关系"变成了"三层"，即国家与"农民集体"的关系、"农民集体"与农民的关系以及农民和农民或"农民集体"的关系，这样一来，"非所有权的物权"关系变得更为复杂，具体体现为，集体农用地因其承包合同的限制，如要"流转"就会涉及多个利益相关方（实际占有权人农民以及土地所有权人农村集体），其利益如何分配、权利怎样保障都成为需要研究的问题。

那么，如果农民不选择"流转"，转而选择"入市"，则存在的问题更为棘手。首先，农用地是保障

---

[1] 《民法通则》第三十六条规定："法人是具有民事权利能力和民事行为能力，依法独立享有民事权利和承担民事义务的组织。"法人是与自然人相对应的民事主体。

法律人格是指作为权利主体法律资格的民事权利能力，即人格为"权利能力"的同义语，是成为法律关系主体的前提，也就是说具有法律人格才能进入法律评判视野，成为法律世界的存在。法人有独立的组织、独立的财产、独立的责任，是发展商品经济的需要，所以法律才赋予其法律人格。故法人都有法律人格，法律人格是成为法人的前提。

国家粮食安全以及农民长期收入的基础，如果"入市"会造成大量的社会问题；其次，如果农民以"入市"的方式将承包地转让出去，其所有权主体不具有法律人格，会对"入市"带来严重限制，同时，现有法律体系下形成的"多重物权关系"使得新的集体土地占有权人无法取得完整的土地物权，会对其利益造成严重损害。

因此，由于我国的农村集体土地承担着重要的作用以及其物权关系不清晰，造成当前国家对其使用方式仅许可"流转"，形成不规范的"流转市场"，而对于"入市"则始终持谨慎的态度。

5.2　国家许可的"流转"对象长期以农村集体农用地为主

由上文分析可知，作为规范我国农村集体土地流转的第一部法律——2002 年颁布的《土地承包法》对于流转的对象有着明确的规定，即仅限于农村集体农用地的承包经营权。因此国家许可的"流转"对象单纯是指农村集体农用地承包经营权流转，即拥有土地承包经营权的农户将土地经营权（使用权）转让给其他农户或经济组织。简单地讲，就是农民保留农村集体农用地的承包权，而转让其使用权。

那么在国家政策法律是否许可了农村集体土地中的建设用地（宅基地及用于非农用途的其他集体建设用地）流转呢？对于农村宅基地，由于其具有农民社会保障功能，当前的法律法规对农村宅基地使用权的转让基本是否定的，但并没有禁止农村房屋的出租和出售。而对于除宅基地外的非农集体建设用地，2004 年 8 月 28 日第三次修订的《土地管理法》第六十三条规定："集体建设用地使用权只能是在符合土地利用总体规划并依法取得建设用地的企业，因破产、兼并等情形致使土地使用权依法发生转移的，才可以出让、转让或者出租。"1995 年 6 月 30 日第八届全国人民代表大会常务委员会第十四次会议通过的《担保法》第三十六条规定："乡（镇）、村企业的土地使用权不得单独抵押，以乡（镇）、村企业的厂房等建筑物抵押的，其占用范围内的土地使用权同时抵押。"因此现行的法律还没有明确许可非农用途的其他集体建设用地使用权的自由流转，对其流转是有所限制的，仅限于农村企业破产、兼并等情形，同时流转范围有限，不能直接出让给城镇的单位或个人，只能提供给乡村企事业单位与农村居民使用；或先有政府将其征为国有土地，然后再由政府出让给他人使用。

由此可见，在改革开放后的十余年中，中央政策明确许可和鼓励的农村集体土地权利的流转仅限于农用地的承包经营权流转。

5.3　集体经营性建设用地"自发流转"与获得"政策许可"相对较晚，为"入市"提供了实践基础

但是，与改革开放后农村集体农用地承包经营权"自发流转"一样，虽然法律限制了集体经营性建设用地的流转，但因此具有内在诉求，在 20 世纪 80 年代末期，我国一些经济发展比较快的地区，如苏南、浙江沿海等地都出现了大量农民联营的、村办的和乡镇举办的乡镇企业，这些乡镇企业在法律性质上毕竟也是企业的一种类型，同样会存在破产和被兼并的可能性。如果乡镇企业破产了或者被兼并了，将会导致企业厂房等固定资产连同这些建筑物占用范围内的集体经营性建设用地使用权的权利人发生变更，即产生了集体经营性建设用地使用权的流转。对这些特殊的情形，法律不可能再禁止集体经营性建设用地使用权的流转。

国家对于集体经营性建设用地的"流转"的许可最早是以试点的形式开展的。1999 年 11 月，国土资源部批准安徽省芜湖市为全国第一个农民集体所有建设用地使用权流转试点。随后，相继在河南、浙江、广东、湖北、河北等地开展了试点工作。为了规范这些实践活动，一些省市都相继制定了地方性的规范性文件。2005 年 10 月实施的《广东省集体建设用地使用权流转管理办法》第二条明确规定："集

体建设用地使用权出让、出租、转让和抵押，适用于本办法"，第六条规定："集体检核用地使用权转让、出租和抵押时，其地上建筑物及其他附着物随之转让、出租和抵押；集体建设用地上的建筑物及其他附着物转让、出租和抵押时，其占用范围内的集体土地使用权随之转让、出租和抵押。"2008 年 11 月实施的《河北省集体建设用地使用权流转管理办法（试行）》第三条规定："本办法所称集体建设用地，是指乡镇企业和乡（镇）村公共设施、公益事业建设用地，以及其他经依法批准用于非住宅建设的集体所有土地。本办法所称集体建设用地使用权流转，是指在所有权不变的前提下，出让、出租、转让、转租和抵押集体建设用地使用权的行为。"2009 年国土资源部发布的《关于促进农业稳定发展农民持续增收推动城乡统筹发展的若干意见》强调，对需要流转的集体建设用地，要重点开展集体所有权和使用权确权登记，特别要开展集体经营性建设用地的认定和确权，为集体建设用地流转提供条件。凡符合土地利用总体规划、依法取得并已经确权为经营性的集体建设用地，可采用出让、转让等多种方式有偿使用和流转。

在地方集体建设用地"流转"如火如荼和获得部门规章许可的基础上，近年来，集体建设用地的使用方式又向前迈进了一大步，开始由"流转"向国家法律许可的"入市"转变。

6 我国集体经营性建设用地"入市"的作用与意义

2008 年 10 月，十七届三中全会通过了《中共中央关于推进农村改革发展若干重大问题的决定》，首次提出"逐步建立城乡统一的建设用地市场"；到 2013 年 11 月，十八届三中全会通过了《中共中央关于全面深化改革若干重大问题的决定》，正式确定"建立城乡统一的建设用地市场。在符合规划和用途管制前提下，允许农村集体经营性建设用地出让、租赁、入股、实行与国有土地同等入市、同权同价"；再到 2015 年 2 月，十二届全国人大十三次会议决定授权国务院在北京市大兴区等有条件的地区开展"集体经营性建设用地入市试点"，并调整完善相关法律。

这是一次对我国农村集体土地的使用方式具有里程碑意义的重大改革，标志着自新中国成立后延续 60 余年的集体土地只能"集体利用"、"被征收"、"农户承包经营"或"流转"不能直接"入市"的使用方式开始被打破（虽然各地已经开展了大量的集体经营性建设用地"流转"实践，有些地区已经进行了"入市"实践，但是本次集体经营性建设用地"入市"试点是我国的最高权力机构授权，是与法律调整相挂钩的，因此具有更为重要的意义），集体土地终于开始走上与国有土地"同地同权"的道路。

改革的同时我们也应该看到，虽然中央政策"松口"首次允许农村集体土地"入市"，但是仍然采取谨慎的态度，即在可以直接"入市"的对象上仅许可了集体经营性建设用地，其原因主要有两方面：首先，地区主要针对集体经营性建设用地进行大量实践，具有较多经验基础；其次，相对于集体农用地（具有保障国家粮食安全的作用）和宅基地（具有农民社会保障功能的作用），集体经营性建设用地是农村集体土地中"保障性质最弱"、"限制条件最少"的一类，因此最适宜作为率先改革的突破口。那么集体经营性建设用地"入市"具有哪些重要的作用和意义呢？

6.1 切实保障农民权益

从前文对我国农村集体土地使用方式的变迁历程分析可以看出，当前，无论是按照国家法律规定进行征收还是"流转"，农民的合法权益均不能得到充分保护，尤其是在征地方面，由于集体土地的征地补偿款往往比较低，农民与基层地方政府或国有土地使用者之间很难顺利达成补偿协议，从而出现基层地方政府强制征用农民集体土地的现象，造成了政府和农民之间的很大矛盾，农民权益受到极大损害。这与实现我国城乡统筹，建设全面的社会主义小康社会，促进我国经济社会全面、协调、可持续发展的战略是背道而驰的。

集体经营性建设用地"入市"将其除所有权之外的各项物权按照市场价值进行转让（招标、拍卖、挂牌），对于促进农民增收和农村发展具有重要意义。一方面，转让后的土地占有人（使用人）可以拥有土地完整的物权，尤其是可以拥有真正的收益权和处分权（抵押权），这对于吸引高端产业具有重要意义，能够带动农村的整体发展。另一方面，集体经营性建设用地与国有土地"同地同权"，使得集体经济组织和农民个人能够享受到土地"入市"带来的较高的土地收益（按照北京市国土局相关文件要求，集体经营性建设用地入市带来的收益除计提一定比例调节金外，原则上全部返还给集体经济组织和农民），避免了原来国家强制低价征收造成的农民利益受损。

6.2　缩小城乡差距，实现城乡统筹，促进我国全面、协调、可持续发展

城乡差距是一个国家在发展到一定阶段后面临的共同问题，而城乡统筹就是解决城乡差异，实现国家全面、协调、可持续发展的必由之路。那么，要实现城乡统筹最重要的就是使各种要素通过市场竞争机制在城乡之间自由流动，实现资源的优化配置。其中，土地要素作为最基本的生产资料，是其他要素顺畅流转的前提，是城乡统筹的核心改革内容。

目前，我国的国有土地（建设用地）自20世纪80年代后期推行有偿使用以来，随着社会主义市场经济的建立，其出让制度逐步形成，市场体系不断完善，为我国的经济发展和城市居民的生活水平改善作出了巨大的贡献。而农民集体土地主要通过"流转"进行使用，看似存在市场，但是缺失了重要的权能保障，集体土地难以实现其应有的经济价值，只能通过一些非规范的"流转"（后期受到国家许可，但仍不完善）实现其极少量的价值。

因此，允许集体经营性建设用地"入市"，打破城乡分割的制度壁垒，消除在资源利用与转化方面的城乡差异，对于缩小城乡差距，实现城乡统筹具有重要的意义。

6.3　形成农村土地合法市场，杜绝农村集体经营性建设用地"非法与无序"流转使用，治理"城市病"的重要手段

从上文对国家许可的可以"流转"的农村集体土地的对象分析可知，集体农用地长期是"流转"的主角，而对于宅基地和其他非农用途的集体建设用地（主要包括集体公共服务设施用地和集体经营性建设用地），法律要么是严格禁止"流转"，要么是有所限制。但是，现实的情况是，自20世纪90年代中后期，随着社会主义市场经济的发展，农民致富的诉求极其强烈，在这样的背景下，农村集体建设用地，尤其是集体经营性建设用地的"流转"已大量开展，特别是近年来各地基层政府都在做招商引资工作，以国家征用或者"以租代征"的方式变相地将农村集体经营性建设用地进行了流转，这些流转很多都是"非法"的。"非法"的集体经营性建设用地使用权流转既破坏了国家的农村土地政策，也损害了农民的利益。另外，在原有城市规划中（当时仅仅针对城市中的国有建设用地进行规划）往往缺少对农村集体建设用地的规划，这就造成了集体经营性建设用地在空间上的"无序"发展。以北京为例，在外围城乡结合部集体经营性建设用地大量无序发展，引发大量问题，如生态环境恶化；外来人口集聚引发社会及安全问题；土地使用效率低下等。

而允许农村集体经营性建设用地"入市"对解决上述问题具有重要的作用。首先，集体经营性建设用地"入市"未来纳入国家相关法律，这标志着长期以来在农村唯一存在的集体农用地和经营性建设用地"流转市场"（非正规市场）开始向农用地"流转市场"及经营性建设用地"合法、规范的交易市场"

并举转变，集体经营性建设用地资源真正得到市场化配置；其次，"入市"需以规划为前提，即必须开展农村集体经营性建设用地的规划，直接弥补了长期以来城规对于农村地区规划不完善的问题。同时，规划后符合入市条件的集体经营性建设用地将严格按照招、拍、挂方式"入市"交易，土地新的占有人（使用人）通过竞价有偿拿到土地使用权后必然更集约高效的利用，这对于防止农村集体经营性建设用地的"非法与无序"发展，治理"城市病"具有重要作用。

6.4 集体经营性建设用地直接"入市"是应对当前土地储备中一级开发难以为继的重要出路

目前我国的特大城市的土地储备开发存在较为严重的债务问题。土地储备开发包括土地整理与供应的全过程（土地取得、一级开发、土地储存、土地供应），而债务问题主要由于土地一级开发中的成本大幅提升造成。

第一部分成本提升，主要体现在征地补偿激增。从 1954 年《宪法》首次许可农村土地征用至今，这项制度已经延续了 60 余年，期间为我国的城市及国民经济发展作出了巨大的贡献，但是，随着时代的发展，我国的征地制度由于立法缺失而产生的问题日益增多，如 18 亿亩耕地红线屡被突破，征地过程中因利益分配问题频频出现暴力事件等，尤其是《物权法》出台以后，征地补偿金额越来越高，政府资金压力巨大。

第二部分成本提升，主要体现在财务成本激增。以北京为例，自 2009 年千亿投资以来，全市整体土地储备工作推进较快，但受到"多储快供"思路的影响，大量批准项目没有考虑现状及规划情况，因此在实施阶段无法立项，造成批准项目无法启动，大量项目实施受阻，这直接导致了开发实施的周期变长，使得原有一级开发成本不能按期偿还，其中的财务成本越来越高[1]。

鉴于一级开发中征地补偿和财务成本的激增使得北京市土地储备开发债务不断攀升，现阶段，北京市的土地储备已进入存量优化阶段，储备库规模已不再增加，国有土地一级开发项目基本暂停。因此，让集体经营性建设用地进入土地供应序列、盘活集体资产，将成为下一阶段土地健康可持续供给、促进地方财政收入的重要出路。

6.5 "新型城镇化"的必然要求

新型城镇化的"新"就是要由过去片面注重追求城市规模扩大、空间扩张，改变为以提升城市的文化、公共服务等内涵为中心，真正使我们的城镇成为具有较高品质的适宜人居之所。新型城镇化的核心在于不以牺牲农业和粮食、生态和环境为代价，着眼农民，涵盖农村，实现城乡基础设施一体化和公共服务均等化，促进经济社会发展，实现共同富裕。

我国自 20 世纪 80 年代以来，城市化速度逐渐加快，在土地方面，由于人口在城市中集聚，导致城市规模逐渐扩大，主要有两方面的原因：第一，城市化促进了工业化，城市需要大量的土地满足工业化的要求，这就导致了农村土地被大量的征收，城市建设用地规模快速增长；第二，城市化带来了城乡结合部的无序发展，大量外来人口因身份和收入问题，只能聚集在城市周围，造成城市规模不断蔓延。

在城市空间不断扩张的同时，我国的农村受到城市化的影响更为巨大，这种影响主要是负面的。农村劳动力流失严重，生产力降低，空心村增多，集体土地闲置，耕地流失，权益受损等。

---

[1] 一级开发项目立项周期一般 3 年，财务成本占总成本的 10% 左右，实施周期 5~8 年，财务成本占总成本的 25%~30%。现有土储在途项目按可满足 10 年用地需求。

　　因此，这种建立在城乡二元结构制度上的传统城镇化在现阶段已变得被动难行。而城镇化是我国推动社会经济发展的重要战略选择，这就需要一个新的突破口。鉴于集体经营性建设用地"入市"具有上述多种重要意义，可以将其作为破除城乡二元结构、实现新型城镇化的重要出路。

参考文献

[1]　主力军 . 我国土地流转问题研究 [M]. 上海：上海人民出版社 .2012 .

[2]　刘润秋 . 中国农村土地流转制度研究——基于利益协调的视角 [M]. 北京：经济管理出版社，2012 .

[3]　韩立达，李勇，韩冬 . 农村土地制度改革研究 [M]. 北京：中国经济出版社，2011 .

[4]　张峰，李红军 . 城乡统筹下的土地利用规划创新研究 [M]. 天津：南开大学出版社，2012 .

厦门自由贸易试验区混合用地开发利用方式探析

李晓刚 *

【摘 要】依照党中央、国务院对自贸试验区"先行先试、体制机制创新"的要求，为促进经济活力，提高土地节约集约利用和规划建设水平，本研究根据国家有关土地管理的法律、法规和政策规定，吸取上海、青岛等地经验，在借鉴新加坡"白地"实践基础上，在中国（福建）自由贸易试验区厦门片区（以下简称"自贸试验区"）范围内引入混合用地概念，并对其适用范围、规划编制及管理要求、土地供应、土地使用年限、地价管理、权属登记及监督检查等进行了规范，提出了相关具体措施，探索土地开发与建设管理的体制机制的新模式。

【关键词】自贸试验区，混合用地，开发，厦门

1 混合用地的实践意义背景

随着城镇化和经济的发展，企业转型升级步伐加快，单一的土地性质已难以满足企业发展的需求。在建设用地使用过程中，建设单位为适应经济发展、产业转型、市场环境的需要，往往存在土地用途及建筑功能变更的合理需求，按照现有的土地用途严格管制的法律法规及制度，需经规划、国土等相关管理部门批准后方可办理变更；不但办理周期长，同时申请程序繁琐，也存在审批的不确定性等。

根据国外先进经验及现阶段的发展环境来看，适当的土地混合使用有利于土地集约利用、产业转型升级、提高基础设施利用效率以及改变城市区域活力与吸引力，促进城市有机更新和发展转型。纵观我国城市的建设发展过程，一方面，传统的粗放开发理念及当前"土地红线"的严格限制使得建设用地更加紧缺。另一方面，不管是一宗地只有一种用地性质的机械式规划手法，还是繁琐的审查机制降低了土地利用者用途变更申请的积极性，都会造成土地的低效利用，甚至是闲置浪费。因此，国家在许多政策中都强调存量优化，土地集约高效利用等新目标，而借鉴于国外先进规划理念的土地混合利用成为挖掘土地利用潜力、提高土地利用效率的有效探索。

2 土地混合利用概述及相关规划管理经验探索

2.1 土地混合利用概念拓展

近年来各国的城市管理中，混合用地都是出现频率较高的热点，但其概念定义则略有不同，在众多定义和概念中，基本可分成广义和狭义两种，广义的土地混合使用是指多种土地功能的结合，物质和功能的空间整合，以及土地开发、建设计划与规划的统一；狭义的土地混合使用是指一宗土地或一栋建筑物中存在两种以上的使用功能，前者包括宏观层面的混合发展战略、混合利用分区等，后者主要偏重于

---

* 李晓刚（1972—），男，硕士，厦门市城市规划设计研究院高级工程师，中国城市规划学会会员。

微观层面的混合开发、建设与使用，本次自贸试验区范围内混合用地的概念为后者。混合开发利用的类型包括：土地性质的混合利用、土地用途功能的混合、建筑功能的混合。

2.2　国内外城市混合用地规划管理经验

从发达国家及地区的实践经验看，良好的土地用途管制对维持城市有序发展，激发城市再开发活力起到了良好的推动作用。

2.2.1　美国经验

在美国，政府主要通过区划法来控制土地使用，如纽约的区划法案由文本和图则构成，作为对土地用途进行弹性控制的有力工具，功能组被引入到规划管理体系中，如居住用地功能组包含了商业、教育和服务设施有关的土地利用类型，对其内的公共配套设施只作基础性的规定；商业地块中可以兼容居住功能及社区设施的建设；工业用地中可以兼容零售和服务用途组、区域商业中心、娱乐设施组等功能组。这种规定的灵活性和广泛性给城市建设开发提供了很大的可能性，也有利于功能混合的开发形态，从而给市场足够大的发挥作用的空间。

2.2.2　新加坡经验

新加坡为促进产业转型升级，允许在"白色地带"和"商务地带"内，随时变更土地用途，更好地适应市场需要。"白色地带"计划规定，在政府划定的特定地块，允许包括商业、居住、旅馆业或其他无污染用途的项目在该地带内混合发展，发展商也可以改变混合的比例以适应市场的需要，在项目周期内改变用途时，无需交纳额外费用。"商务地带"是指将园区内原工业、电信和市政设施用途的地带重新规划为新的商务地带，是"以影响为基础"的规划方式，允许商务落户于不同用途的建筑内，改变用途无须重新申请，并且同一栋建筑内也允许具有不同的用途，以增加土地用途变更的灵活性。新加坡在分析市场情况、城市发展方向和经济走势等基础上，能够确定用地性质的时候再制定附有相应要求的招标文件进行土地开发，这样的土地空间的预留规避了在不明确的情况下必须定出土地性质造成的误判。随后，获得使用权的开发商在合同规定的范围和期限内，可以为应对市场环境自由变更用地性质和相应比例，无需重新申请规划调整和补缴地价。这为开发商提供了更加灵活的发展空间。

2.2.3　台湾经验

21 世纪初我国台湾地区公布了《工业区用地变更规划办法》，其核心思想是增加工业区内土地使用的弹性和规划调整的适应性。具体来说，为促进产业升级，允许工业区内的土地有一定比例的用途变更弹性。比如，工业区内原生产事业用地可以变更为相关产业用地，做批发零售、运输仓储、餐饮、通信、工商服务、社会与个人服务、金融、保险，以及不动产业使用。以上措施在严格用途管制的基础上，增加了局部土地用途的弹性，有效地促进了产业的转型升级和城市的可持续发展。

2.2.4　上海、青岛经验

在上海自贸区现有范围内，80% 的土地为工业用地。在土地利用和管理上面临着土地利用结构调整优化的难题。2014 年上海出台《关于中国（上海）自由贸易试验区综合用地规划和土地管理的试点意见》，首次提出综合用地的概念。综合用地是指土地用途分类中单一宗地具有两类或两类以上使用性质（商品住宅用地除外），且每类性质地上建筑面积占地上总建筑面积比例超过 10% 的用地，包括土地混合利用和建筑复合使用方式，与控制性详细规划中的"混合用地"规划性质相对应。

作为国家级新区，青岛西海岸新区被赋予了探索海洋经济转型升级的使命。在这一背景下，一批新兴产业陆续到新区落地，这些企业的用地需求由传统产业的单一功能转变为生产基地、研发中心、展示中心、人才公寓甚至交易中心等综合化功能。为了适应城市新区的发展需要，2014 年底青岛黄岛区政府出台了《青岛西海岸新区城市建设综合用地规划和土地管理实施办法》），试行城市建设综合用地规划和土地管理机制，鼓励一宗地上不同用途混合此，一宗土地只有单一用地性质的用地方式将在西海岸新区发生改变。

2.3 结论

目前国内上海、深圳、青岛等地出台的关于综合用地的政策，是指在供地时单一宗地具有两类或两类以上土地用途，其实质并未脱离现行土地用途管制的范畴，涉及土地用途变更的审批管理办法也与现行规定一致。实际上，为促进经济活力，便于建设单位调整建筑主导功能，新加坡的"白地"规划经验更值得借鉴。

3 我国现有规划及土地制度对混合用地的制约

目前我国实行建设用地用途管制制度，土地用途变更需按规定实施，现有的规划和用地管理制度对于混合用地的实施，存在着较大的制约。

3.1 规划编制刚性的约束

目前我国《城市用地分类与规划建设用地标准》（GB 50137-2011）中规定，我国城市建设用地共分为 8 大类、35 中类、44 小类。分类越细其应变能力越弱，不利于用地性质混合利用。随着城乡规划法的实施，控制性详细规划通过特有的规划内容、形式和手段，指导城市物质空间建设，成为政府对城市建设、开发管理、控制最为直接的重要手段和政策。但是在快速化城市阶段，市场经济对城市建设具有强大冲击力的前提下，导致规划用地性质和建成建筑使用性质之间存在一定的滞后性，虽然在规划编制过程中设置了土地使用兼容性控制表，但由于单一的用地性质确定后，土地使用兼容只能在该地块用地性质前提下进行，而无法真正实现具体地块在用地性质上进行弹性调整。

3.2 土地用途刚性管制

从发达国家及地区的实践经验看，良好的土地用途管制对维持城市有序发展，激发城市再开发活力起到了良好的推动作用。目前我国实行建设用地用途管制制度，土地管理法和房地产管理法等均对建设用地变更用途的批准作出规定，经批准方可变更用途，无法及时按照市场的需求进行土地用途和建筑功能的调整。

3.3 审批程序的繁冗成为制约因素

制度上，过于强调用途类型的管制制度，导致土地出让管理和审批流程冗繁；另外，由于直接捆绑土地出让金的收缴，只要存在用地性质的变更和混合，就会使得后续的缴费过程变得复杂。审批流程上，相关部门之间没有形成统一的协同理念。除符合规定外，还需通过相关部门按顺序征询意见、进行各类审批，使得过程时序过长，影响土地的高效利用，土地使用者即便有用途变更和混合的需要，面对审批流程往往退缩。

3.4 土地使用年期的限制

根据《城镇国有土地使用权出让和转让暂行条例》第十二条规定，土地使用权出让最高年限按下列用途确定：居住用地 70 年；工业用地 50 年；教育、科技、文化、卫生、体育用地 50 年；商业、旅游、娱乐用地 40 年；综合或者其他用地 50 年。目前我国出让土地使用权一般都为最高年限。对于一宗拥有若干用途的土地来说，如果整宗地按综合用地对待的年限，综合用地中的居住用地年限由 70 年变为 50 年，无形中缩短了居住用地的年限，若是商业、酒店等用途又延长土使用年限，并且不同用途到期后，由于土地用途的不同，经批准后续期的年限依旧是不一致，但是建筑物的使用年限到期后，不同建设用地的土地剩余年限不一致，影响到收储和翻改建。

3.5　土地权属登记存在制约

按照目前我国现有的权属登记规定，权属登记证书中的土地用途按照《土地利用现状分类》（GB/T 21010－2007）中建设用地的土地用途记载，土地用途到二级类，土地利用现状分类中并无混合用地的地类，在权属登记过程时的实际操作与现有的登记体系不一致。

4　厦门自贸试验区混合用地规划及土地管理政策研究

厦门自贸试验区经济转型快、市场化程度高，但土地集约利用水平不足，面对产业转型升级、空间优化的趋势，引入土地混合利用，增加规划变更的灵活性，是自贸试验区未来发展的必要选择。

4.1　混合用地的概念定位

目前我国实行建设用地用途管制制度，土地按用途分为居住用地、工业用地、教育科技、文化卫生体育用地、商业用地、综合用地等，现行用地制度中并无混合用地的用途分类，为方便企业适应市场需要，厦门自贸试验区借鉴新加坡"白地"概念，提出混合用地这一新创的土地用途分类方式，目的是提升行政效率，提高企业积极性，促进自贸试验区产业升级。

经与福建省国土厅调研，省国土厅认为，混合用地概念虽与上位法不符，但自贸试验区承担"先行先试"的创新任务，只要在政策的重大调整上于法有据，应该进行尝试。省国土厅建议，混合用地在供地时现行可暂按综合用地进行管理，待时机成熟后再上报国土资源部作为新的用地分类。混合用地在土地用途界定上可以涵盖所有可以纳入的用地，但不必限定各类用地比例；这样在企业根据市场需求进行调整时，土地用途不需变更，仅进行建筑功能调整，而混合用地内的建筑功能转变属于不改变土地用途的建筑功能调整，这样不违反国家土地管理上位法。

根据省国土厅意见，结合厦门实际，最终混合用地定位为，除住宅及 SOHO 公寓外，在符合规划、土地管理相关规定及出让合同约定地块负面清单的前提下，在土地合同约定的使用期限内，经规划、国土主管部门备案后，建筑功能可根据国家规范、市场情况和产业引导方向灵活变更使用，无需按照现有的审批制度办理。按照自贸试验区混合用地的概念，一宗混合用地内有多种土地用途，可根据产业发展需要及时调整建筑功能，但土地的土地性质仍为混合用地，类似于综合用地，与现有审批制度的用途变更管制是一致的，未突破用地管制的法律法规。

4.2　规划管理中制定"建议清单"与"负面清单"

基于混合利用中各功能之间的市场协作和互相提升原则，规划编制中及管理上，结合现状发展条件及混合用地区域发展总体设想和功能分区基础上，明确主导功能及区域、地块建设项目负面清单；设置建议清单，引导地块用途兼容，编制土地用途和建筑功能兼容引导表。考虑到不当的土地混合和用途变更不仅不能提升效益，还会造成负面影响，产生利益损害，因此设置负面清单加以把控。参考国家用地分类标准，通过影响评价，一方面将会产生包括噪声、废气、废渣等负面影响的用地排除在外，比如会对周边居住和商业活动等环境有干扰和污染的二、三类工业用地。另一方面，有自身特殊性的用地，比如专门用于宗教活动（庙宇、寺院、教堂等）的宗教自用地或者在心理上产生不协调的陵园、墓地等也要加以限制。制定建议清单对业态给予良性引导。参考市场导向（如区域环境方向对片区产业的定位、需优先发展的功能要求等）和功能导向（如用途之间的互利互助，鼓励新兴产业发展需植入的新功能等）两项基本原则，在保证总建筑面积和总用地面积不变的情况下（涉及改扩建的情况比较复杂），列出地块主导功能和鼓励混合的功能。

4.3 混合用地的土地使用年限

根据现行土地使用年限管理制度，除工业和居住用途外，其他土地用途的最高使用年限均为 40 年。结合自贸试验区范围内的产业发展规划，园区内现有的土地用途以工矿仓储用地为主，未来的产业发展方向对于建设用地地类的需要将以复合的商服用地为主，且在混合用地的概念中已经明确将住宅及 SOHO 公寓排除在可混合用地的土地使用性质外，为了便于一宗用地的整体管理和使用，按照可混合用地的地类看，确定混合用地的最高使用年限 40 年。

4.4 混合用地的地价管理

考虑到自贸试验区内混合用地概念设立的本意和现行用地政策的操作性，借鉴上海、青岛综合用地出让起始价的确定方式，混合用地的地价计价方式，可以采用两种方式测算：

（1）混合用地在取得时明确各种用途的比例，可参照青岛、上海的计价方式，即根据规划部门出具的规划设计条件，根据土地用途及不同功能的用地面积比例分别进行土地出让价格评估，综合得出该宗土地综合出让起始价，在建成后变更土地用途和建筑功能时根据规划批准后的用途，按照变更后的混合用地的市场评估价与原宗地出让已缴交地价年限修正值的差值补缴地价，若应补缴的差值低于已缴交地价，不再结算地价差。

（2）考虑到自贸试验区内混合用地概念设立的本意和现行用地政策的操作性，借鉴上海、青岛综合用地出让起始价的确定方式，明确混合用地出让起始价根据地块的规划设计条件和地块负面清单，按照市场评估价确定，原则上不低于可混合用途的最高用途基准地价修正值。

考虑到自贸试验区混合用地概念设立和本意，适应简化审批和备案制度的实施，建议可采用第二种测算出让起始价的方式，根据地块的规划设计条件和地块负面清单，按照市场评估价确定，原则上不低于可混合用途的最高用途基准地价修正值。

4.5 针对存量非工业经营性用地变更为混合用地提出路径选择

目前自贸试验区内基本为已批用地，如混合用地仅适用于新增的"招拍挂"项目用地，适用对象极少。因此《暂行意见》针对存量非工业经营性用地变更为混合用地提出路径选择。但存在问题是存量用地变更后的地价估算不宜确定，为避免出现国有资产流失情形，因此提出先从国有企业名下的非工业经营性用地开始试点，待条件成熟后再进行推广。在符合规划、土地管理相关规定及满足地块负面清单的前提下，以划拨或协议方式出让的非工业经营性用地，经规划、国土等部门同意并报市政府批准后，经公示无异议，可按协议出让方式变更为混合用地，若公示有异议，则终止变更行为。变更为混合用地后，按混合用地的市场评估价与原宗地出让合同约定土地用途剩余年限价值的差值补缴地价，若应补缴的差值低于已缴交地价，不再结算地价差；变更用途后的土地使用年限为原土地合同约定的剩余年限（表 1）。

上海、青岛、新加坡、厦门用地混合利用政策对比
表1

内容	上海	青岛	新加坡	厦门
概念	综合用地	综合用地	白色地段	混合用地
定义	综合用地是指土地用途分类中单一宗地具有两类或两类以上使用性质（商品住宅用地除外），且每类性质地上建筑面积占地上总建筑面积比例超过10%的用地，包括土地混合利用和建筑复合使用方式，与控制性详细规划中的"混合用地"规划性质相对应	综合用地即将现行的一宗土地只有一种用地性质为主体的用地管理模式，变为以规划确定的建筑功能使用需求为主体的复合型用地性质管理模式，主要包括土地混合利用和建筑复合使用方式，使单一宗地上具有两类或两类以上使用性质	"白色地段"（White Site）是指发展商可以根据土地开发需要，灵活决定经政府许可的土地利用性质、土地及其相关混合用途，以及各类用途用地所占比例，只要开发建设符合经允许的建设要求都是许可的，发展商在"白色地段"租赁使用期间，可以按照招标合同要求，在任何时候，根据需要自由改变混合各类用地的使用性质和用地比例，而无需交纳土地溢价	混合用地指宗地内除住宅用途（含SOHO）以外的其他土地用途可混合利用，并在使用过程中，在符合规划、土地管理相关规定及出让合同约定的地块负面清单前提下，建筑功能可根据国家规范、市场情况和产业引导方向申请灵活变更使用
规划编制	规划编制时，结合现状发展条件及区域发展总体设想，合理划分功能分区；鼓励地块用途兼容，用地类型实行两种或两种以上用途混合。综合考虑空间布局、产业融合、建筑兼容和交通环境等因素，提出自贸试验区综合用地功能引导要求，明确综合用地允许混合的规划用途类型、比例等	控制性详细规划应结合区域现状及区域发展的总体设想，合理划定分区，明确不同分区的主导功能和主导功能建筑的最低比例；综合考虑空间合理布局、产业融合、建筑兼容和交通环境等因素，提出新区综合用地功能引导要求，明确综合用地的规划用途类型、比例等，并在相关文件中明确不能作为综合用地混合、实施有条件混合地类清单	政府对开发过程中应遵循的建设要求有针对性地给出了明确的规定和规划指引	结合现状发展条件及混合地区域发展总体设想，合理划分功能分区，明确不同功能分区的主导功能，引导地块用途兼容
规划指标	出让前，依据控制性详细规划，结合招商情况、功能布局及相关单位意见，在满足安全生产、环境保护和公益性设施用地的前提下，确定综合用地的建筑用途具体比例等规划设计条件	在出让前由规划部门明确用地各不同功能建筑占比，并出具规划设计条件	政府通过招标技术文件，将地段位置、用地面积、混合用途建议清单、许可的最大总建筑面积和总容积率上限、建筑高度上限、租赁期限共六项重要指标固化	在规划条件、出让条件中确定地块负面清单以及建筑功能兼容引导表，但对其可兼容的用途功能比例不作限定
供地方式	根据主导功能差别化供地方式，通用类的用地，均采用传统的招拍挂方式进行供地；涉及产业项目的用地，不论工业或是经营性（产业项目类工业用地、研发总部产业项目类用地、仓储物流产业项目类用地），采取带产业项目挂牌出让方式供地；符合划拨用地目录的，则采用划拨方式供地	招拍挂方式	招标拍卖	实行拍卖方式出让，且当用地意向单位达三家或以上方可进行拍卖
土地出让年期	各类用途的出让年期定年限	文件中未明确	未明确	最高土地使用年限为40年
出让起始价	根据出让方式和产业类型的不同，按照综合用地的各用途对应基准地价的一定比例进行测算	按照规划部门出具的规划设计条件，根据土地用途及不同功能的用地面积比例分别计算，得出综合地价	由政府首席估价师（Chief Valuer）对拟拍卖的白色地段进行估价，提出预估市场价	根据地块的规划条件和地块负面清单，按照市场评估价确定，原则上不低于可混合用途的最高用途基准地价修正值

续表

内容	上海	青岛	新加坡	厦门
变更审批	(1) 综合用地必须按照土地出让合同或划拨决定书约定的用途、规划条件使用，不得擅自改变。(2) 存量用地可转型为综合用地的，重新签订出让合同，按照市场价补缴土地价款	经规划批准，未开发房地产用地可通过调整土地用途、规划条件进行转型利用，国家支持的新兴产业、养老产业、文化产业、体育产业等项目用途的开发建设，可整宗地进行用途变更、改变部分土地用途或在原用途基础上增加新土地用途	开发商在"白地"租赁使用期间，可以在招标合同规定范围内，视市场环境需要自变更使用性质和功能比例，且无需缴纳土地溢价	(1) 在符合规划、土地管理相关规定及出让合同约定地块负面清单的前提下，经规划、国土主管部门备案后，已批混合用地可视产业发展、市场环境需要变更建筑功能，无需按照现有的审批制度办理。(2) 符合条件的非工业经营性用地经批准可变更为混合用地，并按市场价结算地价

5 结语

土地混合利用的管理是一项复杂的工作，其可行性方面尚存在不确定性，目前设定的其实是一种相对理想和便于管理的状态，如一定的用地面积和总建筑面积，仅限经营性用地等。但现实情况是，因土地性质变更或开发强度改变，尽管用地性质上并不发生矛盾，仍有可能导致原规划地块的设施供给不平衡、交通容量不匹配等，该如何协调完善，如何与其他相关部门（电力、给水排水等）有效配合，需要更多深入的研究。另外，为保障自贸试验区混合用地"先行先试"工作的有序开展和顺利实施，需要各相关职能部门下一步从混合用地的分类标准、规划编制、土地出让、产权登记方面做好衔接配套工作。

参考文献

[1] 全国人民代表大会常务委员会 . 中华人民共和国土地管理法 [S].2004.

[2] 全国人民代表大会常务委员会 . 中华人民共和国城乡规划法 [S].2008.

[3] 胡国俊 . 上海土地复合利用方式创新研究 [J]. 科学发展，2016.

[4] 付予光，李京生 . 国内城市规划关于不确定性研究综述 [J]. 上海城市规划，2010.

[5] 胡国俊，代兵，范华 . 上海土地复合利用方式创新研究 [J]. 科学发展，2016.

[6] 陈敦鹏，叶阳 . 促进土地混合使用的思路与方法研究——以深圳为例 [C]. 转型与重构——2011 中国城市规划年会论文集 .

[7] 田双双 . 关于确定"综合用地"具体用途及年期的思考 [J]. 中国房地产，2015.

[8] 范华 . 新加坡白地规划土地管理的经验借鉴与启发 [J]. 上海国土资源，2015.

[9] 王佳宁 . 合理应用混合用地，适应城市发展需求 [J]. 上海城市规划，2011.

[10] 胡健，王雷 . 土地利用规划的刚性与弹性控制途径探讨 [J]. 规划师，2009.

[11] 庄淑亭，任丽娟 . 城市土地混合用途开发策略探讨 [J]. 土木工程与管理学报，2011.

[12] 应盛 . 美英土地混合使用的实践 [J]. 北京规划建设，2009.

[13] 朱俊华，许靖涛，王进安 . 城市土地混合使用概念辨析及其规划控制引导审视 [J]. 规划师，2014.

[14] 沈果毅，刘旭辉，蒋姣龙 . 转型发展期城市规划市场适应性探讨——以中国（上海）自由贸易试验区规划为例 [J]. 上海城市规划，2014.

[15] 张梦竹，周素红 . 城市混合土地利用新趋势及其规划控制管理研究 [J]. 规划师，2015.

[16] 上海市规划与国土资源局 . 关于中国（上海）自由贸易试验区综合用地规划和土地管理的试点意见 [S]. 2014.

[17] 青岛西海岸新区管委办公室 . 关于印发青岛西海岸新区城市建设综合用地规划和土地管理实施办法的通知 [S]. 2014.

[18] 中华人民共和国住房和城乡建设部 . 城市用地分类与规划建设用地标准 [S]. 2010.

新型城镇化建设规划的评价体系

杜　栋　葛韶阳 *

【摘　要】新型城镇化建设不仅应该要有规划，而且要加强对新型城镇化建设规划的评价工作。首先，提出新型城镇化建设规划评价的概念，指出新型城镇化建设规划评价的内容——编制成果评价、实施过程评价、实施效果评价；然后，详细给出新型城镇化建设规划评价的理论和方法；最后，对如何开展新型城镇化建设规划评价工作提出几点建议。

【关键词】评价体系，新型城镇化，建设规划

1　引言

《国家新型城镇化综合试点方案》2015年初正式启动[1]，江苏、安徽两省和宁波等62个城市（镇）已确定列为国家新型城镇化综合试点地区，国家发改委将对新型城镇化综合试点工作进行跟踪监督，开展年度评估考核，建立试点动态淘汰机制。

科学的规划评价是引导、调控和促进新型城镇化建设的重要手段。但是目前很多地方还没有认识到规划评价的重要性，更谈不上对建设规划的科学评价，以至于新型城镇化建设还处于盲目或失控的状态。尽管国家发改委强调将要对新型城镇化综合试点工作进行跟踪监督，开展年度评估考核，但到底如何对新型城镇化进行跟踪评估没有明确。而且，新型城镇化是一个长期的过程，从各地新型城镇化自身建设角度来看，也需要更全面、更系统地评价新型城镇化建设规划。所以，开展此课题研究显得十分必要。

那么，新型城镇化建设规划评价应包括哪些内容？如何对新型城镇化建设规划进行科学评价？本文拟从概念、内容、理论、方法、应用等方面，全面系统地探讨新型城镇化建设规划的评价体系。

2　新型城镇化建设规划评价的概念和内容

规划不是编制好就完事，规划重在实施[2]。很显然，新型城镇化先有规划编制，然后根据编制成果实施，从而产生实施结果。基于系统观和过程观，新型城镇化建设规划评价不仅应该包括对规划编制阶段的规划文本、规划方案进行评价，也应该包括对规划实施过程进行评价，还应该包括对规划实施后的效果进行评价。如果单从实施的角度看，前者是对规划编制成果的评价，可以称为规划实施的"预"评价；后两者分别是对规划实施的"中"评价和"后"评价。这样，新型城镇化评价就包括对规划实施前、实施中和实施后的评价。而且，对新型城镇化建设规划进行评价，不仅仅是规划本身进行评价，而且也是对新型城镇化建设水平和发展状况的评价，因为建设规划与新型城镇化发展息息相关。也就是评价不仅

---

* 杜栋（1964—），男，河海大学企业管理学院教授，主要从事系统工程、信息管理方面的研究。

与规划体系相关，还将针对新型城镇化发展的方方面面进行评价，从而指引规划工作。

简要地说，按照规划时序，新型城镇化建设规划评价包括以下三点：

（1）新型城镇化建设规划编制成果评价。规划编制成果是对新型城镇化未来状态的描述和新型城镇化建设的指引，规划成果内不仅包括新型城镇化建设的目标，还应包括达到目标的方法和手段。

（2）新型城镇化建设规划实施过程评价。以往的规划评价侧重于对规划编制成果和实施效果的研究，而忽略了对规划实施过程的评价。针对新型城镇化而言，我们认为应综合考量规划实施的执行性和规划实施的进程。

（3）新型城镇化建设规划实施效果评价。对新型城镇化建设规划实施效果的评价主要集中于规划实施前、后的对比分析上。但是，新型城镇化建设规划最终是促进新型城镇化发展，所以，还需与发展效果相结合。

通过对新型城镇化建设规划评价概念和内容的解读，可以提升对这一重要管理机制的认知。

3 新型城镇化建设规划从编制到实施的评价体系

3.1 针对规划编制成果的评价体系

一般来说，规划编制成果包括规划文本、规划方案等。对规划方案的评价不是本文的关注点，我们强调的是对规划文本即规划本身的评价。

国外已经形成比较成熟的评价规划文本质量的方法，并将其运用到各种规划文本的评价中。表面上看，这是对规划文本质量的评价，实质上是在回答"什么才是一个好的规划"的问题。其具体表现为内在有效性评价和外在有效性评价两方面[3]。内在有效性指的是规划文本自身的完整性和逻辑性，一般来说是由基础事实、远景描述、目标政策、实施工具四项要素组成；外在有效性主要有以下两个层面的含义：一是"垂直级"相关规划的协调和接应程度的评价；二是"平行级"相关规划的协调和配合程度的评价。具体地说，内在有效性包括了规划的核心要素，如规划目标、远景描述、基础事实、内容和格式、政策（为实现规划中的各个目标而制定的具体措施）和实施性；外在有效性涉及范围和覆盖面问题，反映的是上下层规划之间的承接关系，以及各左右规划之间的一致性。

鉴于当前我国规划评价的基础和水平，基于简明和可操作的原则，本文试着给出针对新型城镇化建设规划编制成果的评价体系（表 1）。

针对规划文本的评审条目　　　　　　　　　　　　　　　　　　　　　　　表 1

评价内容	评价条目	分配分	所得分	总分
一、规划目标的合理性	1. 规划目标是否明确和便于将来衡量？	10		
	2. 规划目标是否体现远景？是否切合实际？是否适应发展？	15		
二、规划数据的准确性和可靠性	3. 现状数据来源的准确性	15		
	4. 预测数据是否可靠？	10		
三、规划成果表达和内在逻辑性	5. 规划格式内容是否完整？	5		
	6. 规划表述是否清楚易懂？	5		
	7. 规划是否便于指引实施（有没策略和行动）？	15		
四、规划外在有效性	8. 规划对上层次规划要求的承接	5		
	9. 下层次规划对该规划任务的承接	5		
	10. 平行级规划的协调	15		

注：分配分为该条目的满分；所得分为专家对该条目的实际打分；总分为该规划的最终评审得分。

该评价体系的设计主要基于以下四个方面：

（1）规划目标的合理性评价；

（2）规划数据的准确性和可靠性评价；

（3）规划成果表达和内在逻辑性评价；

（4）规划外在有效性评价。

前三项反映了规划文本的内在有效性；第四项反映了规划文本的外在有效性。一般来说，规划文本内在要素包括规划目标、规划依据、策略和行动、规划成果的表达和结构逻辑。值得一提的是，现今的规划编制过于注重目标，而常常忽略了策略和行动。策略是为实现规划中的各个目标而制定的具体措施。行动常常以计划形式出现，所以又叫行动计划或实施计划。如果没有相应的策略和行动，新型城镇化走向何方可想而知。另外，规划文本的外在有效性是不可忽视的。以地区的新型城镇化建设规划为例来说明，一方面其新型城镇化建设规划要与国家的新型城镇化规划相衔接，二是要考虑下面县（市）乡（镇）新型城镇化建设规划的承接性。尤其是，同一层次的"多规协调"问题，也是必须考虑的。因为新型城镇化建设规划实际上涉及多个规划部门，而这些部门各自有相关的规划，如国民经济与社会发展规划、国土规划、交通规划、环保规划等，所以有必要进行协调统一。

表1是针对规划评价请的专家而言。即评价新型城镇化建设规划文本质量的方法是依据这个明细单来确定新型城镇化建设规划是否遗漏了一些规划要素，从而判断规划质量的高低。表1中应用了计分方法，作为初期处理新型城镇化建设规划要素赋值的技术指引，直观呈现评估的定量结果。具体地说，由熟悉掌握评分原则的专家对文本条目逐条进行评判赋分。根据评价后的总得分，可以评判规划文本的质量即规划的优劣水平。

这种专家打分法简便易行。但是，由于新型城镇化规划是一项经验性要求很强的学科，所以要求专家要对新型城镇化发展有相当的判断能力或对新型城镇化建设有较深入的研究。

概括地说，这样的评价可以促进在新型城镇化建设规划文本中深入考虑规划中各要素的完整性及逻辑性，并加强规划间的协调。

3.2　针对规划实施的评价体系

前面介绍了规划实施其实分为实施过程和实施效果两部分。这里不打算详细划分实施过程评价和实施效果评价，主要考虑到新型城镇化是一个长期的、持续的过程，加之由于新型城镇化建设的复杂性所导致的规划实施不确定性，所以把规划的实施和规划的效果结合起来考虑，即把对规划进度的评价和对规划是否达到预定目标的评价结合起来，不断跟踪和定期反馈。于是，提出针对新型城镇化建设规划实施的评价体系（表2）。

规划实施的评价体系　　　　　　　　　　　　　　　　　表2

	一级指标	二级指标	权重	得分
规划实施情况	规划实施的进展（规划的执行情况）	引导性内容的执行情况	0.4	实施程度得分
		控制性内容的执行情况	0.6	
	规划实施的效果（规划目标的落实情况）	经济发展目标	0.2	实施效果得分
		社会发展目标	0.2	
		生态发展目标	0.2	
		城乡统筹目标（城乡一体化程度）	0.2	
		公众满意度	0.2	

几点说明：

（1）关于新型城镇化建设规划实施的评价。重点内容分为规划实施执行情况的评价和对规划实施效果的评价两大部分。规划实施执行情况的评价主要是对规划的执行情况的进度进行跟踪和对规划发挥作用的情况进行评价；规划实施效果的评价则主要是对是否达到预定目标进行评价。

（2）关于规划实施程度的评价。一般来说应该包括规划实施的执行性和实施的进度两方面。国内往往只关注后者，以年度报告的形式提交。而实际上，规划实施的执行性评价更为重要。因为如果规划没有得到很好的实施执行，那么规划也就失去了意义，规划编制成果中的策略和行动也就没有价值。而规划实施的进度只是规划执行情况的表现结果。根据新型城镇化的内涵要求，必须坚持以人为核心，不仅注重经济发展指标，而且要把资源指标和环境指标上升为约束性指标，并从战略高度确定社会人文指标，促进人的全面发展，实现城乡经济社会全面协调可持续发展。考虑到与规划实施效果的指标相对应，考虑到弹性与刚性控制的结合，规划实施的执行情况设立了引导性和控制性两类衡量指标。引导性内容用于对中远期发展方向的引导，控制性内容用于对近期建设项目的监督和制约。新型城镇化是新生事物，而我国新型城镇化中各地区缺少的正是没有科学的近期建设规划和控制性详细规划。

（3）关于规划实施效果的评价。新型城镇化规划编制并付诸实施后，新型城镇化进展如何？在多大程度上按照规划目标前进？就需要实施效果进行评价。由于新型城镇化是正在进行中的规划，所以这里主要指规划年限内的阶段性效果评价。考虑到指标不仅应该与发展目标相一致，而且指标应该反映公众参与，结果让公众可以接受，所以，规划实施效果评价的内容包括基于规划目标的指标和公众满意度这个附加指标。在这里，把新型城镇化建设规划的目标确定为经济发展目标、社会发展目标、生态发展目标以及城乡统筹目标（最能反映新型城镇化建设特征的目标），这四个目标还可以进一步细化，可以参照相关的成熟研究成果[4]。比如，城乡统筹目标，以城镇化水平的常住人口城镇化率和户籍人口城镇化率来测度；社会发展目标以基础设施和基本公共服务来测度。增加公众满意度指标主要是体现公众参与规划这一新鲜事物。而且，收集公众的满意度对规划作用进行衡量，也是一种最直接反映规划效用的方法[5]。

（4）关于如何给指标赋分。规划的执行情况，粗略可按实施、未实施、违反建设三类划分：实施得1分，未实施得0分，违反建设得 −1 分。详细的话，也可按照实施完成率来考量，即以实施情况占规划情况的百分比来测度。对规划执行情况的评价，主要起到引导、监督和控制作用；规划目标的落实情况直接按达到目标的百分数计算。具体地说，对规划目标的落实情况这里采用了定量与定性相结合的方法。其中，定量评价主要是看是否达到规划目标，定性评价主要是考虑了公众对新型城镇化发展的满意程度。这两种方法各有其科学性和合理性，又因为两者的区别和互补关系，在现有评估条件和价值评判的标准下，成为国际最为通行并被认为行之有效的方法[6]。

综上所述，对新型城镇化建设规划的实施效果和实施程度的评价，可以选取一些指标并通过对这些指标的计算来跟踪了解新型城镇化建设规划是否促进新型城镇化建设向预定目标发展。这些指标可用来监测新型城镇化在经济、社会、生态（资源、环境）方面的进展，尤其是城乡一体化的程度。通过对新型城镇化建设规划实施情况定期开展评价，可以动态了解新型城镇化建设规划的落实情况，发现新型城镇化建设实际情况与规划目标之间的差距，并弄清民众对新型城镇化建设规划实施情况的看法，从而为新型城镇化建设规划的调整、修编提供决策依据，加强对新型城镇化建设规划的监督管理。

4　关于推进新型城镇化建设规划评价工作的思考和建议

我国的新型城镇化建设刚刚起步，新型城镇化建设规划评价工作还没有规范，甚至缺乏对其的主观认识和科学的方法论，本文提出的规划评价体系，可以为新型城镇化建设规划的编制和实施提供有力依据。不过，虽然建立新型城镇化建设规划评价体系固然重要，但是如何推进评价工作也是摆在我们面前的难题。新型城镇化建设规划评价工作是一项需要从上到下共同配合的系统工程，必须对评价工作进行科学组织和有效执行。下面从推进新型城镇化建设规划评价工作实务的角度，给出几点思考和建议：

（1）组织新型城镇化建设规划评价工作

新型城镇化建设规划评价工作一般由政府部门组织。新型城镇化建设规划涉及城乡一体化的方方面面，因此，新型城镇化建设规划评价工作也将涉及城乡一体化的方方面面。应在体制上保障规划评价的权力和职责，具体可成立新型城镇化建设规划评价工作小组。

（2）执行新型城镇化建设规划评价工作

执行规划评价的具体方式可以由主管部门（一般由发改委负责）作为评价实施主体进行评价，也可在政府统筹组织的基础上，委托第三方学术组织、咨询机构作为评价实施主体进行评价。后者能更突出评价工作的权威性和公信度。

在执行新型城镇化建设规划评价工作的过程中，还应有各部门（规划主管部门和其他相关部门）、专家、公众参与评价工作。也就是说，这项工作并非规划主管部门单独的工作，其他相关部门都应给予相应的支持和配合。最明显可见的就有国土资源管理部门、产业发展部门、交通运输管理部门以及环境保护管理部门等。其次，新型城镇化建设规划评价工作应重视专家的意见，通过广泛听取专家意见，修正和完善规划，保障规划实施。另外，尽可能使公众参与进来，防止和化解公众和政府机构之间、公众和开发单位之间、公众与公众之间的误解与冲突。

（3）保障新型城镇化建设规划评价工作

新型城镇化建设规划评价工作是一项复杂的工作，政府组织开展评价工作需要给予资金、人力等方面的保障。

为保障新型城镇化建设规划评价工作，对新型城镇化建设规划评价工作也要进行评价，并建立起规划评价机制，即评价实施方应对其成果负责。

最后，附带指出，关于评价成果的反馈。新型城镇化建设规划评价的目的是为了促进规划的实施以及指导下一步规划实践。评价成果的有效反馈是评价工作是否圆满完成的重要组成部分，应提高对评价成果运用的重视程度。

参考文献

[1] 国家新型城镇化试点省安徽总体方案 . 安徽省人民政府关于印发国家新型城镇化试点省安徽总体方案的通知（皖政〔2015〕15 号）.2015 年 4 月 22 日 .

[2] 仇保兴 . 科学规划，认真践行新型城镇化战略 [J]. 规划师，2010，（7）：7-12.

[3] 宋彦，陈燕萍 . 城市规划评估指引 [M]. 北京：中国建筑工业出版社，2012：24-39.

[4] 杜栋，苏乐天 . 新型城镇化建设的系统性整体性协同性思考 [J]. 中国发展观察，2014，（6）：8-10.

[5] 潘书坤，蔡玉梅 . 日韩国土规划新进展及对我国国土规划的启示 [J]. 中国国土资源经济，2007，（10）：33-35.

[6] 沈山等 . 城乡规划评估理论与实证研究 [M]. 南京：东南大学出版社，2012：46-48.

"文道"理念下的山地城市社区步行系统构建
——以渝中区桂花园路为例

黄 瓴 蔡琪琦 *

【摘 要】在增量规划的引领下，我国城市化率早在 5 年前已经突破 50%，在大规模建设方面有了显著的成就，但城市中出现了一系列的矛盾和问题。城市发展面临从大面积的扩张转向紧凑型注重细节式发展。对于渝中区这样 100% 城市化的山地区域，步行体系断裂式规划，城市文化意识越发浅薄。结合渝中区桂花园路案例，并尝试引入"文道"理论。总结山地城市社区步行系统构建从整体到局部的空间演变关系，从而整合更便捷的山地城市社区步行系统布局。构建更丰富的城市生活性步行空间，提升城市生活品质，创造更便捷、更具有文化内涵的城市生活。

【关键词】文道，社区文道，社区步行系统

当今高速城市化的进程中，城市间的竞争，是不同地域范围内城市的综合实力角逐，既是资源、能源、技术等"硬实力"的竞争，也是文化、科技、形象、生态等"软实力"的竞争，其中文化是一个城市经过千锤百炼后沉淀的呈现形式，在特定的街区范围内一点一滴形成的，是每个城市、每条街道所特有的，是一个城市的灵魂内涵和品格象征。可以说"人类所有的伟大文化都是由城市产生的"（奥斯瓦尔德·斯宾格勒《西方的没落》）。

然而，在城市更新过程中，城市传统文化越来越没落，城市中的街道逐渐成为车水马龙的载体，在车轮式的"旧城改造"、"城市更新"过程中被掩盖，街道活力被城市发展所割裂，社区文化被城市物质化空间改造所熔断，山城步行体系断裂式规划不成系统，在进行城市文化建设的同时，山地城市得天独厚的地形地势却没有运用在串联城市文脉体系规划之中，反而近年来几乎销声匿迹，可以完善城市文化链接的步行系统却被城市高速发展割成四分五裂。

在现代化与全球化进程中，山地城市所独有的山城文化、街道文化等物质性资产，以及众多非物质性资本正在逐渐消失。山地城市优越的地形地势并未对其最大化利用，带给城市体验感的步行空间体系却未增实现其价值，在分裂的区域上各自成为体系，缺乏串联，亦缺失连续体验漫漫历史时空长卷的独特感受。在"文道"理念指导下，试图回答以下两个问题：如何辨别"文道"要素并为步行系统带来价值？如何利用步行体系将山地城市文化传承、延续，并使其周边经济效益增长，带动片区发展，塑造山地城市文化名片[1]。

1 "文道"理论

1965 年在华沙成立的国际古迹遗址理事会提出"文道"这一概念，同时也称为文化之路，"文道"出现的目的是为了推动历史演变所形成的不同地域之间的文化、同地域跨文化的交流和传播，并对该路

---

* 黄瓴（1971—），女，重庆大学建筑城规学院教授，主要从事城市设计与社区发展方面的研究。
蔡琪琦（1989—），女，重庆大学建筑城规学院研究生，主要从事城市设计与社区发展方面的研究。

线进行保护、可持续开发和利用。欧盟委员会设立文化之路研究院，对"文道"进行命名和评定，早在1987年，欧盟委员会命名了第一条欧洲文化之路，该路称为圣詹姆斯法兰西之路[2]。

文道与绿道在城市建设中同样重要，在国家层面上而言，对历史文化线路和景观绿化建设方面有重要贡献的主要有 ICOMOS、UNESCOWHC 和欧洲委员会这三个组织，另也有以下团体为文化线路作出贡献：Fisher 2007、Penette 1997、Ghersi 2007、Itinerarios Culturales Europeos 2007、Zhiu 2005、Lombardi and Trisciuoglio 2013、Beltramo 2013 等。同时出现了与历史、经济、文化、社会相关的文化线路（Carta 1999、Nappi 1998、Scazzosi 2001、Baldacci 2006、Mautone and Ronza 2010、Peano 2011）。欧洲文化线路主要作为一种视图文化资产出现，其表达方式亦存在于社区之中，从细枝末节的设计理解真正的欧洲文化起源和发展，文化线路从土地之间的关系剖析、创建，再将其物质形态和物理无形资产封存的地方与他们的文化背景和身份交叉融合（Tosco 2009）。

1.1 "文道"内涵

当下定义的范畴均为区域层面的欧洲城市"文道"，强调的是地方文化的存在价值，专注于欧洲文化合作与发展，重新发现旅游、文化、思想、经济、社会等以及不同区域层面的信仰交流和少数民族文化交融。路线应该保护本身的无形资产（Zabbini 2012、Martorell Carreno 2003）。目前，欧洲委员会部长在第一次欧洲文化研究所理事会决议上认为，文化线路标识的特征应具备年轻人文化和教育交流、文化旅游。走可持续的跨区域层面协同合作，它们将被整合成为有机连续、安全舒适、富有饱满内涵且有人情味的旅行体验空间，与此同时，配合系统化建设和规范化领导，从服务设施、人文关怀等方面入手关注[3]。

2010 年 12 月，为了鼓励两国之间发展文化，欧洲委员会部长理事会通过了部分协议（EPA），协议的目标集中在加强文化线路的潜力，局部地区的可持续发展和激励社会凝聚力，促进跨国文化合作（Khovanova-Rubicondo 2011）。此外，还认证了欧洲委员会文化路线，授予符合标准的隐含的文化路线。

1.2 "文道"包含内容

城市"文道"涵盖范围广，本文将视野聚焦在社区界限，从城市微观构成入手，主要包含表1所列内容。

"文道"包含的内容

表1

资产方式	文化类型	表现方式（行为）
物质资产	商业文化	大部分沿街布置，呈线性状态，其业态类型的数量直接与居民生活需求成正相关
	建筑文化、饮食文化	承载历年来城市发展留下的烙印，其空间布置、材料运用、格局设施等，均为文化遗产。
		社区型街道以餐饮业为主，迎合当下特色且沿街面布置。分时段聚集人气，为后续交通、人行空间产生影响
社会资产	体育文化	部分街区综合性强，体育产业发达，提升一定范围内体育精神，带动周围经济发展
	旅游文化	交通性街道界面承载指向性含义，通过连续性引导，引人流至两端旅游景点，其过程配合商业文化呈现方式，提升经济价值
	历史文化	表现为历史人物、纪念馆等，注重社区范围内精神文化塑造，为各类建设提供内涵基础
人力资产	居住文化	包含居住范围内空间平台、公共设施、休憩场所等物质性呈现方式以及日常步行线路、居住方式等非物质性行为，均为居住文化
	教育文化	社区范围内教育方式、提升居民文化内涵的教育理念以及针对各年龄层的教育水平、就业情况等，都直接影响社区教育文化的延续
	生活文化	日常生活行为方式的呈现，具有极强的包容性，从日常行为的麻将馆、茶馆等物质性场所到生活习惯、出入方式等非物质性呈现方式，均可塑造成为标志性生活文化长廊

表格来源：作者整理自绘。

当"文道"运用于城市社区的时候，以上类型会同时考虑，他们相互交替产生联系，在对桂花园路进行整治时，考虑多方面影响因素，从居民日常行为方式、商业业态区划分布等到步行系统的串联与承载，共同带动整个城市社区的发展与再生。

1.3　社区"文道"作用过程

城市"文道"将原本具有交通性的街巷空间通过串联足够数量、具备文化价值的影响单元，且密度适中而紧凑，空间避免稀落，使其成为具有人文内涵、安全舒适、饱满且含有均衡人情味的步行体系。

桂花园路中深刻的人文历史内涵以及断裂的物质基础设施，通过有机整合、串联，结合当下政策，对该片区进行有效引导和控制。

1.4　"文道"用于社区发展

由于长期以来我国城市规划体系中缺乏对社区发展的聚焦，"文道"理念与社区发展规划相结合的实际案例有限，随着城市发展的高速进行，社会开始进行转型与变革，对社区中的人性的关注越发重要，从宏观策略到微观实施，均与社区中的人这一要素相关。

吴良墉先生的《中国建筑与城市文化》从超越规划师和建筑师的全方位角度论述了城市文化与现代化、城市化的密切关系。杨宇振、廚琳在论文《淮的策略：快速城市化进程中的建筑策略讨论》中指出，对于建筑师被运软无力的，只有在超越建筑学自身领域的更广阔的空间中来论城市的发展才有意义，而文化作为城市的灵魂是一个重要内容[4]。

城市社区"文道"并非纯自上而下的规划行为，并非一味政府主导，同时需要配合的是自下而上的社区居民积极参与和配合。社区居民占有大部分力量，使居民态度从漠不关心到热心关注，过程需要时间，引发社区主动性在于不过于加大财政力量，尽量使用现有资源，利用渐进式更新方式和小尺度更新节奏，逐渐形成社区认同感。

2　山城步行体系构建

2.1　山城步行体系

步行系统经历了"传统步行—车行—现代步行"的转折过程，"这是一个由兴盛到衰落，再由衰落到兴盛的发展过程"（卢柯、潘海啸，2001）。步行体系是山地城市最传统的出行方式，也是主要出行方式，随着社会经济的发展，步行系统有别于快速交通系统，步行系统可缓慢，可古老。尤其在山地城市当中，由于等高线参差不齐，大部分时候不便于机动车通行，造就了山地城市变化丰富的交通行为方式，这并不是一朝一夕所形成的，而是长期生活在其中的居民所累积而成的。

2.2　社区步行体系

在山地城市社区中，居民活动范围大部分于社区内部及其周边街区，由于山地城市地形条件的限制，大部分时候都依靠步行。经研究分析，社区居民活动主要有四大类型的事件，包括家庭事件、步行事件、商业事件和休闲事件[5]。

社区步行体系 表2

事件类型	分类缘由
家庭事件	晾衣服、园艺、缝纫等与居住生活所联系的一切家庭活动行为归纳为家庭事件，此类事件在有限的地域范围内寻找自然台地、院坝等空间进行，可见需要居民步行达到而非机动车能够实现，更加凸显步行系统于社区内部的重要性
步行事件	此类事件需要步行系统具有强烈的可达性，在满足基本的生理需求标准之后，步行系统应具备良好的尺度要求，在合理的尺度下才能实现居民自身最大价值，进而丰富街巷活力[6]
商业事件	商业事件包含买卖之间的交易活动、日常所需的饮食等，由于社区内部高差大，小商铺利用高差平台展示商品进行交易，社区内部更需要完善的步行系统促使商品交易的完成
休闲事件	居民在日常生活中自发形成人际交往活动、休闲娱乐、游览观赏等，这一系列的居民行为都依赖社区内部及周边步行系统，不仅要通畅、可达性强，减少死角不安全角落的产生，并且应整洁有序，景观优美，尺度宜人，为延续市井文化、塑造社区文化道路做好铺垫

表格来源：作者参考自绘。

社区步行系统是居民赖以生存的空间系统，串联日常生活，在山地城市中不可忽视步行系统对各类空间的有机整合，应予以重视。

2.3 山地城市步行体系面临的困境

城市差异化发展与政策的缺失，导致山地城市步行系统发展各异，现有城市步行系统与城市文化传递并不融合，大部分断裂，缺乏物质设施的完善，可达性不够强烈，同时缺乏安全性与舒适性，不同区域范围内存在断裂的步行体验感受，在山地城市中漫步，却无法连续感受社区、街道等给我们带来的文化展示，更无法直观领略该城市的独特文化传承。

步行体系是传递文化的媒介，需要连续完整的步行空间为城市文化提供施展平台，让更多的居民、游客感受城市的内涵与邀请，让我们在潜移默化中感受城市的魅力。

3 基于"文道"理念的山城步行体系构建

渝中区是重庆市的重要中心区域，共计11个街道、77个社区，但其内部步行体系散乱，上下半层缺乏富有文化内涵的体系连接，以至于发展割裂，造成城市风貌、市民生活、环境设施、社区发展等各方面逐渐拉开差距。

桂花园路段位于大田湾体育场西北部，横跨上清寺街道与两路口街道，北端至上大田湾体育路段，南段近李子坝公园，全长约1.3km。桂花园路段业态丰富，有较好的基础设施条件，周边均为发展成熟的社区，同时也拥有较为开敞的空间资源。但不足的是公共空间环境品质较差，整体空间质量欠佳，缺乏景观绿化环境设施、休憩设施以及景观小品等，立面形式风格各异，较为杂乱，街巷景观割裂严重，由于机动车的密集通过严重影响了市民对步行空间的体验，甚至局部路段人行道过于狭窄。

基于以上现状，综合考虑当下政策，制定对社区的长远的发展目标。为了塑造有活力有人文气息的空间氛围，需要强有效的管理模式和丰富多样的活动行为，针对不同季节实行不同的战略，其次，为多类型的使用者提供活动的时候应考虑不同性别、年龄和收入等级的差异，确保没有一个人群能主导这个空间，以避免其他人感到被边缘化和不受欢迎。再者，该路段内的步行空间应可达性良好，整治之初考虑与周边目的地的联系，基于对渝中区老旧社区的文化复兴的策略，实现以人为本，重新建立街道居民之间的邻里关系，塑造街道空间良好的场所精神和公共空间，重现山地脉络的网络支撑。

3.1 "文道"要素识别

社区"文道"思想的落实基于其要素的提取识别之上，它包含任何与人相关联的事物总和，包括自然环境、不同历史时期的事件、物质与精神的创造物、历史与现代人物。自然环境不免有天然的与后期人工塑造的；在各个时期留下印迹的事件能影响一定范围内居民思想，同时能够增进社区认同感；物质与精神创造出来的即为可见的物质产物，比如图书馆、博物馆、电影院、展览馆、健身场所等，均能满足日常生活文化需要[7]。

为了提升桂花园路段的"文道"精神，整合具有代表性的文化点要素，其中包含历史文化点、饮食文化点、大型公共活动空间。梳理人流量较大的活动空间，通过良好的步行空间系统进行人流疏导，同时底层商业有序布置将活力疏散。其中历史文化点包括李子坝抗战公园、宋庆龄故居、白崇禧故居、宋子文故居等。饮食文化点位于体育路段，该路段分时段聚集人流，流传已久的饮食文化点有李子坝梁山鸡、何王氏串串香、岗上渣渣火锅、独门冲烤鱼等，大型公共活动空间包括大田湾体育馆、李子坝地铁站、鹅岭公园。

3.2 "文道"要素的串联与策略

针对不同类别的"文道"要素，采取串联的方式因地制宜，结合渝中区桂花园路整治案例，因该范围内公共空间、历史文化、生活文化、教育、饮食、体育等方面的侧重点，将桂花园路分四段整治，分别为：休闲乐活区、社区生活区、市场体验区、山水步行区（图 1）。

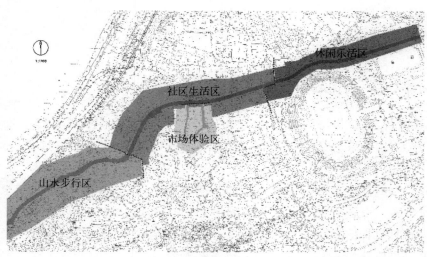

图 1　主题划分图
图片来源：作者自绘

3.2.1　休闲乐活区

该路段位置处于北端，街面饮食商铺繁华，人流活动丰富，对面为大田湾体育馆。在以美食为主题的街区上，主要有三处改造节点，存在的诸如铺装和建筑立面陈旧、场所感较弱和绿化设施间断不连续等问题。连续的铺装能够唤起人们的步行活力，路面绿化设施的延续为步行系统提供精神振奋、喜悦、甚至流连忘返的展廊。针对生硬的路面和平淡的街巷步行环境，整治其路面和绿化环境，改造现状临街店铺白天没有活力的情况，在局部步行空间上塑造可以踱步停留的节点，可以清晰地向路人指示路径、介绍历史文化、提供咨询，适当设置休憩设施，免费资料箱、阅览步廊，街道不再是通过性空间，而是一条具有文化内涵的步行线路。

因地理位置紧邻大田湾体育场，周末节假日停车造成路面交通困难，加之日常路边停车缩小车行道范围，交通性逐渐减弱。建议转移路面停车、或对其停车实行单双号限制，在划路面停车线框的措施下，加大违章惩罚力度，同时将大田湾体育场入口的停车场分时段开放为公共停车场，新都巷一侧地下停车场分时段公共停车所用。

"文道"是一条干净、整洁、舒适且物质设施齐全的宜居性线路，解决民之根本问题才能称之为优美宜人的社区"文道"。

3.2.2　社区生活区

该路段注重细节修复，从本地居民使用分类出发，注重对街面绿化节点的重塑以及行人、自行车、机动车及居民其他出行方式共享空间平等设计。在局部增加休憩庭、改善休憩座椅的布置，规整路边摊的置放，统一规划街道两边绿化点的安置，形成有秩序、干净的社区生活空间。

生活区在于日常步行空间具有可达性强、安全性高、舒适度高等特征，经调查分析，该范围内的社区居民素质较高，日常出行大部分为上下班，少部分为居家退休的中老年人，为他们提供安全梯步，陡峭处增加扶手，5~10分钟路线上增加休憩座椅，保证梯步的完整性，将无法直达的路段修补完整。考虑重庆夏季炎热，在休憩处增加阴凉避暑设施。

将日常生活行径路线塑造出整洁有序的文化氛围，生活文化、居住文化密不可分，他们是"文道"建设中以人为本的重要目标。

3.2.3　市场体验区

U形街区是市民日常所需的必备场所，所以该区域聚集了大量的人气、活力，长时间使用对周边小品和公共空间造成一定的磨损，环境与治安管理上存在差距，同时极度缺乏绿化设施，在更新的时候注重对现有花坛、座椅、垃圾箱的更换，利用地形形成多层景观空间，利用花坛边缘增加座椅，改造现有平台，形成层次丰富的休憩空间，制造了良好的交流空间和休憩平台。

更新过程中逐渐加大对市井文化的关注，焦点落在人身上，这里聚集小摊贩、茶馆、麻将馆等日常生活落脚点，与社区生活区相联系，将沿途路径规范、整洁、直达目的的步行路线上均做到"三步一绿化、五步一休憩"的便利设施，真正为居民提供一条雅俗共赏的社区"文道"（图2）。

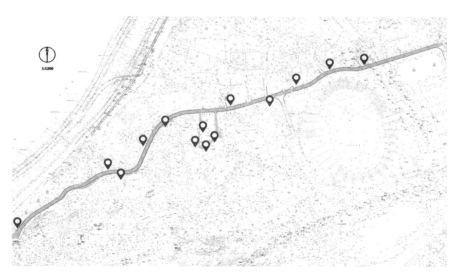

图2　公共空间规划分布图
图片来源：作者自绘

3.2.4 山水步行区

山水步行区北与嘉陵江滨江路相望，南与嘉陵新路毗邻，三者之间可形成步行体系，增加可达性和辨识度。垂直路线上，一方面方便当地居民出行，另一方面塑造健身步道、观光路线，主要在于南端连通山城步道的第三步道，但存在节点空间浪费，步行环境差等共同特征。首先改善人行道，人行道是保证行人安全、提升路面品质的重要因素，部分路面出现人行道过于狭窄，甚至无法通行的情况，针对这些情况运用"织补"、"覆盖"、"修饰"三个策略，统一铺装覆盖路边沟渠可开拓一条人行道，方便行人，运用色彩明亮的材料对原本人行道缺损的部位进行修补，或者利用裂缝等路面损伤来进行手绘创作，不但弥补人行道不足之处还增添了街道的趣味性。增加标示系统，起到明确标示位置、方向等地图的基本功能，以文字、图形或者符号的形式构成视觉图像系统，支路虽不起眼，但连通城市主干道，还联结两侧的历史文化景点，完善的指示系统指出这些道路、景点，方便人行交通和游客旅游，标示系统在于创意，创意的内涵在于文化的体现，不仅体现社区"文道"宗旨，同时也成为城市形象、特征、名片的浓缩代表，整体展现简约明了的风格。塑造共享空间，此路段主要以商业购物、休闲散步、体育锻炼为主，街道两侧闲置空间设置锻炼平台，考虑不同年龄层的需求，设置小孩游乐空间设施和老人们纳凉空间（图 3）。

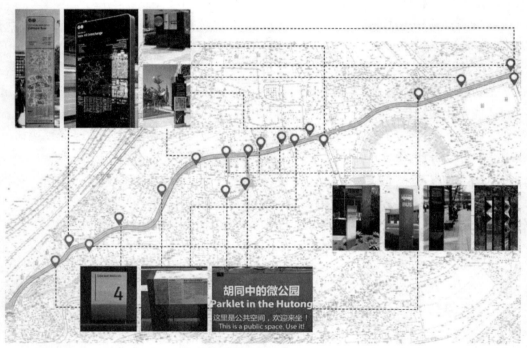

图 3 标识系统、文化线路等标注
图片来源：作者自绘

3.3 "文道"的有机统一

步行体系是"文道"的直接承载方式，步行体系的串联将为理念的实施提供可行性载体，为步行感官体验提供优势的建设方式都将成为"文道"建设的指导目标。与此同时，联系该范围内的绿化景观，使得景观视线在一定角度上、维度内有机统一，在灌输文化内涵的同时关注绿化设计，形成非物质形式的文化氛围将是建设完善之后的宗旨，逐渐形成人人自觉、人人融合的社区"交融圈"，在时间推移下，共同感染，共同启发。

4　总结

在"文道"理念指导下,对山城街道文化通过"辨别—提取—分类—串联"的模式,将步行体系作为其唯一的传播延续方式,带动山地城市街道文化建设发展。在对"文道"进行梳理的基础上,结合桂花园街道综合整治实践研究,积累了大量山地城市街道文脉延续发展规划的经验,包括:

(1)山城步行体系的重要性

山地城市坡度大,地形复杂,机动车限制条件下以步行交通为主,据资料显示,重庆市主城区居民出行结构方式中,步行所占比例为 49.7%,公共交通比例为 33%,出租车比例为 6.4%,小汽车比例为 10.1%,其他为 0.8%(重庆经济报 2003),可见步行和公共交通出行比例占有主导地位。完善山地城市步行交通系统,不仅为车型交通提高效率,更为日常居民生活带来便利,为整个城市功能的发挥和经济高速发展提供基础。

(2)延续山城文化,塑造城市名片

城市建设过程中文化为其提供巨大价值引导,同时产生凝聚力和精神推动力,城市名片的塑造并非仅有经济发展、物质改善和景观建设,文化单元散落在城市的街角空间,他们却是定位城市品味和内涵的基调[8]。

(3)"文道"理念的广泛运用

城市"文道"聚焦于社区"文道"中,关注城市细胞繁殖,从城市细节优化到区域层面统筹,基于步行感官体验提升城市人文内涵,发挥城市空间文化的集群效益,塑造城市文化名片,带动城市经济产业价值,使得城市让生活更美好。

参考文献

[1] 刘阳,黄瓴.作为触媒的文化资本——社区发展策略研究 [A]. 中国城市规划学会、贵阳市人民政府 . 新常态:传承与变革——2015 中国城市规划年会论文集(08 城市文化)[C]. 中国城市规划学会、贵阳市人民政府,2015:11.

[2] 黄天其,黄瑶.从绿道到"绿道"——文化目标导向的空间构建 [J]. 城市规划,2013:4-10.

[3] European Cultural Routes A Tool for Landscape Enhancement.www.coe.int/ROUTES.

[4] 雷娜,李云燕.基于文化策略的城市旧区更新设计——以重庆渝中区嘉陵桥西村为例 [J]. 西部人居环境学刊,2013,05:66-71.

[5] 丁舒欣,黄瓴,郭紫镁.重庆市渝中区老旧居住社区街巷空间整治探析——以大井巷社区为例 [J]. 重庆建筑,2013,04:18-21.

[6] 扬·盖尔.交往与空间 [M]. 北京:中国建筑工业出版社,2002.

[7] 黄瓴.城市空间文化结构研究 [D]. 重庆:重庆大学,2010.

[8] 张琼.城市建设中文化元素的重要性研究 [J]. 管理观察,2015,36:30-31.

包容性视角下的城中村改造问题初探

韩 婷*

【摘 要】十八大指出新时期的城市发展必须是遵循社会规律的包容性发展。城中村作为我国城乡二元体制的特殊国情下，快速城市化过程中的产物，是农村向城市转变的过渡空间。城中村的发展体现了对市井文化、空间多样化、底层阶级的包容性。现行的城中村改造过程，由于缺乏包容性，导致了一系列问题：土地财政驱使政府逐利，大拆大建；粗暴拆迁破坏市井文化；片面追求城市形象，损害空间多样性；补偿策略单一短视，给城市发展和社会稳定性带来巨大隐患。建议城中村的改造应当：优化现有制度环境；引入配额制管理；创新多元化的改造方式；增加农民工市民化的路径。

【关键词】包容性，外来人口，城中村，城中村改造

新型城镇化赋予"十三五"时期城中村改造全新的历史使命：为外来人口提供廉租房、保障房。党的"十八大"强调"发展必须是遵循经济规律的科学发展，必须是遵循自然规律的可持续发展，必须是遵循社会规律的包容性发展"。因此，分析城中村蕴含的包容性的基础上，审视当前城中村改造存在的问题，进而提出相应的改进对策，具有较强的针对性和现实意义。

1 概念界定

1.1 城中村

所谓"城中村"，顾名思义是指城市中的农村，在城市迅速扩张过程中由于各种复杂的原因被保留下来，成为被城市建成区四面包围的孤岛[1]。从广义上说，城中村是指在城市高速发展的进程中，滞后于时代发展步伐、游离于现代城市管理之外、生活水平低下的居民区，空间位置上被城市包围或者毗邻城市。从狭义上说，城中村是指农村村落在城市化进程中，由于全部或大部分耕地被征用，农民转为居民后仍在原村落居住而演变成的居民区，空间位置上被城市包围，因此亦称为"都市里的村庄"。

本文所探讨的城中村是指狭义的位于城市中心，被城市包围的农村人口聚居地。其土地的产权归村集体，管理体制上属于农村管理体制，管理机构为村委会，村民为具有农业户籍的农民，不能享受城市市民的社会保障；但经济社会活动与城市联系紧密，村民经济收入依赖房屋出租、城市就业。

1.2 包容性增长

"包容性发展"概念的形成，可以追溯到 2007 年由亚洲开发银行（亚行）提出的"包容性增长"。亚行认为，包容性增长就是在保持较快经济增长的同时，更多关注社会领域发展，关注弱势群体，让更多的人享受

---

* 韩婷（1990—），女，华中科技大学建筑与城市规划学院硕士研究生。

经济全球化的成果[2]。包容性增长的核心是倡导机会平等、共享发展成果，回归增长本意即以人为本，发展的目的不是单纯追求 GDP 的增长，而是使经济的增长和社会的进步以及人民生活的改善同步进行，并且追求经济增长与资源环境的协调发展。[3]

在我国，改革开放以来经济社会建设成就举世瞩目，但是与此同时也产生了许多问题，过去十年间流动人口在教育和社会保障方面受到歧视等社会问题表明城镇化的成果并未平等地在各种社会群体之间分配，尤其是收入分配不均、贫富差距悬殊不断恶化。在全面建成小康社会的决定性阶段，这些发展中的"短板"需要认真加以解决。对此，《中共中央关于制定国民经济和社会发展第十三个五年规划的建议》中指出包容性发展是"十三五"规划建议的重要特色，"十三五"规划必将是一个遵循社会规律，践行包容性发展的规划，要提高发展的平衡性、包容性、可持续性[4]。对我国当前的形势而言，包容性发展意味着要拒斥阶级两极分化但保护合理差别、强调发展权利的同质均等性。城市应当体现阶级包容性、空间多样性并具有社会活力，城中村作为城市中外来人口最多、弱势群体最集中的地区，最符合这些特质。因此，要推进共享式发展、实现包容性发展，如何进行城中村改造是关键。

2　城中村发展历程及其包容性

2.1　城中村发展历程

20 世纪 90 年代以来，随着城市化进程的加速，城市迅速扩张。随着农民大规模进城打工潮的形成，中国各大城市开始普遍出现城中村现象。作为我国城乡二元体制的特殊国情下快速城市化过程中的产物，城中村因其低廉的租金吸引了大量农民工等外来人口，为其提供了赖以生存的落脚点。由于城中村多为低矮拥挤、建筑质量参差不齐的房屋，呈现出"亦城亦乡、非城非乡、半城半乡"的状况，规划者和政府往往将其看成是城市的疮疤，对其进行拆迁重建。可以说城中村的发展演变过程是农村逐步转变为城市的过程（图 1），但现行的简单粗暴的改造方式不仅对外来租住人口造成驱赶，严重破坏城市的包容性，更是引发新城中村问题产生的根源，导致了问题的空间转移与区域性积累。

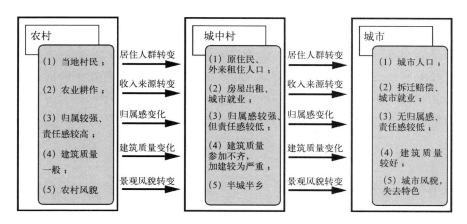

图 1　城中村的发展历程

2.2　城中村的包容性

在中国户籍制度改革滞后、城市住房保障制度缺失，特别是政府提供的保障性住房基本上只面对本地户籍人口的情况下，城中村虽然存在着各种问题和隐患，却仍有源源不断的外来人口选择以此为跳板进入城市，是因为城中村是城市中最具有市井文化、空间多样性和底层阶级包容性的地区。

2.2.1 市井文化的包容性

迪赛（C. M. Deasy）在《为人的设计（Design for Human Affairs)》中指出"城市规划和建设的目的不是创造一个有形的工艺品，而是创造一个更好的满足人类行为的环境"。也就是说城市空间不但要景观优美，更要具有活力。城市活力是优质城市空间的基本要求，是城市可持续发展的根本。城中村吸纳了包括原村民和农民工等外来人口。在多年的城中村居住生活经历中，农民工等外来人口沿着亲缘、乡缘和邻居等线索编织了比较紧密的社会关系和社会支持网络，由于人群的集聚，各种经济形式在此出现，使得这里成了城市中充满活力的地区。相比于毫无生气的很多城市新区、商品房小区，城中村中更频繁的人际交往、更浓厚的人情味和略显杂乱但更生机勃勃的市井生活，展现了一种包容低层文化、市井文化的价值取向，营造了多样化的文化环境。可见城中村并非城市毒瘤，而是城市最具活力的区域。以毫无生气的商品房小区取代充满活力的城中村必将扼杀了城市活力。

2.2.2 空间多样化的包容性

在城市化进程中，城市面貌日新月异的变化，建设新城、改善城市面貌无可厚非，但如果把城市化简单地理解为盖房子、建广场，求新、求大、求洋，追求华丽的城市形象会造成城市形态单一化。单一性的城市形态只能吸引并满足单一类型的人群，而包容性城市空间应该是能满足不同人群的不同需求的，因此城市应当追求多侧面、多层次的规划布局，建筑应当存在落差高低，疏密相间。城中村作为一种自发形成由下而上的城市化，是在原有的村庄格局中自然形成，大多仍然保存着村庄的肌理和形态。与城市中常见的中高层建筑不同，城中村多为低矮建筑。保留城中村有助于丰富城市中的建筑高度形态，形成新旧共存、层次丰富的城市形态。

2.2.3 底层阶级的包容性

城市劳动分工的多层次性，决定了城市中应当容许满足各类人群基本生活要求的空间的存在。然而政府通过行政手段调控楼市，无论是保障房还是经济适用房，均是针对城市下层中产阶级的承受能力；农民工的承受能力和向中产阶级的阶梯问题，始终没有被提上媒体和政府的议事日程，对弱势群体形成了一种无形的阻隔。正是因为这样，过去 20 多年城中村已经成为外来人口尤其是农民工居住的地方，承担着为农民工提供事实上的廉租房的社会功能。市场自发选择的"宁要大城市一张床，不要乡村一栋房"及"蜗居城市住老鼠窝（地下室），家里房子给老鼠住"，对于缺乏制度保障和支持的农民工来说，城中村是他们落脚城市并谋求发展的弥足珍贵的社会资本，同时也为他们在陌生的城市逐渐建立新的行为规范提供了可能性。在政府住房保障职能缺位的情况下，城中村不仅在其经济承受能力之内为外来人口提供了生存空间，也为城市化扩张过程中的原住民解决了失地后的收入来源问题，部分弥补了政府低价征地对其生活造成的困难[5]。

2.3 小结

综上所述，城中村是一种由农村到城市的过渡空间。在房价离谱的今天，城中村是自发形成的廉租房和保障性住房集聚地。城中村不仅有略显杂乱但生机勃勃的街区，新旧共存、层次丰富的城市形态，也是农民工等外来人口、弱势群体分享城市集聚效应的唯一空间载体，决定了城中村蕴含的对市井文化、空间多样化和底层阶级的包容性。

3 包容性视角下的城中村改造问题

作为一种快速城市化过程中的遗留斑块，城中村已经不属于农村，也尚未完全转化为城市空间。因此，政府期望通过城中村改造帮助其完成过渡，实现由农村到城市的转变。通过对现行城中村改造的观察不难发现，由于没有认识到城中村所体现的包容性，目前的改造不仅未能从根本上解决问题，反而引发了一些共性的持续存在的问题，导致了问题的空间转移与区域性积累，给城市发展和社会稳定性带来巨大隐患[6]。

3.1　土地财政驱使政府逐利

长期以来，经济增长是地方政府考核机制的重要内容，在这种机制下，地方官员将 GDP 增长作为了任职期内的唯一目标，土地财政所带来的可观的 GDP 增长速度导致地方政府进行土地出让，政府往往只看到了城中村存在的问题，未能正视其存在的原因和意义，忽视城中村改造带来的巨大的社会成本和一系列新的社会矛盾。政府职能没有从"以经济建设为中心"彻底向以公共服务为核心转变，政绩评价体系自然不可能从根本上摆脱 GDP 至上的窠臼。在当前增量用地不足的情况下，城中村作为存量建设用地中的低效用地，必将被追求土地财政的地方政府全部推倒重建，加剧社会矛盾和政府治理危机。

3.2　粗暴拆迁破坏市井文化

城中村改造不是一个简单的拆除重建的问题，涉及的主体包括政府、开发商、原住村民和外来租住人口。现行的城中村改造往往对城中村中频繁的人际交往、浓厚的人情味和生机勃勃的街区生活视而不见，简单粗暴的对城中村进行拆除重建，原有的社交网络和社会组合被破坏，原有的社会形态被强制性摧毁，原有的邻里关系、低端经济业态，以及外来人口聚集形成的社会组合形式在城市改造中被无情的摧毁。面对时常发生的钉子户问题，未能深入了解其产生的根本原因，不顾后果的予以强制征收。不仅损害原住民的利益，破坏社会公平性，也加剧了改造过程中的矛盾、冲突、资源与财富浪费，更严重损害了城市活力。

3.3　片面追求城市形象

从政府的政策选择到理想主义者的理想设计，依然担心农民进入大城市会导致出现贫民窟，担心他们失去居住尊严，甚至制定政策限制他们进城，尤其是进入大城市。

很多城市政府在民意裹挟下热衷于"改造城中村"，为城市新移民提供保障房。实则是为促使土地使用价值最大化，追求完美的城市形象。对城中村大拆大建，破坏了原有的特色和整体协调，代之以雷同的摩天大楼和现代化小区，外表看起来高楼拔地而起，实际上缺少空间多样性，造成"千城一面"，损失了良好的城市形态，使城市空间显得单调沉闷，毫无特色和文化品位可言。此外，改造片面注重对于居民住宅等硬件设施的建设，忽视了与村民息息相关的日常生活需求，给原住民日常生活造成极大的生活不便。

3.4　补偿策略单一短视

现行的改造策略忽略了城中村中主要群体——外来租住人口，导致每一轮的城中村改造迫使其进一步向外迁移，形成新的城中村聚落，加剧城市扩张问题。农民工在城市中往往处于边缘、被排斥的状态，这不仅在城乡之间长期固有的二元化之上又出现了城市内部的二元化，而且严重损害了城市活力、经济效益，也蕴含着极大的长期社会风险。

同时，改造忽视了原住民的身份转变问题。通过城中村改造，原住民虽然可以获得一笔拆迁补偿，但是由于其即将失去了租金这一收入主要来源,往往更担心以后的生活问题。大多数原住民受教育程度低,缺乏劳动技能,其在劳动力就业市场上缺乏竞争力。原住民或一夜暴富后挥霍返贫,或由于不懂得投资而坐吃山空,造成社会不稳定因素。

4 包容性视角下城中村改造的建议

城中村的问题需要解决,但不应以消灭城中村空间为目标,忽略外来人口,忽视城中村存在的正面意义,采取简单粗暴的推倒重建改造模式,而应该在尊重现状的基础上,逐渐解决城中村中的问题和隐患,保护市井文化,保留多样化的空间,以更好的为外来人口提供可支付的基本住房。

4.1 优化现有制度环境

为了实现科学发展,应对现有的政府考核机制等相关政策制度进行改进,响应国家《关于改进地方党政领导班子和领导干部政绩考核工作的通知》[7],积极改革地方政府和官员的政绩考核办法。

(1)制度中心转移。纠正单纯以经济增长速度评定政绩、以 GDP 论英雄的偏向,把包容性发展的导向真正树立起来,引导各级领导干部树立正确的政绩观。从公共利益出发,站在推动整个社会发展进步的高度,为全体社会成员着想,统筹经济、社会、文化、环境等方面的关系。

(2)制度环境优化。引导地方政府切实关注人民生活水平,特别是包括农民工在内的城市中的弱势群体。要完善政府依法领导、部门密切配合、各群体积极参与的协同联动改造工作机制,在制度上逐渐消除歧视性政策和限制性门槛,给予外来人口与本地人口同等享受公共服务的待遇。

4.2 引入配额制管理

配额制是国际贸易中对有限资源配置的一种手段,通过对有限资源的管理和分配,平衡供需不等或者各方不同利益,缓解这种压力。在当前经济放缓的新常态时期,正规的政府机构无力应付住房危机而且正规的管理体系也不起作用的形势下,在城中村改造中引入配额制。根据实际需求住房量和政府可提供住房的量化分解,用法律形式确定必须保留的城中村在现有城中村中所占份额,进行强制规定,充分发挥城中村的补充作用。

配额比例的确定,要关注城市非物质层面的社会网络的维系与承接,关注城中村中的人际交往和街区生活;要引入多元的利益主体,兼顾多元利益目标,深入了解不同群体,特别是原住民的生存和发展的需求,重视城中村中的外来租客的参与,均衡各方利益;划定一定比例的区域给予原住民进行自由经营等活动,最大限度地减少改造对城中村的社会网络与经济生活的干扰;明确邻里关系的培养和村民社会交往的空间需求,确保改造不占用该空间,维系和谐的社会氛围。

4.3 创新多元化的改造方式

为减小城中村改造对城中村空间形态的改变,应当引导创新性的多元化渐进式改良的方式,替代需要高额安置成本的推倒重建的方式。

在改造中以公共视角为出发点,充分考虑到各个城中村的特殊性。条件较好的要予以整体提升,要在空间整体环境得到改善的同时,保存其原有空间特色;适合局部性改造要在满足城中村的现代发展需求的基础上进行局部完善;条件较差,难以通过改良进行完善的,要在满足城中村的各类人群需求的基础上,进行渐进式改造,忌粗暴的推翻重建。

4.4　增加农民工市民化的路径

政府应当借助当前中央号召的供给侧结构性改革，提高城市管理水平，增加农民工转换为城市居民的路径，完善相关配套政策法规。

（1）接纳各类人群，逐步实现本地人口与外来人口、农村人口与城市人口之间的公共服务均等化和社会保障的全覆盖，避免改造对农民工的驱赶。

（2）全面提高农民工就业能力，举办专门针对农民工的教育培训，以人力资本优化为核心，全面提升农民工素质，提升农民工就业能力，促进农民工市民化。充分尊重农民工的能力和意愿，根据农民工的就业能力，以其定居的需求引导供给，供给跟着需求走。

（3）引导消费行为，因势利引导，通过宣传舆论教育，开辟投资渠道，引导农民将多余的资金用于发展生产、学习技能和理性投资，避免冲动消费引发的社会问题。

5　结语

在我国当前土地资源供需矛盾日益突出的背景下，正确认识城中村存在的原因及意义，才能使改造方案更合理、更贴近居民生活需求，也更容易获得原住民参与和支持，提高社会活力，同时将社会的各个要素、各种资源串接起来，加强城市凝聚力，打造具有社会多样性、文化包容性、阶层包容性的城市。包容性的城中村改造不仅是更好的推进城中村改造活动、提升城市品质的主要途径，更是推进新型城镇化、实现"十三五"城市发展总体目标的重要保障。

参考文献

[1] 城市的"孤岛"和"异物"？城中村该何去何从 .http://news.xinhuanet.com/politics/2013-08/22/c_125224263.htm.

[2] 张幼文 . 包容性发展：世界共享繁荣之道 [J]. 求是，2011，11：52-54.

[3] 王新建，唐灵魁 ."包容性增长"研究综述 [J]. 管理学刊，2011，（1）：26-31.

[4] "十三五"中国经济发展前瞻六问 .http://news.xinhuanet.com/fortune/2015-11/05/c_1117055172.htm.

[5] 陶然，孟明毅 . 土地制度改革：中国有效应对全社会住房需求的重要保证 [J]. 国际经济评论，2012，（2）：110-126.

[6] 蓝宇蕴，蓝燕霞 . 关于政府主导城中村改造的探析——以广州城中村改造为例 [J]. 城市观察，2010，（5）：110-118.

[7] 姜青新，张森 . 树"绿色政绩观"建美丽中国——解读《关于改进地方党政领导班子和领导干部政绩考核工作的通知》[J].WTO 经济导刊，2014，（5）：71-73.

商河县工业用地集约利用评价与优化研究

杨 亮 张海洋 汪致真*

【摘 要】土地是人类生存和发展重要的物质载体，鉴于土地资源相对短缺的基本国情情况下，工业中却存在开发强度低的现象。工业用地作为城市经济发展的重要载体，随着城镇化进程的加快，工业用地量快速增长，工业用地的容积率与开发强度达不到城市建设的控制标准造成了工业用地集约度不高。本文概述了工业用地效率的影响因素，并以商河县工业用地利用现状分析工业工地集约利用水平低的原因，并针对如何提高工业用地的集约水平提出有效的策略和建议。

【关键词】工业用地，影响因素，集约利用，成因，商河县

1 引言

工业是国民经济的基础，工业用地也是城市发展的重要物质载体。在改革开放 30 多年来，城镇化、工业化飞速发展，新增了大量的工业用地，实现了我国从农业大国向工业大国的成功飞跃，但与发达国家还存在较大的差距，发达国家的城市工业用地一般不超过城市总建设用地的 10%，而中国已经超过了 20%，甚至有些城市超过 30%。我国的中小城市仍然存在工业用地比例高、增速快的现象，甚至有些城市人均工业用地也大大超过了 15~25m²／人的国家标准，见《城市规划人均单项建设用地指标》GBJ 137-90。

土地作为不可再生的自然资源，是人类生存和发展的不可或缺的基本要素，它的地位是无法改变的。同时土地作为城市建设和人类活动的载体，其开发和利用为社会经济发展提供了重要的物质保障。如今，城镇化的进程的不断加快，城市的用地规模和人口规模也在不断的扩大，在建设资源节约型社会的大背景下，土地的供需矛盾日益突出。如何缓解这种矛盾，提高工业用地的用地效率，是当今社会发展面临的首要议题，而土地的集约利用则是满足社会经济可持续发展的必然选择。

本文主要想通过有限的规划方法，分析工业用地集约利用水平低的原因，并探讨工业用地集约化发展的策略，促进工业用地的高效利用，达到土地资源合理的利用和配置。

2 影响工业用地效率的因素

首先界定本文所研究的工业用地的概念，它是指国有用地建设中，直接进行工业生产以及为工业生产进行服务的附属设施用地。一个城市的经济产出主要依靠的就是工业用地的利用与开发，工业用地使

---

* 杨亮（1990—），男，山东建筑大学在读研究生。
张海洋（1991—），男，山东建筑大学在读研究生。
汪致真（1992—），女，山东建筑大学在读研究生。

用效率关乎经济产出的能力的大小以及工业开发的利用程度。影响工业用地效率的因素有很多，从宏观层面具体来说，主要有城市土地资源的利用状况、建筑密度、建筑容积率、用地性质、人口、经济技术、城市规模、基础设施完备程度等；从微观层面来说，主要有土地的出让方式、工业用地的出让价格、政策与制度等。下面主要对工业用地集约利用的内部的社会、经济和环境影响因素进行探讨，主要从自然因素条件和社会因素条件两个层面进行分析阐述。

2.1　自然因素

土地资源的开发利用会受到自然因素的影响，进而会影响土地集约利用水平。通常，影响工业用地集约程度的自然因素主要有气候、地质、地形、地貌、水文等，土地的地质条件会影响土地的地基承载力，地基承载力的高低直接影响在工业用地一切建设活动和土地的集约化水平；地形、地貌会影响土地的开发利用方式，如在平整以及地基承载力较好的土地上建设投资成本较低，如果地形过于的复杂，在进行建设活动中需要投入大量的资金进行土地的平整，进而会使土地的集约水平下降；水资源对于工业的发展至关重要，尤其是需要水资源比较丰富的企业，它也是人类生活的重要的物质基础。水资源丰富的土地才会使产业集聚，产业的集聚会带来人口的集聚，经济才会得到有利的发展，水资源丰富的区域才能为工业园区的发展提供良好的物质基础。

在人口日益增多的今天，土地资源尤为珍贵，在土地总量不变的情况下，提高土地的集约水平显得尤为的重要。换一句话说，土地的稀缺程度是影响土地集约水平最直接的因素，土地的稀缺程度不仅只是总量上的不足，重点是人均土地资源的稀缺，就暴露出人与土地之间的矛盾关系，这种矛盾程度越是严重，城市土地的集约水平的动力越足。

2.2　社会因素

工业用地的一切建设活动是在人的意识形态下改造自然的过程，因此它受到了自然因素的制约，于此同时又受到了社会因素的制约。影响工业用地效率的社会因素主要从以下几个方面阐述：

2.2.1　土地市场化

在健康的市场化运行机制中，工业用地由于区位条件的不同会造成土地价格的差异，正是这种差异促使了土地集约利用，但是在我国中央集权的行政体制下，政府享有了土地资源配置的权利，政府会出于整个城市的经济发展有计划地进行土地资源的划拨，长期以来土地并没有按照市场的需求进行配置，导师土地资源配置不合理问题突出，土地资源浪费的现象也十分突出，也使市场这只"无形的手"并未能在土地资源配置中发挥其主要作用。

2.2.2　产业集聚和产业结构

产业结构影响土地集约利用。一定的产业结构及其变化会引起土地资源在产业上的分配和再分配，必然形成不同的土地利用结构。根据配第一克拉克定律："随着经济的发展，人均国民收入水平的提高，第一产业国民收入和劳动力的相对比重逐渐下降；第二产业国民收入和劳动力的相对比重上升，经济进一步发展，第三产业国民收入和劳动力的相对比重也开始上升。"各产业部门的土地生产率、利用率和投入产出率不同，随着产业结构的不断升级，必然会使产业间的分工合作做出调整，这样有利于工业用地的集约水平的提高及空间布局优化。产业集聚是产业发展过程中地缘现象，是指利益相互关联的企业聚集在某一特定的区域，形成一定的规模，随着劳动力、资本、技术等要素不断的集聚，会形成规模经济效益，这一特定区域内的土地也会有效的利用；在产业集聚的过程中，地价升高会使投资者提高建筑的容积率获得更高的利益，促进了工业用地集约利用。

建立完善的土地市场化机制，由市场的供需关系来配置土地资源，有助于促进土地的集约利用程度。同时，政府可以通过宏观调控的手段，对土地市场中不合理的现象进行调整。这样以市场化为基础以政府调控为手段的土地资源供给方式，才能更好地促进土地优化配置，提高土地集约利用水平。

2.2.3 科学的规划管理与政策制度

科学的规划包含很多的方面，主要有土地利用规划、城市总体规划、专项规划等，土地利用规划确定了其用地性质、功能的定位、空间发展方向，城市总体规划进行了合理的布局，保证土地的资源合理配置。只有进行科学的规划与管理，才能促进工业用地的土地集约利用，当今政府在规划的审批与编制阶段上还存在很多的问题，有些地方地方政府为了谋取经济利益，招商引资，降低工业用地的土地价格，企业也利用这个便利先占用大量的用地以备未来的发展需求，造成了土地的严重浪费。因此，制定合理的土地利用规划并进行科学的管理，是提高工业用地集约程度的重要因素。

如今，我国的土地市场化制度还不健全，主要靠国家的相关政策和制度进行宏观调控，例如经济政策、区域政策、产业政策、建设用地审批制度、用途管制制度、土地交易制度、征地补偿制度等，政府就是通过以上的制度和政策来干预管理土地使用者的行为，来促进土地的集约化程度。20世纪提出兴建的"开发区"、"大学城"等造成了土地粗放式的发展和闲置浪费，后来又针对此矛盾提出了建设节约型社会的方针政策，来推动土地的集约利用。

3 工业用地集约利用评价

3.1 基本概况

3.1.1 地理位置

商河县隶属山东省济南市，是济南市的北大门。东靠滨州市的惠民、阳信，公路直达渤海沿岸；西与德州市的临邑毗邻，距津浦铁路及德州市90km；南临济阳县，到济青、京福高速公路70km，距济南飞机场50km；北与德州市的乐陵接壤，公路畅通京津。

3.1.2 发展优势

商河力争济南市次中心城市，济南纵深辐射鲁北的前沿阵地。商河具有丰富的地热温泉资源，定位发展成为以温泉生态旅游度假为特色的中等城市，山东省境内的地热资源仅分布在商河、德州、东营三地，其中商河县地热资源综合利用价值最高，并且具有储藏量大、水层浅、水质好、水温适宜、医疗价值高、用途广泛这六大鲜明的特点。随着济南城镇化进程的加快，中石化济南分公司正好处在济南未来主城区"一城两区"东部新区的核心地带上，济南市经信委下发《济南市六大传统产业转型升级实施意见》，明确提出要积极推进中石化济南分公司（即济南炼油厂）向商河县搬迁，这对商河既是机遇又是挑战。

3.1.3 企业类型与产业结构

商河已经形成了"一区两园"发展格局，一区指的是山东商河经济开发区，两园是指商南工业园和城区产业园，现已形成节能环保、纺织服装、食品加工三大主导产业，并规划设计环保节能材料与装备产业园、食品加工产业园、服装纺织产业园。

2013年，第一、二、三产业各自所占比重基本持平，第一产业为28.6%，第二产业为37.8%，第三产业为33.6%。2003~2013年这十年间，第一产业的产值经历了增长和回落；第二产业在总产值的比重虽然偶有回升，但整体呈下降趋势；第三产业比重稳步攀升（图1）。

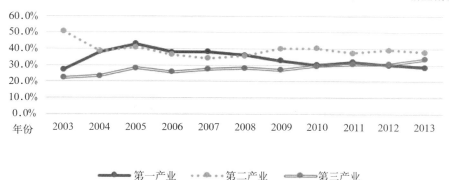

图 1　商河县历年三次产业占比变化趋势
资料来源：《商河统计年鉴》（2013）

3.2　工业用地现状及其利用特点

3.2.1　工业用地增量呈上升趋势

根据商河县历年工业用地规模的变化趋势显示，大致可以分为两个阶段；第一阶段是 2008~2013 缓慢增长期；第二阶段是 2013~2015 年快速增长期（图 2）。

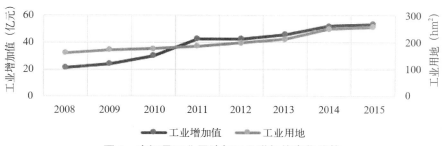

图 2　商河县工业用地与工业增加值变化趋势
资料来源：济南统计局。

从工业增加值来看，其变化趋势和工业用地规模的变化趋势基本上一致，但是 2008~2011 年是工业增加值的快速增长阶段，比工业用地规模的快速增长阶段提前了，可以看出近几年中的工业用地效率低下，集约程度不高。

3.2.2　工业用地集约利用水平低

为了进一步了解商河工业用地集约利用的情况，调查了城区产业园的所有的工厂企业，对其容积率进行实际测算。调查显示绝大多数的企业容积率低于控规要求的容积率，近年来，绝大多数企业中规划范围内大量的用地都是闲置的。商河县城工业用地发展较快，尤其是城区产业园工业用地扩张比较迅速，然而通过调查发现，县城内工业用地容积率在 0.6 以下的占总工业用地的 60% 之多，容积率 1.0 以上的只占到了 2.00%（图 3），尽管县城工业用地增长较快，但用地开发强度不高、浪费严重的问题突出。由此可见，商河县工业用地的土地利用状况是相对比较粗放的。

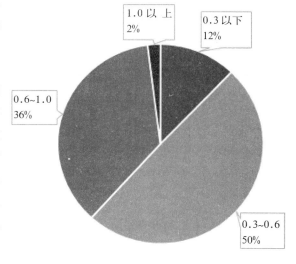

图 3　工业用地开发强度饼状图

3.3 工业用地集约利用率低原因分析

3.3.1 工业化中期资金相对短缺

自改革开放以来，商河县经济发展迅速，人均GDP已从2003年的8633元（当年价）提高到2013年的25166元（当年价）。从2003~2013年，在产业结构演进中，第一产业从2004年比重持续下降；第二产业偶有回升，但整体呈下降趋势；第三产业比重稳步攀升（图4、图5）。

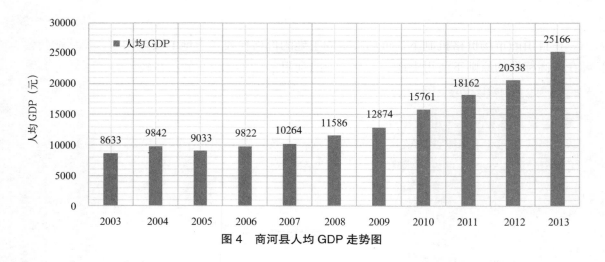

图4 商河县人均GDP走势图

根据经济学家片钱纳里的工业化阶段划分标准，商河已从传统的农业经济阶段步入了工业化阶段，并于2013年开始进入了工业化中期。据研究表明，在工业化初、中期过程中，资金相对短缺是该阶段经济的主要特征，土地的开发者往往通过较多的土地来扩大规模以实现经济的快速发展，这样致使建设用地快速增长，大都采用一个粗放的开发模式，而商河县恰恰处于工业化中期阶段，工业用地空置率高也是一个必须经过的过程。

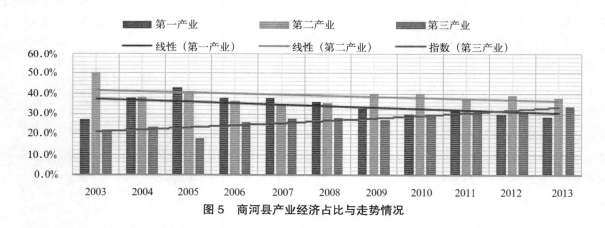

图5 商河县产业经济占比与走势情况

3.3.2 土地市场化程度低

2013年商河县地区生产总值为143.7亿元，位列济南市11个县市区（含高新区）的末位。商河在土地利用方面走的是低效率的粗放的扩张模式，土地市场化效率低下，即使是有偿出让的土地，大多是与政府签订了协议，协议的内容是以免除几年的税收作为前提条件，真正通过土地招标和拍卖等正规程序的土地的比例相当的低。只有通过本着公平、公正、透明的法定程序进行的土地拍卖，才能实现土地的真实的价值，因为土地的价格真实反映了土地的价值和稀缺程度，从而土地才能被高效集约利用，但是大部分的土地都是通过政府的宏观调控进行的土地的资源配置，主观性较大，不利于土地的集约利用。

因此，科学合理规划工业园区或开发区，提高工业行业集聚水平；同时应加快地方工业经济的对外开放程度；有针对性地加大对工业行业的科技扶持，培养其自主创新能力，提高自主研发力度；合理控制工业行业规模，避免出现规模不经济现象。

3.3.3　低地价政策

一些经济较为落后的地区，政府领导为了谋求政绩，想要经济得到发展就会大量招商引资，地方政府在招商引资的过程中就会提出一系列的优惠政策，降低土地价格是最普遍的做法，导致工业用地的效率低下。在自由的市场价格机制下，市场决定的土地的价格代表了土地的收益能力，价格会致使土地的开发者在更高标准的原则下使用土地，这时土地的利用率往往是较高的。在较低的工业地价引导下，投资者倾向以较多的土地替代资本，从而造成土地利用效率的低下。

3.3.4　以轻纺制造业为主导产业

罗斯托认为，经济发展要依次经过 6 个阶段，分别为经济成长阶段、传统社会阶段、起飞创造前提阶段、起飞阶段、高额群众消费阶段、追求生活质量阶段（表1）。

罗斯托经济成长阶段论　　　　　　　　　　　表 1

经济成长阶段	对应主导产业
传统社会阶段	基本消费品工业
起飞创造前提阶段	轻纺工业
起飞阶段	重工业
高额群众消费阶段	汽车工业
追求生活质量阶段	服务业

以目前商河县的主导产业类型来看，商河县的企业多集中在轻纺、医药、玻璃制造等轻工业，理论上讲，商河县处于罗斯托经济成长阶段论中的起飞创造前提条件阶段，这一阶段要解决的关键难题是获得发展所需要的资金。制造业相对于服务业来说本身对土地区位条件要求不高，再加上这一阶段的发展资金的短缺，往往选择土地区位条件相对偏远的郊区，即使是政府大力倡导的提高集聚效应的工业园区大都分布在城市边缘地区，商河的城区产业园即是如此。

4　提高工业用地利用效率的对策与建议

值得我们深思的是，我国的经济发展已经到了最重要也是最艰难的阶段，然而工业用地的利用效率对产业经济的发展至关重要，我们必须探索出一条高效率的工业化发展的道路，可以从以下几个方面进行改善：

4.1　危机意识形态

充分了解我国的基本国情，在国家发展重要转型的过程中，充分认识到工业用地效率的高低对经济的发展和城镇化的进程的重大影响。在城市建设过程中，时刻谨记中国 18 亿亩的基本农田红线不可逾越，而我国正处于城镇化进程的飞速发展时期，一些社会基础设施还不够完善，服务水平低，因此仍然需要大量的土地进行建设，首先要从意识形态上有这种危机意识，做到土地集约利用。

4.2　科学的规划与管理

科学编制土地利用规划、城市总体规划、专项规划等法定规划内容。城市规划师在做规划的过程中应从始至终都贯彻土地集约利用的观念。政府部门更应该加强宏观调控，高标准统筹安排工业用地，通过引进相关利益链条企业，降低生产成本，增强核心竞争力，实现土地的优化配置合理利用。

4.3　改变工业用地的供应模式

一方面可以通过适当的提高土地出让的最低价标准，这样土地的价值才得以真正的实现，高的土地成本也会使企业更加节约土地，使土地利益达到最大化。另一方面提高企业的准入门槛，从源头上解决用地的效率问题，招商部门一定熟悉产业、企业、产品之间的利益关系，同时国土部门、规划设计部门、政府应建立信息共享平台，及时了解和掌握土地出让和已出让土地的集约程度，并进行及时的评估和监测。

4.4　促进土地市场化

工业用地的市场化机制还不够健全，没有真正的发挥其作用，再加上政府优惠政策的干预，工业土地没有发挥其真正的价值，扰乱的市场秩序。笔者建议应建立公平公正和公开透明的土地市场化机制，从而提高工业用地的配置效率，促进土地的集约利用。在城镇化发展的进程中，更应该利用市场化机制，这样土地才能健康的运营，土地的供应方式尽可能采用招、拍、挂的方式，减少协议出让的方式。在城市建设用地的增量方面采用此种模式，存量发展更需要严格执行土地市场化机制，减少土地的投机机会，进而提高城市存量土地利用效率。市场机制在工业用地配置中的作用还有待进一步发挥，结合工业用地招、拍、挂制度的实施，需要加大对于工业用地市场供求关系、价格等情况的动态监测[14]，以便增强政府对工业用地市场中的调控能力。

4.5　构建工业用地集约利用监测系统

建立工业用地集约利用检测系统，进行实时监测、实时评价、实时反馈以工业用地集约利用监测为重点，进一步完善工业用地的动态监测指标[14]。

实时监测工业用地的出让价格、交易情况等，同时也要实时控制工业用地的总量和地价动态，及时准确反馈工业用地的集约情况，及时做出调整；在获取工业用地集约利用情况的基础上，建立一套工业用地集约利用的评价体系，能够针对不同行业、不同区域、不同企业做出相对应得对策；针对不同的区域采用不同的最低低价标准，做到因地制宜。

5　结语

我国正处于城镇化最关键的阶段，在土地资源相对匮乏的时期，提高土地的集约利用率尤其重要。作为城市规划师在规划过程中应自始至终贯彻土地集约利用的理念；政府未来的政策应该提高土地市场化率，减少制定造成土地不健康流转的干预政策，注重工业行业的规模经济，提高行业科技水平及开放程度，促进工业行业发挥集聚效应，最终提升工业用地效率。

参考文献

[1] 陈伟，彭建超，吴群 . 城市工业用地利用损失与效率测度 [J]. 中国人口·资源与环境，2015，02：15-22.

[2] 王宏光，杨永春，刘润等 . 城市工业用地置换研究进展 [J]. 现代城市研究，2015，03：60-65.

[3] 郭贯成，熊强 . 城市工业用地效率区域差异及影响因素研究 [J]. 中国土地科学，2014，04：45-52.

[4] 丁淑巍，杨航 . 城镇化进程中提高工业用地集约利用水平的对策建议 [J]. 北方经济，2013，19：56-57.

[5] 黄大全，洪丽璇，梁进社 . 福建省工业用地效率分析与集约利用评价 [J]. 地理学报，2009，04：479-486.

[6] 范斌方 . 工业用地现状的调查和思考——以长兴县为例 [J]. 浙江国土资源，2005，11：32-35.

[7] 张本丽 . 济南市土地集约利用评价与优化研究 [D]. 济南：山东师范大学，2012.

[8] 段兆广，张伟 . 快速城市化地区县级城市工业发展战略与空间布局研究——以江苏省 8 个县级市为例 [J]. 城市问题，2007，04：2-6.

[9] 林炜珍 . 龙岩市工业用地节约集约利用对策与建议 [J]. 中华民居，2011，10：106-107+98.

[10] 崔怡静 . 经济发达地区闲置工业用地成因研究 [D]. 南京：南京农业大学，2013.

[11] 熊鲁霞，骆棕 . 上海市工业用地的效率与布局 [J]. 城市规划汇刊，2000，02：22-29+45-79.

[12] 罗婷文 . 中国城市工业用地集约利用策略研究 [J]. 科技信息，2010，23：434-435.

[13] 高冉 . 城市工业用地集约利用评价及研究 [D]. 石家庄：河北师范大学，2012.

[14] 黄贤金，姚丽，王广洪等 . 工业用地：基本特征、集约模式与调控策略 [C].2007 年海峡两岸土地学术研讨会论文集，2007：245-251.

飞地型区域城乡空间体系优化策略研究
——以靖远县为例

成　亮　苑静静　汤玉雯*

【摘　要】文章首先对飞地型区域概念进行界定，以靖远县为典型案例，认为区域城乡空间体系主要面临城乡规模与行政区划的矛盾、公共设施与区域服务的矛盾、飞地形态与空间衔接的矛盾三个方面的现实困境，进而提出基于区划调整重组的城乡规模优化、基于区域设施重建的城乡职能优化、基于板块内生重构的城乡空间优化的策略建议，以期对飞地型区域这类特殊地区城乡空间体系给予重视与反思，并能为此类地区城乡空间发展提供一定的理论指导与方法途径。

【关键词】飞地型区域，城乡空间体系，优化策略，靖远县

1　研究背景

飞地（Enclave）是一个具有多重含义的概念，往往具有政治含义、城市含义、文化含义和经济含义等多种意义，而从城乡规划角度的学术研究为主要视角来看，飞地更多是涉及政治与地理的特征范畴。飞地是一种特殊的人文地理现象，一般是指隶属于某一行政区管辖但不与本区毗连的区域，飞地的产生大部分是因为行政区划调整形成的，在整体区域形态上表现得较为松散，成为分离于主体区域的独立单元。

一般意义上的飞地主要是基于一个完整行政区的整体角度，与主体区域（一般指区域行政中心驻地、面积较大、人口较多的区域）相对的区域，因此，飞地更多是相对于主体区域而言的。

本文所提出的飞地型区域，是指主体区域与飞地区域共同构成的完整行政区域。目前学术界研究飞地的相关内容多数是针对单独的飞地而展开的，而针对飞地所在的整个飞地型区域进行的研究相对较少。而随着城乡统筹的重视、城乡一体化的提出、新型城镇化的推进，飞地型区域作为一类特殊的地区，其城乡空间体系受特殊的飞地型特征制约也面临着迫切的体系整合与转型问题。

我国的很多飞地型区域仍然处于地理、经济与社会、文化意义上的"边缘"，如何系统研究飞地型区域的自身特征和问题，强化本地区的城乡空间体系优化，对促使飞地型区域的城乡空间持续发展都是具有非常现实的价值和意义。

2　靖远县概况

靖远县地处甘肃省中部，位于东经 104°13′ 至 105°15′，北纬 36° 至 37°15′。东与宁夏回族

---

* 成亮，男，博士，注册城市规划师，西北师范大学城市与资源学系讲师。
　苑静静，女，注册城市规划师，河北省城乡规划设计研究院规划师。
　汤玉雯，女，中联西北工程设计研究院有限公司规划师。

自治区海原县接壤，南与甘肃省会宁县毗邻，西南、西北、东北分别与甘肃榆中县、景泰县、宁夏回族自治区中卫市沙坡头区相连，西与白银市白银区交界，截至2014年底，靖远县辖3个镇、15个乡、175个行政村、10个社区居委会，行政区域总面积5638.5平方米。

靖远县是典型的飞地型区域，完整的行政区域被白银市平川区嵌入其中，将区域空间一分为二，形成南部主体区域与北部飞地区域两部分。县城和全县的其他两个建制镇均位于南部主体区域，而北部飞地区域所包含的兴隆乡、双龙乡、石门乡、靖安乡、五合乡、东升乡、北滩乡、永新乡俗称"北八乡"（图1）。

靖远县的城乡一体化建设起步较晚，县域城乡发展基础较差，作为甘肃省中部18个干旱贫困县之一、甘肃省扶重点贫困县和"三西"建设县，加之飞地型区域特征导致区域城乡空间体系历来重视南部主体区域，而忽视北部飞地区域，因此，从区域发展的长远角度看，需要结合全县区域整体观，思考区域城乡空间体系优化策略，进一步推动区域城乡空间体系的整体构建。

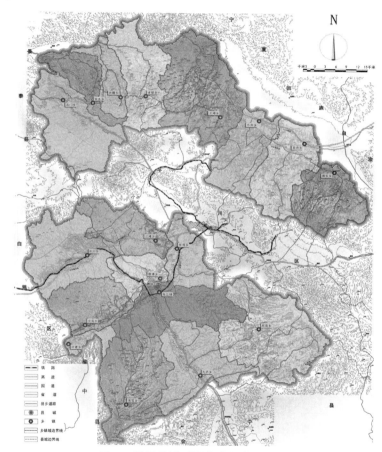

图1 靖远县城系那个空间布局现状

资料来源：《靖远县城市总体规划（2010—2030）》，甘肃省城乡规划设计研究院，2011.9

3 城乡空间体系的现实困境

3.1 城乡规模与行政区划的矛盾

根据靖远县2013年统计数据，靖远县常住人口为47.8万人，其中，城镇人口5.66万人，全县人口城镇化率为11.84%，而2011年，甘肃省全省城镇化率为36.1%，全国城镇化率为48%以上，靖远县城镇化还处于低水平发展起步阶段。

考虑到靖远县为欠发达地区，农业人数未来仍然占主导地位，通过表1可以看出，主体区域总人口约占全县总人口的69%，除了县城所在地的乌兰镇总人口外，其他9个乡镇总人口约占全县总人口的64%，这一人口比例远远高于北部飞地区域总人口占全县总人口的比例。而全县6个黄河沿线的乡镇，即乌兰镇、东湾镇、北湾镇、糜滩乡、三滩乡、平堡乡总人口约占全县总人口的46%，这比北部飞地区域的8个乡总人口占全县总人口的比例要高很多，说明人口分布相对不均衡。同时就单个乡镇来看，北部飞地区域中的北滩乡、五合乡、东升乡三乡人口规模相对大一些，完全可以形成北部飞地区域的人口集聚区，其中北滩乡总人口比主体区域中的北湾镇或东湾镇两个建制镇人口都要多。从城镇人口角度看，县城规模最高，首位城市首位指数偏大，城乡体系空间首位分布明显。首位城镇规模过于偏大，与其他乡镇发展差距拉大，特别是北部飞地区域的整体规模都相对较小，区域城乡体系等级缺失，结构有待完善。

靖远县各乡镇人口数及比例构成（2013年）　　　　　　　　　　　　　　表1

乡镇		总人口	城镇人口	城镇人口比例(%)	农村人口	农村人口比例(%)
全县		478034	56600	11.84	421434	88.16
主体区域	乌兰镇	69758	34399	49.32	35359	50.68
	东湾镇	42064	3413	8.11	38651	91.89
	北湾镇	39468	2139	5.41	37329	94.59
	刘川乡	32909	1692	5.14	31217	94.86
	糜滩乡	25255	1514	5.99	23741	94.01
	三滩乡	22435	1627	7.25	20808	92.75
	大芦乡	20971	1394	6.65	19577	93.35
	高湾乡	27681	1208	4.36	26473	95.64
	平堡乡	18805	1334	7.09	17471	92.91
	若笠乡	8952	505	5.64	8447	94.36
飞地区域	北滩乡	45135	1768	3.92	43367	96.08
	五合乡	32935	1274	3.87	31661	96.13
	兴隆乡	12702	741	5.83	11961	94.17
	东升乡	25215	1068	4.24	24147	95.76
	石门乡	14809	833	5.62	13976	94.38
	永新乡	10686	480	4.49	10206	95.51
	双龙乡	15026	667	4.44	14359	95.56
	靖安乡	13228	544	4.11	12684	95.89

资料来源：根据《靖远县新型城镇化规划（2014—2020）》相关内容整理。

再从城镇化率角度分析，可以看出乌兰镇城镇人口比例最高，为49.32%，这主要是县城所在地的原因。其次东湾镇为8%以上，但仍与全县平均水平11.84%有一定的差距。飞地区域中的五合乡、北滩乡城镇化率最低，未达到4%，比靖远县平均水平约低7%，充分说明从全县角度看，飞地区域中的整体城镇化率仍然位于低水平阶段。

从行政区划上看，现状靖远县城乡规模相差悬殊，体系空间结构发育不完善，存在明显位序缺失。全县现有的三个建制镇均位于主体区域的黄河沿线地带，且三个乡镇的空间距离相对较近，特别是东湾镇与县城距离不到3千米。其他地区缺少建制镇，而其他一般乡发展缓慢，特别是飞地区域的8个乡更被视为边缘地带。

3.2　公共设施与区域服务的矛盾

乡镇作为城乡空间体系构建的基本单元，是区域发展基层核心，其规模是腹地人口城镇化、经济张力的综合表现。但靖远县为传统的经济欠发达地区，如果依赖于城镇化推动城乡统筹其难度极大，因此需要通过以需求为导向的公共服务设施配置拉动区域服务水平，进而实现城乡一体化目标。

公共服务设施供给是反映小城镇功能的主要载体，公共服务设施是指为人们提供公共服务产品的各类公共性、服务性设施，可分为教育、医疗卫生、文化体育、社会保障、市政基础、商业服务性设施等。考虑到目前欠发达地区对教育及对外流通性的强烈需要特征，以及相关数据的统计完整性，本文重点以体现各乡镇教育设施的中学及对外流通设施的邮政网点为例，对靖远县公共服务设施进行分析。通过表2可以看出，截至2013年，靖远县各乡镇中学共有40所，其中县城就集中有8所，其他两个建制镇有6所，除县城外主体区域仍有18所中学，而飞地区域仅有14所中学。考虑到服务半径综合人口规模，飞地区域的中学设置显然不够。同样邮政网点方面，主体区域有12处，而飞地区域仅有5所中学，而飞地区域中8个乡有3个乡至今没有邮政网点。

靖远县各乡镇中学及邮政设施比例构成（2013年）　　　　表2

乡镇		中学名称	数量	邮政网点	数量
主体区域	乌兰镇	靖远县第一中学、靖远县第二中学、靖远县第三中学、靖远县第四中学、城关中学、乌兰中学、靖远县第七中学、靖远县第八中学	8	西大街17号乌兰西路东大街风雷街口北大街（商业街）2号	4
	东湾镇	靖远县育才高级中学、东湾中学	2	东湾村	1
	北湾镇	北湾中学、北湾初中、泰安初中、中堡中学	4	北湾村中堡村	2
	刘川乡	刘川中学	1	涝坝湾村	1
	糜滩乡	糜滩中学	1		0
	三滩乡	三滩中学	1	朝阳村	1
	大芦乡	大芦中学、庄口初中、小芦初中	3	大芦村	1
	高湾乡	高湾中学、笠山初中	2	三场源村	1
	平堡乡	平堡中学、蒋滩初中	2	平堡村	1
	若笠乡	若笠中学、米塬初级中学	2		0
飞地区域	北滩乡	北滩中学、东宁初级中学、红丰初级中学、杜寨柯初级中学	4	东宁村	1
	五合乡	五合中学、贾寨柯初中	2	白茨林村	1
	兴隆乡	兴隆中学、大庙学校	2	川口村	1
	东升乡	东升中学	1		0
	石门乡	石门中学	1	石门村	1
	永新乡	永新中学	1	永新村	1
	双龙乡	永和中学、双龙中学	2		0
	靖安乡	靖安中学	1		0

资料来源：根据《靖远县教育发展情况及发展趋势》和《靖远县"十二五"邮政业发展规划》等相关内容整理。

目前，飞地区域的8个一般乡由于受传统城乡规模的影响，区域扩张受阻，很难形成等级扩散效益，现状各乡只能在其较小腹地范围内发挥简单的职能作用，从而导致体系组织内部不同规模等级乡之间经济联系、辐射扩散、要素流动不畅。

3.3 飞地形态与空间衔接的矛盾

靖远县在县域范围内被平川区分为南北两部分，从空间上看，由于南北被平川区隔开，在县域城乡统筹发展过程中的城乡空间体系构建面临跨区域发展，特别是道路交通及基础设施方面，在资金、行政管辖等方面需要双方协商，管理难度较大。

虽然靖远县境内有白宝铁路、G025（刘白高速）线、G109 线、S207 线、S308 线在贯穿，对外联系相对便利。但依赖传统的刻意整合的城乡空间结构规划手法，并不能有效地进行空间衔接，如《靖远县城市总体规划（2010—2030）》中提出的分别沿 G025（刘白高速）线、G109 线和规划建设的景泰至会宁高速及 S308 线、S207 线构成"十"字形的城镇发展轴（图 2）。具体依托 G025（刘白高速）线和 G109 线，由"刘川—三滩—东湾—北滩—东升—五合"构成县域城镇横向发展轴。通过刘白高速和国道 109 加强横向与兰州、白银和宁夏的联系，以高速公路和国道为轴线，形成靖远县域横向城镇发展轴。这种城乡空间体系规划方式没有与全县飞地形态相结合，极为生硬地通过高速公路、国道等对外交通线联系主体区域与飞地区域，并不适合区域的整体发展导向。

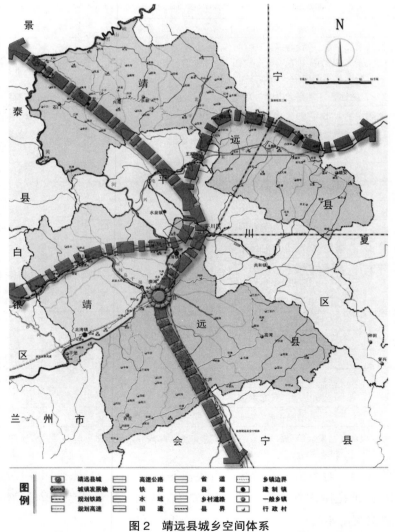

图 2　靖远县城乡空间体系

资料来源：《靖远县城市总体绘画（2010—2030）》，甘肃省城乡规划设计研究院，2011

4 城乡空间体系的优化策略

4.1 基于区划调整重组的城乡规模优化

受飞地型区域特征影响,飞地型区域城乡结构层次中城镇的整体性和相关性都不强,特别是远离县城及建制镇的北部飞地区域尚未形成一个有机的城乡网络体系。行政区划是国家上层建筑的重要组成部分,与经济基础相适应有利于地方经济和社会发展,反之则不利于地方经济和社会发展。

从城乡规模角度看,特别是对应本地区欠发达的社会经济发展水平,进行撤乡改(并)镇的行政区划调整是有利于改善本地区城镇基础条件的首要选择,通过对飞地区域的核心乡镇进行建制镇区划调整,或合乡并镇的行政区划手段,推进全县城乡一体化和公共服务均等化,有利于优化城乡合理布局,提高城镇化水平,促进全县城乡经济社会全面、协调、可持续发展。

重点乡要按照建制镇标准,坚持先易后难,循序渐进的原则,以区域重要建制镇为中心,打造北滩乡为飞地区域中心节点,形成北滩乡为建制镇,双龙乡、五合乡为重点乡的飞地区域城乡空间等级,遵循统筹协调发展原则,改善区域空间结构,合理调控城镇规模,促进区域城镇可持续发展。通过区划调整重组同层级城镇在区域发展中地位和经济区空间组织协调要求,形成不同级别的城乡规模结构。

4.2 基于区域设施重建的城乡职能优化

对于飞地地区来说,部分县级公共服务设施的缺失,导致部分重点乡镇城镇职能弱化,因此在区划调整的基础上,依托建制镇和重点乡,对部分县级公共服务设施进行配置建设,如飞地区域的八乡人口达到 16 万人以上,而北滩乡地处飞地区域 8 乡的交通枢纽地带,容易形成人口聚集,更需要一定的区域性公共服务设施,特别是服务飞地区域的行政办公、商业服务、医疗教育等设施,未来可考虑统筹全县服务设施体系建设,建设靖远县第一中学分校、靖远县人民医院分院等区域性服务设施。

在城乡职能结构上,建议在县城、建制镇、一般乡的行政级别前提下,通过设定高职能、中职能和低职能的职能等级,形成适合全域的城乡职能结构,在强化县城和建制镇的前提下,对一般乡结合区域特征和区域发展需求,通过区域设施重建整合成中职能乡和低职能乡两种有序的基层职能分级。

4.3 基于板块内生重构的城乡空间优化

从强化整合到转变融合,摒弃以依托对外交通发展轴的县域城镇空间集聚功能,构建主体区域和飞地区域不同板块特色的城乡空间形态。主体区域需要打破依赖县城的传统辐射扩张路径,向高端化全域服务导向转变,飞地型区域需要打破依赖主体区域的盲目化被动融入路径,向内部优化协作转变。采取"强化中心、构筑支点、内优外拓、分工协作、区域联动"的空间非均衡战略,形成"内优外融"的全域城乡空间组织结构。

强化核心城镇集聚效应,提升组织辐射能力,形成基于板块内生的城乡空间集聚带,飞地区域各乡镇间协调发展,逐步形成板块分异、据点开发、分工明确、优势互补、结构完善的城乡体系空间系统开发格局,促进城乡一体化进程。按照板块式布局、节点式推进、特色化发展的思路,依托交通优势、资源禀赋、产业基础、历史文化和生态条件,构建特色化空间形态。

5 结论

　　飞地型区域作为一类特殊地区，不应该在学术界忽视，特别是以地域和空间为关注对象的城乡规划建设方面更为迫切，并且不能以传统的完整型区域为模板进行城乡空间体系建设，需要结合自身特征，厘清城乡规模与行政区划、公共设施与区域服务、飞地形态与空间衔接等之间的关系，重点围绕级别调整、职能补缺、空间优化三方面的完善，从全域协调—片区发展看待飞地型区域城乡空间体系的发展，从强化刻意整合向融合协调转变，形成飞地型区域城乡空间体系优化模式（图3），才能为此类地区城乡空间发展提供一定的理论指导与方法途径。

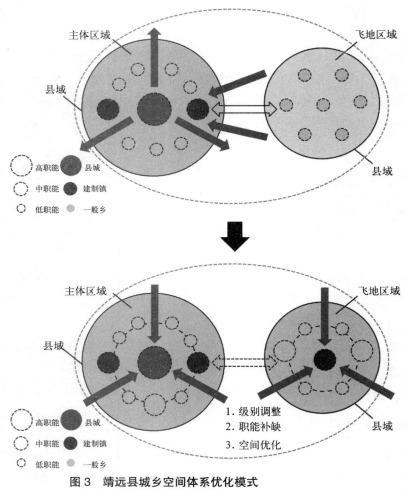

图3 靖远县城乡空间体系优化模式
资料来源：作者绘制

参考文献

[1] 王先锋 . "飞地"型城镇研究：一个新的理论框架 [J]. 农业经济问题，2003，12：21-30.

[2] 卢道典，任维琴，黄金川 . 莱芜市小城镇发展中的问题及发展策略选择 [J]. 城市问题，2014，5：34-38.

[3] 谢霏雯，李志刚，王涛等 . 城乡统筹背景下公共服务设施均等化布点规划与方法——以江西赣州为例 [C]. 城乡治理与规划改革——2014 中国城市规划年会论文集，2014，10.

[4] 顾朝林，王颖，邵园等 . 基于功能区的行政区划调整研究——以绍兴城市群为例 [J]. 地理学报，2015，8：1187-1201.

目　录

（排名不分先后）